普通高等教育“十一五”国家级规划教材
高等学校计算机教材

AutoCAD 实用教程

（第 4 版）

（AutoCAD 2015 中文版）

郑阿奇　主编
徐文胜　马　骏　编著

電子工業出版社
Publishing House of Electronics Industry
北京 · BEIJING

内 容 简 介

本书是普通高等教育"十一五"国家级规划教材，以 AutoCAD 2015 中文版为平台，包含实用教程和上机操作指导两部分，涵盖了理论和实践教学的全过程。实用教程部分内容包括 AutoCAD 2015 中文版基础，绘图流程，基本绘图命令，基本编辑命令，图案填充和渐变色，文字，块及外部参照，尺寸、引线及公差，显示控制，参数化设计及常用工具，打印和输出。上机操作指导部分通过综合实例，讲解绘图思路和操作方法，给出练习题由读者自己完成。本教程免费提供电子课件和绘图实验文件，以及两模拟测试题。

本书可作为大学本科和高职高专有关课程教材，也适用于广大 AutoCAD 2015 用户自学和参考。

图书在版编目(CIP)数据

AutoCAD 实用教程：AutoCAD 2015 中文版 / 郑阿奇主编．—4 版．—北京：电子工业出版社，2015.5
高等学校计算机教材
ISBN 978-7-121-26006-3

I．①A… II．①郑… III．①AutoCAD 软件－高等学校－教材 IV．①TP391.72

中国版本图书馆 CIP 数据核字(2015)第 097114 号

策划编辑：袁　玺
责任编辑：郝黎明　　　特约编辑：张燕虹
印　　刷：北京虎彩文化传播有限公司
装　　订：北京虎彩文化传播有限公司
出版发行：电子工业出版社
　　　　　北京市海淀区万寿路 173 信箱　　邮编：100036
开　　本：787×1092　1/16　印张：22.25　字数：570 千字
版　　次：2010 年 4 月第 1 版
　　　　　2015 年 5 月第 2 版
印　　次：2019 年 5 月第 6 次印刷
定　　价：48.00 元

凡所购买电子工业出版社图书有缺损问题，请向购买书店调换。若书店售缺，请与本社发行部联系，联系及邮购电话：(010) 88254888。

质量投诉请发邮件至 zlts@phei.com.cn，盗版侵权举报请发邮件至 dbqq@phei.com.cn。

服务热线：(010) 88258888。

前　言

2000 年，我们结合近年来从事 AutoCAD 教学和工程开发的实践，总结以前出版 AutoCAD 教材的编写经验和使用者的反馈意见，编写了《AutoCAD 实用教程》(2000 中文版)，比较全面系统地介绍了 AutoCAD 2000 中文版的主要功能和应用技术。该书一经推出，就得到了高校教师、学生和广大读者的广泛认同，市场销售火爆。随后，又推出了《AutoCAD 实用教程（第 2 版)》(2002 中文版)、《AutoCAD 实用教程（第 3 版)》(2007 中文版）教材，几年来已经重印 24 次，目前仍在热销中。在此，我们对读者的信任表示由衷的感谢！

AutoCAD 2015 中文版是由 Autodesk 公司推出的最新版本的 CAD 设计软件，与以前版本相比，它的功能更强、命令更简捷、操作更方便。本书继承了前面各版的成功经验，以 AutoCAD 2015 为平台，结合近十年的教学实践，从进一步方便教和学两个角度精心设计和编写了本教程。

本教程主要包括实用教程和上机操作指导两部分。另外，每章的习题主要以弄清基本概念为目的。最后，附有模拟试卷作为附录。实用教程先介绍界面，然后通过一个简单实例一步一步地引导读者初步熟悉用 AutoCAD 绘图的总体思路。从第 3 章开始再分门别类地详细介绍软件功能。每一个知识点一般均包括（命令、功能区、菜单、按钮）操作方法和操作实例。上机实验可以通过书中实例熟悉命令，上机操作指导通过综合实例（实物图形）一步一步地训练综合应用能力。一般先分析绘图思路（锻炼解决问题的方法，以便知道下面为什么进行这种操作)，再引导读者如何操作（先领进门)，然后提出问题让读者思考，最后给出练习题目由读者自己完成（自己修炼)。

为了读者阅读方便，本书采用了一些符号以及不同的字体表示不同的含义。本书约定如下。

（1）符号“↙”指回车。

（2）在【例】和实验部分中，宋体字部分为系统提示信息，随后紧跟着加粗宋体字部分为用户动作，与之有一定间隔的楷体字部分为注释。例如：

指定下一点或 [闭合(C、/放弃(U)): **↙**　　　　结束直线绘制

其中，“指定下一点或 [闭合(C、/放弃(U)):”为系统提示信息，“↙”为用户动作，即回车，“结束直线绘制”为注释。

（3）鼠标动作和一般 Windows 规范相同。如“右击”指单击鼠标右键，“双击”指快速连击鼠标左键两次，“单击”和“点取”都指将鼠标移动到目标对象上按鼠标左键并松开。

（4）文字按钮一般均加上底纹和边框或由引号“”引入，如“选择文件”对话框中的打开按钮。图片按钮一般直接采用该图片，如“选择文件”对话框中的上一层目录按钮。

（5）菜单格式采用“→”符号指向下一级子菜单。例如，“绘图→直线”指点取下拉菜单“绘图”，在弹出的菜单项中选择“直线”。

（6）在键盘输入命令和参数时，大小写功能相同。

（7）功能键一般由“【】”标识，如按【Esc】指按键盘上的“Esc”键。

本教程各部分内容既相互联系又相对独立，并依据教学特点进行了精心编排，方便用户根据需要进行选择。本教程不仅适合于教学，也非常适合于 AutoCAD 2015 用户学习和参考。只要阅读本书，结合上机操作指导进行练习，读者就能在较短的时间内基本掌握 AutoCAD 2015 及其应用技术。为了

便于上课教学演示，**本书配有 PPT 课件、绘图实验文件，需要者可在华信教育资源网 www.hxedu.com.cn 免费下载**使用。

本书由徐文胜、马骏（南京师范大学）编著，郑阿奇（南京师范大学）统编、定稿。本书由南京航空航天大学机电工程学院周儒荣教授主审，陈炳发老师审读了全书。其他很多同志对本书的编写提供了许多帮助，在此一并表示感谢！

参加本套丛书编写的还有梁敬东、丁有和、曹弋、殷红先、张为民、姜乃松、钱晓军、彭作民、高茜、陈冬霞、徐斌、王志瑞、孙德荣、周怡明、刘博宇、郑进、刘启芬、周何骏、陶卫冬、严大牛、邓拼搏、俞琰、顾韵华、周怡君、吴明祥、于金彬、陈瀚等。在此一并表示感谢！

由于作者水平有限，不当之处在所难免，恳请读者批评指正。

编著者

目　录

第一部分　实 用 教 程

第二部分 上机操作指导

第一部分　实用教程

第 1 章　AutoCAD 2015 中文版基础

AutoCAD 2015 中文版是由 Autodesk 公司推出的最新版本 CAD 设计软件包，该公司 CAD 产品的市场占有率一直在同类软件中名列前茅，得到大量的用户认可。AutoCAD 2015 由于人性化的设计界面和操作方式、强大的设计能力，最大限度地满足用户的需要，在各行各业有着广泛的应用。

AutoCAD 2015 中文版轻松的设计环境、更加透明的用户界面，使得用户可以将更多的精力集中在设计对象和设计过程上而非软件本身。它减少了对键盘和其他输入设备的依赖，把最常用的设计过程自动化，同时也以最便利的方式提供了访问数据的能力。

本章对 AutoCAD 2015 中文版的新特性做简单的介绍，同时重点介绍 AutoCAD 2015 中文版的用户界面、按键定义、输入方式、文件操作命令以及有关环境的设置等基础知识，为后面的学习奠定基础。

1.1　AutoCAD 2015 中文版新特性

AutoCAD 2015 中引入了诸多全新功能，包括改进的用户界面、新的文档 Tab 页、Ribbon 改进、命令预览、更丰富的动态帮助、地理信息定位、多行文本工具和现实捕捉等众多改进。特别是改进工作流程，提供丰富的可视化设计体验，支持捕捉现实数据等。

新设计的界面，更直观、更合乎逻辑。可以更快、更有效地工作。多任务处理变得更加简单，能够更快速地切换工作进程中的图形和数据。直接从功能区访问绘图，不需要再从文件夹搜索，需要时随时显示所需绘图。包含了更多工具，提交前查看每处变更，撤销操作花费的时间更少。帮助界面不仅提供说明，还可以瞬间指明所需工具的位置。绘制的图形展示效果更加清晰。操作效果动态预览，更加直观，确保操作的正确。

1.2　启动 AutoCAD 2015 中文版

启动 AutoCAD 2015 中文版后，进入如图 1-1 所示的界面。

可以通过该界面选择样板文件以新建图形或打开图形。该界面中可以直接选择之前编辑过的文件打开，或者通过单击中间“开始绘制”新建一图形，按住“样板”右侧的向下箭头，弹出样板列表，供选择样板。“曾经使用的文档”列出了之前打开过的文档。

1.3　界面介绍

新建一个图形文件或打开已有图形文件后进入如图 1-2 所示的绘图界面。AutoCAD 2015 中文版的绘图界面是主要的工作界面。其中默认界面中不含菜单栏、工具栏、选项板等，需要的时候可以打开。

AutoCAD 2015 界面主要包含以下几个部分。

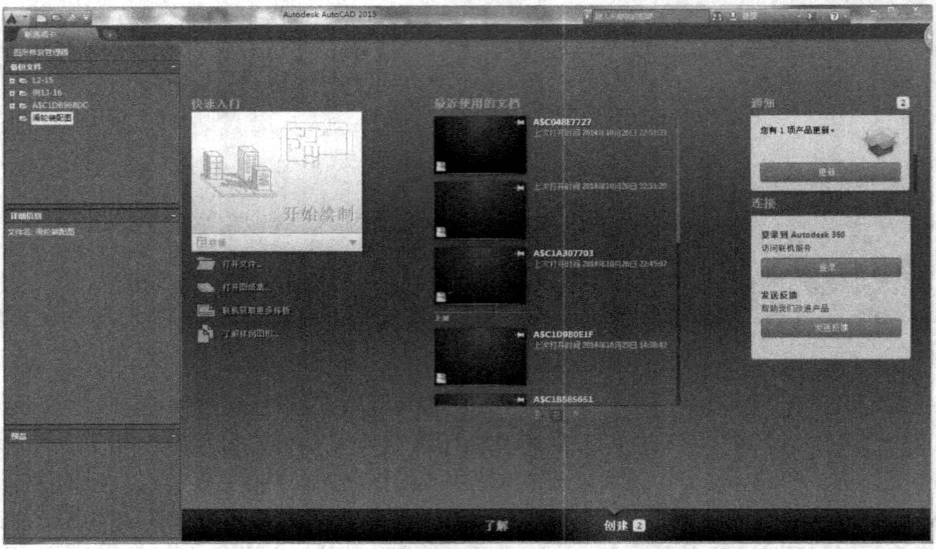

图 1-1　启动界面

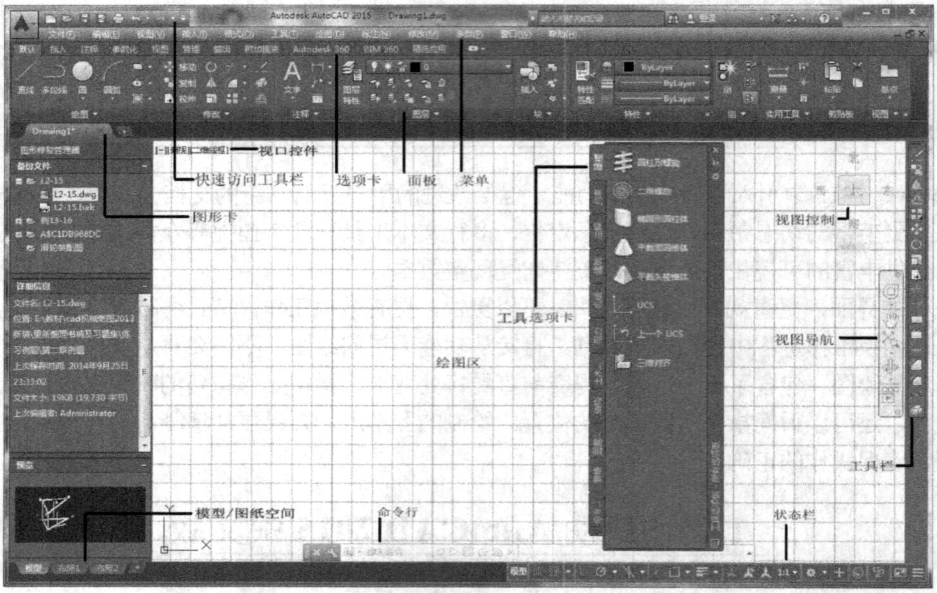

图 1-2　AutoCAD 2015 界面

1．快速访问工具栏

快速访问工具栏位于 AutoCAD 2015 窗口的左上角。如图 1-3 所示。该工具栏包含了新建、打开、保存、撤销、重做、打印等按钮。单击右侧的下拉箭头，弹出如图 1-3 所示的下拉菜单，选择其中的选项将在快速访问工具栏中显示对应的按钮，包括特性匹配、批处理打印、打印预览、特性、图纸集管理器、渲染以及更多的其他命令。选中“显示菜单栏”将在快速访问工具栏下显示菜单行。选择“在功能区下方显示”则将快速访问工具栏移动到功能区的下方。

2．功能区

功能区包含选项卡和相应的面板。如图 1-4 所示。

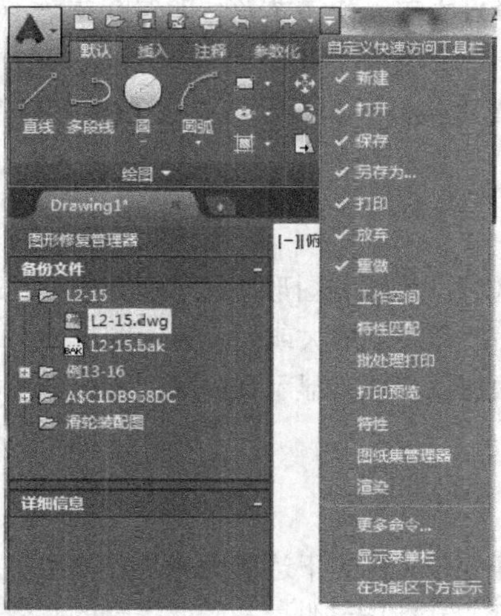

图 1-3　快速访问工具栏

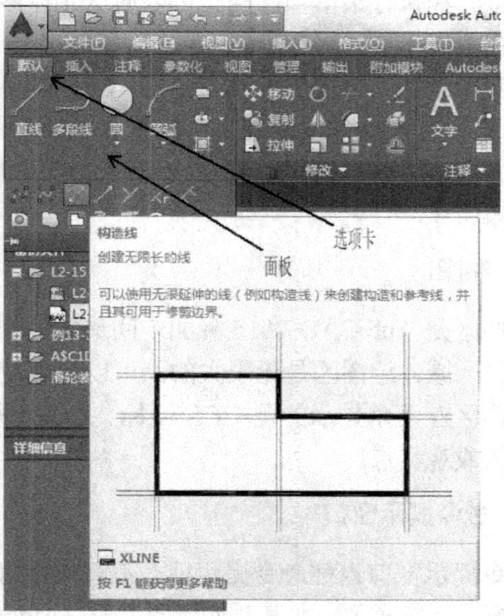

图 1-4　选项卡和面板

用户可以单击选项卡，显示对应功能的面板和按钮。

当光标悬停在对应的按钮上时，将弹出该按钮的功能提示。如果继续停留，将弹出如图 1-4 所示的简单使用帮助。

3．菜单

在快速访问工具栏上，单击其右侧的向下的箭头，单击“自定义”下拉菜单中的“显示菜单栏”，或执行 menubar 命令，将弹出菜单，如图 1-5 所示。

图 1-5　菜单

AutoCAD 2015 不但包含了系统必备的菜单项，而且绝大部分命令都可以在菜单中找到。

菜单命令一般可以通过用鼠标单击菜单项打开和执行，也可以通过按【Alt】键和菜单中带下划线的字母打开和执行菜单项，同时可以通过光标移动键在菜单项中进行选择，再按回车键执行。菜单形式参见图 1-5。

在菜单项中，带向右的小三角形 ▶ 的菜单指该菜单项有下一级子菜单，即级联菜单；带省略号 ... 的，指执行该菜单项命令后，会弹出一对话框。

菜单项后有快捷键的，指该菜单命令可以通过快捷键直接打开和执行，如按【Ctrl+P】组合键，执行打印命令。

4．绘图区

绘图区是 AutoCAD 2015 界面中间最大的一块空白区域，编辑的图形就显示在其中，这也是工作时主要的区域。绘图区是无限大的，可以配合使用显示缩放命令来放大或缩小显示图形。

绘图区左下角显示的是 UCS 图标。UCS 图标可以根据原点位置显示或隐藏。不同的图标表示不同的空间或观测点。

5．命令提示窗口

命令提示窗口也称命令提示行，不管采用何种方式给 AutoCAD 下达的命令均在其中显示。该命令提示窗口非常重要，尤其对初学者而言。AutoCAD 是交互式绘图软件，其需要提供的参数均通过命令提示窗口显示出来，操作者应该按照该提示响应 AutoCAD 的要求，保证命令顺利完成。

如果采用键盘输入命令与 AutoCAD 进行交互，则在命令提示窗口会显示相匹配的命令建议列表，如图 1-6 所示。

通过剪切、复制和粘贴功能将历史命令粘贴在命令行，可重复执行以前的命令。

通过【F2】键控制是否以独立的窗口或是否将窗口恢复成给定的大小，该窗口同样可以被移到其他位置并改变其大小，也可以单击 × 关闭。

单击 🔧（设置），则弹出如图 1-7 所示的设置菜单。

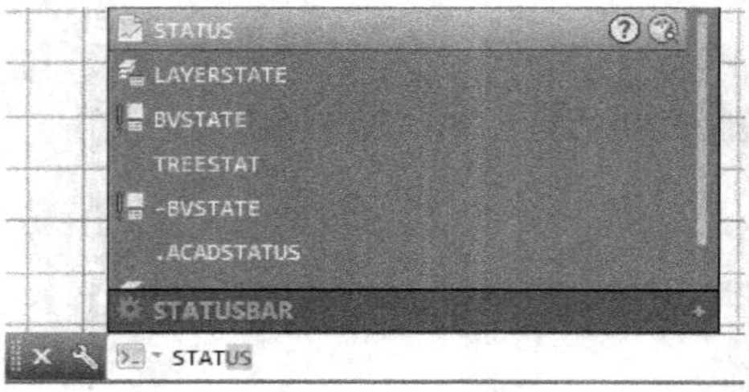

图 1-6　命令提示区

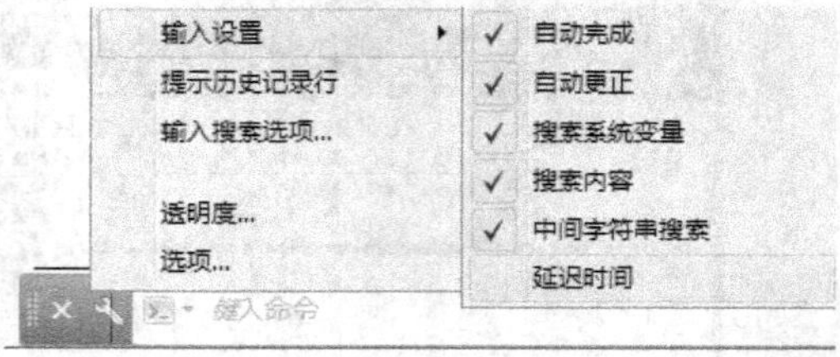

图 1-7　设置菜单

6．工具选项板

执行 Toolpalettes 命令或执行菜单“工具→选项板→工具选项板”将显示工具选项板。如图 1-8 所示，一般在绘图区的右侧显示。用户可以根据设计的类型选择对应的工具选项板，并直接利用其中的图库（块）。

7．应用程序状态栏

应用程序状态栏在屏幕的下方。该状态栏相当重要，一般绘图时的常用的设置开关等工具就在其中。该状态栏可显示光标的坐标值、绘图工具、导航工具以及用于快速查看和注释缩放的工具。用户可以以图标形式查看图形工具按钮。通过捕捉工具、极轴工具、对象捕捉工具和对象追踪工具的快捷菜单（右击鼠标），用户可以轻松更改这些绘图工具的设置。

应用程序状态栏如图 1-9 所示，左边显示了光标的当前信息。当光标在绘图区时显示其坐标，坐标显示的右侧显示了各种辅助绘图开关。这些开关用于精确绘图中对对象上特定点的捕捉、定距离捕捉、捕捉某设定角度上的点、显示线宽及在模型空间和图纸空间转换等。由于以上的辅助绘图功能使用非常频繁，所以设定成随时可以观察和改变的状态。

图 1-9 应用程序状态栏

光标位置 361.9560, 99.5365, 0.0000 ：用于提示当前光标所在位置。表示光标位置的坐标显示状态有三种方式，相对、绝对、地理。在“指定下一点”提示下单击坐标显示进行方式切换，或右击选择坐标显示的方式。也可以关闭坐标的显示。

辅助绘图状态包含如图 1-10 所示的几种，其状态的开关可以用鼠标单击相应按钮改变或右击后选择“开/关”实现，也可以使用快捷键改变开关状态。下面先列出各开关的作用，有关对应快捷键功能定义如后文表 1-1 所示。

图 1-10 辅助绘图开关

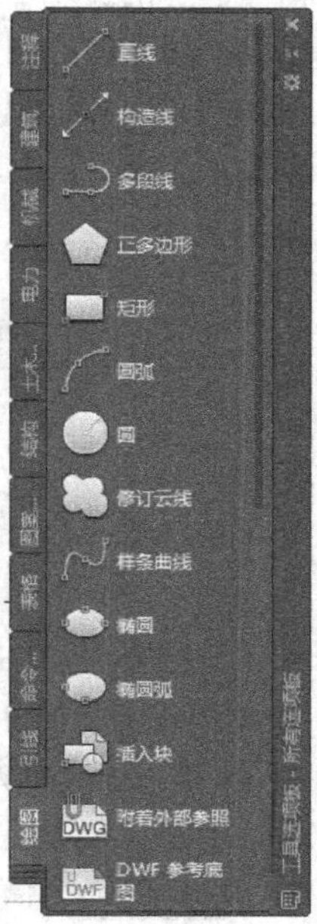

图 1-8 工具选项板

显示图形栅格开关 ：栅格主要与捕捉配合使用。当用户打开栅格时，如果栅格不是很密，在屏幕上会出现很多间隔均匀的小点，其间隔同样可以在“草图设置”对话框中进行设定。一般将该间隔和捕捉的间隔设定成相同，绘图时光标点将会捕捉显示出来的小点。开关按钮打开时成淡蓝色，关闭时成灰色。如果触发该开关，在状态行中的命令行上会显示“<栅格 开>”或“<栅格 关>”的提示信息。

捕捉到图形栅格开关 ：处于打开状态时，光标只能在 X 轴、Y 轴或极轴方向移动固定距离的整数倍，该距离可以通过“草图设置”对话框进行设定，如图 1-11 所示。如果绘图的尺寸大部分都是设定值的整数倍，且容易分辨，可以设定该开关为开，保证精确绘图。开关按钮打开时成淡蓝色，关闭时成灰色。如果触发该开关，在状态行中的命令行上会显示“<捕捉 开>”或“<捕捉 关>”的提示信息。

可在极轴捕捉和栅格捕捉中选择一种方式。

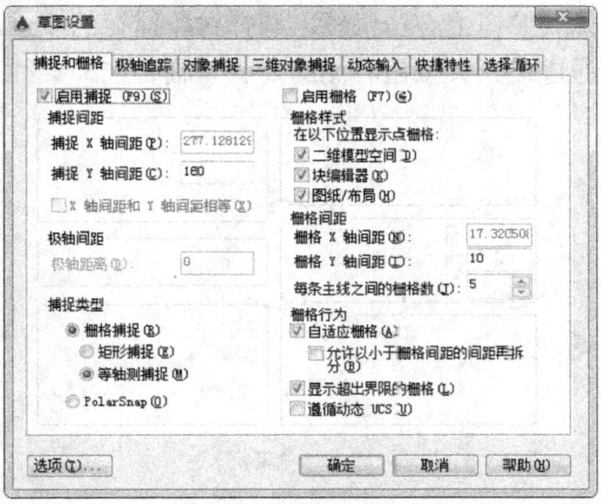

图 1-11 “草图设置”对话框

正交模式开关 ：用于控制用户所绘制的线或移动时的位置保持水平或垂直的方向。当对象捕捉开关打开时，如果捕捉到对象上的指定点，则正交模式暂时失效。开关按钮打开时成淡蓝色，关闭时成灰色。如果触发该开关，在状态行中的命令行上会显示“<正交 开>”或“<正交 关>”的提示信息。

极轴追踪开关 ：在用户绘图的过程中，系统将根据用户的设定，显示一条跟踪线，在跟踪线上可以移动光标进行精确绘图。可以通过其右侧的箭头，选择需要捕捉的角度范围。开关按钮打开时成淡蓝色，关闭时成灰色。如果触发该开关，在状态行中的命令行上会显示“<极轴 开>”或“<极轴 关>”的提示信息。如果打开极轴追踪绘图，当光标移到极轴附近时，系统将显示极轴，并显示光标当前的方位，如图 1-12 所示。

等轴测草图开关：通过该开关按钮，可以设置成等轴测图绘制模式。用户可以通过其右侧的箭头，在左、顶、右三个等轴测平面间进行切换，以便绘制不同平面内的图形，如图 1-13 所示。

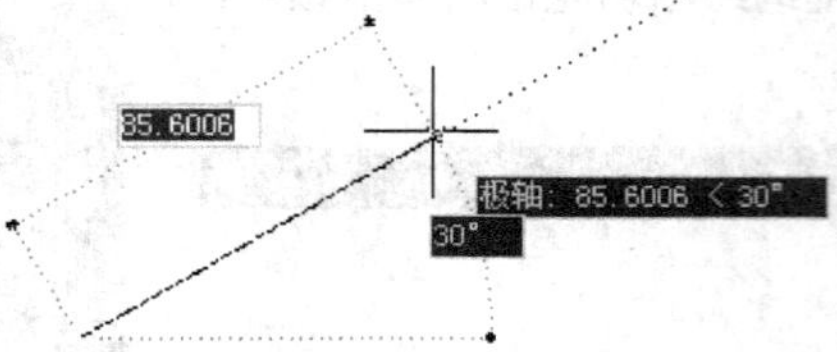

图 1-12　极轴追踪精确定位

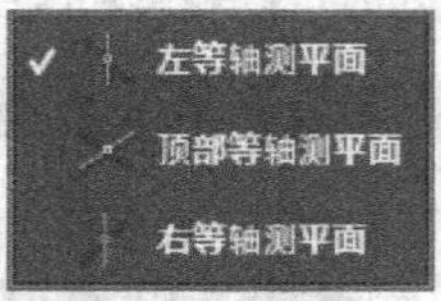

图 1-13　等轴测模式

对象追踪开关：该开关处于打开状态时，用户可以通过捕捉对象上的关键点，然后沿正交方向或极轴方向拖动光标，系统将显示光标当前位置与捕捉点之间的关系。找到符合要求的点时，直接点取。如图 1-14 所示，表示了捕捉圆心向下（270°）50.8983 单位的点。该开关按钮按下时为开，弹起时为关。如果触发该开关，在状态行中的命令行上会显示“<对象捕捉追踪 开>”或“<对象捕捉追踪 关>”的提示信息。

对象捕捉开关：通过对象捕捉可以精确地取得直线的端点、中点、垂足，圆或圆弧的圆心、切点、象限点等，这是精确绘图所必需的。该开关按钮打开时成淡蓝色，关闭时成灰色。如果触发该开关，在状态行中的命令行上会显示“<对象捕捉 开>”或“<对象捕捉 关>”的提示信息。在绘图过程中，如果设定了相应的对象捕捉模式并启用对象捕捉，提示输入点时，当光标移到对象上时，会显示系统自动捕捉的点。如果同时设定了多种捕捉功能，系统将首先显示离光标最近的捕捉点，此时移动光标到其他位置，系统将会显示其他捕捉的点。不同的提示形状表示了不同的捕捉点，详见“草图设置”对话框中的“对象捕捉”选项卡。如图 1-15 所示，虽然光标点在圆周上，但由于圆心捕捉功能打开了，所以绘制直线的终点在圆心上。用户可以在该开关按钮上右击鼠标，选择对象捕捉的模式。具体的设定和含义，将在本章后面详细介绍。用户可以通过该开关按钮右侧的箭头，临时选择某种点作为捕捉目标。对象捕捉项如图 1-16 所示。

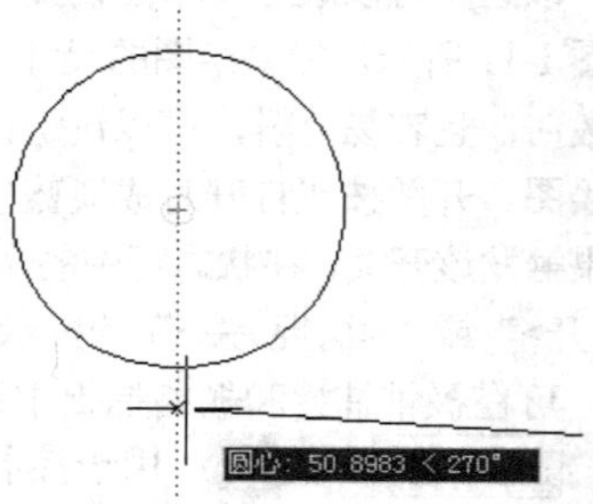

图 1-14　对象追踪

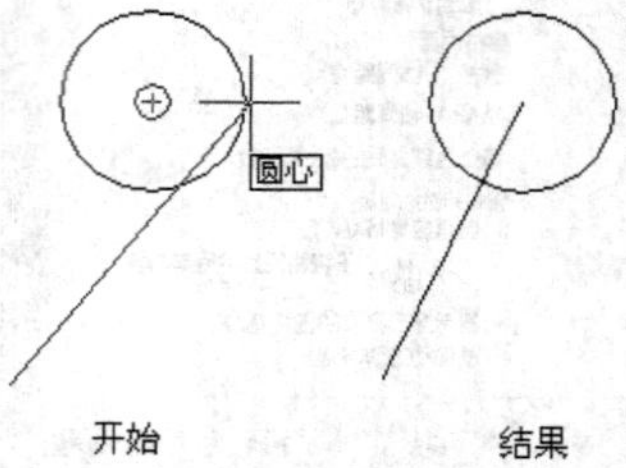

图 1-15　对象捕捉功能

显示/隐藏线宽开关：用户可在画图时直接为所画的对象指定其宽度或在图层中设定其宽度。显示线宽开关可以通过鼠标在状态栏单击或右击后选择“开/关”或通过“线宽设置”对话框来控制。如果触发该开关，在状态行中的命令行上会显示“<线宽>”的提示信息。当某对象被设定了线宽，同时该开关打开时，一般在屏幕上显示其宽度，如图 1-17 所示。

快捷特性开关：用于在图形中显示和更改任何对象的当前特性。如图 1-18 所示，如果打开了快捷特性开关，则在选择了对象后，弹出该对话框。

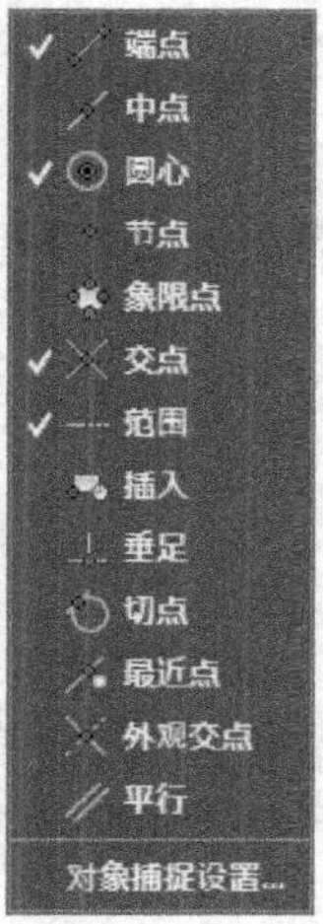

图 1-16　对象捕捉项

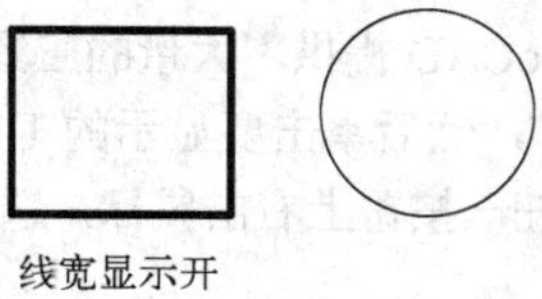

图 1-17　线宽特性

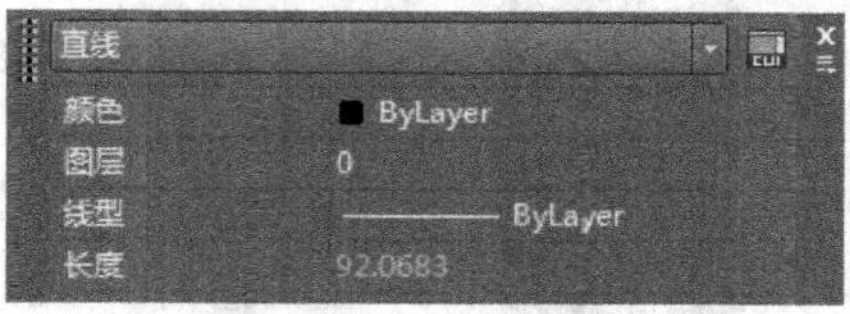

图 1-18　“快捷特性”对话框

模型/图纸开关：用于在模型空间和图纸空间之间切换。一般情况下，模型空间用于图形的绘制，图纸空间用于图纸布局，方便输出控制。系统处于模型空间和图纸空间时，显示的坐标系图标不同。控制进入模型或图纸空间，直接在状态栏的图纸/模型按钮上点取或在绘图窗口下的“模型/布局”卡上点取。模型空间如图 1-19 所示，图纸空间如图 1-20 所示。

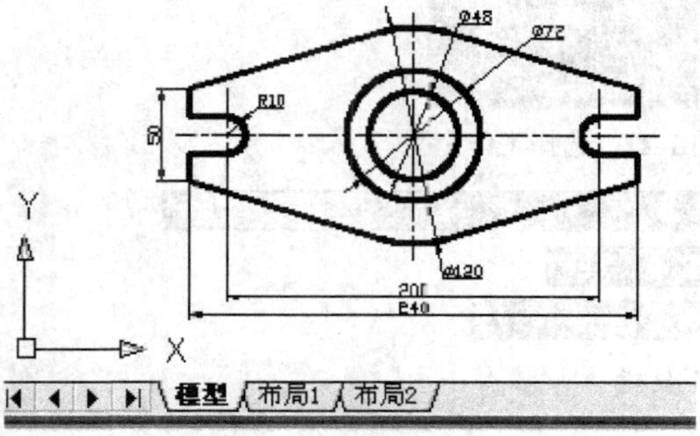

图 1-19　模型空间

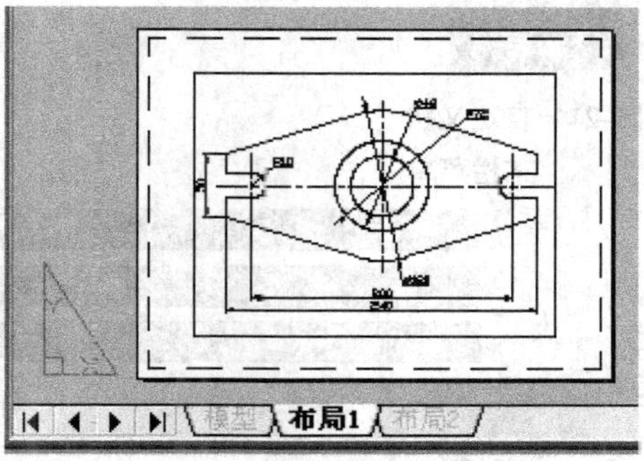

图 1-20　图纸空间

以上各状态开关的控制方法如下：

① 在状态行对应的按钮上单击。

② 通过功能键（见表 1-1）控制（图纸/模型除外）。

③ 在状态行对应的按钮上右击弹出快捷菜单后从中选择开/关。

④ 在状态行对应的按钮上右击鼠标选择“设置”，进入“草图设置”对话框进行设定。

⑤ 通过单击菜单“工具→草图设置”，进入“草图设置”对话框进行设定。

⑥ 执行命令“DSETTINGS”，进入“草图设置”对话框进行设定。

⑦ 通过在绘图区按住【Shift】键并右击鼠标，在弹出的菜单中选择“对象捕捉设置”，在弹出的“草图设置”对话框中进行设置。

⑧ 通过状态栏最右侧的“自定义”按钮设置。单击该按钮后，弹出如图 1-21 所示的菜单。

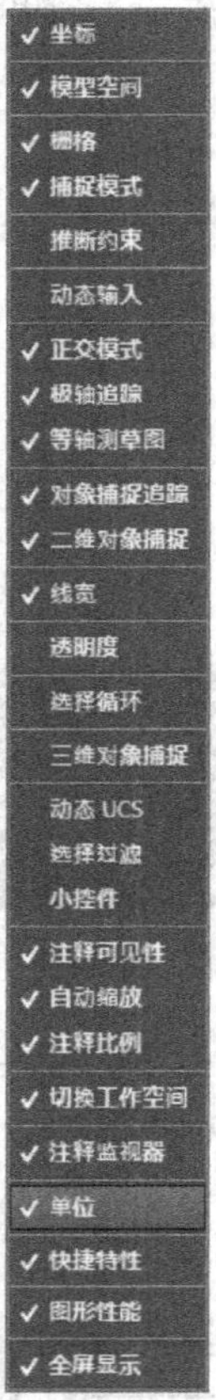

图 1-21 自定义状态栏菜单

其中，“对象捕捉”控制方法还有：

① 在绘图区按住【Shift】键并右击鼠标，弹出“对象捕捉”快捷菜单，从中选取。

② 在应用程序状态栏的“对象捕捉”按钮上右击鼠标，选择对象捕捉方式。

③ 打开“对象捕捉”工具栏，选择对象捕捉方式。

④ 通过键盘在提示输入坐标时，输入对象捕捉方式的全称或前三个字母。

⑤ 通过“对象捕捉”按钮右侧的箭头进行选择。

切换工作空间 ：在应用程序状态栏的中，可以设置当前工作空间，包括草图与注释、三维基础、三维建模等，如图 1-22 所示。

8. 工具栏

按照不同的功能，AutoCAD 提供了大量的工具栏，用户可以根据需要打开。单击菜单“工具→工具栏”，然后单击要显示的工具栏。也可以使用 CUI 编辑器显示工具栏。在工具栏任一按钮上右击鼠标，选择需要打开或关闭的工具栏。工具栏如图 1-23 所示。

移动鼠标到工具栏边框或分隔条上，按住并拖动，可以将工具栏拖到其他地方。当工具栏被拖到最左、上或右的位置时，自动变成长条状，并放置在靠边的位置。如果被拖到中间某个位置，可以通过单击按钮关闭。

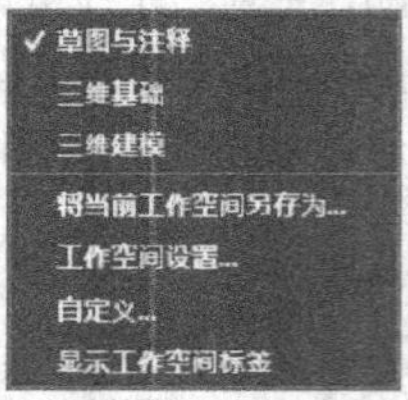

图 1-22 选择工作空间

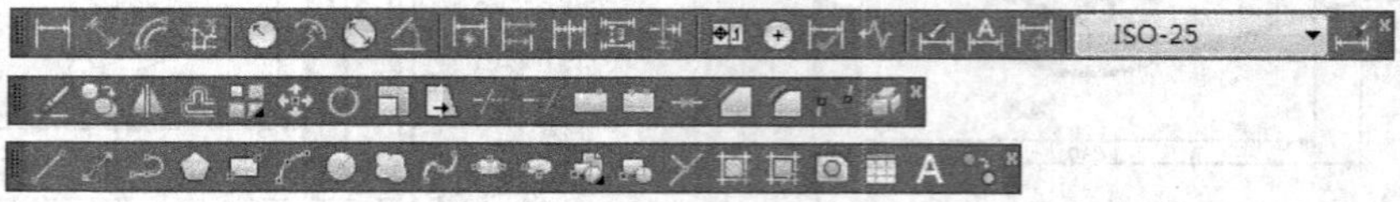

图 1-23 工具栏

9. 视口控件

在绘图区左上角是[-][俯视][二维线框] 控件。通过该控件，可以管理视图。设置视图观察方向和设置图形显示方式。用户单击相应的文字，将会弹出下拉菜单，选择对应的功能即可。

10. 视图方向

右上角的视图方向控件，提供了从不同的视角（方向）观察图形的功能。用户可以单击中间的表示观察方向的文字，调整视图方向，如图 1-24 所示。

11. 导航控制

右侧的导航控制控件，提供了平移、旋转、缩放等用于显示不同范围图形的功能，如图 1-25 所示。

12. 应用程序按钮

最左上角的一个红色的 A，是应用程序按钮。单击它后弹出如图 1-26 所示的菜单，提供了新建、打开、保存、输出、发布、打印等常用的功能。

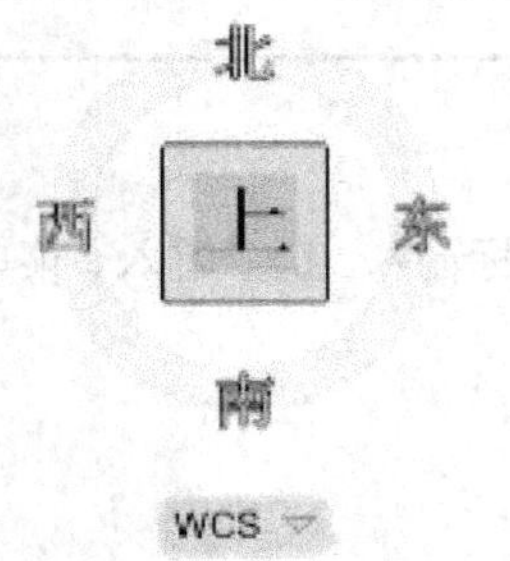

图 1-24 视图方向控件

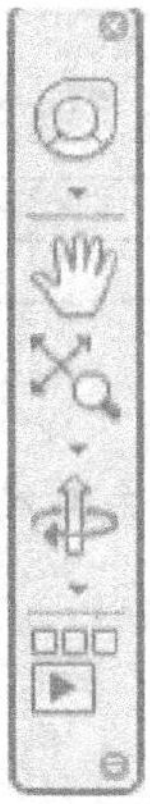

图 1-25 导航控制控件

图 1-26 应用程序按钮

1.4 AutoCAD 2015 中文版基本操作

1.4.1 按键定义

在 AutoCAD 2015 中定义了不少功能键和热键，可以快速实现指定功能。熟悉功能键和热键，可以简化不少操作。AutoCAD 2015 中定义的常用功能键如表 1-1 所示。

表 1-1 常用功能键定义

功 能 键	作 用	功 能 键	作 用
F1、Shift+F1	联机帮助（HELP）	Ctrl+C	将对象复制到剪贴板
F2	文本窗口开关（TEXTSCR）	Ctrl+Shift+C	使用基点将对象复制到剪贴板
F3、Ctrl+F	对象捕捉开关（OSNAP）	Ctrl+H	切换 PICKSTYLE
F4、Ctrl+T	数字化仪开关（TABLET）	Ctrl+I	切换 COORDS，状态栏坐标显示方式
F5、Ctrl+E	等轴测平面右/左/上转换开关（ISOPLANE）	Ctrl+J、Ctrl+M	重复上一个命令
F6、Ctrl+D	DUCS 开关	Ctrl+N	创建新图形
F7、Ctrl+G	栅格显示开关（GRID）	Ctrl+O	打开现有图形
F8、Ctrl+L	正交模式开关（ORTHO）	Ctrl+P	打印当前图形
F9、Ctrl+B	捕捉模式开关（SNAP）	Ctrl+R	在布局视口之间循环
F10、Ctrl+U	极轴开关	Ctrl+S	保存当前图形
F11、Ctrl+W	对象捕捉追踪开关	Ctrl+Shift+S	弹出“另存为”对话框
F12	DYN 动态输入开关	Ctrl+V	粘贴剪贴板中的数据
Ctrl+0	切换“清除屏幕”	Ctrl+Shift+V	将剪贴板中的数据粘贴为块
Ctrl+1	切换“特性”选项板	Ctrl+X	将对象剪切到剪贴板
Ctrl+2	切换设计中心	Ctrl+Y	取消前面的“放弃”动作
Ctrl+3	切换“工具选项板”窗口	Ctrl+Z	撤销上一个操作
Ctrl+4	切换“图纸集管理器”	Ctrl+[、Ctrl+\	取消当前命令
Ctrl+5	切换“信息选项板”	Ctrl+Page Up	移至当前选项卡左边的下一个布局选项卡
Ctrl+6	切换“数据库连接管理器”	Ctrl+Page Down	移至当前选项卡右边的下一个布局选项卡

续表

功 能 键	作 用	功 能 键	作 用
Ctrl+7	切换“标记集管理器”	Ctrl+	选择实体时可以循环选取，选择打开文件时可以间隔选取
Ctrl+8	切换“快速计算器”选项板	Shift+	选择文件时可以连续选取
Ctrl+9	切换命令窗口	Alt+	启动热键
Ctrl+A	选择图形中的对象	空格、回车	重复执行上一次命令，在输入文字时空格键不同于回车键
Ctrl+Shift+A	切换组	Esc	中断命令执行
Ctrl+F4	关闭 AutoCAD		

1.4.2 命令输入方式

AutoCAD 交互绘图必须输入必要的指令和参数。命令输入方式包括鼠标输入、键盘输入、菜单输入及按钮输入。

1. 鼠标输入命令

下面介绍常见的鼠标输入方式。

（1）鼠标左键。当鼠标移到绘图区以外的地方时，鼠标指针变成一箭头，此时可以用鼠标左键选择命令或移动滑块或选择命令提示区中的文字等。在绘图区，当光标成十字形时，可以在屏幕绘图区按下左键，相当于输入该点的坐标；当光标成小方块时，可以用鼠标左键选取实体（具体选择方式在第 4 章详细介绍）。

（2）鼠标右键。在不同的区域右击，弹出不同的快捷菜单，图 1-27 列出了部分常用的右键菜单。如按【Shift】+鼠标右键，打开“对象捕捉”快捷菜单。

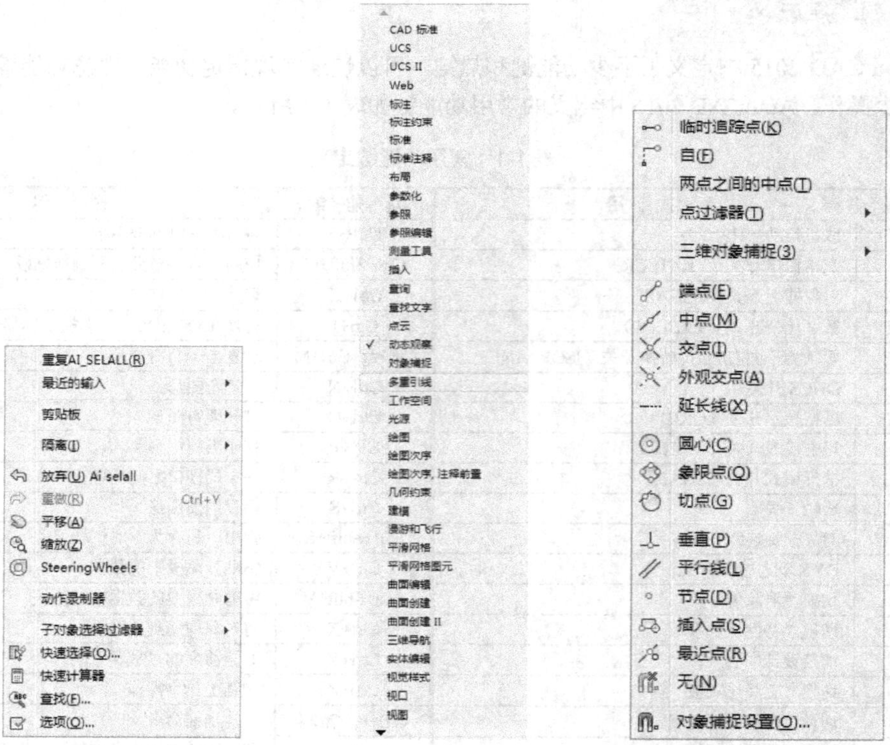

绘图区　　工具栏　　【Shift】+鼠标右键

图 1-27 在不同的区域右击鼠标弹出不同的菜单

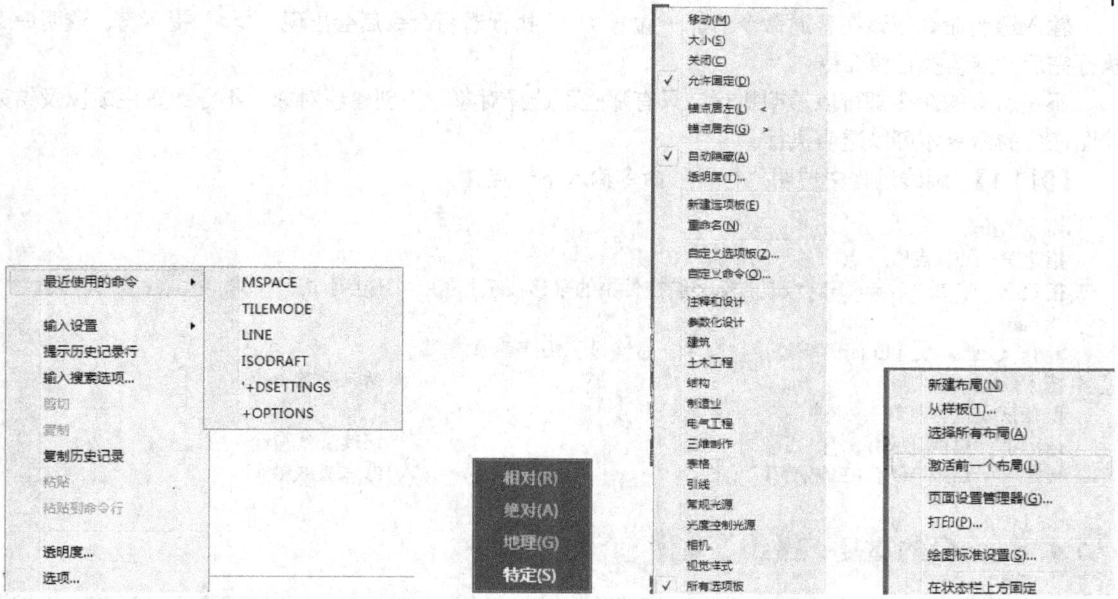

命令行　　状态栏（坐标）　　选项卡　　模型布局卡

图 1-27　在不同的区域右击鼠标弹出不同的菜单（续）

2．键盘输入命令

所有的命令均可以通过键盘输入（不分大小写）。对一些不常用的命令，在打开的选项卡、面板、工具栏或在菜单中找不到，可以通过键盘直接输入命令。对命令提示中必须输入的参数，较多的是通过键盘输入。

部分命令通过键盘输入时可以缩写，此时可以只输入很少的字母即可执行该命令。如“Circle”命令的缩写为“C”（不分大小写）。用户可以定义自己的命令缩写。

在大多数情况下，直接输入命令会打开相应的对话框。如果不想使用对话框，可以在命令前加上“-”，如“-Layer”，此时不打开“图层特性管理器”对话框，而是显示等价的命令行提示信息，同样可以对图层特性进行设定。

3．选项卡和面板输入命令

这是最直观的输入方式。在 AutoCAD 默认界面的上方是选项卡，选择不同的选项卡后出现对应的面板及其按钮。单击选项卡或面板中的按钮，即执行相应的命令。

4．菜单输入命令

通过鼠标左键在主菜单中点取下拉菜单，再移动到相应的菜单条上点取对应的命令。如果有下一级子菜单，则移动到菜单条后略停顿，自动弹出下一级子菜单，移动光标到对应的命令上点取即可。

如果使用快捷菜单，右击鼠标弹出快捷菜单，移动鼠标到对应的菜单项上点取即可。

通过快捷键输入菜单命令，可用【Alt】键和菜单中的带下划线字母或光标移动键选择菜单条和命令，再按回车键即可。

1.4.3　透明命令

在其他的命令执行过程中运行的命令称为透明命令。透明命令一般用于环境的设置或辅助绘图。

输入透明命令应该在普通命令前加一撇号（'），执行透明命令后会出现 “>>”提示符。透明命令执行完后，继续执行原命令。

不是所有的命令都可以透明执行，只有那些不选择对象、不创建新对象、不导致重生成以及结束绘图任务的命令才可以透明执行。

【例 1.1】 画线过程中透明执行平移命令输入下一点。

```
命令: _line
指定第一点: 点取一点
指定下一点或 [放弃(U)]: 点取右侧导航控件中的平移按钮          透明执行平移命令
 '_pan
>>按【Esc】或【Enter】键退出，或单击右键显示快捷菜单。
按【Esc】键                                                结束平移命令
正在恢复执行 LINE 命令。
指定下一点或 [放弃(U)]: 点取另一点                          继续直线命令
指定下一点或 [闭合(C)/放弃(U)]: ↙                           结束直线绘制
```

1.4.4 命令的重复、撤销、重做

在绘图的过程中经常要重复、撤销或重做某一条命令。在 AutoCAD 中完成命令的重复、撤销、重做是非常容易的。

1．命令的重复

命令重复执行有下列方法：

（1）按回车键或空格键可以快速重复执行上一条命令。

（2）在绘图区右击鼠标选择“重复 XXX 命令”执行上一条命令。

（3）在命令提示区或文本窗口中右击鼠标，在弹出的快捷菜单中选择“近期使用的命令”，可选择最近执行的六条命令之一重复执行。

（4）在命令提示行中输入“MULTIPLE”，在下一个提示后输入要执行的命令，将会重复执行该命令直到按【Esc】键为止。

2．命令的撤销

正在执行的命令可以用下面的方法撤销：

（1）用户可以按【Esc】键或【Ctrl+Break】、【Ctrl+[]、【Ctrl+\】组合键中断正在执行的命令，如取消对话框，废除一些命令的执行，个别命令例外。但在某些命令中，并不取消该命令已经执行完的部分。例如，执行画线命令已经绘制了连续的几条线，再按【Esc】键，此时中断画线命令，不再继续，但已经绘制好的线条被保留。

（2）连续按两次【Esc】键可以终止绝大多数命令的执行，回到“命令：”提示状态。编程时，往往要使用^C^C 两次。连续按两次【Esc】键也可以取消夹点编辑方式显示的夹点。

（3）采用 U、Undo 及其组合，可以撤销前面执行的命令直到存盘时或开始绘图时的状态，同样可以撤销指定的若干次命令或回到做好的标记处。

（4）撤销命令可通过键盘输入 U（不带参数选项）或 UNDO（可带有不同的参数选项）命令或选择“编辑→撤销”菜单命令。或者通过点取按钮或按【Ctrl+Z】组合键来完成。

3．命令的重做

已被撤销的命令还可以恢复重做。要恢复撤销的最后一个命令，可以输入 REDO 或选择“编辑→

重做”菜单命令来执行，不过，重做命令仅限恢复最近的一个命令，无法恢复以前被撤销的命令。如果是刚用 U 命令撤销的命令，可以用【Ctrl+Y】组合键重做。

1.4.5　坐标输入

通过键盘可以精确输入坐标。输入坐标时，一般显示在命令提示行。如果动态输入开关打开，可以在图形上的动态输入文本框中输入数值，通过【Tab】键在字段之间切换。键盘输入坐标常用的方法有以下几种。

1．直角坐标

（1）绝对直角坐标：输入点的(X, Y, Z)坐标，在二维图形中，Z 坐标可以省略。如“**10,20**”指点的坐标为(10,20,0)。

（2）相对直角坐标：输入相对坐标，必须在前面加上“@”符号，如“**@10,20**”指该点相对于当前点，沿 X 方向移动 10，沿 Y 方向移动 20。

2．极坐标

（1）绝对极坐标：给定距离和角度，在距离和角度中间加一个“<”符号，且规定 X 轴正向 0°，Y 轴正向 90°。例如，“**20<30**”指距原点 20、方向 30°的点。

（2）相对极坐标：在距离前加“@”符号，如“**@20<30**”，指输入的点距上一点的距离为 20，和上一点的连线与 X 轴成 30°。

通过鼠标指定坐标，只需在对应的坐标点上点取即可。图 1-28 表示了 4 种坐标定义。

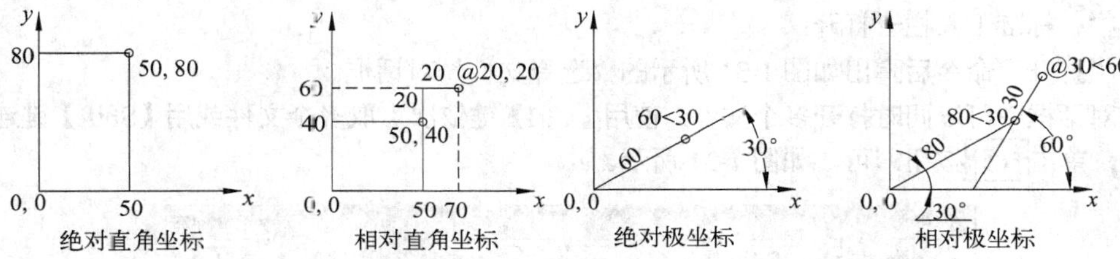

图 1-28　4 种坐标图例

1.5　文件操作命令

文件操作包括新建、打开、保存、赋名存盘等。

1.5.1　新建文件

开始绘制一幅新图，首先应该新建文件。

命令：NEW、QNEW

功能区：快速访问工具栏→新建

菜单：文件→新建

工具栏：标准工具栏→新建

“新建”菜单如图 1-29 所示。执行“新建”命令，弹出如图 1-30 所示的“选择样板”对话框。系统默认的是“acadiso.dwt”，用户可以选择合适的样板。单击“打开”按钮继续。

图 1-29 “新建”菜单

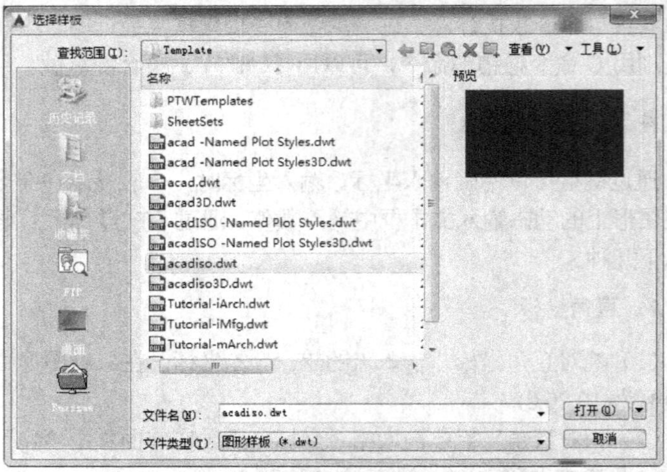

图 1-30 “选择样板”对话框

1.5.2 打开文件

如果对已有的文件编辑或浏览，首先应打开文件。

命令：OPEN

功能区：快速访问工具栏→打开

菜单：文件→打开

工具栏：标准工具栏→打开

执行“打开”命令后弹出如图 1-31 所示的“选择文件”对话框。

在该对话框中可以同时打开多个文件。使用【Ctrl】键依次点取多个文件或用【Shift】键连续选中多个文件，单击打开按钮即可，如图 1-31 所示。

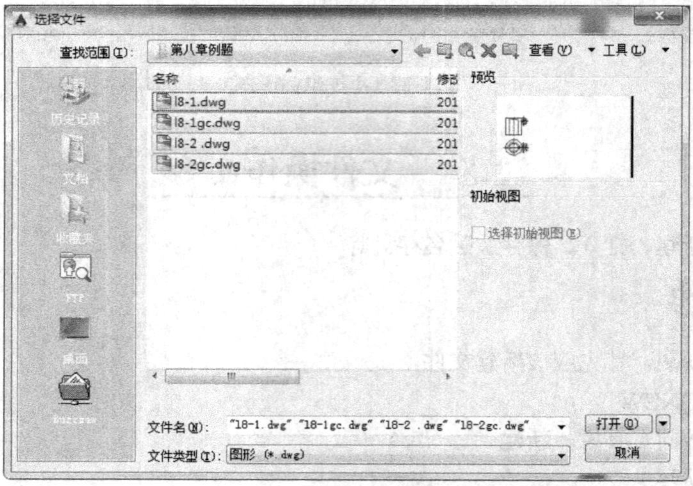

图 1-31 同时打开多个文件

以只读方式打开文件。单击打开按钮右侧的向下小箭头，选中“以只读方式打开”后，打开的文件不可被更改，即只能读不能改。可打开的文件类型包括图形“dwg”、标准“dws”、“dxf”和图形样板“dwt”。

1.5.3　保存文件

对文件进行了有效的编辑后，必须存盘保留已经编辑的文件。

命令：SAVE、QSAVE

功能区：快速访问工具栏→保存

菜单：文件→保存

工具栏：标准工具栏→保存

如果对所编辑的图形文件已经取过名字，则不进行任何提示，系统直接将图形以当前文件名存盘；如果未取名，将“Drawing”加上序号作为预设的文件名，该序号系统自动检测，在现有的最大序号上加 1，并且弹出如“赋名存盘”一样的对话框，以让用户确认文件后保存，操作过程见 1.5.4 节“赋名存盘”。

1.5.4　赋名存盘

如果想对编辑的文件另取名称保存，应执行赋名存盘。

命令：SAVEAS

功能区：快速访问工具栏→另存为

菜单：文件→另存为

执行该命令后，弹出如图 1-32 所示的“图形另存为”对话框。

在“文件名”文本框中输入图形文件名，单击保存按钮，即可将编辑的图形以该文件保存。

如果想改变文件存放的位置，可以使用最上一行按钮。点取“保存于（I）”下拉列表框右侧的向下小箭头，弹出目录后，点取希望的目录即可。如果希望以其他格式（DXF、DWT、DWS 等）存盘，在“文件类型”中选取。

图 1-32　“图形另存为”对话框

如果单击最上一排最后的“工具”下拉列表并选择“选项…”项，将弹出如图 1-33 或图 1-34 所示的对话框，可设定 DWG 和 DXF 文件格式。

其中，“所有图形另存为”下拉列表框可以让用户选择存储的格式，格式和 AutoCAD 版本有关。例如，用 AutoCAD 2015 中文版绘制的图形希望 AutoCAD 2004 能够读取，可以选择另存为“AutoCAD 2004/LT2004 图形（*.dwg）”。

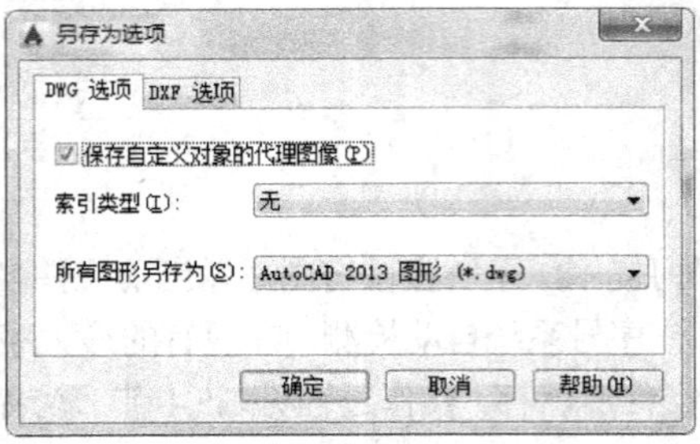

图 1-33　DWG 选项

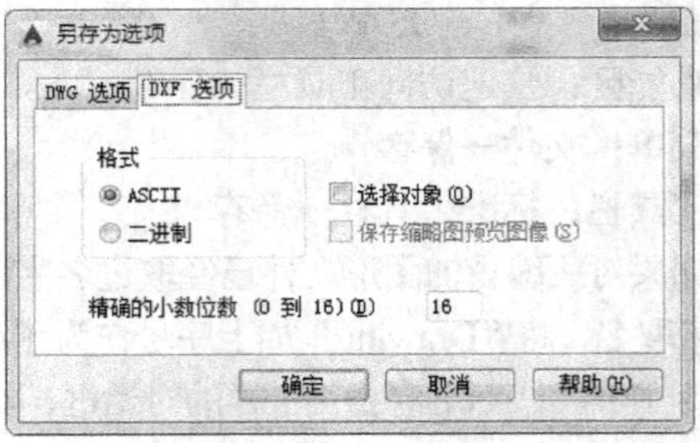

图 1-34　DXF 选项

DXF 文件格式是一种通用的数据交换文件，很多的应用程序都支持该格式。其中，各项含义如下。

- 格式：在对话框中可以设定 DXF 文件的格式为 ASCII 或二进制。
- 选择对象：需要存储的对象是全部还是重新选择。
- 精度的小数位数：选择保存数据时的精度，默认为 16 位小数。

1.5.5　输出数据

编辑的文件可以转换成其他格式文件数据供其他软件读取。AutoCAD 2015 提供了多种输出格式，如图 1-35 所示。

命令：EXPORT

功能区：快速访问工具栏→输出

选项卡：输出

可以选择输出的格式，包括 DWF、PDF、DGN 以及如图 1-36 所示的其他格式。

在该对话框中可以选择不同的存储格式。同样可以改变存储目录。对部分格式，允许设定其中的选项。

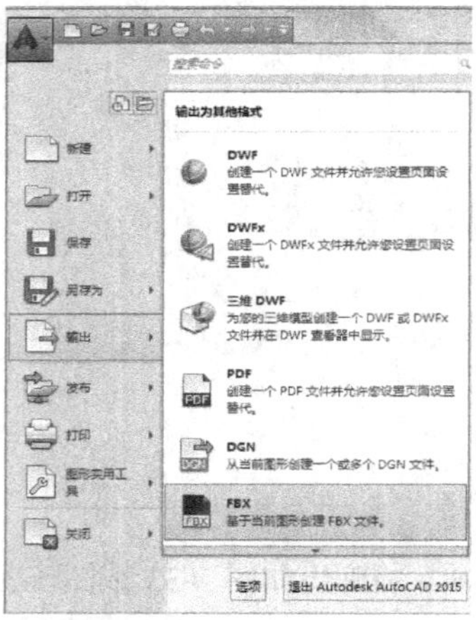

图 1-35　“输出”菜单

图 1-36　“输出数据”对话框

1.6　帮 助 信 息

“帮助信息”按钮如图 1-37 所示。

图 1-37　“帮助信息”按钮

命令： HELP、？

按钮： 帮助工具栏→?

功能区： 帮助

快捷键： F1

获得帮助可以在帮助目录中按照目录查找或在帮助索引中通过关键词查找相关信息，也可以搜索或使用自己添加的个人喜好内容。“帮助”对话框如图 1-38 所示。

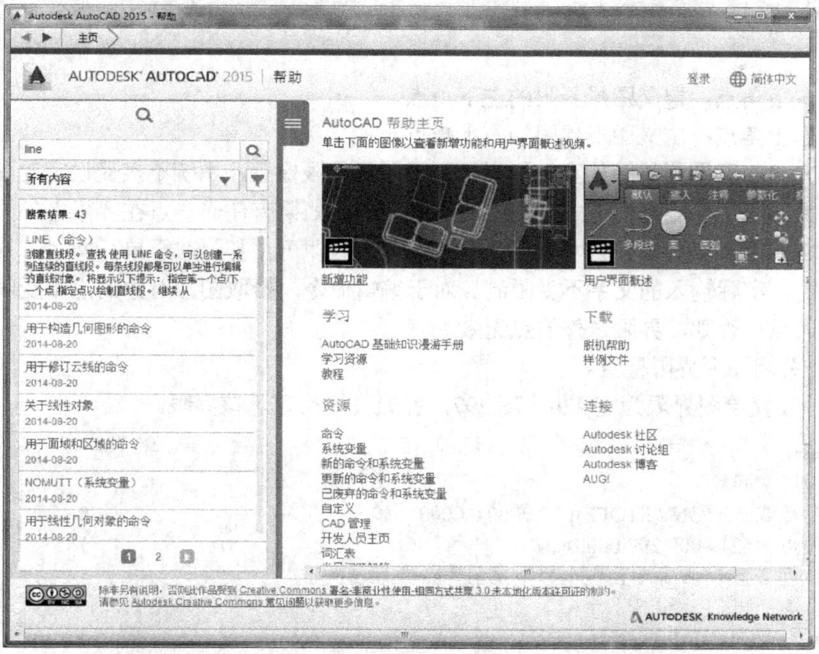

图 1-38　“帮助”对话框

对只需要学习 AutoCAD 2015 新功能的用户，可以通过“新功能学习专题”快速掌握 AutoCAD 2015 的新的特性。执行“帮助→新增功能”命令，将会在浏览器中显示新增功能的视频介绍。

1.7　绘图环境设置

在正确安装 AutoCAD 2015 中文版之后，即可运行并进行图形绘制了。但用户往往会发现，很多的地方并不符合自己的愿望。例如，希望绘图时的精度为 2 位小数，显示出来的却是 4 位小数；希望不仅能捕捉预定角度的极轴，而且能捕捉 20°的极轴；希望屏幕背景为白色，默认颜色却是黑色；希望能够自动捕捉直线的端点、终点、垂足等。这些都和图形绘制的环境有关。

设置了合适的绘图环境，不仅可以简化大量的调整、修改工作，而且有利于统一格式，便于图形的管理和使用。下面介绍图形环境设置方面的知识，其中包括图形界限、单位、图层、颜色、线型、线宽、草图设置、选项设置等。

1.7.1 图形界限 LIMITS

图形界限是绘图的范围，相当于手工绘图时图纸的大小。设定合适的图形界限，有利于确定图形绘制的大小、比例、图形之间的距离，有利于检查图形是否超出“图框”。

命令：LIMITS

菜单：格式→图形界限

命令及提示：

```
命令: '_limits
重新设置模型空间界限:
指定左下角点或 [开(ON)/关(OFF)] <0.0000,0.0000>:
指定右上角点 <XXX,XXX>:
```

参数：

（1）指定左下角点：定义图形界限的左下角点。

（2）指定右上角点：定义图形界限的右上角点。

（3）开(ON)：打开图形界限检查。如果打开了图形界限检查，系统不接受设定的图形界限之外的点输入，但对具体的情况检查的方式不同。例如对直线，如果有任何一点在界限之外，均无法绘制该直线。对圆、文字而言，只要圆心、起点在界限范围之内即可，甚至对于单行文字，只要定义的文字起点在界限之内，实际输入的文字不受限制。对于编辑命令，拾取图形对象的点不受限制，除非拾取点同时作为输入点，否则，界限之外的点无效。

关(OFF)：关闭图形界限检查。

【例 1.2】 设置绘图界限为宽 420、高 297，并通过栅格显示该界限。

```
命令: '_limits
重新设置模型空间界限:
指定左下角点或 [开(ON)/关(OFF)] <0.0000,0.0000>: ↙
指定右上角点 <421.0000,297.0000>: ↙
一般立即执行 ZOOM A 命令使整个界限显示在屏幕上。

命令: zoom
指定窗口的角点，输入比例因子 (nX 或 nXP)，或者
[全部(A)/中心(C)/动态(D)/范围(E)/上一个(P)/比例(S)/窗口(W)/对象(O)] <实时>: a↙
正在重生成模型。
命令: 按【F7】键 <栅格 开>                                    显示界限
```

1.7.2 单位 UNITS

对任何图形而言，总有其大小、精度以及采用的单位。在 AutoCAD 中，在屏幕上显示的只是屏幕单位，但屏幕单位应该对应一个真实的单位。不同的单位，其显示格式是不同的。同样，也可以设定或选择角度类型、精度和方向。如果是通过向导并进行了快速设置或高级设置，则应该已经选择了单位及精度等。下面介绍如何通过命令进行设定或修改。

命令：UNITS

功能区：快速访问工具栏→图形实用工具→单位

菜单：格式→单位

执行该命令后，弹出如图 1-39 所示的“图形单位”对话框。

该对话框中包含长度、角度、插入时的缩放单位、输出样例及光源 5 个区。另外有 4 个按钮。

(1)**“长度”区**：设定长度的单位类型及精度。

- 类型：通过下拉列表框，可以选择长度单位类型。
- 精度：通过下拉列表框，可以选择长度精度。

(2)**“角度”区**：设定角度单位类型和精度。

- 类型：通过下拉列表框，可以选择角度单位类型。
- 精度：通过下拉列表框，可以选择角度精度。
- 顺时针：控制角度方向的正负。选中该复选框时，顺时针为正，否则，逆时针为正。默认逆时针为正。

(3)**“插入时的缩放单位”区**：控制当插入一个块时，其单位如何换算。可以通过下拉列表框选择一种单位。

(4)**“光源”区**：用于指定光源强度的单位。可以在“国际、美国、常规”中选择其一。

下面有 4 个按钮，其中方向按钮用于设定角度方向。单击该按钮后，弹出如图 1-40 所示的“方向控制”对话框。在该对话框中可以设定基准角度方向，默认 0°为东的方向。如果要设定除东、南、西、北 4 个方向以外的方向作为 0°方向，可以单击“其他”单选框。此时下面的“拾取/输入”度项为有效，用户可以单击“拾取”按钮，进入绘图界面点取某方向作为 0°方向或直接输入某角度作为 0°方向。

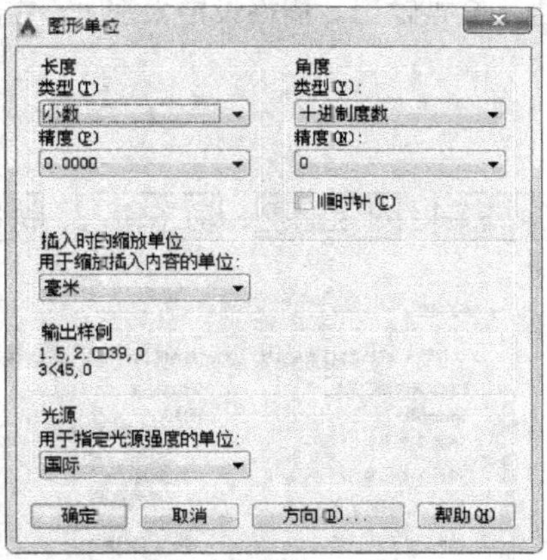

图 1-39　“图形单位”对话框

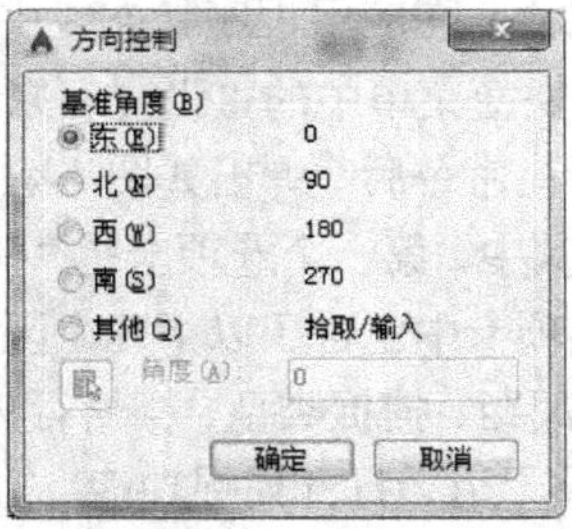

图 1-40　“方向控制”对话框

如果输入命令“-UNITS”，则弹出“命令文本”窗口，上面对话框中出现的内容通过列表示例以及可选菜单形式提供选择。“命令文本”提示信息如下：

```
命令: -units
报告格式:         (样例)
 1. 科学     1.55E+01
 2. 小数     15.50
 3. 工程     1'-3.50"
 4. 建筑     1'-3 1/2"
 5. 分数     15 1/2
除了工程和建筑以外，这些格式都可以与任何基本测量单位一起使用。
```

```
例如，小数模式既可使用英制单位，也可使用公制单位。
输入选择 1～5 <2>:  输入小数位数 (0～8) <4>:
角度测量系统:          (样例)
  1.  十进制度数             45.0000
  2.  度/分/秒    45d0'0"
  3.  百分度                 50.0000g
  4.  弧度                   0.7854r
  5.  勘测单位               N 45d0'0" E
输入选择 1～5 <1>:
输入角度显示的小数位数 (0～8) <0>:
角度方向 0:
    东     3 点  =   0
    北    12 点  =   90
    西     9 点  =   180
    南     6 点  =   270
输入角度的起始方向 0 <0>:
顺时针测量角度？[是(Y)/否(N)] <N>
```

可以在状态栏中单击

选择单位格式。

1.7.3 捕捉 SNAP 和栅格 GRID

捕捉和栅格提供了一种精确绘图工具。通过捕捉可以将屏幕上的拾取点锁定在特定的位置上，而这些位置，隐含了间隔捕捉点。栅格是在屏幕上可以显示出来的具有指定间距的点，这些点只是在绘图时提供一种参考作用，其本身不是图形的组成部分，也不会被输出。栅格设定太密时，在屏幕上显示不出来。可以设定捕捉点为栅格点。

命令： DSETTINGS

菜单： 工具→草图设置

状态栏： 在应用程序状态栏中右击栅格、捕捉、极轴追踪、对象捕捉、动态输入、快捷特性等按钮选择快捷菜单中的“设置”来进行设置。

执行该命令后，弹出如图 1-41 所示的“草图设置”对话框。其中，第一个选项卡是“捕捉和栅格”选项卡。

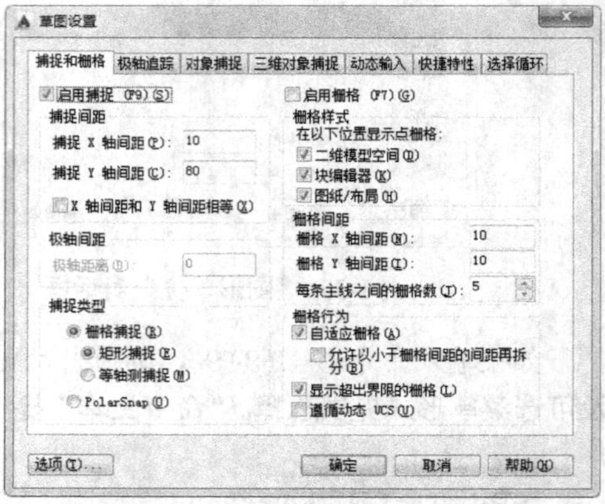

图 1-41 “捕捉和栅格”选项卡

该选项卡中包含了以下几个区：捕捉间距、栅格间距、极轴间距、捕捉类型、栅格行为、栅格样式。其中，“启用捕捉”用于打开捕捉功能，“启用栅格”用于打开栅格显示。

1. 捕捉间距

- 捕捉 X 轴间距：设定捕捉在 X 方向上的间距。
- 捕捉 Y 轴间距：设定捕捉在 Y 方向上的间距。
- X 轴间距和 Y 轴间距相等(X)：设定两间距相等。

2. 栅格间距

- 栅格 X 轴间距：设定栅格在 X 方向上的间距。
- 栅格 Y 轴间距：设定栅格在 Y 方向上的间距。
- 每条主线之间的栅格数（I）：指定主栅格线相对于次栅格线的频率。

3．极轴间距

极轴距离设定在极轴捕捉模式下的极轴间距。选定“捕捉类型”为“PolarSnap”（极轴捕捉）时，该项可设。如果该值为 0，则 PolarSnap 距离采用“捕捉 X 轴间距”的值。“极轴距离”设置与极坐标追踪和/或对象捕捉追踪结合使用。如果两个追踪功能都未启用，则“极轴距离”设置无效。

4．捕捉类型

- 栅格捕捉：设定成栅格捕捉，分成矩形捕捉和等轴测捕捉两种方式。

（1）矩形捕捉——X 和 Y 成 90°的捕捉格式。

（2）等轴测捕捉——设定成正等轴测捕捉方式。

图 1-42 显示了栅格捕捉状态下 30°角和等轴测捕捉模式下的屏幕示例。

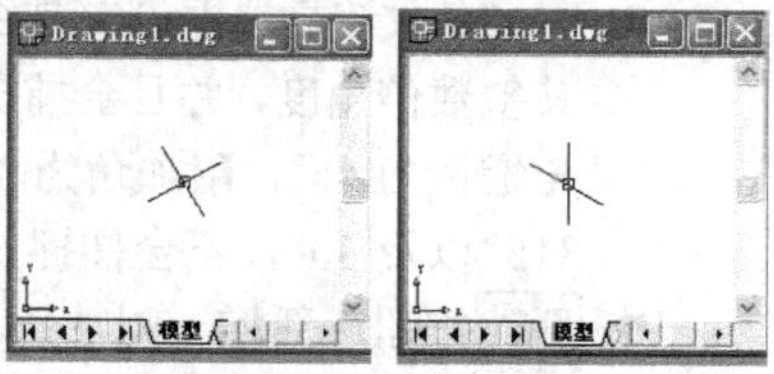

栅格捕捉(30°)　　等轴测捕捉

图 1-42　栅格捕捉和等轴测捕捉屏幕

在等轴测捕捉模式下，可以通过【F5】键或【Ctrl+D】组合键在三个轴测平面之间切换。

- PolarSnap 极轴捕捉：设定成极轴捕捉模式，点取该项后，极轴间距有效，而捕捉区无效。

5．栅格行为

- 自适应栅格：并可以设置成允许以小于栅格间距的间距再拆分。
- 显示超出界限的栅格：可以设置是否显示超出界限部分的栅格。一般不显示，则有栅格的部分为界限内的范围。
- 遵循动态 UCS：设置栅格是否跟随动态 UCS。

6．栅格样式

用于设置在哪些界面下显示栅格。可以勾选。选项包括二维模型空间、块编辑器、图纸/布局。

7．选项按钮

单击该按钮，将弹出“选项”对话框。有关“选项”对话框的操作将在 1.7.10 节中介绍。

1.7.4　极轴追踪

利用极轴追踪可以在设定的极轴角度上根据提示精确移动光标。极轴追踪提供了一种拾取特殊角度上点的方法。

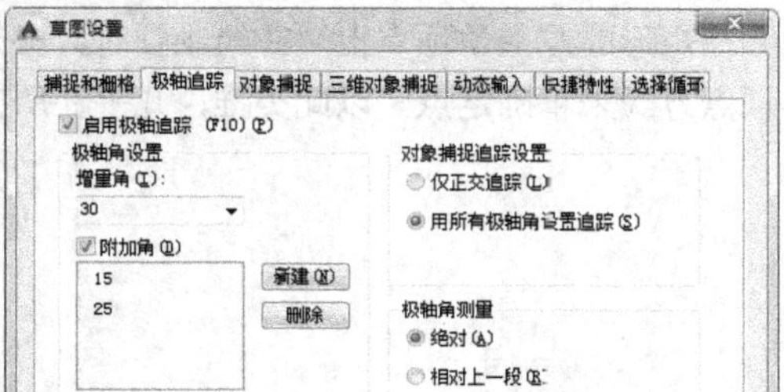

图 1-43　“极轴追踪”选项卡

命令：DSETTINGS

菜单：工具→草图设置

状态栏：执行命令 DSETTINGS 或在状态栏中右击栅格、捕捉、极轴追踪、对象捕捉、动态输入、快捷特性等按钮选择快捷菜单中的“设置”来进行设置。

“草图设置”对话框中的“极轴追踪”选项卡如图 1-43 所示。

该选项卡中包含了“启用极轴追踪”复选框，“极轴角设置”、“对象捕捉追踪设置”和“极轴角测量”三个区。

（1）启用极轴追踪：该复选框控制在绘图时是否使用极轴追踪。

（2）“极轴角设置”区。

- 角增量：设置角度增量大小。默认为 90°，即捕捉 90°的整数倍角度：0°、90°、180°、270°。用户可以通过下拉列表选择其他的预设角度，也可以输入新的角度。绘图时，当光标移到设定的角度及其整数倍角度附近时，自动被“吸”过去并显示极轴和当前方位。
- 附加角：该复选框设定是否启用附加角。附加角和角增量不同，在极轴追踪中会捕捉角增量及其整数倍角度，并且会捕捉附加角设定的角度，但不一定捕捉附加角的整数倍角度。如设定了角增量为 45°，附加角为 30°，则自动捕捉的角度为 0°、45°、90°、135°、180°、225°、270°、315°以及 30°，不会捕捉 60°、120°、240°、300°。
- 新建按钮：新增一附加角。
- 删除按钮：删除一选定的附加角。

（3）“对象捕捉追踪设置”区。

- 仅正交追踪：仅仅在对象捕捉追踪时采用正交方式。
- 用所有极轴角设置追踪：在对象捕捉追踪时采用所有极轴角。

（4）“极轴角测量”区。

- 绝对：设置极轴角为绝对角度，在极轴显示时有明确的提示。
- 相对上一段：设置极轴角为相对于上一段的角度，在极轴显示时有明确的提示。

注意：

在绘图过程中，如果希望鼠标在指定的方向上，则可以临时输入“<XX”来设定。例如在执行 LINE 命令中，输入第二点前输入“<17”并回车，则在点取第二点时鼠标指引线将会被限制在 17°和 197°方向上。该方法可以用在已知第一点而需要确定另一点以便得到长度或方向时。该方法称为“角度替代”。

【例 1.3】 绘制一对角线长 300、对角线角度为 39°的矩形。

命令: **RECTANG↙**	下达矩形命令
指定第一个角点或 [倒角(C)/标高(E)/圆角(F)/厚度(T)/宽度(W)]: **100,100 ↙**	输入第一个角点坐标
指定另一个角点或 [面积(A)/尺寸(D)/旋转(R)]: **<39↙**	输入替代角度
角度替代: **39**	
指定另一个角点或 [面积(A)/尺寸(D)/旋转(R)]: **300↙**	输入对角线长度

1.7.5 对象捕捉 OSNAP

绘制的图形各组成元素之间一般不会是孤立的，而是相互关联的。例如，一个图形中有一矩形和一个圆，该圆和矩形之间的相对位置必须确定。如果圆心在矩形的左上角顶点上，在绘制圆时，必须以矩形的该顶点为圆心来绘制，这里就应采用捕捉矩形顶点方式来精确定点。以此类推，几乎在所有的图形中，都会频繁涉及对象捕捉。

1. 对象捕捉模式

对不同的对象可以设置不同的捕捉模式。

命令： DSETTINGS、OSNAP

菜单： 工具→草图设置

状态栏： 在状态栏中右击栅格、捕捉、极轴追踪、对象捕捉、动态输入、快捷特性等按钮选择快捷菜单中的“设置”，“草图设置”对话框中的“对象捕捉”选项卡如图 1-44 所示。

“对象捕捉”选项卡中包含了“启用对象捕捉”、“启用对象捕捉追踪”两个复选框，以及“对象捕捉模式”区。

（1）启用对象捕捉：控制是否启用对象捕捉。

（2）启用对象捕捉追踪：控制是否启用对象捕捉追踪。如图 1-45 所示，捕捉该正六边形的中心。可以打开对象捕捉追踪，然后在输入点的提示下，首先将光标移到直线 A 上，出现中点提示后，将光标移到端点 B 上，出现端点提示后，向左移到中心位置附近，出现如图 1-45 所示的提示后点取，该点即是中心点。

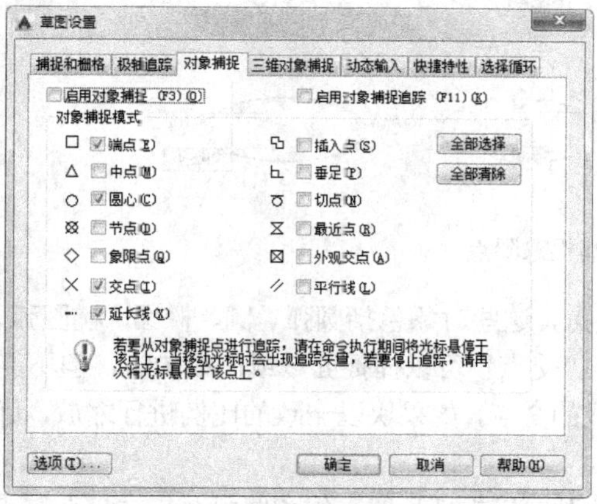

图 1-44 “对象捕捉”选项卡

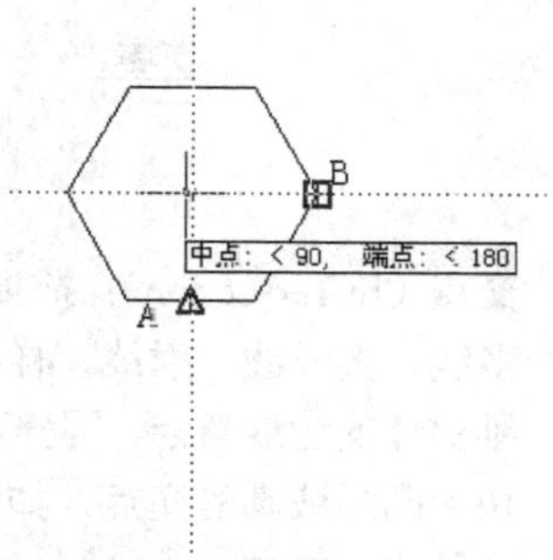

图 1-45 对象捕捉追踪

（3）“对象捕捉模式”区

- 端点（ENDpoint）：捕捉直线、圆弧、多段线、填充直线、填充多边形等端点，拾取点靠近哪个端点，即捕捉哪个端点，如图 1-46 所示。
- 中点（MIDpoint）：捕捉直线、圆弧、多段线的中点。对于参照线，“中点”将捕捉指定的第一点（根）。当选择样条曲线或椭圆弧时，“中点”将捕捉对象起点和端点之间的中点，如图 1-47 所示。

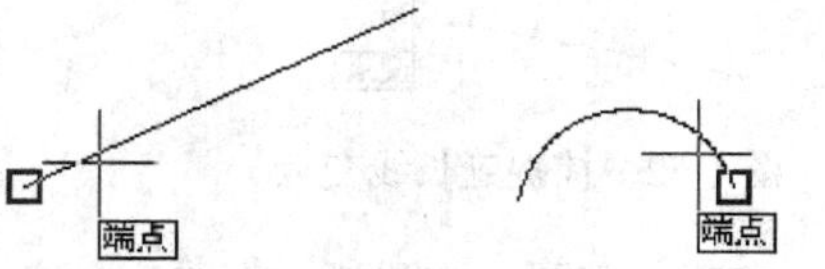

图 1-46 捕捉端点

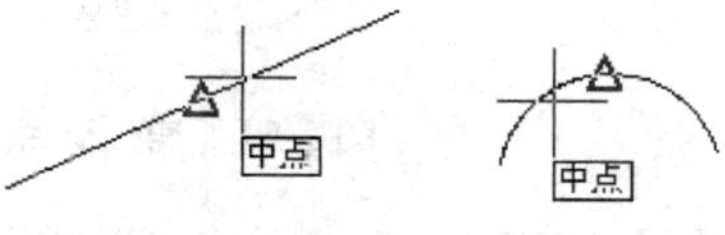

图 1-47 捕捉中点

- 圆心（CENter）：捕捉圆、圆弧或椭圆弧的圆心，拾取圆、圆弧、椭圆弧而非圆心，如图 1-48 所示。
- 节点（NODe）：捕捉点对象以及尺寸的定义点。块中包含的点可以作为快速捕捉点，如图 1-49 左图所示。

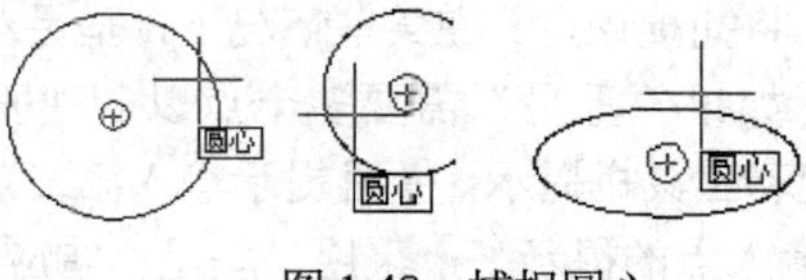

图 1-48 捕捉圆心

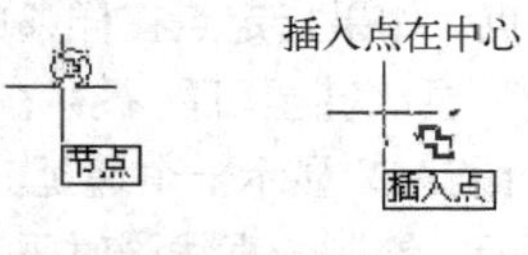

图 1-49 捕捉节点和插入点

- 插入点（INSertion）：捕捉块、文字、属性、形、属性定义等插入点。如果选择块中的属性，AutoCAD 将捕捉属性的插入点而不是块的插入点。因此，如果一个块完全由属性组成，只有当其插入点与某个属性的插入点一致时才能捕捉到其插入点，如图 1-49 右图所示。
- 象限点（QUAdrant）：捕捉到圆弧、圆或椭圆的最近的象限点（0°、90°、180°、270°点）。圆和圆弧的象限点的捕捉位置取决于当前用户坐标系（UCS）方向。要显示“象限点”捕捉，圆或圆弧的法线方向必须与当前用户坐标系的 Z 轴方向一致。如果圆弧、圆或椭圆是旋转块的一部分，那么象限点也随着块旋转，如图 1-50 所示。

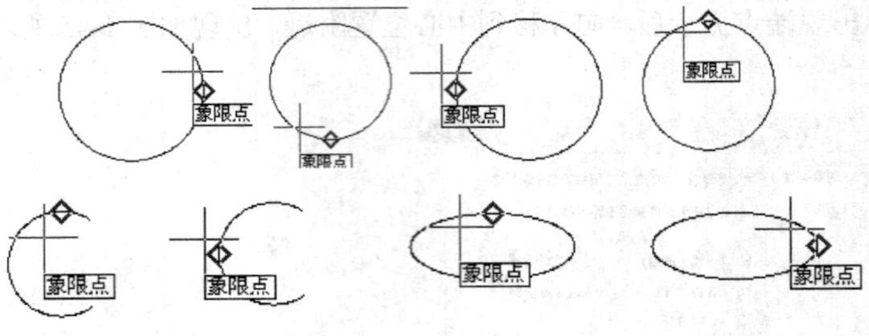

图 1-50　捕捉象限点

- 交点（INTersection）：捕捉两图形元素的交点，这些对象包括圆弧、圆、椭圆、椭圆弧、直线、多线、多段线、射线、样条曲线或参照线。“交点”可以捕捉面域或曲线的边，但不能捕捉三维实体的边或角点。同样可以捕捉块中直线的交点，如果块以一致的比例进行缩放，可以捕捉块中圆弧或圆的交点，如图 1-51 所示。
- 延长线（EXTension）：可以使用“延长线”对象捕捉延长线直线和圆弧。与“交点”或“外观交点”一起使用“延长线”，可以获得延长线交点。要使用“延长线”，在直线或圆弧端点上暂停后将显示小的加号（+），表示直线或圆弧已经选定，可以用于延长。沿着延长线路径移动光标将显示一个临时延长路径。如果“交点”或“外观交点”处于“开”状态，就可以找出直线或圆弧与其他对象的交点，如图 1-52 所示。

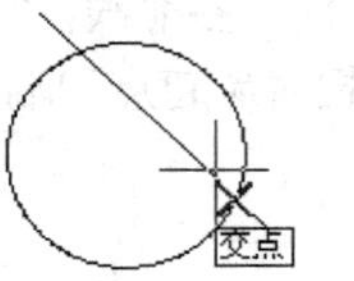

图 1-51　捕捉交点

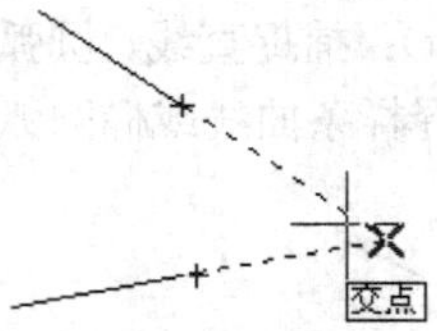

图 1-52　捕捉延长线交点

- 垂足（PERpendicular）：可以捕捉到与圆弧、圆、参照、椭圆、椭圆弧、直线、多线、多段线、射线、实体或样条曲线正交的点，也可以捕捉到对象的外观延伸垂足，所以最后结果是垂足未必在所选对象上。当用“垂足”指定第一点时，AutoCAD 将提示指定对象上的一点。当用“垂足”指定第二点时，AutoCAD 将捕捉刚刚指定的点以创建对象或对象外观延伸的一条垂线。对于样条曲线，“垂足”将捕捉指定点的法线矢量所通过的点。法向矢量将捕捉样条曲线上的切点。如果指定点在样条曲线上，则“垂足”将捕捉该点。在某些情况下，垂足对象捕捉点不太明显，甚至可能不存在垂足对象捕捉点。如果“垂足”需要多个点以创建垂直关系，则 AutoCAD 显示一个递延的垂足自动捕捉标记和工具栏提示，并且提示输入第二点。如图 1-53 所示，绘制一直线同时垂直于直线和圆，在输入点的提示下，采用“垂足”响应。
- 切点（TANgent）：捕捉与圆、圆弧、椭圆相切的点。如采用 TTT、TTR 方式绘制圆时，必须和已知的直线或圆、圆弧相切。如绘制一直线和圆相切，则该直线的上一个端点和切点之间的连线保证和圆相切。对于块中的圆弧和圆，如果块以一致的比例进行缩放并且对象的厚度方向与当前 UCS 平行，就可以使用切点捕捉。对于样条曲线和椭圆，指定的另一个点必须与捕捉点处于同一平面。如果“切点”对象捕捉需要多个点建立相切的关系，则 AutoCAD 显示一个递延的自动捕捉“切点”标记和工具栏提示，并提示输入第二点。要绘制与两个或三个对象相切的圆，可以使用递延的“切点”创建两点或三点圆。如图 1-54 所示，绘制一直线垂直于直线并和圆相切。

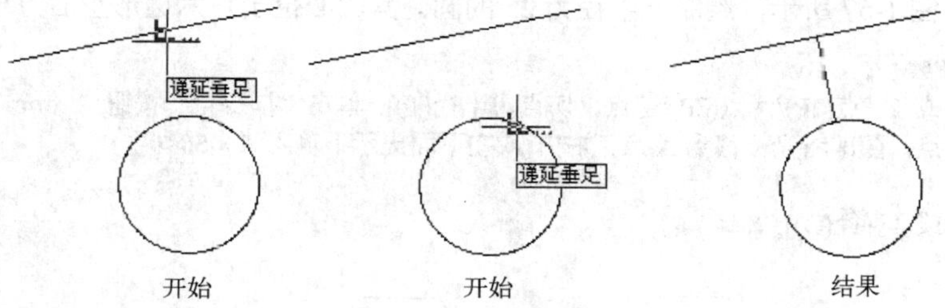

图 1-53　捕捉垂足

- 最近点（NEAres）：捕捉该对象上和拾取点最靠近的点，如图 1-55 所示。

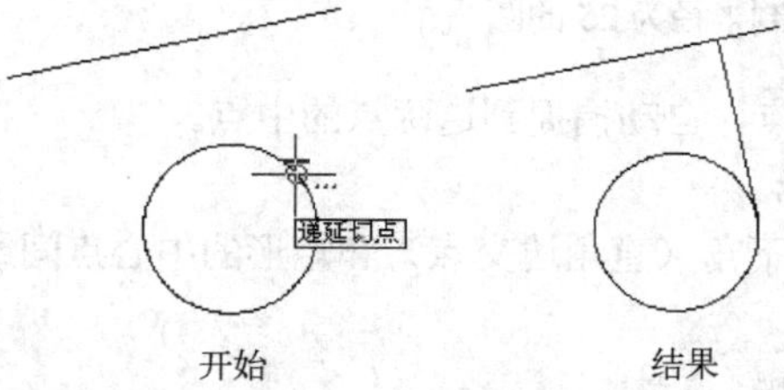

图 1-54　捕捉切点

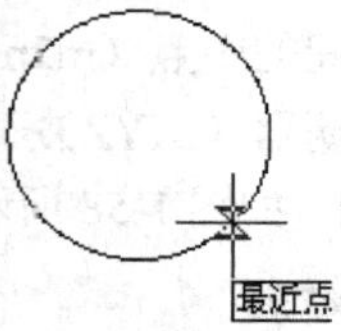

图 1-55　捕捉最近点

- 外观交点（APParent Intersection）：和交点类似的设定。捕捉空间两个对象的视图交点，注意在屏幕上看上去“相交”，如果第三个坐标不同，这两个对象并不真正相交。采用“交点”模式无法捕捉该“交点”。如果要捕捉该点，应该设定成“外观交点”。
- 平行线（PARallel）：绘制直线段时应用“平行线”捕捉。要想应用单点对象捕捉，应先指定直线的“起点”，选择“平行”线对象捕捉（或将“平行”对象捕捉设置为执行对象捕捉），然后移动光标到想与之平行的对象上，随后将显示小的平行线符号，表示此对象已经选定。再移动光标，在接近与选定对象平行时自动“跳到”平行的位置。该平行对齐路径以对象和命令的起点为基点。可以与“交点”或“外观交点”对象捕捉一起使用“平行线”捕捉，从而找出平行线与其他对象的交点。

例如，从圆上一点开始，绘制直线的平行线。

在提示输入下一点时，将光标移到直线上，如图 1-56（a）所示。然后将光标移到与直线平行的方向附近，此时会自动出现一“平行”提示，如图 1-56（b）所示。点取绘制该平行线，结果如图 1-56（c）所示。

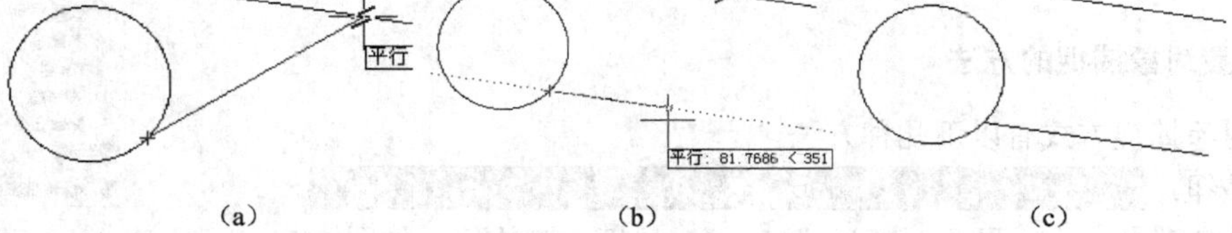

图 1-56　捕捉平行线

- 自（FROm）：定义从某对象偏移一定距离的点。“自”不是对象捕捉模式之一，但往往和对象捕捉一起使用。
- 临时追踪点（tt）：创建对象捕捉所使用的临时点。

【例 1.4】 如图 1-57 所示，绘制一半径为 25 的圆，其圆心位于正六边形正右方相距 50。

命令: **CIRCLE↙**

指定圆的圆心或 [三点(3P)/两点(2P)/切点、切点、半径(T)]: **单击“捕捉自”按钮** _from

基点: **点取 A 点，随即将光标移到 A 点正右方(或在下面提示下输入“@50<0”)**

<偏移>: **50↙**

指定圆的半径或 [直径(D)]: **25↙**

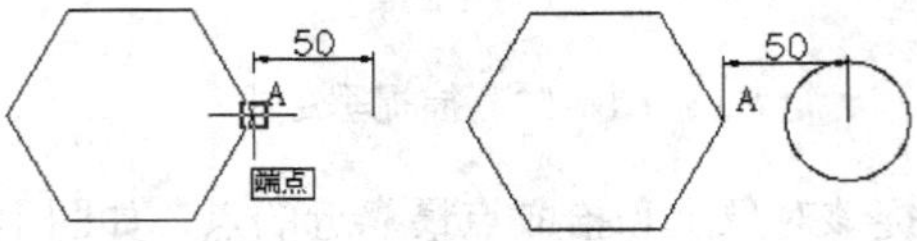

图 1-57 绘制半径为 25 的圆

- 两点间的中点（m2p）：输入点时指定两点，自动捕捉到这两点的中点。
- 点过滤器（.XYZ）：取多个点的某个坐标。

【例 1.5】 如图 1-58 所示，在斜线 AB 的右下角（直角边交点）和矩形的中心点间绘制一直线。

命令: **LINE ↙**

指定第一点: **按住【Shift】键，在绘图区右击鼠标，选择.X**

.X 于 (需要 YZ): **单击 B 点，按住【Shift】键，在绘图区右击鼠标，选择.YZ** 取 B 点的 X 坐标

.YZ 于 **单击 A 点** 取 A 点的 YZ 坐标

指定下一点或 [放弃(U)]: **按住【Shift】键，在绘图区右击鼠标，选择“两点之间的中点”**

_m2p 中点的第一点: **单击 C 点**

中点的第二点: **单击 D 点**

指定下一点或 [放弃(U)]: **↙**

- 快速（QUIck）：当用户同时设定了多个捕捉模式时，捕捉发现的第一个点。该模式为 AutoCAD 设定的默认模式。
- 无（NONe）：不采用任何捕捉模式，一般用于临时覆盖捕捉模式。

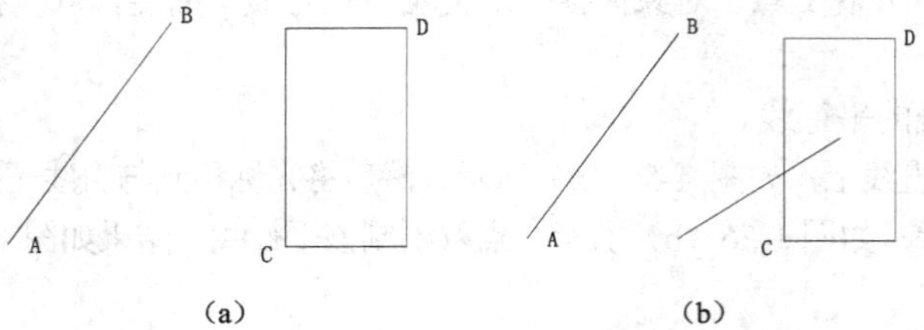

图 1-58 点过滤器和两点中点

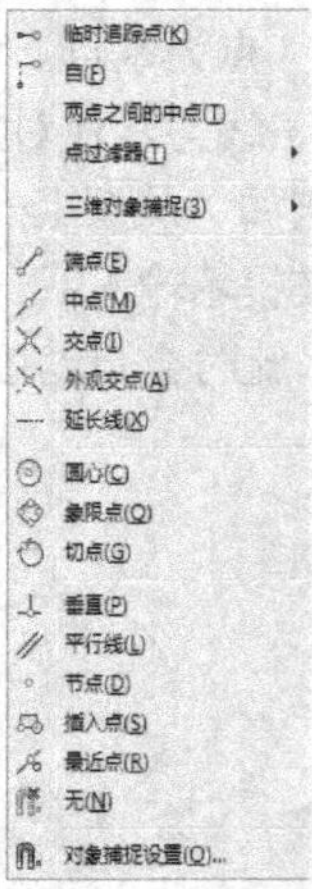

图 1-59 对象捕捉快捷菜单

2. 设置对象捕捉的方法

设定对象捕捉方式有以下几种方法。

（1）按钮：

（2）快捷菜单：在绘图区，通过【Shift】+鼠标右键执行，如图 1-59 所示。

（3）键盘输入包含前三个字母的词。如在提示输入点时输入“MID”，此时会用中点捕捉模式覆盖其他对象捕捉模式，同时可以采用“END,PER,QUA”、“QUI,END”的方式输入多个对象捕捉模式。

（4）通过对象捕捉选项卡来设置。

3．对象捕捉参数和极轴追踪参数设置

因为在图形比较密集时，即使采用对象捕捉，也可能由于图线较多而出现误选现象，所以应该设置合适的靶框。同样，用户也可以设置是否在自动捕捉时提示标记或在极轴追踪时是否显示追踪向量，等等。设置捕捉参数可以满足用户的需求。

命令：OPTIONS

菜单：工具→选项

按钮：在弹出的“草图设置”对话框中单击选项按钮

快捷菜单：在命令行或文本窗口中用【Shift】+鼠标右键，在快捷菜单中选择“选项”命令

执行“选项”命令后，弹出如图 1-60 所示的“选项”对话框，其中的“草图”选项卡可以设置对象捕捉选项和极轴追踪参数。

该选项卡中包含自动捕捉设置、自动捕捉标记大小、AutoTrack（自动追踪）设置、对齐点获取、靶框大小、对象捕捉选项 6 个区，以及设计工具提示设置、光线轮廓设置、相机轮廓设置等几个按钮。

（1）“自动捕捉设置”区。

- 标记：设置是否显示自动捕捉标记，不同的捕捉点，其标记不同。

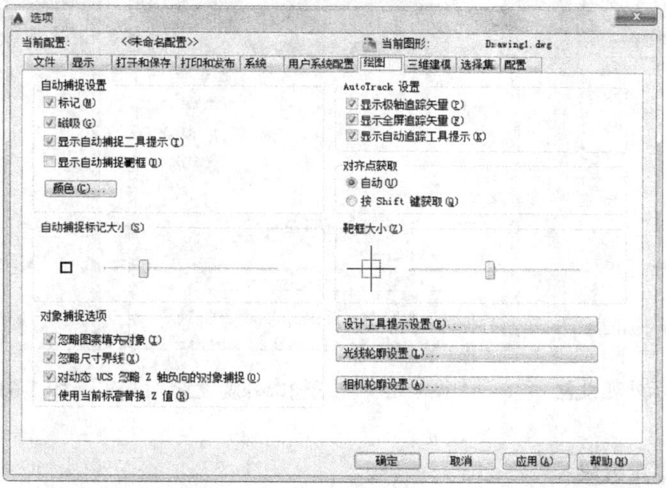

图 1-60 “选项”对话框

- 磁吸：设置是否将光标自动锁定在最近的捕捉点上。
- 显示自动捕捉工具提示：控制是否显示捕捉工具提示。
- 显示自动捕捉靶框：控制是否显示自动捕捉靶框。
- “颜色”按钮：设置自动捕捉标记颜色。

（2）“自动捕捉标记大小”区。

通过滑块设置自动捕捉标记大小。向右移动增大，向左移动减小。

（3）“AutoTrack（自动追踪）设置”区。

- 显示极轴追踪矢量：控制是否显示极轴追踪矢量。
- 显示全屏追踪矢量：控制是否显示全屏追踪矢量，该矢量显示的是一条参照线。

- 显示自动追踪工具提示：控制是否显示自动追踪工具提示。

（4）“对齐点获取”区。

- 自动：对齐点自动获取。
- 按【Shift】键获取：对齐点必须通过按【Shift】键才能获取。

（5）“靶框大小”区。

可通过滑块设置靶框的大小。

（6）“对象捕捉选项”区。

- 忽略图案填充对象：指定在打开对象捕捉时，忽略填充图案。
- 忽略尺寸界线：捕捉对象时忽略尺寸界线。
- 对动态 UCS 忽略负 Z 轴负向的对象捕捉：指定使用动态 UCS 期间对象捕捉忽略具有负 Z 值的几何体。
- 使用当前标高替换 Z 值：指定对象捕捉忽略对象捕捉位置的 Z 值，并使用为当前 UCS 设置的标高 Z 值。

（7）设计工具栏提示设置按钮：控制绘图工具栏提示的颜色、大小和透明度。点取后弹出如图 1-61 所示的对话框。

（8）光线轮廓设置按钮：指定光线轮廓的外观，如图 1-62 所示。

（9）相机轮廓设置按钮：指定相机轮廓外观，如图 1-63 所示。

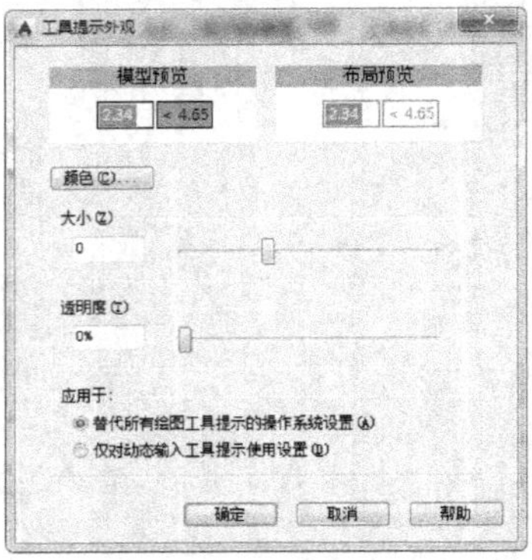

图 1-61　工具栏提示外观设置

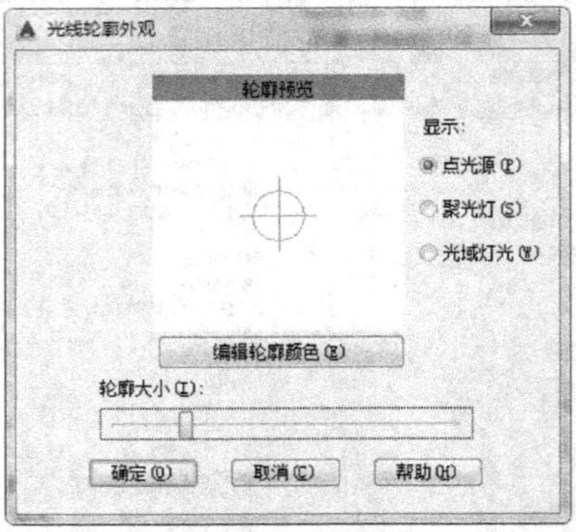

图 1-62　光线轮廓外观设置

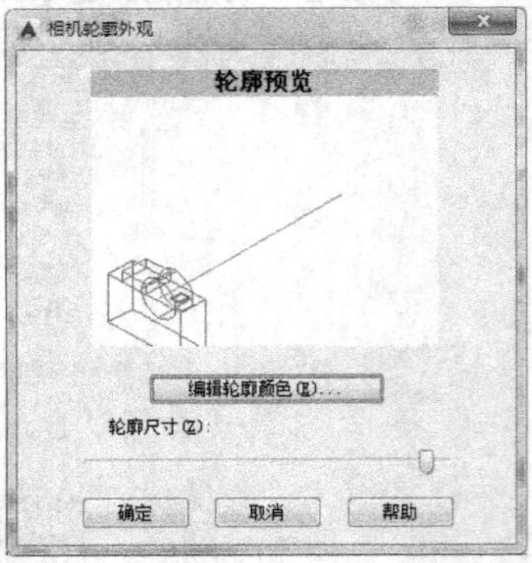

图 1-63　相机轮廓外观设置

1.7.6　颜色 COLOR

颜色的合理使用，可以充分体现设计效果，而且有利于图形的管理。如在选择对象时，可以通过过滤选中某种颜色的图线。

设定图线的颜色有两种思路：直接指定颜色和设定颜色成“随层”或“随块”。直接指定颜色有一定的缺陷性，不如使用图层来管理更方便，所以建议用户在图层中管理颜色。

命令：COLOR、COLOUR

功能区：“常用”选项卡的“特性”面板上的“对象颜色”下拉列表

菜单：格式→颜色

工具栏：在“对象特性”工具栏中选择指定的颜色或点取“选择颜色...”

选项板：在“特性”选项板的“常规”下的“颜色”选项或者在“图层特性管理器”选项板中单击颜色色块

如单击“选择颜色…”，则弹出如图 1-64 所示的“选择颜色”对话框。

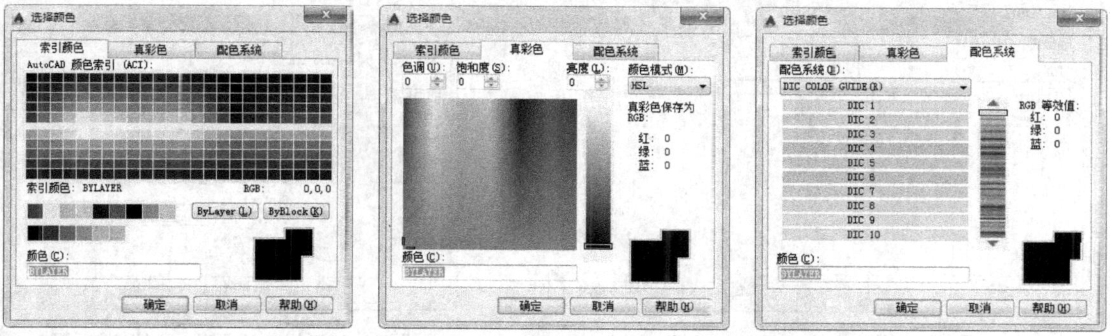

图 1-64　“选择颜色”对话框

选择颜色不仅可以直接在对应的颜色小方块上单击或双击，也可以在颜色文本框中输入英文单词或颜色的编号，在随后的小方块中会显示相应的颜色。另外可以设定成“随层”（ByLayer）或“随块”（ByBlock）。如果在绘图时直接设定了颜色，则不论该图线在什么层上，都具有设定的颜色。如果设定成“随层”或“随块”，则图线的颜色随层的颜色而变或随插入块中图线的相关属性而变。

1.7.7　线型 LINETYPE

线型是图样表达的关键要素之一，不同的线型表示了不同的含义。如在机械图中，粗实线表示可见轮廓线，虚线表示不可见轮廓线，点划线表示中心线、轴线、对称线等。所以，不同的元素应该采用不同的图线来绘制。

有些绘图机上可以设置不同的线型，但一方面由于通过硬件设置比较麻烦，而且不灵活；另一方面，在屏幕上也需要直观显示出不同的线型。所以，目前对线型的控制，基本上都由软件来完成。

常用线型是预先设计好储存在线型库中的，所以用户只需加载即可。

命令：LTYPE、LINETYPE

功能区：“常用”选项卡的“特性”面板上的“对象线型”下拉列表

菜单：格式→线型

工具栏：在“对象特性”工具栏中选择指定的线型

选项板：在“特性”选项板的“常规”下的“线型”选项或者在“图层特性管理器”选项板中单击线型图标

用户可以直接指定加载或默认加载的线型，也可以选择“其他”而弹出如图 1-65 所示的“线型管理器”对话框。

该对话框中列表显示了目前已加载的线型，包括线型名称、外观和说明。另外，还有“线型过滤器”区，加载、删除、当前及显示细节按钮。详细信息区是否显示可通过显示细节或隐藏细节按钮来控制。

（1）“线型过滤器”区。

下拉列表框——过滤出列表显示的线型。

反向过滤器——按照过滤条件反向过滤线型。

（2）加载按钮：加载或重载指定的线型。弹出如图 1-66 所示的“加载或重载线型”对话框。在该对话框中可以选择线型文件以及该文件中包含的某种线型。

（3）删除按钮：删除指定的线型，该线型必须不被任何图线依赖，即图样中没有使用该种线型。实线（CONTINUOUS）线型不可被删除。

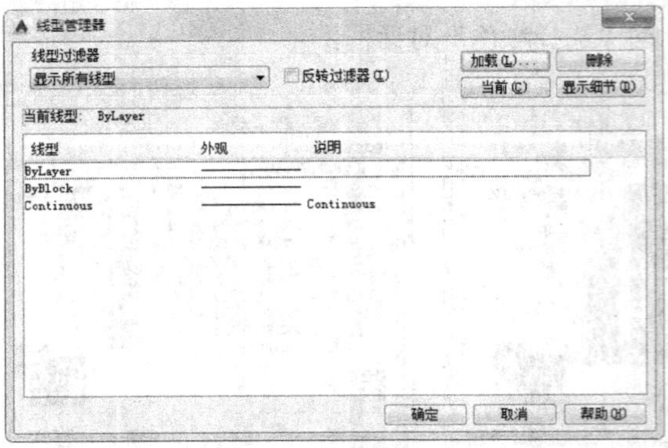

图 1-65 “线型管理器”对话框

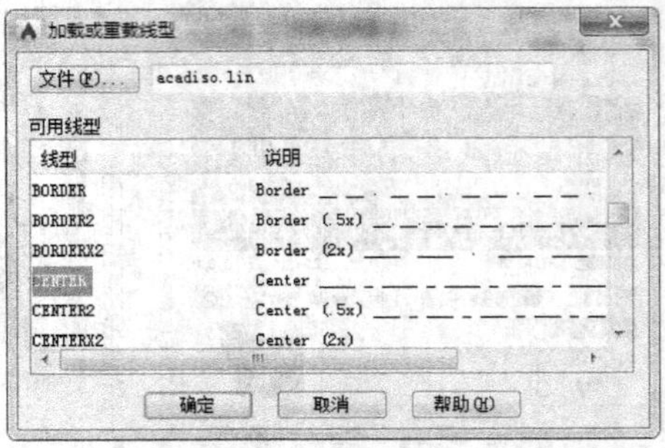

图 1-66 “加载或重载线型”对话框

（4）当前按钮：将指定的线型设置成当前线型。

（5）显示细节/隐藏细节按钮：控制是否显示或隐藏选中的线型细节。如果当前没有显示细节，则为显示细节按钮，否则为隐藏细节按钮。

（6）详细信息区：包括选中线型的名称、线型、全局比例因子、当前对象缩放比例等。

1.7.8　线宽 LINEWEIGHT

不同的图线有不同的宽度要求，并且代表了不同的含义。例如在一般的建筑图中，就有 4 种线宽。

命令：LINEWEIGHT、LWEIGHT

菜单：格式→线宽

状态栏：状态栏右击线宽并点取“设置”

工具栏：在“对象特性”工具栏中单击线宽下拉列表直接指定线宽

执行该命令后弹出“线宽设置”对话框，如图 1-67 所示。

该对话框中包括以下内容。

- 线宽：通过滑块上下移动选择不同的线宽。
- 列出单位：选择线宽单位为“毫米”或“英寸”。
- 显示线宽：控制是否显示线宽。
- 默认：设定默认线宽的大小。
- 调整显示比例：调整线宽显示比例。
- 当前线宽：提示当前线宽设定值。

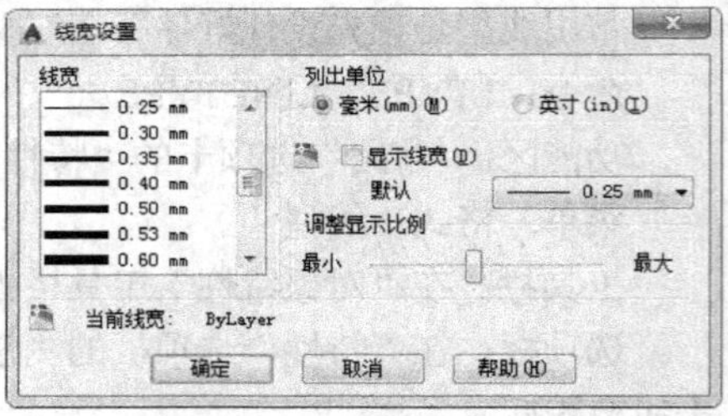

图 1-67 “线宽设置”对话框

1.7.9　图层 LAYER

层，是一种逻辑概念。例如，设计一幢大楼，包含楼房的结构、水暖布置、电气布置等，它们有各自的设计图，而最终又是合在一起。在这里，结构图、水暖图、电气图都是一个逻辑意义上的层。又如，在机械图中，粗实线、细实线、点划线、虚线等不同线型表示了不同的含义，也可以是在不同的层上。对于尺寸、文字、辅助线等，都可以放置在不同的层上。

在 AutoCAD 中，每个层可以看成一张透明的纸，可以在不同的“纸”上绘图。不同的层叠加在一起，形成最后的图形。

层，有一些特殊的性质。例如，可以设定该层是否显示，是否允许编辑、是否输出等。如果要改变粗实线的颜色，可以将其他图层关闭，仅仅打开粗实线层，一次选定所有的图线进行修改。这样做显然比在大量的图线中去将粗实线挑选出来轻松得多。在图层中可以设定每层的颜色、线型、线宽。只要将图线的相关特性设定成“随层”，图线都会具有所属层的特性。所以用图层来管理图形是十分有效的。

1．图层的设置

要使用层，应该首先设置层。

命令：LAYER

功能区：“常用”选项卡→“图层”面板→图层特性

菜单：格式→图层

工具栏：图层→图层特性管理器

执行图层命令后，弹出如图 1-68 所示的“图层特性管理器”对话框。该对话框中包含新特性过滤器、组过滤器、图层状态管理器、新建图层、删除图层、置为当前等按钮。中间列表显示了图层的名称、开/关、冻结/解冻、锁定/解锁、颜色、线型、线宽、打印样式、打印等信息。

（1）新特性过滤器：单击该按钮后，弹出如图 1-69 所示的“图层过滤器特性”对话框。

在该对话框中，可以根据过滤器的定义来选择筛选结果。如图 1-69 显示了颜色为“红”色的图层。

（2）组过滤器：组过滤器可以将图层进行分组管理。在某一时刻，只有一个组是活动的。不同组中的图层名称可以相同，不会相互冲突。

（3）图层状态管理器：保存、恢复和管理命名图层状态，如图 1-70 所示。

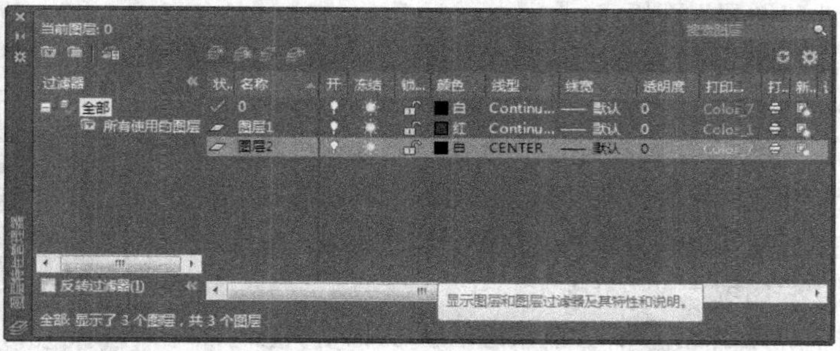

图 1-68　“图层特性管理器”对话框

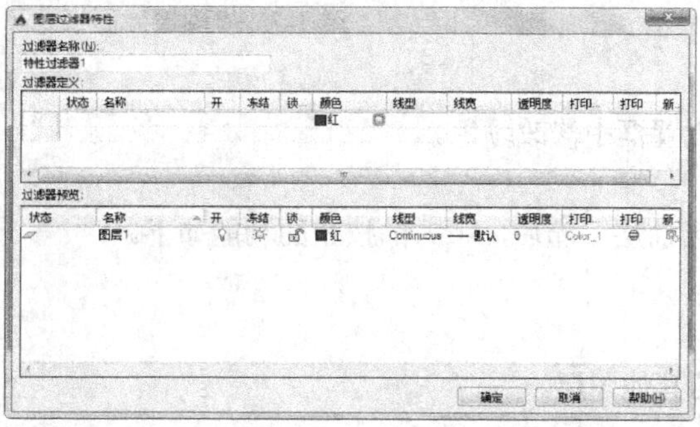

图 1-69　“图层过滤器特性”对话框

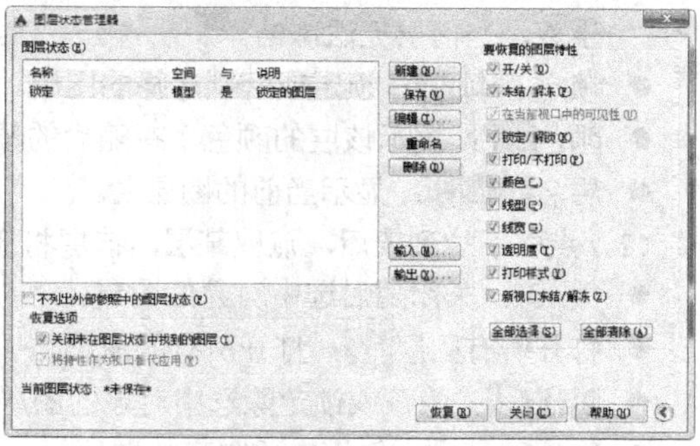

图 1-70　图层状态管理器

（4）反转过滤器：列出不满足过滤器条件的图层。

（5）新建图层按钮：新建一图层。新建的图层自动增加在目前光标所在的图层下面，并且新建的图层自动继承该图层的特性，如颜色、线型等。图层的默认名可以选择后修改成具有一定意义的名称。在命令行中如果同时建立多个图层，用“，”分隔图层名即可。

（6）删除图层按钮：删除指定的图层。该层上必须无实体。0 层不可删除。

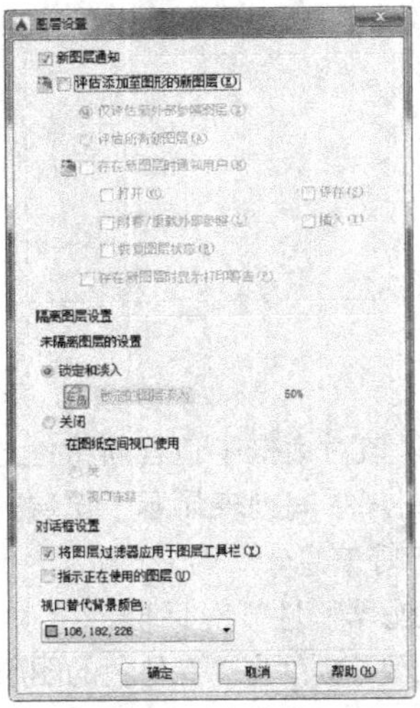

图 1-71 “图层设置”对话框

（7）置为当前按钮：指定所选图层为当前层。

（8）当前图层：提示当前图层的名称。

（9）搜索图层：根据输入条件搜索图层。

（10）刷新：扫描图形中所有图元信息来刷新图层信息。

（11）设置：设置图层，弹出如图 1-71 所示的“图层设置”对话框。

（12）列表显示区：在列表显示区，可以修改图层的名称。通过单击可以控制图层的开/关、冻结/解冻、锁定/解锁、新视口冻结/解冻。点取颜色、线型、线宽后，将自动弹出相应的“颜色选择”对话框、“线型管理”对话框、“线宽设置”对话框。具体操作同上一节。用户可以借助【Shift】键和【Ctrl】键一次选择多个图层进行修改。其中关闭图层和冻结图层，都可以使该层上的图线隐藏，不被输出和编辑，它们的区别在于冻结图层后，图形在重生成（REGEN）时不计算，而关闭图层时，图形在重生成中要计算。

2. 图层应用的过滤器

如图 1-72 所示为“图层”面板。

（1）单击“图层”面板的上方的列表框按钮 图层1 弹出图层列表后，可以单击其中的图标进行以下设置。

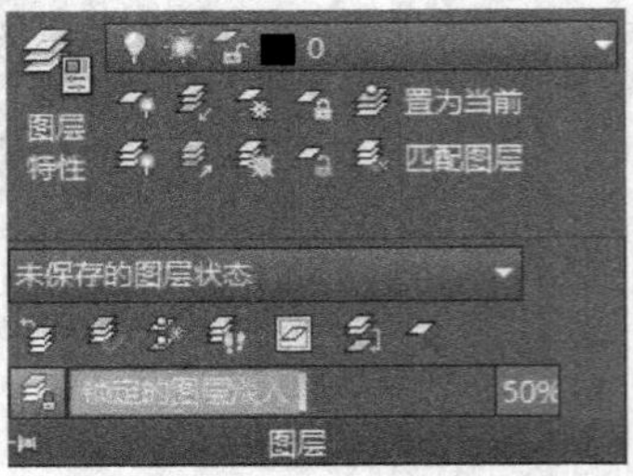

图 1-72 “图层”面板

- 打开/关闭：控制某层的打开/关闭状态。点取该栏或随后的下拉列表按钮，在希望改变的开关上点取，其状态相应发生变化。将鼠标在其他地方单击，使设置修改生效。如果关闭了当前层，会出现一对话框提示。
- 在所有视口中解冻/冻结：控制某层的解冻/冻结状态。点取该栏或随后的下拉列表按钮，在希望改变的开关上点取，其状态相应发生变化。将鼠标在其他地方单击，使设置修改生效。当前层无法冻结。
- 锁定/解锁：锁定或解锁选择的图层。
- 颜色：提示该层的颜色。在随后的颜色设置框中修改颜色。
- 层名 0 ：显示当前的图层名。

（2）点取下拉列表后，点取某层，该层将变成当前层。随后，下方的按钮的功能如下。

- 关：关闭随后选中对象的图层。
- 打开所有图层：打开所有的图层。
- 隔离：隐藏或锁定除选中对象的图层外的其他图层。
- 取消隔离：取消之前隔离的图层。
- 冻结：冻结选中对象的图层。
- 解冻所有图层：将冻结的图层解冻。
- 锁定：锁定选中对象所在图层。
- 解锁：解锁选定对象图层。
- 置为当前 置为当前 ：选择一个对象后，单击该按钮，即将当前图层设置为该对象所在图层。
- 匹配图层 匹配图层 ：将选定对象的图层更改为目标对象的图层。需要进行两次对象的选择。

（3）单击“图层”面板下的下位按钮，弹出其他几个隐藏的功能。

- 上一个：放弃对图层设置的上一个或上一组修改，即恢复到上一次选择的图层。
- 更改为当前图层：将选定对象的图层特性更改为当前图层。如果发现图线所在图层有误，可以快速更改到当前图层。
- 将对象复制到新图层：将一个或多个对象复制到其他图层。
- 图层漫游：显示选定图层上的对象，隐藏其他图层。单击该按钮，将弹出如图 1-73 所示的对话框。

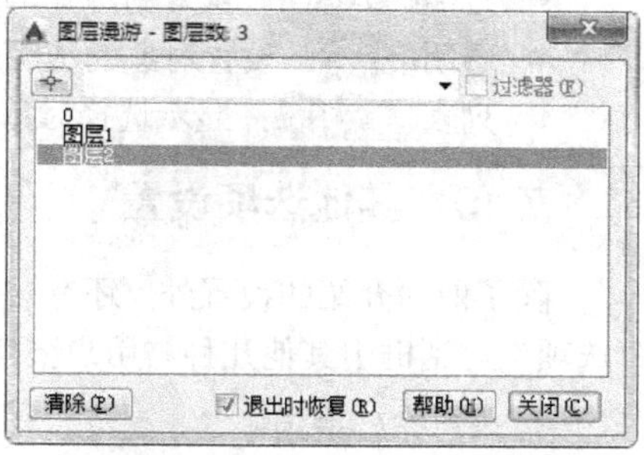

图 1-73 “图层漫游”对话框

在该对话框中选择需要显示对象的图层，其他图层则会被隐藏。如果选择的图层上没有绘制图元对象，则还可以利用左下角的清除按钮，将没有参照的图层删除。

- 视口冻结当前视口以外的其他视口：冻结除当前视口外的其他视口图层。
- 合并：将选定对象合并到一个目标图层上。删除之前的图层。
- 删除：删除图层上的所有对象并清除图层。
- 图层状态管理 未保存的图层状态：单击下拉按钮，可以锁定、新建图层状态或管理图层状态。
- 锁定图层淡入：控制锁定图层上对象的淡入程度。拖动滑块进行设置。

3. 对象特性的管理

对象的特性既可以通过图层进行管理，也可以单独设置各个特性。对图层的管理熟练与否，直接影响到绘图的效率。AutoCAD 提供了“图层”工具栏以管理图层。“图层特性管理器”已经在上面介绍过，下面介绍利用“特性”面板快速管理对象特性的方法。

“特性”面板如图 1-74 所示。单击快速访问工具栏中的“特性”菜单，或者在打开状态栏中的“快捷特性”开关后选择对象时，弹出如图 1-75 所示的“特性”选项板。

“特性”面板说明如下。

- 特性匹配：选择目标对象，并将其特性属性复制到随后选择的对象上。操作是需要选择目标对象。然后选择需要更改的对象。匹配前会提示特性组成。如果输入 S，则进入“特性设置”对话框，如图 1-76 所示。勾选的特性为匹配的特性。

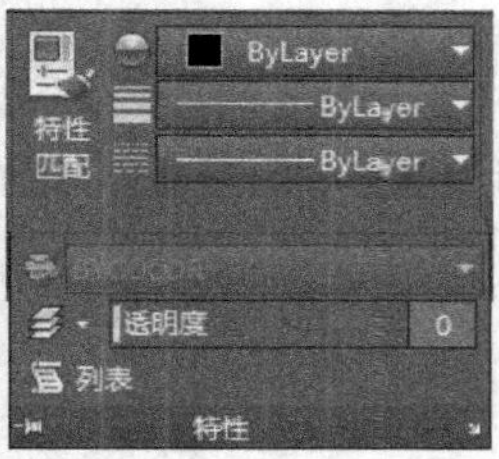

图 1-74 “特性”面板

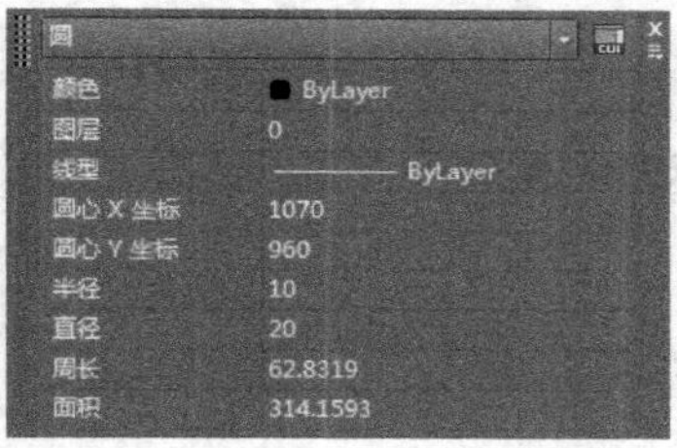

图 1-75 “特性”选项板

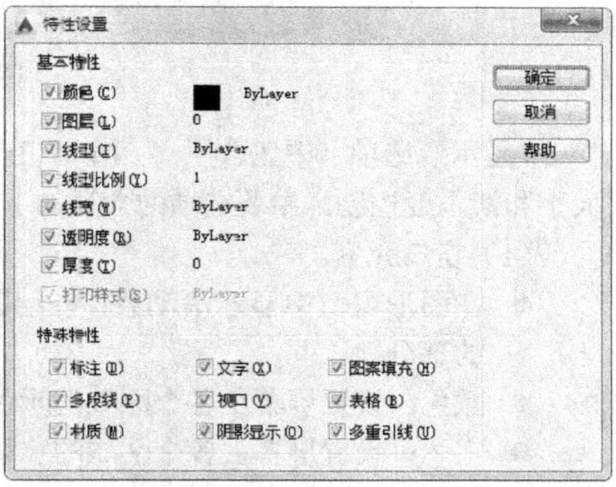

图 1-76 “特性设置”对话框

- 颜色：设置当前采用的颜色。可以在显示的颜色上选取，如选取“其他”则弹出“选择颜色”对话框。
- 线宽：设置当前线宽。可以通过下拉列表选择线宽。
- 线型 ：设置当前采用的线型。可以在显示的已加载的线型上选取，如选取“其他”则弹出“线型管理器”对话框。
- 打印样式：设置新对象的默认打印样式并编辑现有对象的打印样式。
- 透明度：设置对象的透明度。
- 列表 列表：显示选择对象的特性数据。

1.7.10 其他选项设置

除了前面介绍的设置外，还有一些设置与绘图密切相关，如“显示”、“打开/保存”等。下面介绍“选项”对话框中其他几种与用户密切相关的主要设置。

1. “显示”选项卡

“显示”选项卡可以设定 AutoCAD 在显示器上的显示状态，如图 1-77 所示。

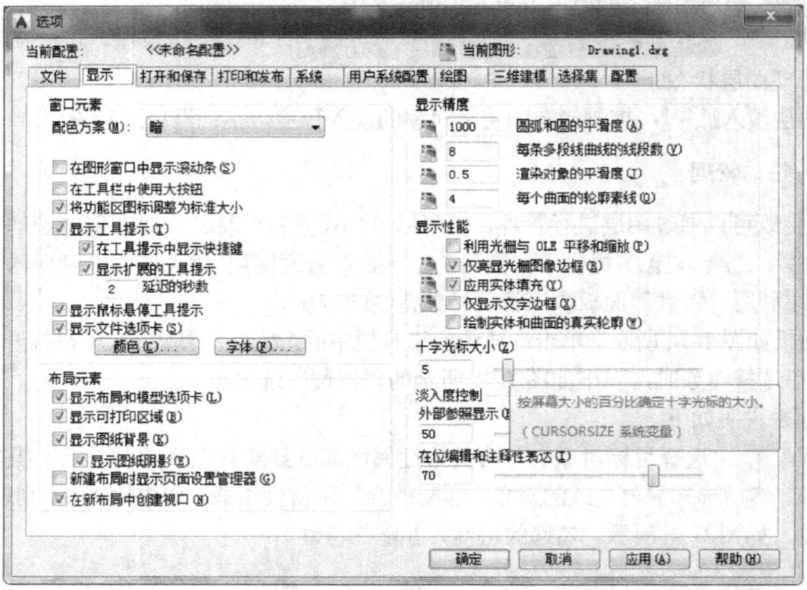

图 1-77 “显示”选项卡

“显示”选项卡中包含了 6 个区，它们是窗口元素、显示精度、布局元素、显示性能、十字光标大小和淡入度控制。主要选项的含义如下。

（1）窗口元素。

- 在图形窗口中显示滚动条：在绘图区的右侧和下方显示滚动条，可以通过滚动条来显示不同的部分。
- 颜色：设置屏幕上各个区域的颜色。
- 字体：设置屏幕上各个区域的字体。

（2）显示精度。

圆弧和圆的平滑度：相当于 VIEWRES 命令设定值。数值越大，显示越平滑。

（3）布局元素。

显示布局和模型选项卡：在绘图区下方显示布局和模型选项卡。显示了该选项卡后，可以直接点取进入不同的空间。

（4）显示性能。

- 应用实体填充：相当于 FILL 命令
- 仅显示文字边框：相当于 QTEXT 命令

（5）十字光标大小：设置十字光标的相对屏幕大小。默认为 5%，当设定成 100%时将看不到光标的端点。

（6）淡入度控制：分别控制外部参照显示、在位编辑和注释性表达的淡入度。

2. “打开和保存”选项卡

在“打开和保存”选项卡中可进行打开和保存的一些设置，如图 1-78 所示。

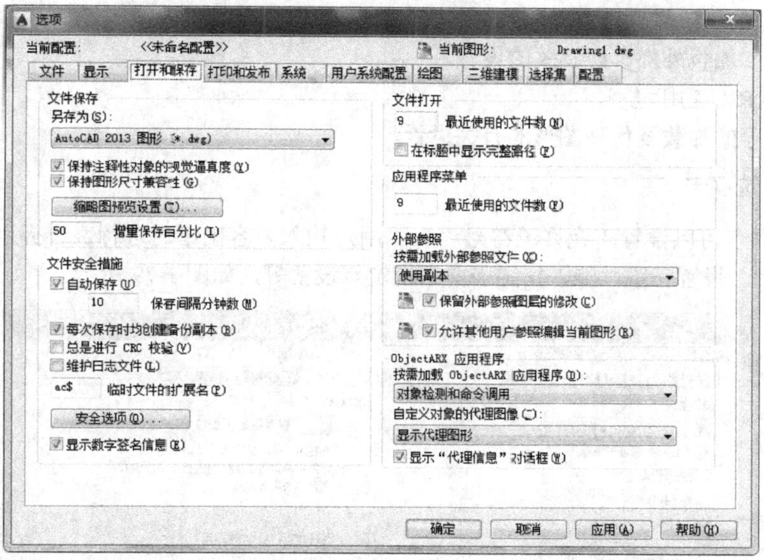

图 1-78 “打开和保存”选项卡

在“打开和保存”选项卡中，包含了 6 个区：文件保存、文件安全措施、文件打开、应用程序菜单、外部参照和 ObjectARX 应用程序。

（1）文件保存。

- 另存为：设置保存的格式。
- 缩略图预览设置：保存时同时保存缩微预览图像。保存了缩微预览图像，在打开时可以预览图形的内容。
- 增量保存百分比：设置潜在图形浪费空间的百分比。当该部分用光时，会自动执行一次全部保存。该值为 0，则每次均执行全部保存。设置数值小于 20 时，会明显影响速度。默认值为 50。

（2）文件安全措施。

- 自动保存：设置是否允许自动保存。设置了自动保存，按指定的时间间隔自动执行存盘操作，避免由于意外造成过大的损失。
- 保存间隔分钟数：设置保存间隔分钟数。

- 每次保存时均创建备份副本：保存时同时创建备份文件。备份文件和图形文件一样，只是扩展名为（.BAK）。如果图形文件受到破坏，可以通过更改文件名打开备份文件。
- 总是进行 CRC 检查：设置保存时是否进行 CRC 检查。设置成进行 CRC 检查有利于保证文件的正确性。
- 维护日志文件：设置是否进行维护日志记录。
- 临时文件的扩展名：设置临时文件的扩展名。默认的是 ac$。

另外，还可以设置是否显示数字签名信息和设置其他安全选项。

（3）文件打开。

- 最近使用的文件数：设置列出最近打开文件的数目。
- 在标题中显示完整路径：设置是否在标题栏中显示完整的路径。

（4）应用程序菜单。

设置最后使用的文件数。

（5）外部参照。

控制与编辑和加载外部参照有关的设置。

（6）ObjectARX 应用程序。

控制应用程序的加载及代理图形的有关设置。

3．“系统”选项卡

“系统”选项卡可以设置“允许长符号名”、“用户输入内容出错时进行声音提示”、“在图形文件中保存链接索引”，设置三维性能、指定当前系统定点设备等，如图 1-79 所示。

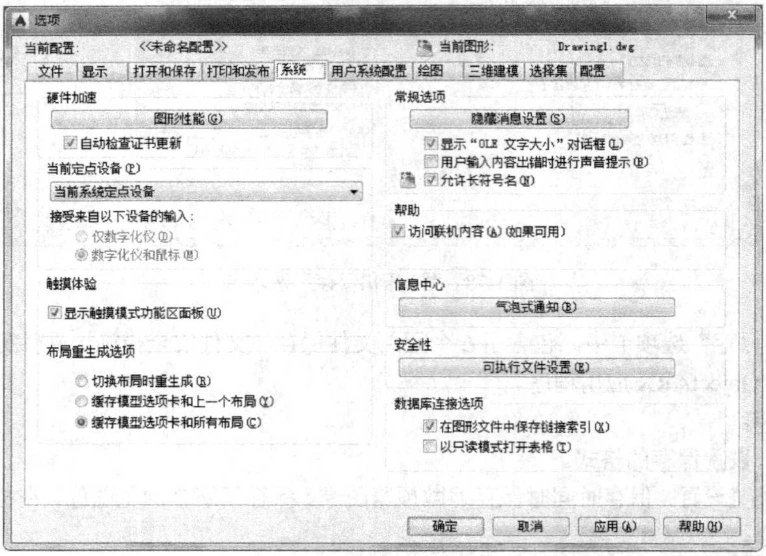

图 1-79 “系统”选项卡

4．DWT 样板图

样板图是十分重要的、减少不必要重复劳动的工具之一。用户可以将各种常用的设置，如图层（包括颜色、线型、线宽）、文字样式、图形界限、单位、尺寸标注样式、输出布局等作为样板保存。在进入新的图形绘制时如采用样板，则可以全部使用样板图中的设置，无须重新设置。

样板图不仅极大地减少了绘图中重复的工作，使设计者将精力集中在设计过程本身，而且统一了图纸的格式，使图形的管理更加规范。

要输出成样板图，在“另存为”对话框中选择 DWT 文件类型即可。通常情况下，样板图存放于 TEMPLATE 子目录下。

习 题 1

1. 熟悉 AutoCAD 2015 中文版界面。熟悉快速访问工具栏中的常用选项。熟悉选项卡和面板的详细内容。

2. 命令输入方式有哪些？

3. 坐标输入方式有哪些？各自的使用场合如何？

4. 如何打开工具栏？如何自定义工具栏？

5. 如何显示菜单？菜单的操作方式有哪些？

6. 在不同区域右击鼠标的功能有哪些？

7. 是否所有的图形文件都可以局部打开？局部打开文件的条件是什么？

8. 如果不希望打开的文件被修改，打开文件时应如何设置？

9. 设置图形界限有什么作用？

10. 设置颜色、线型、线宽的方法有几种？一般情况下应该如何管理图线的这些特性？

11. 如何设定文件的自动保存间隔为 15 分钟？

12. 执行对象捕捉的方式有哪些？如何临时覆盖已经设定的对象捕捉模式？

13. 图层中包含哪些特性设置？冻结和关闭图层的区别是什么？如果希望某图线显示又不希望该线条无意中被修改，应如何操作？

14. 样板图有什么作用？如何合理使用样板图？

15. 栅格和捕捉如何设置和调整？在绘图中如何利用栅格和捕捉辅助绘图？

16. 如何利用 AutoCAD 带的符号库进行快速绘图？

第2章 绘图流程

由于图形千差万别，每个人使用 AutoCAD 的方式也不可能一样，所以绘图时具体的操作顺序和手法也不尽相同。但不论是哪个专业的图形，要达到高效绘制，绘图的总体流程是差不多的。本章以一典型示例介绍二维模型空间绘图的基本流程，使用户掌握合理使用 AutoCAD 2015 绘图的总体思路和过程。

2.1 绘图流程

AutoCAD 2015 绘图一般按照以下的顺序进行。

（1）环境设定。包括图限、单位、捕捉间隔、对象捕捉方式、尺寸样式、文字样式和图层（含颜色、线型、线宽）等的设定。对于单张图纸，其中文字和尺寸样式的设定也可以放在要用的时候设定。对于整套图纸，应当在全部设定完后，保存成样板，以后绘制新图时套用该样板。

（2）绘制图形。一般先绘制辅助线（单独放置在一层），用来确定尺寸基准的位置；选择好图层后，绘制该层的线条；应充分利用计算机的优点，让 AutoCAD 完成重复的劳动，充分发挥每条编辑命令和辅助绘图命令的优势，对同样的操作尽可能一次完成。采用必要的捕捉、追踪等功能进行精确绘图。

（3）标注尺寸。标注图样中必须有的尺寸，具体应根据图形的种类和要求来标注。

（4）绘制剖面线。绘制填充图案。为方便边界的确定，必要时关闭中心线层。

（5）保存图形、输出图形。将图形保存起来备用，需要时在布局中设置好后输出成硬拷贝。

2.2 绘图示例

本节一般使用默认环境设置，绘制如图 2-1 所示的图形。其中绝大多数操作所完成的功能，也可以由其他的方法来完成，这些内容将分别在后续章节中系统介绍。

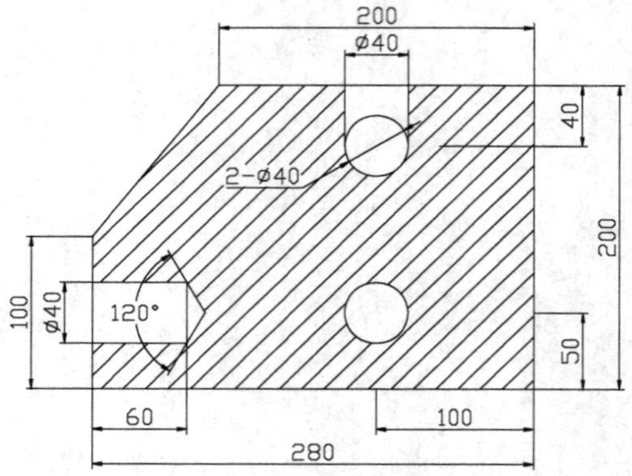

图 2-1　绘图流程示例图

2.2.1　启动 AutoCAD 2015

在桌面上直接双击“AutoCAD 2015－Simplified Chinese”（简体中文版）图标，启动 AutoCAD 2015，关闭“启动”对话框或“选择样板文件”对话框进入绘图界面。

2.2.2　基本环境设置

1. 图层设置

由于该图包含了三种不同的线型，为了便于图线的管理，分别为剖面线、中心线、粗实线设定四个不同的图层。并把它们分别定义为 hatch（剖面线层）、center（中心线层）、solid（粗实线层）和 dim（尺寸层）。由于尺寸暂时不标，所以可以先不设尺寸层，在需要标注时再设。

单击“图层特性”按钮后，会弹出“图层特性管理器”对话框，其中开始时只有 0 层，其他层为设定后的结果。请参照第 1 章有关图层设置的部分，增加图层、设置颜色、线型和线宽，其设置参考表 2-1。

表 2-1　图层设置表

层　名	颜　色	线　型	线　宽
0	黑色	Continuous	默认
solid	黑色	Continuous	0.3mm
center	红色（red）	Center	默认
hatch	青色（cyan）	Continuous	默认
dim	绿色（green）	Continuous	默认

2. 正交、捕捉模式及对象捕捉设置

由于要绘制水平、垂直线，捕捉直线的端点、中点、交点，显示线宽等，所以绘图前还要先进行辅助绘图的方式设置。

（1）打开捕捉开关。

（2）打开正交开关。

（3）打开线宽开关。

（4）在应用程序状态栏中的对象捕捉按钮上右击，弹出如图 2-2 所示的菜单。

依照图 2-3，设定对象捕捉模式为：端点、中点、圆心、交点和垂足，并选中“启用对象捕捉”复选框。最后单击确定按钮退出“草图设置”对话框。

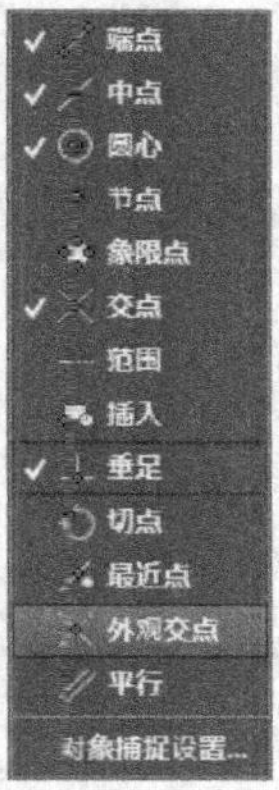

图 2-2　“对象捕捉”设置菜单

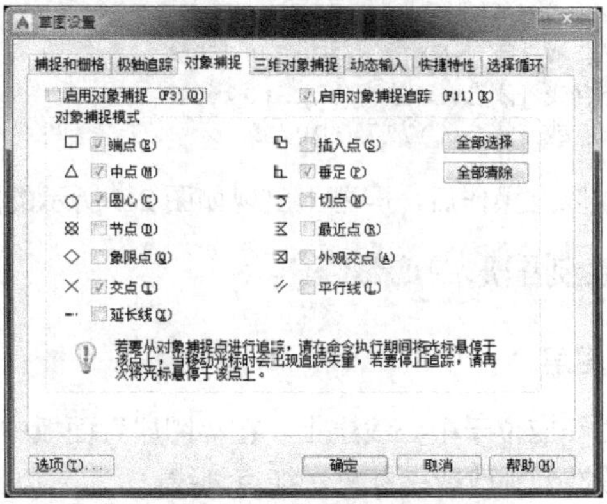

图 2-3　对象捕捉设置

3．栅格显示设置

绘图过程中可以通过显示栅格来观测绘图的位置，通过【F7】键在显示和关闭之间切换。是否显示栅格仅和显示有关，而和图形无关，对绘制的图形没有任何影响。下面示例中是否打开栅格不影响绘制过程。

2.2.3 绘制外围轮廓线

1．选择图层

首先选择图层用于绘制外围轮廓线。单击“常用”选项卡的“图层”面板中的“图层”下拉列表，单击“solid”层，如图 2-4 所示。

此时，“solid”层变成当前层，随即绘制的图形对象具有“solid”层的特性，线宽为 0.3，颜色为黑色，线型为实线。

2．绘制直线

要绘制的外围轮廓线如图 2-5 所示，为便于描述，加上了端点标记符（实际图形中没有）。

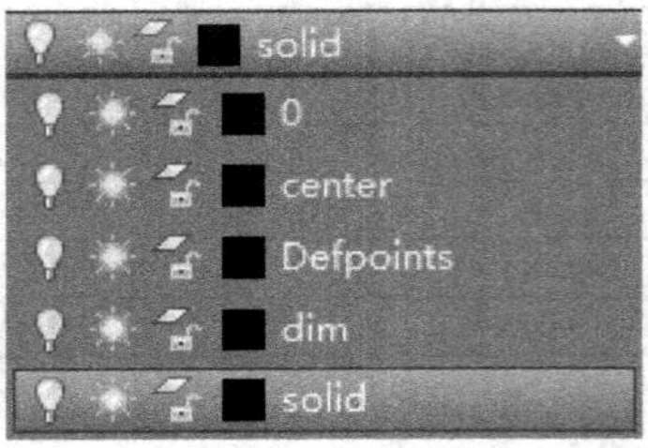

图 2-4 选择“solid”层

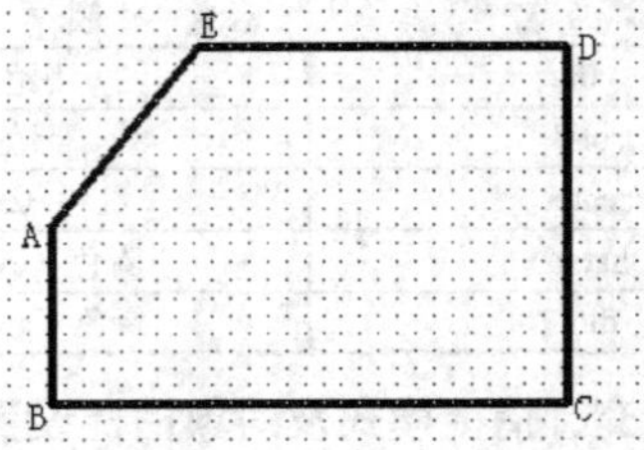

图 2-5 绘制外围轮廓线

绘制轮廓线的方法很多，如先绘制两条相互垂直的直线，再通过复制、偏移、镜像、延伸、修剪、打断等编辑命令同样可以绘制出如图 2-5 所示的轮廓线。但对于有尺寸的直线，通过键盘绘制比较方便。这里采用键盘输入绝对坐标的方式绘制。

单击“常用”选项卡的“绘图”面板中的“直线”按钮。关闭动态输入。

命令: **_line**	
指定第一点: **80,160↙**	定义起点 A
指定下一点或 [放弃(U)]: **80,60↙**	绘制直线 AB
指定下一点或 [放弃(U)]: **360,60↙**	绘制直线 BC
指定下一点或 [闭合(C)/放弃(U)]: **360,260↙**	绘制直线 CD
指定下一点或 [闭合(C)/放弃(U)]: **160,260↙**	绘制直线 DE
指定下一点或 [闭合(C)/放弃(U)]: **c↙**	绘制直线 EA，封闭轮廓线并退出直线命令

正确完成以上操作后，屏幕上出现如图 2-5 所示的图形。

2.2.4 绘制图形中心线

1．选择图层

水平中心线应位于中心线层上。在“图层”面板中单击“图层列表框”，从中选择“center”层。此时相关的特性分别改成：红色，细点划线。

2. 绘制水平中心线

命令: **_line**	
指定第一点: **在左侧垂直线 A 上中点附近，提示为“中点”时点取**	中心线起点位于直线 A 上中点处
指定下一点或 [放弃(U)]: **移动光标到 D 点点取**	确定中心线终点的位置
指定下一点或 [放弃(U)]: ↙	结束直线命令

绘制水平中心线，如图 2-6 所示。也可以按空格键、【Esc】键或右击鼠标选择“确认”项退出直线绘制。结果如图 2-7 所示。

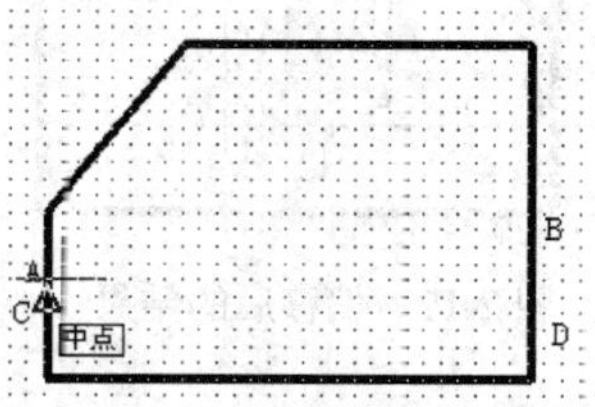

图 2-6 绘制中心线，点取第一点

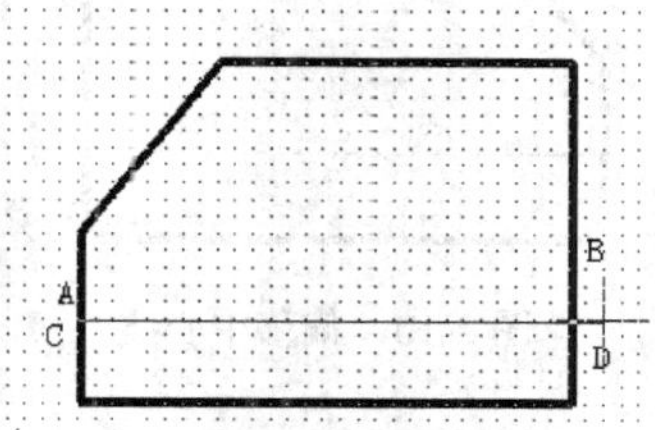

图 2-7 绘制中心线的终点

3. 中心线向左延长

由于中心线应超出轮廓线，所以需要将刚绘制好的中心线适当地向左侧延长。延长的方法主要有夹点编辑、拉伸和拉长。此处用夹点编辑来实现中心线的延长。

用光标点取中心线，该中心线将高亮显示（看上去像虚线），同时在直线的两头和中点上各出现一个蓝色小方框，如图 2-8 所示。

在图中出现的小方框，即夹点。通过夹点，可以方便地改变直线的长度、位置等。

此时，点中最左侧的小方框，该方框变为填充红色，移动光标时，原位置和光标之间有拉伸线提示。在如图 2-9 所示的位置按下鼠标左键，左端点移到 C 点处。

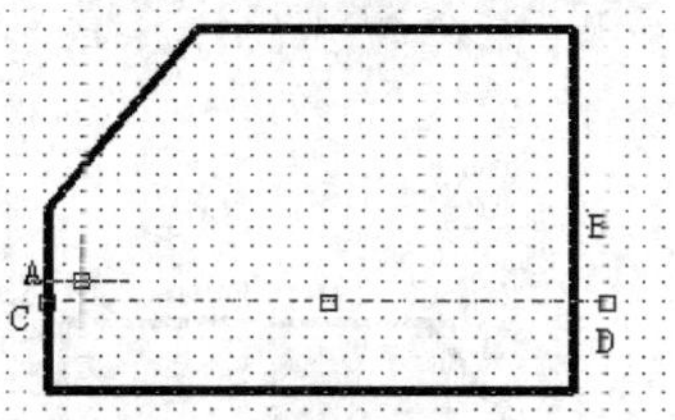

图 2-8 显示夹点

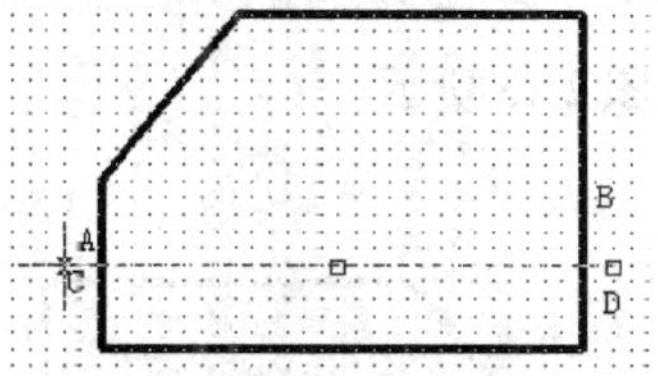

图 2-9 夹点拉伸直线

连续按两次【Esc】键，退出夹点编辑。命令提示行出现两次“**取消**”。同时出现在直线上的三个夹点消失，中心线恢复正常显示，但端点已向左延伸。

用同样的方法来绘制垂直的中心线，如图 2-10 所示。

4. 绘制上方水平中心线

由于在图形上已经有了类似的水平中心线，可以通过偏移、复制等命令来产生上面的水平中心线，当然可以再绘制一条水平中心线。此处通过偏移命令来绘制上方的水平中心线。

单击“修改”面板中的“偏移”按钮。

命令: **_offset**	下达偏移命令
当前设置: 删除源=否 图层=源 OFFSETGAPTYPE=0	

指定偏移距离或 [通过(T)/删除(E)/图层(L)] <通过>: **110↙** 输入偏移距离
选择要偏移的对象，或 [退出(E)/放弃(U)] <退出>: **点取如图 2-10 所示的直线 A**
指定要偏移的那一侧上的点，或 [退出(E)/多个(M)/放弃(U)] <退出>: **点取 B 点** 确定偏移方向
选择要偏移的对象，或 [退出(E)/放弃(U)] <退出>: **↙** 结束偏移命令

结果如图 2-11 所示。

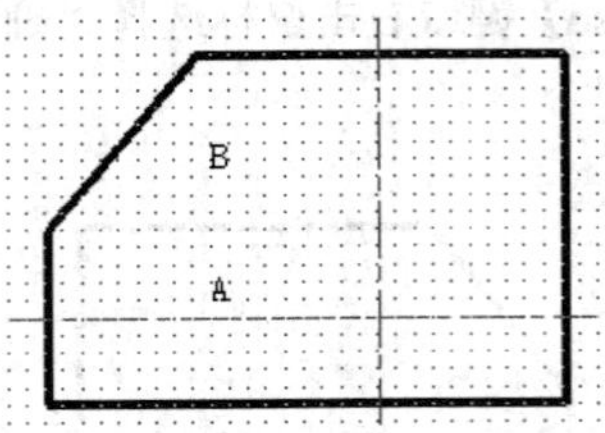

图 2-10 偏移中心线

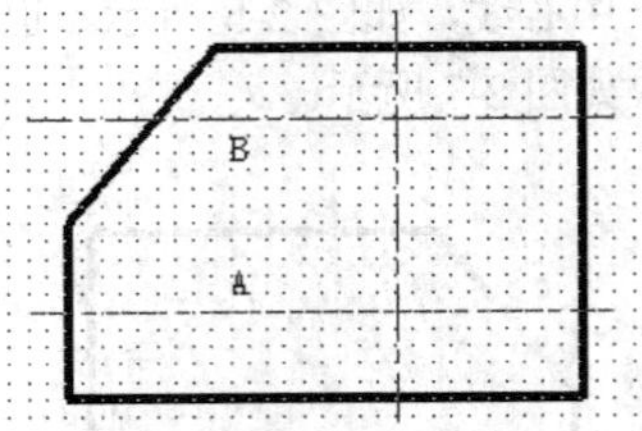

图 2-11 偏移后的结果

2.2.5 绘制圆

1. 选择图层

圆为粗实线，应处于“solid”层上。首先将当前层改为“solid”。单击“图层”工具栏中的“图层列表框”，选择“solid”层。将当前图层改成“solid”，线型为粗实线，颜色为黑色。

2. 绘制圆

单击“绘图”面板中的“绘圆（圆心、半径）”按钮。

命令: **_circle**
指定圆的圆心或 [三点(3P)/两点(2P)/切点、切点、半径(T)]: **移动光标到如图 2-12 所示的 A 点位置，稍加停顿，出现提示为“交点”后，单击**
指定圆的半径或 [直径(D)]: **20↙**

结果如图 2-13 所示。

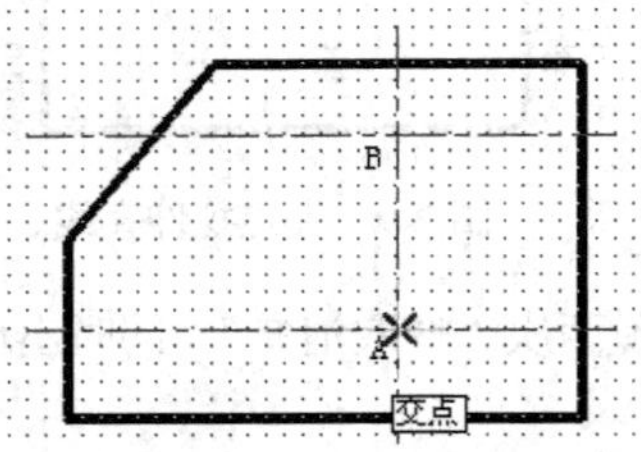

图 2-12 通过交点确定圆心

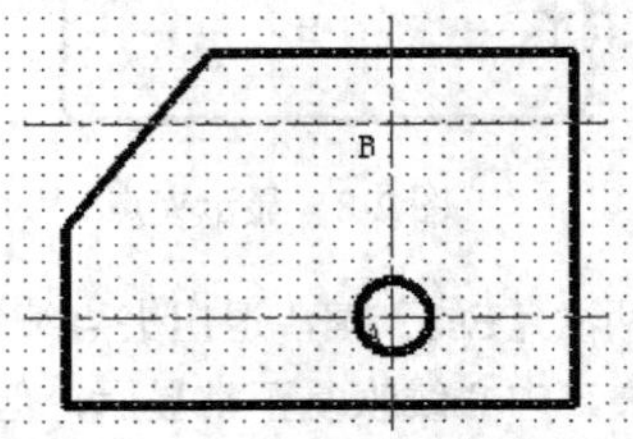

图 2-13 绘制圆

用同样的方法，以上方两中心线的交点 B 为圆心绘制第二个圆。

2.2.6 绘制上方两条垂直线

绘制与上面圆相切的两条直线 AB、CD，如图 2-14 所示。

（1）单击“绘图”面板中的“直线”按钮。

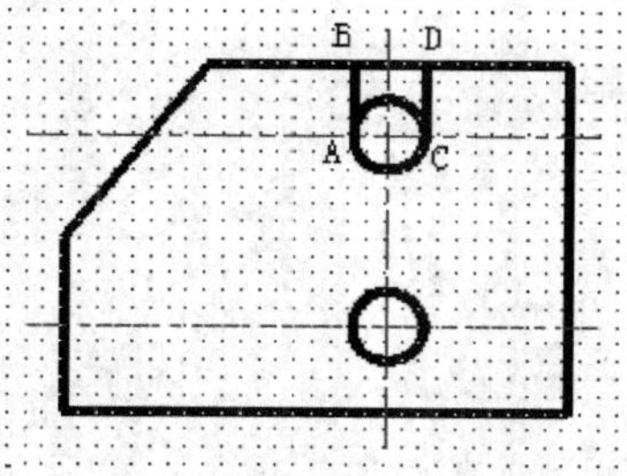

图 2-14 绘制与圆相切的两直线

（2）移动光标到如图 2-14 所示的 A 点，稍加停顿，出现“交点”提示后单击鼠标。

（3）移动光标到最上面的水平轮廓线上 B 点附近，在提示“垂足”时，单击鼠标，绘制出直线 AB。

（4）回车结束直线绘制命令。

用同样的方法绘制直线 CD。结果如图 2-14 所示。直线 CD 也可以通过对直线 AB 的复制、偏移等方法绘制。

上述操作结束后，将上面一条水平中心线向内收缩到 A 点和 C 点两侧。

2.2.7 绘制左侧圆孔投影直线

左侧圆孔投影产生的直线如图 2-15 所示。

绘制如图 2-15 所示的直线 AC、BD、CD、DE、CE 的方法较多。可以直接绘制，或通过“复制”等命令产生该位置的直线，再编辑修改成符合要求的特性。这里采用偏移后修改的方法绘制。

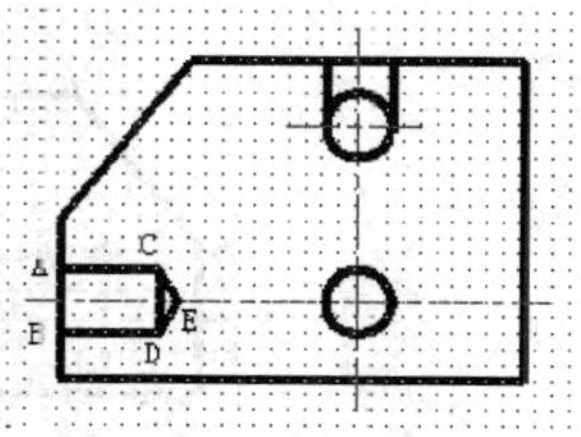

图 2-15 左侧圆孔投影直线

1. 偏移复制上下两条水平直线

由于圆孔的投影直线，在中心线两侧，距离已知，所以采用偏移命令来复制。

单击“修改”面板中的“偏移”按钮。

命令: **_offset** 下达 offset 偏移命令
当前设置: 删除源=否 图层=源 OFFSETGAPTYPE=0
指定偏移距离或 [通过(T)/删除(E)/图层(L)] <110.0000>: **20↙** 输入偏移距离
选择要偏移的对象，或 [退出(E)/放弃(U)] <退出>: **点取下面的一条水平中心线**
指定要偏移的那一侧上的点，或 [退出(E)/多个(M)/放弃(U)] <退出>: **在被选中心线上方任意位置单击**
选择要偏移的对象，或 [退出(E)/放弃(U)] <退出>: **再次选择原水平中心线**
指定要偏移的那一侧上的点，或 [退出(E)/多个(M)/放弃(U)]<退出>: **在被选中心线下方任意位置单击**
选择要偏移的对象，或 [退出(E)/放弃(U)] <退出>: **↙** 回车退出偏移命令

操作结果如图 2-16 所示。

2. 偏移复制垂直线

同样，用偏移方法复制垂直线 EF，偏移距离为 60，要偏移对象为 AB。结果如图 2-17 所示。

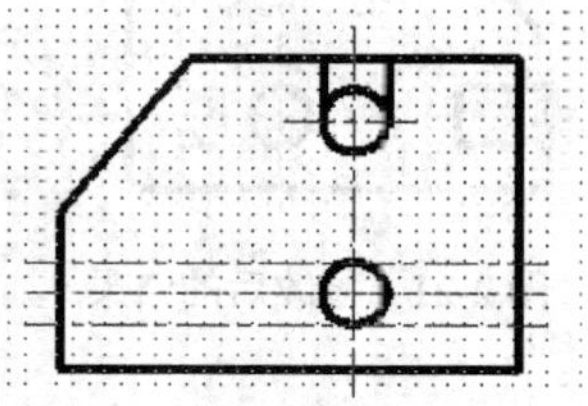

图 2-16 偏移复制两水平线

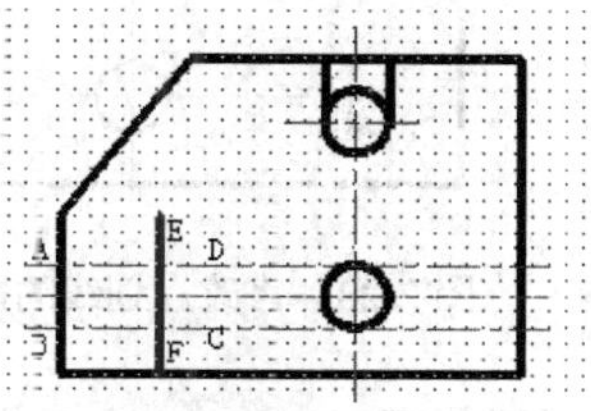

图 2-17 偏移复制垂直线

3. 修剪图形

偏移复制的水平线和垂直线都偏长，需要将长出的部分剪掉，如图 2-18 所示。

单击“修改”面板中的“修剪”按钮。

命令: **_trim**

当前设置: 投影=UCS 边=无

选择剪切边...

选择对象或 <全部选择>: **如图 2-18 所示，点取 1 点**

指定对角点: **点取 2 点**

找到 5 个

选择对象: ↙

选择要修剪的对象，或按住【Shift】键选择要延伸的对象，或

[栏选(F)/窗交(C)/投影(P)/边(E)/删除(R)/放弃(U)]: **依次点取 A、B、C、D、E、F 点表示的超出部分的图线**

选择要修剪的对象，或按住【Shift】键选择要延伸的对象，或

[栏选(F)/窗交(C)/投影(P)/边(E)/删除(R)/放弃(U)]: ↙

结果如图 2-19 所示。

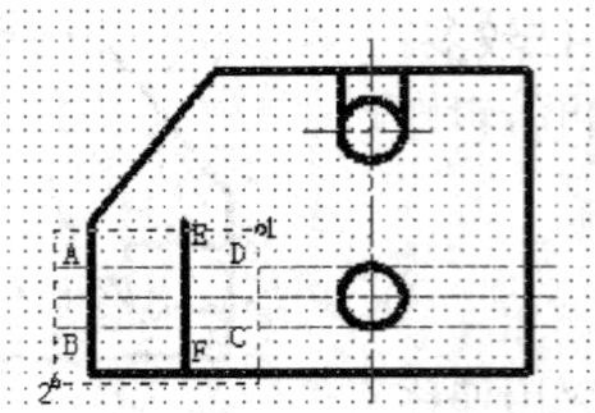

图 2-18　选择剪切边

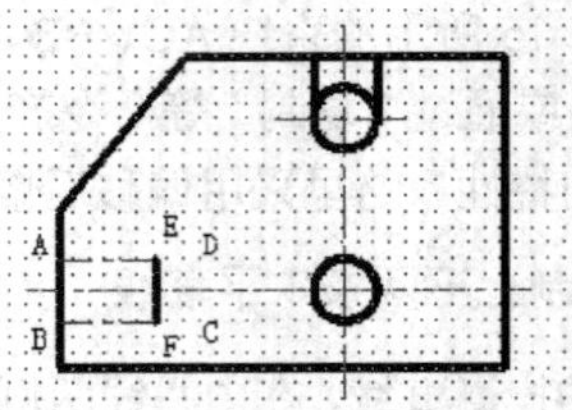

图 2-19　剪切结果

4. 修改偏移复制的线条为粗实线

由于该孔的轮廓线应该是粗实线，必须将点划线改成粗实线。将偏移复制的两条水平点划线改到“solid”层上，这两条线将具有“solid”层的特性。可以采用特性修改 CHANGE 命令、特性 PROPERTIES、特性匹配 MATCHPROP 以及先选择对象再点取目标图层等方法。

分别单击这两条点划线，在图中出现夹点，如图 2-20 所示。同时在“图层”面板中的图层自动变成了这两条线的所在图层“center”。单击“图层”面板的“图层”列表框，选中“solid”层。

在绘图区任意位置单击，这两条点划线迅速变成粗实线。连续按两次【Esc】键退出夹点编辑。修改线型完成，结果如图 2-21 所示。

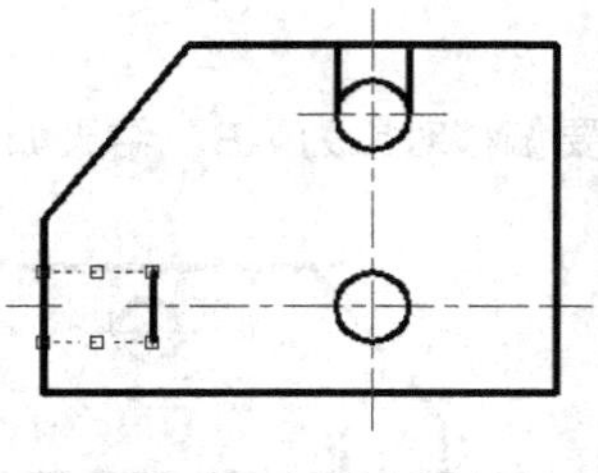

图 2-20　修改点划线的图层

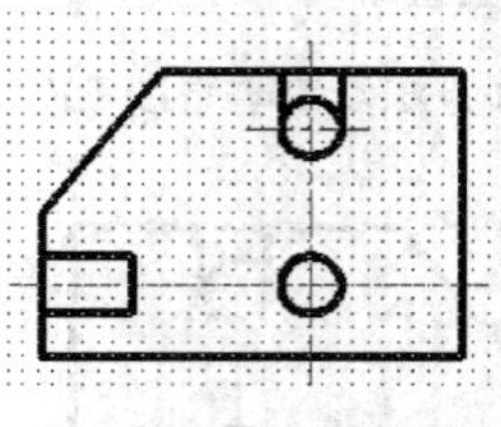

图 2-21　修改后的结果

5. 绘制 120°锥角

先绘制图 2-22 中的 60°斜线 DE。

命令: **_line**	
指定第一点: **点取 D 点**	定义起点 D
指定下一点或 [放弃(U)]: **@40<60**↙	绘制直线 DE

指定下一点或 [闭合(C)/放弃(U)]: ↙　　回车退出直线命令

再绘制图 2-22 中的 300°斜线 EB。

在 C 点和 E 点之间绘制一条直线。再次下达直线命令。

命令: **_line**
指定第一点: **点取 E 点**　　定义起点 E
指定下一点或 [放弃(U)]: **点取 B 点**　　绘制直线 BE
指定下一点或 [闭合(C)/放弃(U)]: ↙　　回车退出直线命令

结果如图 2-22 所示。

最后修剪超出部分长度。

由于绘制的直线 DE 超长，所以应该将超出部分剪去。

点取“修改”面板中的“修剪”按钮 修剪 。

命令: **_trim**　　下达修剪命令
当前设置: 投影=UCS 边=无
选择剪切边...
选择对象或 <全部选择>: **点取直线 BE**
找到 1 个
选择对象: **按空格键**　　空格结束剪切边的选择
选择要修剪的对象，或按住【Shift】键选择要延伸的对象，或
[栏选(F)/窗交(C)/投影(P)/边(E)/删除(R)/放弃(U)]: **点取 E 点以上超出图线**
选择要修剪的对象，或按住【Shift】键选择要延伸的对象，或[栏选(F)/窗交(C)/投影(P)/边(E)/删除(R)/放弃(U)]:
↙　　按回车结束修剪命令

结果如图 2-23 所示。

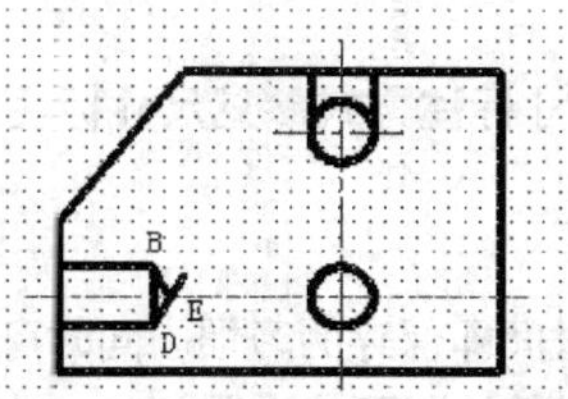

图 2-22　绘制 60°斜线 DE 和 BE

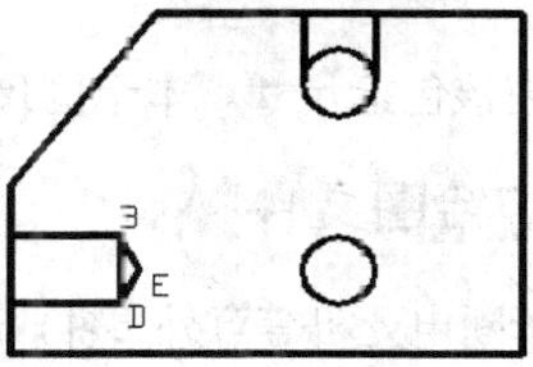

图 2-23　绘制结果

2.2.8　绘制剖面线

1．关闭“center”层，改当前层为“hatch”

剖面线绘制在“hatch”层上，由于绘制剖面线时要选择边界，为了消除中心线的影响，在下达剖面图案填充命令前，先将“center”层关闭，并将当前层改为“hatch”。

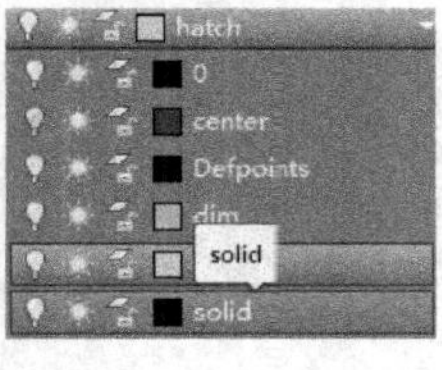

图 2-24　关闭“center”层，设置“hatch”为当前层

如图 2-24 所示，点取“图层”面板中的“图层”列表框，在“center”层最前面的 💡 上点取，关闭该层，黄色的 💡 变成蓝黑色 💡，此时即关闭“center”层，该层上的图线不显示。同时向下移动光标，在“hatch”层上点取，使当前层改为“hatch”。

2．绘制剖面线

单击“绘图”面板中的“图案填充”按钮，弹出如图 2-25 所示的“图案填充创建”选项卡。

首先要设置填充图案类型、比例等参数。如图 2-25 所示，在面板中选择“ANSI31”，将比例改成 3。

设定好以上参数后，单击“拾取点”按钮。系统将返回绘图屏幕。在图形中需要绘制剖面线的范围内任意位置按下鼠标左键，系统自动找出一封闭边界，并预览填充效果。回车后，系统在选择的边界中绘制剖面线，并退出该选项卡，预览图案填充如图 2-26。

图 2-25 “图案填充创建”选项卡

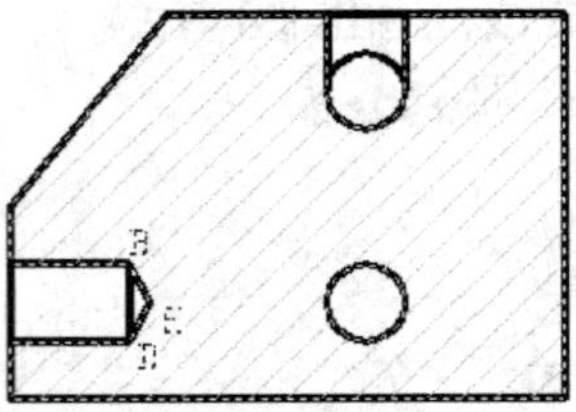

图 2-26 预览图案填充

3. 打开“center”层

接着打开被关闭的“center”层，单击“图层”工具栏中的“图层”列表框，将蓝黑色的点中，使之变成黄色的，即打开“center”层。

2.2.9 标注示例尺寸

完整的图样应该包括尺寸。本示例尺寸标注略，具体尺寸标注方式参见尺寸标注部分。

2.2.10 保存绘图文件

为了防止由于断电死机等意外事件，应该养成编辑一段时间即保存的习惯。同时可以通过设置，指定一时间间隔，由计算机自动存盘。具体设置方法参见第 1 章的绘图环境设置部分。绘图结束时，也应保存文件后再退出。单击“快速访问工具栏”中的“保存”按钮，弹出如图 2-27 所示的“图形另存为”对话框。

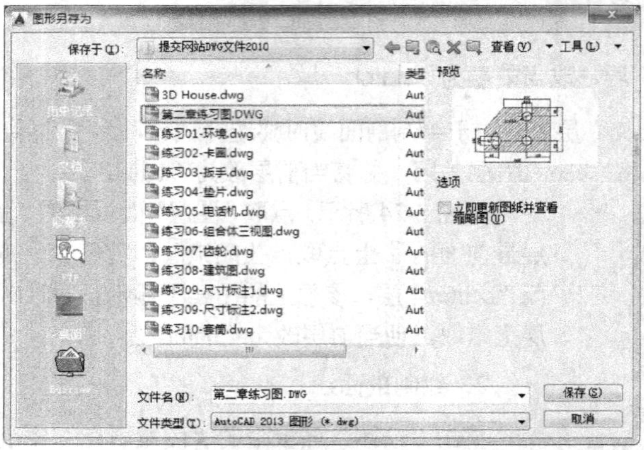

图 2-27 “图形另存为”对话框

在“文件名”文本框中输入绘图文件名，例如“第二章练习图”，然后单击保存按钮。系统将该图形以输入的名称保存。如果前面进行过存盘操作，则不出现该对话框，系统自动执行保存操作。

2.2.11 输出

最终的图形可以通过打印机或绘图机等设备输出。输出的格式可以通过图纸空间进行布局，也可以在模型空间中直接输出。

点取“快速访问”工具栏中的“打印”按钮，弹出“打印—模型”对话框。在“打印—模型”对话框中，首先要选择“打印机/绘图仪”，然后单击预览按钮可以模拟输出的结果。预览图形与页面设置有关，可能与如图 2-1 所示的结果略有区别。如果在 Windows 中打印机或绘图机已安装设定好并处于等待状态，单击确定按钮则直接在输出设备上形成硬拷贝。输出成功一般会在右下角出现如图 2-28 所示的信息。详细的打印输出操作参见第 11 章。

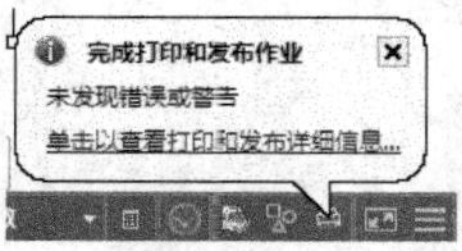

图 2-28 打印输出成功信息提示

2.3 绘图一般原则

（1）先设定图限→单位→图层后再进入图线绘制。

（2）尽量采用 1∶1 的比例绘制，最后在布局中控制输出比例。

（3）注意命令提示信息，避免误操作。

（4）注意采用捕捉、对象捕捉等精确绘图工具和手段辅助绘图。

（5）图框不要和图形绘制在一起，应分层放置。在布局时采用插入的方式来使用图框。

（6）常用的设置（如图层、文字样式、标注样式等）应该保存成样板，新建图形时直接利用样板生成初始绘图环境。也可以通过“CAD 标准”来统一。

习 题 2

1. 一般的作图流程是什么？
2. 绘制图线前的准备工作有哪些？
3. 作图时为何要注意命令提示信息？
4. 样板包含哪些内容，其作用如何？
5. 按照 1∶1 的比例绘图有什么好处？按照 1∶1 绘图在 A4 大小的图纸中放不下应如何处理？

第3章 基本绘图命令

平面图形都是由点、直线、圆、圆弧，以及复杂一些的曲线（如椭圆、样条曲线等）组成的。本章介绍直线、矩形、正多边形、圆、椭圆、样条曲线、点、轨迹等绘图命令。

3.1 画直线 LINE

直线是最常见的图素之一。

命令：LINE

功能区：默认→绘图→直线

菜单：绘图→直线

工具栏：绘图→直线

命令及提示：

```
命令: _line
指定第一点:
指定下一点或 [放弃(U)]:
指定下一点或 [放弃(U)]:
指定下一点或 [闭合(C)/放弃(U)]:
```

参数：

（1）指定第一点：定义直线的第一点。如果以回车响应，则为连续绘制方式。该段直线的第一点为上一个直线或圆弧的终点。

（2）指定下一点：定义直线的下一个端点。

（3）放弃(U)：放弃刚绘制的一段直线。

（4）闭合(C)：封闭直线段使之首尾相连成封闭多边形。

【例 3.1】 绘制直线练习。

（1）利用键盘输入坐标绘制如图 3-1 所示的图形。键盘输入坐标可以精确绘图。

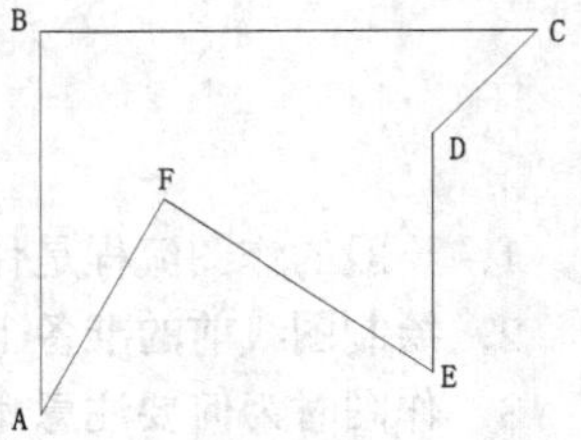

图 3-1 键盘输入绘制直线

命令: _line	
指定第一点: **120,80↙**	定义 A 点绝对坐标
指定下一点或 [放弃(U)]: **120,240↙**	输入 B 点绝对坐标，绘制 AB
指定下一点或 [放弃(U)]: **@200<0↙**	输入 C 点相对 B 点极坐标，距离 200，角度 0°
指定下一点或 [闭合(C)/放弃(U)]: **@-60<45↙**	输入 D 点相对 C 点极坐标，距离 60，角度 45°反方向，即 225°方向
指定下一点或 [闭合(C)/放弃(U)]: **@0,-100↙**	输入 E 点相对 D 点直角坐标，X 方向 0，Y 方向距离 100，方向为负，即向下
指定下一点或 [闭合(C)/放弃(U)]: **210<45↙**	输入 F 点的绝对极坐标，距离原点 210，方向 45°
指定下一点或 [闭合(C)/放弃(U)]: **u↙**	取消刚画好的 FE 段，重新接着 E 点绘制下一条直线
指定下一点或 [闭合(C)/放弃(U)]: **240<45↙**	输入 F 点绝对极坐标，距离原点 240，方向 45°
指定下一点或 [闭合(C)/放弃(U)]: **c↙**	输入闭合参数 C，将连续线段的首尾相连

结果如图 3-1 所示。

注意：

在输入绝对坐标时，将动态输入（DYN）开关关闭。输入相对坐标时打开。

（2）利用正交模式绘制如图 3-2 所示的图形。采用正交模式绘制直线，一般用来绘制水平或垂直的直线。在大量需要绘制水平和垂直线的图形中，采用这种模式能保证绘图的精度。

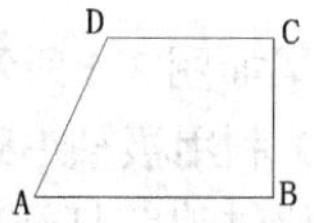

图 3-2　正交模式绘制直线

首先在应用程序状态栏中使正交模式处于打开状态，然后执行下列命令。

命令: **_line**	
指定第一点: **在屏幕上点取 A 点**	
指定下一点或 [放弃(U)]: **移动鼠标，在显示的“橡皮线”到 B 点时按下**	绘制 AB 段
指定下一点或 [放弃(U)]: **移动到 C 点，按下鼠标左键**	绘制 BC 段
指定下一点或 [闭合(C)/放弃(U)]: **移到 D 点，按下鼠标左键**	绘制 CD 段
指定下一点或 [闭合(C)/放弃(U)]: **c↙**	绘制 DA 封闭连续直线段

结果如图 3-2 所示。

注意：

在正交模式下利用鼠标直接绘图时，移动鼠标在 X 方向和 Y 方向的增量哪个大，系统会认为用户想绘制该方向的直线，同时显示该方向的橡皮线。

（3）利用栅格和捕捉精确绘制如图 3-3 所示的图形。利用栅格和捕捉绘制直线，可以使鼠标点取的点为捕捉间隔的整数倍。栅格的显示不是必须的，但显示栅格有助于用户观察绘制时的相对位置。

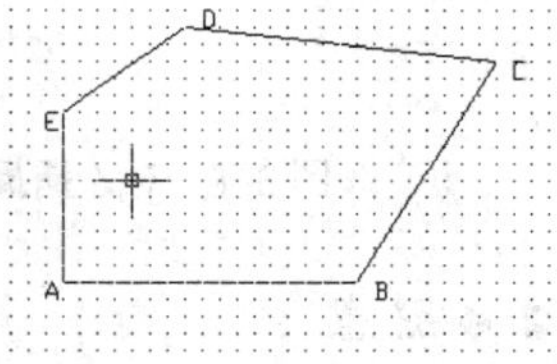

图 3-3　捕捉栅格绘图

单击栅格和捕捉按钮打开栅格和捕捉模式。当打开捕捉模式后，光标移到可以捕捉的点附近时，会自动被吸过去，所以不用费力即可准确找点。

命令: **_line**	
指定第一点: **点取 A 点**	定义起点
指定下一点或 [放弃(U)]: **点取 B 点**	绘制直线 AB
指定下一点或 [放弃(U)]: **点取 C 点**	绘制直线 BC
指定下一点或 [闭合(C)/放弃(U)]: **点取 D 点**	绘制直线 CD
指定下一点或 [闭合(C)/放弃(U)]: **点取 E 点**	绘制直线 DE
指定下一点或 [闭合(C)/放弃(U)]: **c↙**	输入闭合参数，封闭连续直线 EA

结果如图 3-3 所示，以上直线的所有端点都在栅格点上。

注意：

如果设定的栅格显示密度过密，系统将不在屏幕上显示栅格。虽然默认情况下，捕捉间隔和栅格显示的密度相一致，但栅格显示的密度也可以和捕捉的间隔不一致。

（4）利用对象捕捉绘制如图 3-4 所示的图形，其中 D 点为 AB 的中点。

设置对象捕捉模式为“中点”，并使对象捕捉模式处于打开状态。

命令: **_line**

指定第一点: **点取 A 点**
指定下一点或 [放弃(U)]: **点取 B 点**
指定下一点或 [放弃(U)]: **点取 C 点**
指定下一点或 [闭合(C)/放弃(U)]: **移动光标到水平线上中点附近，在出现提示为“中点”时按下**
指定下一点或 [闭合(C)/放弃(U)]: ↙ 回车结束直线绘制

结果如图 3-4 所示。

（5）利用极轴追踪绘制直线。极轴追踪可以自动捕捉预先设定好的极轴角度，默认为 90° 的倍数。

当极轴追踪打开后，光标移动到设定的角度附近时，会自动捕捉极轴角度，同时显示相对极坐标。此时按下鼠标左键，即输入提示点的坐标。

极轴捕捉开关可以通过【F10】功能键切换或在状态栏控制，也可以通过“草图设置”对话框控制。

首先打开“草图设置”对话框，在“极轴追踪”选项卡中增设角度 30°。

命令: **_line**
指定第一点: **点取水平线的左端点**
指定下一点或 [放弃(U)]: **点取水平线的右端点**
指定下一点或 [放弃(U)]: **如图 3-5 所示，移动鼠标到 30° 角附近，出现极轴提示后点取**
指定下一点或 [闭合(C)/放弃(U)]: ↙ 回车结束直线绘制

在如图 3-5 所示的位置按下鼠标左键，相当于输入坐标**@79<30**。

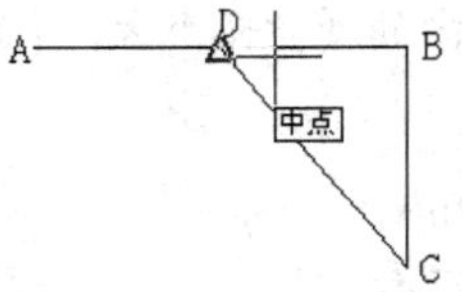

图 3-4 对象捕捉绘制直线

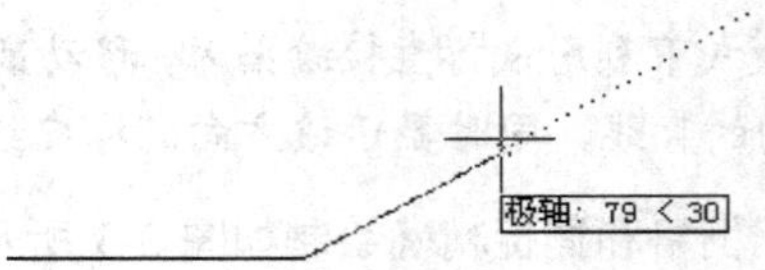

图 3-5 极轴追踪绘制直线

注意：

① 也可以使用角度替代，输入<××，回车后输入长度，其中的××即设定的角度方向，默认顺时针为负，逆时针为正。随后输入的长度即该方向上的长度。

② 绘制轴测图时，可以设定 45° 或 30° 的极轴追踪模式，配合对象捕捉中的平行线捕捉方式，方便绘制 Y 方向和 X 方向的直线。极轴追踪和正交模式不可以同时打开。打开正交的同时关闭极轴，反之亦然。但极轴追踪中包含了水平和垂直两个方向。

③ 绘制正等轴测图时，应该打开等轴测模式，并根据需要在三个轴测平面内切换。

（6）利用对象追踪绘制直线。利用对象追踪可以找到距现有图形一定相对位置的点。

在图 3-6 中，欲绘制的斜线终点，是与矩形左侧垂足的相对关系@44<0 的点（捕捉模式中必须同时打开中点模式）。

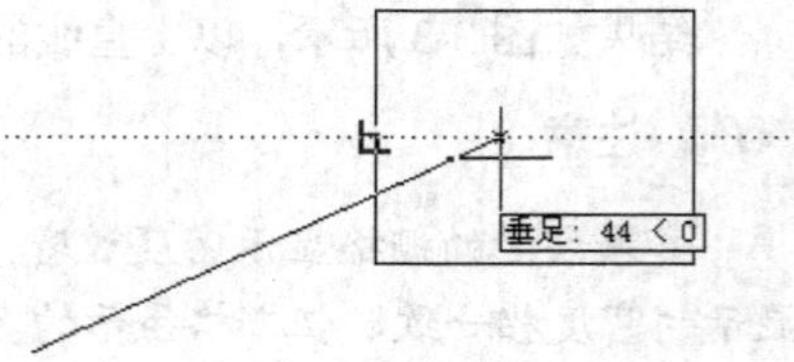

图 3-6 对象追踪绘制直线

注意：

① 绘图时可以将以上各种方法综合使用。

② 绘制直线时，如果在要求指定第一点时按回车键或空格键响应，则系统会以前一直线或圆弧的终点作为新的线段的起点来绘制直线。

3.2　画射线 RAY

射线是一条有起点、通过另一点或指定某方向无限延伸的直线，一般用作辅助线。

命令：RAY

功能区：默认→绘图→射线

菜单：绘图→射线

命令及提示：

```
命令: _ray
指定起点:
指定通过点:
```

参数：

（1）指定起点：输入射线起点。

（2）指定通过点：输入射线通过点。连续绘制射线则指定通过点，起点不变。按回车键或空格键退出射线绘制。

图 3-5 中的辅助线（虚线）其实为射线。

3.3　画构造线（参照线）XLINE

构造线（参照线）是指通过某两点或通过一点并确定了方向向两个方向无限延长的直线。参照线一般用作辅助线。AutoCAD 中提示的极轴线（图 3-6 中的虚线）是参照线。

命令：XLINE

功能区：默认→绘图→构造线

菜单：绘图→构造线

工具栏：绘图→构造线

命令及提示：

```
命令: _xline
指定点或 [水平(H)/垂直(V)/角度(A)/二等分(B)/偏移(O)]:
```

参数：

（1）水平（H）：绘制水平参照线，随后指定的点为该水平线的通过点。

（2）垂直（V）：绘制垂直参照线，随后指定的点为该垂直线的通过点。

（3）角度（A）：指定参照线角度，随后指定的点为该线的通过点。

（4）偏移（O）：复制现有的参照线，指定偏移通过点。

（5）二等分（B）：以参照线绘制指定角的平分线。

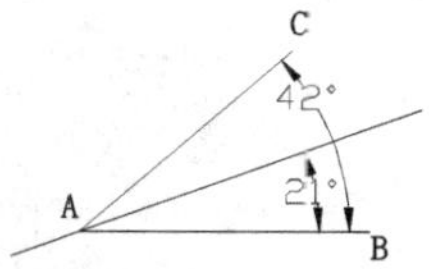

图 3-7　构造线绘制角平分线

【例 3.2】 如图 3-7 所示，绘制角 BAC 的平分线。

```
命令: _xline
指定点或 [水平(H)/垂直(V)/角度(A)/二等分(B)/偏移(O)]: b↙          绘制二等分参照线
指定角的顶点: 点取顶点 A
指定角的起点: 点取 B 点
```

指定角的端点: **点取 C 点**
指定角的端点: ↙　　可以继续输入其他点，此时 A、B 点不变。否则回车结束

3.4 画多线

多线是一种由多条平行线组成的线型，如建筑平面图上用来表示墙的双线就可以用多线绘制。

3.4.1 绘制多线 MLINE

绘制多线和绘制直线基本类似。

命令：MLINE

菜单：绘图→多线

命令及提示：

命令: **_mline**
指定起点或 [对正(J)/比例(S)/样式(ST)]:

参数：

（1）对正(J)：设置基准对正位置，包括以下三种：

① 上(T)——以多线的外侧线为基准绘制多线。

② 无(Z)——以多线的中心线为基准，即 0 偏差位置绘制多线。

③ 下(B)——以多线的内侧线为基准绘制多线。

（2）比例(S)：设定多线的比例，即两条多线之间的距离大小。

（3）式样(ST)：输入采用的多线式样名，默认为 STANDARD。

（4）放弃(U)：取消最后绘制的一段多线。

【例 3.3】 沿 ABCD 路径绘制如图 3-8 所示的双线。

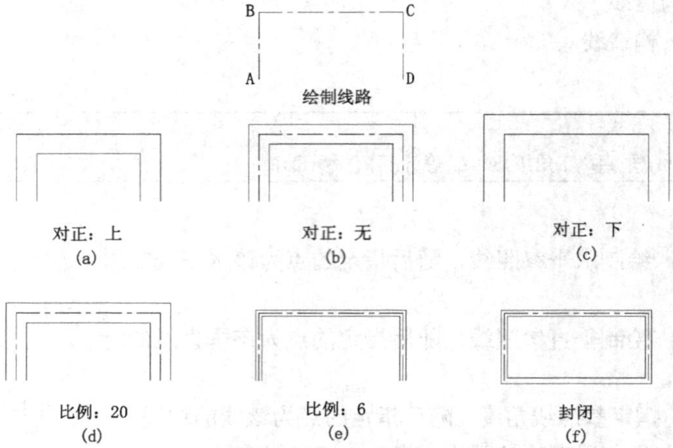

图 3-8　多线形式比较（其中多线的绘制路线相同，均为点划线）

命令: **_mline**
当前设置: 对正 = 上，比例 = 1.00，样式 = STANDARD　　显示当前绘制多线的模式
指定起点或 [对正(J)/比例(S)/样式(ST)]: **s**↙　　设定比例
输入多线比例 <1.00>: **20**↙　　输入比例 20
当前设置: 对正 = 上，比例 = 20.00，样式 = STANDARD　　显示当前设置值
指定起点或 [对正(J)/比例(S)/样式(ST)]: **点取 A 点**

指定下一点: **点取 B 点**
指定下一点或 [放弃(U)]: **点取 C 点**
指定下一点或 [闭合(C)/放弃(U)]: **点取 D 点**
指定下一点或 [闭合(C)/放弃(U)]: ↙　　结束多线绘制，结果如图 3-8(a)所示

分别作如下设置，并绘制多线：

当前设置: 对正 = 无，比例 = 20.00，样式 = STANDARD　　结果如图 3-8(b)和(d)所示
当前设置: 对正 = 下，比例 = 20.00，样式 = STANDARD　　结果如图 3-8(c)所示
当前设置: 对正 = 无，比例 = 6.00，样式 = STANDARD　　结果如图 3-8(e)所示
命令: **_mline**
当前设置: 对正 = 无，比例 = 6.00，样式 = STANDARD
指定起点或 [对正(J)/比例(S)/样式(ST)]: **点取 A 点**
指定下一点: **点取 B 点**
指定下一点或 [放弃(U)]: **点取 C 点**
指定下一点或 [闭合(C)/放弃(U)]: **点取 D 点**
指定下一点或 [闭合(C)/放弃(U)]: **c**↙　　封闭多线并结束多线绘制，结果如图 3-8(f)所示

3.4.2　多线样式设置 MLSTYLE

多线本身有一些特性，如控制元素的数目和每个元素的特性、背景色和每条多线的端点是否封口，可以通过“多线样式”对话框进行设定。设定多线样式的方法如下。

命令：MLSTYLE

菜单：格式→多线样式

输入多线样式命令后，弹出如图 3-9 所示的“多线样式”对话框，图示了当前多线样式。

“多线样式”对话框中的各项含义如下。

（1）当前多线样式：显示当前多线样式的名称，该样式将在后续创建的多线中用到。

（2）样式：显示已加载到图形中的多线样式列表。多线样式列表中可以包含外部参照的多线样式。

（3）说明：显示选定多线样式的说明。

（4）预览：显示选定多线样式的名称和图像。

（5）置为当前按钮：选择一种多线样式置为当前，用于后续创建的多线。从“样式”列表中选择一个名称，然后选择“置为当前”。不能将外部参照中的多线样式设置为当前样式。

（6）新建按钮：显示“创建新的多线样式”对话框，如图 3-10 所示。输入“新样式名”后，单击继续按钮，弹出如图 3-11 所示“新建多线样式”对话框。

图 3-9　“多线样式”对话框

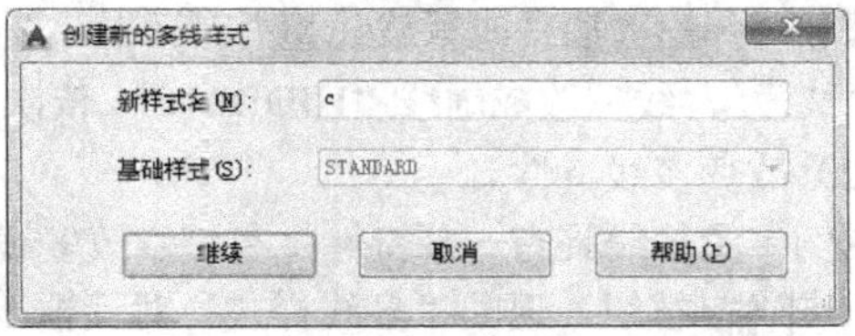

图 3-10　创建新的多线样式

该对话框中的相应区域注明如下。

① 说明：一段有关新建的多线样式的说明。

② 封口：用不同的形状来控制封口。复选框分别控制起点和终点是否封口。角度：设定封口的角度。

③ 填充：颜色决定填充色，可以在“颜色”列表中选择。

④ 显示连接：控制每条多线线段顶点处是否显示连接。接头也称为斜接。

⑤ 图元：显示组成多线元素的特性，包括相对中心线偏离距离、颜色和线型。

添加按钮：添加线条（如添加一条，则变成三条线的多线）。

删除按钮：删除选定的组成元素。

（7）修改按钮：显示“修改多线样式”对话框，从中可以修改选定的多线样式。不能编辑图形中正在使用的任何多线样式的元素和多线特性。要编辑现有多线样式，必须在使用该样式绘制任何多线之前进行。

（8）重命名按钮：更改多线名称。不能重命名 STANDARD 多线样式。

（9）删除按钮：从“样式”列表中删除选定的多线样式。不能删除 STANDARD 多线样式、当前多线样式或正在使用的多线样式。此操作并不会删除 MLN 文件中的样式。

（10）加载按钮：可以从多线线型库中调出多线。点取后弹出如图 3-12 所示的“加载多线样式”对话框。可以从中选择线型库。

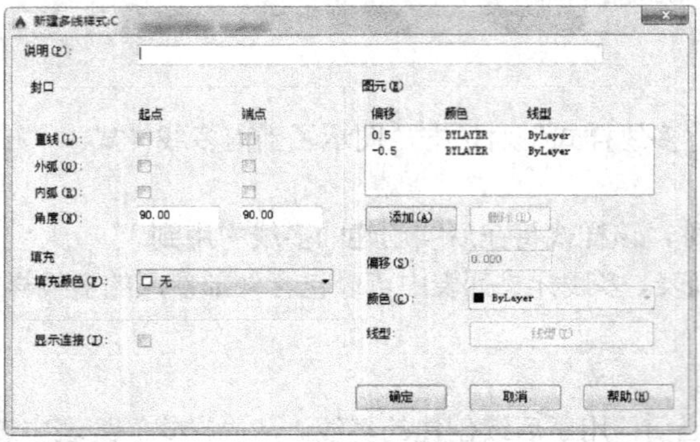

图 3-11 “新建多线样式”对话框

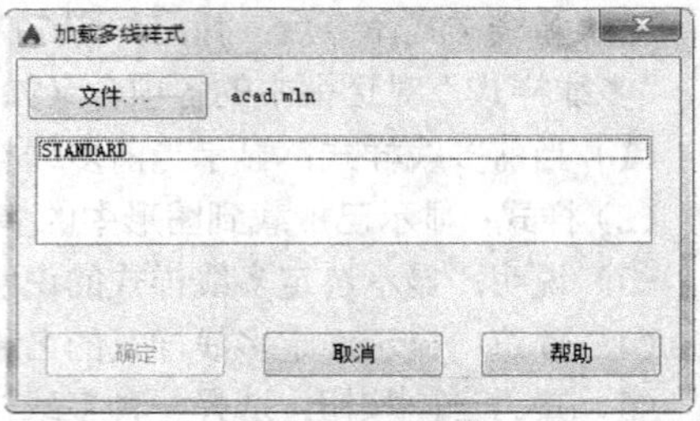

图 3-12 加载多线样式

（11）保存按钮：打开“保存多线样式”对话框，可以保存自己设定的多线。将多线样式保存或复制到多线库 (MLN) 文件中。默认文件名是 acad.mln。

【例 3.4】 设置如图 3-13 所示的多线样式。

执行多线样式设定命令，弹出如图 3-9 所示的“多线样式”对话框。单击修改按钮，弹出如图 3-14 所示的“修改多线样式”对话框。

（1）添加两条线。

在“修改多线样式”对话框中单击添加按钮，在“偏移”文本框中输入 0.2，即增加了一条直线，在“颜色”下拉框中选择“红”色。单击线型按钮，弹出如图 3-15 所示的“选择线型”对话框。单击加载按钮，弹出“加载或重载线型”对话框，选择“HIDDEN”。重复一次再增加-0.2 偏移线。颜色设置成“红色”，线型改成虚线“HIDDEN”。依次单击确定按钮退回“修改多线样式”对话框。

（2）改变多线特性。

图例中的多线具有一些特性，在“修改多线样式”对话框中进行设定。

单击确定按钮，退回“多线样式”对话框，如图 3-16 所示显示了在完成了图元特性和多线特性设置后的多线样式。

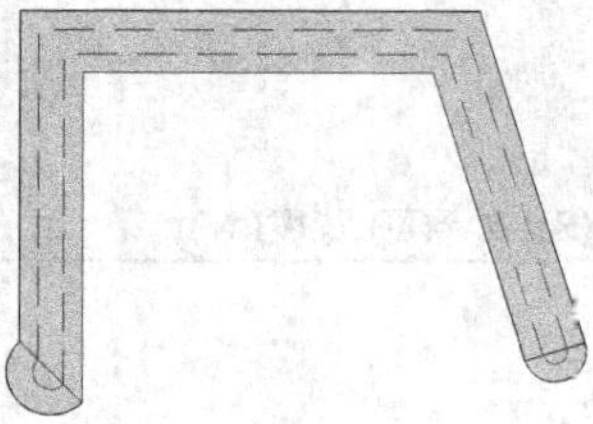

图 3-13　多线样式示例图形

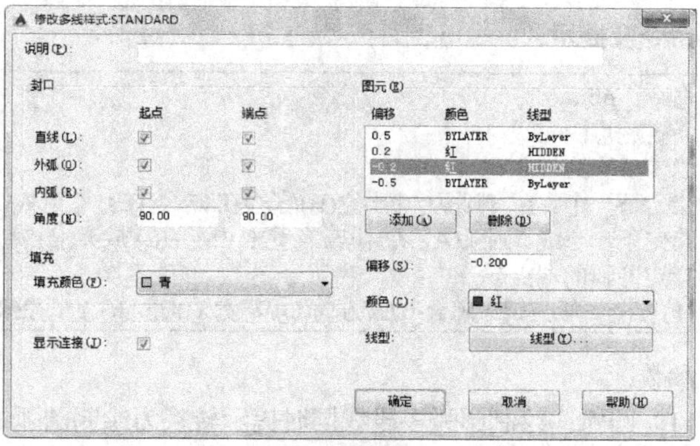

图 3-14　“修改多线样式”对话框

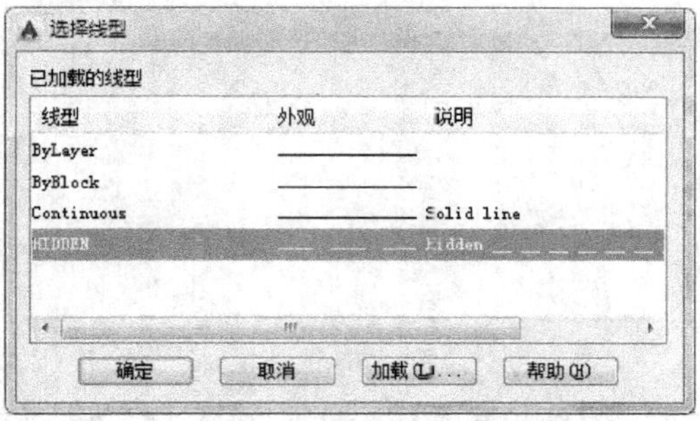

图 3-15　“选择线型”对话框

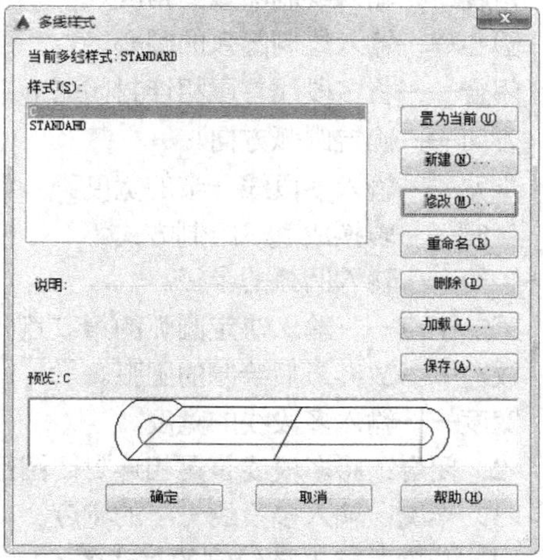

图 3-16　完成修改后的多线样式

经以上设定后绘制的多线示例如图 3-13 所示。

注意：

① 如果 FILLMODE 变量处于 OFF 状态，即使“多线特性”对话框中的填充处于开，也不显示填充色。

② 如果要改变多线的特性，必须删除用该多线样式绘制的多线。

③ 多线的终端和连接处经常需要编辑，一般采用 MLEDIT 命令，将在第 4 章“基本编辑命令”中介绍。

3.5　画多段线 PLINE

多段线是由一系列具有宽度性质的直线段或圆弧段组成的单一实体。

命令：PLINE

功能区：默认→绘图→多段线

菜单：绘图→多段线

工具栏：绘图→多段线

命令及提示：

命令: **_pline**
指定起点:
当前线宽为 0.0000
指定下一个点或 [圆弧(A)/半宽(H)/长度(L)/放弃(U)/宽度(W)]:
指定下一点或 [圆弧(A)/闭合(C)/半宽(H)/长度(L)/放弃(U)/宽度(W)]: **a↙**
指定圆弧的端点或
[角度(A)/圆心(CE)/闭合(CL)/方向(D)/半宽(H)/直线(L)/半径(R)/第二个点(S)/放弃(U)/宽度(W)]:

参数：

（1）圆弧：绘制圆弧多段线同时提示转换为绘制圆弧的系列参数。

端点——输入绘制圆弧的端点。

角度——输入绘制圆弧的角度。

圆心——输入绘制圆弧的圆心。

闭合——将多段线首尾相连封闭图形。

方向——确定圆弧方向。

半宽——输入多段线一半的宽度。

直线——转换成直线绘制方式。

半径——输入圆弧的半径。

第二个点——输入决定圆弧的第二点。

放弃——放弃最后绘制的圆弧。

宽度——输入多段线的宽度。

（2）闭合：将多段线首尾相连封闭图形。

（3）半宽：输入多段线一半的宽度。

（4）长度：输入欲绘制的直线的长度，其方向与前一直线相同或与前一圆弧相切。

（5）放弃：放弃最后绘制的一段多段线。

（6）宽度：输入多段线的宽度。

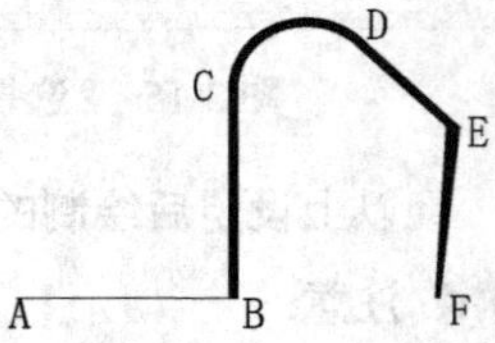

图 3-17　绘制多段线

【例 3.5】 绘制如图 3-17 所示的多段线，并将绘制的结果保存成"图 3-17.dwg"。

命令: **_pline**
指定起点: **点取 A 点**
当前线宽为 0.0000
指定下一点或 [圆弧(A)/闭合(C)/半宽(H)/长度(L)/放弃(U)/宽度(W)]: **点取 B 点**　　绘制水平线 AB
指定下一点或 [圆弧(A)/闭合(C)/半宽(H)/长度(L)/放弃(U)/宽度(W)]: **w↙**　　修改宽度
指定起点宽度 <0.0000>: **4↙**　　宽度值 4
指定端点宽度 <4.0000>: **↙**　　起点和终点同宽
指定下一点或 [圆弧(A)/闭合(C)/半宽(H)/长度(L)/放弃(U)/宽度(W)]: **点取 C 点**　　绘制垂直线
指定下一点或 [圆弧(A)/闭合(C)/半宽(H)/长度(L)/放弃(U)/宽度(W)]: **a↙**　　转换成绘制圆弧
指定圆弧的端点或[角度(A)/圆心(CE)/闭合(CL)/方向(D)/半宽(H)/直线 (L)
/半径(R)/第二点(S)/放弃(U)/宽度(W)]: **点取 D 点**　　点取圆弧的终点
指定圆弧的端点或[角度(A)/圆心(CE)/闭合(CL)/方向(D)/半宽(H)/直线(L)
/半径(R)/第二点(S)/放弃(U)/宽度(W)]: **l↙**　　转换为直线绘制
指定下一点或 [圆弧(A)/闭合(C)/半宽(H)/长度(L)/放弃(U)/宽度(W)]: **l↙**　　输入长度绘制
指定直线的长度: **30↙**　　绘制和圆弧终点相切的直线 DE

指定下一点或 [圆弧(A)/闭合(C)/半宽(H)/长度(L)/放弃(U)/宽度(W)]: **w**↙	改变宽度
指定起点宽度 <4.0000>: **6**↙	输入起点宽度 6
指定端点宽度 <6.0000>: **2**↙	输入终点宽度 2
指定下一点或 [圆弧(A)/闭合(C)/半宽(H)/长度(L)/放弃(U)/宽度(W)]: **点取 F 点**	绘制 EF
指定下一点或 [圆弧(A)/闭合(C)/半宽(H)/长度(L)/放弃(U)/宽度(W)]: ↙	结束多段线绘制

注意：

① 多段线的专用编辑命令为 PEDIT，具体在第 4 章“基本编辑命令”中介绍。

② 多段线的宽度填充是否显示和 FILLMODE 变量的设置有关。

3.6　画正多边形 POLYGON

在 AutoCAD 中可以精确绘制边数多达 1024 的正多边形。

命令： POLYGON

功能区： 默认→绘图→正多边形

菜单： 绘图→正多边形

工具栏： 绘图→正多边形

命令及提示：

```
命令: _polygon
输入侧面数 <X>:
指定多边形的中心点或 [边(E)]:
输入选项 [内接于圆(I)/外切于圆(C)] <I>:
指定圆的半径:
```

参数：

（1）边的数目：输入正多边形的边数。最大为 1024，最小为 3。

（2）中心点：指定绘制的正多边形的中心点。

（3）边(E)：采用输入其中一条边的方式产生正多边形。

（4）内接于圆(I)：绘制的多边形内接于随后定义的圆。

（5）外切于圆(C)：绘制的正多边形外切于随后定义的圆。

（6）圆的半径：定义内接圆或外切圆的半径。

【例 3.6】 用不同方式绘制如图 3-18（a）、（b）、（c）所示的三个正六边形。

命令: **_polygon**	
输入侧面数 <4>: **6**↙	输入正多边形的边数 6，默认为 4
指定多边形的中心点或 [边(E)]: **点取 C 点**	
输入选项 [内接于圆(I)/外切于圆(C)] <I>: ↙	选择内接于圆选项
指定圆的半径: **点取 A 点**	指定和正多边形外接的圆的半径

结果如图 3-18（a）所示。

命令: **_polygon**	
输入侧面数 <6>: ↙	回车接受默认值 6
指定多边形的中心点或 [边(E)]: **点取 D 点**	
输入选项 [内接于圆(I)/外切于圆(C)] <I>: **c**↙	选外切于圆的选项 C
指定圆的半径: **点取 B 点**	指定和正多边形内切圆的半径

结果如图 3-18（b）所示。

```
命令: _polygon
输入侧面数 <6>: ↙                                    接受默认值 6
指定多边形的中心点或 [边(E)]: e↙                      选择边选项
指定边的第一个端点: 点取 E 点
指定边的第二个端点: 点取 F 点
```

结果如图 3-18（c）所示。

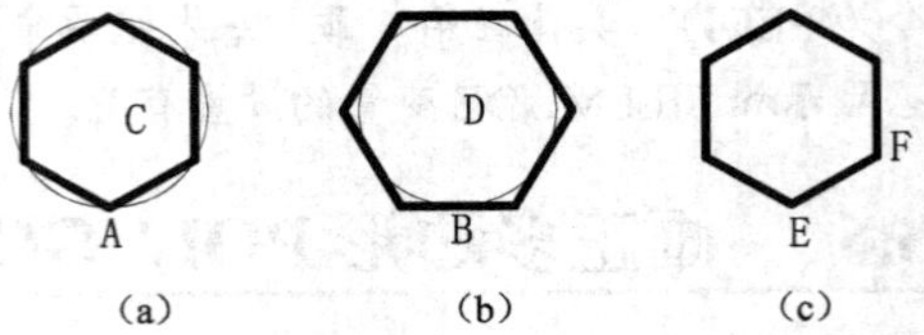

图 3-18　绘制正多边形的三种方式

注意：

绘制的正多边形同样是一多段线，编辑时一般是一个整体，可以通过分解命令使之分解成单个的线段。

3.7　画矩形 RECTANG

可通过定义矩形的两个对角点来绘制矩形，同时可以设定其宽度、圆角和倒角等。

命令：RECTANG

功能区：默认→绘图→矩形

菜单：绘图→矩形

工具栏：绘图→矩形

命令及提示：

```
命令: _rectang
指定第一个角点或 [倒角(C)/标高(E)/圆角(F)/厚度(T)/宽度(W)]:
指定另一个角点或 [面积(A)/尺寸(D)/旋转(R)]:
```

参数：

（1）指定第一角点：定义矩形的一个顶点。

（2）指定另一个角点：定义矩形的另一个顶点。

（3）倒角(C)：绘制带倒角的矩形。

- 第一倒角距离——定义第一倒角距离。
- 第二倒角距离——定义第二倒角距离。

（4）圆角(F)：绘制带圆角的矩形。

矩形的圆角半径——定义圆角半径。

（5）宽度(W)：定义矩形的线宽。

（6）标高(E)：矩形的高度。

（7）厚度(T)：矩形的厚度。

（8）面积(A)：根据面积绘制矩形。

输入以当前单位计算的矩形面积 <xx>

计算矩形尺寸时依据 [长度(L)/宽度(W)] <长度>: **L↙**

输入矩形长度<x>：根据面积和长度绘制矩形。

或

计算矩形尺寸时依据 [长度(L)/宽度(W)] <长度>: **w↙**

输入矩形宽度<x>：根据面积和宽度绘制矩形。

（9）尺寸(D)：根据长度和宽度来绘制矩形。

指定矩形的长度 <0.0000>:
指定矩形的宽度 <0.0000>:

（10）旋转(R)：通过输入值、指定点或输入 p 并指定两个点来指定角度。

指定旋转角度或 [点(P)] <0>:

【例 3.7】 绘制如图 3-19 所示的矩形。

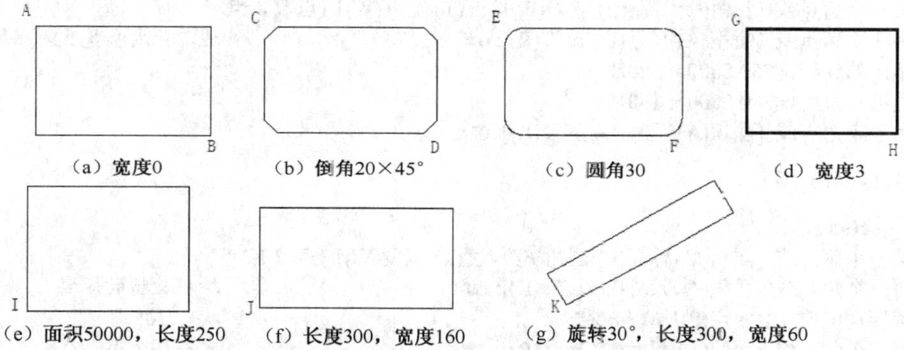

图 3-19　绘制矩形

命令: **_rectang**
指定第一个角点或 [倒角(C)/标高(E)/圆角(F)/厚度(T)/宽度(W)]: 点取 **A** 点
指定另一个角点或 [面积(A)/尺寸(D)/旋转(R)]: 点取 **B** 点

如图 3-19（a）所示。

命令: **_rectang**
指定第一个角点或 [倒角(C)/标高(E)/圆角(F)/厚度(T)/宽度(W)]: **c↙**　　设置倒角
指定矩形的第一个倒角距离 <0.0000>: **6↙**　　第一倒角距离设定为 6
指定矩形的第二个倒角距离 <6.0000>: **6↙**　　第二倒角距离设定为 6
指定第一个角点或 [倒角(C)/标高(E)/圆角(F)/厚度(T)/宽度(W)]: 点取 **C** 点
指定另一个角点或 [面积(A)/尺寸(D)/旋转(R)] : 点取 **D** 点

如图 3-19（b）所示。

命令: **_rectang**
当前矩形模式: 倒角=6.0000 x 6.0000　　显示当前矩形的模式
指定第一个角点或 [倒角(C)/标高(E)/圆角(F)/厚度(T)/宽度(W)]: **f↙**　　设置圆角
指定矩形的圆角半径 <6.0000>: ↙　　圆角半径设定为默认值 6
指定第一个角点或 [倒角(C)/标高(E)/圆角(F)/厚度(T)/宽度(W)]: 点取 **E** 点
指定另一个角点或 [面积(A)/尺寸(D)/旋转(R)]: 点取 **F** 点

如图 3-19（c）所示。

命令: **_rectang**

```
指定第一个角点或 [倒角(C)/标高(E)/圆角(F)/厚度(T)/宽度(W)]: w↙          设定矩形的线宽
指定矩形的线宽 <0.0000>: 3↙                                            宽度值设定为 3
指定第一个角点或 [倒角(C)/标高(E)/圆角(F)/厚度(T)/宽度(W)]: 点取 G 点
指定另一个角点或 [面积(A)/尺寸(D)/旋转(R)]: 点取 H 点
```

如图 3-19（d）所示。

```
命令: _rectang
指定第一个角点或 [倒角(C)/标高(E)/圆角(F)/厚度(T)/宽度(W)]: 点取 I 点
指定另一个角点或 [面积(A)/尺寸(D)/旋转(R)]: a↙                        选择面积定矩形
输入以当前单位计算的矩形面积 <100.0000>: 50000↙
计算矩形标注时依据 [长度(L)/宽度(W)] <长度>: l↙                       再选择长度
输入矩形长度 <10.0000>: 250↙
```

如图 3-19（e）所示。

```
命令: _rectang
指定第一个角点或 [倒角(C)/标高(E)/圆角(F)/厚度(T)/宽度(W)]: 点取 J 点
指定另一个角点或 [面积(A)/尺寸(D)/旋转(R)]: d↙                        通过长度和宽度定矩形
指定矩形的长度 <250.0000>: 300↙
指定矩形的宽度 <200.0000>: 160↙
指定另一个角点或 [面积(A)/尺寸(D)/旋转(R)]: ↙
```

如图 3-19（f）所示。

```
命令: _rectang
指定第一个角点或 [倒角(C)/标高(E)/圆角(F)/厚度(T)/宽度(W)]: 点取 K 点
指定另一个角点或 [面积(A)/尺寸(D)/旋转(R)]: r↙                        绘制旋转的矩形
指定旋转角度或 [拾取点(P)] <0>: 30↙                                   旋转 30°
指定另一个角点或 [面积(A)/尺寸(D)/旋转(R)]: d↙                        定矩形大小
指定矩形的长度 <300.0000>: ↙
指定矩形的宽度 <160.0000>: 60↙
指定另一个角点或 [面积(A)/尺寸(D)/旋转(R)]: 点取一点
```

结果如图 3-19（g）所示。

注意：

① 绘制的矩形同样是一多段线，编辑时一般是一个整体，可以通过分解命令使之分解成单个的线段，同时失去线宽性质。

② 线宽是否填充和 FILLMODE 变量的设置有关。

3.8 画圆弧 ARC

圆弧是常见的图素之一。圆弧可通过圆弧命令直接绘制，也可以通过打断圆成圆弧以及倒圆角等方法产生圆弧。下面介绍用圆弧命令绘制圆的方法。

命令：ARC

功能区：默认→绘图→圆弧

菜单：绘图→圆弧

工具栏：绘图→圆弧

共有 11 种不同的定义圆弧的方式，如图 3-20 所示。

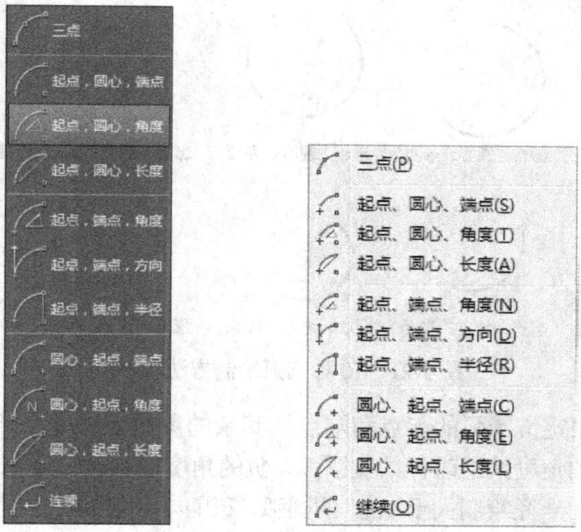

图 3-20　11 种绘制圆弧的方式

通过功能区按钮和菜单均可以直接指定圆弧绘制方式。通过命令行则要输入相应参数。通过工具栏按钮绘制圆弧也要输入相应参数，但用户可以通过自定义界面方式，定制一组按钮以便快速打开各种圆弧绘制按钮。

命令：_arc

参数：

（1）三点：指定圆弧的起点、终点以及圆弧上的任意一点。

（2）起点：指定圆弧的起始点。

（3）端点：指定圆弧的终止点。

（4）圆心：指定圆弧的圆心。

（5）方向：指定和圆弧起点相切的方向。

（6）长度：指定圆弧的弦长。正值绘制小于 180° 的圆弧，负值绘制大于 180° 的圆弧。

（7）角度：指定圆弧包含的角度。顺时针为负，逆时针为正。

（8）半径：指定圆弧的半径。按逆时针绘制，正值绘制小于 180° 的圆弧，负值绘制大于 180° 的圆弧。

在输入 ARC 命令后，出现以下提示：

```
指定圆弧的起点或[圆心(CE)]:
```

如果此时点取一点，即输入的是起点，则绘制的方法将局限于以“起点”开始的方法；如果输入 CE，则系统将采用随后的输入点作为圆弧的圆心的绘制方法。

在绘制圆弧必须提供的三个参数中，系统会根据已经提供的参数，提示需要提供的剩下的参数。如在前面绘图中已经输入了圆心和起点，则系统会出现以下的提示：

```
指定圆弧的端点或[角度(A)/弦长(L)]:
```

默认的 10 种绘制圆弧示例如图 3-21 所示。一般绘制圆弧的选项组合为：

① 三点：通过指定圆弧上的起点、端点和中间任意一点来确定圆弧。

② 起点、圆心：首先输入圆弧的起点和圆心，其余的参数为端点、角度或弦长。如果给定的角度为正，将按逆时针绘制圆弧。如果为负，将按顺时针绘制圆弧。如果给出正的弦长，则绘制小于 180° 的弧，反之给出负的弦长，绘制大于 180° 的弧。

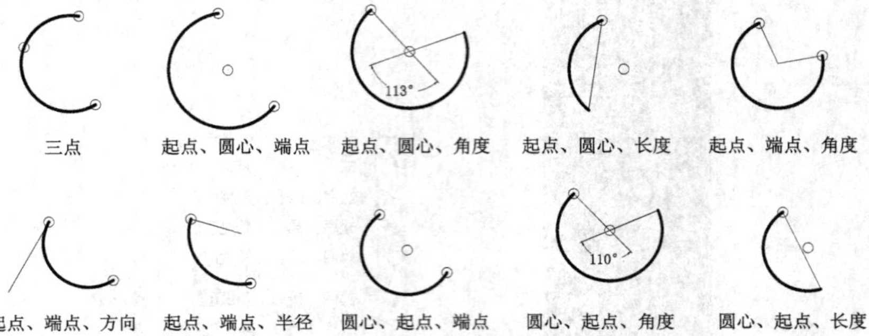

图 3-21　10 种圆弧绘制方法示例

③ 起点、端点：首先定义圆弧的起点和端点，其余的参数为角度、半径、方向或圆心来绘制圆弧。如果提供角度，则正的角度按逆时针绘制圆弧，负的角度按顺时针绘制圆弧。如果选择半径选项，按照逆时针绘制圆弧，负的半径绘制大于 180° 的圆弧，正的半径绘制小于 180° 的圆弧。

④ 圆心、起点：首先输入圆弧的圆心和起点，其余的参数为角度、弦长或端点绘制圆弧。正的角度按逆时针绘制，而负的角度按顺时针绘制圆弧。正的弦长绘制小于 180° 的圆弧，负的弦长绘制大于 180° 的圆弧。

⑤ 连续：在开始绘制圆弧时如果不输入点，而是按回车或空格键，则采用连续的圆弧绘制方式。所谓的连续，指该圆弧的起点为上一个圆弧的端点或上一个直线的端点，同时所绘圆弧和已有的直线或圆弧相切。

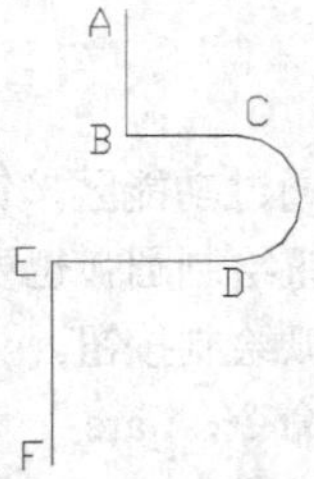

图 3-22　“连续”绘制直线和圆弧示例

【例 3.8】 首先绘制直线 AB 和 BC，然后用连续方式绘制 CD 段圆弧，再绘制直线 DE 和 EF，如图 3-22 所示。

打开正交模式。

命令: **_line**	
指定第一点: **点取 A 点**	
指定下一点或 [放弃(U)]: **点取 B 点**	绘制直线 AB
指定下一点或 [放弃(U)]: **点取 C 点**	绘制直线 BC
指定下一点或 [放弃(U)]: ↙	结束直线绘制
命令: **_arc**	
指定圆弧的起点或 [圆心(CE)]: ↙	回车使用“连续”方式
指定圆弧的端点:**点取 D 点**	绘制圆弧 CD
命令: **l**↙	输入 l，执行 LINE 命令
LINE 指定第一点: ↙	回车使用“连续”方式
直线长度: **点取 E 点**	绘制直线 DE
指定下一点或 [放弃(U)]: **点取 F 点**	绘制直线 EF
指定下一点或 [闭合(C)/放弃(U)]: ↙	结束直线绘制

绘制结果如图 3-22 所示。请将该图形以“图 3-22.Dwg”命名保存。

注意：

① 在可以轻松画出圆而难以直接绘制圆弧时，一般打断或修剪圆成所需的圆弧。

② 在功能区面板和菜单中点取圆弧的绘制方式是明确的，相应的提示不再给出可以选择的参数。通过工具栏或命令行输入绘制圆弧命令时，相应的提示会给出多种参数。

③ 在获取圆心或其他某点时，可以配合对象捕捉方式准确绘制圆弧。

3.9　画圆 CIRCLE

圆是常见的图素之一。

命令：CIRCLE

功能区：默认→绘图→圆

菜单：绘图→圆

工具栏：绘图→圆

在功能区和菜单中都有 6 种圆的绘制方式，如图 3-23 所示。

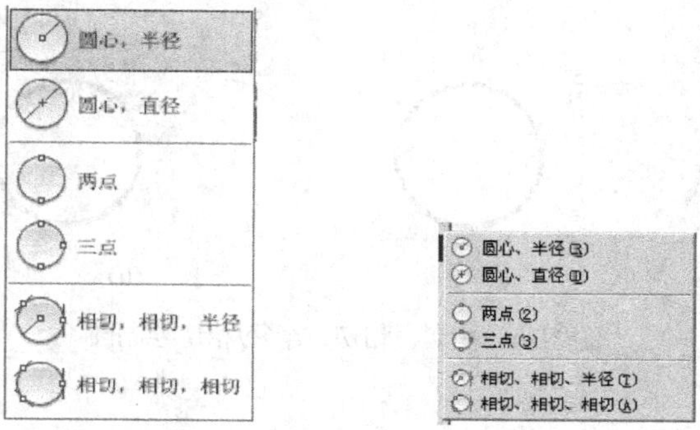

图 3-23　绘制圆的 6 种方式

命令及提示：

命令: **_circle**
指定圆的圆心或 [三点(3)/两点(2)/切点、切点、半径(T)]:

参数：

（1）圆心：指定圆的圆心。

（2）半径(R)：定义圆的半径大小。

（3）直径(D)：定义圆的直径大小。

（4）两点(2)：指定的两点作为圆的一条直径上的两点。

（5）三点(3)：指定圆周上的三点定圆。

（6）相切、相切、半径(T)：对应的命令提示为“切点、切点、半径”。指定与绘制的圆相切的两个元素，再定义圆的半径。半径值必须不小于两元素之间的最短距离。

（7）相切、相切、相切(A)：该方式属于三点（3）中的特殊情况。指定和绘制的圆相切的三个元素。

绘制圆一般先确定圆心，再确定半径或直径来绘制圆。同样可以先绘制圆，再通过尺寸标注来绘制中心线，或通过圆心捕捉方式绘制中心线。

【例 3.9】 采用“相切、相切、半径（T）”和“相切、相切、相切（A）”的方式绘制圆。

先绘制好在图中标有小圆圈的圆和直线。

命令: **_circle**
指定圆的圆心或 [三点(3)/两点(2)/相切、相切、半径(T)]: **_ttr**　　TTR 方式
指定对象与圆的第一个切点: **点取 A 点**
指定对象与圆的第二个切点: **点取 B 点**
指定圆的半径 <121.2030>: **70↙**　　输入圆的半径

结果如图 3-24（a）所示。

```
命令: _circle
指定圆的圆心或 [三点(3)/两点(2)/相切、相切、半径(T)]: _3p        采用三点定圆方式
指定圆上的第一点: _tan 到   点取 C 点
指定圆上的第二点: _tan 到   点取 D 点
指定圆上的第三点: _tan 到   点取 E 点
```

结果如图 3-24（b）所示。

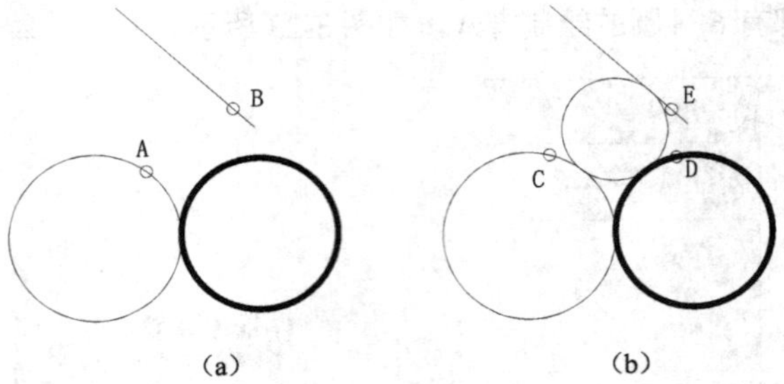

图 3-24　相切、相切、半径/相切绘制圆

注意：

① 切于直线时，不一定和直线有明显的切点，可以是直线延长后的切点。

② 在功能区和菜单中点取圆的绘制方式是明确的，相应的提示不再给出可以选择的参数。通过工具栏或命令行输入绘圆命令时，相应的提示会给出可能的多种参数。

③ 指定圆心或其他某点时可以配合对象捕捉方式准确绘圆。

3.10　画圆环 DONUT

圆环是一种可以填充的同心圆，其内经可以为 0，也可以和外径相等。

命令：DONUT

功能区：默认→绘图→圆环

菜单：绘图→圆环

命令及提示：

```
命令: _donut
指定圆环的内径 <XX>:
指定圆环的外径 <XX>:
指定圆环的中心点 <退出>:
```

图 3-25　圆环示例

参数：

（1）内径：定义圆环的内圈直径。

（2）外径：定义圆环的外圈直径。

（3）中心点：指定圆环的圆心位置。

（4）退出：结束圆环绘制，否则可以连续绘制同样的圆环。

【例 3.10】 设置不同的内经绘制如图 3-25 所示圆环。

命令: _donut
指定圆环的内径 <10.0000>: ↙ 定义内径为 10
指定圆环的外径 <20.0000>: ↙ 定义外径为 20
指定圆环的中心点或<退出>: **点取圆环的圆心位置**
指定圆环的中心点或<退出>: ↙ 回车退出

命令: _donut
指定圆环的内径 <10.0000>: **0**↙ 定义内径为 0，相当于绘制一实心圆
指定圆环的外径 <20.0000>: ↙ 定义外径
指定圆环的中心点或<退出>: **点取圆环的圆心位置**
指定圆环的中心点或<退出>: ↙ 回车退出

命令: _donut
指定圆环的内径 <0.0000>: **20**↙ 定义内径
指定圆环的外径 <20.0000>: ↙ 定义内径、外径相等，绘制结果为一圆
指定圆环的中心点或<退出>: **点取圆环的圆心位置**
指定圆环的中心点或<退出>: ↙ 回车退出

绘制结果如图 3-25 所示。

注意：

圆环中是否填充，与 FILLMODE 变量的设定有关。

3.11 画样条曲线 SPLINE

样条曲线是指被一系列给定点控制（点点通过或逼近）的光滑曲线。有两种绘制的方式：一是拟合；一是控制点。

命令：SPLINE

功能区：默认→绘图→样条曲线拟合/样条曲线控制点

菜单：绘图→样条曲线→拟合点/控制点

工具栏：绘图→样条曲线

至少三个点才能确定一样条曲线。

命令及提示：

命令: **SPLINE**
当前设置: 方式=拟合 节点=弦
指定第一个点或 [方式(M)/节点(K)/对象(O)]:
输入下一个点或 [起点切向(T)/公差(L)]: **t**↙
指定起点切向:
输入下一个点或 [起点切向(T)/公差(L)]:
输入下一个点或 [端点相切(T)/公差(L)/放弃(U)]:
输入下一个点或 [端点相切(T)/公差(L)/放弃(U)/闭合(C)]: **t**↙
指定端点切向:

命令: **SPLINE**
当前设置: 方式=拟合 节点=弦
指定第一个点或 [方式(M)/节点(K)/对象(O)]:
输入下一个点或 [起点切向(T)/公差(L)]: **l**↙
指定拟合公差<0.0000>:

输入下一个点或 [起点切向(T)/公差(L)]:
输入下一个点或 [端点相切(T)/公差(L)/放弃(U)]:
输入下一个点或 [端点相切(T)/公差(L)/放弃(U)/闭合(C)]:

命令: **SPLINE**
当前设置: 方式=拟合　　节点=弦
指定第一个点或 [方式(M)/节点(K)/对象(O)]: **m↙**
输入样条曲线创建方式 [拟合(F)/控制点(CV)] <拟合>: **cv↙**
当前设置: 方式=控制点　　阶数=3
指定第一个点或 [方式(M)/节点(K)/对象(O)]: **k↙**
输入节点参数化 [弦(C)/平方根(S)/统一(U)] <弦>:
当前设置: 方式=控制点　　阶数=3
指定第一个点或 [方式(M)/阶数(D)/对象(O)]: **d↙**
输入样条曲线阶数 <3>:
当前设置: 方式=控制点　　阶数=3
指定第一个点或 [方式(M)/阶数(D)/对象(O)]: **o↙**
选择多段线:

只有样条曲线拟合的多段线可以转换为样条曲线。

参数：

（1）对象(O)：将已存在的拟合样条曲线多段线转换为等价的样条曲线。

（2）第一点：定义样条曲线的起始点。

（3）下一点：样条曲线定义的一般点。

（4）闭合(C)：样条曲线首尾相连成封闭曲线。系统提示用户输入一次切矢，起点和端点共享相同的顶点和切矢。

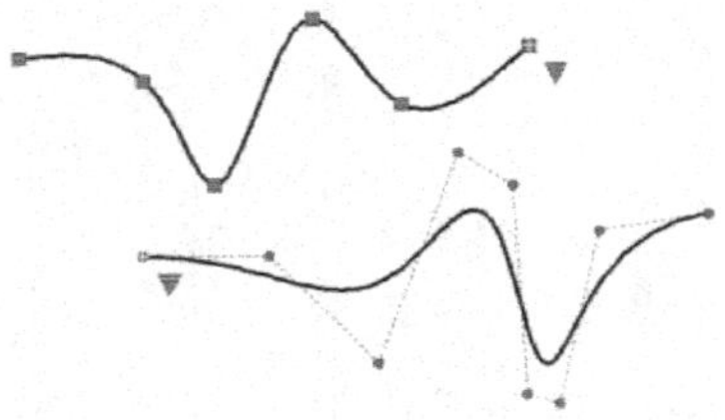

图 3-26　拟合点和控制点方式比较

（5）拟合公差(F)：定义拟合时的公差大小。公差越小，样条曲线越逼近数据点，为 0 时指样条曲线准确经过数据点。

（6）起点切向：定义起点处的切线方向。

（7）端点切向：定义端点处的切线方向。

（8）放弃(U)：该选项不在提示中出现，可以输入 U 取消上一段曲线。

（9）方式(M)：控制是使用拟合点还是使用控制点来创建样条曲线，如图 3-26 所示。

- 拟合(F)：通过指定样条曲线必须经过的拟合点来创建 3 阶（三次）B 样条曲线。在公差值大于 0（零）时，样条曲线必须在各个点的指定公差距离内。
- 控制点(CV)：通过指定控制点来创建样条曲线。使用此方法创建 1 阶（线性）、2 阶（二次）、3 阶（三次）直到最高为 10 阶的样条曲线。通过移动控制点调整样条曲线的形状通常可以提供比移动拟合点更好的效果。

（10）节点(K)：指定节点参数化，它是一种计算方法，用来确定样条曲线中连续拟合点之间的零部件曲线如何过渡。

- 弦(C)：弦长方法，均匀隔开连接每个部件曲线的节点，使每个关联的拟合点对之间的距离成正比。
- 平方根(S)：向心方法，均匀隔开连接每个部件曲线的节点，使每个关联的拟合点对之间的距离的平方根成正比。此方法通常会产生更“柔和”的曲线。
- 统一(U)：等间距分布方法，均匀隔开每个零部件曲线的节点，使其相等，而不管拟合点的间距如何。此方法通常可生成泛光化拟合点的曲线。

（11）阶数(D)：设置生成的样条曲线的多项式阶数。使用此选项可以创建 1 阶（线性）、2 阶（二次）、3 阶（三次）直到最高 10 阶的样条曲线。

【例 3.11】 如图 3-27 所示，绘制不同拟合公差的样条曲线。

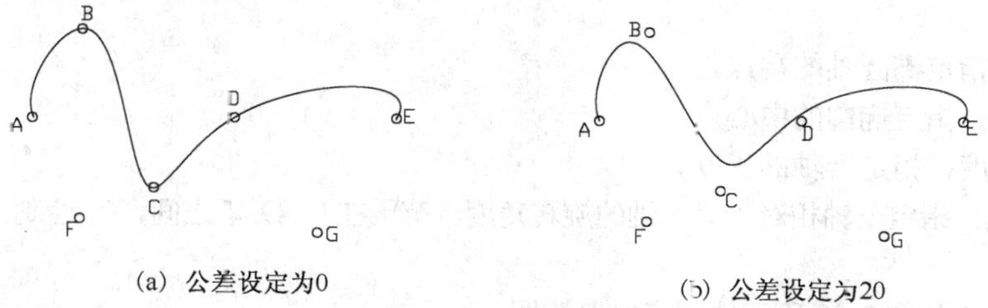

图 3-27 不同拟合公差样条曲线示例

```
命令: _SPLINE
当前设置: 方式=拟合      节点=统一
指定第一个点或 [方式(M)/节点(K)/对象(O)]: _M
输入样条曲线创建方式 [拟合(F)/控制点(CV)] <拟合>: _FIT
当前设置: 方式=拟合      节点=统一
指定第一个点或 [方式(M)/节点(K)/对象(O)]: 点取 A 点
输入下一个点或 [起点切向(T)/公差(L)]: 点取 B 点
输入下一个点或 [端点相切(T)/公差(L)/放弃(U)]: 点取 C 点
输入下一个点或 [端点相切(T)/公差(L)/放弃(U)/闭合(C)]: 点取 D 点
输入下一个点或 [端点相切(T)/公差(L)/放弃(U)/闭合(C)]: 点取 E 点
输入下一个点或 [端点相切(T)/公差(L)/放弃(U)/闭合(C)]: ↙
```

结果如图 3-27（a）所示。

此时，样条曲线经过输入的点。如果选择了拟合公差，在系统提示为：

```
指定拟合公差<0.0000>:
```

当输入的公差值不为零时，绘制的样条曲线偏离输入的点，结果如图 3-27（b）所示。

3.12 画椭圆和椭圆弧 ELLIPSE

在 AutoCAD 中绘制椭圆和椭圆弧比较简单，和绘制正多边形一样，系统自动计算各点数据。

命令：ELLIPSE

功能区：默认→绘图→样条曲线

菜单：绘图→椭圆→圆心/轴、端点/圆弧

工具栏：绘图→椭圆、绘图→椭圆弧

绘制椭圆和绘制椭圆弧采用同一个命令，绘制椭圆弧是绘制椭圆的_a 参数，绘制椭圆弧需要增加夹角的两个参数。

3.12.1 绘椭圆

椭圆是最常见的曲线之一。

命令及提示：

```
命令: _ellipse
指定椭圆的轴端点或[圆弧(A)/中心点(C)]:
```

```
指定椭圆的中心点:
指定轴的端点:
指定另一条半轴长度或[旋转(R)]:
```

参数：

（1）端点：指定椭圆轴的端点。

（2）中心点：指定椭圆的中心点。

（3）半轴长度：指定半轴的长度。

（4）旋转(R)：指定一轴相对于另一轴的旋转角度。范围在 0~89.4°之间，0°绘制一圆，大于 89.4°则无法绘制椭圆。

【例 3.12】 按如图 3-28 所示提示点绘制椭圆。

命令: **_ellipse**	
指定椭圆的轴端点或 [圆弧(A)/中心点(C)]: **c↙**	指定采用中心点的方式
指定椭圆的中心点: **点取中心点 A**	
指定轴的端点: **点取轴的端点 B**	
指定另一条半轴长度或 [旋转(R)]: **点取 C 点**	确定另一条轴的半长

结果如图 3-28（a）所示。

命令: **_ellipse**	
指定椭圆的轴端点或 [圆弧(A)/中心点(C)]: **点取 D 点**	确定轴的一个端点
指定轴的另一个端点: **点取 E 点**	
指定另一条半轴长度或 [旋转(R)]: **点取 F 点**	确定另一条轴的半长

结果如图 3-28（b）所示。

命令: **_ellipse**	
指定椭圆的轴端点或 [圆弧(A)/中心点(C)]: **点取 G 点**	确定轴的一个端点
指定轴的另一个端点: **点取 H 点**	确定轴的另一个端点
指定另一条半轴长度或 [旋转(R)]: **r↙**	输入 R 采用旋转方式绘制椭圆
指定绕长轴旋转: **45↙**	输入旋转角度 45°

结果如图 3-28（c）所示。

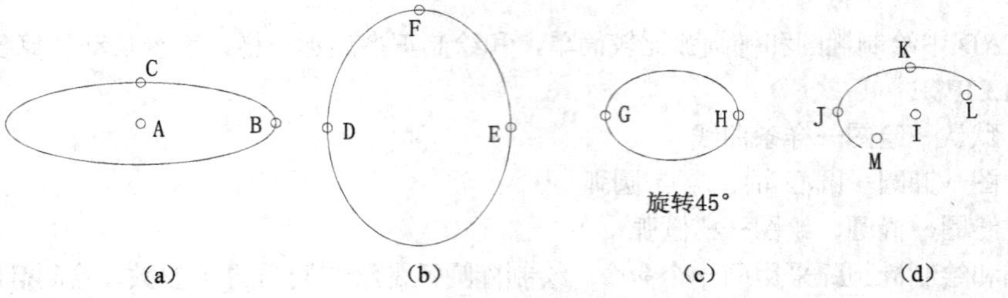

图 3-28　椭圆及椭圆弧

3.12.2　绘椭圆弧

绘制椭圆弧，除了输入必要的参数确定母圆外，还需要输入椭圆弧的起始角度和终止角度。相应地增加了以下的提示及参数。

① 指定起始角度或[参数(P)]：输入起始角度。

② 指定端点角度或[参数(P)/夹角(I)]：输入终止角度或输入椭圆包含的角度。

【例 3.13】 绘制图 3-28（d）所示的椭圆弧。

命令: _ellipse	
指定椭圆的轴端点或 [圆弧(A)/中心点(C)]: a↙	绘制椭圆弧
指定椭圆弧的轴端点或 [中心点(C)]: c↙	采用中心点的方式绘制椭圆
指定椭圆弧的中心点: 点取 I 点	指定中心点
指定轴的端点: 点取 J 点	
指定另一条半轴长度或 [旋转(R)]: 点取 K 点	
指定起始角度或 [参数(P)]: 点取 L 点	
指定端点角度或 [参数(P)/夹角(I)]: 点取 M 点	

结果如图 3-28（d）所示。

3.13　画　　点

点可以用不同的样式在图纸上绘制出来。AutoCAD 提供了对点的捕捉方式（NODe）。

3.13.1　绘制点 POINT

绘制点的方法如下。

命令：POINT

功能区：默认→绘图→多点

菜单：绘图→点

工具栏：绘图→点

命令及提示：

命令: _point	
当前点模式: PDMODE=33　PDSIZE=−3.0000	显示当前绘制的点的模式和大小
指定点:	定义点的位置

注意：

① 产生点的方式除了 POINT 命令绘制点外，还可以由 DIVIDE 和 MEASURE 来放置点。

② 点在屏幕上显示的形式和大小可以由点样式来确定。

③ 点为连续绘制方式，一般通过按【Esc】键中断。启动其他命令也可以终止点命令。

3.13.2　点样式设置 DDPTYPE

AutoCAD 提供了 20 种不同式样的点供选择。可以通过“点样式”对话框设置。

命令：DDPTYPE

功能区：默认→实用工具→点样式

菜单：格式→点样式

执行点样式命令后，弹出如图 3-29 所示的对话框。

在如图 3-29 所示的“点样式”对话框中，可以点取希望的点的形式，输入点大小百分比，该百分比可以是相对于屏幕的大小，也可以设置成绝对单位大小。单击确定按钮后，系统自动采用新的设定重新生成图形。

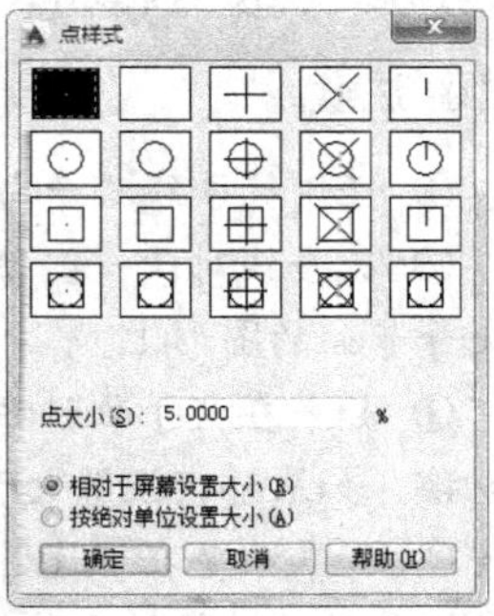

图 3-29 “点样式”对话框

3.14 画徒手线 SKETCH

即使是在计算机中绘图，同样可以绘制徒手线，如图 3-30 所示。AutoCAD 通过记录光标的轨迹来绘制徒手线。采用鼠标可以绘制徒手线，但最好采用数字化仪及光笔。

命令：SKETCH

命令及提示：

命令: **SKETCH**
记录增量 <1.0000>:
徒手画。画笔(P)/退出(X)/结束(Q)/记录(R)/删除(E)/连接(C)
<笔 落>
<笔 提>
已记录 XX 条直线。

图 3-30 徒手线

参数：

（1）记录增量：控制记录的步长，值越小，记录越精确。

（2）画笔(P)：本身是一开关，控制笔的起落，决定移动鼠标时是否在图面上留下轨迹，单击鼠标左键的作用相同。

（3）退出(X)：退出徒手画，将鼠标轨迹转换成记录并回到命令行状态。功能等同于按空格或回车键。

（4）结束(Q)：结束徒手画，对鼠标的轨迹不进行记录。功能等同于按【Esc】键。

（5）记录(R)：将画笔的轨迹转变成记录，退出 SKETCH 命令。此时在图形文件中存储已生成的轨迹，不可以通过 E 选项删除轨迹。

（6）删除(E)：删除所有未记录的轨迹。

（7）连接(C)：将光标位置用一条线与最近绘制的端点连起来。

【例 3.14】 绘制一徒手线。

命令: **SKETCH**	
记录增量 <1.0000>: **0.1↙**	改变记录增量为 0.1
徒手画。	
画笔(P)/退出(X)/结束(Q)/记录(R)/删除(E)/连接(C) 。	
p↙ <笔 落>	屏幕上留下鼠标的轨迹
单击鼠标左键<笔 提>	将笔提起，再移动鼠标不会在屏幕上记录
r↙	将鼠标留下的轨迹转变成真正的记录
已记录 XX 条直线。	

注意：

① 任何徒手线都是由较短的线段模拟而成的。

② 徒手线对于一些使用数字化仪输入已有图纸的工作比较适用，同时大量应用于地理、气象、天文等专业的图形上。

③ 如果在徒手画时希望使用捕捉或正交等模式，必须使用键盘上的功能键切换，不应使用状态栏切换。如果捕捉设置大于记录增量，捕捉设置将代替记录增量；反之，记录增量将代替捕捉设置。

④ 如果希望在低速计算机上保证记录精度，可以将记录增量设置成负值。此时，计算机将按照记录增量的绝对值的 2 倍检测鼠标移动时接受的点。如果由于速度过快而使得某点的移动超过了 2 倍记录增量，计算机将发出警告，用户应当降低鼠标移动的速度。

3.15 画二维填充 SOLID

AutoCAD 可以直接绘制平面上的二维填充图形。

命令：SOLID

【例 3.15】 绘制如图 3-31 所示的二维填充图形。

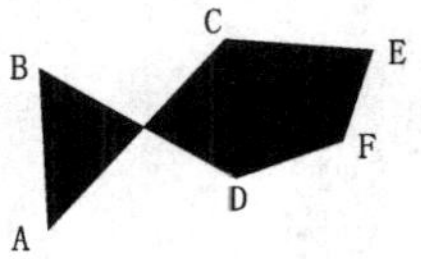

图 3-31 二维填充图形

命令: **SOLID**
指定第一点: **点取 A 点**
指定第二点: **点取 B 点**
指定第三点: **点取 C 点**
指定第四点或 <退出>: **点取 D 点**
指定第三点: **点取 E 点**
指定第四点或 <退出>: **点取 F 点**
指定第三点: ↙ 回车退出

注意：

二维填充命令在点取点时的顺序很重要，从图 3-31 中可以看出，第三点和第四点位置不同，绘制的结果完全不同。

3.16 修订云线 REVCLOUD

可以通过 REVCLOUD 命令绘制云线，用于图纸的批阅、注释、标记等场合。

命令：REVCLOUD

功能区：默认→绘图→修订云线

功能区：注释→标记→修订云线

菜单：绘图→修订云线

工具栏：绘图→修订云线

命令及提示：

命令: **REVCLOUD**
最小弧长: 0.5 最大弧长: 0.5 样式: 普通
指定起点或 [弧长(A)/对象(O)/样式(S)] <对象>:
沿云线路径引导十字光标...
反转方向 [是(Y)/否(N)] <否>:

参数：

（1）起点：指定云线开始绘制的端点。

（2）弧长(A)：指定云线中弧线的长度。

- 指定最小弧长<x>——指定最小弧长的值。
- 指定最大弧长<x>——指定最大弧长的值。

最大弧长不能大于最小弧长的 3 倍。

（3）对象(O)：指定要转换为云线的对象。

- 选择对象——选择要转换为修订云线的闭合对象。
- 反转方向 [是(Y)/否(N)]——输入 y 以反转修订云线中的弧线方向，或按 N 键保留弧线的原样。

（4）样式(S)：指定修订云线的样式。

选择圆弧样式 [普通(N)/手绘(C)] <默认/上一个>——选择修订云线的样式。

【例 3.16】 绘制图 3-32 所示云线图形。

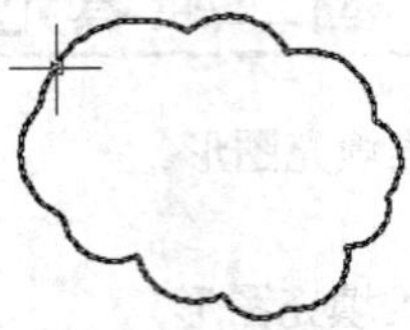

图 3-32 云线

```
命令: REVCLOUD
最小弧长: 30    最大弧长: 30    样式: 普通                     提示弧长大小
指定起点或 [弧长(A)/对象(O)/样式(S)] <对象>: a↙                  修改弧长
指定最小弧长 <30>: 15↙
指定最大弧长 <15>: 30↙
指定起点或 [弧长(A)/对象(O)/样式(S)] <对象>:点取光标所在点       开始绘制云线
沿云线路径引导十字光标...                                        移动光标绘制该云线
修订云线完成。
```

3.17 定数等分 DIVIDE

如果要将某条线段等分成一定的段数，可以采用 DIVIDE 命令来完成。

命令：DIVIDE

功能区：默认→绘图→定数等分

菜单：绘图→点→定数等分

命令及提示：

```
命令: _divide
选择要定数等分的对象:
输入线段数目或 [块(B)]: b↙
输入要插入的块名:
是否对齐块和对象？[是(Y)/否(N)] <Y>:
输入线段数目:
```

参数：

（1）对象：选择要定数等分的对象。

（2）线段数目：指定等分的数目。

（3）块(B)：以块作为符号来定数等分对象。在等分点上将插入块。

（4）是否对齐块和对象？[是(Y)/否(N)] <Y>：是否将块和对象对齐。如果对齐，则将块沿选择的对象对齐，必要时会旋转块。如果不对齐，则直接在定数等分点上复制块。

【例 3.17】 以块“huan”10 等分图，即如 3-33（a）所示的多段线，对齐块和对象。

```
命令: _divide
选择要定数等分的对象: 点取多段线 ↙
输入线段数目或 [块(B)]: b↙                                首先应该建立名称为 huan 的块
输入要插入的块名: huan↙
是否对齐块和对象？[是(Y)/否(N)] <Y>: ↙
输入线段数目: 10↙
```

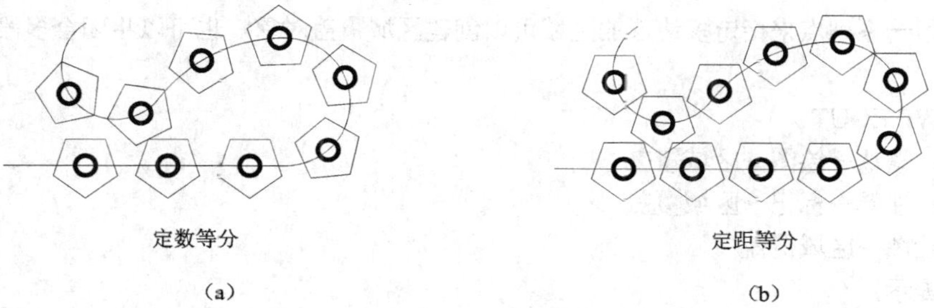

图 3-33　定数等分和定距等分

3.18　定距等分 MEASURE

如果要将某条直线、多段线、圆环等按照一定的距离等分，可以直接采用 MEASURE 命令在符合要求的位置上放置点。

命令：MEASURE

功能区：默认→绘图→定距等分

菜单：绘图→点→定距等分

命令及提示：

```
命令: _measure
选择要定距等分的对象:
指定线段长度或 [块(B)]: b↙
输入要插入的块名:
是否对齐块和对象? [是(Y)/否(N)] <Y>:
指定线段长度:
```

参数：

（1）对象：选择要定距等分的对象。

（2）线段长度：指定等分的长度。

（3）块(B)：以块作为符号来定距等分对象。在等分点上将插入块。

（4）是否对齐块和对象？[是(Y)/否(N)] <Y>：是否将块和对象对齐。如果对齐，则将块沿选择的对象对齐，必要时会旋转块。如果不对齐，则直接在定距等分点上复制块。

【例 3.18】 以块"huan"定距等分图，即如 3-33（b）所示的多段线，不对齐块和对象。

```
命令: _measure
选择要定距等分的对象: 点取多段线↙
指定线段长度或 [块(B)]: b↙
输入要插入的块名: huan↙
是否对齐块和对象? [是(Y)/否(N)] <Y>: n↙
指定线段长度: 20↙
```

3.19　区域覆盖 WIPEOUT

区域覆盖对象是一块多边形区域，它可以使用当前背景色屏蔽底层的对象。此区域以区域覆盖线框为边框，可以打开此区域进行编辑，也可以关闭此区域进行打印。用于添加注释或详细的屏蔽信息。

通过使用一系列点来指定多边形的区域可以创建区域覆盖对象，也可以将闭合多段线转换成区域覆盖对象。

命令：WIPEOUT

功能区：默认→绘图→区域覆盖

功能区：注释→标记→区域覆盖

菜单：绘图→区域覆盖

命令及提示：

```
命令: _wipeout
指定第一点或 [边框(F)/多段线(P)] <多段线>: f↙
输入模式 [开(ON)/关(OFF)]:
指定第一点或 [边框(F)/多段线(P)] <多段线>: ↙
选择闭合多段线:
多段线必须闭合，并且只能由直线段构成。
是否要删除多段线？[是/否] <否>:
指定下一点:
指定下一点或 [放弃(U)]:
指定下一点或 [闭合(C)/放弃(U)]:
```

参数：

（1）第一点、下一点：根据一系列点确定区域覆盖对象的多边形边界。

（2）边框(F)：确定是否显示所有区域覆盖对象的边。On 为显示，Off 为不显示。

（3）多段线(P)：选择一由直线段组成的封闭的多段线为区域边界。符合条件则提示是否删除多段线。

（4）闭合(C)：将区域边界闭合。

（5）放弃(U)：放弃绘制的多边形的最后一段。

习　题　3

1．指定点方式有几种？有几种方法可以精确输入点的坐标？

2．多段线和一般线条有哪些区别？

3．设置包含三条直线（中间的直线为虚线，颜色为红色，两端封闭）的多线样式的过程如何？

4．绘制矩形的方法有哪些？

5．电路图中的焊点可以用什么命令绘制？

6．绘制直线后再以连续方式绘制圆弧时，该圆弧有什么特点？先绘制圆弧然后绘制直线时直接以回车相应起始点，绘制的直线有什么特点？

7．绘制徒手线时如何控制增量不超过一定的大小？

8．绘制有宽度的直线有哪些方法？

9．绘制如图 3-34 所示的图形，并以“图习题 3-1.dwg”为名保存文件。

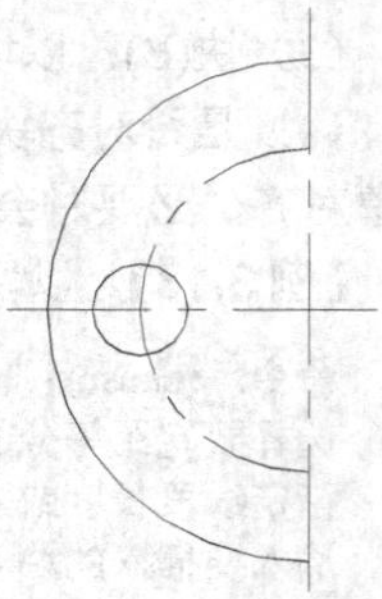

图 3-34　习题 9 图

第4章 基本编辑命令

仅仅通过绘图功能一般不能形成最终所需的图形，在绘制一幅图形时，编辑图形是不可缺少的过程。图形的编辑一般包括删除、恢复、移动、旋转、复制、偏移、剪切、延伸、比例、缩放、镜像、倒角、圆角、矩形和环形阵列、打断、分解等。关于尺寸、文字、填充图案的编辑将分别在相应的章节介绍。

编辑命令不仅可以保证绘制的图形达到最终所需的结构精度等要求，更重要的是，通过编辑功能中的复制、偏移、阵列、镜像等命令可以迅速完成相同或相近的图形。配合适当的技巧，可以充分发挥计算机绘图的优势，快速完成图形绘制。

对已有的图形进行编辑，AutoCAD 提供了两种不同的编辑顺序：

（1）先下达编辑命令，再选择对象。

（2）先选择对象，再下达编辑命令。

不论采用何种方式，都必须选择对象，所以本章首先介绍对象的选择方式，然后介绍不同的编辑方法和技巧。

4.1 选择对象

当 AutoCAD 提示选择对象时，光标一般会变成一个小框。在光标为十字形状中间带一小框时也可以选择对象。

4.1.1 对象选择模式

在“选项”对话框的“选择”选项卡中，可以设置对象选择模式以及相关选项。利用以下的方式可以打开“选项”对话框。

命令：_options

菜单：工具→选项

快捷菜单：绘图区或命令行右击鼠标→选项

执行选项命令后弹出“选项”对话框，选择其中的“选择集”选项卡，如图 4-1 所示。

“选择集”选项卡包含拾取框大小、夹点大小、选择集预览、选择集模式和夹点，各项含义如下。

1. 拾取框大小

一滑动条可以设置拾取框的大小，用鼠标按住滑动条中的滑块，向左移动时，拾取框变小；向右移动时，拾取框变大。拾取框比较小时可以减少在图形密集的情况下选择的随机性、不确定性；而拾取框较大时，可以避免为了点取某个对象而费力地移到它的上面。一般设置为默认值，选择对象时可以通过视图的放大或缩小以及按【Ctrl】键循环选择来辅助选择。

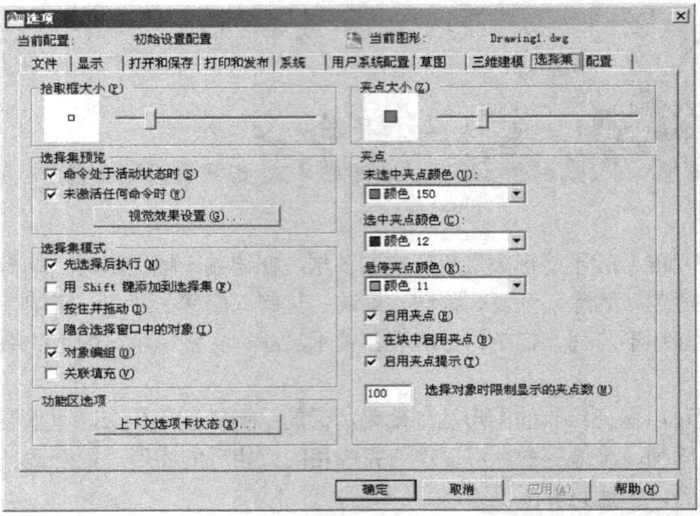

图 4-1 “选项”对话框的“选择集”选项卡

2．夹点大小

类似于拾取框大小，可调节。

3．选择集预览

当拾取框光标滚动过对象时，亮显对象。

（1）命令处于活动状态时：仅当某个命令处于活动状态并显示“选择对象”提示时，才会显示选择预览。

（2）未激活任何命令时：即使未激活任何命令，也可显示选择预览。

（3）视觉效果设置按钮：用于设置选择预览的视觉效果，更明显地突出正选择的对象，对话框如图 4-2 所示。其中，各项含义如下。

① 选择预览效果：显示当前设置的选择预览效果。

虚线：当拾取框光标滑过对象时，显示虚线。此时单击可选定对象。

加粗：当拾取框光标滑过对象时，显示加粗的线。此时单击可选定对象。

同时应用两者：当拾取框光标滑过对象时，显示加粗的虚线。此时单击可选定对象。

高级选项按钮：弹出如图 4-3 所示的对话框。进一步设置选择预览对象范围，包括对锁定图层上的对象是否排除，是否排除外部参照、表格、编组、多行文字、图案填充等。

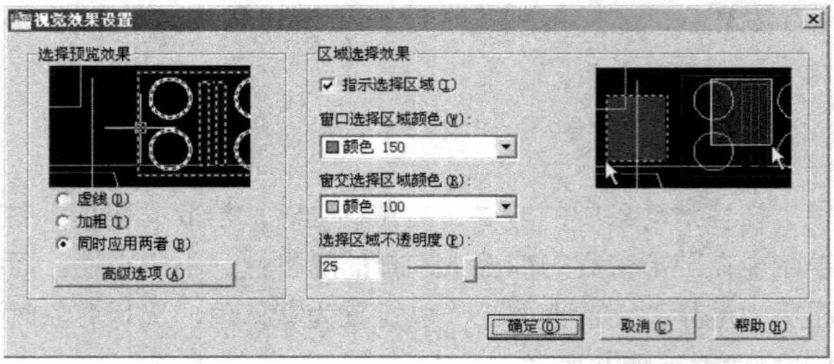

图 4-2 “视觉效果设置”对话框

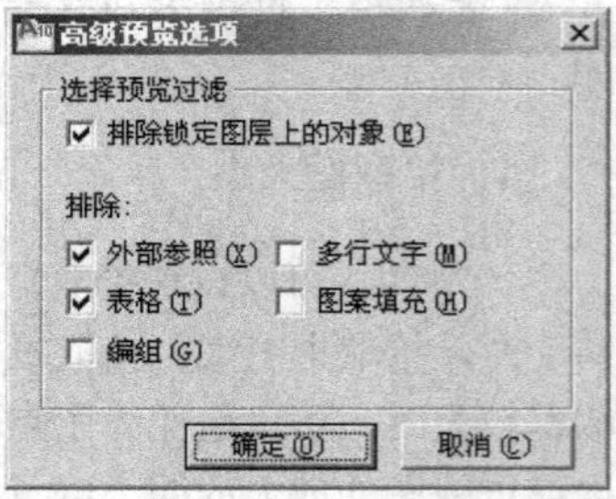

图 4-3 “高级预览选项”对话框

② 区域选择效果：显示通过区域选择方式的效果。

指示选择区域：进行窗口或交叉选择时，使用不同的背景色指示选择区域。

窗口选择区域颜色：控制窗口选择区域的背景。

窗交选择区域颜色：控制窗交选择区域的背景。

选择区域不透明度：控制窗口选择区域背景的透明度。

4．选择集模式

（1）先选择后执行(N)：设置是否允许先选择对象再执行编辑命令，被选中时为允许先选择后执行。

（2）用【Shift】键添加到选择集(F)：如果该选项被选中，则在最近选中某对象时，选中的对象将取代原有的选择对象。如果在选择对象时按住【Shift】键而使选择的对象加入原有的选择集。如果该选项被禁止，则选中某对象时，该对象自动加入选择集中。如果点取已经选中（高亮显示）的对象，则等于从选择集中删除该对象，这一点和该项设置无关。

（3）按住并拖动(D)：该按钮用于控制如何产生选择窗口。如果该选项被选中，则在点取第一点后，按住鼠标按钮不放并移动到第二点，此时自动形成一窗口。如果该选项不被选中，则在点取第一点后，移动鼠标到第二点并点取方可形成窗口。

（4）隐含选择窗口中的对象(I)：如果该选项被选中，则当用户在绘图区点按鼠标时，如果未选中任何对象，则自动将该点作为窗口的角点之一。

（5）对象编组(O)：该设置决定对象是否可以编组。如果选中该设置，则当选取该组中的任何一个对象时，就是选择整个组。

（6）关联填充(V)：该设置决定当选择了一关联图案时，图案的边界是否同时被选择。

5．夹点

（1）未选中夹点颜色(U)：设置未被选中的夹点颜色，默认为蓝色、中间不填充。

（2）选中夹点颜色(C)：设置被选中的夹点的颜色，默认为红色，选中后中间被填充。

（3）悬停夹点颜色(R)：决定光标在夹点上滑动时夹点显示的颜色。

（4）启用夹点(E)：该设置决定是否可以使用夹点进行编辑，一般选中该项。

（5）在块中启用夹点(B)：该设置决定在块中是否启用夹点编辑功能。

（6）启用夹点提示(T)：当光标悬停在支持夹点提示的自定义对象的夹点上时，显示夹点的特定提示。此选项对标准对象无效。

（7）选择对象时限制显示的夹点数(M)：当初始选择集包括多于指定数目的对象时，抑制夹点的显示。有效值的范围为 1~32767。默认值是 100。

4.1.2 建立对象选择集

一般情况下，AutoCAD 处理的对象不止一个，往往是一组。一组对象甚至一个对象可以是命名对象或临时对象。可以对选择的对象进行编组，以便在随后的绘图编辑过程中直接调用。不论是永久的或临时的对象，AutoCAD 提供了丰富而灵活的对象选择方法，在不同的使用场合合理使用不同的选择方法十分重要。

AutoCAD 要求先选中对象，才能对它进行处理。执行许多命令（包括 SELECT 命令本身）后都会出现“选择对象”提示。

用定点设备点取对象，或在对象周围使用选择窗口，或输入坐标，或使用下列选择对象方式，都可以选择对象。不管由哪个命令给出“选择对象”提示，都可以使用这些方法。要查看所有选项，请在命令行中输入“？”。

AutoCAD 选择对象提示为：

需要点或选择对象：（如果选中了对象则无以下提示）
需要点或窗口(W)/上一个(L)/窗交(C)/框(BOX)/全部(ALL)/栏选(F)/圈围(WP)/圈交(CP)/编组(G)/添加(A)/删除(R)/多个(M)/前一个(P)/放弃(U)/自动(AU)/单个(SI)/子对象(SU)/对象(O)
选择对象：指定点或输入选项

对应的英文提示为：

Window/Last/Crossing/BOX/ALL/Fence/WPolygon/CPolygon/Group/Add/Remove/Multiple/Previous/Undo/AUto/Single/SUbobject/Object

通常情况下，AutoCAD 提示选择对象时，往往会建立一个临时的对象选择集。选择对象的各种方法如下。

（1）Window（窗口）：在指定两个角点的矩形范围内选取对象，被选中的对象必须全部包含在窗口内，与窗口相交的对象不在选中之列。

（2）Last（上一个）：选择最近一次创建的可见对象。对象必须在当前空间（模型空间或图纸空间）中，并且一定不要将对象的图层设置为冻结或关闭状态。

（3）Crossing（窗交）：与“窗口”类似，但选中的对象不仅包括“窗口”中的对象，而且包括与窗口边界相交的对象，同时显示的窗口为虚线或高亮方框，和窗口显示的一般方框不同。

（4）BOX（框）：为“窗口”和“窗交”的组合形式，当第一点在第二点的左侧，即从左往右拾取时，为“窗口”模式。当第一点在第二点的右侧，即从右往左拾取时，为“窗交”模式。

（5）ALL（全部）：选取除关闭、冻结、锁定图层上的所有对象。

（6）Fence（栏选）：用户可以绘制一个开放的多点的栅栏，该栅栏可以自己相交，最后也不必闭合。所有和该栅栏相交的对象全被选中。

（7）Wpolygon（圈围）：与“窗口”类似的一种选择方法。用户可以绘制一个不规则的多边形，该多边形可以为任意形状，但自身不得相交或相切。所有全部位于该多边形之内的对象为选中的对象。该多边形最后一条边为自动绘制，所以在任何时候，该多边形均为封闭的。

（8）Cpolygon（圈交）：与“窗交”类似的一种选择方法。用户可以绘制一不规则的封闭多边形，该多边形同样可以是任意形状，但不得自身相交或相切。所有位于该多边形之内或和多边形相交的对象均被选中。该多边形的最后一条边自动绘制，所以该多边形始终是封闭的。

（9）Group（编组）：可以通过预先定义编组来选择对象。需要输入的对象应该预先编组并赋予名称，选中其中一个对象等于选中了整个组。

（10）Remove（删除）：可以从已有的对象中删除某些对象。

（11）Add（添加）：一般情况下该选项是自动的。如果前面执行了删除选项，使用该选项时，则可以切换到添加模式，再选择的对象会被添加进选择组中。

（12）Multiple（多个）：可以选取多点但不高亮显示选中对象。如果选择在两个对象的交点上，则同时选中两个对象。

（13）Previous（前一个）：将最近的对象选择集设置为当前的选择对象。如果执行了删除命令（ERASE 或 DELETE）则忽略该选项。如果在模型空间和图纸空间切换，同样会忽略该选项。

（14）Undo（放弃）：取消最近的对象选择操作。

（15）Auto（自动）：如果在选择对象时，第一次点取到某对象，则相当于“点取”模式；如果第一次未点中任何对象，则自动转换为“窗选”模式。该方式为默认方式。

（16）Single（单个）：仅选择一个对象或对象组，此时无须按回车键来确认。

（17）Subobject（子对象）：使用户可以逐个选择原始形状，这些形状是复合实体的一部分或三维实体上的顶点、边和面。可以选择这些子对象的其中之一，也可以创建多个子对象的选择集。选择集可以包含多种类型的子对象。按住【Ctrl】键与选择 SELECT 命令的“子对象”选项相同。

（18）Object（对象）：结束选择子对象的功能。使用户可以使用对象选择方法。

（19）点取：在选择对象时，用“对象选择靶”（小框）在被选择的对象上点中，即选取了该对象。

（20）套索：分窗口套索和窗交套索。与 BOX 方式类似，按住鼠标由左往右类似于 Wpolygon 方式。按住鼠标由右往左类似于 Cpolygon 方式。而且边界可以是光标移动的轨迹。

注意：

① 采用其中的某种选择对象方式时，可以输入英文全词或以上各选项中的大写字母缩写。

② 在没有要求选择对象时，可以输入 SELECT 命令来建立选择集，以后可以通过 Previous（上一个）来调用该选择集。

③ 当完成了对象的选择后，一般需要按回车键或空格键或按鼠标右键选择“确认”来结束对象选择过程，并继续编辑。

④ 清除选择集，可以连续按两次【Esc】键或单击“标准”工具栏中的“重做”。

图 4-4 表示了其中几种选择方法。

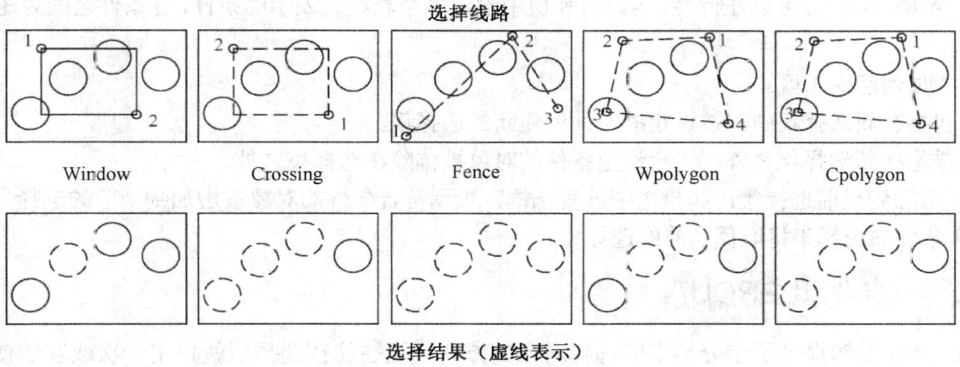

图 4-4　部分选择对象方法比较

4.1.3　重叠对象的选择

如果有两个以上的对象相互重叠在某一个位置上，或相互位置非常靠近，此时不想全部都选，则可以配合【Ctrl】、【Shift】、【Space】键来进行选择。

AutoCAD 支持循环选择对象。要在重叠的对象之间循环，请将光标置于最前面的对象之上，然后按住【Shift】键并反复按空格键，出现选择预览提示后单击。

要在三维实体上的重叠子对象（面、边和顶点）之间循环，请将光标置于最前面的子对象之上，然后按住【Ctrl】键并反复按空格键，出现选择预览提示后单击。

在进行选择前，一般会弹出如图 4-5 所示的对话框。在左下角选择“不再显示此消息”即可。

图 4-5　选择预览循环提示

4.1.4 快速选择对象 QSELECT

快速选择对象是 AutoCAD 2015 提供的命令之一。快速选择可以通过以下方式执行。

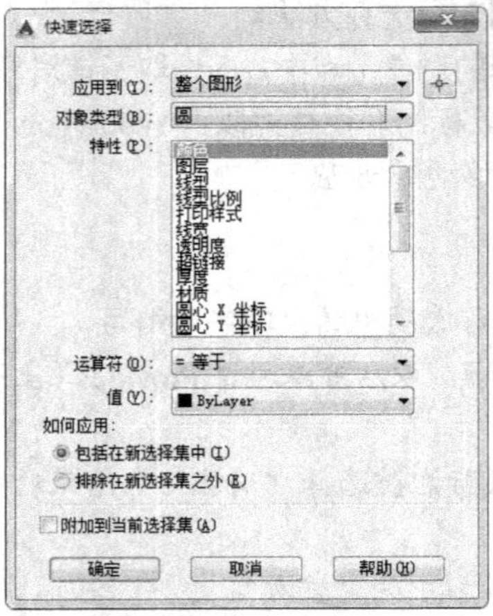

图 4-6 “快速选择”对话框

命令：QSELECT

功能区：默认→实用工具→快速选择

快捷菜单：绘图区右击鼠标→快速选择

菜单：工具→快速选择

执行该命令后，弹出的“快速选择”对话框如图 4-6 所示。该对话框中各项的含义如下。

（1）应用到：可以设置本次操作的对象是整个图形或当前选择集。

（2）对象类型：指定对象的类型，调整选择的范围，默认为所有图元。

（3）特性：选择对象的属性，如颜色、线型、图层等。

（4）运算符：选择运算格式。

（5）值：设置和特性相配套的值，如特性为颜色，则在值中可以设定希望的颜色。可以在特性、运算符和值中设定多个表达式表示的条件，各条件之间为逻辑“与”的关系。

（6）“如何应用”区。

① 包括在新选择集中：按设定的条件创建新的选择集。

② 排除在新选择集之外：符合设定条件的对象被排除在选择集之外。

（7）附加到当前选择集：如果选中该复选框，表示符合条件的对象被增加到当前的选择集中，否则，符合条件的选择集将取代当前的选择集。

4.1.5 对象编组 GROUP

AutoCAD 虽然提供了十分丰富的选择对象的方式，但往往在选择后就只用一次或连续使用几次（使用 Previous 选项）。如果想在编辑较长一段时间后，或在存盘后及以后再打开图形时还要对同一组对象进行编辑，一般需要重新选择对象。如果采用 AutoCAD 提供的对象编组，则可以在绘制同一图形的任意时刻编辑某组对象。

对象编组可以为不同的对象组合起不同的名称，该名称随图形保存，这不同于未命名选择集。即使在图形作为块或外部参考而插入其他图形中之后，编组仍然有效，但要使用该编组对象，必须将插入的图形分解。

编组提供以组为单位操作图形对象的简单方法。默认情况下，选择编组中任意一个对象即选中了该编组中的所有对象，并可以像修改单个对象那样移动、复制、旋转和修改编组。执行“对象编组”对话框的命令为“GROUP”，执行后命令行提示如下：

```
命令: GROUP
选择对象或 [名称(N)/说明(D)]: n↙
输入编组名或 [?]: XXXXX↙
选择对象或 [名称(N)/说明(D)]:
```

（1）选择对象：选择要编组的对象。

（2）名称：设置编组的名称。

（3）说明：添加编组的说明。使用星号 (*) 列出现有的编组时，可以通过 GROUPEDIT 或-GROUP 命令来显示说明。

以下简单示例演示了如何编组以及如何使用一个编组。

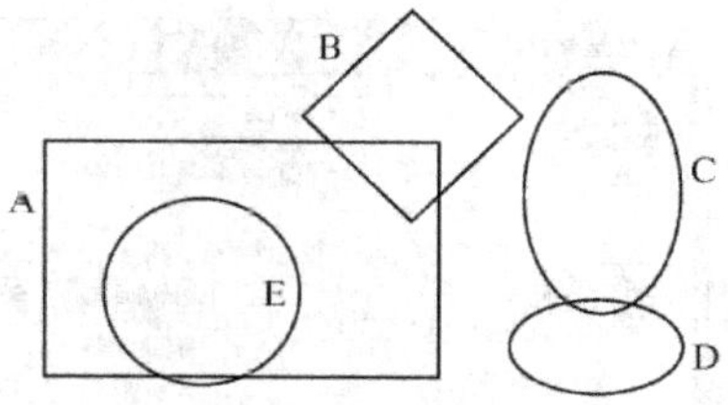

图 4-7 对象编组示例

【例 4.1】将图 4-7 中的两个四边形编组成“group1”，将圆和椭圆编组成“group2”，然后删除两个四边形的编组。

（1）四边形编组。

命令: **GROUP**↙
选择对象或 [名称(N)/说明(D)]: **n**↙
输入编组名或 [?]: **group1**↙
选择对象或 [名称(N)/说明(D)]: **采用窗交方式选择菱形和矩形的右二交** 指定对角点: 找到 6 个
选择对象或 [名称(N)/说明(D)]: **窗交方式选择矩形的左下角两根直线** 指定对角点: 找到 2 个，总计 8 个
选择对象或 [名称(N)/说明(D)]: ↙
组“group1”已创建。

（2）圆和椭圆编组。

命令: **GROUP**↙
选择对象或 [名称(N)/说明(D)]: **n**↙
输入编组名或 [?]: **group2**↙
选择对象或 [名称(N)/说明(D)]: 找到 3 个，总计 3 个
选择对象或 [名称(N)/说明(D)]: ↙
组“group2”已创建。

（3）删除两个四边形的编组。

命令: **_erase**
选择对象: **拾取矩形或菱形的任意一个对象** 找到 8 个，1 个编组 选择结果如图 4-8 所示
选择对象: ↙

完成选择，执行删除命令，结果如图 4-9 所示。

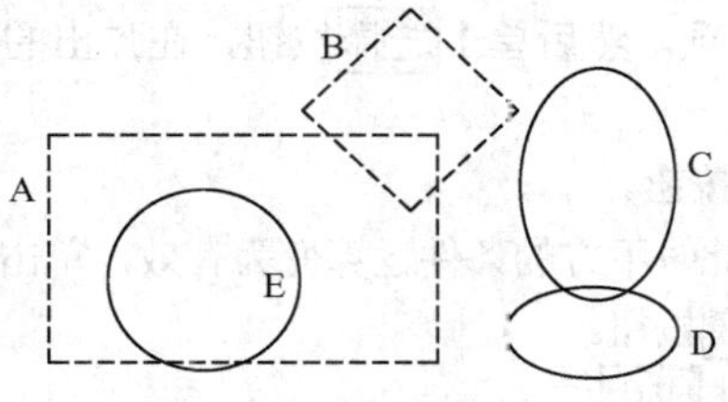

图 4-8 选择组 group1 结果

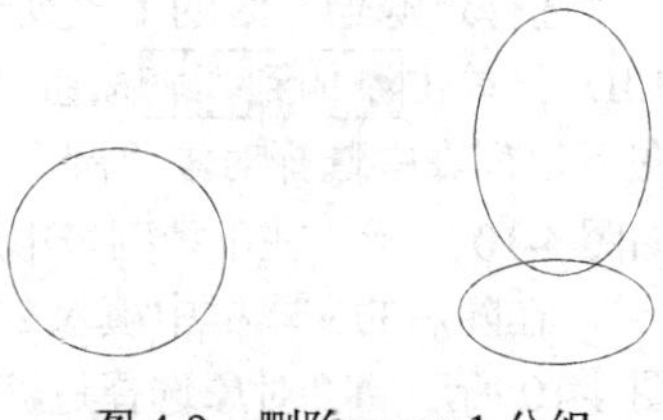

图 4-9 删除 group1 分组

4.1.6 对象选择过滤器 FILTER

使用“对象选择过滤器”可以将图形中满足一定条件的对象快速过滤出来，其中的条件可以是对象的类型、颜色、所在图层、坐标数据等。

执行对象选择过滤器命令 FILTER，弹出“对象选择过滤器”对话框，如图 4-10 所示。

该对话框包含“对象选择过滤器列表”、“选择过滤器”和“命名过滤器”三个区。

1. 对象选择过滤器列表

（1）列表框：显示当前过滤器的内容。如果尚未建立任何对象选择过滤器，该列表为空。如果通过“选择过滤器”区进行了设置，则所设置的条件将出现在列表中。

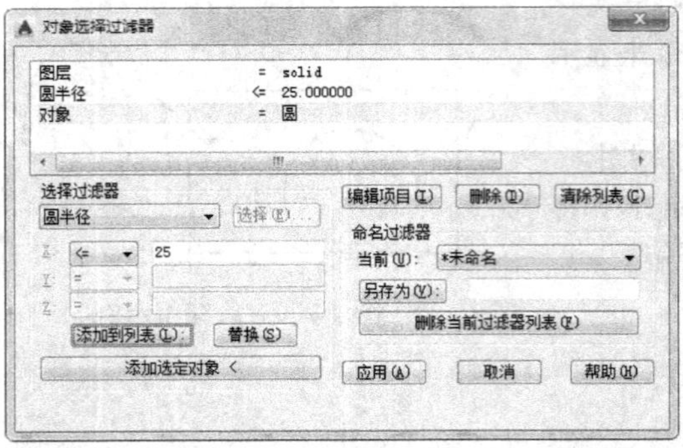

图 4-10 “对象选择过滤器”对话框

（2）编辑项目按钮：可以在选定某条件后进行编辑修改。

（3）删除按钮：指在选定某条件后将该过滤器条件列表项删除。

（4）清除列表按钮：清空过滤器列表区。

2. 选择过滤器

用于设置和修改对象选择过滤器条件，可以选择对象类型、附加参数以及逻辑操作符。

（1）添加到列表按钮：直接向过滤器中添加对象。

（2）替换按钮：用新建的条件取代上方过滤器列表中的某个条件。

（3）添加选定对象按钮：让用户直接在屏幕上选择欲添加进去的对象，此时系统会自动将该对象的条件加入选择集中。

3. 命名过滤器

（1）当前：下拉列表框，选择已经建立的过滤器，相应地在上方的列表框中将显示对应的过滤器内容。

（2）另存为按钮：文本框可以输入过滤器的名称，单击另存为按钮将保存创建的过滤器。

（3）删除当前过滤器列表按钮：删除当前正在编辑的过滤器。

【例 4.2】 先建立图层“SOLID”和“FINE”，分别在这两个层上绘制若干直径分别大于 50 和小于 50 的圆，然后通过过滤器选择图形中满足在“SOLID”层并且直径小于 50 的圆。

```
命令: _erase
选择对象: 'filter
```

在“对象选择过滤器”对话框中进行如下设定。

（1）在“选择过滤器”区的下拉列表中选择“图层”项，然后单击选择按钮，在弹出的对话框中选择“SOLID”。单击添加到列表按钮。

（2）在下拉列表中选择对象“圆”。单击添加到列表按钮。

（3）如图 4-10 所示，在下拉列表中选择“圆半径”，此时下方的条件运算变为有效，单击下拉按钮后选择“<=”，在随后的文本框中填入 25，单击添加到列表按钮。

在如图 4-10 所示的“对象选择过滤器”对话框中单击应用按钮退出对话框，回到编辑屏幕，提示为“选择对象:”。此时可以采用任何选择对象的方式，但只有符合条件的对象才可能被选中。假设采用“窗交”模式将所有的对象全部选中，结果如图 4-11 所示。

显然，只有在“SOLID”层且直径小于等于 50 的圆，才是最终符合条件的对象。按回车键接受过滤器内容，则以上两个圆被删除。

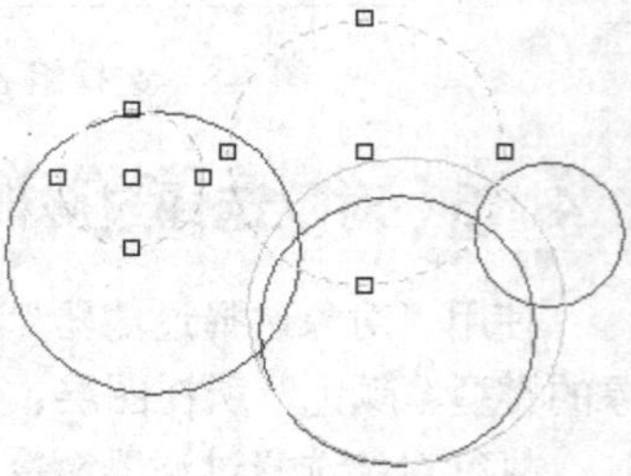

图 4-11 “对象选择过滤器”结果

注意：

如果是在提示为“命令:”时下达 filter 命令，则相当于夹点编辑模式，即先选择对象，后下达编辑命令。如果是下达了编辑命令，此时应该采用对象选择过滤器的透明命令，即在命令前增加一撇（'）号。

4.2　使用夹点编辑

夹点即图形对象上可以控制对象位置、大小的关键点。如对直线而言，其中心点可以控制位置，而两个端点可以控制其长度和位置，所以直线有三个夹点。

当在命令提示状态下选择了图形对象时，会在图形对象上显示出小方框表示的夹点。

注意：

① 夹点即可以编辑的点。如文字，通过夹点编辑只能改变其插入点，若要改变文字的大小、字体、颜色等，则必须采用其他的编辑命令。

② 夹点显示的大小、颜色、选中后的颜色等可以通过“选项”对话框的“选择集”选项卡来设置。具体设置方法见 4.1 节。

在选取了图形对象后。如果选中了某个或几个夹点，再右击鼠标，此时会弹出如图 4-12 所示的夹点编辑快捷菜单。

在该菜单中，列出了可以进行的编辑项目，用户可以点取相应的菜单命令进行编辑。采用夹点进行编辑时，首先在命令提示行中出现如下提示：

```
**拉伸**
指定拉伸点或 [基点(B)/复制(C)/放弃(U)/退出(X)]:
```

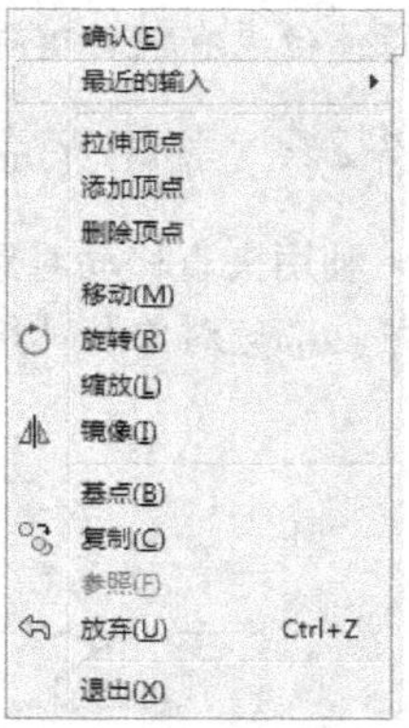

图 4-12　夹点编辑快捷菜单

注意：

夹点编辑比较简洁、直观，其中改变夹点到新的目标位置时，拾取点会受到环境设置的影响和控制，所以可以利用对象捕捉、正交模式等来精确进行夹点的编辑。

4.2.1　利用夹点拉伸对象

利用夹点拉伸对象，选中对象的两侧夹点，该夹点和光标一起移动，在目标位置按下鼠标左键，则选取的点将会改到新的位置，如图 4-13、图 4-14、图 4-15 所示。

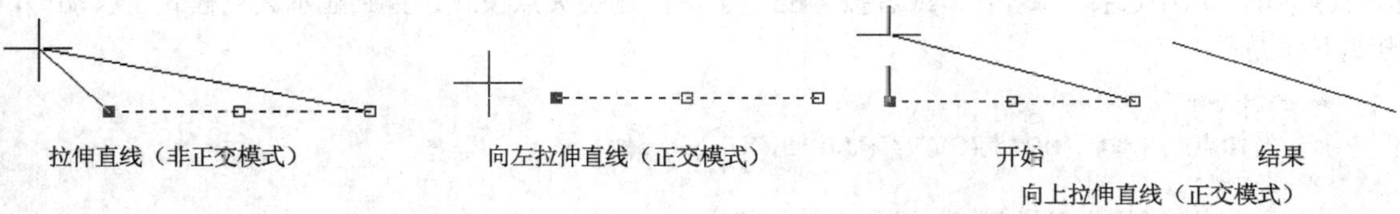

图 4-13　利用夹点拉伸直线

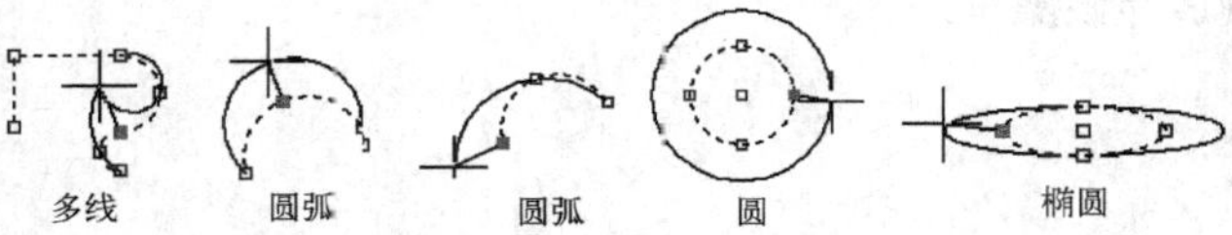

图 4-14　利用夹点拉伸部分圆形对象

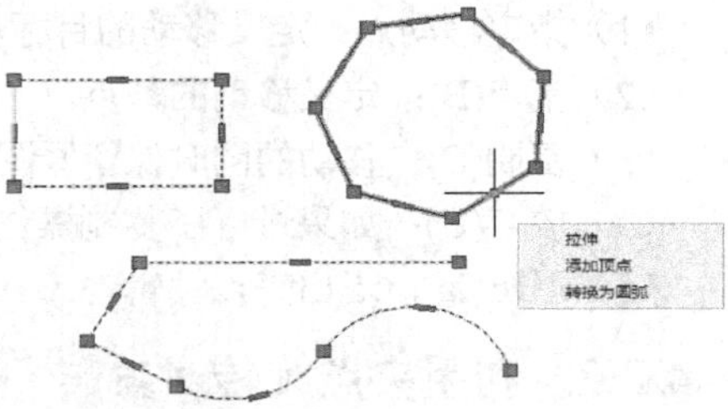

图 4-15　利用夹点拉伸多段线

如图 4-15 所示的多段线的夹点，中间夹点为长方形，选中则可以移动所在边的位置。选中后，出现“拉伸、添加顶点、转换为圆弧”的菜单。可以选择对应的菜单执行相应的功能。如果选中边的端点的正方形小方块的夹点，则会出现“拉伸顶点、添加顶点、删除顶点”的提示菜单。可以执行相应的功能。

注意：

如果想同时更改多个夹点，用【Shift】键配合选择多个夹点，再移动或拉伸。默认情况下，移动或拉伸位置有极轴追踪矢量提示。

4.2.2 利用夹点移动对象

利用夹点移动对象，只需选中移动夹点，则所选对象会和光标一起移动，在目标点按下鼠标左键即可。部分对象及其移动夹点如图 4-16 所示。

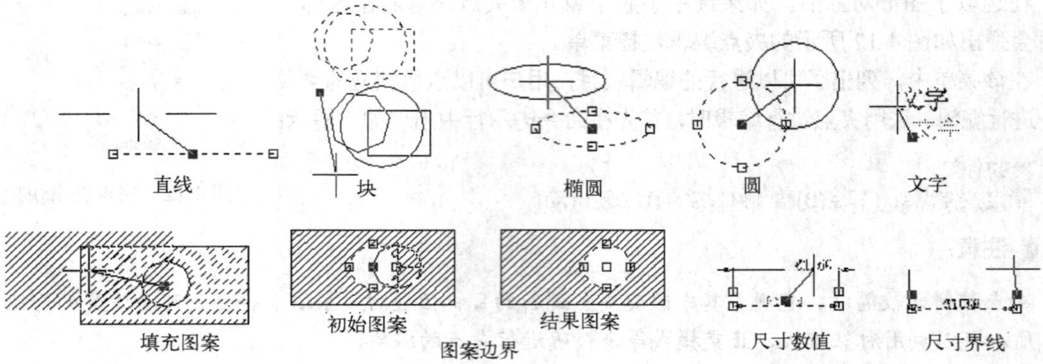

图 4-16 部分对象及其移动夹点

对于一般的对象，如矩形，没有移动夹点。需要通过夹点移动时，则按如下步骤进行。

首先在“命令：”提示下选择对象，出现该对象的夹点，再选择一基点，输入 Move（也可右击弹出快捷菜单，从中选择“旋转”，或者按【Enter】键，遍历夹点模式，直到显示夹点模式“移动”），出现下列提示：

```
** 拉伸 **
指定拉伸点或 [基点(B)/复制(C)/放弃(U)/退出(X)]: Move↙
** 移动 **
指定移动点或 [基点(B)/复制(C)/放弃(U)/退出(X)]:
```

参数：

（1）指定移动点：定义移动的目标位置。
（2）基点(B)：定义移动的基点。
（3）复制(C)：移动的同时保留原图形，按住【Ctrl】键等效。
（4）放弃(U)：如果进行了复制操作，则放弃该操作。
（5）退出(X)：退出夹点编辑。

4.2.3 利用夹点旋转对象

利用夹点可将选定的对象进行旋转。

首先在“命令:”提示下选择对象，出现该对象的夹点，再选择一基点，输入 ROTATE（也可右击弹出快捷菜单，从中选择“旋转”，或者按【Enter】键，遍历夹点模式，直到显示夹点模式“旋转”)，出现下列提示：

```
** 拉伸 **
指定拉伸点或 [基点(B)/复制(C)/放弃(U)/退出(X)]: rotate↙
** 旋转 **
指定旋转角度或 [基点(B)/复制(C)/放弃(U)/参照(R)/退出(X)]:
```

参数：

（1）旋转角度：定义旋转角度。

（2）基点(B)：定义旋转的基点。

（3）复制(C)：旋转的同时保留原图形，按住【Ctrl】键等效。

（4）放弃(U)：如果进行了复制操作，则放弃该操作。

（5）参照(R)：指定一参照旋转对象。

（6）退出(X)：退出夹点编辑。

【例 4.3】 利用夹点旋转图形。

打开“图 3-22.dwg”，首先选择所有对象，出现夹点后，点取旋转基点，示例如图 4-17 所示。

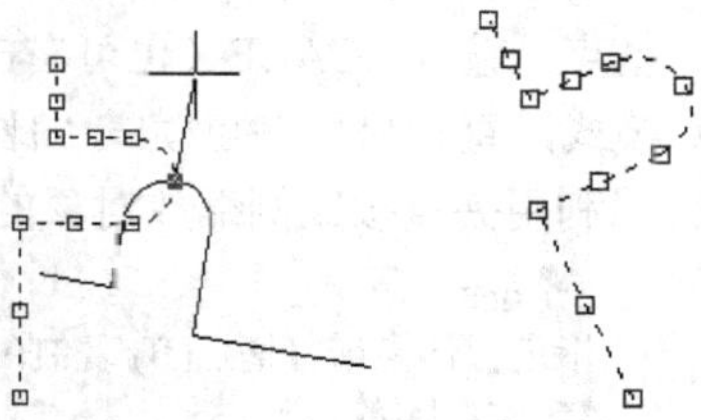

（a）原图　（b）结果

图 4-17　利用夹点旋转对象

```
** 拉伸 **
指定拉伸点或 [基点(B)/复制(C)/放弃(U)/退出(X)]: rotate↙
** 旋转 **
指定旋转角度或 [基点(B)/复制(C)/放弃(U)/参照(R)/退出(X)]: 直接通过光标旋转对象
```

4.2.4　利用夹点镜像对象

可以利用夹点镜像对象。首先在“命令:”提示下选择对象，出现该对象的夹点，再选择一基点，输入 MIRROR（也可右击弹出快捷菜单，从中选择“镜像”，或者按【Enter】键，遍历夹点模式，直到显示夹点模式“镜像”)。

采用夹点镜像对象的提示如下：

```
** 拉伸 **
指定拉伸点或 [基点(B)/复制(C)/放弃(U)/退出(X)]: mirror↙
** 镜像 **
指定第二点或 [基点(B)/复制(C)/放弃(U)/退出(X)]:
```

参数：

（1）第二点：指定第二点以确定镜像轴线，第一点为基点。

（2）基点(B)：定义镜像轴线的基点。

（3）复制(C)：镜像时保留原对象，按住【Ctrl】键等效。

（4）放弃(U)：放弃复制镜像操作。

（5）退出(X)：退出夹点编辑。

【例 4.4】 打开“图 3-22.dwg”，将图形以右侧的夹点为基点镜像（不复制）。

首先选择图形对象，点取基点，如图 4-18（a）所示。

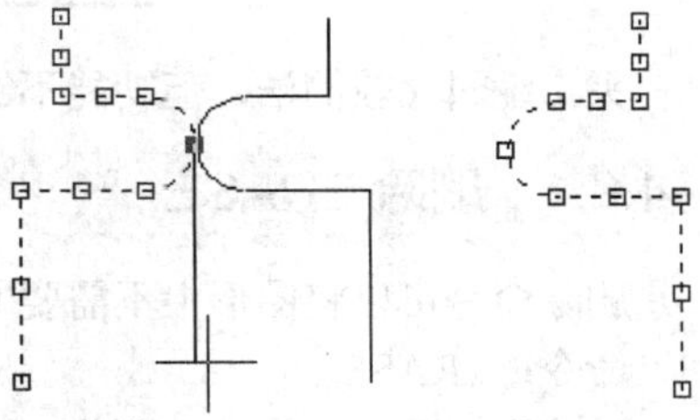

（a）原图　（b）结果

图 4-18　利用夹点镜像对象

```
** 拉伸 **
指定拉伸点或 [基点(B)/复制(C)/放弃(U)/退出(X)]: mirror↙
** 镜像 **
指定第二点或 [基点(B)/复制(C)/放弃(U)/退出(X)]: 向下点取第二点
点必须互不相同。
```

以基点作为镜像线的第一点确定镜像轴线，由于正交模式处于开，所以结果为水平镜像。结果如图 4-18（b）所示。

4.2.5 利用夹点按比例缩放对象

可以利用夹点按比例缩放对象。首先在“命令：”提示下选择对象，出现该对象的夹点，再选择一基点，输入 SCALE（也可右击弹出快捷菜单，从中选择“比例缩放”，或者按【Enter】键，遍历夹点模式，直到显示夹点模式“比例缩放”），

利用夹点按比例缩放对象的提示如下：

```
** 拉伸 **
指定拉伸点或 [基点(B)/复制(C)/放弃(U)/退出(X)]: scale↙
** 比例缩放 **
指定比例因子或 [基点(B)/复制(C)/放弃(U)/参照(R)/退出(X)]:
```

参数：

（1）比例因子：定义缩放比例因子。

（2）基点(B)：定义缩放的基点。

（3）复制(C)：保留原图形，按住【Ctrl】键等效。

（4）放弃(U)：放弃复制缩放操作。

（5）参照(R)：指定一对象为参照缩放对象。

（6）退出(X)：退出夹点编辑。

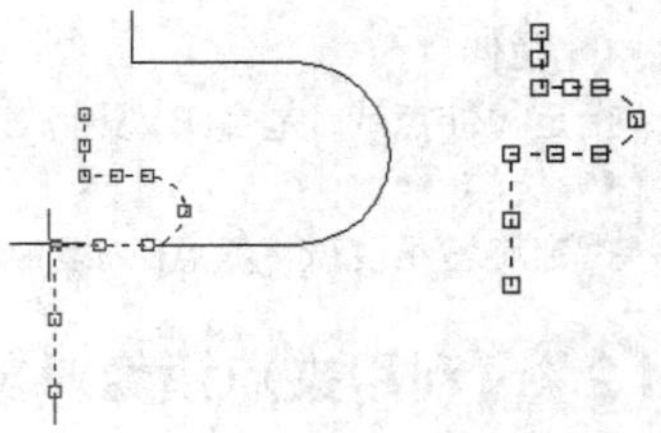

（a）开始　（b）结果

图 4-19　利用夹点按比例缩放对象

【例 4.5】 打开“图 3-22.dwg”，将图形缩小到 0.7 倍。

首先选择图形对象，点取其中一夹点作为比例缩放基点，如图 4-19（b）所示。

```
** 拉伸 **
指定拉伸点或 [基点(B)/复制(C)/放弃(U)/退出(X)]: scale↙
** 比例缩放 **
指定比例因子或 [基点(B)/复制(C)/放弃(U)/参照(R)/退出(X)]: 0.7↙
```

结果如图 4-19（b）所示。

4.3 利用编辑命令编辑图形

夹点编辑比较简洁，但功能不够强大。使用下面介绍的编辑命令可以完成更为复杂的编辑任务。

4.3.1 删除 ERASE

删除命令可以将图形中不需要的对象清除。

命令： ERASE

功能区： 默认→修改→删除

菜单： 修改→删除

工具栏： 修改→删除

命令及提示：

```
命令: _erase
选择对象:
```

参数：

选择对象：选择欲删除的对象，可以采用任意的对象选择方式。

注意：

如果先选择了对象，在显示了夹点后，通过【Delete】键或剪切（CUTCLIP）等同样可以删除对象。

4.3.2　放弃 U、UNDO 和重做 REDO

1．放弃 U、UNDO

需要放弃已进行的操作，可以通过“放弃”命令来执行。放弃有两个命令，即 U 和 UNDO。U 命令没有参数，每执行一次，自动放弃上一个操作，但像存盘、图形的重生成等操作是不可以放弃的。UNDO 命令有一些参数，功能较强。

命令执行过程中放弃命令的执行，一般按【Esc】键。如果直接执行其他命令，在多数情况下可以终止当前命令。

命令：U、UNDO

快速访问工具栏：放弃

菜单：编辑→放弃

工具栏：标准→放弃

快捷键：【Ctrl+Z】

如果只是放弃刚刚完成的一步，可以单击放弃按钮实现。如果要同时撤销若干步，可以单击放弃右侧的箭头，列表显示可以放弃的操作，选择到需要返回的位置，单击即可。

通过命令行的操作，UNDO 命令可以实现编组、设置标记等，随即可以按标记、数目、编组等进行撤销操作。

2．重做 REDO

“重做”命令是将刚刚放弃的操作重新恢复一次，且仅限一次。REDO 必须紧跟在 U 或 UNDO 命令之后。

命令：REDO

快速访问工具栏：重做

菜单：编辑→重做

工具栏：标准→重做

快捷键：【Ctrl+Y】

【例 4.6】 取消一次操作后再恢复重做一次。

```
命令: u↙                    放弃操作
命令: redo↙                 取消刚刚执行的 U 命令
```

4.3.3　恢复 OOPS

OOPS 命令用于恢复最后一次被删除的图形对象，该对象可以是通过删除命令或建块等过程中被删除的。

命令: OOPS

【例 4.7】 先删除几个对象，再通过 OOPS 命令恢复。

命令: **_erase**	首先删除几个对象
选择对象: **通过窗口选择对象**	采用任意选择对象的方式选取图形
指定对角点: 找到 XX 个	
选择对象: ↙	回车结束选择，被选中的对象从屏幕上消失

可以执行除了删除图形对象之外的其他操作。

命令: **OOPS↙**	最后一次被删除的对象在原位置恢复

注意:

① OOPS 命令和 U 命令恢复删除的图形并不相同，U 命令必须紧跟在删除命令之后执行，而且如果是恢复建块时删除的图形，同时也将所建的块及其定义删除。OOPS 命令可以在删除命令执行过较长一段时间后来恢复最后一次被删除的图形。如果是恢复建块时的图形，并不会改变已经建立好的块及其定义。即可以在 BLOCK 或 WBLOCK 命令之后使用 OOPS，因为这些命令可以在创建块后，删除选定的对象。

② OOPS 不能恢复图层上被 PURGE 命令删除的对象。

4.3.4 复制 COPY

对图形中相同的或相近的对象，不论其复杂程度如何，只要完成一个后，便可以通过复制命令产生其他的若干个。复制可以减轻大量的重复劳动。

命令： COPY

功能区： 默认→修改→复制

菜单： 修改→复制

工具栏： 修改→复制

命令及提示：

```
命令: _copy
选择对象:
选择对象: ↙
当前设置: 复制模式 = 多个
指定基点或 [位移(D)/模式(O)] <位移>: o↙
输入复制模式选项 [单个(S)/多个(M)] <多个>:
指定基点或 [位移(D)/模式(O)] <位移>:
指定第二个点或 <使用第一个点作为位移>:
```

参数：

（1）选择对象：选取欲复制的对象。

（2）基点：复制对象的参考点。

（3）位移(D)：原对象和目标对象之间的位移。

（4）模式(O)：设置复制模式为单个（S）或多个（M）。

（5）指定第二个点：指定第二点来确定位移，第一点为基点。

（6）使用第一个点作为位移：在提示输入第二点时回车，则以第一点的坐标作为位移。

【例 4.8】 打开“图 3-22.dwg”，如图 4-20（a）所示，将原始图形从 A 点复制到 B 点，如图 4-20（b）所示。

命令: **_copy**	
选择对象: **通过窗口选择对象**	提示选择欲复制的对象
指定对角点: 找到 5 个	全部选择
选择对象: ↙	回车结束选择
当前设置:　复制模式 = 多个	
指定基点或 [位移(D)/模式(O)] <位移>: **点取 A 点**	
指定第二个点或 <使用第一个点作为位移>: **点取 B 点**	
指定第二个点或 <使用第一个点作为位移>: ↙	结束复制命令

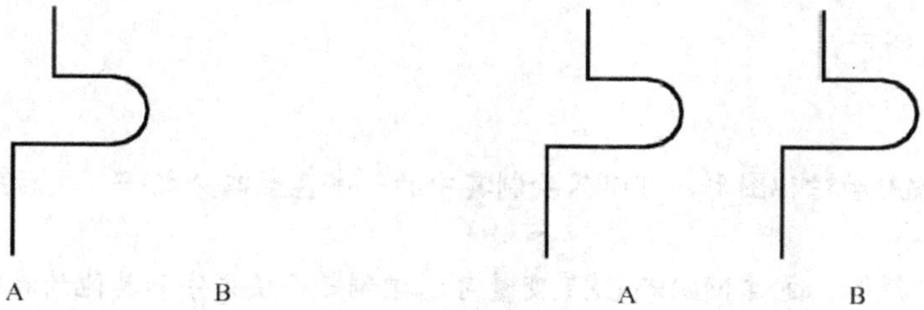

（a）原图　　　　（b）结果

图 4-20　复制对象

注意：

① 复制对象应充分利用各种选择对象的方法。具体选择方法参见 4.1 节。

② 在确定位移时应充分利用对象捕捉、栅格和捕捉等精确绘图的辅助工具。在绝大多数的编辑命令中都应该使用这些辅助工具来精确绘图。具体设置及使用方法参见 1.7 节。

4.3.5　镜像 MIRROR

对于对称的图形，可以只绘制一半甚至四分之一，然后采用镜像命令产生对称的部分。

命令：MIRROR

功能区：默认→修改→镜像

菜单：修改→镜像

工具栏：修改→镜像

命令及提示：

```
命令: _mirror
选择对象:
选择对象:
指定镜像线的第一点:
指定镜像线的第二点:
要删除源对象吗? [是(Y)/否(N)] <N>:
```

参数：

（1）选择对象：选择欲镜像的对象。

（2）指定镜像线的第一点：确定镜像轴线的第一点。

（3）指定镜像线的第二点：确定镜像轴线的第二点。

（4）要删除源对象吗？[是(Y)/否(N)] <N>：Y 删除原对象，N 不删除原对象。

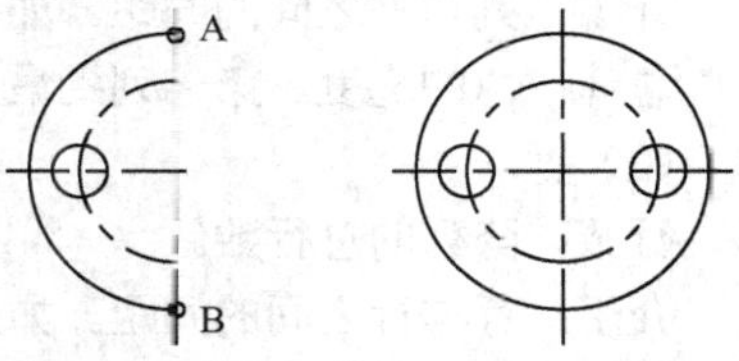

开始　　　　结果

图 4-21　镜像示例

【例 4.9】 将打开“图习题 3-1.dwg”，按照如图 4-21 所示的结果进行镜像。

命令: **_mirror**	
选择对象: **通过窗口方式选择左侧 4 个对象**	选择镜像对象
指定对角点: 找到 4 个	提示选中的对象数目
选择对象: ↙	回车结束对象选择
指定镜像线的第一点: **点取 A 点**	通过对象捕捉交点 A
指定镜像线的第二点: **点取 B 点**	点取垂直线的另一个交点 B
要删除源对象吗？[是(Y)/否(N)] <N>: ↙	回车保留原对象

结果如图 4-21 所示。

注意：

① 该命令一般用于对称图形，可以只绘制其中的一半甚至四分之一，然后采用镜像命令来产生其他对称的部分。

② 对于文字的镜像，通过 MIRRTEXT 变量可以控制是否使文字和其他的对象一样被镜像。如果 MIRRTEXT 为 0，则文字不作镜像处理。如果 MIRRTEXT 为 1（默认设置），文字和其他的对象一样被镜像。

4.3.6 阵列 ARRAY

对于规则分布的图形，可以通过矩形或环形或路径阵列命令快速产生。

命令：ARRAY

功能区：默认→修改→矩形阵列/环形阵列/路径阵列

菜单：修改→阵列→矩形阵列/路径阵列/环形阵列

工具栏：修改→阵列→矩形阵列/路径阵列/环形阵列

单击相应的按钮后，提示选择阵列对象。选择完毕后弹出如图 4-22、图 4-24、图 4-26 所示的“阵列”选项卡。

1．矩形阵列

“矩形阵列”选项卡如图 4-22 所示。

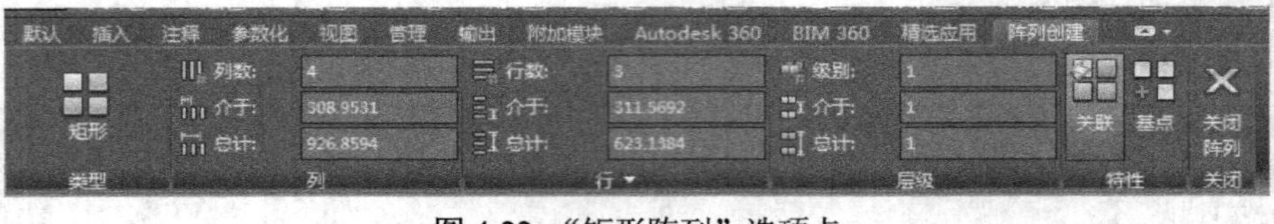

图 4-22 “矩形阵列”选项卡

（1）列。

列数：阵列的总列数。

介于：列与列之间的间距。如果为负值，列向左复制。

总计：总的宽度。第一列到最后一列之间的距离。等于（列数–1）×介于。

（2）行。

行数：阵列的总行数。

介于：行与行之间的间距。如果为负值，列向下复制。

总计：总的高度。第一行到最后一行之间的距离。等于（行数–1）×介于。

（3）层级。

级别：阵列的总层数。（第三维方向层数）

介于：层与层之间的间距。如果为负值，层向下复制。

总计：总的层高度。第一层到最后一层之间的距离。等于（层数–1）×介于。

（4）特性。

关联：阵列的图形相互关联，是一个整体。如果不按下该按钮，则阵列图形各自独立。

基点：单击该按钮，重新在图形上确定阵列基点。

（5）关闭。

关闭阵列：关闭对话框，完成阵列。

命令级提示：

```
命令: _arrayrect
选择对象: 指定对角点: 找到 X 个
选择对象:
类型 = 矩形  关联 = 是
选择夹点以编辑阵列或 [关联(AS)/基点(B)/计数(COU)/间距(S)/列数(COL)/行数(R)/层数(L)/退出(X)] <退出>:
```

参数：

（1）选择对象：选择要在阵列中使用的对象。

（2）关联：指定阵列中的对象是关联的还是独立的。

是：包含单个阵列对象中的阵列项目，类似于块。使用关联阵列，可以通过编辑特性和源对象在整个阵列中快速传递更改。

否：创建阵列项目作为独立对象。更改一个项目不影响其他项目。

（3）基点：定义阵列基点和基点夹点的位置。

基点：指定用于在阵列中放置项目的基点。

关键点：对于关联阵列，在源对象上指定有效的约束（或关键点）以与路径对齐。如果编辑生成的阵列的源对象或路径，阵列的基点保持与源对象的关键点重合。

（4）计数：指定行数和列数并使用户在移动光标时可以动态观察结果。

表达式：基于数学公式或方程式计算值。

（5）间距：指定行间距和列间距并使用户在移动光标时可以动态观察结果。

- 行间距：指定从每个对象的相同位置测量的每行之间的距离。
- 列间距：指定从每个对象的相同位置测量的每列之间的距离。
- 单位单元：通过设置等同于间距的矩形区域的两个角点来同时指定行间距和列间距。

（6）列数：编辑列数和列间距。

- 列数：设置阵列中的列数。
- 列间距：指定从每个对象的相同位置测量的每列之间的距离。
- 全部指定：从开始和结束对象上的相同位置测量的起点和终点列之间的总距离。

（7）行数：指定阵列中的行数、它们之间的距离以及行之间的增量标高。

- 行数：设置阵列中的行数。
- 行间距：指定从每个对象的相同位置测量的每行之间的距离。
- 全部指定：从开始和结束对象上的相同位置测量的起点和终点行之间的总距离。
- 增量标高：设置每个后续行的增大或减小的标高。
- 表达式：基于数学公式或方程式得到值。

（8）层：指定三维阵列的层数和层间距。

- 层数：指定阵列中的层数。
- 层间距：在Z坐标值中指定每个对象等效位置之间的差值。
- 全部：在Z坐标值中指定第一个和最后一个层中对象等效位置之间的总差值。
- 表达式：基于数学公式或方程式导出值。

（9）退出：退出命令。

矩形阵列后，阵列图形被选中时会出现诸如图4-23所示的夹点。

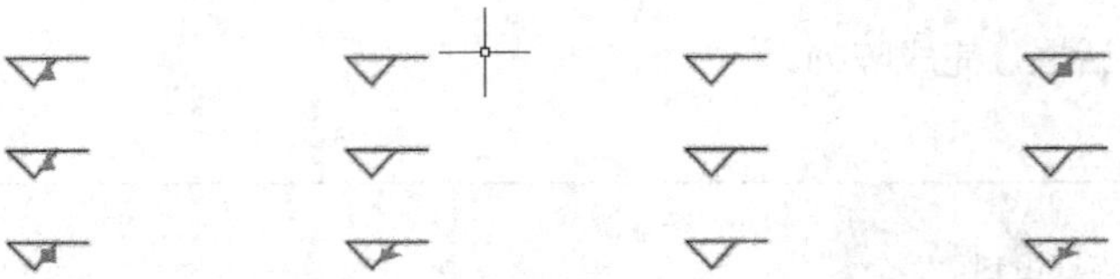

图4-23 矩形阵列夹点

其中，左下角的矩形夹点，用于移动整个阵列图形的位置；左边中间的箭头夹点，用于设置行间距，拖动可以调整行间距的大小；下方水平中间的右向箭头用于调整列间距，拖动可以调整列间距；左侧上方的箭头，用于调整总的行高，不改变行间距，根据总的行高，得到可以阵列几行；水平方向最右侧箭头用于调整总的列宽，拖动时不改变列间距，据此可以得到能阵列几列；最右上角的矩形夹点，用于同时调整总宽和总高，拖动可以改变阵列的行列数，行间距和列间距不变。

2．环形阵列（极轴）

执行环形阵列时，首先提示选择对象，然后要求确定阵列中心或旋转轴。确定完毕后弹出“环形阵列”选项卡（如图4-24所示）。

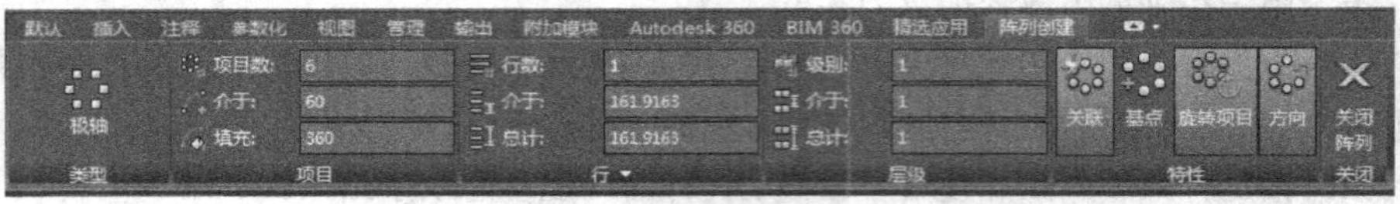

图4-24 “环形阵列”选项卡

（1）项目。

项目数：阵列时一圈的个数。

介于：阵列图元之间的夹角。

填充：总的阵列角度。等于（个数–1）×介于。

（2）行。

行数：阵列时沿径向辐射行数。

介于：半径方向阵列图形之间的间距。

总计：总的径向距离。径向第一行到最后一行之间的距离。等于（行数–1）×介于。

（3）层级。

级别：阵列的总层数。（第三维方向层数）

介于：层与层之间的间距。如果为负值，层向下复制。

总计：总的层高度。第一层到最后一层之间的距离。等于（层数–1）×介于。

（4）特性。

关联：阵列的图形相互关联，是一个整体。如果不选中该按钮，则阵列图形各自独立。

基点：单击该按钮，重新在图形上确定阵列基点。

旋转项目：复制阵列的同时将对象旋转。

方向：设置旋转的方向，顺时针或逆时针。

(5) 关闭。

关闭阵列：关闭对话框，完成阵列。

命令及提示：

```
命令: _arraypolar
找到 X 个
类型 = 极轴  关联 = 是
指定阵列的中心点或 [基点(B)/旋转轴(A)]:
选择夹点以编辑阵列或 [关联(AS)/基点(B)/项目(I)/项目间角度(A)/填充角度(F)/行(ROW)/层(L)/旋转项目(ROT)/退出(X)] <退出>:
```

参数：

(1) 选择对象：选择要在阵列中使用的对象。

(2) 圆心：指定分布阵列项目所围绕的点。旋转轴是当前 UCS 的 Z 轴。

(3) 基点：指定阵列的基点。

- 基点：指定用于在阵列中放置对象的基点。
- 关键点：对于关联阵列，在源对象上指定有效的约束（或关键点）以用作基点。如果编辑生成的阵列的源对象，阵列的基点保持与源对象的关键点重合。

(4) 旋转轴：指定由两个指定点定义的自定义旋转轴。

(5) 关联：指定阵列中的对象是关联的还是独立的。

- 是：包含单个阵列对象中的阵列项目，类似于块。使用关联阵列，可以通过编辑特性和源对象在整个阵列中快速传递更改。
- 否：创建阵列项目作为独立对象。更改一个项目不影响其他项目。

(6) 项目：使用值或表达式指定阵列中的项目数。

注意：

当在表达式中定义填充角度时，结果值中的数学符号+或–不会影响阵列的方向。

(7) 项目间角度：使用值或表达式指定项目之间的角度。

(8) 填充角度：使用值或表达式指定阵列中第一个和最后一个项目之间的角度。

(9) 行数：指定阵列中的行数、它们之间的距离以及行之间的增量标高。

- 行数：设定行数。
- 行间距：指定从每个对象的相同位置测量的每行之间的距离。
- 全部：指定从开始和结束对象上的相同位置测量的起点和终点行之间的总距离。
- 增量标高：设置每个后续行的增大或减小的标高。
- 表达式：基于数学公式或方程式导出值。

(10) 层：指定（三维阵列的）层数和层间距。

- 层数：指定阵列中的层数。
- 层间距：指定层级之间的距离。
- 表达式：使用数学公式或方程式获取值。
- 全部：指定第一层和最后一层之间的总距离。

（11）旋转项目：控制在排列项目时是否旋转项目。

（12）退出：退出命令。

选中环形阵列图形后，出现如图 4-25 所示的夹点。可以通过夹点调整阵列参数。

图中正中间的矩形夹点是阵列中心，可以拖动改变阵列图形的位置；另一个矩形夹点用于调整阵列基点，拖动改变阵列半径；靠近基点的箭头夹点，用于调整旋转的夹角大小；远离基点的箭头夹点，用于调整整体的阵列角度范围，保持夹角大小不变，改变阵列的数量。

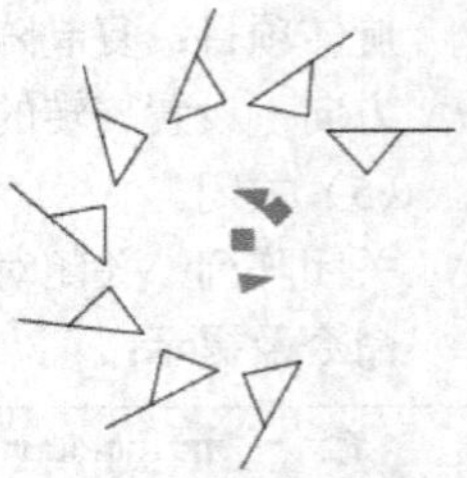

图 4-25　环形阵列夹点

3．路径阵列

路径可以是直线、多段线、三维多段线、样条曲线、螺旋、圆弧、圆或椭圆。既可以是二维路径，也可以使三维路径。执行路径阵列时，首先要求选择阵列对象，然后提示选择阵列路径。完毕后弹出“路径阵列”选项卡如图 4-26 所示。

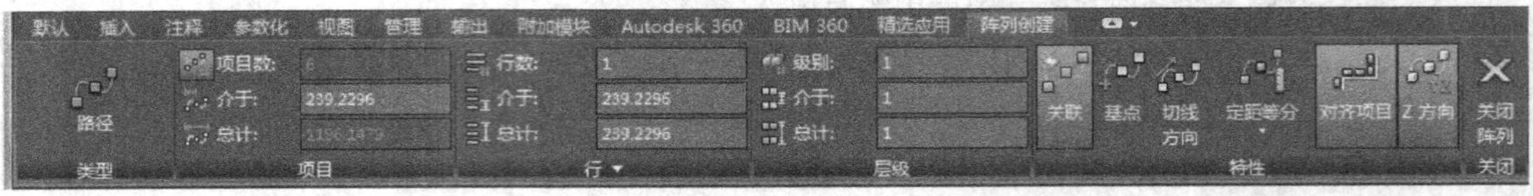

图 4-26　“路径阵列”选项卡

（1）项目。

项目数：沿路径阵列的个数。只在定数等分时有效。

介于：阵列图元之间的距离。只在定距等分时有效。

总计：总的阵列距离。等于所选路径的长度。

（2）行。

行数：阵列时垂直于路径方向的行数。

介于：垂直于路径方向阵列时各图形之间的间距。

总计：总的该方向的距离。垂直路径方向第一行到最后一行之间的距离。等于（行数–1）×介于。

（3）层级。

级别：阵列的总层数（第三维方向层数）。

介于：层与层之间的间距。如果为负值，层向下复制。

总计：总的层高度。第一层到最后一层之间的距离。等于（层数–1）×介于。

（4）特性。

基点：单击该按钮，重新在图形上确定阵列基点。

定距等分：确定阵列时图形之间的距离是固定的，以此来划分路径，得到阵列个数。

定数等分：确定阵列时图形总的个数是固定的，以此来平均划分路径，得到阵列后图形之间的间隔大小。

对齐项目：如果路径阵列是关联的并且显示功能区，则此选项确定阵列中的项目是否相互平行或沿路径对齐。用于指定是否对齐每个项目以便和路径相切，对齐相对于第一个项目的方向。

Z 方向：控制是保持原始的 Z 方向还是沿三维路径倾斜项。

（5）关闭。

关闭阵列：关闭对话框，完成阵列。

命令及提示：

命令: **_arraypath**
选择对象: 指定对角点: 找到 X 个
选择对象:
类型 = 路径　关联 = 是
选择路径曲线:
选择夹点以编辑阵列或 [关联(AS)/方法(M)/基点(B)/切向(T)/项目(I)/行(R)/层(L)/对齐项目(A)/z 方向(Z)/退出(X)] <退出>:

参数：

（1）选择对象：选择要在阵列中使用的对象。

（2）路径曲线：指定用于阵列路径的对象。选择直线、多段线、三维多段线、样条曲线、螺旋、圆弧、圆或椭圆。

（3）关联：指定是否创建阵列对象，或者是否创建选定对象的非关联副本。

- 是：创建单个阵列对象中的阵列项目，类似于块。使用关联阵列，可以通过编辑特性和源对象在整个阵列中快速传递更改。
- 否：创建阵列项目作为独立对象。更改一个项目不影响其他项目。

（4）方式：控制如何沿路径分布项目。

- 定数等分：将指定数量的项目沿路径的长度均匀分布。
- 测量：以指定的间隔沿路径分布项目。

（5）基点：定义阵列的基点。路径阵列中的项目相对于基点放置。

- 基点：指定用于在相对于路径曲线起点的阵列中放置项目的基点。
- 关键点：对于关联阵列，在源对象上指定有效的约束（或关键点）以与路径对齐。如果编辑生成的阵列的源对象或路径，阵列的基点保持与源对象的关键点重合。

（6）切向：指定阵列中的项目如何相对于路径的起始方向对齐。

- 两点：指定表示阵列中的项目相对于路径的切线的两个点。两个点的矢量建立阵列中第一个项目的切线。“对齐项目”设置控制阵列中的其他项目是否保持相切或平行方向。
- 普通：根据路径曲线的起始方向调整第一个项目的 Z 方向。

（7）项目：根据“方法”设置，指定项目数或项目之间的距离。

- 沿路径的项目数：（当“方法”为“定数等分”时可用）使用值或表达式指定阵列中的项目数。
- 沿路径的项目之间的距离：（当“方法”为“定距等分”时可用）使用值或表达式指定阵列中的项目的距离。
- 默认情况下，使用最大项目数填充阵列，这些项目使用输入的距离填充路径。如果需要可以指定一个更小的项目数。也可以启用“填充整个路径”，以便在路径长度更改时调整项目数。

（8）行数：指定阵列中的行数、它们之间的距离以及行之间的增量标高。

- 行数：设定行数。
- 行间距：指定从每个对象的相同位置测量的每行之间的距离。
- 全部：指定从开始和结束对象上的相同位置测量的起点和终点行之间的总距离。
- 增量标高：设置每个后续行的增大或减小的标高。
- 表达式：基于数学公式或方程式导出值。

（9）层：指定三维阵列的层数和层间距。

- 层数：指定阵列中的层数。

- 层间距：指定层级之间的距离。
- 全部：指定第一层和最后一层之间的总距离。
- 表达式：使用数学公式或方程式获取值。

（10）对齐项目：指定是否对齐每个项目以与路径的方向相切。对齐相对于第一个项目的方向。对齐与否效果如图 4-27 所示。

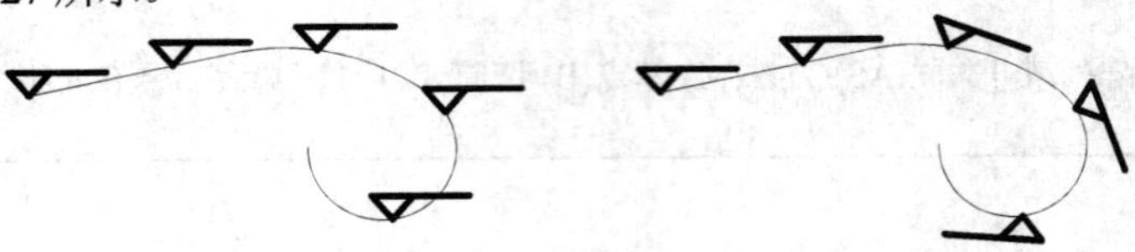

（a）未对齐　　（b）对齐

图 4-27　对齐与否效果

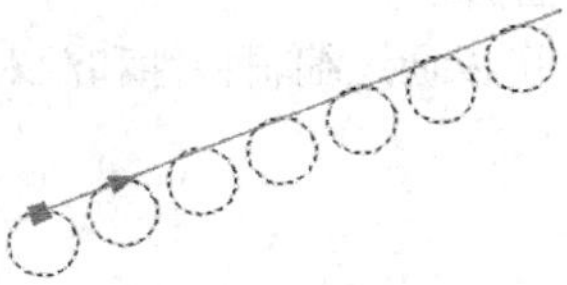

图 4-28　路径阵列夹点

（11）Z 方向：控制是否保持项目的原始 Z 方向或沿三维路径自然倾斜项目。

（12）退出：结束该命令。

当选中一个路径阵列图形时，将出现如图 4-28 所示的夹点。拖动其中的矩形夹点，可以移动阵列图形位置。拖动三角形箭头夹点，则可以改变间距，以此影响阵列数量。定数阵列时不可以改变间距，只可以在选项卡中设置数量，间距由路径长度除以数量得到。

4．编辑阵列

选中关联阵列后的图形，出现夹点，同时显示“阵列”选项卡。类型则根据选中的阵列类型而定。相比较于图 4-22、图 4-24、图 4-26 所示的选项卡，多了三个阵列编辑选项，如图 4-29 所示。

（a）矩形阵列　　（b）环形阵列　　（c）路径阵列

图 4-29　阵列编辑选项

（1）编辑来源：编辑项目的源对象，可能会提示是否激活选定项目的编辑状态。新的编辑结果将立即应用于参照相同源对象的所有项目。可以保存或放弃修改以退出编辑状态。

（2）替换项目：使用其他对象替换选定的项目。任何项目替代将保持不变。也可以替换参照原始源对象的所有项目或选择要替换的个别项目。

（3）重置矩阵：恢复已删除项，删除替代项。

【例 4.10】 将图 4-30（a）中原始图形所示的标高符号进行矩形阵列，复制成 3 行 4 列共 12 个，单位单元为 A、B 两点定义的矩形。请先用直线命令绘制该标高符号。

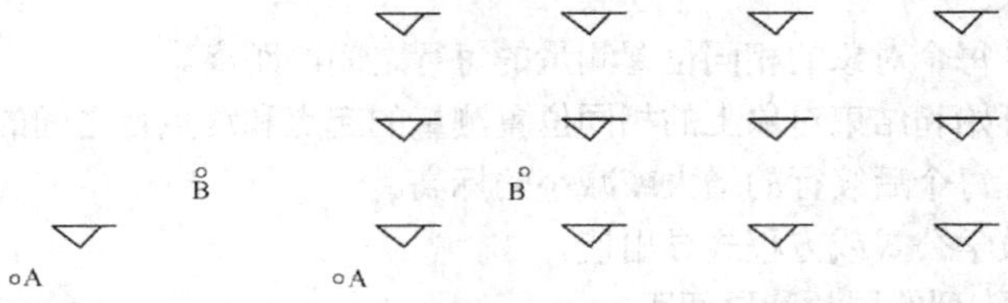

（a）原始图形　　（b）矩形阵列结果

图 4-30　矩形阵列示例

单击“修改”工具栏中的“矩形阵列”按钮▦。

命令: **_arrayrect**	下达矩形阵列命令
选择对象: **采用窗口方式选择标高图形**　指定对角点: 找到 3 个	首先选择阵列对象
选择对象: ↙　选择标高图形后弹出如图 4-22 所示的选项卡	
设置行为 3，列为 4	设置阵列行数和列数
类型 = 矩形　关联 = 是	
选择夹点以编辑阵列或 [关联(AS)/基点(B)/计数(COU)/间距(S)/列数(COL)/行数(R)/层数(L)/退出(X)] <退出>: **s↙**	设置间距
指定列之间的距离或 [单位单元(U)] <638.5091>: **u↙**	以单位单元方式设置行列间距
指定单位单元的第一个角点: **拾取 A 点**	通过矩形的对角点设置
指定对角点: **拾取 B 点**	
选择夹点以编辑阵列或 [关联(AS)/基点(B)/计数(COU)/间距(S)/列数(COL)/行数(R)/层数(L)/退出(X)] <退出>: ↙	

结果如图 4-30（b）所示。

【例 4.11】 将图 4-31（a）所示的标高符号进行环形阵列。图中粗线仅示意阵列原始图形。

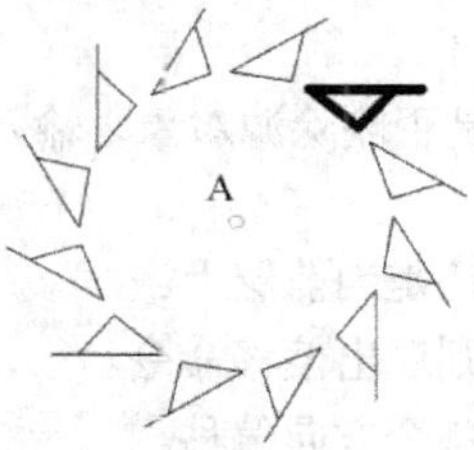

（a）旋转项目

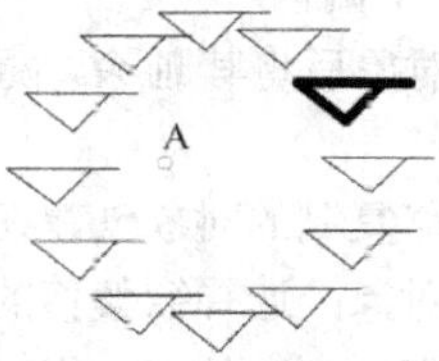

（b）不旋转项目

图 4-31　环形阵列示例

（1）选中标高符号后，单击“修改”工具栏中的“环形阵列”按钮 阵列，弹出如图 4-24 所示的对话框。

（2）在“项目数”中填入 12，在“介于”后填入 30，在“填充”中自动填入 360。

（3）“特性”中的“旋转项目”按下和弹起，效果分别如图 4-31（a）、（b）所示。

注意：

在设置环形和路径阵列图形对象时，不同的图形由于其不同的基点会造成阵列效果大相径庭。一般情况下，文字的结点、块的插入点、连续直线的第一个转折点、单一直线的第一个端点、矩形的第一个顶点、圆的圆心等到环形阵列的中心点之间的距离为阵列半径。通过“阵列”选项卡中的“基点”，也可以在图形上获得基点。还可以用 BASE 命令定义基点。

4.3.7　偏移 OFFSET

单一对象可以使其偏移，从而产生复制对象。偏移时根据偏移距离会重新计算其大小。

命令： OFFSET

功能区： 默认→修改→偏移

菜单： 修改→偏移

工具栏： 修改→偏移

命令及提示：

```
命令: _offset
```

当前设置: 删除源=否　图层=源　OFFSETGAPTYPE=0
指定偏移距离或 [通过(T)/删除(E)/图层(L)] <通过>: **T↙**
指定通过点或 [退出(E)/多个(M)/放弃(U)] <退出>: **M↙**
指定通过点或 [退出(E)/放弃(U)] <下一个对象>:
选择要偏移的对象，或 [退出(E)/放弃(U)] <退出>:
指定偏移距离或 [通过(T)/删除(E)/图层(L)] <通过>: **E↙**
要在偏移后删除源对象吗？ [是(Y)/否(N)] <当前>:
指定偏移距离或 [通过(T)/删除(E)/图层(L)] <通过>: **L↙**
输入偏移对象的图层选项 [当前(C)/源(S)] <当前>:
指定要偏移的那一侧上的点，或 [退出(E)/多个(M)/放弃(U)] <退出>:

参数：

（1）指定偏移距离：输入偏移距离，可以通过键盘输入或拾取两个点来定义。

（2）通过：指偏移的对象将通过随后拾取的点。

① 退出：退出偏移命令。

② 多个：使用同样的偏移距离重复进行偏移操作，同样可以指定通过点。

③ 放弃：恢复前一个偏移。

（3）删除：偏移源对象后将其删除。随后可以确定是否删除源对象，输入 Y 删除源对象，输入 N 保留源对象。

（4）图层：确定偏移复制的对象创建在源对象层上还是当前层上。

（5）选择要偏移的对象：选择欲偏移的对象，回车则退出偏移命令。

（6）指定要偏移的那一侧上的点：指定点来确定往哪个方向偏移。

【例 4.12】 将如图 4-32 所示的图形偏移到指定位置。请预先绘制图 4-32 中 C 所指的图形，其中最后一个为一条多段线。

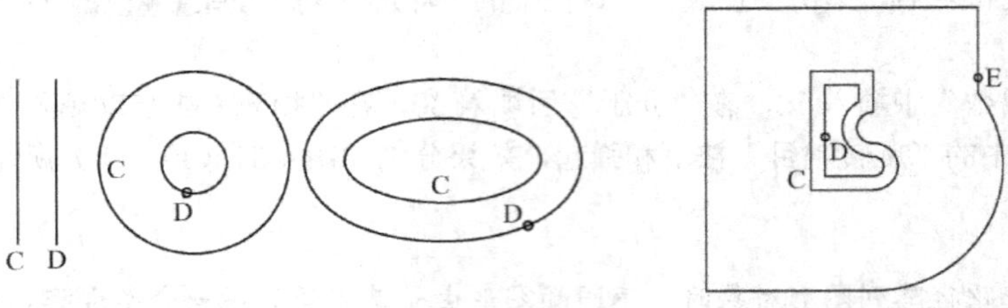

图 4-32　偏移示例

命令: **_offset**
当前设置: 删除源=否　图层=源　OFFSETGAPTYPE=0　　下达 OFFSET 命令
指定偏移距离或 [通过(T)/删除(E)/图层(L)] <通过>: **30↙**　　输入偏移距离
选择要偏移的对象，或 [退出(E)/放弃(U)] <退出>: **点取直线 C**
指定要偏移的那一侧上的点，或 [退出(E)/多个(M)/放弃(U)] <退出>: **点取 D 点一侧**　确定偏移的方向
选择要偏移的对象，或 [退出(E)/放弃(U)] <退出>: **↙**　　回车退出偏移命令

命令: **_offset**
当前设置: 删除源=否　图层=源　OFFSETGAPTYPE=0
下达 OFFSET 命令
指定偏移距离或 [通过(T)/删除(E)/图层(L)] <30.0000>: **t↙**　　输入 t 指定偏移通过随后的指定点
选择要偏移的对象，或 [退出(E)/放弃(U)] <退出>: **点取线 C**　　选择欲偏移的对象
指定通过点或 [退出(E)/多个(M)/放弃(U)] <退出>: **点取 D 点**　　偏移出中间的多段线
选择要偏移的对象，或 [退出(E)/放弃(U)] <退出>: **点取线 C**

指定通过点或 [退出(E)/多个(M)/放弃(U)] <退出>: 点取 E 点　　在经过 E 点处偏移了该多段线
选择要偏移的对象，或 [退出(E)/放弃(U)] <退出>: ↙　　回车退出偏移命令

注意：

① 偏移常应用于根据尺寸绘制的规则图样中，尤其在相互平行的直线间相互复制。该命令比复制命令要求输入的数值少，使用简洁。

② 对于多段线的偏移。如果出现了圆弧无法偏移的情况（如以上示例中最后一次偏移中的向内凹的圆弧），此时将忽略该圆弧。该过程一般不可逆。

③ 一次只能偏移一个对象，可以将多条线连成多段线进行偏移操作。

4.3.8　移动 MOVE

移动命令可以将一组或一个对象从一个位置移动到另一个位置。

命令：MOVE

功能区：默认→修改→移动

菜单：修改→移动

工具栏：修改→移动

命令及提示：

命令: **_move**
选择对象:
选择对象: ↙
指定基点或 [位移(D)] <位移>:
指定第二个点或 <使用第一个点作为位移>:

参数：

（1）选择对象：选择欲移动的对象。

（2）指定基点或[位移]：指定移动的基点或直接输入位移。

（3）指定第二个点或 <使用第一个点作为位移>：如果点取了某点，则指定位移第二点。如果直接回车，则用第一点的数值作为位移来移动对象。

【例 4.13】 打开“图 3-22.dwg”，将图 4-33（a）的图形从 A 点移到 B 点。

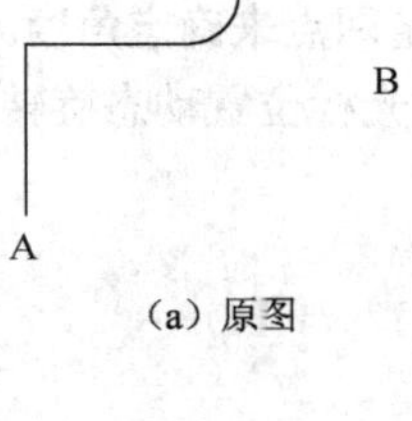

（a）原图

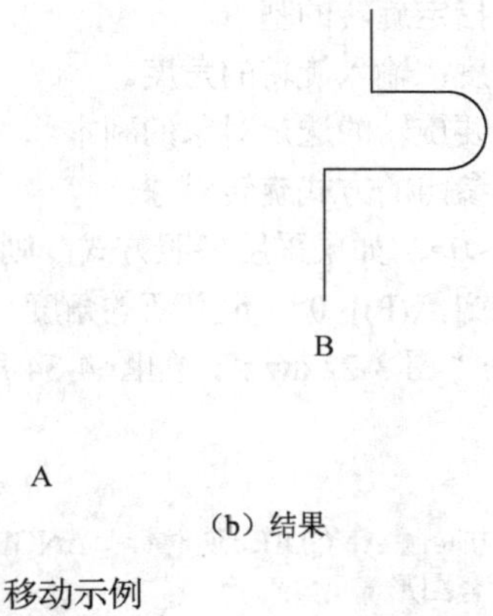

（b）结果

图 4-33　移动示例

命令: **_move**
选择对象: 选取矩形和圆两个对象

```
指定对角点: 找到 2 个
选择对象: ↙                                                    回车结束对象选择
指定基点或 [位移(D)] <位移>: 点取 A 点
指定第二个点或 <使用第一个点作为位移>: 点取 B 点
```

结果如图 4-33（b）所示。

注意：

① 移动和复制需要进行的操作基本相同，但结果不同。复制在原位置保留了原对象，而移动在原位置并不保留原对象。等同于先复制再删除原对象。

② 应该充分采用对象捕捉等辅助绘图手段精确移动对象。

4.3.9 旋转 ROTATE

旋转命令可以将某一对象旋转一个指定角度或参照一个对象进行旋转。

命令：ROTATE

功能区：默认→修改→旋转

菜单：修改→旋转

工具栏：修改→旋转

命令及提示：

```
命令: _rotate
UCS 当前的正角方向: ANGDIR=逆时针    ANGBASE=0
选择对象:
选择对象: ↙
指定基点:
指定旋转角度，或 [复制(C)/参照(R)] <0>: R↙
指定参照角 <0>:
指定新角度或 [点(P)] <0>:
```

参数：

（1）选择对象：选择欲旋转的对象。

（2）指定基点：指定旋转的基点。

（3）指定旋转角度：输入旋转的角度。

（4）复制：创建要旋转的选定对象的副本。

（5）参照：采用参照的方式旋转对象

（6）指定参照角<0>：如果采用参照方式，则指定参照角。

（7）指定新角度或[点(P)]<0>：定义新的角度，或通过指定两点来确定角度。

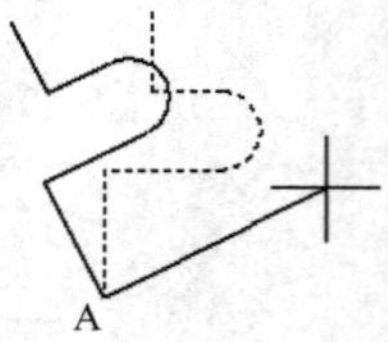

图 4-34　旋转示例

【例 4.14】 打开“图 3-22.dwg”，如图 4-34 所示，通过光标位置动态旋转图形。

```
命令: _rotate
UCS 当前的正角方向:   ANGDIR=逆时针    ANGBASE=0
选择对象: 选择所有图形
指定对角点: 找到 5 个                            采用窗交的方式选择旋转对象
选择对象: ↙                                      回车结束对象选择
指定基点: 点取 A 点                              指定旋转基点
```

指定旋转角度，或 [复制(C)/参照(R)] <0>: **移动光标，图形对象同时旋转，点取图 4-34 中示意点**
确定旋转角度

结果如图 4-34 中实线所示，将该结果图形保存成“图 4-23.cwg”文件。

【例 4.15】 打开“图 4-23.cwg”，通过参照旋转将图 4-35（a）图形旋转到水平位置。

命令: **_rotate**	
UCS 当前的正角方向: ANGDIR=逆时针 ANGBASE=0	提示当前相关设置
选择对象: **选择所有图线**	
指定对角点: 找到 5 个	采用窗交（口）的方式选择旋转对象
选择对象: ↙	回车结束对象选择
指定基点: **点取 A 点**	定义旋转基点
指定旋转角度，或 [复制(C)/参照(R)] <0>: **r↙**	启用参照方式
指定参考角 <0>: **点取 A 点**	
指定第二点: **点取 B 点**	
指定新角度或 [点(P)] <0>: **180↙**	

结果如图 4-35（b）所示。

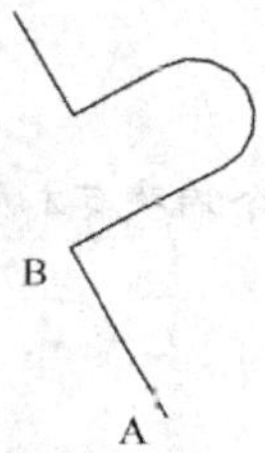

（a）旋转前

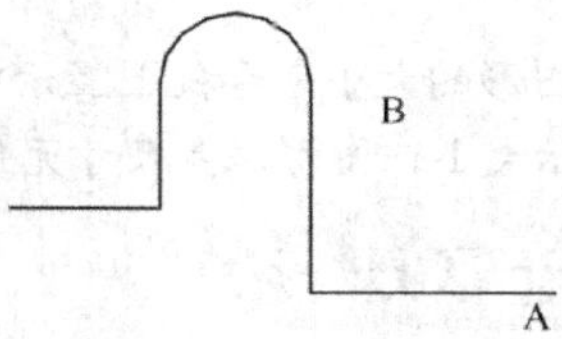

（b）旋转后

图 4-35 参照旋转示例

4.3.10 缩放 SCALE

在绘图过程中，用户经常发现绘制的图形过大或过小。通过比例缩放可以快速实现图形的大小转换。缩放时可以指定一定的比例，也可以参照其他对象进行缩放。

命令：SCALE

功能区：默认→修改→缩放

菜单：修改→缩放

工具栏：修改→缩放

命令及提示：

```
命令: _scale
选择对象:
选择对象: ↙
指定基点:
指定比例因子或 [复制(C)/参照(R)] <1.0000>: R↙
指定参照长度 <1.0000>:
指定新的长度或 [点(P)] <1.0000>:
```

参数：

（1）选择对象：选择欲比例缩放的对象。

（2）指定基点：指定比例缩放的基点。

（3）指定比例因子或 [参照(R)]：指定比例或采用参照方式确定比例。

（4）复制：创建要缩放的选定对象的副本。

（5）指定参照长度 <1.0000>：指定参照的长度，默认值为 1。

（6）指定新的长度或 [点(P)] <1.0000>：指定新的长度或通过定义两个点来定义长度。

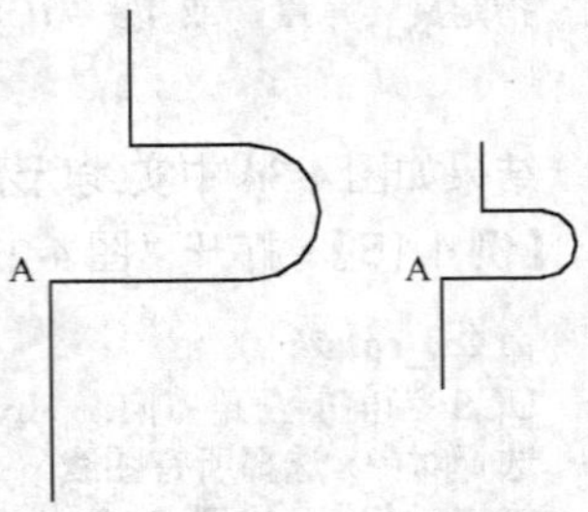

（a）缩放前　　（b）缩放后

图 4-36　比例缩放示例

【例 4.16】 打开“图 3-22.dwg”，如图 4-36（a）所示，将图形以 A 点为基准缩小一半。

```
命令: _scale
选择对象: 点取图 4-36 中的图形   找到 5 个
选择对象: ↙                                   回车结束选择
指定基点: 点取 A 点                            确定比例缩放的基点
指定比例因子或 [复制(C)/参照(R)] <1>: 0.5↙      缩小一半
```

结果如图 4-36（b）所示。

注意：

缩放是真正改变了图形的大小，和视图显示中的 ZOOM 命令缩放有本质的区别。ZOOM 命令仅仅改变其在屏幕上的显示大小，图形本身尺寸无任何大小变化。

4.3.11 拉伸 STRETCH

拉伸是调整图形大小、位置的一种十分灵活的操作。

命令：STRETCH

功能区：默认→修改→拉伸

菜单：修改→拉伸

工具栏：修改→拉伸

命令及提示：

```
命令: _stretch
以交叉窗口或交叉多边形选择要拉伸的对象...
选择对象:
指定对角点:
选择对象: ↙
指定基点或 [位移(D)] <位移>:
指定第二个点或 <使用第一个点作为位移>:
```

参数：

（1）选择对象：只能以交叉窗口或交叉多边形选择要拉伸的对象。

（2）指定基点或[位移(D)]：指定拉伸基点或定义位移。

（3）指定第二个点或 <使用第一个点作为位移>：如果第一点定义了基点，定义第二点来确定位移。如果直接回车，则位移就是第一点的坐标。

【例 4.17】 将图 4-37 中指定的部分拉伸 AB 之间的距离。预先绘制如图 4-37（a）所示的原始图形，外围是一条封闭多段线。

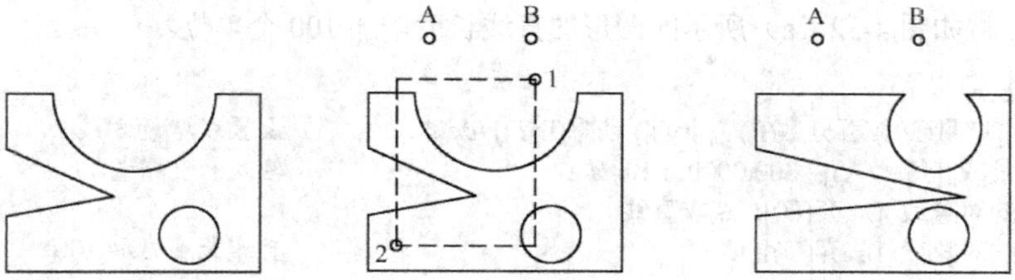

（a）原图　（b）选择图形　（c）结果

图 4-37　拉伸示例

命令: _stretch	
以交叉窗口或交叉多边形选择要拉伸的对象...	提示选择的对象的方式
选择对象: **点取 1 点**	点取交叉窗口或交叉多边形的第一个顶点
指定对角点: **点取 2 点**	指定交叉窗口的另一个顶点，如图 4-37（b）所示
找到 5 个	
选择对象: ↙	回车结束对象选择
指定基点或 [位移(D)] <位移>: **点取 A 点**	
指定第二个点或 <使用第一个点作为位移>: **点取 B 点**	

结果如图 4-37（b）所示。

注意：

拉伸一般只能采用交叉窗口或交叉多边形的方式来选择对象，可以采用 Remove 方式取消不需拉伸的对象。其中比较重要的是，必须确定端点是否应该包含在被选择的窗口中。如果端点被包含在窗口中，则该端点会同时被移动，否则该端点不会被移动。

4.3.12　拉长 LENGTHEN

拉长命令可以修改某直线或圆弧的长度或角度。可以指定绝对大小、相对大小、相对百分比大小，甚至可以动态修改其大小。

命令：LENGTHEN

功能区：默认→修改→拉长

菜单：修改→拉长

命令及提示：

```
命令: _lengthen
选择对象或 [增量(DE)/百分数(P)/总计(T)/动态(DY)]:
输入长度增量或 [角度(A)] <当前值>:
选择要修改的对象或 [放弃(U)]:
```

参数：

（1）选择对象：选择欲拉长的直线或圆弧对象，此时显示该对象的长度或角度。

（2）增量(DE)：定义增量大小，正值为增，负值为减。

（3）百分数(P)：定义百分数来拉长对象，类似于缩放比例。

（4）总计(T)：定义最后的长度或圆弧的角度。

（5）动态(DY)：动态拉长对象。

（6）输入长度增量或 [角度(A)] <>：输入长度增量或角度增量。

（7）选择要修改的对象或 [放弃(U)]：点取欲修改的对象，输入 U 则放弃刚完成操作。

【例 4.18】 将如图 4-32（a）所示的图形的直线长度增加 100 个单位。

命令: **_lengthen**	
选择对象或 [增量(DE)/百分数(P)/总计(T)/动态(DY)]: **de↙**	设置成增量方式
输入长度增量或 [角度(A)] <200.0000>: **100↙**	输入长度增量
选择要修改的对象或 [放弃(U)]: **点取直线**	
选择要修改的对象或 [放弃(U)]: ↙	直线长度增加 100

结果如图 4-38（b）所示。

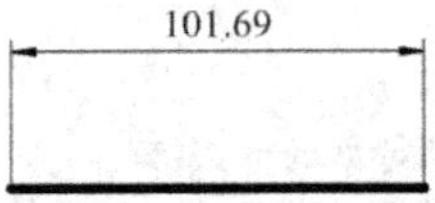

（a）原图

（b）结果

图 4-38 拉长示例

注意：

点取直线或圆弧时的拾取点直接控制了拉长或截短的方向，修改发生在拾取点的一侧。

4.3.13 修剪 TRIM

绘图中经常需要修剪图形，将超出的部分去掉，以便使图形精确相交。修剪命令是以指定的对象为边界，剪去要修剪的对象的超出部分。

命令：TRIM

功能区：默认→修改→修剪

菜单：修改→修剪

工具栏：修改→修剪

命令及提示：

```
命令: _trim
当前设置: 投影=UCS 边=无
选择剪切边...
选择对象:
选择对象: ↙
选择要修剪的对象或按住 Shift 键选择要延伸的对象或 [栏选(F)/窗交(C)/投影(P)/边(E)/删除(R)/放弃(U)]: p↙
输入投影选项 [无(N)/UCS(U)/视图(V)] <UCS>:
选择要修剪的对象，或按住 Shift 键选择要延伸的对象，或 [栏选(F)/窗交(C)/投影(P)/边(E)/删除(R)/放弃(U)]: e↙
输入隐含边延伸模式 [延伸(E)/不延伸(N)] <不延伸>:
```

参数：

（1）选择剪切边...选择对象：提示选择剪切边，选择对象作为剪切边界。

（2）选择要修剪的对象：选择欲修剪的对象。

（3）按住【Shift】键选择要延伸的对象：按住【Shift】键选择对象，此时为延伸。

① 栏选——选择与选择栏相交的所有对象。将出现栏选提示。

② 窗交——由两点确定矩形区域，区域内部或与之相交的对象。

③ 投影——按投影模式剪切，选择该项后出现输入投影选项的提示。

④ 删除：删除选定的对象。此选项提供了一种用来删除不需要的对象的简便方法，而无须退出

TRIM 命令。在以前的版本中，最后一段图线无法修剪，只能退出后用删除命令删除，现在可以在修剪命令中删除。

⑤ 放弃：撤销由修剪命令所做的最近一次修改。

（4）输入投影选项 [无(N)/UCS(U)/视图(V)] <无>：输入投影选项，即根据 UCS 或视图或无来进行剪切。

边——按边的模式剪切，选择该项后，提示要求输入隐含边的延伸模式。

（5）输入隐含边延伸模式 [延伸(E)/不延伸(N)] <不延伸>：定义隐含边延伸模式。如果选择不延伸，即剪切边界和要修剪的对象必须显式相交。如选择了延伸，则剪切边界和要修剪的对象在延伸后有交点也可以。

【例 4.19】 修剪练习。

（1）首先使用矩形命令和圆命令绘制如图 4-39（a）所示的图形。然后以圆 A 和矩形 B 相互为边界将图 4-39（a）中 C、D、E、F 段剪去。

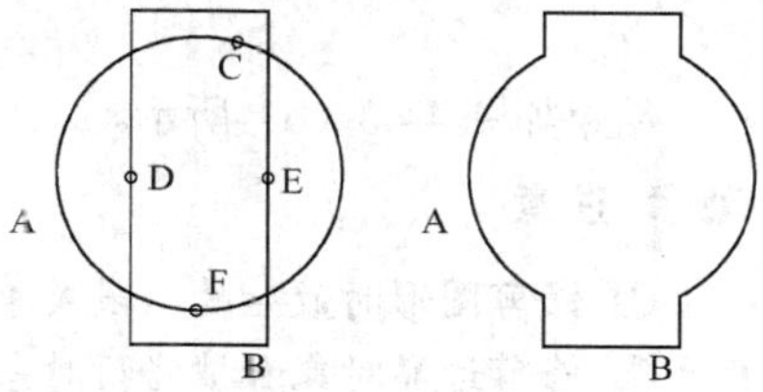

（a）开始　　（b）结果

图 4-39　修剪示例

命令: **_trim**
当前设置: 投影=UCS 边=无　　提示当前设置
选择剪切边...　　提示以下的选择为选择剪切边
选择对象: **拾取圆 A**　找到 1 个　　选择剪切边
选择对象: **拾取矩形 B** 找到 1 个，总计 2 个　　提示目前选择对象数目
选择对象: ↙　　回车结束选择
选择要修剪的对象或按住【Shift】键选择要延伸的对象或 [栏选(F)/窗交(C)/投影(P)/边(E)/删除(R)/放弃(U)]: **点取 C 点**　　选择欲修剪的对象
选择要修剪的对象或按住【Shift】键选择要延伸的对象或 [栏选(F)/窗交(C)/投影(P)/边(E)/删除(R)/放弃(U)]: **点取 D 点**
选择要修剪的对象或按住【Shift】键选择要延伸的对象或 [栏选(F)/窗交(C)/投影(P)/边(E)/删除(R)/放弃(U)]: **点取 E 点**
选择要修剪的对象或按住【Shift】键选择要延伸的对象或 [栏选(F)/窗交(C)/投影(P)/边(E)/删除(R)/放弃(U)]: **点取 F 点**
选择要修剪的对象或按住【Shift】键选择要延伸的对象或 [栏选(F)/窗交(C)/投影(P)/边(E)/删除(R)/放弃(U)]: ↙　　回车结束修剪命令

结果如图 4-39（b）所示。在选择修剪对象时，也可以使用交叉窗口的方法，如同时选择 E、D 两点。也可以使用栏选(F)，利用光标轨迹扫过 CDFE 四条边。

（2）首先如图 4-40（a）所示绘制一直线和圆。以直线为边界，将圆上 G 段剪去，如图 4-40（b）所示。

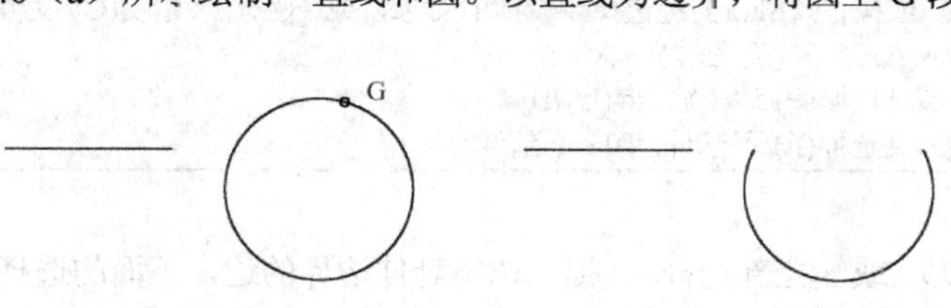

（a）开始　　（b）结果

图 4-40　延伸修剪示例

命令: **_trim**
当前设置: 投影=UCS 边=无　　提示当前设置
选择剪切边...　　提示以下选择剪切边

```
选择对象: 点取直线 找到 1 个                                    也可以全部选中
选择对象: ↙                                                      回车结束选择
选择要修剪的对象或按住【Shift】键选择要延伸的对象或 [栏选(F)/窗交(C)/投影(P)/边(E)/删除(R)/放弃(U)]: e↙
选择边剪切模式
输入隐含边延伸模式 [延伸(E)/不延伸(N)] <不延伸>: e↙              选择延伸模式
选择要修剪的对象或按住【Shift】键选择要延伸的对象或 [栏选(F)/窗交(C)/投影(P)/边(E)/删除(R)/放弃(U)]: 点取 G 点
选择要修剪的对象或按住【Shift】键选择要延伸的对象或 [栏选(F)/窗交(C)/投影(P)/边(E)/删除(R)/放弃(U)]: ↙
                                                                 回车结束修剪
```

结果如图 4-40（b）所示。

注意：

① 修剪图形时最后的一段或单独的一段是无法剪掉的，可以用删除命令删除。

② 修剪边界对象和被修剪对象可以是同一个对象。

③ 要选择包含块的剪切边，只能使用单个选择、“窗交”、“栏选”和“全部选择”选项。在对块中包含的图元或多线等进行修剪操作前，必须将它们“炸开”，使之失去块、多线的性质才能进行修剪编辑或者在块编辑中进行。对多线最好使用多线编辑命令。

④ 修剪图案填充时，不要将“边”设置为“延伸”。否则，修剪图案填充时将不能填补修剪边界中的间隙。

⑤ 某些要修剪的对象的交叉选择不确定。修剪命令将沿着矩形交叉窗口从第一个点以顺时针方向选择遇到的第一个对象。

4.3.14 延伸 EXTEND

延伸是以指定的对象为边界，延伸某对象与之精确相交。

命令：EXTEND

功能区：默认→修改→延伸

菜单：修改→延伸

工具栏：修改→延伸

命令及提示：

```
命令: _extend
选择边界的边...
选择对象或 <全部选择>:
选择对象: ↙
选择要延伸的对象，或按住【Shift】键选择要修剪的对象，或 [栏选(F)/窗交(C)/投影(P)/边(E)/放弃(U)]: p↙
输入投影选项 [无(N)/UCS(U)/视图(V)] <无>:
选择要延伸的对象或 [投影(P)/边(E)/放弃(U)]: e↙
输入隐含边延伸模式 [延伸(E)/不延伸(N)] <不延伸>:
```

参数：

（1）选择边界的边...或 <全部选择>：提示选择延伸边界的边，下面的选择对象即作为边界。

（2）选择要延伸的对象：选择欲延伸的对象。

（3）按住【Shift】键选择要修剪的对象：按住【Shift】键选择对象，此时为修剪。

- 栏选：选择与选择栏相交的所有对象。将出现栏选提示。
- 窗交：由两点确定矩形区域，区域内部或与之相交的对象。
- 投影：按投影模式延伸，选择该项后出现输入投影选项的提示。

（4）输入投影选项 [无(N)/UCS(U)/视图(V)] <无>：输入投影选项，即根据 UCS 或视图或无来进行延伸。

- 边：将对象延伸到另一个对象的隐含边。
- 放弃：撤销由延伸命令所做的最近一次修改。

（5）输入隐含边延伸模式 [延伸(E)/不延伸(N)] <不延伸>：定义隐含边延伸模式。如果选择不延伸，即剪切边界和要修剪的对象必须显式相交。如选择了延伸，则剪切边界和要修剪的对象在延伸后有交点也可以。

【例 4.20】 首先参照图 4-41（a）绘制两条直线 A、C 和圆 B。将直线 A 首先延伸到圆 B 上，再延伸到直线 C 上。

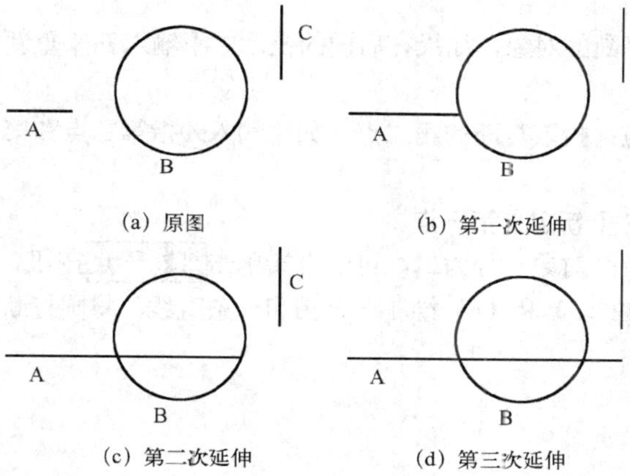

图 4-41　延伸示例

命令: **_extend**
当前设置: 投影=无 边=延伸　　提示当前设置
选择边界的边...　　提示以下选择边界的边
选择对象: **选择圆 B 和直线 C**　　也可以全部选中
指定对角点: 找到 2 个　　提示选中的数目
选择对象: ↙　　回车结束边界选择
选择要延伸的对象，或按住【Shift】键选择要修剪的对象，或 [栏选(F)/窗交(C)/投影(P)/边(E)/放弃(U)]: **拾取直线 A 的右侧**　　结果如图 4-41（b）所示
选择要延伸的对象，或按住【Shift】键选择要修剪的对象，或 [栏选(F)/窗交(C)/投影(P)/边(E)/放弃(U)]: **拾取直线 A 的右侧**　　结果如图 4-41（c）所示
选择要延伸的对象，或按住【Shift】键选择要修剪的对象，或 [栏选(F)/窗交(C)/投影(P)/边(E)/放弃(U)]: **拾取直线 A 的右侧**　　结果如图 4-41（d）所示
选择要延伸的对象，或按住【Shift】键选择要修剪的对象，或 [栏选(F)/窗交(C)/投影(P)/边(E)/放弃(U)]: ↙　　回车结束延伸命令

注意：

① 选择要延伸的对象时的拾取点决定了延伸的方向，延伸发生在拾取点的一侧。

② 和修剪命令一样，延伸边界对象和被延伸对象可以是同一个对象。

③ 圆弧一般不能延伸到 360°。

4.3.15　打断 BREAK

打断命令可以将某对象一分为二或去掉其中一段缩短其长度。圆可以被打断成圆弧。

命令：BREAK

功能区：默认→修改→打断、打断于点

菜单：修改→打断

工具栏：修改→打断、打断于点

命令及提示：

```
命令: _break
选择对象:
指定第二个打断点或[第一点(F)]:
```

参数：

（1）选择对象：选择打断的对象。如果在后面的提示中不输入 F 来重新定义第一点，则拾取该对象的点为第一点。

（2）指定第二个打断点：拾取打断的第二点。如果输入@指第二点和第一点相同，即将选择对象分成两段而总长度不变。

（3）第一点(F)：输入 F 重新定义第一点。

如果需要在同一点将一个对象一分为二，可以直接单击打断于点按钮。

【例 4.21】 参照图 4-42（a）和（c）绘制一个圆和一条直线，将圆打断成一段圆弧，将直线从 A 点向右的部分打断。

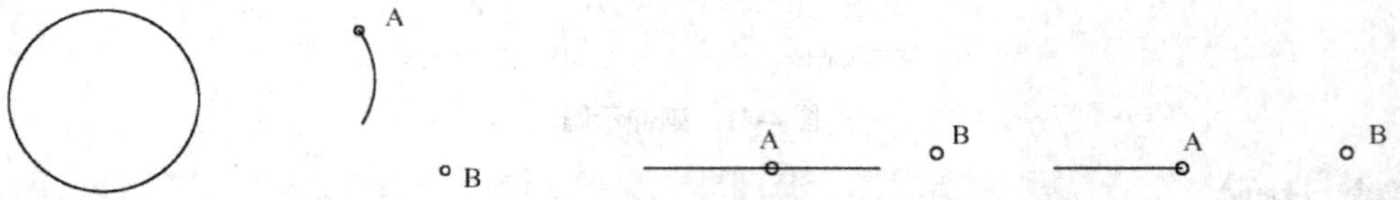

（a）原图　（b）结果　（c）原图　（d）结果

图 4-42　打断示例

```
命令: _break
选择对象: 点取 A 点
指定第二个打断点或[第一点(F)]: 点取 B 点
```

结果如图 4-42（b）和（d）所示。

注意：

① 打断圆时，拾取点的顺序很重要，因为打断总是逆时针方向，所以像示例中的圆如果希望保留左侧的圆弧，应先点取 B 点对应的圆上的位置，再点取 A 点对应的位置。

② 一个完整的圆不可以在同一点被打断。

4.3.16　倒角 CHAMFER

倒角是机械零件图上常见的结构。倒角可以通过倒角命令直接产生。

命令：CHAMFER

功能区：默认→修改→倒角

菜单：修改→倒角

工具栏：修改→倒角

命令及提示：

```
命令: _chamfer
("修剪"模式) 当前倒角距离 1＝xx，距离 2＝xx
选择第一条直线或 [放弃(U)/多段线(P)/距离(D)/角度(A)/修剪(T)/方式(E)/多个(M)]:
选择第二条直线，或按住【Shift】键选择直线以应用角点或 [距离(D)/角度(A)/方法(M)]:
选择第一条直线或 [放弃(U)/多段线(P)/距离(D)/角度(A)/修剪(T)/方式(E)/多个(M)]: p↙
选择二维多段线:
选择第一条直线或 [放弃(U)/多段线(P)/距离(D)/角度(A)/修剪(T)/方式(E)/多个(M)]: d↙
指定第一个倒角距离 <>:
指定第二个倒角距离 <>:
选择第一条直线或 [放弃(U)/多段线(P)/距离(D)/角度(A)/修剪(T)/方式(E)/多个(M)]: a↙
指定第一条直线的倒角长度 <>:
指定第一条直线的倒角角度 <>:
选择第一条直线或 [放弃(U)/多段线(P)/距离(D)/角度(A)/修剪(T)/方式(E)/多个(M)]: m↙
输入修剪方法 [距离(D)/角度(A)] <>:
选择第一条直线或 [放弃(U)/多段线(P)/距离(D)/角度(A)/修剪(T)/方式(E)/多个(M)]: t↙
输入修剪模式选项 [修剪(T)/不修剪(N)] <>:
```

参数：

（1）选择第一条直线：选择倒角的第一条直线。

（2）选择第二条直线，或按住【Shift】键选择直线以应用角点：选择倒角的第二条直线。选择对象时可以按住【Shift】键，用 0 值替代当前的倒角距离。

（3）放弃(U)：恢复在命令中执行的上一个操作。

（4）多段线(P)：对多段线倒角。

- 选择二维多段线：提示选择二维多段线。

（5）距离(D)：设置倒角距离。

- 指定第一个倒角距离 <>：指定第一个倒角距离。
- 指定第二个倒角距离 <>：指定第二个倒角距离。

（6）角度(A)：通过距离和角度来设置倒角大小。

- 指定第一条直线的倒角长度 <>：设定第一条直线的倒角长度。
- 指定第一条直线的倒角角度 <>：设定第一条直线的倒角角度。

（7）修剪(T)：设定修剪模式。

- 输入修剪模式选项 [修剪(T)/不修剪(N)] <>：选择修剪或不修剪。如果为修剪方式，则倒角时自动将不足的补齐，超出的剪掉。如果为不修剪方式，则仅仅增加一倒角，原有图线不变。

（8）方式(E)/ 方法(M)：设定修剪方法为距离或角度。

- 输入修剪方法 [距离(D)/角度(A)] <>：选择修剪方法是距离或角度来确定倒角大小。

（9）多个(M)：为多组对象的边倒角。将重复显示主提示和“选择第二个对象”的提示，直到用户按回车键结束。

【例 4.22】 倒角练习。

（1）首先参照图 4-43（a）绘制两条直线 A 和 B，长度为 100 左右。用距离为 10、角度 45°的倒角将直线 A 和 B 连接起来。

```
命令: _chamfer
("修剪"模式) 当前倒角距离 1＝10.0000，距离 2＝10.0000                提示当前倒角设置
选择第一条直线或 [放弃(U)/多段线(P)/距离(D)/角度(A)/修剪(T)/方式(E)/多个(M)]: 选择直线 A，拾取点偏 A 点
选择第二条直线，或按住【Shift】键选择直线以应用角点或 [距离(D)/角度(A)/方法(M)]: 选择直线 B
```

结果如图 4-43（b）所示。

命令: **_chamfer**
(“修剪”模式) 当前倒角距离 1＝10.0000，距离 2＝10.0000
选择第一条直线或 [放弃(U)/多段线(P)/距离(D)/角度(A)/修剪(T)/方式(E)/多个(M)]: **t↙** 修改修剪方式
输入修剪模式选项 [修剪(T)/不修剪(N)] <修剪>: **n↙** 不修剪
选择第一条直线或 [放弃(U)/多段线(P)/距离(D)/角度(A)/修剪(T)/方式(E)/多个(M)]: **选择直线 A，拾取点偏 A 点**
选择第二条直线，或按住【Shift】键选择直线以应用角点或 [距离(D)/角度(A)/方法(M)]: **选择直线 B**

结果如图 4-43（c）所示。

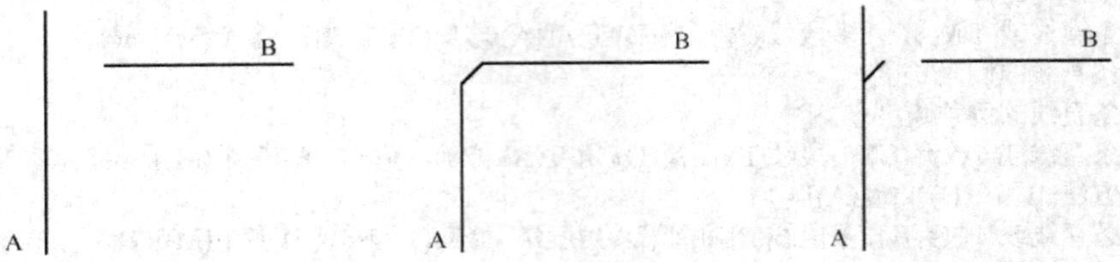

（a）原图　　（b）修剪模式　　（c）不修剪模式

图 4-43　倒角示例一

（2）如图 4-44（a）所示，首先用矩形命令绘制一个 80×70 的矩形，将该多段线用距离 20 进行倒角。

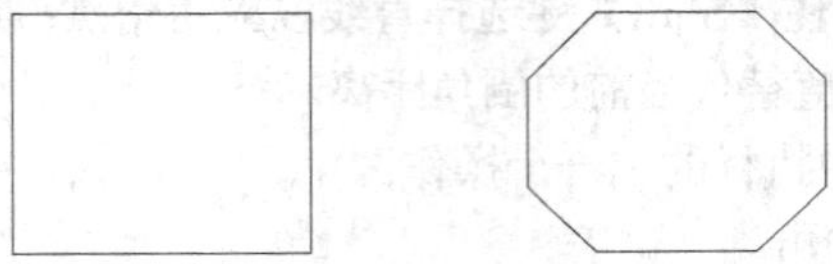

（a）原图　　（b）结果

图 4-44　倒角示例二

命令: **_chamfer**
(“修剪”模式) 当前倒角距离 1＝20.0000，距离 2＝20.0000
提示当前倒角模式，如果距离非 20，请用 D 参数改成 20
选择第一条直线或 [放弃(U)/多段线(P)/距离(D)/角度(A)/修剪(T)/方式(E)/多个(M)]: **p↙**
对二维多段线进行倒角
选择二维多段线: **选择示例中的矩形**
4 条直线已被倒角

结果如图 4-44（b）所示。

注意：

① 如果设定两距离为 0 和修剪模式，可以通过倒角命令修齐两直线，而不论这两条不平行直线是否相交或需要延伸才能相交。也可在提示选第二条直线时按住【Shift】键。

② 对多段线进行倒角时，该多段线是封闭的，才会出现如图 4-44 所示的结果。如果该多段线最后一条线不能形成封闭的图形（非 CLOSE），则最后一条线和第一条线之间不会自动形成倒角。

③ 选择直线时的拾取点对修剪的位置有影响，倒角发生在拾取点一侧。修剪模式下，一般保留拾取点的线段，而超过倒角的线段自动被修剪。

4.3.17　圆角 FILLET

圆角和倒角一样，可以直接通过圆角命令产生。

命令：FILLET

功能区：默认→修改→圆角

菜单：修改→圆角

工具栏：修改→圆角

命令及提示：

```
命令: _fillet
当前设置: 模式 = 修剪，半径 = 0.0000
选择第一个对象或 [放弃(U)/多段线(P)/半径(R)/修剪(T)/多个(M)]: u↙
命令已完全放弃。
选择第一个对象或 [放弃(U)/多段线(P)/半径(R)/修剪(T)/多个(M)]: r↙
指定圆角半径 <XX>:

选择第一个对象或 [放弃(U)/多段线(P)/半径(R)/修剪(T)/多个(M)]: p↙
选择二维多段线:

选择第一个对象或 [放弃(U)/多段线(P)/半径(R)/修剪(T)/多个(M)]: t↙
输入修剪模式选项 [修剪(T)/不修剪(N)] <当前值>:
选择第一个对象或 [放弃(U)/多段线(P)/半径(R)/修剪(T)/多个(M)]: m↙
选择第一个对象或 [放弃(U)/多段线(P)/半径(R)/修剪(T)/多个(M)]:
选择第二个对象，或按住【Shift】键选择对象以应用角点或 [半径(R)]:
```

参数：

（1）选择第一个对象：选择倒圆角的第一个对象。

（2）选择第二个对象：选择倒圆角的第二个对象。

- 放弃(U)：恢复在命令中执行的上一个操作。
- 多段线(P)：拾取二维多段线进行倒圆角。
- 半径(R)：设定圆角半径。
- 修剪(T)：设定修剪模式。
- 输入修剪模式选项 [修剪(T)/不修剪(N)]：如果选择成修剪，则不论两个对象是否相交或不足，均自动进行修剪。如果设定成不修剪，则仅仅增加一指定半径的圆弧。
- 多个(M)：用同样的圆角半径修改多个对象。

给多个对象加圆角，圆角命令将重复显示主提示和“选择第二个对象”提示，直到用户按回车键结束该命令。

（3）按住【Shift】键：自动使用半径为 0 的圆角连接两个对象。即让两个对象自动不带圆角而准确相交，可以去除多余的线条或延伸不足的线条。

【例 4.23】 圆角练习。

（1）参照图 4-45（a），绘制长度为 100 左右的直线 A 和 B。用半径为 30 的圆角将直线 A 和直线 B 连接起来。

```
命令: _fillet
当前设置:模式 = 修剪，半径 = 10.0000
选择第一个对象或 [放弃(U)/多段线(P)/半径(R)/修剪(T)/多个(M)]: r↙          重新设定圆角半径
指定圆角半径 <0.0000>: 30↙                                                 自动退出圆角命令

命令: _fillet
当前设置: 模式 = 修剪，半径 = 30.0000
```

选择第一个对象或 [放弃(U)/多段线(P)/半径(R)/修剪(T)/多个(M)]: **点取直线 A，拾取点偏 A 点**
选择第二个对象，或按住【Shift】键选择对象以应用角点或 [半径(R)]: **点取直线 B**

结果如图 4-45（b）所示。

命令: **_fillet**
当前设置: 模式 = 修剪，半径 = 30.0000
选择第一个对象或 [放弃(U)/多段线(P)/半径(R)/修剪(T)/多个(M)]: **t↙**　　修改修剪模式
输入修剪模式选项 [修剪(T)/不修剪(N)] <修剪>: **n↙**
选择第一个对象或 [放弃(U)/多段线(P)/半径(R)/修剪(T)/多个(M)]: **拾取直线 A，拾取点偏 A 点**
　　将修剪模式改成不修剪
选择第二个对象，或按住【Shift】键选择要应用角点的对象: **点取直线 B**

结果如图 4-45（c）所示。

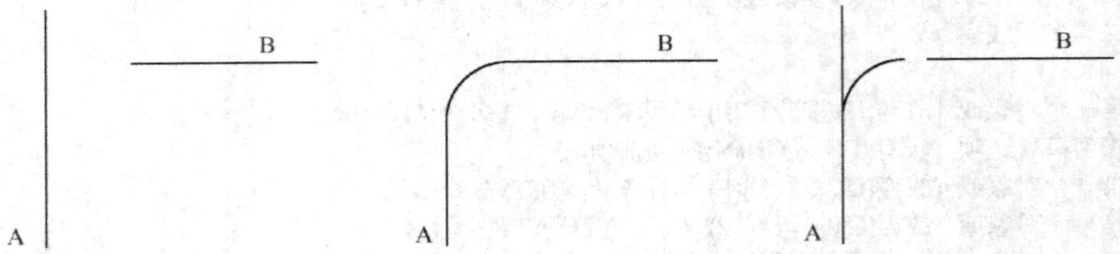

（a）原图　　（b）修剪模式　　（c）不修剪模式

图 4-45　圆角示例

（2）参照图 4-46（a），首先用矩形命令绘制一 80×70 左右的矩形，再以 30 为半径将多段线倒圆角。

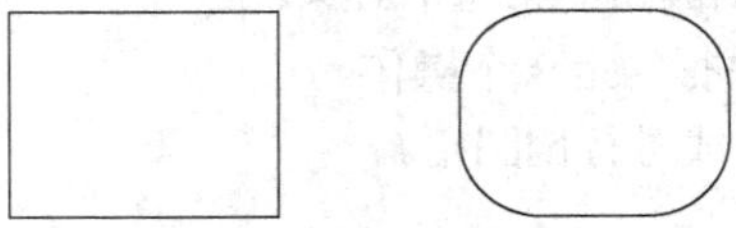

（a）原图　　（b）结果

图 4-46　圆角示例二

命令: **_fillet**
当前设置: 模式 = 不修剪，半径 = 30.0000　　提示当前圆角模式
选择第一个对象或 [放弃(U)/多段线(P)/半径(R)/修剪(T)/多个(M)]: **t↙**　　修改修剪模式
输入修剪模式选项 [修剪(T)/不修剪(N)] <不修剪>: **t↙**　　改成修剪
选择第一个对象或 [放弃(U)/多段线(P)/半径(R)/修剪(T)/多个(M)]: **p↙**　　对多段线倒圆角
选择二维多段线: **拾取二维多段线**
4 条直线已被圆角　　提示被倒圆角的直线数目

结果如图 4-46（b）所示。

注意：

① 如果将圆角半径设定成 0，则在修剪模式下，不论不平行的两条直线情况如何，都将会自动准确相交。

② 对多段线倒圆角。如果多段线本身是封闭（CLOSE）的，则在每一个顶点处自动倒出圆角。如果该多段线最后一段和开始点仅仅相连而不封闭（如使用端点捕捉而非 CLOSE 选项），则该多段线第一个顶点不会被倒圆角。

③ 如果是修剪模式，则拾取点的位置对结果有影响，一般会保留拾取点所在的部分而将另一段修剪。

④ 不仅在直线间可以倒圆角，在圆和圆弧以及直线之间也可以倒圆角。

4.3.18　分解 EXPLODE

多段线、块、尺寸、填充图案、修订云线、多行文字、多线、体、面域、多面网格、引线等是一个整体。如果要对其中单一的对象进行编辑，使用普通的编辑命令无法完成，通过专用的编辑命令有时也难以满足要求。但如果将这些整体的对象分解，使之变成单独的对象，就可以采用普通的编辑命令进行编辑修改了。

命令：EXPLODE

功能区：默认→修改→分解

菜单：修改→分解

工具栏：修改→分解

命令及提示：

```
命令: _explode
选择对象:
```

参数：

选择对象：选择欲分解的对象，包括块、尺寸、多线、多段线、修订云线、多线、多行文字、体、面域、引线等，而独立的直线、圆、圆弧、单行文字、点等是不能被分解的。

【例 4.24】 打开“图 3-17.dwg”，如图 4-47（a）所示，将该多段线分解，如图 4-47（b）所示。

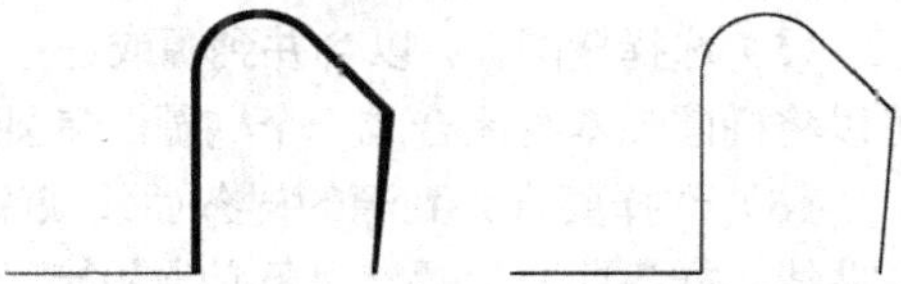

(a) 原图　　(b) 结果

图 4-47　分解示例

```
命令: _explode
选择对象: 点取多段线                    其宽度非线宽值
找到 1 个                               提示选中的数目
选择对象: ↙              回车结束对象选择，该多段线被分解成四段直线和一段圆弧，同时失去宽度性质
```

注意：

① XPLODE 同样可以分解大部分对象，同时还可以改变对象的特性。

② 对于块中的圆、圆弧等，如果非一致比例，分解后成为椭圆或椭圆弧。

4.3.19　合并 JOIN

命令：JOIN

功能区：默认→修改→合并

菜单：修改→合并

工具栏：修改→合并

命令及提示：

```
命令: _join
选择源对象
(根据选择对象的不同，出现以下各种提示)
选择要合并到源的直线: (选择直线的提示)
```

选择要合并到源的对象:（选择多段线的提示）
选择圆弧，以合并到源或进行 [闭合(L)]: （选择圆弧的提示）
合并的圆弧段组成了一个圆。要转换为圆吗？[是(Y)/否(N)] <是>:
已合并 X 个圆弧，并将它们转换为圆。
选择椭圆弧，以合并到源或进行 [闭合(L)]:（选择椭圆弧的提示）
已将 1 个椭圆弧合并到源:
X 条椭圆弧已合并为 1 条圆弧:
选择要合并到源的样条曲线或螺旋:（选择样条曲线或螺旋的提示）
已将 x 条 xx 合并到源，操作中放弃了 n 个对象

参数：

（1）选择源对象：选择一个对象，随后选择的符合条件的对象将加入该对象成为一个整体。最终形成的一个对象具有该对象的属性。

（2）选择要合并到源的直线：如果源对象为直线，提示选择加入的直线。要加入的直线，必须和源对象共线，中间允许有间隙。

（3）选择要合并到源的对象：提示选择对象可以是直线、多段线或圆弧。对象之间不能有间隙，并且必须位于与 UCS 的 XY 平面平行的同一平面上。

（4）选择圆弧，以合并到源或进行 [闭合(L)]：源对象为圆弧时要求选择可以合并的圆弧以便合并。也可以将圆弧本身闭合成一个整圆。圆弧必须位于假想的圆上，可以有间隙，按逆时针方向合并。

（5）选择椭圆弧，以合并到源或进行 [闭合(L)]：源对象为椭圆弧时要求选择椭圆弧以便合并。也可以将椭圆弧本身闭合成一个椭圆。椭圆弧必须位于假想的椭圆上，可以有间隙，按逆时针方向合并。

（6）选择要合并到源的样条曲线或螺旋：螺旋对象必须相接（端点对端点）。结果对象是单个样条曲线。样条曲线和螺旋对象必须相接（端点对端点）。 结果对象是单个样条曲线。

执行完毕提示合并了多少个对象，放弃了不能合并的对象有多少。

【例 4.25】 打开“图 4-37.dwg”。如图 4-48（a）所示，先将左侧的两条直线合并，然后将其中的多段线和相邻的直线、圆弧合并。

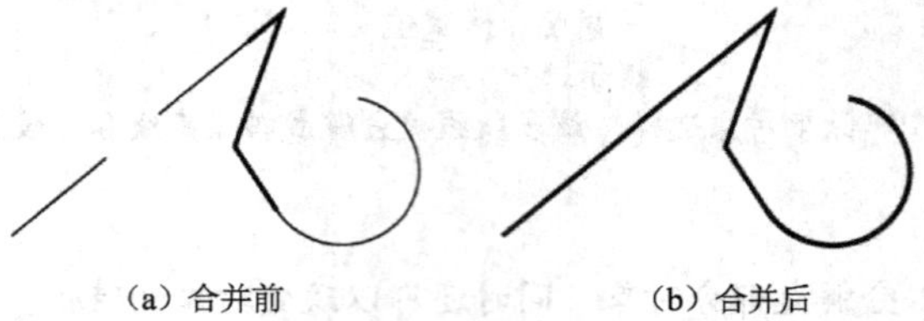

（a）合并前　　（b）合并后

图 4-48　分解示例

命令: **_join**
选择源对象: **拾取左侧斜线**　　选择源对象，直线
选择要合并到源的直线: **拾取左侧另一条斜线** 找到 1 个　　选择合并的另一条直线
选择要合并到源的直线: ↙　　结束直线选择
已将 1 条直线合并到源

命令: **_join**
选择源对象: **拾取中间的多段线**　　选择多段线作为源对象
选择要合并到源的对象: **选择刚才合并的直线** 找到 1 个　　选择直线
选择要合并到源的对象: **拾取右侧的圆弧** 找到 1 个，总计 2 个　　选择圆弧
选择要合并到源的对象: ↙　　结束合并对象选择
2 条线段已添加到多段线

结果如图 4-48（b）所示。

4.3.20 多段线编辑 PEDIT

多段线是一个对象，可以采用多段线专用编辑命令来编辑。编辑多段线，可以修改其宽度、开口或封闭、增减顶点数、样条化、直线化和拉直等。

命令：PEDIT

功能区：默认→修改→编辑多段线

菜单：修改→对象→多段线

工具栏：修改 II→编辑多段线

该按钮在“修改 II”工具栏中，当然也可以通过按钮自定义添加到别的工具栏中。

命令及提示：

```
命令: _pedit
选择多段线或 [多条(M)]:
所选对象不是多段线
是否将其转换为多段线? <Y>: ↙
输入选项 [闭合(C)/合并(J)/宽度(W)/编辑顶点(E)/拟合(F)/样条曲线(S)/非曲线化(D)/线型生成(L)/反转
(R)/放弃(U)]: w↙                                        输入 W 选择宽度设定
输入选项 [闭合(C)/合并(J)/宽度(W)/编辑顶点(E)/拟合(F)/样条曲线(S)/非曲线化(D)/线型生成(L)/反转
(R)/放弃(U)]: e↙                                        输入顶点编辑选项
[下一个(N)/上一个(P)/打断(B)/插入(I)/移动(M)/重生成(R)/拉直(S)/切向(T)/宽度(W)/
退出(X)] <N>: n↙
```

参数：

（1）选择多段线或 [多条(M)]：选择欲编辑的多段线。如果输入 M，则可以同时选择多条多段线进行修改。如果选择了直线或圆弧，则系统提示是否转换成多段线，回答 Y 则将普通线条转换成多段线。（如 Peditaccept 变量设置为 1，不出现提示，直接改成多段线）。

（2）闭合(C)/打开(O)：如果该多段线本身是闭合的，则提示为打开(O)。选择了打开，则将最后一条封闭该多段线的线条删除，形成一不封口的多段线。如果所选多段线是打开的，则提示为闭合(C)。选择了闭合，则将该多段线首尾相连，形成一封闭的多段线。

（3）合并(J)：将和多段线端点精确相连的其他直线、圆弧、多段线合并成一条多段线。该多段线必须是开口的。

（4）宽度(W)：设置该多段线的全程宽度。对于其中某一条线段的宽度，可以通过顶点编辑来修改。

（5）编辑顶点(E)：对多段线的各个顶点进行单独的编辑。选择该项后，提示如下。

- 下一个(N)：选择下一个顶点。
- 上一个(P)：选择上一个顶点。
- 打断(B)：将多段线一分为二，或是删除顶点处的一条线段。
- 插入(I)：在标记处插入一顶点。
- 移动(M)：移动顶点到新的位置。
- 重生成(R)：重新生成多段线以观察编辑后的效果，一般情况下重生成是不必要的。
- 拉直(S)：删除所选顶点间的所有顶点，用一条直线替代。
- 切向(T)：在当前标记顶点处设置切矢方向以控制曲线拟合。
- 宽度(W)：设置每一独立的线段的宽度，始末点宽度可以设置成不同。
- 退出(X)]：退出顶点编辑，回到 PEDIT 命令提示下。

（6）拟合(F)：产生通过多段线所有顶点、彼此相切的各圆弧段组成的光滑曲线。

（7）样条曲线(S)：产生通过多段线首末顶点，其形状和走向由多段线其余顶点控制的样条曲线。其类型由系统变量来确定。

（8）非曲线化(D)：取消拟合或样条曲线，回到直线状态。

（9）线型生成(L)：控制多段线在顶点处的线型，选择该项后出现以下提示：

- 输入多段线线型生成选项 [开(ON)/关(OFF)]：如果选择开(ON)则为连续线型。如果选择关(OFF)，则为点划线型。

（10）反转（R）：将多段线的顶点顺序反转。

（11）放弃(U)]：取消最后的编辑。

选中多段线则出现如图 4-49 所示的夹点。其中正方形夹点用于移动多段线的端点，也可以增加或删除夹点。长方形夹点用于移动该段直线，或移动圆弧的该夹点。同时可以将直线转换成圆弧或将圆弧转换成直线。

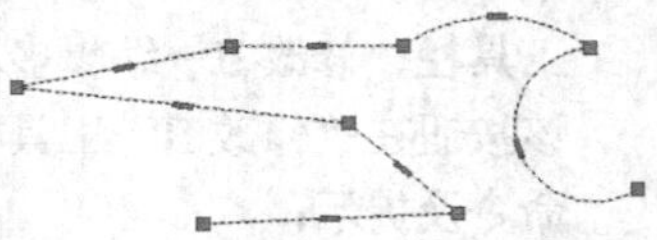

图 4-49　多段线夹点

【例 4.26】 编辑多段线练习。

首先采用直线命令和圆弧命令绘制如图 4-50（a）所示的原图，特别注意直线和圆弧端点必须准确相接（提示：可以采用端点捕捉方式保证准确相交）。

（1）将一般图线改成多段线并设定宽度。

命令: **_pedit**	
选择多段线或 [多条(M)]: **拾取左侧垂直线**	该线为一般线条
所选对象不是多段线	提示所选线条非多段线
是否将其转换为多段线? <Y>: ↙	将所选直线改成多段线
输入选项	该线已经被改成了多段线，出现多段线编辑的提示
[闭合(C)/合并(J)/宽度(W)/编辑顶点(E)/拟合(F)/样	
条曲线(S)/非曲线化(D)/线型生成(L) /反转(R)/放弃(U)]: **w↙**	
指定所有线段的新宽度: **3↙**	

结果如图 4-50（b）所示。

（2）接上例（1）中将整个图形连成一条多段线，如图 4-51（a）所示。

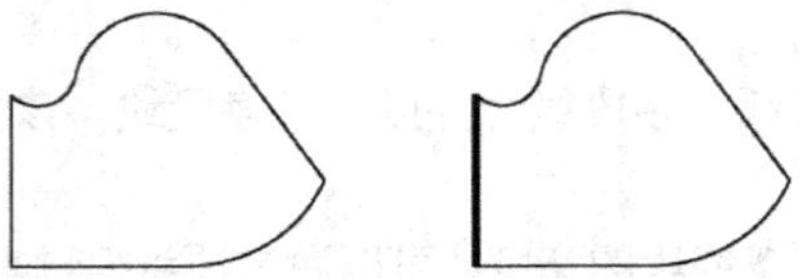

（a）原图　　（b）结果

图 4-50　多段线编辑示例一

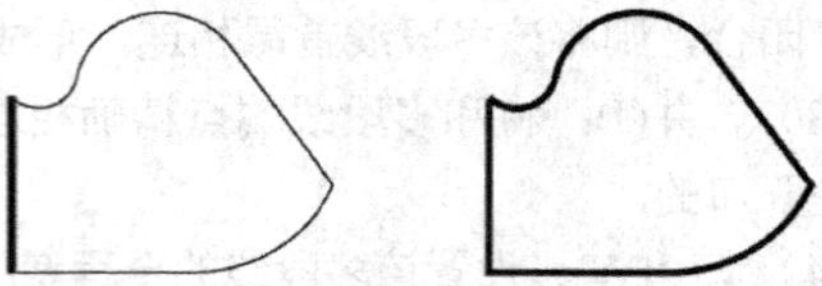

（a）原图　　（b）结果

图 4-51　多段线编辑示例二

输入选项	继续提示多段线编辑选项
[闭合(C)/合并(J)/宽度(W)/编辑顶点(E)/拟合(F)/样	
条曲线(S)/非曲线化(D)/线型生成(L)/反转(R)/放弃(U)]: **j↙**	选择合并参数
选择对象: **将所有的图形全部选中**	采用窗交方式选择对象
指定对角点: 找到 6 个	提示选中的图线数目
选择对象: ↙	回车结束对象选择
5 条线段已添加到多段线	

结果如图 4-51（b）所示。

（3）接着上例（2）移动顶点 A 到 B 的位置，如图 4-52（b）所示。

输入选项
[打开(O)/合并(J)/宽度(W)/编辑顶点(E)/拟合(F)/样

条曲线(S)/非曲线化(D)/线型生成(L) /反转(R)/放弃(U)]: e↙

进行顶点编辑，提示顶点编辑选项，相应在顶点上出现一个 X，提示现在编辑的顶点

输入顶点编辑选项

[下一个(N)/上一个(P)/打断(B)/插入(I)/移动(M)/重生成(R)/拉直(S)/切向(T)/宽度(W)/退出(X)] <N>: n↙

选择下一个顶点，顶点提示符号转移到下一个顶点上

输入顶点编辑选项

[下一个(N)/上一个(P)/打断(B)/插入(I)/移动(M)/重生成(R)/拉直(S)/切向(T)/宽度(W)/退出(X)] <N>: n↙　　继续选择下一个顶点

输入顶点编辑选项

[下一个(N)/上一个(P)/打断(B)/插入(I)/移动(M)/重生成(R)/拉直(S)/切向(T)/宽度(W)/退出(X)] <N>: n↙　　继续选择下一个顶点

[下一个(N)/上一个(P)/打断(B)/插入(I)/移动(M)/重生成(R)/拉直(S)/切向(T)/宽度(W)/退出(X)] <N>: m↙　　输入顶点编辑选项

指定标记顶点的新位置:　按【F8】键<正交 关>

移动光标到图示 B 点点取　输入 M 移动该顶点

（4）如图 4-53（a）所示，拉直中间一段，结果如图 4-53（b）所示。

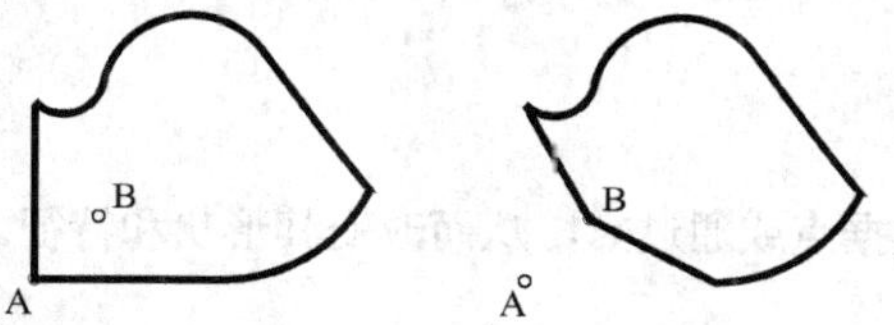

（a）原图　　（b）结果

图 4-52　多段线编辑示例三

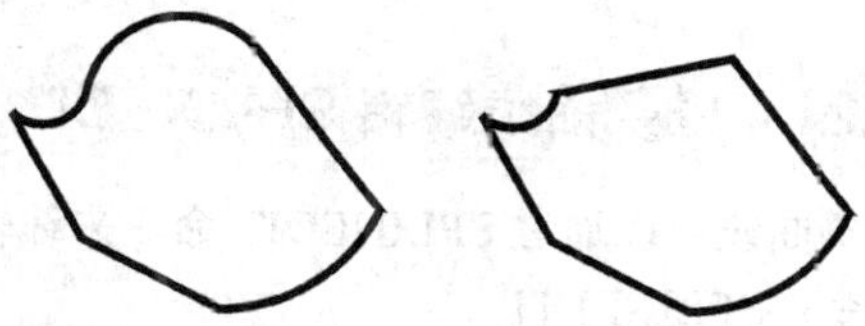

（a）原图　　（b）结果

图 4-53　多段线编辑示例四

输入顶点编辑选项

[下一个(N)/上一个(P)/打断(B)/插入(I)/移动(M)/重生成(R)/拉直(S)/切向(T)/宽度(W)/退出(X)] <N>: s↙　　选择拉直选项

输入选项 [下一个(N)/上一个(P)/转至(G)/退出(X)] <N>: p↙　　选择上一个顶点

输入选项 [下一个(N)/上一个(P)/转至(G)/退出(X)] <P>: ↙　　继续选择上一个顶点

输入选项 [下一个(N)/上一个(P)/转至(G)/退出(X)] <P>: ↙　　继续选择上一个顶点

输入选项 [下一个(N)/上一个(P)/转至(G)/退出(X)] <P>: p↙　　选择上一个顶点

输入选项 [下一个(N)/上一个(P)/转至(G)/退出(X)] <P>: g↙　　执行拉直操作

（5）接着上例（4）将该多段线拟合，如图 4-54（b）所示。

输入顶点编辑选项

[下一个(N)/上一个(P)/打断(B)/插入(I)/移动(M)/重生成(R)/拉直(S)/切向(T)/宽度(W)/退出(X)] <N>: x↙　　退出顶点编辑，提示改成多段线编辑

输入选项

[打开(O)/合并(J)/宽度(W)/编辑顶点(E)/拟合(F)/样条曲线(S)/非曲线化(D)/线型生成(L) /反转(R)/放弃(U)]: f↙　　拟合多段线

（6）接着上例（5）样条化该多段线，如图 4-55（b）所示。

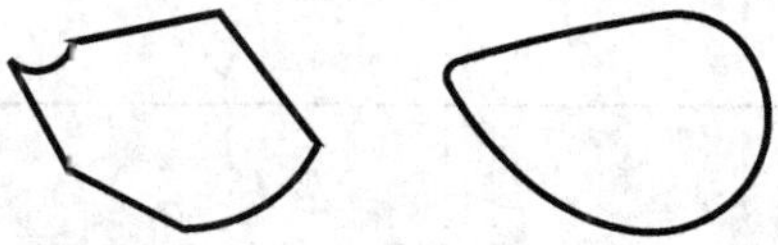

（a）原图　　（b）结果

图 4-54　多段线编辑示例五

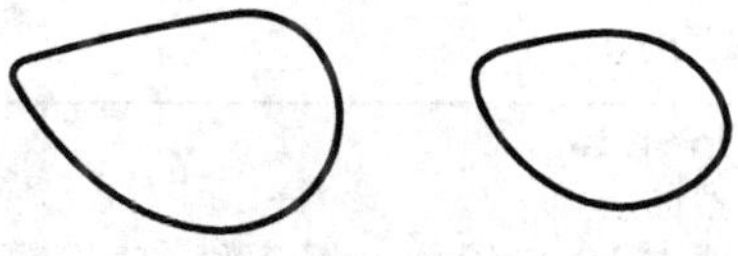

（a）原图　　（b）结果

图 4-55　多段线编辑示例六

输入选项
[打开(O)/合并(J)/宽度(W)/编辑顶点(E)/拟合(F)/样条曲线(S)/非曲线化(D)/线型生成(L) /反转(R)/放弃(U)]: **s↙**

该样条曲线并不通过顶点。

（7）接着上例（6）非曲线化多段线，如图 4-56（b）所示。

输入选项
[打开(O)/合并(J)/宽度(W)/编辑顶点(E)/拟合(F)/样条曲线(S)/非曲线化(D)/线型生成(L) /反转(R)/放弃(U)]: **d↙**

注意：

① 多段线编辑中的宽度选项和环境设置中的线宽有类似之处。在分解后的多段线中不再具有宽度性质，而线宽不受是否被分解的影响。在一些特殊场合，往往需要通过多段线来调整线宽得到精确的效果。

② 多段线本身作为一个实体可以被其他的编辑命令处理。

③ 矩形、正多边形、图案填充等命令产生的边界同样是多段线。

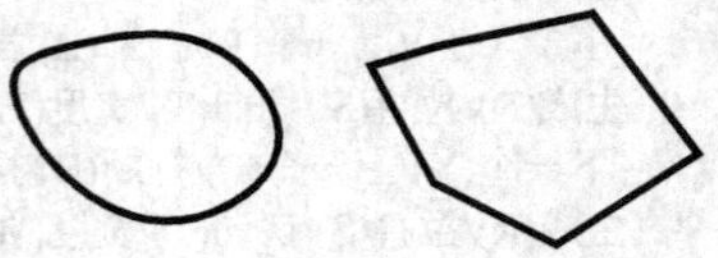

（a）原图　　（b）结果

图 4-56　多段线编辑示例七

4.3.21　样条曲线编辑 SPLINEDIT

样条曲线可以通过 SPLINEDIT 命令来编辑其数据点或通过点，从而改变其形状和特征。

命令：SPLINEDIT

功能区：默认→修改→编辑样条曲线

菜单：修改→对象→样条曲线

工具栏：修改 II→编辑样条曲线

该按钮同样存在在“修改 II”工具栏中，可以打开“修改 II”或通过自定义按钮来添加。

注意：

在下面的叙述中会用到拟合点数据和控制点数据，它们是不同的两个概念。如图 4-57（a）所示，5 个夹点均为控制点，而首尾两点既是控制点，又是拟合数据点。如图 4-57（b）所示，3 个夹点均为拟合点。拖动控制点或拟合点，可以改变曲线的位置和方向。

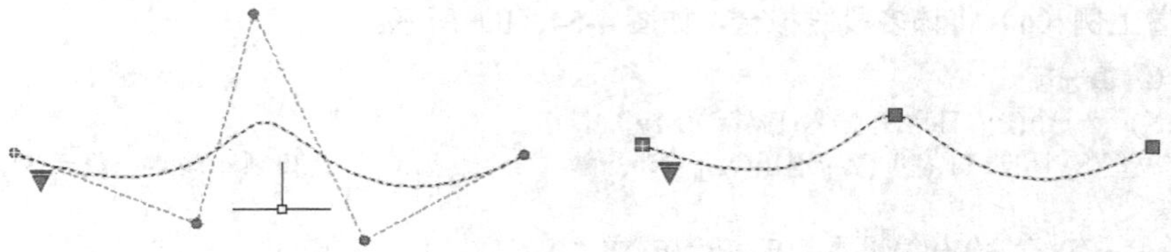

（a）控制点　　（b）拟合点

图 4-57　样条曲线拟合点和控制点

命令及提示：

命令: **_splinedit**
选择样条曲线:
输入选项 [闭合(C)/合并(J)/拟合数据(F)/编辑顶点(E)/转换为多段线(P)/反转(R)/放弃(U)/退出(X)] <退出>: **f↙**
输入拟合数据选项
[添加(A)/闭合(C)/删除(D)/扭折(K)/移动(M)/清理(P)/切线(T)/公差(L)/退出(X)] <退出>:

```
输入选项 [闭合(C)/合并(J)/拟合数据(F)/编辑顶点(E)/转换为多段线(P)/反转(R)/放弃(U)/退出(X)] <退出>: c↙
输入选项 [打开(O)/拟合数据(F)/编辑顶点(E)/转换为多段线(P)/反转(R)/放弃(U)/退出(X)] <退出>: o↙
输入选项 [闭合(C)/合并(J)/拟合数据(F)/编辑顶点(E)/转换为多段线(P)/反转(R)/放弃(U)/退出(X)] <退出>: e↙
输入顶点编辑选项 [添加(A)/删除(D)/提高阶数(E)/移动(M)/权值(W)/退出(X)] <退出>: a↙
在样条曲线上指定点<退出>:
输入顶点编辑选项 [添加(A)/删除(D)/提高阶数(E)/移动(M)/权值(W)/退出(X)] <退出>: d↙
指定要删除的控制点:
输入顶点编辑选项 [添加(A)/删除(D)/提高阶数(E)/移动(M)/权值(W)/退出(X)] <退出>: e↙
输入新阶数 <4>: 6
输入顶点编辑选项 [添加(A)/删除(D)/提高阶数(E)/移动(M)/权值(W)/退出(X)] <退出>: m↙
指定新位置或 [下一个(N)/上一个(P)/选择点(S)/退出(X)] <下一个>: s↙
在样条曲线上指定现有拟合点 <退出>:
指定新位置或 [下一个(N)/上一个(P)/选择点(S)/退出(X)] <下一个>: x↙
输入顶点编辑选项 [添加(A)/删除(D)/提高阶数(E)/移动(M)/权值(W)/退出(X)] <退出>: w↙
样条曲线不是有理的，将使它变成有理的。
输入新权值 (当前值 = 1.0000) 或 [下一个(N)/上一个(P)/选择点(S)/退出(X)] <下一个>: .5↙
输入新权值 (当前值 = 0.5000) 或 [下一个(N)/上一个(P)/选择点(S)/退出(X)] <下一个>: x↙
输入顶点编辑选项 [添加(A)/删除(D)/提高阶数(E)/移动(M)/权值(W)/退出(X)] <退出>: x↙
输入选项 [闭合(C)/合并(J)/拟合数据(F)/编辑顶点(E)/转换为多段线(P)/反转(R)/放弃(U)/退出(X)] <退出>: p↙
指定精度 <10>: ↙
输入选项 [闭合(C)/合并(J)/拟合数据(F)/编辑顶点(E)/转换为多段线(P)/反转(R)/放弃(U)/退出(X)] <退出>: r↙
样条曲线已反转。
输入选项 [闭合(C)/合并(J)/拟合数据(F)/编辑顶点(E)/转换为多段线(P)/反转(R)/放弃(U)/退出(X)] <退出>:
```

参数：

（1）选择样条曲线：选择欲编辑的样条曲线。选择后，样条曲线上在控制点上出现夹点。

（2）拟合数据(F)：选择该项后提示输入如下拟合数据选项。

- 添加(A)——添加拟合数据。
- 闭合(C)/打开(O)：如果样条曲线本身是闭合的，则提示打开选项，否则，提示闭合选项，用于控制样条曲线始末点是否相同。
- 删除(D)：删去拟合数据点并重画样条曲线。
- 移动(M)：移动样条曲线拟合数据顶点，可以在顶点间移动以便选择编辑点。拟合数据信息不可以用夹点编辑方式。
- 清理(P)：删除所有的拟合数据点。
- 切线(T)：改变始末点切矢信息。
- 公差(L)：改变样条曲线公差值并重新绘制该样条曲线。
- 退出(X)：退出拟合数据点编辑状态返回控制点编辑状态。

（3）闭合(C)/打开(O)：控制是否封闭样条曲线。如果样条由线始末点不同，提示为闭合(C)，选中该选项后，将增加切矢平行于始末点的曲线；如果样条曲线始末点相同，该选项使每一点切矢连续。如果样条曲线已封闭，则提示为打开(O)，选中该项后，将打开封闭的样条曲线。如果封闭样条曲线始末点切矢不同，则删去切矢线并在始末点删去切矢信息，否则，删去各点切矢信息。

（4）移动顶点(M)：移动控制点，选中该选项后出现以下提示：

- 指定新位置：指定顶点的新位置。
- 下一个(N)：选择下一个顶点。
- 上一个(P)：选择上一个顶点。
- 选择点(S)：直接选择点。

● 退出(X)：退出移动顶点编辑，返回控制点编辑状态。

（5）反转(R)：改变样条曲线方向，始末点互换。

（6）转换为多段线(P)：将样条曲线转换为多段线。

（7）放弃(U)：撤销编辑操作。

【例 4.27】 样条曲线编辑练习。

（1）如图 4-58（a）所示，采用样条曲线命令绘制 ABCD 曲线，试闭合如图 4-58（b）所示的样条曲线。

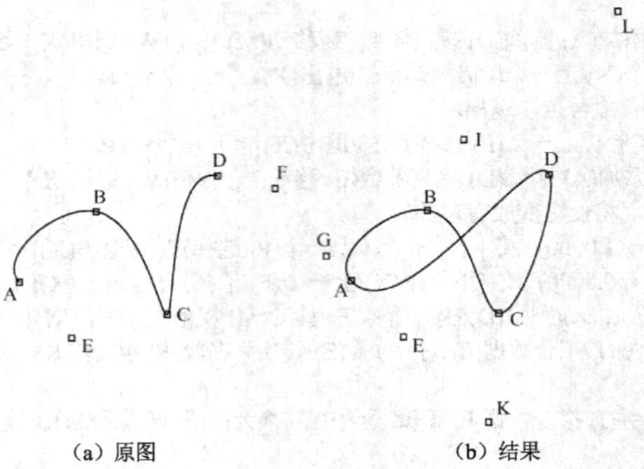

图 4-58 样条曲线编辑——闭合

命令: **_splinedit**
选择样条曲线: **选择样条曲线**
输入选项 [拟合数据(F)/闭合(C)/移动顶点(M)/优化(R)/反转(E)/转换为多段线(P)/放弃(U)]: **c↙**

（2）接着上例（1）移动控制点 G 到新的位置，如图 4-59（b）所示。

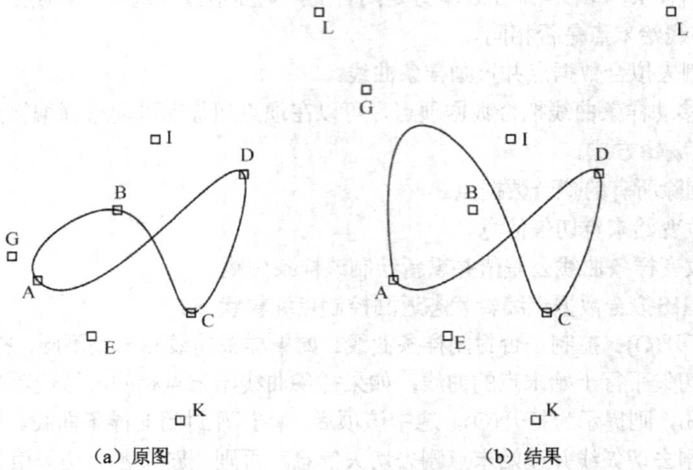

图 4-59 样条曲线编辑——移动顶点

输入选项
[闭合(C)/移动顶点(M)/优化(R)/反转(E)/放弃(U)/退出(X)] <退出>: **m↙** 移动一控制点
指定新位置或 [下一个(N)/上一个(P)/选择点(S)/退出(X)] <下一个>: **↙** 选择下一个控制点 G
指定新位置或 [下一个(N)/上一个(P)/选择点(S)/退出(X)] <下一个>: **点取 G 点新位置**

指定新位置或 [下一个(N)/上一个(P)/选择点(S)/退出(X)] <下一个>: x↙　　退出移动编辑状态
输入选项
[闭合(C)/移动顶点(M)/优化(R)/反转(E)/放弃(U)/退出(X)] <退出>: x↙　　退出

4.3.22 多线编辑 MLEDIT

多线应该采用 MLEDIT 命令进行编辑。该命令控制多线之间相交时的连接方式，增加或删除多线的顶点，控制多线的打断或结合。

命令：MLEDIT

菜单：修改→对象→多线

命令及提示：

命令: **_mledit**
选择第一条多线:
选择第二条多线:
选择第一条多线或放弃(U):

参数：

(1) 选择多线：选择欲修改的多线。

(2) 选择第一条多线：选择第一条线。

(3) 选择第二条多线：选择第二条线。

(4) 放弃(U)：放弃对多线的最后一次编辑。

执行多线编辑命令后弹出“多线编辑工具”对话框，如图 4-60 所示。

该对话框中包含 12 种不同的工具，下面详细介绍不同工具的用法。

1. “十字”工具

“多线编辑工具”对话框的第一列为“十字”工具。首先选择不同的“十字”工具，然后在“选择第一条多线：”的提示后，拾取垂直线。再在“选择第二条多线：”的提示后，拾取水平线，结果如图 4-61 所示。

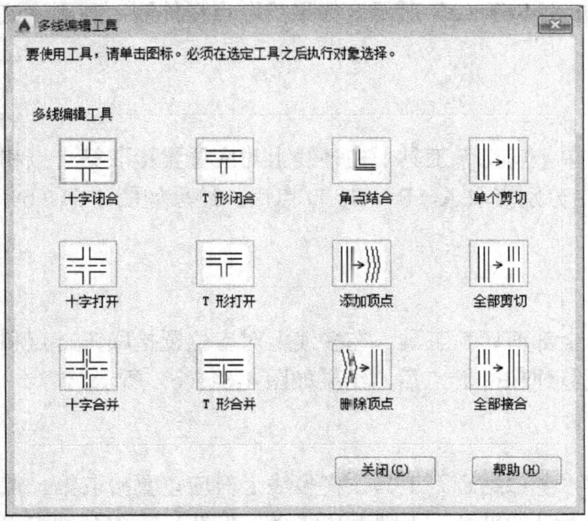

图 4-60 “多线编辑工具”对话框

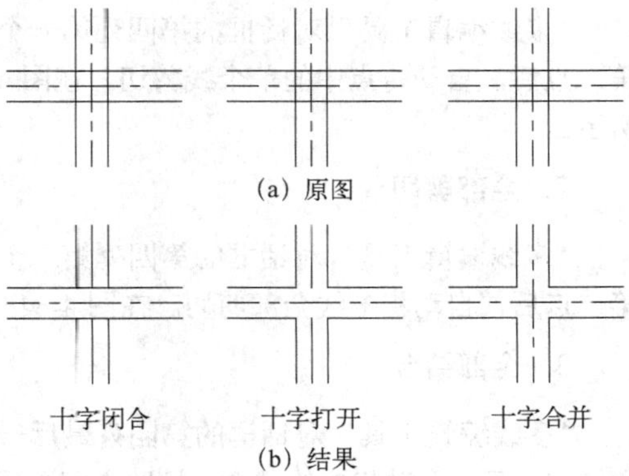

图 4-61 “十字”工具编辑示例

2. “T 形”工具

“多线编辑工具”对话框的第二列为“T 形”工具。首先选择不同的“T 形“工具，然后在“选择第一条多线：”的提示后，拾取垂直线。再在“选择第二条多线：”的提示后，拾取水平线，结果如图 4-62 所示。

3. 角点结合

“多线编辑工具”对话框的第三列第一个为“角点结合”工具，选择了两多线后，自动将角点结合起来，保留部分为拾取位置，如图 4-63（b）所示。

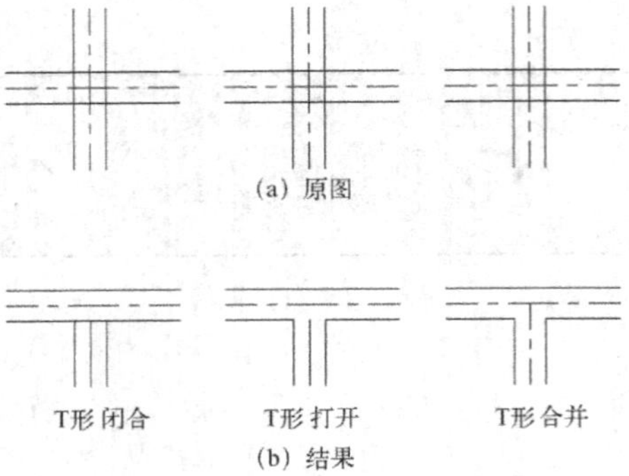

图 4-62　T 形工具编辑示例

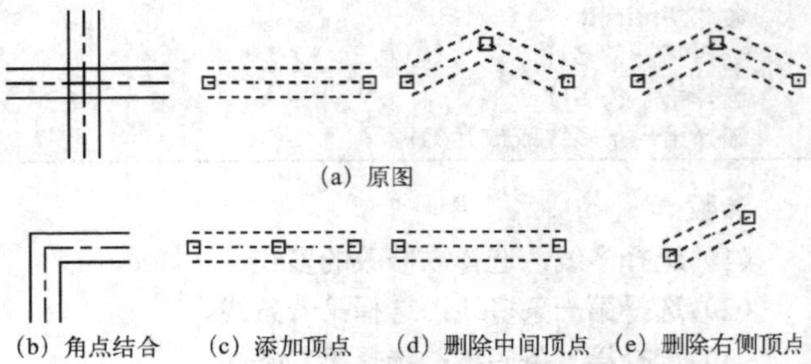

图 4-63　角点结合、添加顶点、删除顶点工具示例

4. 添加顶点

“多线编辑工具”对话框的第三列第二个为“添加顶点”工具。选择了某条多线后，自动在拾取点增加一个顶点，如图 4-63（c）所示。

5. 删除顶点

“多线编辑工具”对话框的第三列第三个为“删除顶点”工具，选择了某条多线后，自动在拾取点删除一个顶点，将附近的两个顶点连成直线，如图 4-63（d）所示。如果拾取点在外侧，则删除该外侧顶点和相连点之间的部分，其他部分不变。

6. 单个剪切

“多线编辑工具”对话框的第四列第一个为“单个剪切”工具。在多线上对应位置拾取第一点和第二点后，自动将点中的单个线剪切。在图 4-64 中分别点取 A、B、C、D 点后，结果如图 4-64（b）所示。

7. 全部剪切

“多线编辑工具”对话框的第四列第二个为“全部剪切”工具。在多线上对应位置拾取第一点和第二点后，自动将多线全部剪切。在图 4-64 中分别点取 E、F 点后，结果如图 4-64（c）所示。

8. 全部结合

“多线编辑工具”对话框的第四列最后一个为“全部结合”工具。在多线上对应位置拾取第一点和第二点后，自动将多线结合。拾取点间必须包含断开的部分，否则无法结合。在图 4-64 中分别点取 G、H 点后，结果如图 4-64（d）所示。

图 4-64　单个剪切、全部剪切、全部结合编辑示例

注意：

多线的编辑不论是“十字”工具、“T 形”工具，还是“角点结合”、“剪切”等工具都是将不该显示的部分隐藏，而非真正剪切，所以，可以通过“全部结合”来恢复。

4.3.23　对齐 ALIGN

该命令可以通过移动、旋转或倾斜对象来使该对象与另一个对象对齐。

命令：ALIGN

功能区：默认→修改→对齐

菜单：修改→三维操作→对齐

命令及提示：

```
命令: _align
选择对象: 指定对角点: 找到 X 个
选择对象:
指定第一个源点:
指定第一个目标点:
指定第二个源点:
指定第二个目标点:
指定第三个源点或 <继续>:
是否基于对齐点缩放对象? [是(Y)/否(N)] <否>:
```

参数：

（1）选择对象：选择欲对齐的对象。

（2）指定第一个源点：指定第一个源点，即将被移动的点。

（3）指定第一个目标点：指定第一个目标点，即第一个源点的目标点。

（4）指定第二个源点：指定第二个源点，即将被移动的第二个点。

（5）指定第二个目标点：指定第二个目标点，即第二个源点的目标点。

（6）继续：继续执行对齐命令，终止源点和目标点的选择。

（7）是否基于对齐点缩放对象：确定长度不一致时是否缩放。如选择否，则不缩放，保证第一点重合，第二点在同一个方向上，如图 4-65（b）所示。如果选择是，则通过缩放使第一和第二点均重合，如图 4-65（c）所示。

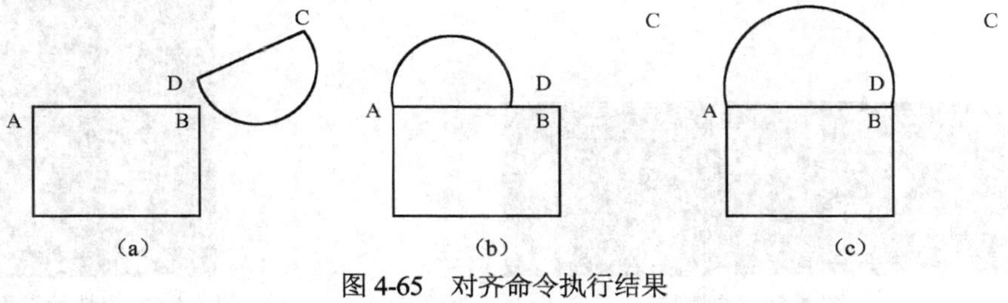

图 4-65　对齐命令执行结果

4.3.24 反转 REVERSE

该命令可以反转选定直线、多段线、样条曲线和螺旋线的顶点顺序。

命令：REVERSE

功能区：默认→修改→反转

命令及提示：

```
命令: _reverse
选择要反转方向的直线、多段线、样条曲线或螺旋:
选择对象: 找到 X 个
选择对象:
已反转对象的方向。
```

参数：

选择对象：选择欲反转方向的直线、多段线、样条曲线或螺旋。

4.4 特性编辑

每个对象都有自己的特性，如颜色、图层、线型、线宽、字体、样式、大小、位置、视图、打印样式等。这些特性有些是共有的，有些是某些对象专有的，都可以编辑修改。特性编辑命令主要有：PROPERTIES、CHANGE、MATCHPROP 等。而对于图层、线型、颜色、线宽等特性，也可以先选择对象，再通过“特性”工具栏直接修改。下面介绍通过命令修改特性的方法。

4.4.1 特性 PROPERTIES

特性命令 PROPERTIES 可以在伴随对话框中直观地修改所选对象的特性。

命令：PROPERTIES、DDMODIFY、DDCHPROP

快速访问工具栏：特性

菜单：修改→特性

快捷菜单：选择了对象后单击鼠标右键选择“特性”菜单项

工具栏：标准→特性

在“QP”（快捷特性）按钮打开时，选择了对象后会在绘图界面上显示其快捷特性，如图 4-66 所示。

对大多数图形对象而言，也可以在图线上双击来打开“特性”面板。如果未选择任何实体，执行修改特性命令将弹出如图 4-67 所示的面板。

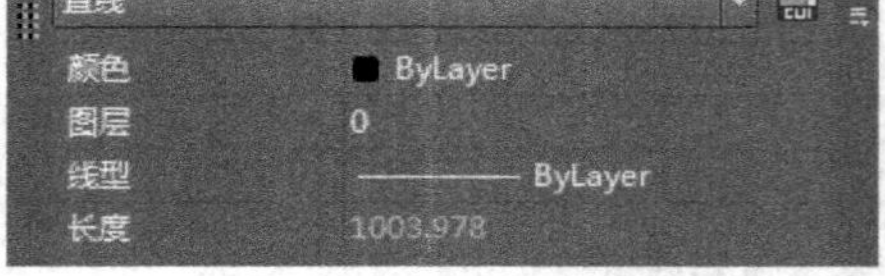

图 4-66 快捷特性

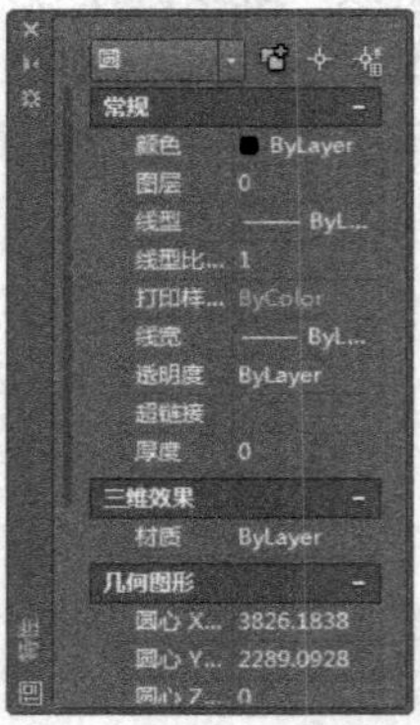

图 4-67 “特性”面板

拾取了对象实体后，将在面板中立即反映出所选实体的特性。如果同时选择了多个实体，则在面板中显示这些实体的共同特性，同时在上方的列表框中显示“全部”或数目字样。如果点取列表框的向下小箭头，将弹出所选实体的类型，此时可以点取欲编辑或查看的实体，对应的下方的数据变成该实体的特性数据。

单击右上角的快速选择按钮将弹出“快速选择”对话框。此时，可以快速选择欲编辑特性的对象。具体使用方式参见本章开始部分。

“特性”面板中的按钮、具有切换 PICKADD 系统变量的功能。控制后续选定对象是替换还是添加到当前选择集。

图标显示为时，其值为 0，关闭 PICKADD。最新选定的对象将成为选择集。前一次选定的对象将从选择集中删除。选择对象时按住【Shift】键可以将多个对象添加到选择集。

图标显示为时，其值为 1，打开 PICKADD。每个选定的对象都将添加到当前选择集。要从选择集中删除对象，请在选择对象时按住【Shift】键。

在“特性”面板中，列表显示了所选对象的当前特性数据。其操作方式同 Windows 的标准操作基本相同，灰色的为不可编辑数据。选中欲编辑的单元后，可以通过对话框或下拉列表框或直接输入新的数据进行必要的修改，选中的对象将会发生相应的变化。该功能类似于参数化绘图的功能。

4.4.2 特性修改命令 CHPROP、CHANGE

CHPROP 和 CHANGE 命令中的 P 参数功能基本相同。可以修改所选对象的颜色、图层、线型、位置等特性。

1. CHPROP 命令

命令及提示：

```
命令: CHPROP
选择对象: 找到 X 个
选择对象:
输入要更改的特性 [颜色(C)/图层(LA)/线型(LT)/线型比例(S)/线宽(LW)/厚度(T)/透明度(TR)/材质(M)/注释性(A)]:
```

参数：

（1）选择对象：选择欲修改特性的对象。

（2）颜色(C)：修改颜色。

（3）图层(LA)：修改图层。

（4）线型(LT)：修改线型。

（5）线型比例(S)：修改线型比例。

（6）线宽(LW)：修改线宽。

（7）厚度(T)：修改厚度。

（8）透明度(TR)：修改透明度。

（9）材质(M)：输入新材质名修改材质。

（10）注释性(A)：修改选定对象的注释性特性。

【例 4.28】 修改某对象的颜色。

```
命令: CHPROP
选择对象: 选择修改对象
指定对角点: 找到 X 个
```

选择对象: ↙ 结束对象选择
输入要修改的特性 [颜色(C)/图层(LA)/线型(LT)/线型比例(S)/线宽(LW)/厚度(T) /透明度(TR)/材质(M) /注释性(A)]: **c↙** 修改颜色
输入新颜色 <随层>: **1↙** 改成1号色
输入要修改的特性 [颜色(C)/图层(LA)/线型(LT)/线型比例(S)/线宽(LW)/厚度(T) /透明度(TR)/材质(M) /注释性(A)]: ↙ 结束特性修改

2. CHANGE 命令

命令及提示：

命令: **CHANGE**
选择对象:
指定修改点或 [特性(P)]: **p↙**
输入要更改的特性 [颜色(C)/标高(E)/图层(LA)/线型(LT)/线型比例(S)/线宽(LW)/厚度(T)/ 透明度(TR)/材质(M)/注释性(A)]:

参数：

（1）选择对象：选择欲修改特性的对象。
（2）指定修改点：指定修改点，该修改点对不同的对象有不同的含义。
（3）特性(P)：修改特性，选择该项后出现以下选择。

- 颜色(C)——修改颜色。
- 标高(E)——修改标高。
- 图层(LA)——修改图层。
- 线型(LT)——修改线型。
- 线型比例(S)——修改线型比例。
- 线宽(LW)——修改线宽。
- 厚度(T)——修改厚度。
- 透明度(TR) ——修改透明度。
- 材质(M)——修改材质。
- 注释性(A)——修改对象的注释性特性，即是否改为注释性。

（4）修改点：对不同对象修改点的含义如下。

- 直线——将离修改点较近的点移到修改点上，修改后的点受到某些绘图环境设置如正交模式等的影响。
- 圆——使圆通过修改点。如果回车，则提示输入新的半径。
- 块——将块的插入点改到修改点，并提示输入旋转角度。
- 属性——将属性定义改到修改点，提示输入新的属性定义的类型、高度、旋转角度、标签、提示及默认值等。
- 文字——将文字的基点改到修改点，提示输入新的文本类型、高度、旋转角度和字串内容等。

【例 4.29】 如图 4-68（a）所示，绘制一圆，修改圆的半径使通过 A 点，并将宽度改成 1。

命令: **CHANGE**
选择对象: 点取圆
找到 1 个 提示选中的数目
选择对象: ↙ 结束对象选择
指定修改点或 [特性(P)]: 修改点被忽略
不修改通过点

指定新的圆半径 <不修改>: **点取 A 点**

结果如图 4-68（b）所示。

命令: **CHANGE**
选择对象: **拾取圆**　找到 1 个　　提示选中数目
选择对象: ↙　　回车结束对象选择
指定修改点或 [特性(P)]: **p↙**　　修改圆的特性
输入要修改的特性
[颜色(C)/标高(E)/图层(LA)/线型(LT)/线型比例(S)/线宽(LW)/厚度(T)/ 透明度(TR)/材质(M)/注释性(A)]: **lw↙**　　修改线宽输入新的线宽值
输入新线宽 < 随层>: **1↙**
输入要修改的特性
[颜色(C)/标高(E)/图层(LA)/线型(LT)/线型比例(S)/线宽(LW)/厚度(T)/ 透明度(TR)/材质(M)/注释性(A)]: ↙　　结束特性修改

打开宽度开关，结果如图 4-68（c）所示。

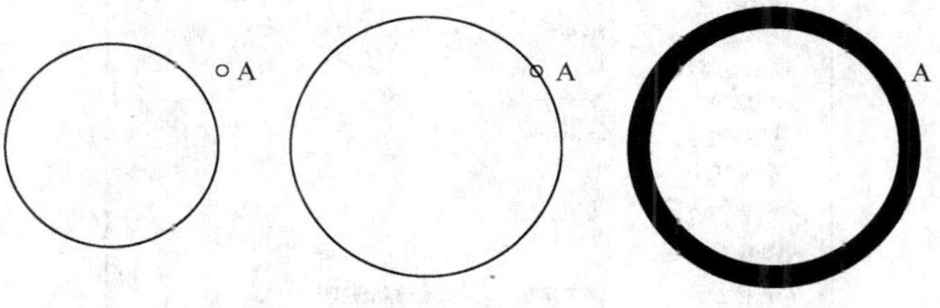

（a）原图　（b）修改半径　（c）修改线宽

图 4-68　命令行修改特性示例

注意：

① 使用 CHANGE 命令时，如果一次选择多个对象，则在修改完一个对象后，会循环提示修改下一个对象。

② 如果选择了不可以更改修改点的对象如尺寸、多线等，即使点取了修改点，也不会更改任何点，只能输入参数修改特性。

③ 如果一次选择了多个直线，在修改点的提示后输入了修改点，所有的直线的端点都将根据更改点被移动。

④ 同时选中多个对象时，使用 CHPROP 和 CHANGE 的 P 参数修改特性对每一个对象都有效。

4.4.3　特性匹配 MATCHPROP

如果要将某对象的特性修改成另一个对象的特性，通过特性匹配命令可以快速实现。此时，无须逐个修改该对象的具体特性。

命令：MATCHPROP

快速访问工具栏：特性匹配

功能区：默认→剪贴板→特性匹配

菜单：修改→特性匹配

工具栏：标准→特性匹配

命令及提示：

命令: **'_matchprop**
选择源对象:
选择源对象:
当前活动设置: 颜色 图层 线型 线型比例 线宽 厚度 打印样式 标注 文字 填充图案 多段线 视口 表格材质 阴影显示 多重引线
选择目标对象或 [设置(S)]: **s↙** （弹出“特性设置”对话框）
选择目标对象或 [设置(S)]:

参数:

（1）选择源对象：该对象的全部或部分特性是要被复制的特性。

（2）选择目标对象：该对象的全部或部分特性是要改动的特性。

（3）设置(S)：设置复制的特性，输入该参数后，弹出如图 4-69 所示的对话框。

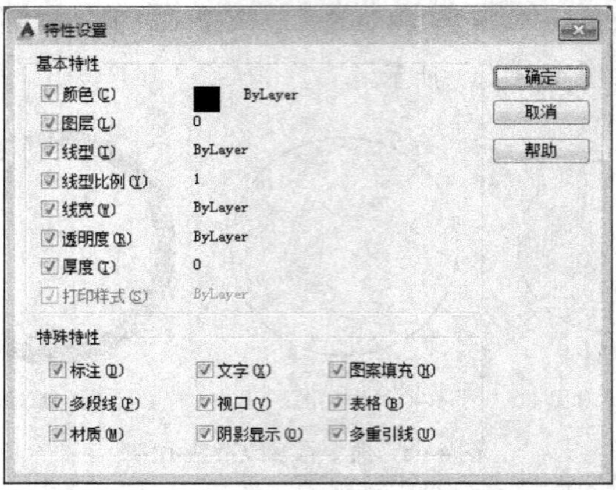

图 4-69 “特性设置”对话框

在该对话框中，包含了“基本特性”和“特殊特性”2 个区，可以选择其中的部分或全部特性为要复制的特性，其中灰色的是不可选中的特性。

【例 4.30】 参照图 4-70（a）绘制一红色点划线圆和一黑色实线矩形。将圆的特性除颜色外改成矩形的特性。

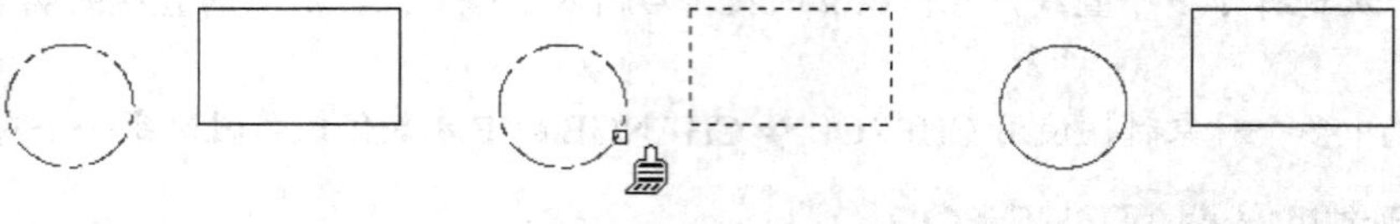

（a）原图 （b）选择修改的对象 （c）结果

图 4-70 特性匹配示例

命令: **'_matchprop**
选择源对象: **点取图中的矩形**
当前活动设置: 颜色 图层 线型 线型比例 线宽 透明度 提示当前有效的设置
厚度 标注 文字 图案填充 多段线 视口 表格 材质 阴影显示 多重引线
选择目标对象或 [设置(S)]: **s↙**
弹出“特性设置”对话框，在对话框中取消颜色
当前活动设置: 图层 线型 线型比例 线宽 透明度 重新提示当前特性设置
厚度 标注 文字 图案填充 多段线 视口 表格 材质 阴影显示 多重引线

选择目标对象或 [设置(S)]: (光标变成一拾取框附带一刷子), 点取圆
选择目标对象或 [设置(S)]: ↙　　　　　　回车结束特性匹配命令

结果如图 4-70（c）所示。

习　题　4

1．构造选择集有哪些方法？

2．选择屏幕上的对象有哪些方法？这些方法有什么区别？

3．编辑对象有哪两种不同的顺序？是否所有的编辑命令都可以采用不同的操作顺序？

4．将一条直线由 100 变成 200，有几种不同的方式？由 200 改成 100 有哪些方法？

5．哪些命令可以复制对象？

6．修改对象特性有哪些方法？

7．夹点编辑包括哪些功能？

8．将两条不平行且未相交的直线变成端点准确相交共有几种方式？如果两条直线已经相交但端点不重合，该如何编辑使之准确相交？

9．环形阵列和矩形阵列中的阵列基点有什么规则？环形阵列复制对象是否旋转对阵列后的对象有什么影响？

10．多线编辑时如果打断中间一部分，能否不通过取消命令来恢复该段？

11．对象过滤的条件有哪些？

12．合并命令对不同的被选对象各有什么要求？

13．修改命令和特性修改命令有什么区别？要更改一个圆的颜色有多少种途径？

14．在同一点打断一条直线该如何操作？

15．延伸命令能否删除一条线段？

16．参照本章命令的使用方法，自学 DrawOrder（前置、后置、置于对象之上、置于对象之下）、SetByLayer（设置为随层）、ChSpace（更改空间）等命令。

第 5 章 图案填充和渐变色

在大量的机械图、建筑图中，需要在剖视图、断面图上绘制填充图案。在其他的设计图上，也经常需要将某一区域填充某种图案或渐变色，用 AutoCAD 2015 实现图案或渐变色填充是非常方便和灵活的。本章介绍图案填充命令 BHATCH 和渐变色命令 GRADIENT 的用法和设置，以及相关的编辑方法。

5.1 图案填充和渐变色的绘制

5.1.1 图案填充 HATCH、BHATCH

HATCH、BHATCH 为图案填充的对话框执行命令（命令行执行命令为“-HATCH”)。在对话框中设置图案填充所必需的参数。

命令：HATCH、BHATCH

功能区：默认→绘图→图案填充

菜单：绘图→图案填充

工具栏：绘图→图案填充

执行 HATCH 命令后弹出如图 5-1 所示的“图案填充创建”选项卡。

图 5-1 “图案填充创建”选项卡

同时出现如下提示：

```
命令: _hatch
拾取内部点或 [选择对象(S)/放弃(U)/设置(T)]:
```

在拾取了内部点或选择对象后，出现填充预览效果。如果选择设置(T)，则弹出的图 5-2 所示的“图案填充和渐变色”对话框。

在该对话框中，包含“图案填充”和“渐变色”两个选项卡。

在“图案填充”选项卡中，各列表框及按钮的含义如下。

1. 类型和图案

（1）类型：图案填充类型。包括“预定义”、“用户定义”和“自定义”三种。“预定义”指该图案已经在 ACAD.PAT 中定义好。“用户定义”指使用当前线型定义的图案。“自定义”指定义在除 ACAD.PAT 外的其他文件中的图案。

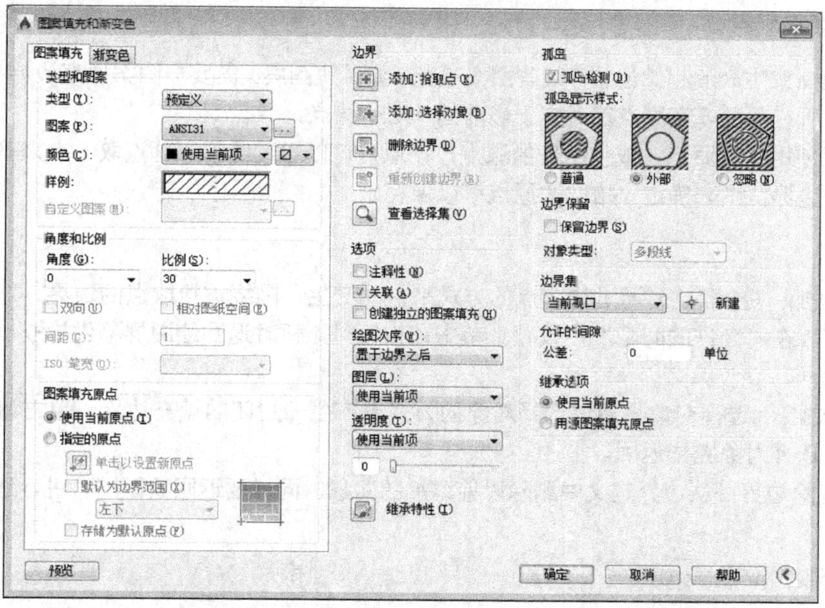

图 5-2 “图案填充和渐变色”对话框

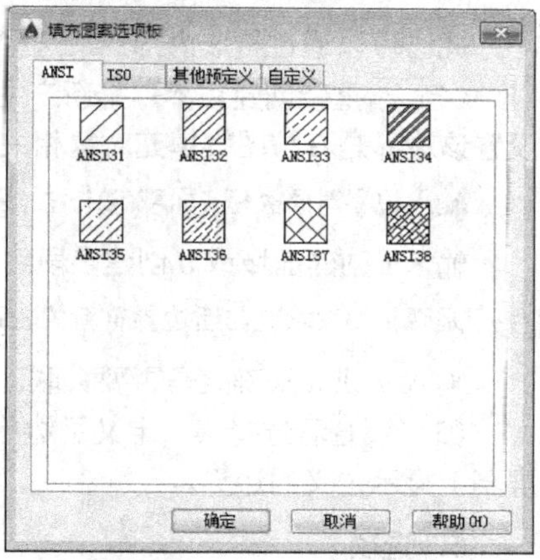

图 5-3 “填充图案选项板”对话框

（2）图案：该下拉列表框显示了目前图案名称。单击向下的小箭头会列出图案名称，可以选择一种填充图案，如果希望的图案不在显示出的列表中，可以通过滑块上下搜索。如果单击了图案右侧的按钮[...]，则弹出如图 5-3 所示的“填充图案选项板”对话框。4 个选项卡可以切换到不同类别的图案集中。从中选择一种图案进行填充操作。

（3）样例：显示选择的图案样式。点取显示的图案式样，同样会弹出“填充图案选项板”对话框。

在该对话框中，不同的页显示相应类型的图案。双击图案或点取图案后单击[确定]按钮即选中了该图案。

（4）自定义图案：只有在类型中选择了自定义后，该项才是可选的，其他同预定义图案。

2．角度和比例

（1）角度：设置填充图案的角度。可以通过下拉列表选择，也可以直接输入。

（2）比例：设置填充图案的大小比例。

（3）双向：对于用户定义的图案，将绘制第二组直线，这些直线与原来的直线成 90°，构成交叉线。只有“用户定义”的类型才可用此选项。

（4）相对图纸空间：相对于图纸空间单位缩放填充图案。使用此选项，很容易地做到以适合于布局的比例显示填充图案。该选项仅适用于布局。

（5）间距：指定用户定义图案中的直线间距。

（6）ISO 笔宽：基于选定笔宽缩放 ISO 预定义图案。只有“类型”是“预定义”，并且“图案”为可用的 ISO 图案的一种，此选项才可用。

3. 图案填充原点

控制填充图案生成的起始位置。某些图案填充（如砖块图案）需要与图案填充边界上的一点对齐。默认情况下，所有图案填充原点都对应于当前的 UCS 原点。

用户可以使用默认原点，或使用新的原点，该原点可以通过绘图屏幕点取一点来确定，也可以设置成由默认的边界范围来确定。拾取的原点可以保存。

4. 边界

（1）添加：（拾取点）通过拾取点的方式来自动产生一围绕该拾取点的边界。默认该边界必须是封闭的，可以在“允许的间隙”中设置。单击该按钮时，暂时返回绘图屏幕供拾取点，拾取点完毕后返回该对话框。

（2）添加：（选择对象）通过选择对象的方式来产生一封闭的填充边界。单击该按钮时暂时关闭该对话框，选择对象完毕返回。

（3）删除边界：从边界定义中删除以前添加的对象。同样要返回绘图屏幕进行选择，命令行出现以下提示：

选择对象或 [添加边界(A)]:

此时可以选择删除的对象或输入 A 来添加边界，如果输入 A，出现以下提示：

拾取内部点或 [选择对象(S)/删除边界(B)]:

此时可以通过拾取内部点或选择对象的方式形成边界，输入 B 则转回删除边界功能。

（4）重新创建边界：重新产生围绕选定的图案填充或填充对象的多段线或面域，即边界，并可设置该边界是否与图案填充对象相关联。单击该按钮时，对话框暂时关闭，命令行将提示：

输入边界对象类型 [面域(R)/多段线(P)] <当前>:

输入 r 创建面域或 p 创建多段线。

是否将图案填充与新边界重新关联？ [是(Y)/否(N)] <当前>:

输入 y 或 n 来确定是否要关联。

（5）查看选择集：定义了边界后，该按钮才可用。单击该按钮时，暂时关闭该对话框，在绘图屏幕上显示定义的边界。

5. 选项

（1）关联：控制图案填充和边界是否关联。如果关联，则用户修改边界时，填充图案同时更改。

（2）创建独立的图案填充：当指定的边界是独立的几个时，控制填充图案是各自独立的几个，还是一个整体。

（3）绘图次序：控制图案填充和其他对象的绘图次序，可以设置在前或在后。

6. 继承特性

选择一个现有的图案填充，欲填充的图案将继承该现有的图案的特性。单击“继承特性”按钮时，对话框将暂时关闭，命令行将显示提示选择源对象（填充图案）。在选定图案填充要继承其特性的图案填充对象之后，可以在绘图区中右击鼠标，在快捷菜单中的“选择对象”和“拾取内部点”之间进行切换以创建边界。

7. 预览

单击预览按钮，填充图案的最后结果。如果不合适，可以进一步调整。

当单击“更多选项”按钮⊙时，将显示图 5-2 的右侧部分。

8．孤岛

三种孤岛检测显示样式的区别如图 5-4 所示。

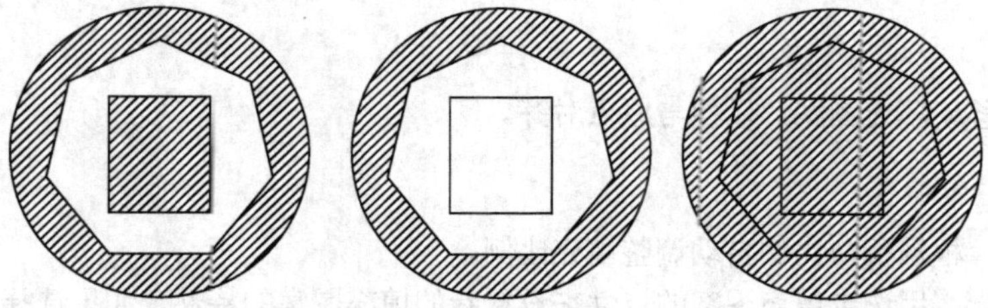

（a）普通孤岛检测　（b）外部孤岛检测　（c）忽略孤岛检测

图 5-4　孤岛检测显示样式的区别

在绘图屏幕上进行边界定义时，右击鼠标将弹出快捷菜单。同样，可以选择孤岛检测的类型。

9．边界保留

（1）保留边界：勾选则保留边界。该边界是指图案填充的临时边界，并增加到图形中。

（2）对象类型：选择边界的类型。可以是多段线或面域。

10．边界集

定义当使用“指定点”方式定义边界时要分析的对象集。如使用“选择对象”定义边界，则选定的边界集无效。

（1）当前视口：根据当前视口范围中的所有对象定义边界集。同时，将放弃当前的任何边界集。

（2）现有集合：从使用“新建”选定的对象定义边界集。如果还没有用“新建”创建边界集，则“现有集合”选项不可用。

（3）“新建”按钮：选择对象以便用来定义边界集。

11．允许的间隙

设置将对象用作图案填充边界时可以忽略的最大间隙。默认值为 0，指对象必须封闭没有间隙。可以在（0,5000）中设置一个值，小于等于该值的间隙均视为封闭。

12．继承选项

使用“继承特性”创建图案填充时，这些设置将控制图案填充原点的位置。

（1）使用当前原点：使用当前的图案填充原点。

（2）用源图案填充原点：以源图案填充的原点为原点。

在图 5-1 中，还包括以下几个选项。

13．特性

（1）图案填充类型：在下拉菜单中选择图案填充的类型。

- 实体：单色。由图案填充颜色决定填充的颜色。
- 渐变色：采用渐变色填充，随后的图案填充颜色变为渐变色 1 和渐变色 2。
- 图案：采用预设的图案填充。
- 自定义：采用用户自定义的图案。

(2) 图案填充颜色：对于实体类型，确定填充的颜色。对于渐变色类型，则用于定义渐变色 1。对于图案类型，则定义填充图案的前景色。

(3) 背景色：对于渐变色类型，用于定义渐变色 2，对于图案类型，则定义填充图案的背景色。

(4) 图案填充透明度：设置填充图案的透明度。可以通过滑块改变其值。

14. 原点

设定原点：移动填充图案，以便与原点对齐。

15. 选项

(1) 注释性：根据视口比例自动调整填充比例。

(2) 特性匹配：用选定填充图案的特性来设置新的填充图案的特性。如果选择“使用当前原点”，则匹配除原点之外的其他特性。如果选择“用源图案填充原点”，则匹配包括原点的所有特性。

【例 5.1】 在图 5-5 所示的多边形和圆之间填充图案 ANSI31，比例为 2。预先绘制一圆，半径为 20，用 POLYGON 命令绘制一个七边形，内接于半径为 40 的圆，如图 5-5（a）所示。

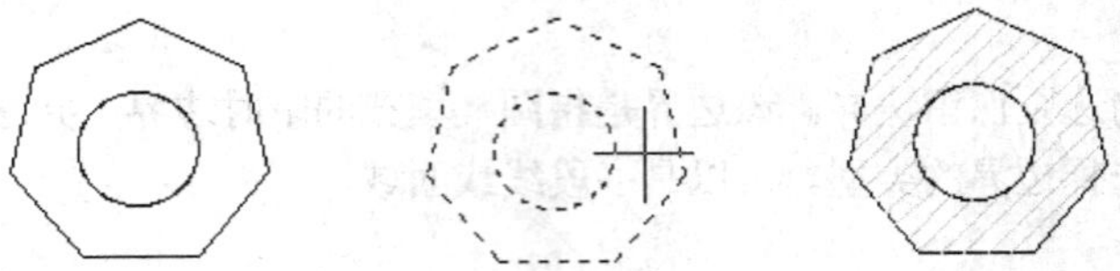

(a) 开始　　(b) 拾取点　　(c) 结果

图 5-5　填充图案示例

命令: **_bhatch**
弹出“图案填充创建”选项卡，
拾取内部点或 [选择对象(S)/放弃(U)/设置(T)]: **点取需要绘制剖面线的范围内任意点**
正在选择所有对象...
正在选择所有可见对象...
正在分析所选数据...
正在分析内部孤岛...
在“边界图案创建”选项卡中设置图案为 ANSI31，将比例改成 2，点取关闭按钮
拾取内部点或 [选择对象(S)/放弃(U)/设置(T)]:
将填充图案颜色改成青（CYAN），结果如图 5-5（c）所示。

5.1.2 渐变色 GRADIENT

图案填充是使用预定义图案进行填充，可以使用当前线型定义简单的线图案，也可以创建更复杂的填充图案。其中有一种图案类型称为实体（SOLID），它使用实体颜色填充区域。还有一种填充，即渐变填充。渐变填充是在一种颜色的不同灰度之间或两种颜色之间使用过渡。可以用来增强演示图形的效果，类似于光源反射到对象上的一种效果。

命令：GRADIENT

功能区：默认→绘图→渐变色

工具栏：绘图→渐变色

菜单：绘图→渐变色

执行该命令后弹出如图 5-6 所示的“图案填充和渐变色”对话框，不过此时直接打开的是“渐变色”选项卡。

在该对话框中，左侧部分主要用于设置渐变颜色，包括单色的颜色 1 和双色的两种颜色。同时设置渐变格式、方向、角度等。右侧部分和“图案填充”选项卡一致，不再重复介绍。

选择颜色时，单击“颜色”下方的按钮，弹出“选择颜色”对话框，从中选择渐变填充的颜色即可。

在中间的 9 种填充类型中选择一种合适的渐变方式。

在下方的“角度”中选择一个填充角度，同时可以设置方向是否居中。

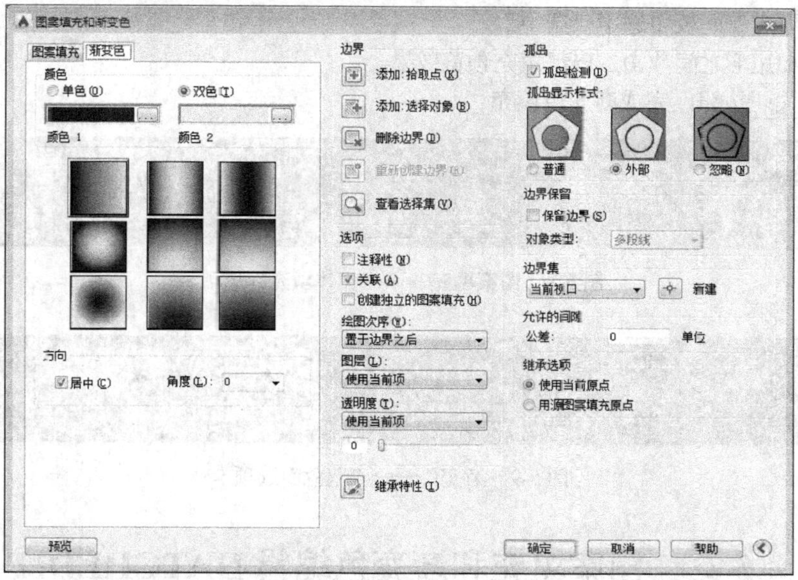

图 5-6　“渐变色”选项卡

【例 5.2】　实体填充和渐变色填充练习。

如图 5-7（a）所示，绘制一矩形和圆，并复制成三组。分别进行实体填充，双色渐变球面居中的填充。

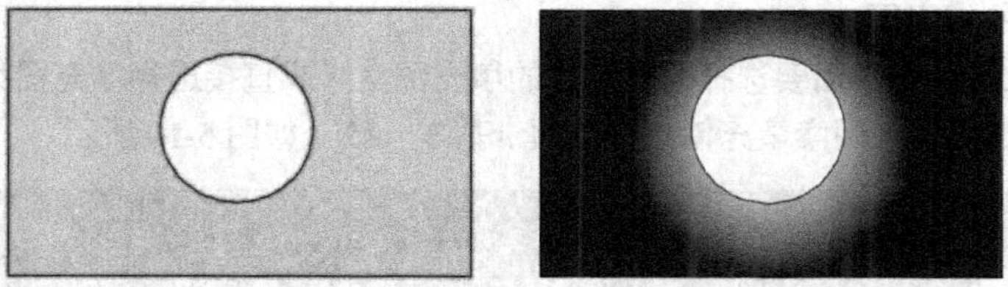

图 5-7　实体填充和渐变色填充

1．实体填充

（1）绘制一圆和矩形，如图 5-7（a）所示。

（2）复制成三组。

（3）单击“图案填充”按钮，弹出如图 5-8 所示的选项卡。

（4）设置“图案”为 SOLID；“图案填充颜色”为青色。

（5）在图形上单击矩形和圆之间的任意点。

（6）单击关闭按钮完成实体填充。

2. 渐变单填充

（1）单击“渐变色”按钮 渐变色 ，弹出如图 5-9 所示的选项卡。

（2）单击“渐变色 1”按钮，选择蓝色。

（3）单击“渐变色 2”按钮，选择黄色。

（4）在图案中选择“GR_SPHERE”填充模式。

（5）在“原点”面板中选中“居中”。

（6）在圆和矩形之间单击，出现填充预览效果。

（7）单击关闭按钮，完成渐变色填充。

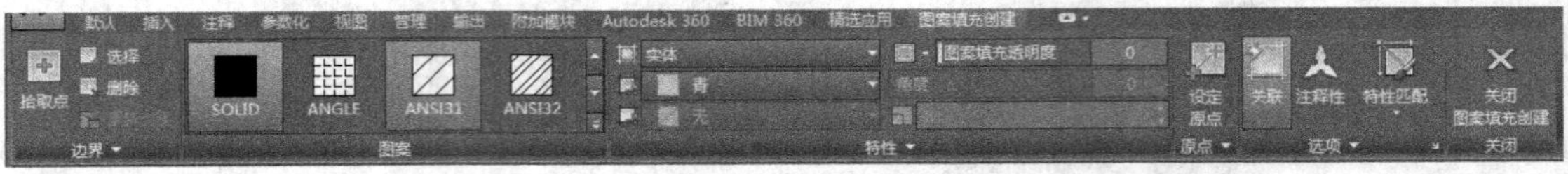

图 5-8 图案填充——“实体填充”选项卡

图 5-9 渐变色——“双色”选项卡

5.2 图案填充和渐变色编辑 HATCHEDIT

绘制完的填充图案可以用 HATCHEDIT 命令编辑。它可以修改填充图案的所有特性。

命令：HATCHEDIT

功能区：默认→修改→编辑图案填充

菜单：修改→对象→图案填充

工具栏：修改→编辑图案填充

执行 HATCHEDIT 命令后要选择编辑修改的填充图案（或直接选择填充图案），随即弹出“图案填充编辑器”选项卡，与“图案填充创建”选项卡基本一致，如图 5-10 所示。

图 5-10 “图案填充编辑器”选项卡

可以看出，编辑和创建的选项卡基本相同，只是其中有一些选项按钮被禁止，其他项目均可以更改设置，结果将反映在选择的填充图案上。

对关联和不关联图案的编辑，其中的一些参数（如图案类型、比例、角度等）的修改基本一致，如果修改影响到边界，其结果不相同。

下面是将图 5-11 中的圆通过夹点更改其半径超过矩形的情况。从图中可以看出，关联填充图案和边界密切相关，而不关联则和边界无关，成为一个独立的对象。

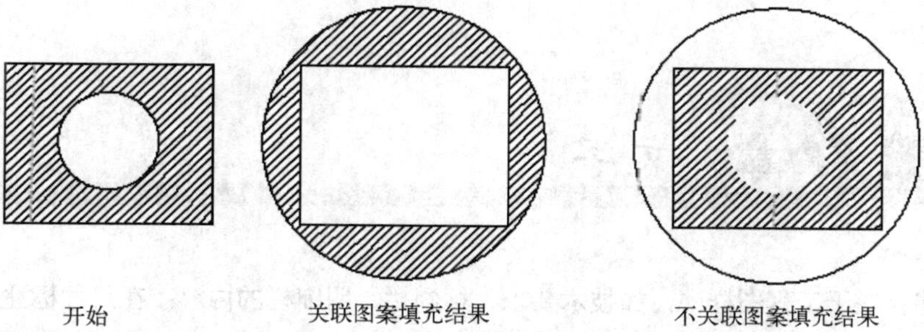

图 5-11　关联和不关联图案填充示例

5.3　图案填充分解

填充图案不论多么复杂，通常情况下都是一个整体，即一个匿名“块”。在一般情况下，不会对其中的图线进行单独的编辑，如果需要编辑，也是采用 HATCHEDIT 命令。但在一些特殊情况下，如标注的尺寸和填充的图案重叠，必须将部分图案打断或删除以便清晰显示尺寸，此时必须将填充图案分解，然后才能进行相关的操作。

用分解命令 EXPLODE 分解后的填充图案变成了各自独立的实体。图 5-12 显示了分解前和分解后的不同夹点。渐变色填充不可以分解。

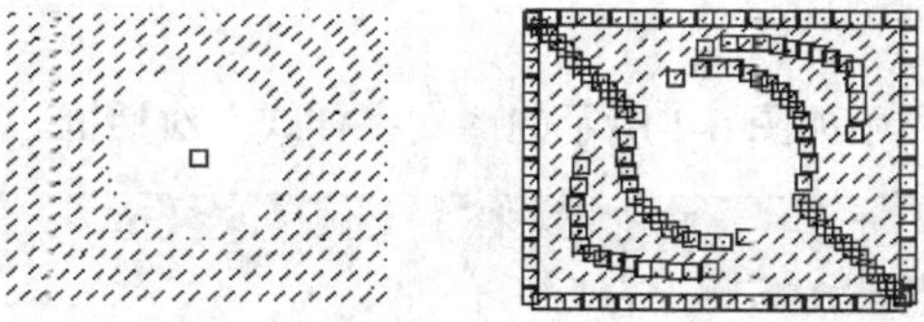

图 5-12　图案填充分解效果

习　题　5

1．什么是孤岛？删除孤岛的含义如何？
2．关联图案和不关联图案的区别在哪里？
3．设定填充边界的方法有哪些？
4．填充边界的定义有几种方式？
5．填充边界如果保留下来是什么类型的图线？
6．渐变色填充和实体填充有什么区别？

第6章 文字

文字普遍存在于工程图样中，如技术要求、标题栏、明细栏的内容；在尺寸标注时注写的尺寸数值等。本章介绍文字样式的设置、文字的注写等内容。

6.1 文字样式设置 STYLE

在不同的场合会用到不同的文字样式，所以设置文字样式是文字注写的首要任务。当设置好文字样式后，可以利用该文字样式和相关的文字注写命令 DTEXT、TEXT、MTEXT 注写文字。

要注写文字，首先应该确定文字的样式。如注写的是英文，可以采用某种英文字体；注写的是汉字，必须采用 AutoCAD 支持的某种汉字字体或大字体。否则，在屏幕上出现的可能是问号“？”。

命令：STYLE

功能区：注释→文字→管理文字样式、文字样式（文字面板右侧箭头）

默认→注释→文字样式→管理文字样式

工具栏：文字→文字样式

菜单：格式→文字样式

执行该命令后，系统将显示如图 6-1 所示的“文字样式”对话框。

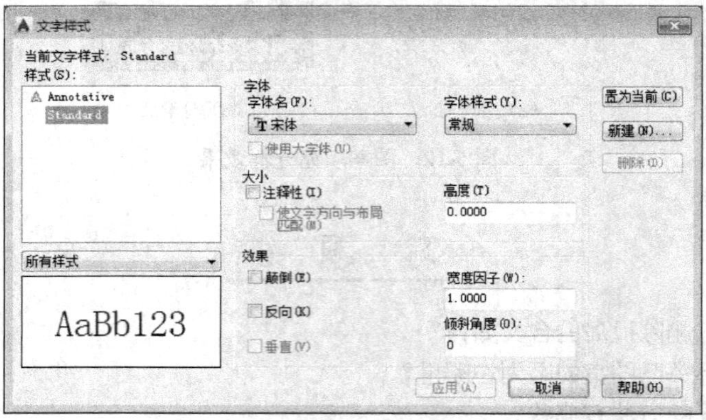

图 6-1 “文字样式”对话框

在该对话框中，包含样式、字体、大小、效果、预览等区，可以新建文字样式或修改已有文字样式。

1. 样式

样式：显示当前文字样式，单击下拉列表框的向下小箭头可以弹出所有已建的样式名。单击对应的样式后，其他对应的项目相应显示该样式的设置。其中，Standard 样式为默认的文字样式，采用的字体为 TXT.SHX，该文字样式不可以删除。

2．字体

（1）字体名：在该下拉列表框中选择某种字体。必须是已注册的 TrueType 字体和编译过的形文件，将会显示在该列表框中。

（2）使用大字体：选择相应的字体后，该复选框有效，指定某种大字体。

（3）大字体：在选中了“使用大字体”复选框后，该列表框有效，可以选择某种大字体。图 6-2 显示了设定“txt.shx”字体后使用大字体的情况。

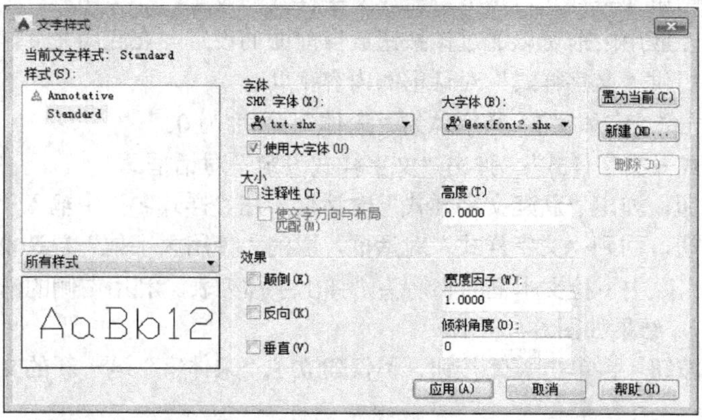

图 6-2　设定“大字体”示例

3．大小

（1）注释性：该复选框确定是否设置注释性特性，即是否根据注释比例设置进行缩放。

（2）使文字方向与布局匹配：如果选择了注释性，则该复选框有效。指定图纸空间视口中的文字方向与布局方向匹配。

（3）高度：用于设置字体的高度。如果设定了大于 0 的高度，则在使用该种文字样式注写文字时统一使用该高度，不再提示输入高度。如果设定的高度为 0，则在使用该种样式输入文字时将出现高度提示。每使用一次会提示一次，同一种字体可以输入不同高度。

4．效果

（1）颠倒：以水平线作为镜像轴线的垂直镜像效果。

（2）反向：以垂直线作为镜像轴线的水平镜像效果。

（3）垂直：文字垂直书写。

以上三种效果，其中有些效果对一些特殊字体是不可选的。

（4）宽度因子：设定文字的宽和高的比例。

（5）倾斜角度：设定文字的倾斜角度，正值向右斜，负值向左斜，角度范围为-84°~84°。

5．预览

预览框：直观显示所用样式的效果。

6．命令按钮

（1）置为当前按钮：将指定的文字样式设定为当前使用的样式。

（2）新建按钮：新建一文字样式，点取该按钮后，弹出如图 6-3 所示的对话框，要求输入样式名。

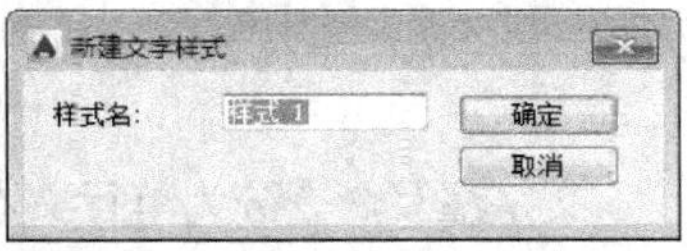

图 6-3　“新建文字样式”对话框

输入文字样式名，该名称最好具有一定的代表意义，与随即选择的字体对应起来或和其他的用途对应起来，这样使用时比较方便，不至于混淆。当然也可以使用默认的样式名。单击确定按钮后退回“文字样式”对话框。

（1）删除按钮：删除文字样式，在图形中已经被使用过的文字样式无法删除，同样，Standard 样式是无法删除的。

（2）应用按钮：将设置的样式应用到图形中。单击该按钮后，取消按钮变成关闭。

（3）关闭按钮：结束文字样式对话框，完成文字样式的设置。

（4）取消按钮：在应用之前可以通过该按钮放弃前面的设定。在应用之后，该按钮变成关闭。

（5）帮助按钮：提供“文字样式”对话框的内容帮助。

【例 6.1】 建立样式“宋体字”，其字体为“宋体”，高度为 0。

（1）选菜单“格式→文字样式”，弹出“文字样式设定”对话框。

（2）单击新建按钮，弹出“新建文字样式”对话框，在“样式名”中输入“宋体字”。

（3）单击确定按钮，回到“文字样式”对话框，取消“使用大字体”复选框。

（4）单击“字体名”中下拉文本框的小箭头，弹出字体列表。利用右侧的滑块，向下搜索，找到“宋体”，单击“宋体”，结果如图 6-4 所示。

（5）先单击应用按钮，再单击关闭按钮，不仅建立了“宋体字”这一新的文字样式，同时该字体变成当前的字体。

如图 6-5 所示，表示是几种不同设置的文字样式的显示效果。

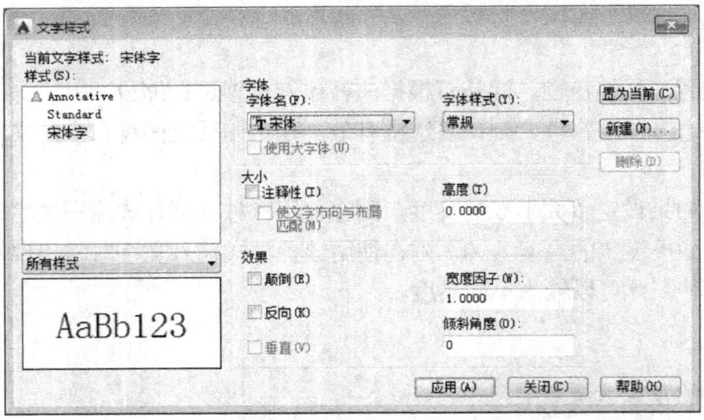

图 6-4 新建字体“宋体字”

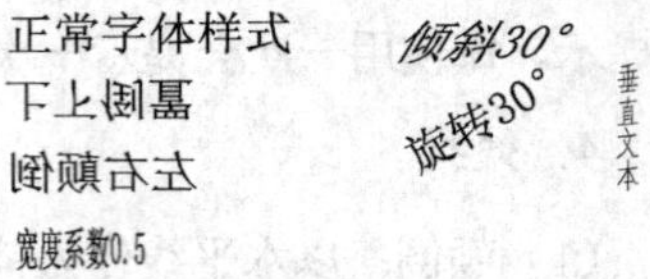

图 6-5 文本样式设置的几种效果

注意：

① 文字样式的改变直接影响到用 TEXT 和 DTEXT 命令注写的文字，而用 MTEXT 注写的文字字体可以单独设置文字样式，具体示例参见本章 6.5 节。

② 如果要同时采用多种字体，中间以逗号（,）分隔。

6.2 文字注写命令

文字注写命令分为单行文本输入 TEXT、DTEXT 命令和多行文本输入 MTEXT 命令。另外，还可以将外部文本文件输入到 AutoCAD 中。对文本可以进行拼写检查。

6.2.1　单行文字输入 TEXT 或 DTEXT

在 AutoCAD 2015 中，TEXT 和 DTEXT 命令的功能相同，都可以输入单行文本。

命令：TEXT、DTEXT

功能区：默认→注释→单行文字、注释→文字→单行文字

工具栏：文字→单行文字

菜单：绘图→文字→单行文字

命令及提示：

命令: **_dtext**
当前文字样式: “宋体字”　文字高度: XXX　注释性: 否
指定文字的起点或 [对正(J)/样式(S)]: **j↙**
[左(L)/居中(C)/右(R)/对齐(A)/中间(M)/布满(F)/左上(TL)/中上(TC)/右上(TR)/左中(ML)/正中(MC)/右中(MR)/左下(BL)/中下(BC)/右下(BR)]:
指定文字的起点或 [对正(J)/样式(S)]: **s↙**
输入样式名或 [?] <当前>:

参数：

（1）起点：定义文本输入的起点，默认情况下对正点为左对齐。对齐和调整比较如图 6-6 所示。如果前面输入过文本，此处以回车响应起点提示，则跳过随后的高度和旋转角度的提示，直接提示输入文字，此时使用前面设定好的参数，同时起点自动定义为最后绘制的文本的下一行。

图 6-6　对齐和调整比较

（2）对正(J)：输入对正参数，出现以下不同的对正类型供选择，各种对正类型比较如图 6-7 所示。

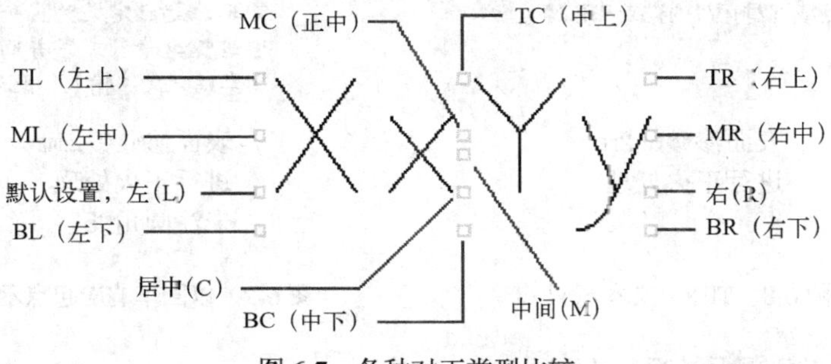

图 6-7　各种对正类型比较

- 左(L)——确定文本基线的左基准点。
- 居中(C)——确定文本基线的水平中点。
- 右(R)——确定文本基线的右侧终点。

- 对齐(A)——确定文本的起点和终点，AutoCAD 自动调整文本的高度，使文本放置在两点之间，即保持字体的高和宽之比不变。
- 中间(M)——确定文本基线的水平和垂直中点。
- 布满(F)——确定文本的起点和终点，AutoCAD 调整文字的宽度以便将文本放置在两点之间，此时文字的高度不变。
- 左上(TL)——文本以第一个字符的左上角为对齐点。
- 中上(TC)——文本以字串的顶部中间为对齐点。
- 右上(TR)——文本以最后一个字符的右上角为对齐点。
- 左中(ML)——文本以第一个字符的左侧垂直中点为对齐点。
- 正中(MC)——文本以字串的水平和垂直中点为对齐点。
- 右中(MR)——文本以最后一个字符的右侧中点为对齐点。
- 左下(BL)——文本以第一个字符的左下角为对齐点。
- 中下(BC)——文本以字串的底部中间为对齐点。
- 右下(BR)——文本以最后一个字符的右下角为对齐点。

（3）样式(S)：选择该选项，出现以下提示：

- 输入样式名——输入随后书写文字的样式名称。
- ?——如果不清楚已经设定的样式，输入“？”则在命令窗口列表显示已经设定的样式。

【例 6.2】 文字注写练习。

（1）注写如图 6-8 所示的文字。

```
命令: _dtext
当前文字样式:宋体字 当前文字高度: 2.5000 注释性: 否        提示当前文字样式
指定文字的起点或 [对正(J)/样式(S)]:点取文字左下角          指定文字的左对齐点
指定高度 <2.5000>: ↙                                      回车使用默认值
指定文字的旋转角度 <0>: ↙                                 回车定义角度为 0
表面渗碳 0.2mm↙                                          通过键盘输入文字并回车结束本行
进行正火处理↙                                            回车结束本行文字输入
↙                                   回车结束文字注写命令，此处不可以按空格键结束
```

（2）接着上例（1）注写“未注圆角 R5”，如图 6-9 所示。

```
命令: _dtext
当前文字样式:宋体字 当前文字高度: 2.5000 注释性: 否     提示当前文字样式
指定文字的起点或 [对正(J)/样式(S)]: ↙                  回车，起点定义为上一次文本的下一行
未注圆角 R5↙                                           通过键盘输入文字并回车结束本行
↙                                                      回车结束文字输入，此处不可以按空格键结束
```

表面渗碳0.2mm
进行正火处理

图 6-8 TEXT 文本示例

表面渗碳0.2mm
进行正火处理
未注圆角R5

图 6-9 以回车响应起点示例

6.2.2 加速文字显示 QTEXT

图形中存在太多的文本，会影响图形的重画、缩放和刷新速度，尤其在使用了 PostScript 字体、TrueType 字体以及其他一些复杂字体时，这一影响会比较明显。针对这种情况，为了减少不必要的时间浪费，AutoCAD 提供了 QTEXT 命令以便加速文字的显示。

QTEXT 命令其实是一个开关，控制了文字的显示速度。

命令及提示：

```
命令: qtext
输入模式 [开(ON)/关(OFF)] <OFF>:
```

参数：

（1）开(ON)：QTEXT 处于打开状态。

（2）关(OFF)：QTEXT 处于关闭状态。

【例 6.3】 接着上例测试 QTEXT 文字显示效果。执行 QTEXT 命令，使其打开，并执行 REGEN 命令。

（a）QTEXT 开关关闭状态　　（b）QTEXT 开关打开状态

图 6-10　QTEXT 对文字显示的影响

图 6-10 反映了 QTEXT 模式关闭和打开后的两种不同的显示方式。在关闭 QTEXT 模式时（默认状态），文字正常显示。当打开 QTEXT 模式时，AutoCAD 用逼近的小矩形来替代文本的显示，如图 6-10（b）所示。要正常显示文本，关闭 QTEXT，并执行 REGEN 命令。

在 QTEXT 处于打开状态下输入文字，在输入的过程中，文本正常显示，一旦按回车键，结束该行文本输入后，文本即由逼近的矩形替代。如果先输入了文本，再打开 QTEXT，原先输入的文本只有在执行了重生成后才会变成逼近的小矩形。强制图形重生成的命令为“REGEN”。

注意：

另一种处理方法为首先设定简单的字体，如 TXT 字体，分别定义成不同的样式名，用于绘图过程中。在最后需要真正绘图输出时，再通过“文字样式”对话框更改成复杂和精美的字体样式。在使用该方式时，采用单行文本输入方式比较方便。

6.2.3　多行文字输入 MTEXT

在 AutoCAD 中可以一次输入多行文本，而且可以设定其中的不同文字具有不同的字体或样式、颜色、高度等特性。可以输入一些特殊字符，并可以输入堆叠式分数，设置不同的行距，进行文本的查找与替换，导入外部文件等。

命令：MTEXT

功能区：默认→注释→多行文字、注释→多行文字

菜单：绘图→文字→多行文字

工具栏：绘图→多行文字、文字→多行文字

命令及提示：

```
命令: _mtext
当前文字样式:“宋体字”  文字高度: XX  注释性: 否
指定第一角点:
指定对角点或 [高度(H)/对正(J)/行距(L)/旋转(R)/样式(S)/宽度(W)/栏(C)]: h↙
```

```
指定高度 <>:

指定对角点或 [高度(H)/对正(J)/行距(L)/旋转(R)/样式(S)/宽度(W)]: j↙
输入对正方式 [左上(TL)/中上(TC)/右上(TR)/左中(ML)/正中(MC)/右中(MR)/左下(BL)/中下(BC)/右下(BR)]
<左上(TL)>:

指定对角点或 [高度(H)/对正(J)/行距(L)/旋转(R)/样式(S)/宽度(W)]: l↙
输入行距类型 [至少(A)/精确(E)] <至少(A)>:
输入行距比例或行距 <1x>:

指定对角点或 [高度(H)/对正(J)/行距(L)/旋转(R)/样式(S)/宽度(W)]: r↙
指定旋转角度 <0>:

指定对角点或 [高度(H)/对正(J)/行距(L)/旋转(R)/样式(S)/宽度(W)]: s↙
输入样式名或 [?] <>:

指定对角点或 [高度(H)/对正(J)/行距(L)/旋转(R)/样式(S)/宽度(W)]: w↙
指定宽度:
```

参数：

（1）指定第一角点：定义多行文本输入范围的一个角点。

（2）指定对角点：定义多行文本输入范围的另一个角点。

（3）高度(H)：用于设定矩形范围的高度。随即出现以下提示：

- 指定高度 <>—— 定义高度。

（4）对正(J)：设置对正方式。对正方式提示如下：

- 左上(TL)——左上角对齐。
- 中上(TC)——中上对齐。
- 右上(TR)——右上角对齐。
- 左中(ML)——左侧中间对齐。
- 正中(MC)——正中对齐。
- 右中(MR)——右侧中间对齐。
- 左下(BL)——左下角对齐。
- 中下(BC)——中间下方对齐。
- 右下(BR)——右下角对齐。

（5）行距(L)：设置行距类型，出现以下提示：

- 至少(A)——确定行间距的最小值。回车出现输入行距比例或间距提示。
- 输入行距比例或行距——输入行距或比例。
- 精确(E)——精确确定行距。

（6）旋转(R)：指定旋转角度。

- 指定旋转角度——输入旋转角度。

（7）样式(S)：指定文字样式。

- 输入样式名或 [?] <>——输入已定义的文字样式名，？则列表显示已定义的文字样式。

（8）宽度(W)：定义矩形宽度。

- 指定宽度——输入宽度或直接点取一点来确定宽度。

在设定了矩形的两个顶点后，弹出如图 6-11 所示的“文字编辑器”选项卡。

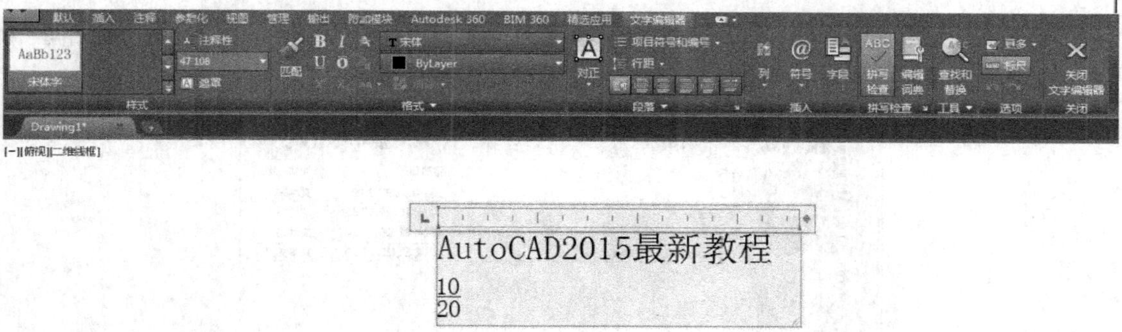

图 6-11　“文字编辑器”选项卡

该对话框包含样式、格式、段落、插入、拼写检查、工具、选项、关闭等面板，与一般的文字排版编辑功能基本相同。可以通过其上的各个下拉列表框、文本框以及按钮完成文本的编辑排版工作。限于篇幅，本书不在文本的编辑上做过多的介绍。常用的对话框如图 6-12~图 6-16 所示。

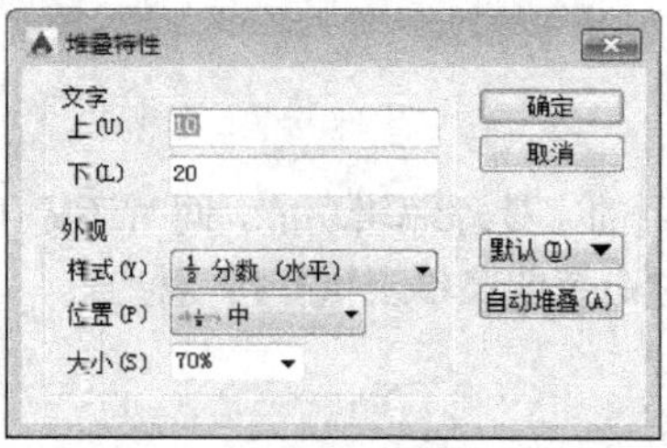

图 6-12　“堆叠特性”对话框

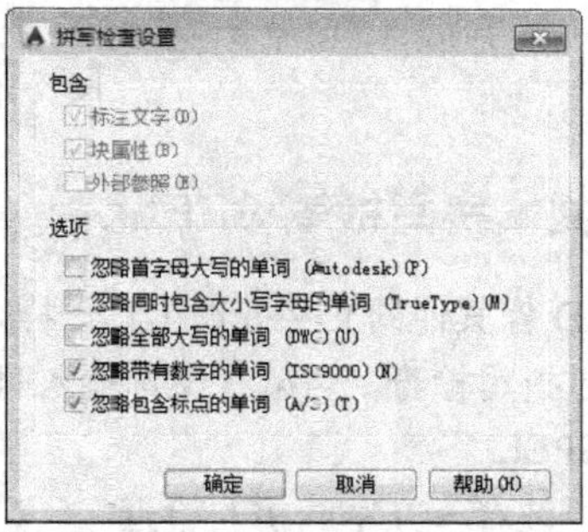

图 6-13　“拼写检查设置”对话框

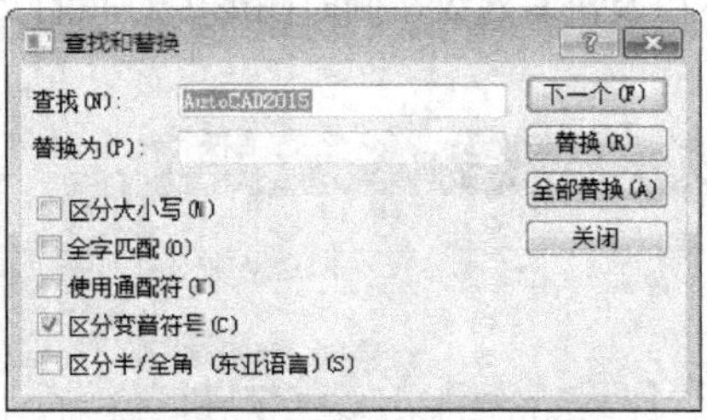

图 6-14　“查找和替换”对话框

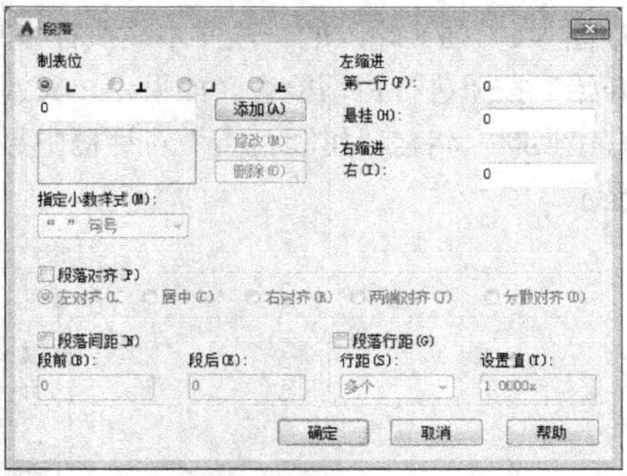

图 6-15　“段落”对话框

注意：

一个具有多行字串的多行文本经分解后变成多个单行文本。

6.2.4　外部文件输入文本

在多行文字编辑器中可以通过输入文字按钮将外部的文本文件（.rtf 和.txt）直接导入到该对话框中，和在该对话框中输入的一样。点取选项按钮后，在弹出的菜单中选择“输入文字”，弹出“选择文件”对话框，如图 6-16 所示。该对话框中的一些按钮与打开文件时的对话框中的按钮功能相同，在此不再赘述。要求文件大小不得超过 32KB。

图 6-16 “选择文件”对话框

6.2.5 文本拼写检查 SPELL

AutoCAD 像其他的文字处理工具一样，不仅提供常用的字处理编辑功能，同时还提供拼写检查功能。用户通过拼写检查，可减少文本输入时的失误。通过命令或菜单来执行拼写检查。

命令：SPELL

功能区：注释→文字→拼写检查

菜单：工具→拼写检查

工具栏：工具→拼写检查

如图 6-17（a）输入的一段文本，执行拼写检查命令后，弹出图 6-17（b）所示对话框。单击其中的“开始”按钮进行拼写检查。如果 AutoCAD 认为没有错误，将弹出对话框提示拼写检查完成。当怀疑有错误时，将在“拼写检查”对话框中显示有错的文本以及拼写建议，同时图形中对应的文本会高亮显示。

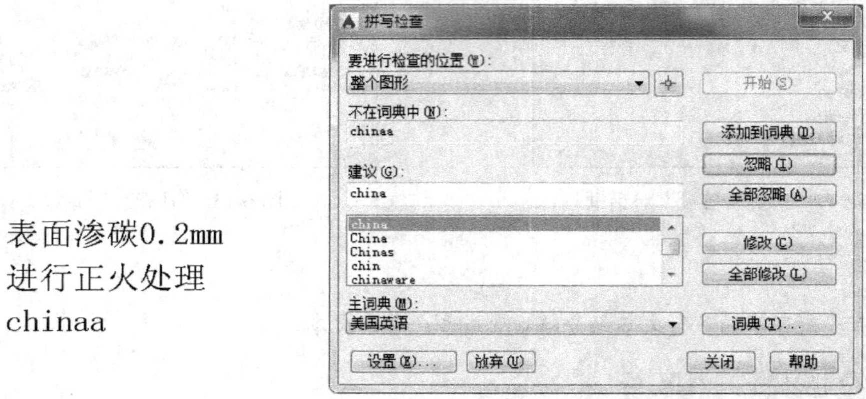

（a）示例　　（b）“拼写检查”对话框

图 6-17 拼写检查示例

6.3 特殊文字输入

在 AutoCAD 中，有些字符不方便通过标准键盘直接输入，这些字符为特殊字符。特殊字符主要包括：上划线、下划线、度符号°、直径符号ϕ、正负号±等。在多行文本输入文字时可以单击符号按钮或在“选项”菜单的“符号”选项来输入常用的符号。在单行文字输入中，必须采用特定的编码来进行。即通过输入控制代码或 Unicode 字符串可以输入一些特殊字符或符号。

表 6-1 列出了以上几种特殊字符的代码，其大小写通用。

表 6-1 特殊字符代码

代 码	对应字符
%%o	上划线
%%u	下划线
%%d	度°
%%c	直径ϕ
%%p	正负号±
%%%	%
%%nnn	ASCIInnn 码对应的字符

在 DTEXT 或 TEXT 命令中，如在“输入文本”提示后输入“%%u 特殊字符 %%O 输入示例%%U%%O：直径%%c，角度%%D，公差%%p0.020，通过率 98%%%”，结果在屏幕上出现如图 6-18 所示显示效果。

图 6-18 特殊字符代码的显示效果

单击@按钮或在“选项”菜单中选择“符号”，弹出如图 6-19 所示的“符号”列表。从中可以选择需要的特殊符号。

单击“符号”列表最下方的“其他”，弹出如图 6-20 所示的“字符映射表”对话框，从中可以选择特殊符号插入。

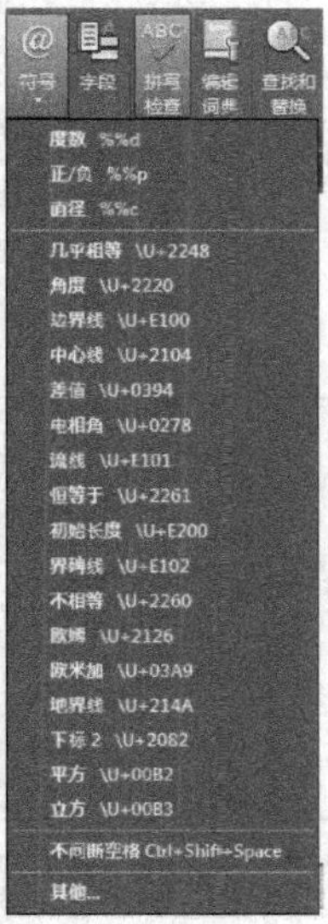

图 6-19 “符号”列表

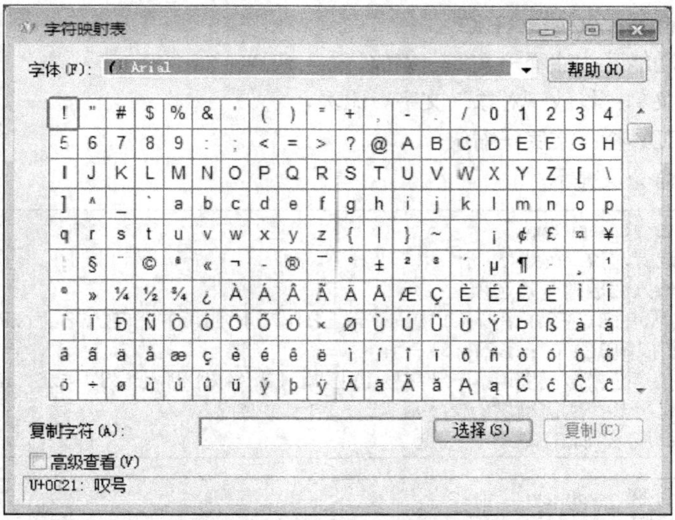

图 6-20 “字符映射表”对话框

特殊符号不支持在垂直文字中使用，而且一般只支持部分 TrueType（TTF）字体和 SHX 字体。包括 Simplex、RomanS、Isocp、Isocp2、Isocp3、Isoct、Isoct2 、Isoct3、Isocpeur（仅 TTF 字体）、Isocpeur Italic（仅 TTF 字体）、Isocteur（仅 TTF 字体）、Isocteur italic（仅 TTF 字体）。

注意：

应该注意字体和特殊字符的兼容性。如果一些特殊字符（包括汉字），使用的字体无法辨认时，则会显示若干“?”来替代输入的字符，更改字体可以恢复正确的结果。

6.4 文字编辑 DDEDIT

在 AutoCAD 中，同样可以对已经输入的文字进行编辑修改。根据选择的文字对象是单行文本还是多行文本的不同，弹出相应的对话框来修改文字。如果采用特性编辑器，还可以同时修改文字的其他特性，如样式、位置、图层、颜色等。

命令：DDEDIT

菜单：修改→对象→文字→编辑

工具栏：文字→编辑

执行文字编辑命令后，首先要求选择欲修改编辑的注释对象（如果一次只修改一个文本对象，用户也可以通过双击文本来执行该命令；如果同时选择了多个对象，一般会弹出“特性”对话框），如果选择的对象为单行文字，点取后将和输入单行单行文字类似，直接修改即可。

如果选择的对象为多行文字，出现“文字编辑器”选项卡，操作和输入多行文字相同。

用户也可以通过“对象特性”伴随对话框来编辑修改文字及属性。在“对象特性”伴随对话框中，用户不仅可以修改文本的内容，而且可以重新选择该文本的文字样式、设定新的对正类型、定义新的高度、旋转角度、宽度比例、倾斜角度、文本位置以及颜色等该文本的所有特性。

6.5 缩放文字 SCALETEXT

在 AutoCAD 2015 中，可以在绘制文字后再修改文字的大小比例。

命令：SCALETEXT

功能区：注释→文字→缩放

菜单：修改→对象→文字→比例

工具栏：文字→缩放

命令及提示：

命令: **_scaletext**
选择对象: 找到 X 个
输入缩放的基点选项
[现有(E)/左(L)/中心(C)/中间(M)/右(R)/左上(TL)/中上(TC)/右上(TR)/左中(ML)/正中(MC)/右中(MR)/左下(BL)/中下(BC)/右下(BR)] <现有>:
指定新模型高度或 [图纸高度(P)/匹配对象(M)/比例因子(S)] <2.5>: **m**
选择具有所需高度的文字对象:
高度=当前

命令: **_scaletext**
选择对象: 找到 X 个
输入缩放的基点选项
[现有(E)/左(L)/中心(C)/中间(M)/右(R)/左上(TL)/中上(TC)/右上(TR)/左中(ML)/正中(MC)/右中(MR)/左下(BL)/中下(BC)/右下(BR)] <现有>:
指定新高度或 [匹配对象(M)/缩放比例(S)] <当前>: **s**
指定缩放比例或 [参照(R)] <2>: **r**

```
指定参照长度 <1>:
指定新长度:
指定新模型高度或 [图纸高度(P)/匹配对象(M)/比例因子(S)] <5>: p
指定新图纸高度 <5>:
1 个非注释性对象已忽略
```

参数：

提示中有关缩放基点的选项和绘制文字时基本相同，相当于 SCALE 中指定的缩放基准点。不同之处在于以下几点。

（1）现有：保持原有的绘制基准点不变。

（2）指定新高度：输入新的高度替代原先绘制时指定的文字高度。

（3）匹配对象：选择一个已有的文本对象，使用该对象的高度来替代原先的高度。

（4）选择具有所需高度的文字对象：选择欲修改成的文本高度的文字对象。

（5）缩放比例：定义一个比例系数来修改文本的高度。

（6）指定缩放比例：输入比例系数，文本高度变成该系数和原先高度的乘积。

（7）参照：通过定义参照长度度来修改文本的高度。

（8）指定参照长度：输入参照的长度。

（9）指定新长度：输入新的长度，通过和参照长度相比得到新的高度。

（10）指定新图纸高度：根据注释性特性缩放文字高度。

6.6　对正文字 JUSTIFYTEXT

在 AutoCAD 2015 中，可以在绘制文字后再修改文字的对正基准。

命令： JUSTIFYTEXT

功能区： 注释→文字→对正

菜单： 修改→对象→文字→对正

工具栏： 文字→对正

命令及提示：

```
命令: _justifytext
选择对象: 找到 1 个
输入对正选项
[左(L)/对齐(A)/调整(F)/中心(C)/中间(M)/右(R)/左上(TL)/中上(TC)/右上(TR)/左中(ML)/正中(MC)/右中(MR)/
左下(BL)/中下(BC)/右下(BR)] <左>:
```

该命令调整原先绘制文字的基准点。如原先绘制的文字是采用的左对齐方式，采用该命令并输入 R 后，将该文本的对齐点调整为右对齐，而文本本身的位置不变。用户可以通过该命令后查看夹点的变化来体会该命令的效果。

6.7　查找 FIND

与一般的文字编辑软件一样，在 AutoCAD 2015 中也可以查找特定字符串。

命令： FIND

菜单： 编辑→查找

工具栏： 文字→查找

执行该命令后弹出如图 6-21 所示的“查找和替换”对话框。

通过该对话框，输入要查找的字符串，指定搜索范围，就可以进行查找操作了。如果要进行字符串替换，则在“替换为”文本框中输入新的字符串，单击替换按钮即可。其他操作和一般的文本编辑器中的“查找替换”基本一致。

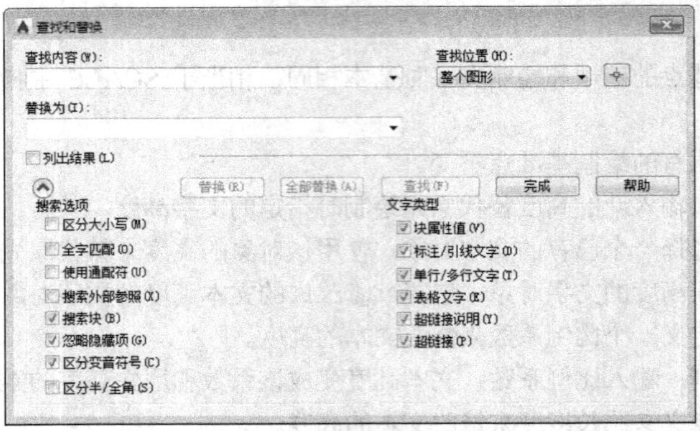

图 6-21 “查找和替换”对话框

6.8 改变文字样式

在一般情况下，文字样式的改变，会直接影响到采用该样式输入的文本。

对于 DTEXT 和 TEXT 输入的单行文本，由于在输入时均指定了自己的文字样式，所以一旦在后来改变了该样式，输入的文本会自动更新。

对多行文本而言，有两种情况：

（1）如果在输入时采用了在多行文字编辑器的“样式”中设置的样式，则一旦改变该样式，输入的多行文本会自动根据新的样式更新文本。

（2）如果在输入时是将某种字体直接赋给文本，则在后来修改某种文字样式时，不会影响到直接采用字体的文本。

【例 6.4】 将图 6-22 中的隶书字体修改为宋体字，观察对单行文本和多行文本的影响。

（1）如图 6-22 所示，原先在文字样式中设定的样式“Standard”采用的字体是隶书，并且采用 TEXT 输入前两行文本。采用 MTEXT 输入第三、第四行文本，其中第三行通过“特性”选项卡，设定输入的文本样式为“Standard”，第四行则直接在“字符”选项卡中设定为“宋体字”。

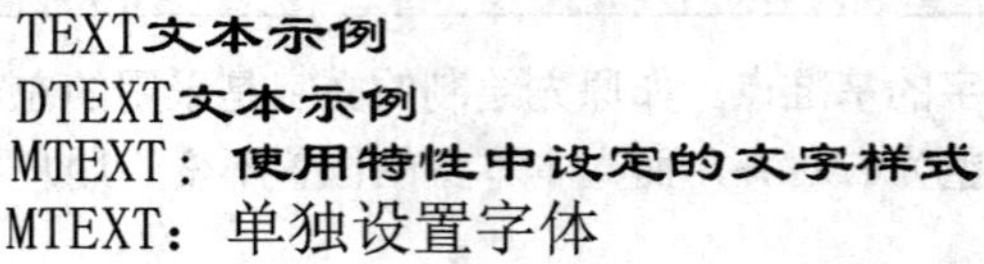

图 6-22 修改样式前的文字

（2）在“文字样式”对话框中，选择 Standard 样式，在“字体”中选择“楷体”来替代原先的“隶书”，如图 6-23 所示。

（3）单击应用和关闭按钮，退出“文字样式”对话框，结果如图 6-24 所示。

从图 6-22 和图 6-24 的比较中可以看出，文字样式的改变会影响到采用该样式绘制的文字，与输入方法无关。

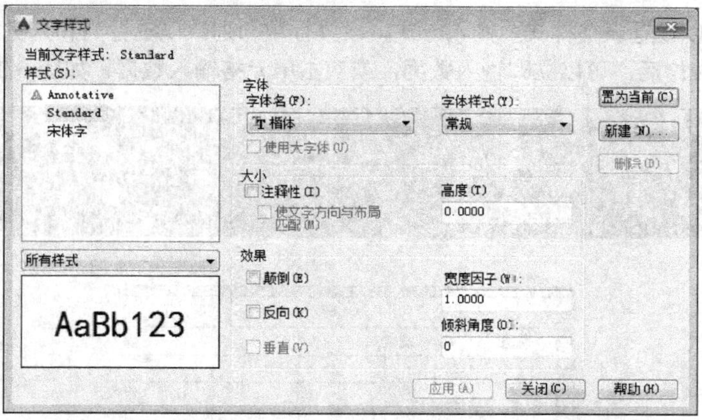

图 6-23 “文字样式”对话框

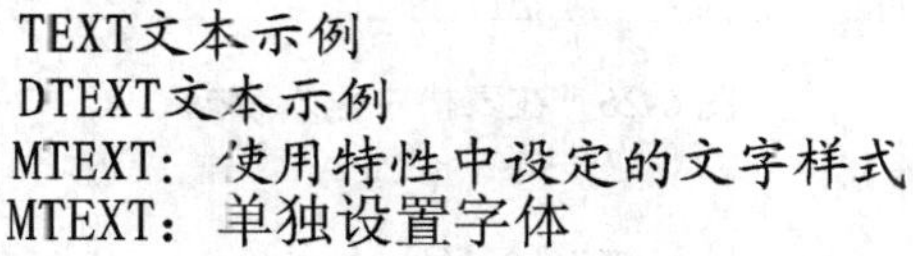

图 6-24 修改样式后的文字

6.9 表格 TABLE

在 AutoCAD 2015 中插入表格，编辑标题栏、明细栏等非常方便，无须手工绘制。

命令：TABLE

功能区：注释→表格→表格、默认→注释→表格

菜单：绘图→表格

工具栏：绘图→表格

执行该命令后，弹出如图 6-25 所示的“插入表格”对话框。如果执行“ta-ble”，则通过命令行方式绘制表格。

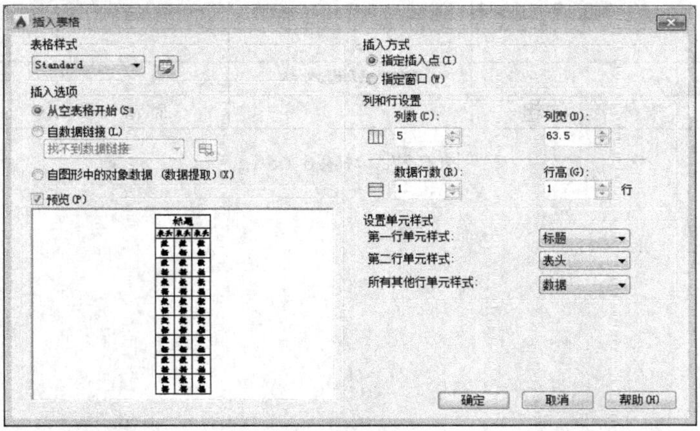

图 6-25 “插入表格”对话框

在图 6-25 中可以设置表格样式、插入方式，设置行数和列数以及行高和列宽等。

在图形中插入表格后，可以立即输入数据，或双击单元格输入数据，如图 6-26 所示。

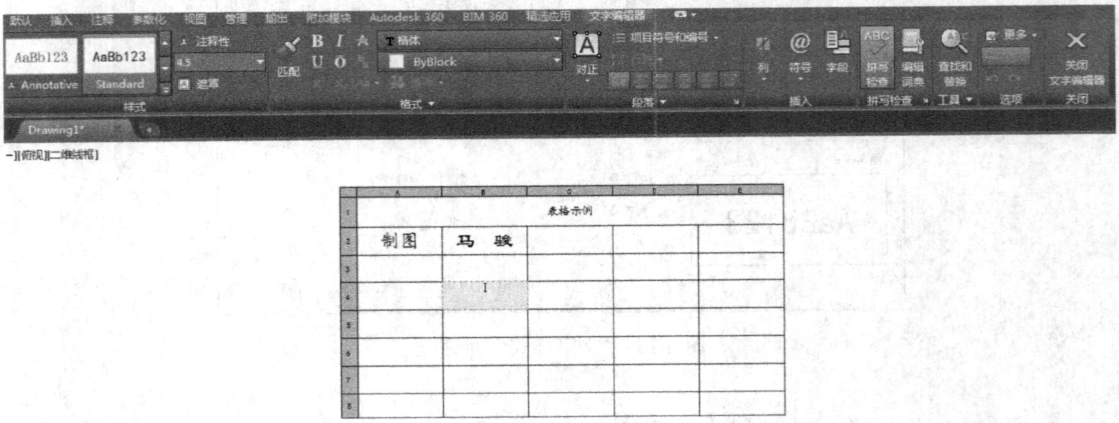

图 6-26 在表格中输入数据

习 题 6

1. 单行文本输入和多行文本输入有哪些主要区别？各适用于什么场合？
2. 特殊字符如何输入？
3. 如何输出精美的文字并保证文本的显示速度？
4. 文字样式中的倾斜和旋转的含义是什么？
5. 是否可以设定一种文字样式包含多种字体？
6. 修改已经使用的文字样式对原图有何影响？这种情况对单行文本和多行文本的影响是否相同？
7. 绘制如图 6-27“习题 6-1.dwg”所示的表格。

表格样本		
第一行，第一列，左对齐		
第二行，第一列，右对齐		
	居中	
	南京师范大学	
宋体字，加粗		宽度比例2

图 6-27 习题 6-1.dwg

第7章 块及外部参照

块，指一个或多个对象的集合，是一个整体，即单一的对象。利用块可以简化绘图过程并可以系统地组织任务。例如一张装配图，可以分成若干块，由不同人员分别绘制，最后再通过块的插入及更新形成装配图。

在图形中插入块是对块的引用，不论该块多么复杂，在图形中只保留块的引用信息和该块的定义，所以使用块可以减少图形的存储空间，尤其在一张图中多次引用同一块时十分明显。一幅图形本身可以作为一个块被引用。

块可以减少不必要的重复劳动，如每张图上都有的标题栏，可以制成一个块，在输出时插入。可以通过块的方式建立标准件图库等。块可以附加属性，通过外部程序和指定格式抽取图形中的数据。

外部参照是一幅图形对另一幅图形的引用，功能类似于块。

本章介绍块的建立、插入、编辑修改的方法以及外部参照方面的知识。

7.1 创建块 BLOCK

要使用块，必须首先创建块。可以通过以下方法创建块。

命令：BLOCK

功能区：默认→块→创建、插入→块→创建

菜单：绘图→块→创建

工具栏：绘图→创建块

命令及提示：

```
命令: _block 输入块名或 [?]:
指定插入基点或 [注释性(A)]: a
创建注释性块 [是(Y)/否(N)] <Y>:
相对于图纸空间视口中图纸的方向 [是(Y)/否(N)] <N>:
选择对象:
```

参数：

（1）块名：块的名称，在使用块时要求输入块名。

（2）？：列出图形中已经定义的块名。

（3）插入基点：插入块时控制块的位置的基点。

（4）注释性(A)：设置成注释性的块。

（5）相对于图纸空间视口中图纸的方向：设置是否和图纸空间视口中图纸方向一致。

（6）选择对象：定义块中包含的对象。

执行创建块命令后，弹出如图 7-1 所示的“块定义”对话框。该对话框中包含块名称、基点区、对象区、预览图标区以及插入单位、说明等。各项含义如下。

（1）名称：块的标识，新建块可以通过键盘直接输入名称。单击向下的小箭头弹出该图形中已定义的块名称列表。

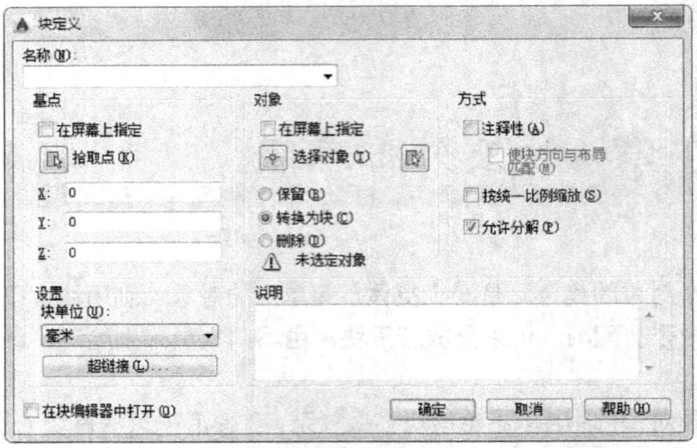

图 7-1 “块定义”对话框

（2）基点：定义块的基点，该基点在插入时作为基准点使用。

- 在屏幕上指定：通过指点设备在屏幕上指定一个点作为基点。
- 拾取点：单击该按钮返回绘图屏幕，要求点取某点作为基点，此时 AutoCAD 自动获取拾取点的坐标并分别填入下面的 X、Y、Z 文本框中。
- X、Y、Z：在文本框中分别输入 X、Y、Z 坐标。默认基点是原点。

（3）对象：定义块中包含的对象。

- 在屏幕上指定：关闭对话框时将提示选择对象。
- 选择对象：单击该按钮返回绘图屏幕要求用户选择屏幕上的图形作为块中包含的对象。
- 快速选择：单击该按钮弹出“快速选择”对话框，用户可设定块中包含的对象。
- 保留：在选择了组成块的对象后，保留被选择的对象不变。
- 转换为块：在选择了组成块的对象后，将被选择的对象转换成块。
- 删除：在选择了组成块的对象后，将被选择的对象删除。

（4）设置。

- 块单位：单击下拉列表后可以选择块单位。
- 超链接：将块和某个超链接对应。

（5）方式。

- 注释性：是否作为注释性定义块。如果是，则还要定义方向。
- 按统一比例缩放：确定是否按统一比例缩放块。
- 允许分解：指定块是否可以分解。

（6）在块编辑器中打开。

单击确定按钮后在块编辑器中打开该块的定义。

【例 7.1】 通过对话框将如图 7-2 所示的图形创建成块，名称为“lw1”。

首先在屏幕上绘制一个圆及与之外切的正六边形，如图 7-2 所示。

（1）单击“默认→块→创建”按钮。进入“块定义”对话框，如图 7-3 所示，在其中输入名称“lw1”。

（2）单击拾取点按钮，在屏幕绘图区利用“圆心”的对象捕捉方式点取圆心。

（3）单击选择对象按钮，在屏幕绘图区选择圆和正六边形，回车结束选择。

（4）在“说明”文本框中输入“螺纹俯视”，结果如图 7-3 所示。

（5）单击确定按钮，完成块“lw1”的建立。

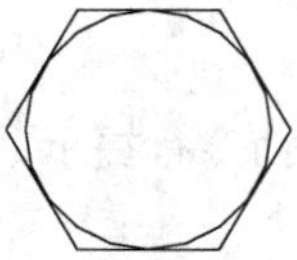

图 7-2　块中组成对象

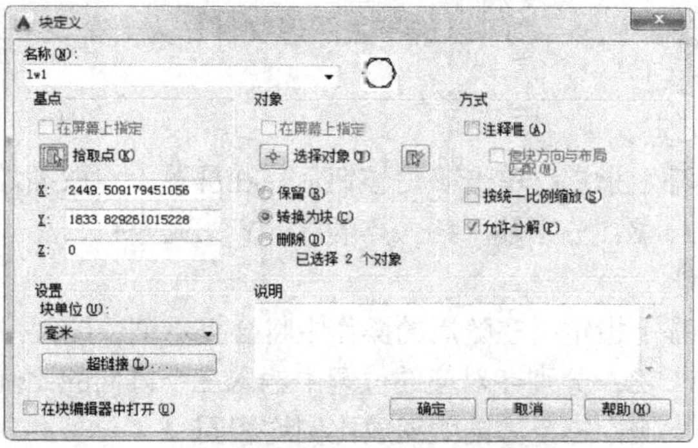

图 7-3　“块定义”对话框

注意：

采用 BLOCK 命令创建的块只属于该图形文件。

7.2　插入块 INSERT

块的建立是为了引用。引用一个块或通过对话框进行，或通过命令行进行，或通过阵列插入块，还可以作为尺寸终端或等分标记被引用。

命令： INSERT

功能区： 默认→块→插入、插入→块→插入

菜单： 插入→块

工具栏： 绘图→插入块

执行该命令后，一般在插入的下拉列表中显示本图形中定义的块，可以直接选择希望插入的块，在图形中确定其基点的插入位置即可。如果单击“更多选项”菜单，则弹出如图 7-4 所示的“插入”对话框。

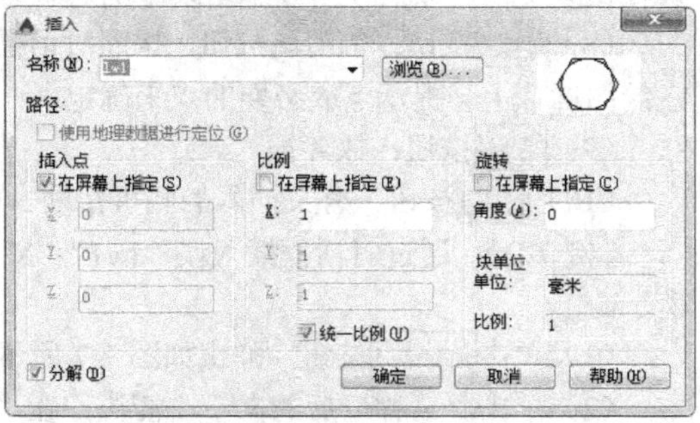

图 7-4　“插入”对话框

该对话框中包含名称、路径、插入点、比例、旋转、块单位以及分解复选框等项。各项含义如下。

（1）名称：下拉文本框，选择插入的块名。

（2）浏览按钮：单击该按钮后，弹出如图 7-5 所示的“选择图形文件”对话框。

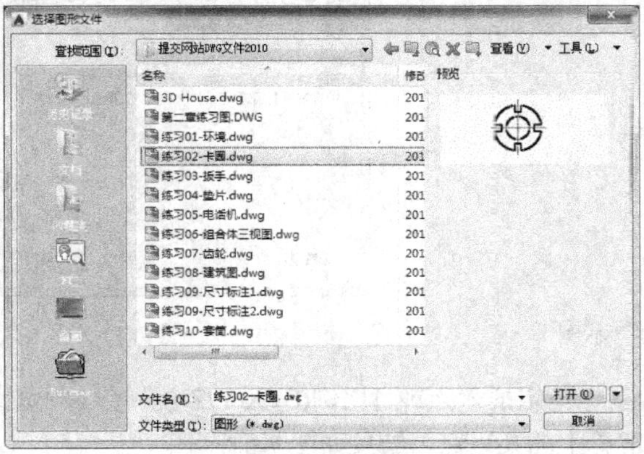

图 7-5　“选择图形文件”对话框

在该对话框中，用户可以选择某图形文件作为一个块插入到当前文件中，具体的用法和其他选择文件对话框相同。

（3）插入点。

- 在屏幕上指定：单击确定按钮后，在屏幕上点取插入点，相应会有命令行提示。
- X、Y、Z：分别输入插入点的 X、Y、Z 坐标。

（4）比例。

- 在屏幕上指定：在随后的操作中将会提示缩放比例，用户可以在屏幕上指定缩放比例。
- X、Y、Z：分别在对应的位置中输入三个方向的比例，默认值为 1。
- 统一比例：三个方向的缩放比例均相同。

（5）旋转。

- 在屏幕上指定：在随后的提示中会要求输入旋转角度。
- 角度：输入旋转角度值，默认值为 0°。

（6）块单位。

- 单位：指定块的单位。
- 比例：指定显示单位比例因子。

（7）分解：选择该复选框，块在插入时自动分解成独立的对象，不再是一个整体。默认情况下不选择该复选框。以后在需要编辑块中的对象时，可以采用分解命令将其分解。

（8）确定按钮：单击该按钮，按照对话框中的设定插入块。如果有需要在屏幕上指定的参数，则在绘图屏幕上会提示点取必要的点来确定。

（9）取消按钮：放弃插入。

（10）帮助按钮：有关插入的联机帮助。

【例 7.2】 通过对话框插入块“lw1”，X 方向比例为 2，Y 方向比例为 1，角度为 30°，如图 7-6 所示。

（1）单击插入块按钮，弹出如图 7-7 所示的“插入”对话框。

（2）单击“名称”后的向下小箭头，在“名称”列表中选择“lw1”。

（3）在“插入点”区中选择“在屏幕上指定”复选框。

（4）在“比例”区设定成 X 方向为 2，Y 方向为 1。

（5）在“旋转”区设定旋转角度为 30°，如图 7-7 所示。

图 7-6 对话框插入“lw1”示例

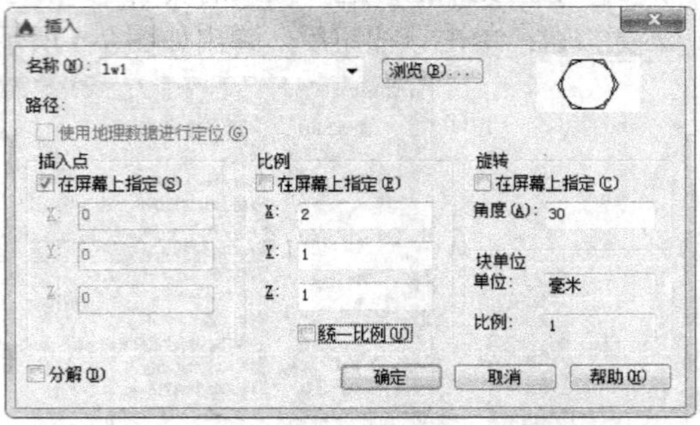

图 7-7 “插入”对话框

（6）单击确定按钮，在“指定插入点或 [比例(S)/X/Y/Z/旋转(R)/预览比例(PS)/PX/PY/PZ/预览旋转(PR)]: ”的提示下点取屏幕上的某一点，结果如图 7-6 所示。

注意：

① 输入块名时，如果输入“~”，则系统将显示“选择图形文件”对话框。

② 如果在块名前加“*”，在插入该块时自动将其分解。

③ 如果要用外部文件替换当前文件中的块定义，提示输入块名时在块名和替换的文件名之间加“=”。

④ 如果想在不重新插入块的情况下更新块的块的定义，提示输入块名时请在块名后加“=”。

⑤ 如果输入的块名不带有路径，则 AutoCAD 首先在当前文件中查找块定义。如果当前文件中不存在该名称的块定义，则自动转到库搜索路径中搜索同名文件。

⑥ 同样可以通过 DIVIDE 和 MEASURE 命令插入块，在尺寸标注中的终端形式也可以设定成自定义的块。

7.3 写块 WBLOCK

通过 BLOCK 命令创建的块只能存在于定义该块的图形中。如果要在其他的图形文件中使用该块，最简单的方法即采用 WBLOCK 建立块。

WBLOCK 命令和 BLOCK 命令一样可以定义块，只是该块的定义作为一个图形文件单独存储在磁盘上。事实上，WBLOCK 命令更类似于赋名存盘，同时可以选择保存的对象。WBLOCK 命令建立的块本身就是一个图形文件，可以被其他的图形引用，也可以单独打开。

命令：WBLOCK

命令及提示：

```
命令: _wblock
指定插入基点:
选择对象:
选择对象: ↙
```

参数：

（1）指定插入基点：定义插入块时的基点。如果选择了块或整个图形，则该区变灰。

（2）选择对象：选择组成块的对象。如果选择了块或整个图形，则该区变灰。

执行该命令后，弹出如图 7-8 所示的“写块”对话框 。

该对话框包含“源”和“目标”两个大区。“源”还包含“基点”、“对象”区。各项含义如下。

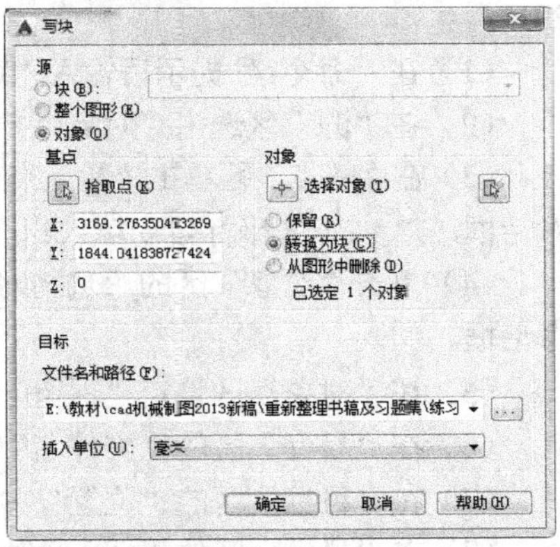

图 7-8 “写块”对话框

1. 源

（1）块：可以从右侧的下拉列表框中选择已经定义的块作为写块时的源。

（2）整个图形：以整个图形作为写块的源。以上两种情况都将使基点区和对象区不可用。

（3）对象：可以在随后的操作中设定基点并选择对象。

（4）基点：定义写块的基点。该基点在插入时作为基准点使用。

- 拾取点按钮——单击该按钮返回绘图屏幕，要求点取某点作为基点，此时 AutoCAD 自动获取其坐标并分别填入下面的 X、Y、Z 文本框中。
- X、Y、Z——在文本框中输入基点坐标。默认基点是原点。

（5）对象：定义块中包含的对象。

- 选择对象按钮——返回绘图屏幕，要求用户选择对象作为块中包含的对象。
- 快速选择按钮——弹出“快速选择”对话框，用户可以通过“快速选择”对话框来设定块中包含的对象。如果还没有选择任何对象，在下面出现“⚠未选定对象”的警告提示信息。
- 保留——在选择了组成块的对象后，保留被选择的对象不变。
- 转换为块——在选择了组成块的对象后，将被选择的对象转换成块。
- 从图形中删除——在选择了组成块的对象后，将被选择的对象删除。

2. 目标

（1）文件名和路径：用于输入写块的文件名。

（2）按钮：弹出“浏览图形文件”对话框，在该对话框中可以选择目标位置，如图 7-9 所示。

（3）插入单位：用于指定新文件插入时所使用的单位。

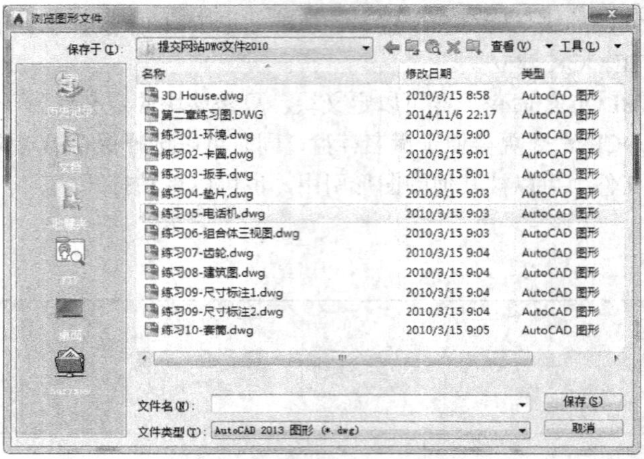

图 7-9 “浏览图形文件”对话框

【例 7.3】 通过“写块”对话框将前面定义成“lw1”块的图形写成块“lw2”，位置放在“C:\AutoCAD 2015”。

（1）在“命令:”提示后输入“WBLOCK”，弹出“写块”对话框。

（2）在“源”区选中“对象”单选框。

（3）在“基点”区单击“拾取点”按钮，在屏幕绘图区点取欲选图形的中心点，此时返回“写块”对话框，X、Y、Z 坐标自动填入相应的文本框。

（4）单击“对象”区的“选择对象”按钮，在屏幕绘图区选择圆和正六边形，回车返回“写块”对话框。

（5）在“对象”区设定“保留”单选框。

（6）在“目标”区的“文件名”文本框中输入“lw2”。

（7）在“目标”区的“位置”中输入“C:\AutoCAD 2015”。

（8）在“目标”区的“插入单位”文本框中单击下拉箭头，选择“毫米”。

（9）单击确定按钮，结束写块操作。

经过以上操作，将会在“C:\ AutoCAD 2015”目录下产生文件“lw2.dwg”。本例中的目标位置可以更改。

7.4 在图形文件中引用另一图形文件

要在一图形文件中引用另一图形文件，有两种方法：一是采用插入命令，二是采用外部参照的方法。插入一个图形文件有两种不同的操作方法：一是下达 INSERT 命令，如图 7-7 所示，在对话框中“浏览”时选择需要插入的图形即可；二是通过多文档拖动的方法，拖动图形文件到绘图区，其本质也是插入。

【例 7.4】拖动插入图形文件“X：\Program Files\Autodesk\AutoCAD 2015\Sample\Mechanical Sample\ Mechanical-Multileaders.dwg”。

（1）同时打开“资源管理器”和 AutoCAD 2015，并使活动的“资源管理器”不要将 AutoCAD 2015 全部遮挡住，如图 7-10 所示。

（2）在“资源管理器”中寻找欲插入的文件，单击选定的文件。不要松开鼠标，拖动该文件图标到 AutoCAD 2015 绘图区，再松开鼠标。

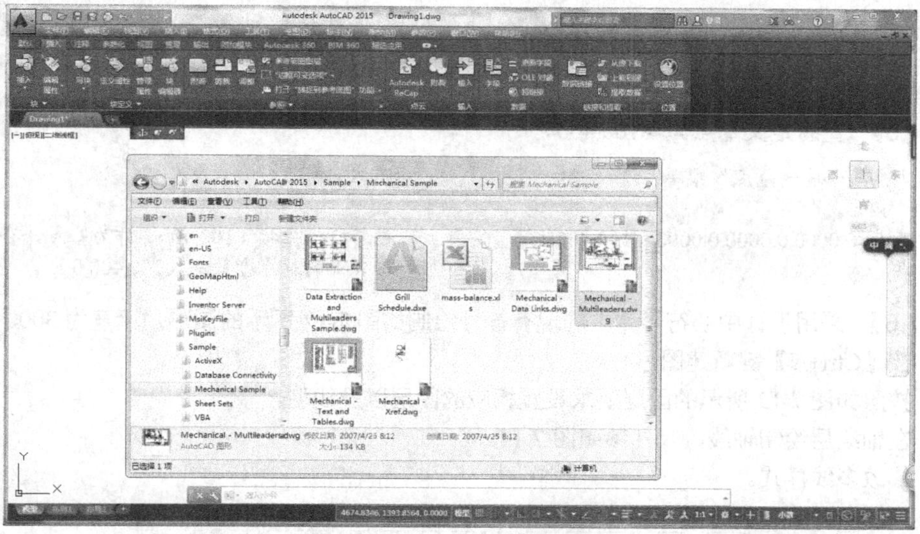

图 7-10 拖动插入示例图一

（3）相应在命令提示行出现以下提示：

```
命令: -INSERT 输入块名或 [?] <练习>: "C:\Program Files\AutoCAD 2015\Sample\Mechanical Sample\ Mechanical-Multileaders.dwg"
单位:英寸   转换: 25.4000
指定插入点或 [基点(B)/比例(S)/X/Y/Z/旋转(R)]:
输入 X 比例因子，指定对角点，或 [角点(C)/XYZ(XYZ)] <1>:
输入 Y 比例因子或 <使用 X 比例因子>:
指定旋转角度 <0>:
```

（4）与回答“插入”命令时一样回答以上各参数。

（5）结果如图 7-11 所示，在绘图区插入了所选的图形文件。

注意：

以图形文件作为插入对象时，不像插入块那样预先定义了插入基点，为此，AutoCAD 提供了 BASE 命令用来为图形文件设定基点。BASE 可以通过菜单或命令行执行。

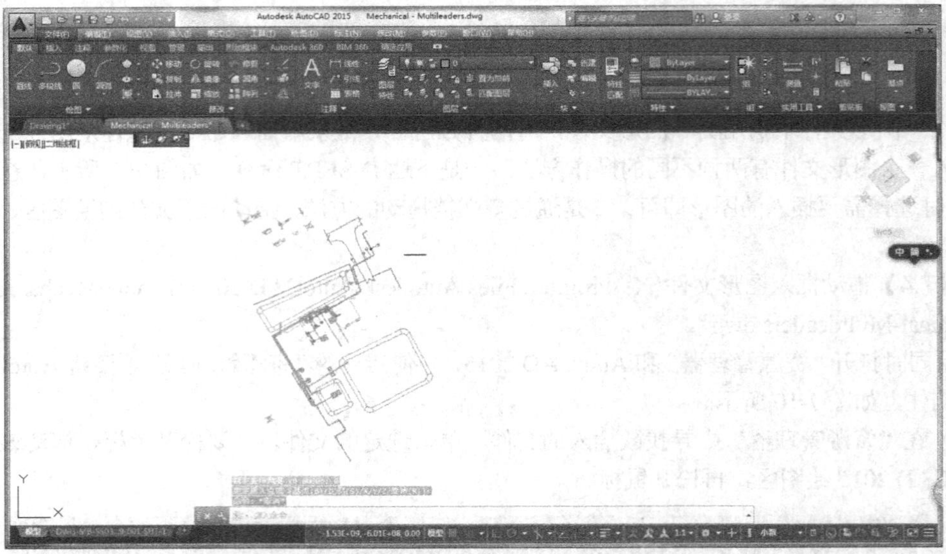

图 7-11　拖动插入示例图二

【例 7.5】 重新定义基点为（100,400）。

点取“绘图→块→基点”菜单	下达 BASE 命令
命令: **_base**	
输入基点<0.0000,0.0000,0.0000>: **100,400↙**	重新输入坐标（100,400）作为基点，存盘后，该图形文件的基点即变成（100,400,0）

【例 7.6】 采用设计中心符号库中的现有符号绘制如图 7-12 所示的图形，墙宽为 300。

（1）按【Ctrl+N】键新建图形。

（2）按照如图 7-13 所示的图层要求设置相应的图层以及线型。

（3）在轴线层绘制轴线，尺寸参照图 7-14。

（4）修改多线样式。

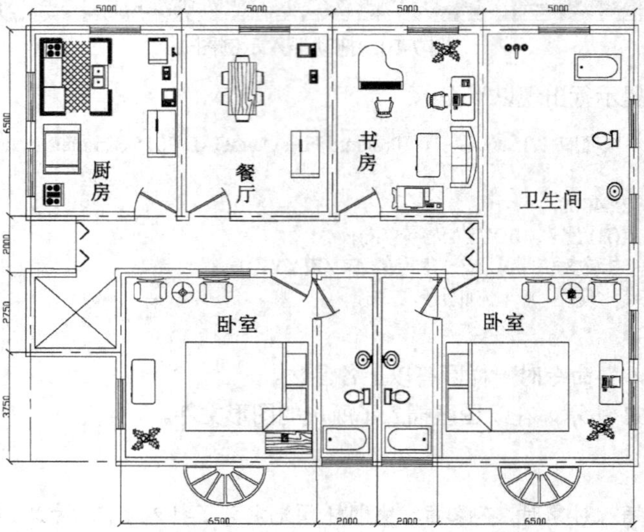

图 7-12　块使用示例

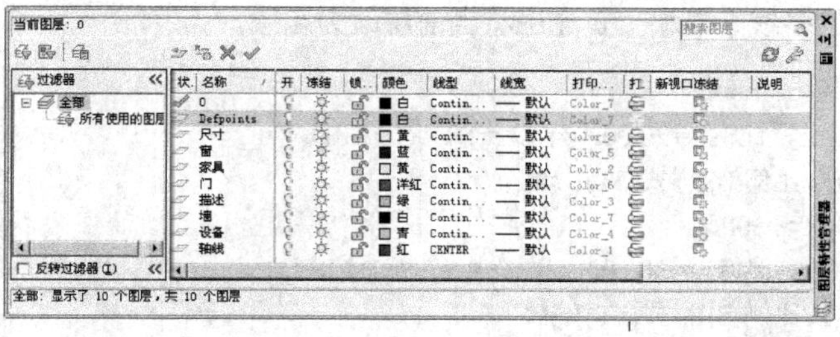

图 7-13　图层设置

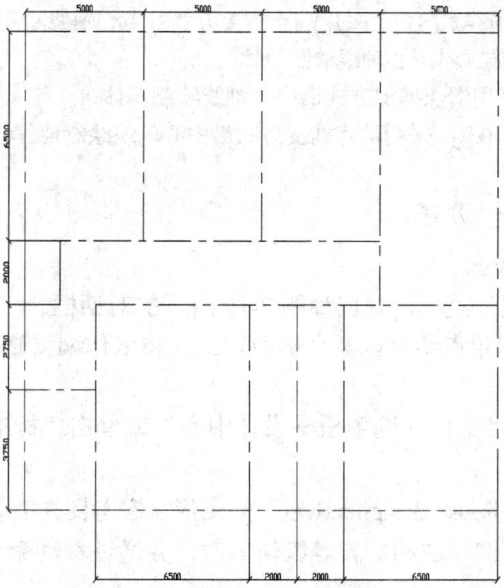

图 7-14　绘制轴线

单击菜单“格式→多线样式”，弹出如图 7-15 所示的对话框。

单击修改按钮，弹出如图 7-16 所示的对话框。将直线的起点和端点复选框选中。单击确定按钮退出多线样式的设定。

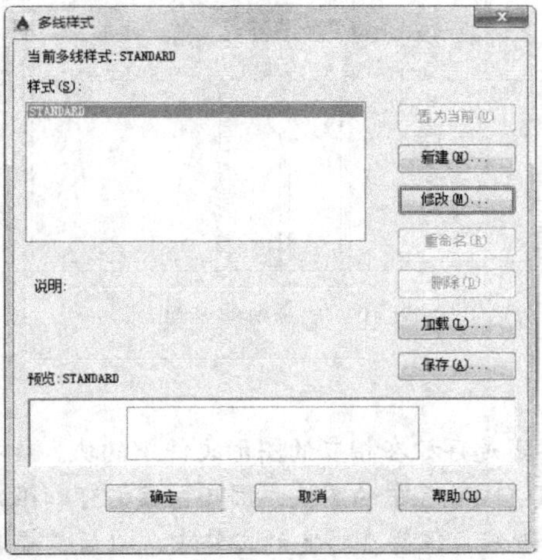

图 7-15 “多线样式”对话框

图 7-16 “修改多线样式”对话框

（5）采用修改后的多线绘制墙，首先应将当前层改为墙层。

```
命令: 点取多线按钮  _mline
当前设置: 对正 = 上，比例 =20.00，样式 =STANDARD
指定起点或 [对正(J)/比例(S)/样式(ST)]: s↙                                  设置墙宽
输入多线比例 <20.00>: 300↙
当前设置: 对正 = 上，比例 =300.00，样式 =STANDARD
指定起点或 [对正(J)/比例(S)/样式(ST)]: j↙                                  设置对齐方式
输入对正类型 [上(T)/无(Z)/下(B)] <上>: z↙
当前设置: 对正 = 无，比例 =300.00，样式 =STANDARD
指定起点或 [对正(J)/比例(S)/样式(ST)]: 采用端点捕捉方式沿中心轴线绘制墙体      绘制墙体
指定下一点: 采用端点捕捉方式沿中心轴线绘制墙体
指定下一点或 [放弃(U)]: 采用端点捕捉方式沿中心轴线绘制墙体
指定下一点或 [闭合(C)/放弃(U)]: 采用端点捕捉方式沿中心轴线绘制墙体
…    依次绘制墙体
指定下一点或 [闭合(C)/放弃(U)]: ↙
```

（6）编辑修改墙体相交部分。

单击“修改→对象→多线”菜单，弹出如图 7-17 所示的对话框。

采用工具中的 T 形打开和角点结合以及全部剪切工具将墙体编辑修改成如图 7-18 所示的结果。在左下位置绘制交叉直线。

打开“设计中心”。单击“工具→选项板→设计中心”或单击“标准”工具栏的设计中心按钮，弹出如图 7-19 所示的选项板。

找到设计中心中相关的“house designer.dwg”的图形，参考图 7-12，将插入的图块（即上面添加的设备、设施、家具）进行比例缩放和旋转等编辑修改，并通过移动命令摆放到合适的位置。

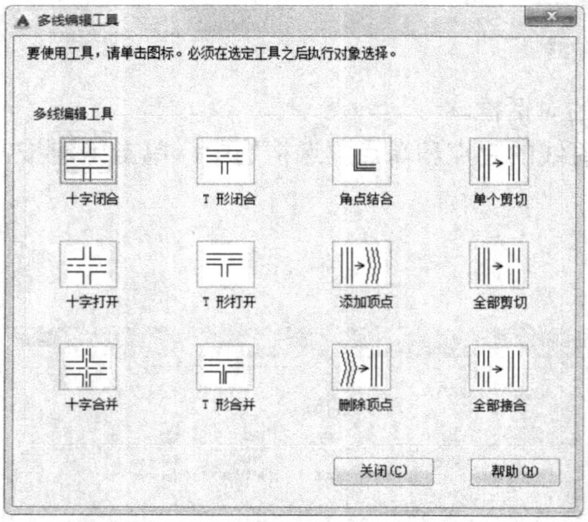

图 7-17 “多线编辑工具”对话框

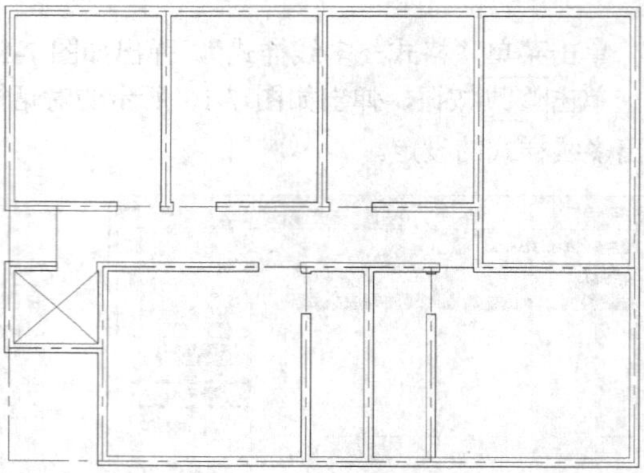

图 7-18 墙体编辑结果

注意：

从该示例中可以发现，AutoCAD 本身所带的符号库，其实是存放在相应的图形文件中的块。如本例中调用的“室内设计”，其实是文件“HOUSE DESIGENER.DWG”中的图块。因此，我们可以很方便地将平时需要的组件或部件，以及常用的元器件按比例绘制好，保存在特定的文件中，以后需要时直接通过拖放插入的方式来调用。

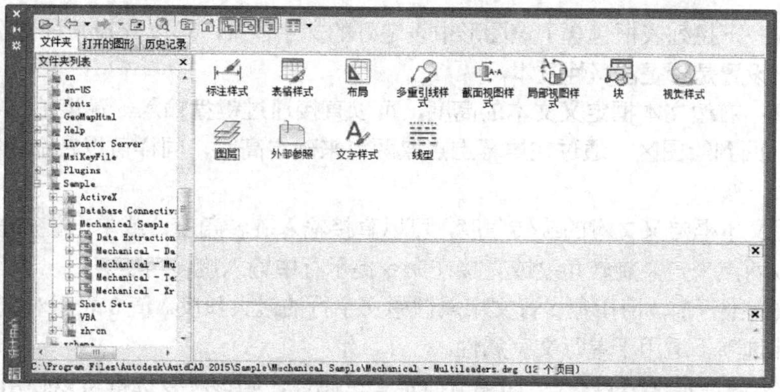

图 7-19 “设计中心”选项板

7.5 块 属 性

属性就像附在商品上面的标签一样，包含该商品的各种信息，如商品的原材料、型号、制造商、价格等。在一些场合，定义属性的目的在于图形输入时的方便性，在另一些场合，定义属性的目的是为了在其他程序中应用这些数据，如数据库中计算设备的成本等。

7.5.1 属性定义 ATTDEF、DDATTDEF

属性需要“先定义，后使用”。

命令： ATTDEF、DDATTDEF

功能区： 默认→块→定义属性、插入→属性→定义属性

菜单： 绘图→块→定义属性

执行该命令后，弹出“属性定义”对话框，如图 7-20 所示。

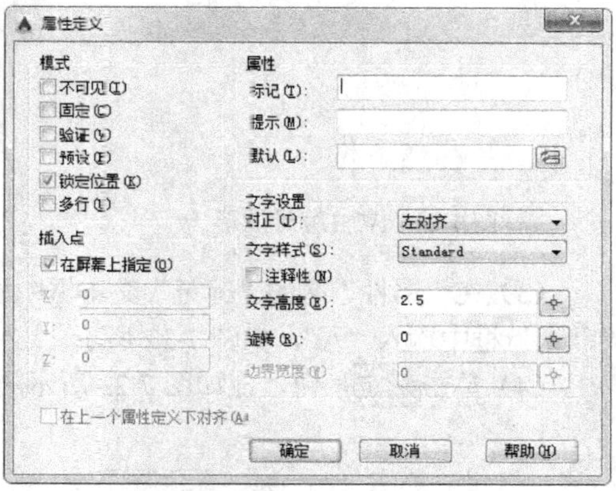

图 7-20 “属性定义”对话框

该对话框包含“模式”、“属性”、“插入点”、“文字设置”4 个区，各项含义如下。

（1）模式：通过复选框设定属性的模式。

可以设定属性为“不可见”、“固定”、“验证”、“预设”、“锁定位置”、“多行”等模式。

（2）属性：设置属性。

- 标记：属性的标签，该项是必需的。
- 提示：作输入时提示用户的信息。
- 默认：指定默认的属性值。
- 插入字段按钮：弹出“字段”对话框，供插入字段。

（3）插入点：设置属性插入点。

- 在屏幕上指定：在屏幕上点取某点作为插入点 X、Y、Z 坐标。
- X、Y、Z：插入点坐标值。

（4）文字设置：控制属性文本的性质。

- 对正：下拉列表框包含了所有的文本对正类型，可以从中选择一种对正方式。

- 文字样式：下拉列表框包含了该图形中设定好的文字样式，可以选择某种文字样式。
- 注释性：设置是否是注释性文本。
- 文字高度：右边文本框定义文本的高度，可以直接通过键盘输入一高度值，也可单击文字高度按钮，回到绘图区，通过在屏幕上点取两点来确定高度，同样可以在命令提示行直接输入高度。
- 旋转：用文本框定义文本的旋转角度，可以直接输入旋转角度，或单击旋转按钮回到绘图区，通过点取两点来定义旋转角度或直接在命令提示行中输入旋转角度。
- 边界宽度：换行前，请指定多行文字属性中文字行的最大长度。值 0 表示对文字行的长度没有限制。此选项不适用于单行文字属性。

（5）在上一个属性定义下对齐：如果前面定义过属性，则该项复选框可以使用。点取该项，将当前属性定义的插入点和文字样式继承上一个属性的性质，不需再定义。

【例 7.7】 通过属性定义及插入带属性的块的方法完成立柱绘制及编号。

（1）首先在屏幕上绘制如图 7-21 所示的立柱编号图形。

（2）单击菜单“绘图→块→属性定义”，进入“属性定义”对话框，如图 7-22 所示。

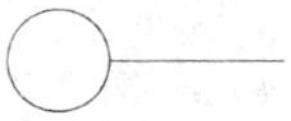

图 7-21 立柱编号图形

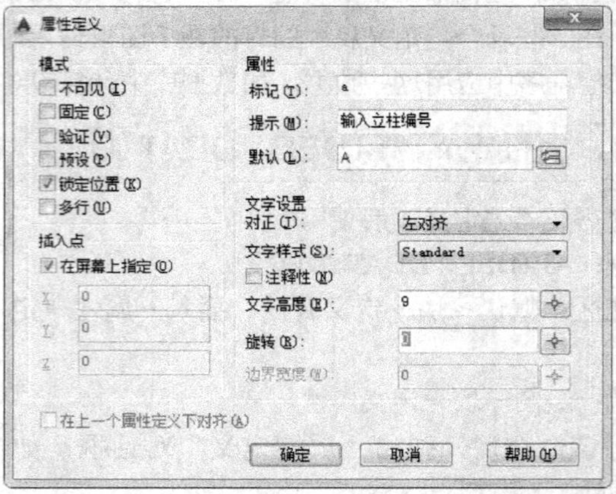

图 7-22 “属性定义”对话框

（3）在“属性”区的“标记”文本框中输入“a”，在“提示”文本框中输入“输入立柱编号”，在“默认”框中输入“A”，如图 7-22 所示。

（4）单击确定按钮，在如图 7-23 所示的圆中间偏左下的位置点取，如图 7-24 所示。

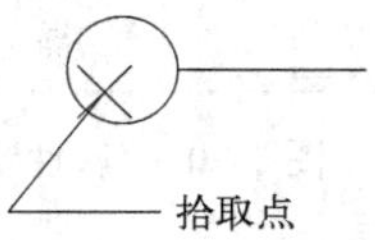

图 7-23 拾取点位置

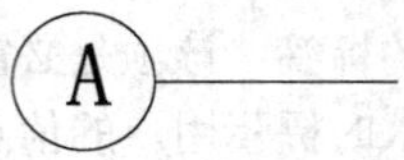

图 7-24 增加属性后的图形

（5）单击“默认→块→创建”，进入“块定义”对话框，如图 7-25 所示。

（6）在“块定义”对话框中进行设定，首先在“名称”文本框中输入“lz”。

（7）单击拾取点按钮，在屏幕上通过端点捕捉模式点取水平直线的右侧端点。

（8）单击选择对象按钮，将圆、直线以及字符 A 全部选中，回车进入“块定义”对话框。

（9）单击确定按钮结束块定义。将弹出如图 7-26 所示的“编辑属性”对话框。

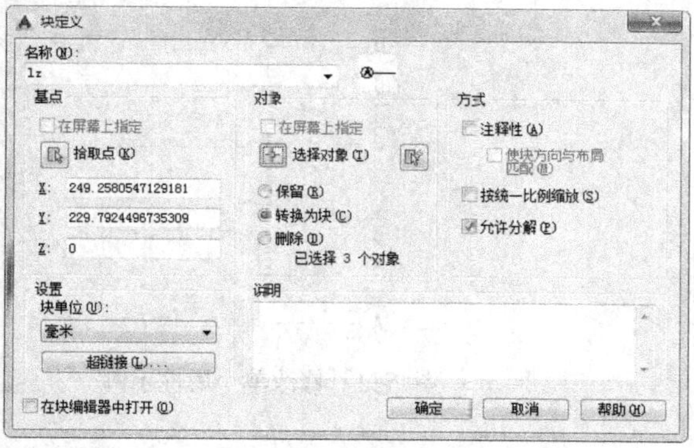

图 7-25　创建块“lz”

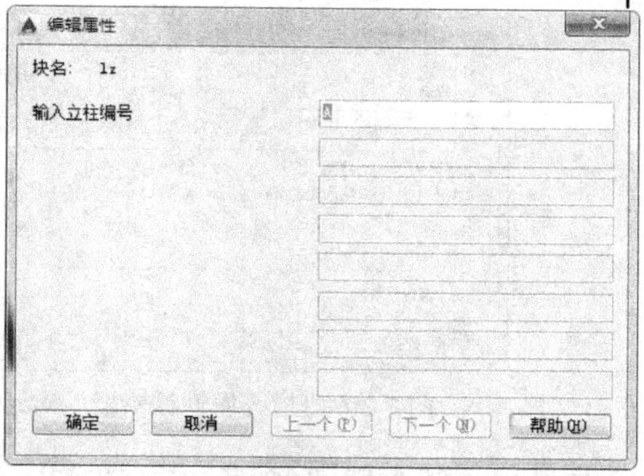

图 7-26　“编辑属性”对话框

（10）在“编辑属性”对话框中单击确定按钮退出。

（11）在屏幕上绘制类似于如图 7-27 所示的图形。绘制方法：先绘制中心线，再复制成 5 条，再绘制双线，编辑成图示结果。

（12）单击“默认→块→插入”，如图 7-28 所示，选择刚定义的块“lz”。

（13）在如图 7-27 所示的图形的最下面水平点划线的左侧，采用端点捕捉方式点取其端点，在弹出的对话框中输入 A。

（14）用同样的方法插入块，分别在“输入立柱编号：”后输入 B、C、D、E，结果如图 7-29 所示。

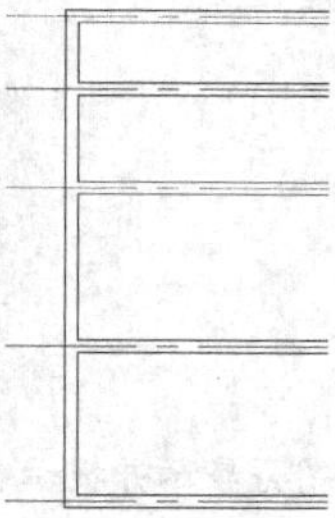

图 7-27　欲增加立柱编号的图形

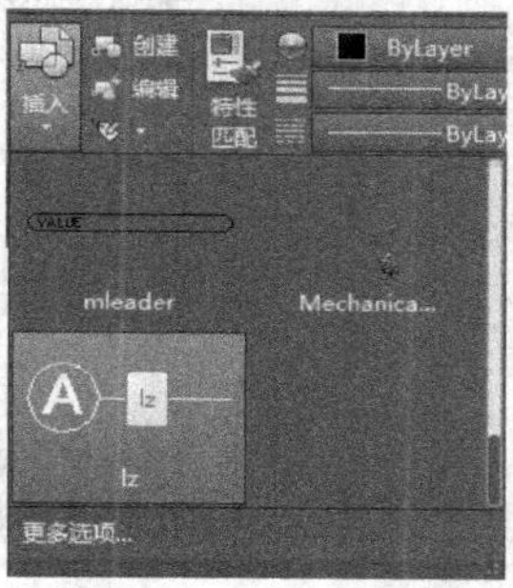

图 7-28　选择插入块

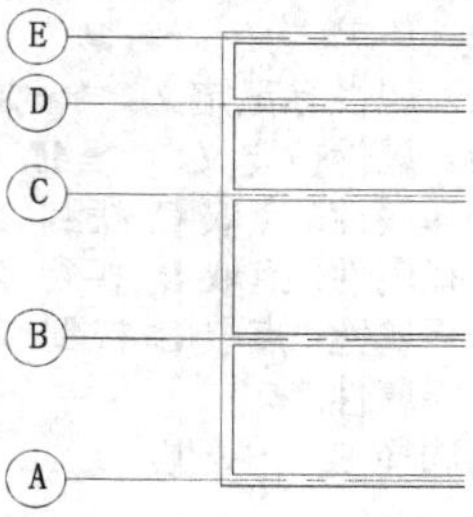

图 7-29　插入带属性的块后的图形

7.5.2　单个属性编辑 EATTEDIT

修改某属性可以通过属性编辑来完成。在 AutoCAD 2015 中，属性编辑命令分为单个属性修改和全局对象属性修改，也可以通过“块属性管理器”来修改属性。首先介绍单个属性的修改。

命令：EATTEDIT

功能区：默认→块→单个、插入→块→编辑属性→单个

菜单：修改→对象→属性→单个

工具栏：修改 II→编辑属性

【例 7.8】 属性修改练习。修改单个属性：将上例中属性“E”改成“D1”。

双击块中的属性标签 E 或在功能区中单击“插入→块→编辑属性→单个”，提示选择属性，在屏幕上点取属性“E”后，弹出如图 7-30 所示的“增强属性编辑器”对话框。

在“值”文本框输入“D1”，单击确定按钮退出该对话框，结果如图 7-31 所示。

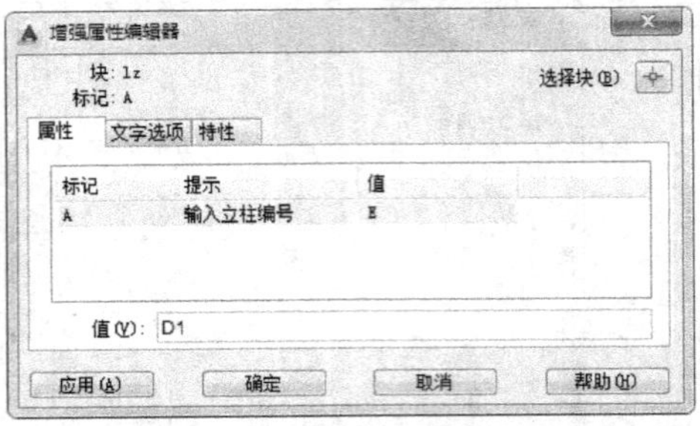

图 7-30 “增强属性编辑器”对话框

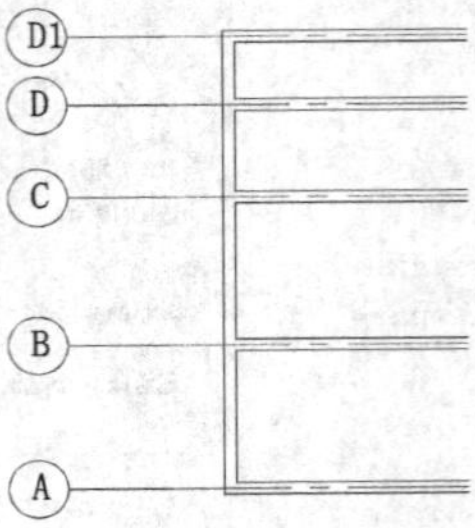

图 7-31 修改单个属性示例

7.5.3 多个属性编辑 ATTEDIT

下面介绍多个属性的修改。

命令：-ATTEDIT

功能区：插入→块→编辑属性→多个、默认→块→多个

菜单：修改→对象→属性→全局

该命令通过命令行实现独立于块的属性值和特性的编辑修改。

【例 7.9】 属性修改练习。如图 7-32 和图 7-33 所示，通过命令行输入参数将属性 C、D、E 修改成 B1、C、D。

命令: **_attedit**	下达属性修改命令
是否一次编辑一个属性？[是(Y)/否(N)] <Y>: ↙	回车确定一次编辑一个属性
输入块名定义 <*>: ↙	
输入属性标记定义 <*>: ↙	
输入属性值定义 <*>: ↙	
选择属性: **点取 C** 找到 1 个	
选择属性: **点取 D** 找到 1 个	
选择属性: **点取 E** 找到 1 个	
选择属性: ↙	回车结束属性选择
已选择 3 个属性。	此时被选择的第一个属性高亮显示并提示属性基点

结果如图 7-32 所示。

输入选项 [值(V)/位置(P)/高度(H)/角度(A)/样式(S)/图层(L)/颜色(C)/下一个(N)]<下一个>: **v**↙	修改属性值
输入值修改的类型 [修改(C)/替换(块 R)] <替换>: ↙	选择替换
a 输入新属性值: **B1**↙	
输入选项 [值(V)/位置(P)/高度(H)/角度(A)/样式(S)/图层(L)/颜色(C)/下一个(N)] <下一个>: ↙	回车选择下一个属性
输入选项 [值(V)/位置(P)/高度(H)/角度(A)/样式(S)/图层(L)/颜色(C)/下一个(N)]<下一个>: **v**↙	修改属性值
输入值修改的类型 [修改(C)/替换(R)] <替换>: ↙	选择替换
输入新属性值: **C**↙	
输入选项 [值(V)/位置(P)/高度(H)/角度(A)/样式(S)/图层(L)/颜色(C)/下一个(N)]<下一个>: ↙	回车选择下一个属性
输入选项 [值(V)/位置(P)/高度(H)/角度(A)/样式(S)/图层(L)/颜色(C)/下一个(N)] <下一个>: **v**↙	修改属性值
输入值修改的类型 [修改(C)/替换(R)] <替换>: ↙	选择替换
输入新属性值: **D**↙	
输入选项 [值(V)/位置(P)/高度(H)/角度(A)/样式(S)/图层(L)/颜色(C)/下一个(N)]<下一个>: ↙	回车退出属性编辑

结果如图 7-33 所示。

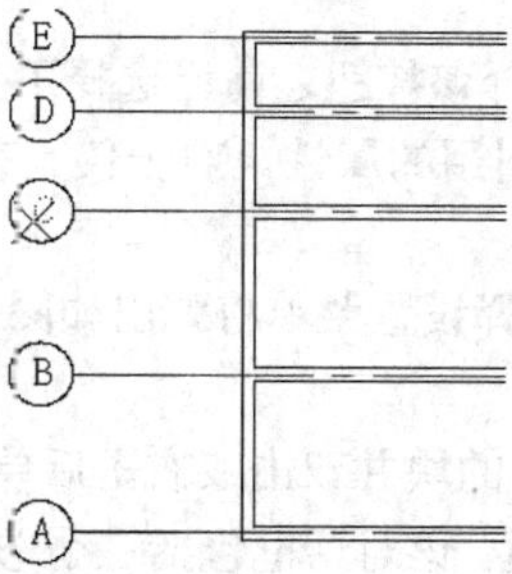

图 7-32　依次修改属性

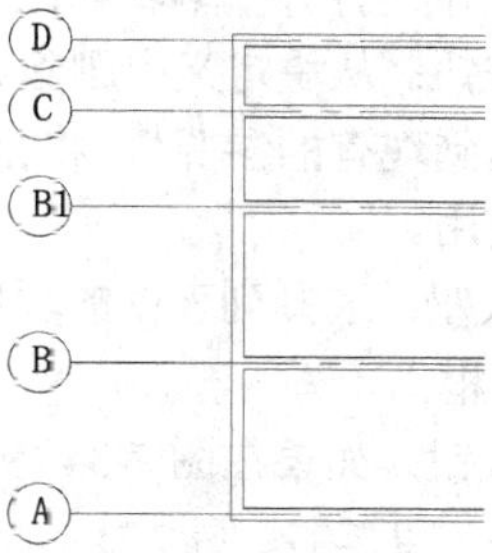

图 7-33　修改属性后的结果

如果在上面回答“是否一次编辑一个属性？[是(Y)/否(N)] <Y>:”时回答了否，则提示如下：

```
命令: _attedit
是否一次编辑一个属性？[是(Y)/否(N)] <Y>: N
正在执行属性值的全局编辑。
是否仅编辑屏幕可见的属性？[是(Y)/否(N)] <Y>:
输入块名定义 <*>:
输入属性标记定义 <*>:
输入属性值定义 <*>:
选择属性：找到 x 个
选择属性:
已选择 x 个属性。
输入要修改的字符串:
输入新字符串:
```

以上执行结果类似于替换，用新字串替代要修改的字符串。

7.5.4　块属性管理器 BATTMAN

通过“块属性管理器”来修改属性的方法如下。

命令：BATTMAN

功能区：插入→块定义→管理属性、默认→块→属性、块属性管理器

菜单：修改→对象→属性→块属性管理器

工具栏：修改 II→块属性管理器

执行该命令后弹出如图 7-34 所示的“块属性管理器”对话框。

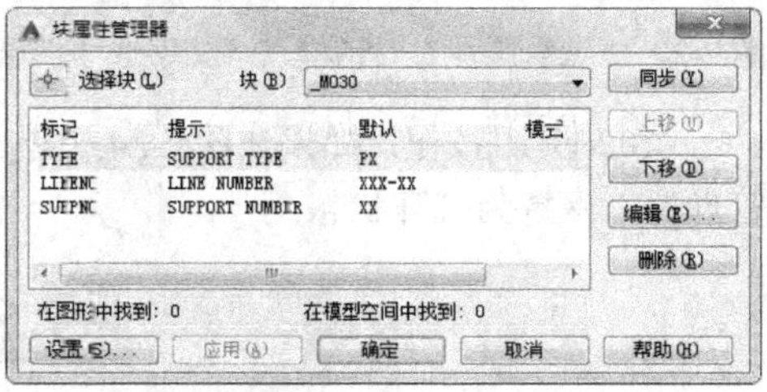

图 7-34　“块属性管理器”对话框

（1）选择块按钮：可以让用户在绘图区的图形中选择一个带有属性的块。选择后将出现在下面的列表中。如果修改了块的属性，并且未保存所做的更改就选择一个新块，系统将提示在选择其他块之前先保存更改。

（2）块：将具有属性的块列出。用户可以从中选择需要编辑的块。选择后出现在下面的列表中。

（3）同步按钮：更新具有当前定义的属性特性的选定块的全部引用。这不会影响在每个块中指定给属性的任何值。

（4）上移按钮：在提示序列的早期阶段移动选定的属性标签。选定固定属性时，上移按钮不可使用。

（5）下移按钮：在提示序列的后期阶段移动选定的属性标签。选定固定属性时，下移按钮不可使用。

（6）编辑按钮：打开“编辑属性”对话框，进行属性修改。

（7）删除按钮：从块定义中删除选定的属性。如果在选择该按钮之前已选择了“设置”对话框中的“将修改应用到现有的参照”，将删除当前图形中全部块引用的属性。对于仅具有一个属性的块，删除按钮不可使用。

（8）设置按钮：选择列表中的块后单击或右击鼠标后选择设置菜单将弹出如图 7-35 所示的“块属性设置”对话框。

（9）编辑按钮：如果在图 7-34 中单击它，或选择列表中的块并双击或右击后单击“编辑”菜单，则弹出如图 7-36、图 7-37、图 7-38 所示的“编辑属性”对话框。该对话框包括三个选项卡，分别是“属性”、“文字选项”和“特性”。用户可以修改当前活动的块的模式和数据属性，文字的字型、文字的高度、对正方式、是否旋转、宽度比例、倾斜角度、是否反向、是否倾倒等文字属性和图层、颜色、线宽、线型等特性。

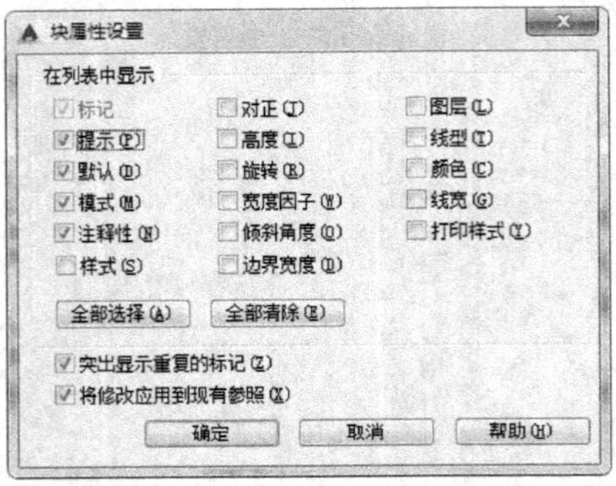

图 7-35 “块属性设置”对话框

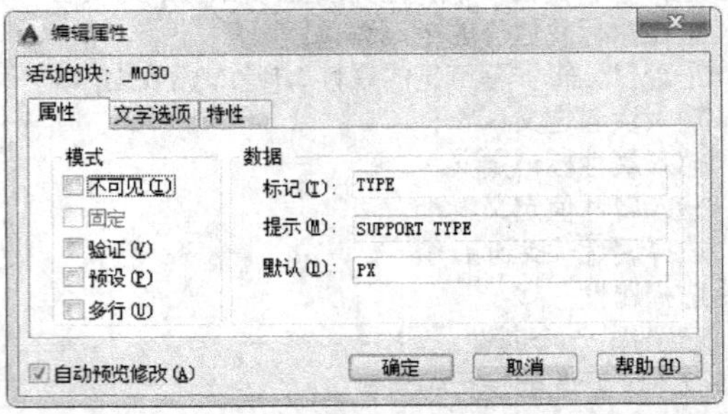

图 7-36 “编辑属性”对话框（“属性”选项卡）

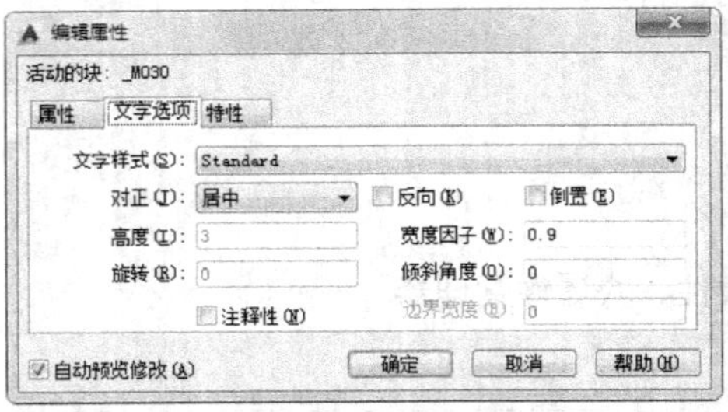

图 7-37 “编辑属性”对话框（“文字选项”选项卡）

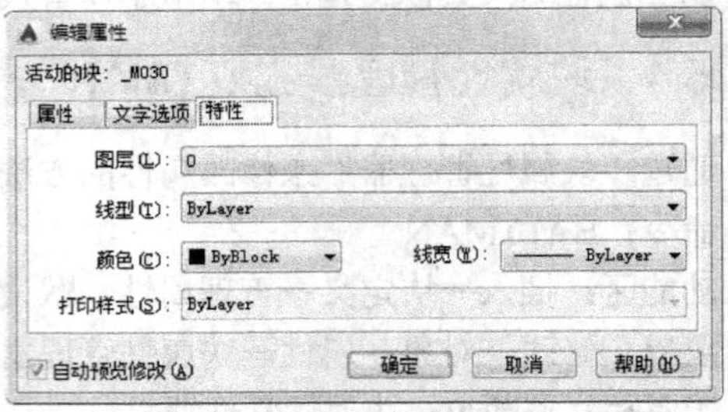

图 7-38 “编辑属性”对话框（“特性”选项卡）

（10）应用按钮：如果在图 7-34 中单击它，即使用所完成的属性修改更新图形，同时将“块属性管理器”保持为打开状态。

7.6 块 编 辑

7.6.1 块中对象的特性

要编辑块，首先应该了解块的一些特性。块中对象的特性不论采用何种方式设置，都有以下几种结果。

（1）随层 BYLAYER：块在建立时，其颜色和线型被设置为“随层”。如果插入块的图形中有同名层，则块中对象的颜色和线型均被该图形中的同名图层设置的颜色和线型替代；如果插入块的图形中没有同名层，则块中的对象保持原有的颜色和线型，并且为当前的图形增加相应的图层定义。

（2）随块 BYBLOCK：如果块在建立时，颜色和线型被设置为“随块”，则它们在插入前没有明确的颜色和线型。当它们插入后，如果图形中没有同名层，则块中的对象采用当前层的颜色和线型；如果图形中有同名层存在，则块中的对象采用当前图形文件中的同名层的颜色和线型设置。

（3）显式特性：如果在建立块时明确指定其中的对象的颜色和线型，则为显式设置。该块插入到其他任何图形文件中时，不论该文件有无同名层，均采用原有的颜色和线型。

（4）0 层上的特殊性质：在 0 层上建立的块，不论是“随层”或“随块”，均在插入时自动使用当前层的设置。如果在 0 层上显式地指定了颜色和线型，则不会改变。

7.6.2　块编辑器 BEDIT

块本身是一个整体，对以前的版本，如果要编辑块中的单个元素，必须将块分解。新的版本提供了块编辑器，可以对块进行详细的编辑修改。同时，可以通过参数化、添加约束、动作等建立动态块。

命令：BEDIT

功能区：默认→块→编辑、插入→块→编辑

菜单：工具→块编辑器

工具栏：标准→块编辑器

执行该命令后，在界面上增加了“块编辑器”选项卡，如图 7-39 所示。

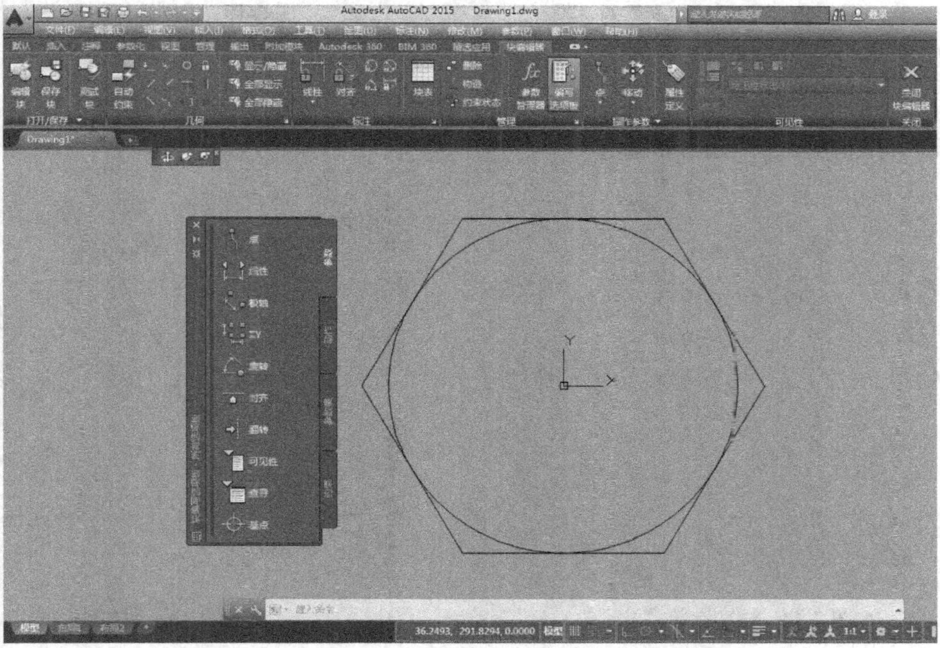

图 7-39　“块编辑器”选项卡

下面通过一个示例说明建立动态块的过程。

【例 7.10】　建立一螺钉头部图形的动态块，其尺寸在 20，40，60，80，100，120 中选择，插入时图形大小根据尺寸表自动换算。

1．启动块编辑器

单击“默认”选项卡→“块”面板→“编辑”，启动块编辑器。弹出如图 7-40 所示的“编辑块定义”对话框。在其中输入“ldt”，单击确定按钮退出。

2．绘制几何图形

绘制一直径为 100 的圆，并绘制和圆相外切的正六边形，如图 7-41 所示。

（1）添加参数。

如图 7-42 所示，在“块编辑选项板”中选择“参数”选项卡，单击“线性”，采用“交点”捕捉方式，在图上标上线性尺寸“距离 1”。

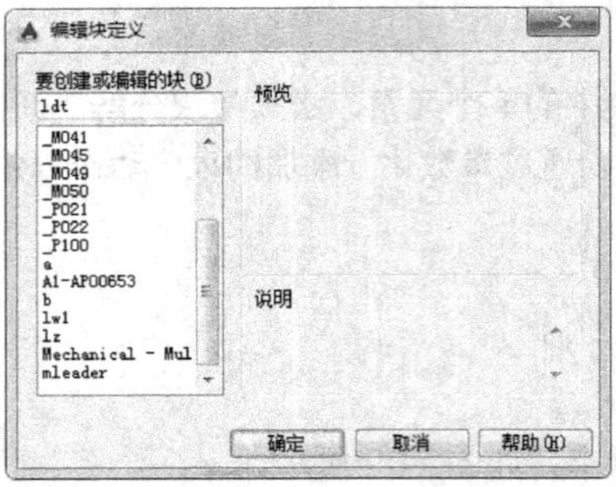

图 7-40 “编辑块定义”对话框

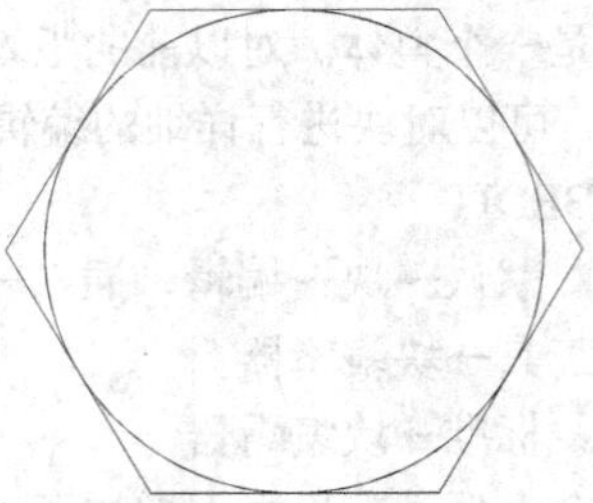

图 7-41 绘制几何图形

（2）添加动作。

如图 7-43 所示，选择“动作”选项卡后单击“缩放”，然后选择刚标注的“距离 1”，并在选择对象的提示下，选择图中的六边形和圆。

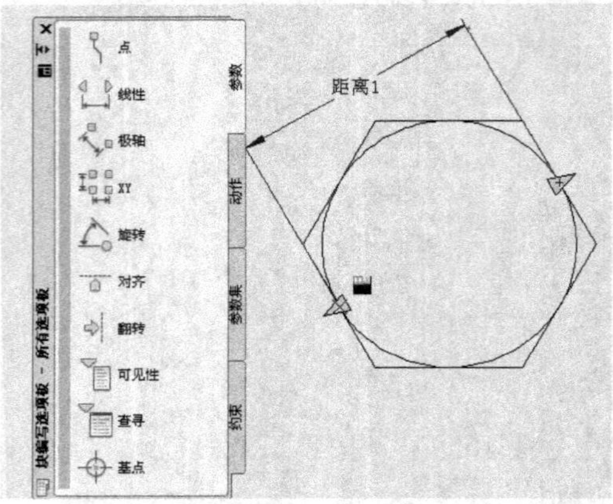

图 7-42 添加参数

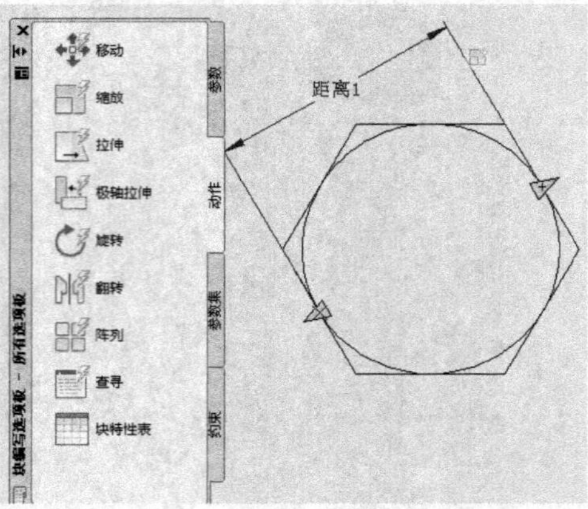

图 7-43 添加动作

（3）添加查寻表。

选择“参数”选项卡，单击“查寻”，在提示“指定参数位置”时，在图形的右上方单击。在输入夹点数的提示下，直接回车。

单击“动作”选项卡中的“查寻”，在提示“选择查寻参数”时，单击图 7-44 中的“查寻 1”。此时，弹出如图 7-45 所示的“特性查寻表”对话框，在其中添加特性。单击确定按钮退出。

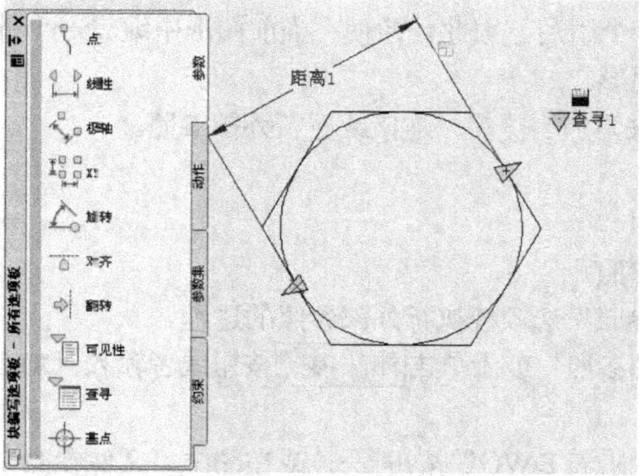

图 7-44　添加查寻参数

3．保存并测试

单击“保存块”，然后再单击“测试块”，测试结果如图 7-46 所示。单击动态块的对号标记，显示一列表，选择其中的任一数据，插入的块的直径将变成所选择的数据大小。

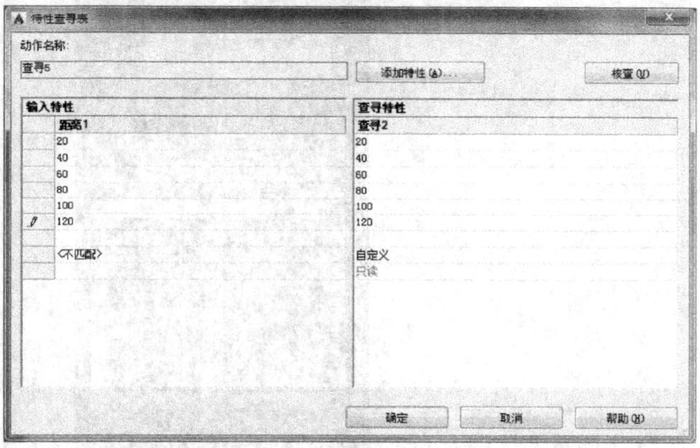

图 7-45　“特性查寻表”对话框

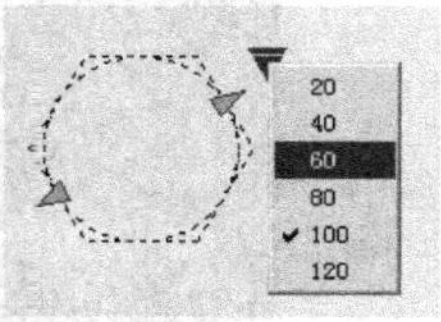

图 7-46　测试结果

注意：

① 块也是可以分解后进行修改的，但分解后就成了单独的图元，不具有块的属性，同样也不具备动态特性，分解命令为 EXPLODE。

② 块是可以嵌套的。所谓嵌套是指在创建新块时所包含的对象中有块。块可以多次嵌套，但不可以自包含。要分解一个嵌套的块到原始的对象，必须进行若干次的分解。每次分解只会取消最后一次块定义。

③ 分解带有属性的块时，任何原定的属性值都将失去并且重新显示属性定义。

7.7　外部参照

7.7.1　外部参照插入 XREF

外部参照是一种类似于块图形引用的方式，它和块的最大的区别在于块在插入后，其图形数据会存储在当前图形中，而使用外部参照，其数据并不增加在当前图形中，始终存储在原始文件中，当前文件只包含对外部文件的一个引用。因此，即使在当前图形中编辑一个外部参照，也是临时的，保存修改则会改变原始的参照图形。

可以通过 XREF 命令来附加、覆盖、连接或更新外部参照。

命令：XREF

菜单：插入→外部参照

工具栏：参照→外部参照

下面介绍通过“外部参照”选项板执行外部参照的过程。

执行菜单“插入→外部参照”或者单击外部参照按钮或者输入“XREF”都将弹出如图 7-47 所示的“外部参照”选项板。

在该选项板中，单击“附着 DWG”按钮，或在图中“文件参照”窗格中右击鼠标，如图 7-48 所示，在快捷菜单中选择“附着 DWG”，弹出如图 7-49 所示的“选择参照文件”对话框（即执行 Xattach）。选择欲参照的文件并单击打开按钮后，弹出如图 7-50 所示的“附着外部参照”对话框。

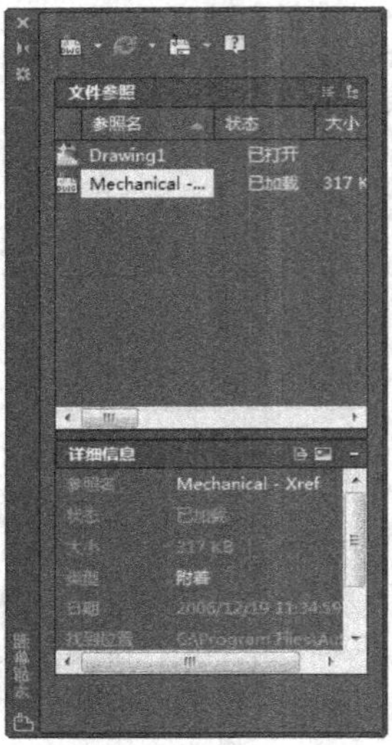

图 7-47 “外部参照”选项板

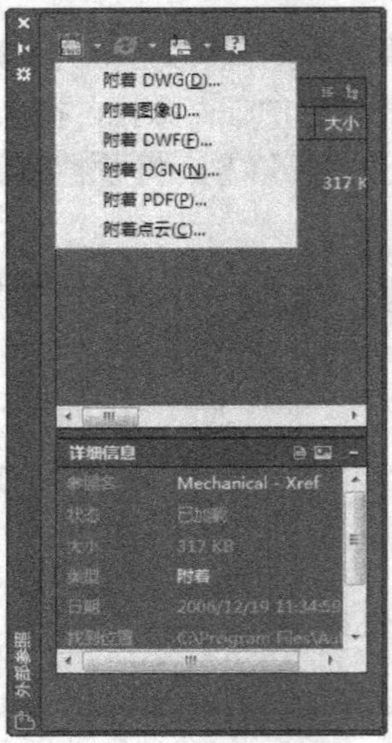

图 7-48 外部参照附着文件

单击确定按钮后将在命令行出现“指定插入点或 [比例(S)/X/Y/Z/旋转(R)/预览比例(PS)/PX/PY/PZ/预览旋转(PR)]:”的提示，和插入块一样，在设定了相应的参数后，当前图形中将出现被参照的文件内容。

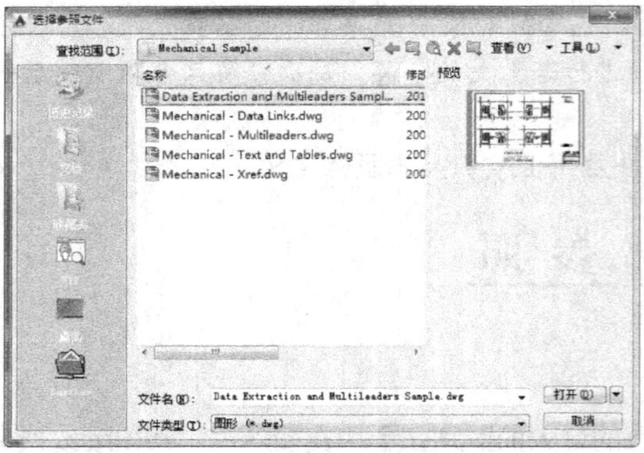

图 7-49 “选择参照文件”对话框

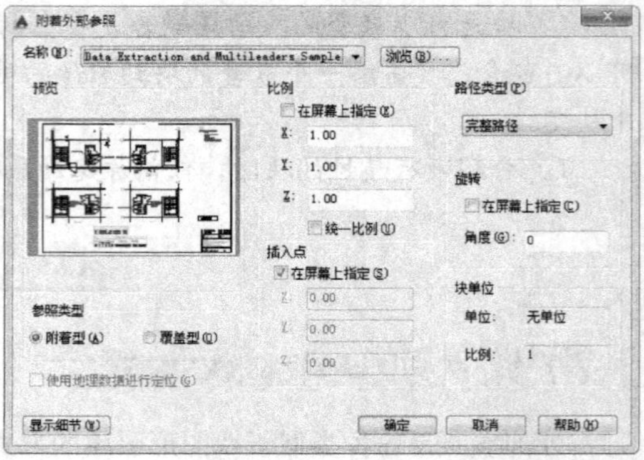

图 7-50 “附着外部参照”对话框

附着了 DWG 后的选项板如图 7-51 所示。

该选项板中，在“文件参照”窗格中列出了当前打开的图形和已经附着的 DWG 文件。是否加载或参照在状态中显示。右击附着的文件，快捷菜单如图 7-51 所示。

（1）打开：将打开选择的文件。

（2）附着：打开“附着外部参照”对话框（如图 7-50 所示），可以对参照文件进行各种设置修改。

（3）卸载：将选定的参照文件从图形中删除。

（4）重载：重新加载被卸载的参照文件。

（5）拆离：将参照文件彻底从图形中删除，该拆离和仅仅将参照图形从图形中删除不同。

（6）绑定：弹出如图 7-52 所示的对话框，分为“绑定”和“插入”两种方式。

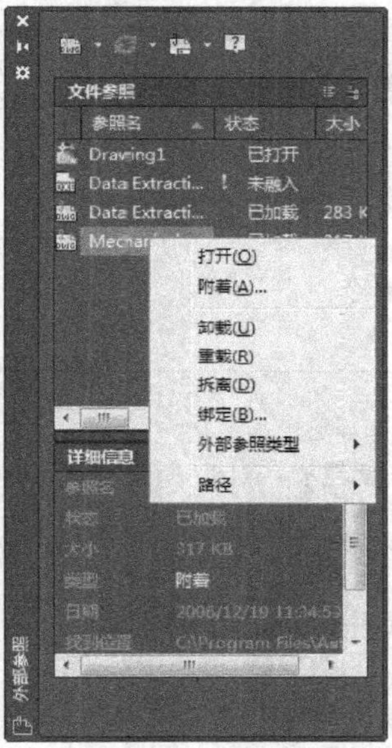

图 7-51　附着 DWG 外部参照

图 7-52　“绑定外部参照”对话框

- 绑定：将选定的 DWG 参照绑定到当前图形中。依赖外部参照的命名对象的命名语法从“块名|定义名”变为“块名n定义名”。绑定到当前图形中的所有依赖外部参照的定义表具有唯一命名。
- 插入：用与拆离和插入参照图形相似的方法，将 DWG 参照绑定到当前图形中。依赖外部参照的命名对象的命名不使用“块名n符号名”语法，而是从名称中消除外部参照名称。如果有雷同的，以本地同名的特性为准。

确定后，“文件参照”窗格中将消除参照的文件。

7.7.2　外部参照绑定 XBIND

命令：XBIND

工具栏：参照→绑定

菜单：修改→对象→外部参照→绑定

执行该命令后，弹出如图 7-53 所示的“外部参照绑定”对话框。在该对话框中，用户可以选择已经参照的图形中的各种设置，然后进行绑定或删除。经绑定后，就可以直接使用。

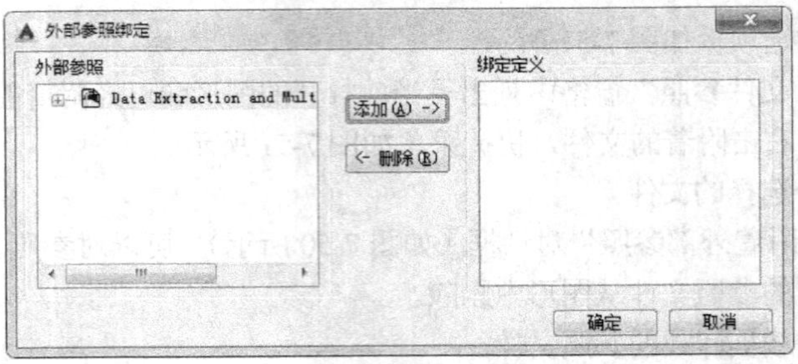

图 7-53 “外部参照绑定”对话框

7.7.3 外部参照裁剪 XCLIP

图形作为外部参照附着或者插入块后，可以重新定义一个裁剪边界来决定显示范围。

命令：XCLIP

功能区：插入→参照→裁剪

工具栏：参照→裁剪外部参照

选择了外部参照后，右击鼠标，也可选择“裁剪外部参照”命令。

命令及其提示：

```
命令:_xclip
选择对象:
输入剪裁选项 [开(ON)/关(OFF)/剪裁深度(C)/删除(D)/生成多段线(P)/新建边界(N)] <新建>: c↙
指定前剪裁点或 [距离(D)/删除(R)]:
指定后剪裁点或 [距离(D)/删除(R)]:
指定与边界的距离:
输入剪裁选项 [开(ON)/关(OFF)/剪裁深度(C)/删除(D)/生成多段线(P)/新建边界(N)] <新建>: ↙
是否删除旧边界？ [是(Y)/否(N)] <是>:
指定剪裁边界:
[选择多段线(S)/多边形(P)/矩形(R)] <矩形>:
```

参数：

（1）开(ON)：不显示外部参照或块的剪裁边界以外的部分。

（2）关(OFF)：显示外部参照或块的全部几何信息，忽略剪裁边界。

（3）剪裁深度(C)：设置前剪裁平面和后剪裁平面，由边界和指定深度所定义的区域外的对象将不显示。随后提示定义前后剪裁面。

（4）删除(D)：删除剪裁边界。

（5）生成多段线(P)：自动绘制一条与剪裁边界重合的多段线。

（6）新建边界(N)：定义一个矩形或多边形剪裁边界，或者用多段线生成一个多边形剪裁边界。如果原有边界已存在，则提示是否删除，只有在删除后方可继续。

【例 7.11】 通过外部参照裁剪显示参照图形的一部分，如图 7-54 所示。

```
命令: _xclip
选择对象: 选择外部参照 找到 1 个
选择对象: ↙
输入剪裁选项[开(ON)/关(OFF)/剪裁深度(C)/删除(D)/生成多段线(P)/新建边界(N)] <新建边界>: N↙
是否删除旧边界? [是(Y)/否(N)] <是>: Y↙
指定剪裁边界:
[选择多段线(S)/多边形(P)/矩形(R)] <矩形>: R↙
```

指定第一个角点: 单击定义裁剪矩形的对角点
指定对角点:

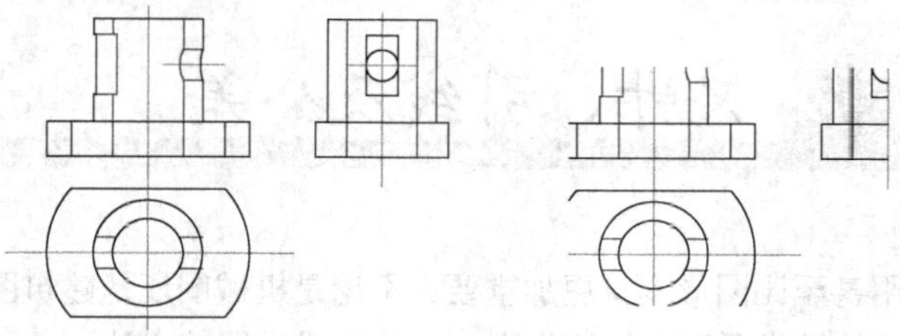

（a）原图　　（b）结果

图 7-54　裁剪外部参照

习　题　7

1．若 X、Y、Z 方向比例不同，插入的块能否分解？
2．写块和块存盘有哪些区别？图形文件是否可以理解为块？
3．阵列插入块和插入块后再阵列有什么区别？
4．0 层上的块有哪些特殊性？如何控制在 0 层建立的块的颜色和线型等性质？
5．块和外部参照有哪些区别？
6．如何识别外部参照进来的图层和图形自身建立的图层？
7．建立块时为什么要设置基点？
8．块中能否包含块？嵌入块能否分解？
9．块中的对象能否单独进行编辑？
10．定义块时如果图形被删除，可以通过什么命令来恢复而不取消块定义？

第 8 章　尺寸、引线及公差

尺寸在图样中的作用甚至比图形本身更加重要。不论是机械图还是建筑图，尺寸都是不可缺少的组成部分。本章介绍尺寸的组成要素，标注规则，尺寸样式设置的方法，各种尺寸、尺寸公差和形位公差的标注方法。

8.1　尺寸组成及尺寸标注规则

要了解尺寸的标注方法，首先应该了解尺寸的组成要素，尤其在设置尺寸样式时，必须了解尺寸的各部分定义。

8.1.1　尺寸组成

一个完整的尺寸应该包含 4 个组成要素：尺寸线、尺寸界线（即延伸线）、终端、尺寸数值，如图 8-1 所示。

一般情况下，存在两条尺寸界线（延伸线）和两个尺寸终端，但在某些场合，尺寸界线（延伸线）可以用图中的轮廓线替代。尺寸界线（延伸线）可能只有一条，但尺寸线不可替代。

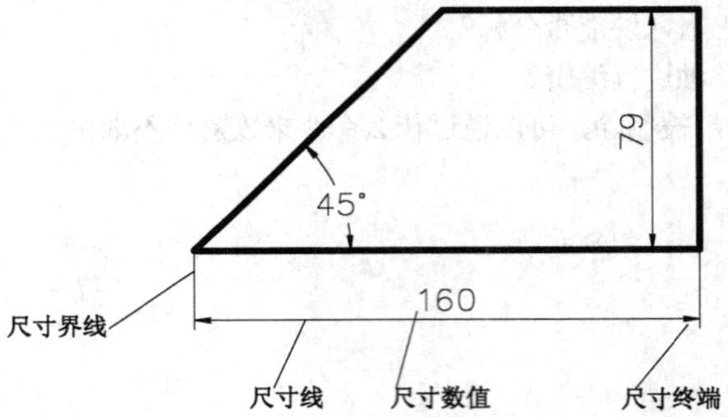

图 8-1　尺寸组成的要素

8.1.2　尺寸标注规则

尺寸标注必须满足相应技术标准。

（1）尺寸标注的基本规则。

① 图形对象的大小以尺寸数值所表示的大小为准，与图线绘制的精度和输出时的精度无关。

② 一般情况下，采用毫米为单位时不需注写单位，否则应该明确注写尺寸所用单位。

③ 尺寸标注所用字符的大小和格式必须满足国家标准。在同一图形中，同一类终端应该相同，尺寸数字大小应该相同，尺寸线间隔应该相同。

④ 尺寸数字和图线重合时，必须将图线断开。如果图线不便于断开来表达对象时，应该调整尺寸标注的位置。

（2）AutoCAD 中尺寸标注的其他规则。

一般情况下，为了便于尺寸标注的统一和绘图的方便，在 AutoCAD 中标注尺寸时应该遵守以下的规则。

① 为尺寸标注建立专用的图层。建立专用的图层，可以控制尺寸的显示和隐藏，和其他的图线可以迅速分开，便于修改、浏览。

② 为尺寸文本建立专门的文字样式。对照国家标准，应该设定好字符的高度、宽度系数、倾斜角度等。

③ 设定好尺寸标注样式。按照我国的国家标准，创建系列尺寸标注样式，内容包括直线和终端、文字样式、调整对齐特性、单位、尺寸精度、公差格式和比例因子等。

④ 保存尺寸格式及其格式簇，必要时使用替代标注样式。

⑤ 采用 1∶1 的比例绘图。由于尺寸标注时可以让 AutoCAD 自动测量尺寸大小，所以采用 1∶1 的比例绘图，绘图时无须换算，在标注尺寸时也无须再输入尺寸大小。如果最后统一修改了绘图比例，则应该修改尺寸标注的全局比例因子。

⑥ 标注尺寸时应该充分利用对象捕捉功能准确标注尺寸，可以获得正确的尺寸数值。尺寸标注为了便于修改，应该设定成关联的。

⑦ 在标注尺寸时，为了减少其他图线的干扰，应该将不必要的层关闭，如剖面线层等。

8.2　尺寸样式设定 DIMSTYLE

一般情况下，尺寸标注的流程如下。

（1）设置尺寸标注图层。

（2）设置供尺寸标注用的文字样式。

（3）设置尺寸标注样式。

（4）标注尺寸。

（5）设置尺寸公差样式。

（6）标注带公差尺寸。

（7）设置形位公差样式。

（8）标注形位公差。

（9）修改调整尺寸标注。

首先应该设定好符合国家标准的尺寸标注格式，然后再进行尺寸标注。启动尺寸样式设定的方法如下。

命令：DIMSTYLE，DDIM

功能区：默认→注释→标注样式

菜单：格式→标注样式、标注→标注样式

工具栏：标注→标注样式

以上的方法均可以打开“标注样式管理器”对话框（如图 8-2 所示）。其中各项含义如下。

（1）样式：列表显示了目前图形中定义的标注样式。

（2）预览：图形显示设置的结果。

（3）列出：可以选择列出“所有样式”或只列出“正在使用的样式”。

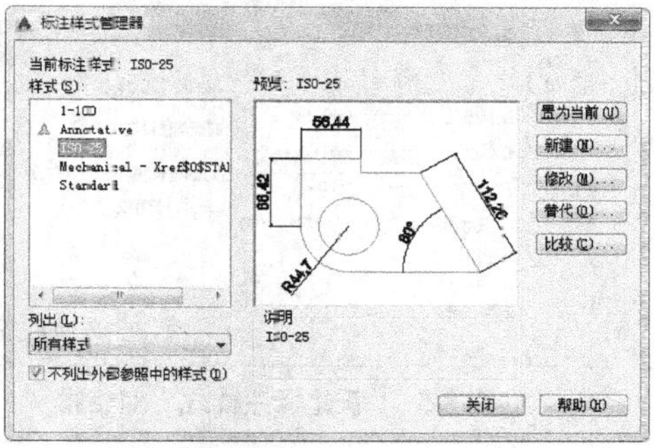

图 8-2 “标注样式管理器”对话框

（4）置为当前按钮：将所选的样式置成当前的样式，在随后的标注中，将采用该样式标注尺寸。

（5）新建按钮：新建一种标注样式。单击该按钮，将弹出如图 8-3 所示的“创建新标注样式”对话框。

可以在“新样式名”框中输入创建标注的名称；在“基础样式”的下拉列表框中可以选择一种已有的样式作为该新样式的基础样式；单击“用于”下拉列表框，可以选择该新样式适用于的标注类型，如图 8-4 所示。

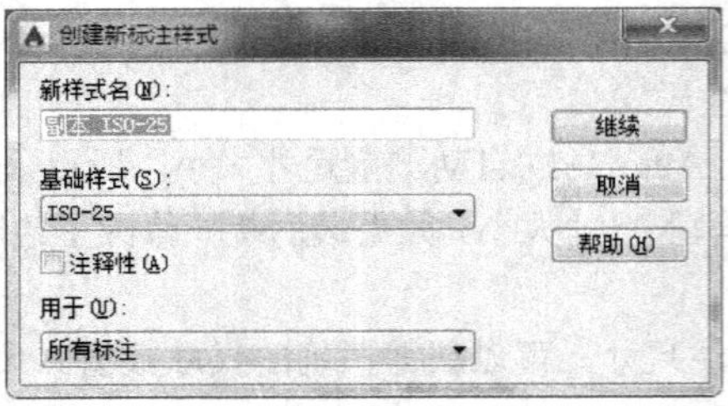

图 8-3 “创建新标注样式”对话框

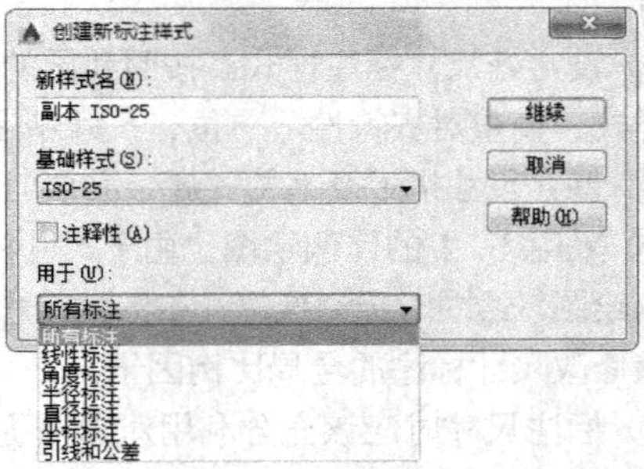

图 8-4 “用于”列表

单击如图 8-4 所示的“创建新标注样式”对话框中的继续按钮，将弹出如图 8-5 所示的“新建标注样式”对话框。

（6）修改按钮：修改选择的标注样式。单击该按钮后，将弹出类似图 8-5 但标题为“修改标注样式”对话框。

（7）替代按钮：为当前标注样式定义“替代标注样式”。在特殊的场合需要对某个细小的地方进行修改，而又不想创建一种新的样式，可以为该标注定义一替代样式。单击该按钮后，将弹出类似图 8-5 但标题为“替代当前样式”对话框。

（8）比较按钮：列表显示两种样式设定的区别。如果没有区别，则显示尺寸变量值，否则显示两样式之间变量的区别，如图 8-6 所示。

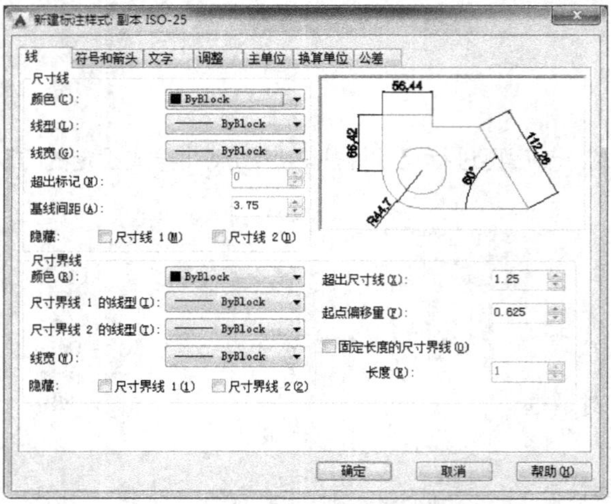

图 8-5 “新建标注样式”对话框

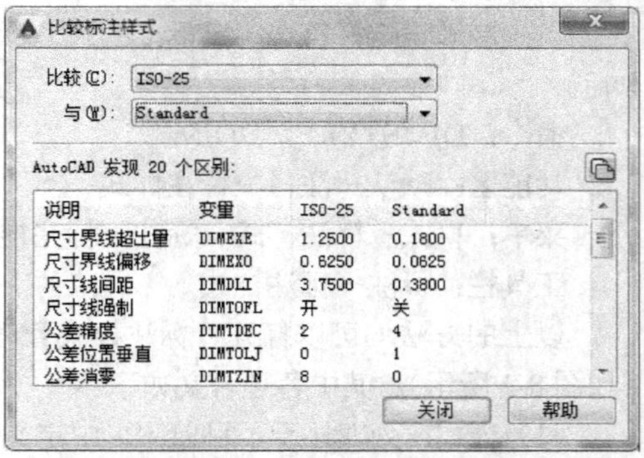

图 8-6 “比较标注样式”对话框

虽然有新建、替代、修改等不同的设定形式，但对话框形式基本相同，操作方式也相同，所以，下面具体介绍的各选项卡的设定方法对它们都适用。

8.2.1　线设定

线是尺寸中的重要组成部分，对它的设置可以在“线”选项卡中进行。“线”选项卡如图 8-5 所示。该选项卡有尺寸线、尺寸界线区。各项含义如下。

1. 尺寸线

（1）颜色：通过下拉列表框选择尺寸线的颜色。
（2）线型：设置尺寸线的线型。
（3）线宽：通过下拉列表框选择尺寸线的线宽。
（4）超出标记：设置当用斜线、建筑、积分和无标记作为尺寸终端时尺寸线超出尺寸界线的大小。
（5）基线间距：设定在基线标注方式下尺寸线之间的间距大小。可以直接输入，也可以通过上下箭头来增减，如图 8-7 所示，示意了基线间距和隐藏的含义及效果。
（6）隐藏：可以在“尺寸线 1”和“尺寸线 2”两个复选框中选择是否隐藏尺寸线 1 和尺寸线 2。

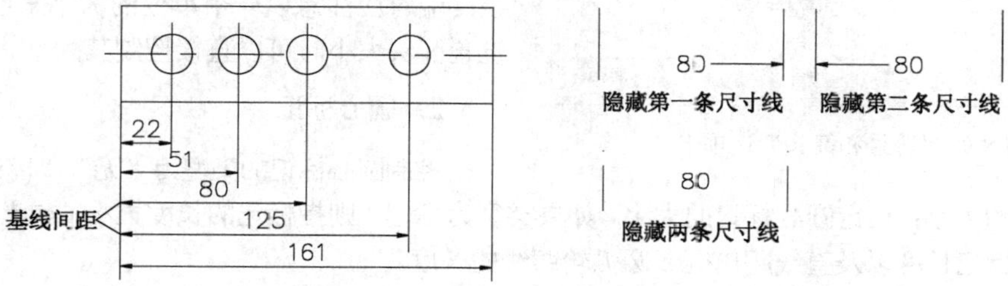

图 8-7　尺寸线区不同设定的效果

2. 尺寸界线

（1）颜色：通过下拉列表框选择尺寸界线的颜色。
（2）尺寸界线 1 的线型：设置尺寸界线 1 的线型。
（3）尺寸界线 2 的线型：设置尺寸界线 2 的线型。
（4）线宽：通过下拉列表框选择尺寸界线的线宽。
（5）隐藏：设定隐藏尺寸界线 1 或尺寸界线 2，甚至将它们全部隐藏。
（6）超出尺寸线：设定尺寸界线超出尺寸线部分的长度。
（7）起点偏移量：设定尺寸界线和标注尺寸时的拾取点之间的偏移量。
（8）固定长度的尺寸界线：设置成长度固定的尺寸界线。在随后的“长度”编辑框中输入设定的长度值。

尺寸界线区的部分设定如图 8-8 所示，延伸线即尺寸界线。

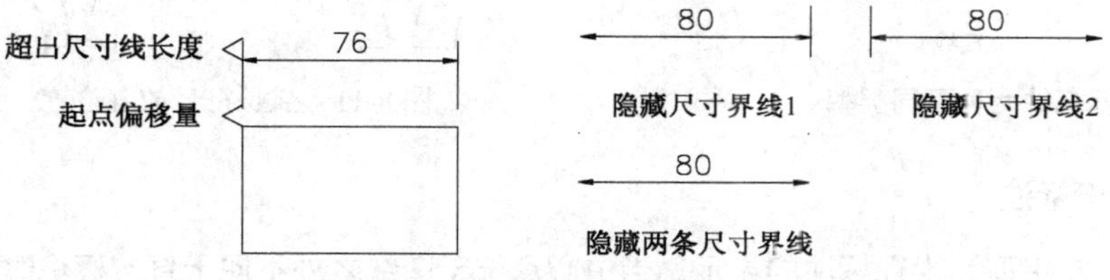

图 8-8　尺寸界线区不同设定的效果

8.2.2 符号和箭头设定

"符号和箭头"选项卡如图 8-9 所示。该选项卡包括箭头、圆心标记、折断标注、弧长符号、半径折弯标注和线性折弯标注。

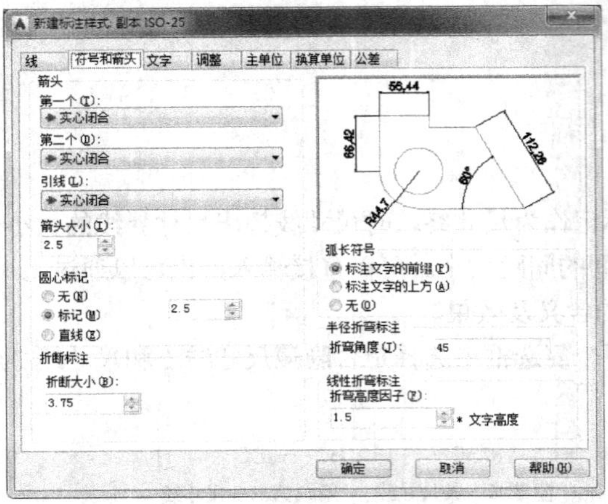

图 8-9 "符号和箭头"选项卡

1. 箭头

（1）第一个：设定第一个终端的形式。

（2）第二个：设定第二个终端的形式。

（3）引线：设定指引线终端的形式。

（4）箭头大小：设定终端符号的大小。

在 AutoCAD 中有 20 种不同的终端形式可供选择。一般情况下以箭头、短斜线和小圆点使用居多。用户可以设定其他的形式，以块的方式调用。绘制该终端时应注意以一个单位的大小来绘制，这样再设置箭头大小时可以直接控制其大小。

2. 圆心标记

控制圆心标记的类型为"无"、"标记"、"直线"。

标记后的大小：设定圆心标记的大小。如果类型为标记，则指标记的长度大小；如果类型为直线，则指中间的标记长度以及直线超出圆或圆弧轮廓线的长度。

圆心标记的两种不同类型如图 8-10 所示。

3. 折断标注

控制折断标注的间距宽度。在随后的编辑框中设定折断大小数值。

4. 弧长符号

控制弧长标注中圆弧符号的显示，弧长符号放置位置如图 8-11 所示。

（1）标注文字的前缀：将弧长符号放置在标注文字之前。

（2）标注文字的上方：将弧长符号放置在标注文字的上方。

（3）无：不显示弧长符号。

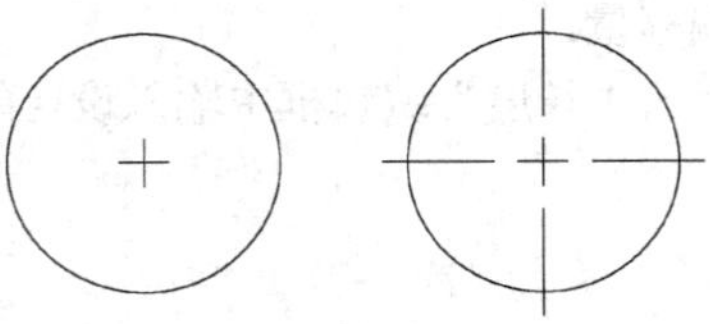

圆心标记　　直线

图 8-10 圆心标记的两种不同类型

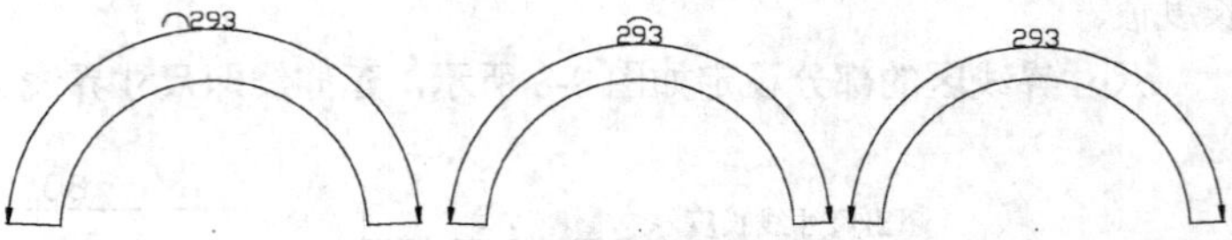

图 8-11 弧长符号放置位置

5. 半径折弯标注

控制折弯（Z 字型）半径标注的显示。当中心点位于图纸之外不便于直接标注时，往往采用折弯半径标注标注的方法。

折弯角度：确定折弯半径标注中，尺寸线的横向线段的角度。

6. 线性折弯标注

控制线性标注折弯的显示。当标注不能精确表示实际尺寸时，通常将折弯线添加到线性标注中。

折弯高度因子：通过形成折弯的角度的两个顶点之间的距离确定折弯高度。

8.2.3　文字设定

文字的设定决定了尺寸标注中尺寸数值的形式，可以在“文字”选项卡中进行设置。“文字”选项卡如图 8-12 所示。

该选项卡包含文字外观、文字位置、文字对齐三个区，各项含义如下。

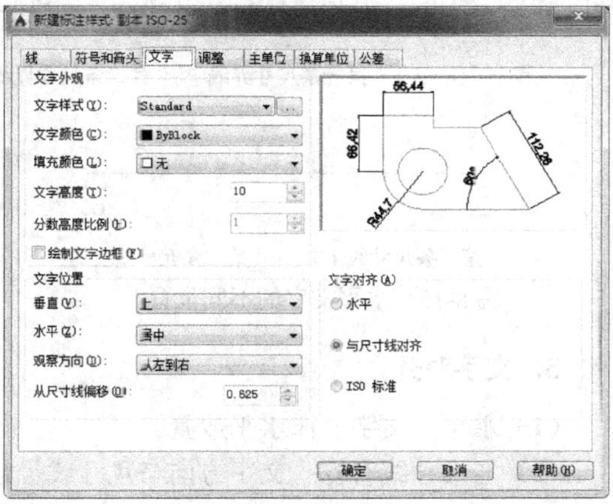

图 8-12　“文字”选项卡

1. 文字外观

（1）文字样式：设定注写尺寸时使用的文字样式。该样式必须是通过文字样式设定命令设定好的才会出现在下拉列表框中。一般情况下，由于尺寸标注的特殊性，往往需要专门为尺寸标注设定专用的文字样式。如果未预先设定好文字样式，可以单击随后的按钮...，弹出“文字样式”对话框进行设定。详细的文字样式设定方法，参见第 6 章。

（2）文字颜色：设定文字的颜色。

（3）填充颜色：设置文字背景的颜色。

（4）文字高度：设定文字的高度。该高度值仅在选择的文字样式中文字高度设定为 0 才起作用。如果所选文字样式的高度不为 0，则尺寸标注中的文字高度是文字样式中设定的固定高度。

（5）分数高度比例：用来设定分数和公差标注中分数和公差部分文字的高度。该值为一系数，具体的高度等于该系数和文字高度的乘积。

（6）绘制文字边框：该复选框控制是否在绘制文字时增加边框。

文字外观区各种设定的含义示例如图 8-13 所示。

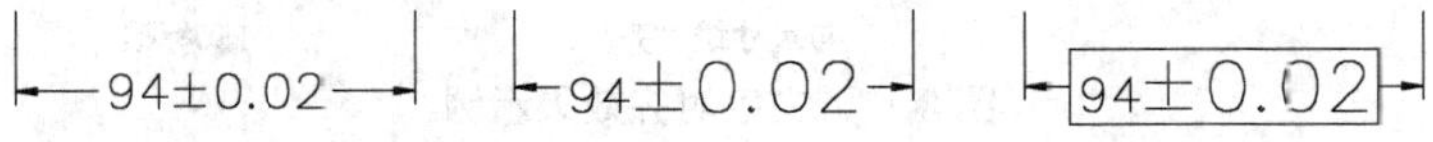

高度比例为1　　高度比例为1.5　　绘制文字外框

图 8-13　文字外观区示例

2. 文字位置

（1）垂直：设置文字在垂直方向上的位置。可以选择置中、上方、外部或 JIS 位置。图 8-14 表示了它们的区别。

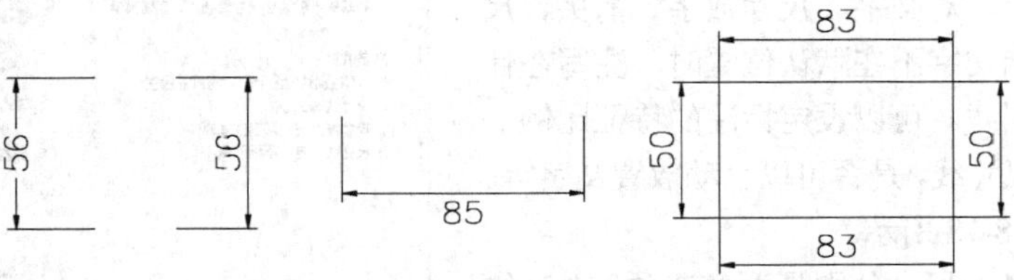

置中　　上方　　外部　　JIS

图 8-14　垂直文字的不同位置

（2）水平：设置文字在水平方向上的位置。可以选择置中、第一条尺寸界线、第二条尺寸界线、第一条尺寸线上方、第二条尺寸线上方等位置。图 8-15 表示了它们的区别。

（3）观察方向：控制标注文字的观察方向。“观察方向”包括以下选项。

① 从左到右：按从左到右阅读的方式放置文字，数字方向为朝向左、上。

② 从右到左：按从右到左阅读的方式放置文字，数字方向为朝向右、下。

（4）从尺寸线偏移：设置文字和尺寸线之间的间隔。图 8-16 是从尺寸线偏移示例。

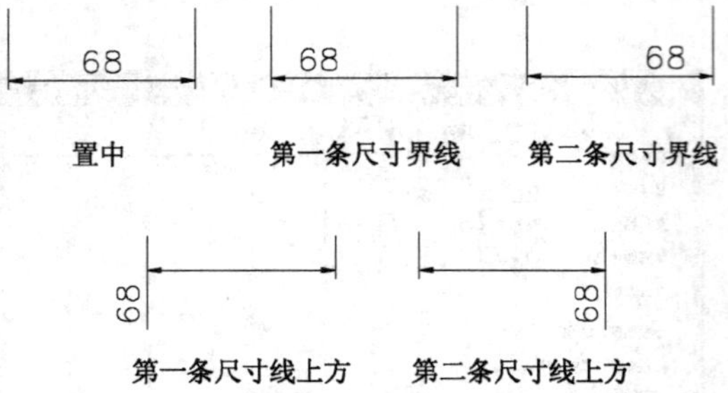

图 8-15 水平文字的不同位置

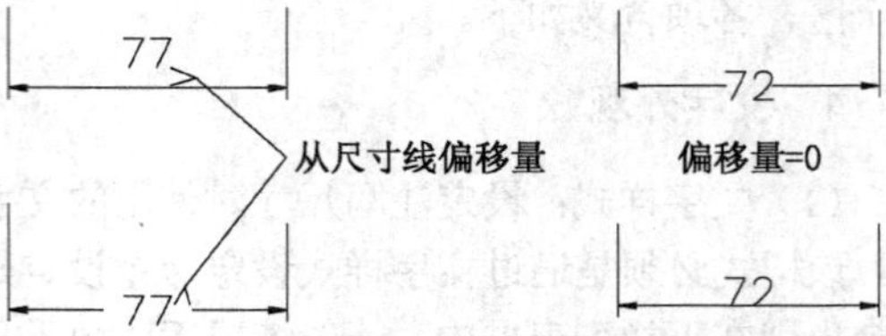

图 8-16 从尺寸线偏移示例

3. 文字对齐

（1）水平：文字一律水平放置。

（2）与尺寸线对齐：文字方向与尺寸线平行。

（3）ISO 标准：当文字在尺寸界线内时，文字与尺寸线对齐；当文字在尺寸线外时，文字成水平放置。文字对齐效果示例如图 8-17 所示。

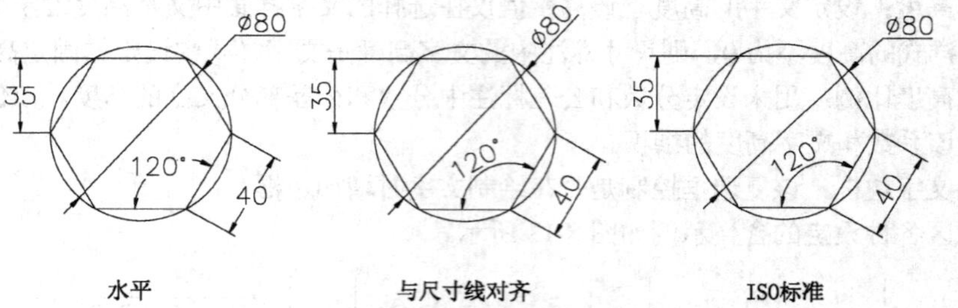

图 8-17 文字对齐效果示例

8.2.4 调整设定

标注尺寸时，由于尺寸线间距、文字大小、箭头大小的不同，标注尺寸的形式要适应各种情况，势必要进行适当的调整。利用“调整”选项卡，可以确定在尺寸线间距较小时，对文字、尺寸数字、箭头、尺寸线的注写方式。当文字不在默认位置时，注写在什么位置，是否要指引线。可以设定标注的特征比例。控制是否强制绘制尺寸线，是否可以手动放置文字等。“调整”选项卡如图 8-18 所示。

该选项卡包含 4 个区，分别是调整选项、文字位置、标注特征比例和优化。各选项卡的各项含义如下。

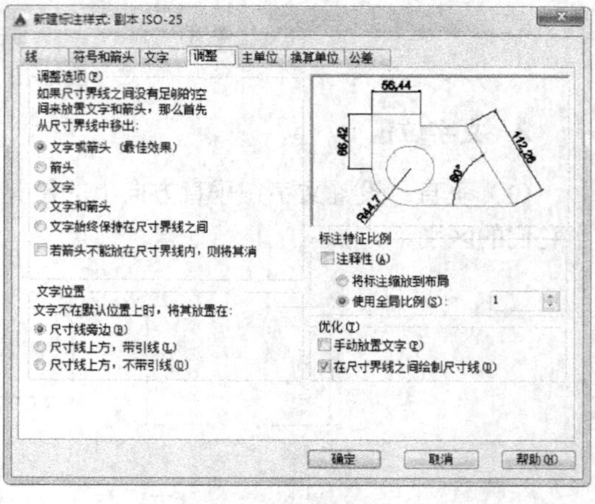

图 8-18 “调整”选项卡

1. 调整选项

（1）文字或箭头（最佳效果）：当尺寸界线之间的空间不够放置文字和箭头时，AutoCAD 自动选择最佳放置效果，该项为默认设置。

（2）箭头：当尺寸界线之间的空间不够放置文字和箭头时，首先将箭头从尺寸界线间移出去。

（3）文字：当尺寸界线之间的空间不够放置文字和箭头时，首先将文字从尺寸界线间移出去。

（4）文字和箭头：当尺寸界线之间的空间不够放置文字和箭头时，首先将文字和箭头从尺寸界线间移出去。

（5）文字始终保持在尺寸界线之间：不论尺寸界线之间的空间是否足够放置文字和箭头，将文字始终保持在尺寸界线之间。

（6）若不能放在尺寸界线内，则消除箭头：该复选框设定了当尺寸界线之间的空间不够放置文字和箭头时，将箭头消除。

图 8-19 是调整选项的不同设置效果示例。

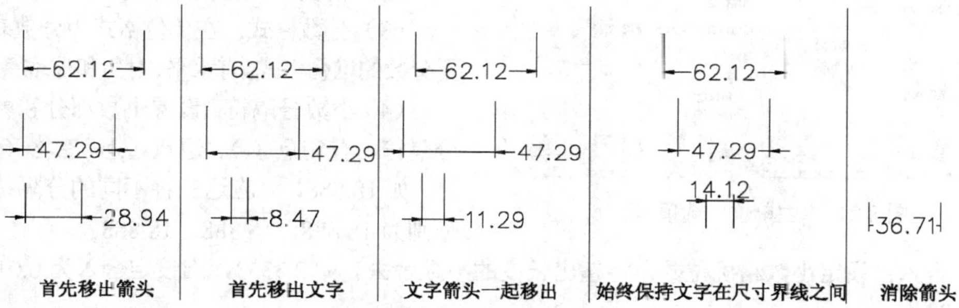

图 8-19　调整选项的不同设置效果示例

2. 文字位置

（1）尺寸线旁：当文字不在默认位置时，将文字放置在尺寸线旁。

（2）尺寸线上方，带引线：当文字不在默认位置时，将文字放置在尺寸线上方，加上指引线。

（3）尺寸线上方，不带引线：当文字不在默认位置时，将文字放置在尺寸线上方，不加指引线。

文字位置的不同设置的效果示例如图 8-20 所示。

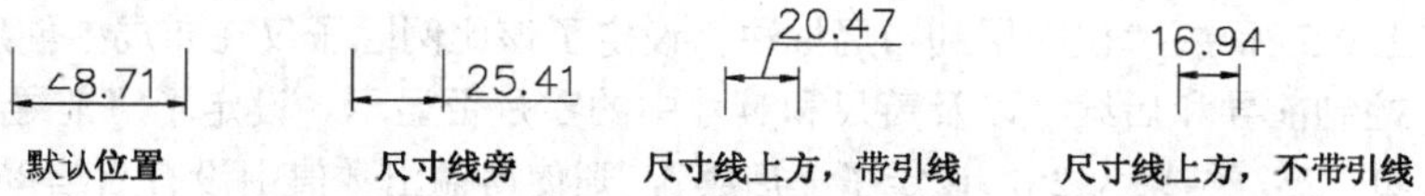

图 8-20　文字位置的不同设置效果示例

3. 标注特征比例

（1）注释性：指定标注为注释性。

（2）将标注缩放到布局：让 AutoCAD 按照当前模型空间视口和图纸空间的比例设置比例因子。

（3）使用全局比例：设置尺寸元素的比例因子，使之与当前图形的比例因子相符。例如，绘图时设定了文字、箭头的高度为 5，要求输出时也严格等于 5，而输出的比例为 1∶2，则全局比例因子应设置成 2。

4. 优化

（1）手动放置文字：根据需要，手动放置文字。

（2）在尺寸界线之间绘制尺寸线：不论尺寸界线之间的空间如何，强制在尺寸界线之间绘制尺寸线。

8.2.5 主单位设定

标注尺寸时，可以选择不同的单位格式，设置不同的精度位数，控制前缀、后缀，设置角度单位格式等，这些均可通过“主单位”选项卡进行，如图 8-21 所示。

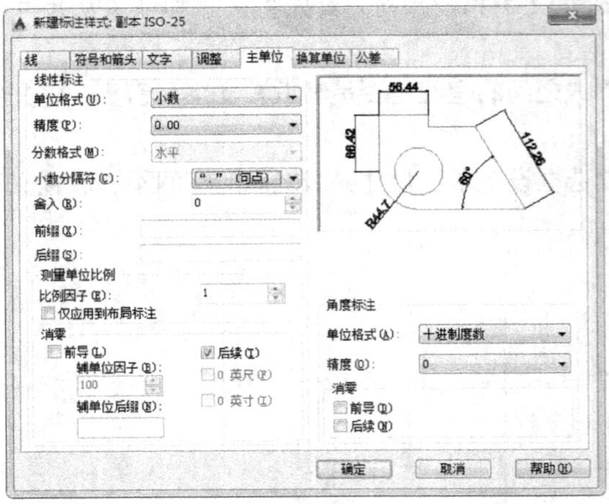

图 8-21 “主单位”选项卡

“主单位”选项卡包括两种标注设置：线性标注和角度标注，其各项含义如下。

1. 线性标注

（1）单位格式：设置除角度外标注类型的单位格式。可供选项为：科学、小数、工程、建筑、分数以及 Windows 桌面。

（2）精度：设置精度位数。

（3）分数格式：在单位格式为分数时有效，设置分数的堆叠格式。有水平、对角和非堆叠等供选择。

（4）小数分隔符：设置小数部分和整数部分的分隔符。有句点（.）、逗点（,）、空格（ ）等供选择。如 18.888，对应这三种不同的分隔符下的结果分别为 18.888，18,888，18 888。

（5）舍入：设定小数精确位数，将超出长度的小数舍去。如 2.3333，当设定舍入为 0.01 时，标注结果为 2.33。

（6）前缀：用于设置增加在数字前的字符。如设定前缀为“4X”，则可以表示该结构有 4 个。一般在多处使用时设置，否则，可以在标注时手工输入。

（7）后缀：用于设置增加在数字后的字符。如设定后缀为“m”，则在标注的单位为“米”而非“毫米”时，直接增加单位符号。如设定后缀为“K6”，则可在标注尺寸时直接注写尺寸公差代号，不必手工输入。一般多处使用时设置，否则，可以在标注时手工输入。

（8）测量单位比例：设置单位比例并可以控制该比例是否仅应用到布局标注中。“比例因子”设定了除角度外的所有标注测量值的比例因子。如设定比例因子为 0.5，则 AutoCAD 在标注尺寸时，自动将测量的值乘上 0.5 标注。“仅应用到布局标注”设定了该比例因子仅在布局中创建的标注有效。

（9）消零：控制前导和后续零以及英尺和英寸中的零是否显示。设定了“前导”，则使得输出数值没有前导零。如 0.25，结果为.25。设定了“后续”，则使得输出数值中没有后续零。如 2.500，结果为 2.5。

（10）辅单位因子：将辅单位的数量设置为一个单位。它用于在距离小于一个单位时以辅单位为单位计算标注距离。例如，如果后缀为 m 而辅单位后缀为以 mm 显示，则输入 1000。

（11）辅单位后缀：在标注文字辅单位中包含后缀。可以输入文字或使用控制代码显示特殊符号。如输入 cm 可将 0.66m 显示为 66cm。

2. 角度标注

（1）单位格式：设置角度的单位格式。可供选择项有十进制度数、度/分/秒、百分度和弧度。

（2）精度：设置角度精度位数。

（3）消零：设置是否显示前导和后续零。

图 8-22 是“主单位”选项卡的部分设定效果示例。

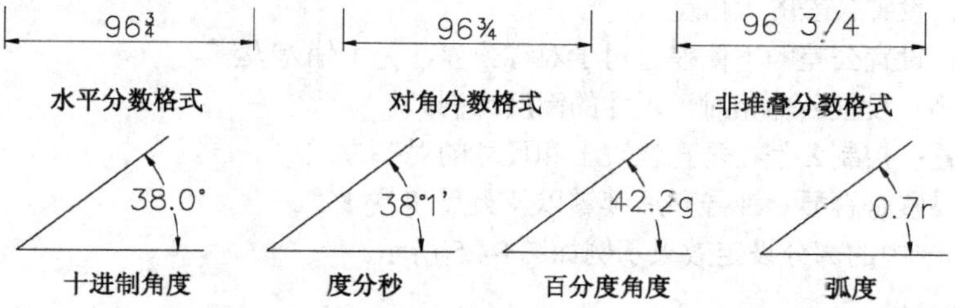

图 8-22 “主单位”选项卡的部分设定效果示例

8.2.6 换算单位设定

由于有不同的单位（如公制和英制等），常常需要进行换算。如果需要换算，对技术人员而言是比较麻烦的。AutoCAD 提供了在标注尺寸时同时提供不同的单位的标注方式，可以同时适合使用公制和英制的用户。“换算单位”选项卡如图 8-23 所示。

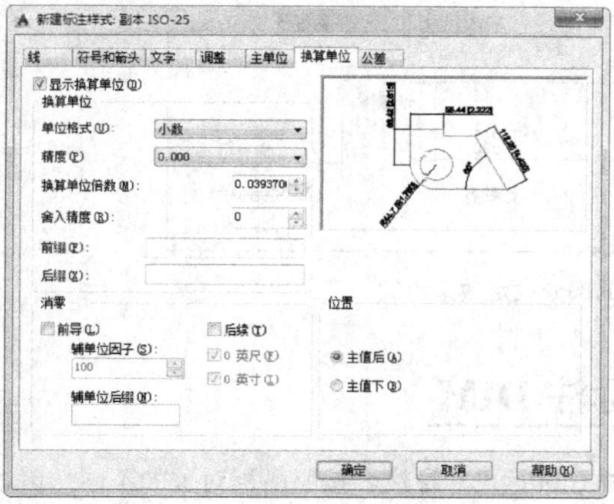

图 8-23 “换算单位”选项卡

该对话框包含“显示换算单位”复选框和换算单位、消零、位置三个区。各项含义如下。

（1）显示换算单位：控制是否显示经换算后标注文字的值。只有选中了该复选框，以下的各项设置才有效。

（2）换算单位区：通过和其他选项卡相近的设置来控制换算单位的格式、精度、舍入精度、前缀、后缀，并可以设置换算单位乘法器。该乘法器即主单位和换算单位之间的比例因子。如主单位为公制的毫米，换算单位为英制，则其间的换算乘法器应该是（1/25.4），即 0.03937007874016。标注尺寸为 100，精度为 0.1 时，结果为 100[3.9]。

（3）消零区：和其他选项卡中的含义相同，控制前导和后续零以及英尺和英寸零的显示与否。

（4）位置区：设定换算后的数值放置在主值的后面或前面。

8.2.7 公差设定

尺寸公差是经常碰到的需要标注的内容，尤其在机械图中，公差是必不可少的。要标注公差，首先应在“公差”选项卡中进行相应的设置。“公差”选项卡如图 8-24 所示。

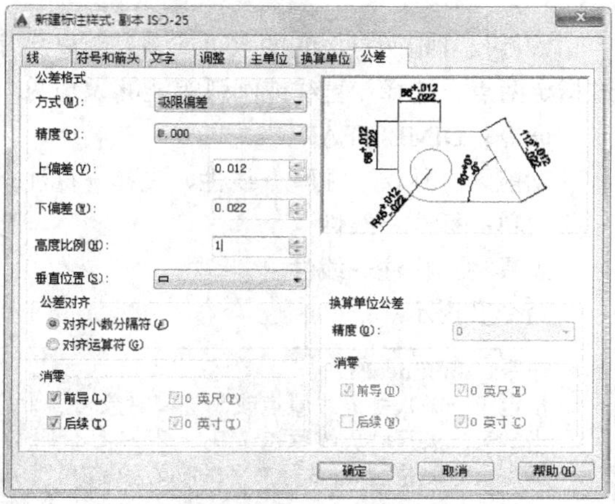

图 8-24 “公差”选项卡

该选项卡包含公差格式和换算单位公差两个区，各项含义如下。

1. 公差格式

（1）方式：设定公差标注方式。包含无、对称、极限偏差、极限尺寸和基本尺寸等标注方式。

（2）精度：设置公差精度位数。

（3）上偏差：设置公差的上偏差。

（4）下偏差：设置公差的下偏差。对于对称公差，无下偏差设置。

（5）高度比例：设置公差相对于尺寸的高度比例。

（6）垂直位置：控制公差在垂直位置上和尺寸的对齐方式。

（7）消零：设置是否显示前导和后续零以及英尺和英寸零。

“公差”选项卡中的部分设定效果示例如图 8-25 所示。

2．换算单位公差

（1）精度：设置换算单位公差精度位数。

（2）消零：设置是否显示换算单位公差的前导和后续零。

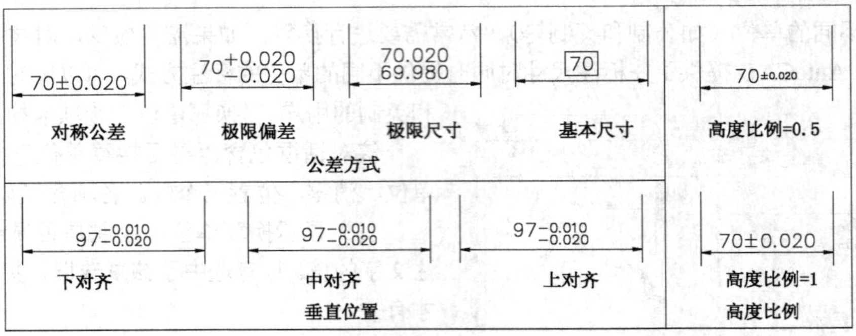

图 8-25 “公差”选项卡中的部分设定效果示例

8.3 尺寸标注 DIM

在设定好尺寸样式后，即可以采用设定好的尺寸样式进行尺寸标注。按照所标对象的不同，可以将尺寸分成长度尺寸、半径、直径、坐标、指引线、圆心标记等；按照尺寸形式的不同，可以将尺寸分成水平、垂直、对齐、连续、基线等。下面按照不同的标注方法介绍尺寸标注命令。

8.3.1 线性尺寸标注 DIMLINEAR

线性尺寸指两点之间的水平或垂直距离尺寸也可以是旋转一定角度的直线尺寸。定义两点可以通过指定两点、选择一直线或圆弧等能够识别两个端点的对象来确定。

命令： DIMLINEAR

功能区： 默认→注释→线性、注释→标注→线性

菜单： 标注→线性

工具栏： 标注→线性

命令及提示：

```
命令: _dimlinear
指定第一条尺寸界线原点或 <选择对象>:
指定第二条尺寸界线原点:
指定尺寸线位置或[多行文字(M)/文字(T)/角度(A)/水平(H)/垂直(V)/旋转(R)]:
```

```
命令: _dimlinear
指定第一条尺寸界线原点或 <选择对象>: ↙
选择标注对象:
指定尺寸线位置或[多行文字(M)/文字(T)/角度(A)/水平(H)/垂直(V)/旋转(R)]: m↙

指定第一条尺寸界线原点或 <选择对象>: ↙
选择标注对象:
指定尺寸线位置或[多行文字(M)/文字(T)/角度(A)/水平(H)/垂直(V)/旋转(R)]: t↙
输入标注文字 <>:

指定尺寸线位置或[多行文字(M)/文字(T)/角度(A)/水平(H)/垂直(V)/旋转(R)]: a↙
指定标注文字的角度:

指定尺寸线位置或[多行文字(M)/文字(T)/角度(A)/水平(H)/垂直(V)/旋转(R)]: h↙
指定尺寸线位置或 [多行文字(M)/文字(T)/角度(A)]:

指定尺寸线位置或[多行文字(M)/文字(T)/角度(A)/水平(H)/垂直(V)/旋转(R)]: r↙
指定尺寸线的角度 <0>:

指定尺寸线位置或[多行文字(M)/文字(T)/角度(A)/水平(H)/垂直(V)/旋转(R)]: v↙
指定尺寸线位置或 [多行文字(M)/文字(T)/角度(A)]:
```

参数：

（1）指定第一条尺寸界线原点：定义第一条尺寸界线的位置，如果直接回车，则出现选择对象的提示。

（2）指定第二条尺寸界线原点：在定义了第一条尺寸界线原点后，定义第二条尺寸界线的位置。

（3）选择对象：选择对象来定义线性尺寸的大小。

（4）指定尺寸线位置：定义尺寸线的位置。

（5）多行文字(M)：打开多行文字编辑器，用户可以通过多行文字编辑器来编辑注写的文字。测量的数值用“< >”来表示，用户可以将其删除也可以在其前后增加其他文字。

（6）文字(T)：单行文字输入，测量值同样在“< >”中。

（7）角度(A)：设定文字的倾斜角度。

（8）水平(H)：强制标注两点间的水平尺寸，否则，AutoCAD 通过尺寸线的位置来决定标注水平尺寸或垂直尺寸。

（9）垂直(V)：强制标注两点间的垂直尺寸，否则，由 AutoCAD 根据尺寸线的位置来决定标注水平尺寸或垂直尺寸。

（10）旋转(R)：设定一旋转角度来标注该方向的尺寸。

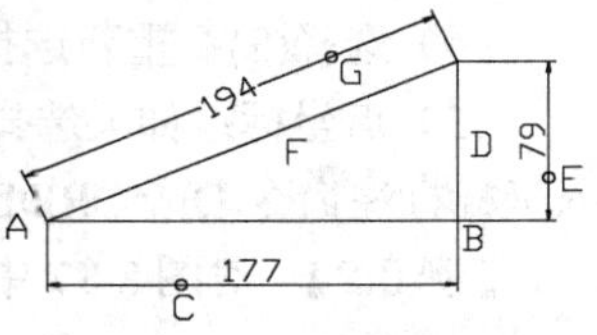

图 8-26　线性标注示例

【例 8.1】 对图 8-26 所示图形标注尺寸。

```
命令: _dimlinear
指定第一条尺寸界线原点或 <选择对象>: 点取 A 点
指定第二条尺寸界线原点: 点取 B 点
指定尺寸线位置或[多行文字(M)/文字(T)/角度(A)/水平(H)/垂直(V)/旋转(R)]: 点取 C 点
标注文字 =177                                          标注尺寸 177

命令: _dimlinear
指定第一条尺寸界线原点或 <选择对象>: ↙                    选择对象
选择标注对象: 点取直线 D
```

指定尺寸线位置或[多行文字(M)/文字(T)/角度(A)/水平(H)/垂直(V)/旋转(R)]: **点取 E 点**
标注文字 =79

命令: **_dimlinear**
指定第一条尺寸界线原点或 <选择对象>: ↙
选择标注对象: **点取直线 F**
指定尺寸线位置或[多行文字(M)/文字(T)/角度(A)/水平(H)/垂直(V)/旋转(R)]: **r↙** 选择旋转选项
指定尺寸线的角度 <0>: **24↙**
指定尺寸线位置或[多行文字(M)/文字(T)/角度(A)/水平(H)/垂直(V)/旋转(R)]: **点取 G 点**
标注文字 =194

结果如图 8-26 所示。

8.3.2 连续尺寸标注 DIMCONTINUE

对于首尾相连排成一排的连续尺寸，可以进行连续标注，无须手动点取其基点位置。

命令：DIMCONTINUE

功能区：注释→标注→连续

菜单：标注→连续

工具栏：标注→连续

命令及提示：

命令: **_dimcontinue**
选择连续标注: 需要线性、坐标或角度关联标注。
指定第二条尺寸界线原点或 [放弃(U)/选择(S)] <选择>:
指定点坐标或 [放弃(U)/选择(S)] <选择>:

参数：

（1）选择连续标注：选择以线性标注、坐标标注或角度标注为连续标注的基准标注。如上一个标注为以上几种标注，则不出现该提示，自动以上一个标注为基准标注。否则，应先进行一次符合要求的标注。

（2）指定第二条尺寸界线原点：定义连续标注中第二条尺寸界线，第一条尺寸界线由标注基准确定。

（3）放弃(U)：放弃上一个连续标注。

（4）选择(S)：重新选择一线性尺寸或角度标注为连续标注的基准。

（5）点坐标：如果选择了坐标标注，则出现该提示，要求指定点坐标。该选项效果相当于连续输入坐标标注命令 DIMORDINATE。

【例 8.2】 对图 8-27 中的图形（a）进行连续标注。

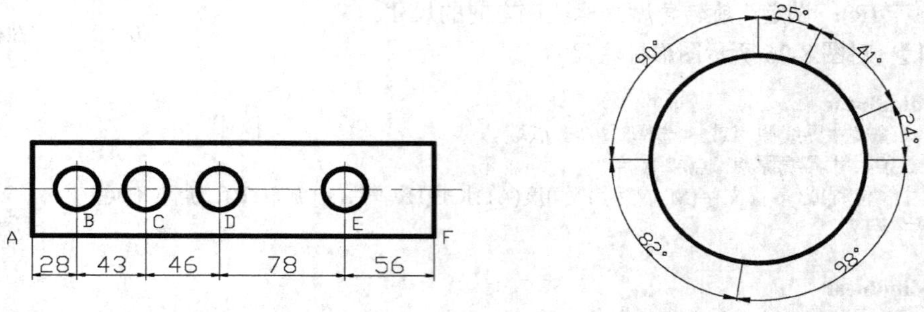

（a）线性尺寸连续标注　　（b）角度尺寸连续标注

图 8-27　连续尺寸标注示例

```
命令: _dimlinear                                           标注线性尺寸，作为连续标注的基准
指定第一条尺寸界线原点或 <选择对象>: 点取 A 点
指定第二条尺寸界线原点:
指定尺寸线位置或[多行文字(M)/文字                             采用对象捕捉方式捕捉 A 点
(T)/角度(A)/水平(H)/垂直(V)/旋转(R)]: 点取 B 点   采用对象捕捉方式捕捉 B 点，下同
标注文字 =28

命令: _dimcontinue                                         进行连续尺寸标注
指定第二条尺寸界线原点或 [放弃(U)/选择(S)] <选择>: 点取 C 点
标注文字 =43
指定第二条尺寸界线原点或 [放弃(U)/选择(S)] <选择>: 点取 D 点
标注文字 =46
指定第二条尺寸界线原点或 [放弃(U)/选择(S)] <选择>: 点取 E 点
标注文字 =78
指定第二条尺寸界线原点或 [放弃(U)/选择(S)] <选择>: 点取 F 点
标注文字 =56
指定第二条尺寸界线原点或 [放弃(U)/选择(S)] <选择>: ↙
选择连续标注:↙                                              结束连续标注
```

结果如图 8-27（a）所示。图 8-27（b）为连续标注角度的示例。

8.3.3 基线尺寸标注 DIMBASELINE

对于从一条尺寸界线出发的基线尺寸标注，可以快速进行标注，无须手动设置两条尺寸线之间的间隔。

命令：DIMBASELINE

功能区：注释→标注→基线

菜单：标注→基线

工具栏：标注→基线

命令及提示：

```
命令: _dimbaseline
选择基准标注: 需要线性、坐标或角度关联标注。
指定第二条尺寸界线原点或 [放弃(U)/选择(S)] <选择>:
指定点坐标或 [放弃(U)/选择(S)] <选择>:
```

参数：

（1）选择基准标注：选择基线标注的基准标注，后面的尺寸以此为基准进行标注。如果上一个命令进行了线性尺寸或角度标注，则不出现该提示，除非在随后的参数中输入了“选择”项。

（2）第二条尺寸界线原点：定义第二条尺寸界线的位置，第一条尺寸界线由基准确定。

（3）放弃(U)：放弃上一个基线尺寸标注。

（4）选择(S)：选择基线标注基准。

（5）指定点坐标：如果选择了坐标标注，则出现该提示，要求指定点坐标。该选项同样相当于连续输入坐标标注命令 DIMORDINATE。

【例 8.3】 采用基线标注方式标注图 8-28（a）中的尺寸。

```
命令: _dimlinear                                    进行线性尺寸标注，作为基线标注的基准
指定第一条尺寸界线原点或 <选择对象>: 点取 A 点
指定第二条尺寸界线原点:指定尺寸线位置或[多行文字(M)/文字(T)
/角度(A)/水平(H)/垂直(V)/旋转(R)]: 点取 B 点
```

```
标注文字 =28

命令: _dimbaseline
指定第二条尺寸界线原点或 [放弃(U)/选择(S)] <选择>: 点取 C 点
标注文字 =71
指定第二条尺寸界线原点或 [放弃(U)/选择(S)] <选择>: 点取 D 点
标注文字 =116
指定第二条尺寸界线原点或 [放弃(U)/选择(S)] <选择>: 点取 E 点
标注文字 =194
指定第二条尺寸界线原点或 [放弃(U)/选择(S)] <选择>: 点取 F 点
标注文字 =250
指定第二条尺寸界线原点或 [放弃(U)/选择(S)] <选择>: ↙
选择基线标注: ↙                                        退出基线标注
```

结果如图 8-28（a）图形所示，图 8-28（b）为角度基线标注示例。

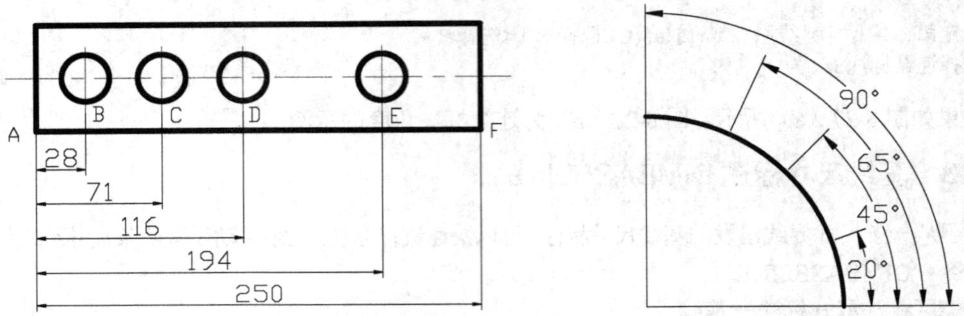

（a）线性基线标注　　（b）角度基线标注

图 8-28　基线标注示例

8.3.4　对齐尺寸标注 DIMALIGNED

对于倾斜的线性尺寸，可以通过对齐尺寸标注自动获取其大小进行平行标注。

命令：DIMALIGNED

功能区：默认→注释→对齐、注释→标注→对齐

菜单：标注→对齐

工具栏：标注→对齐

命令及提示：

```
命令: _dimaligned
指定第一条尺寸界线原点或 <选择对象>: ↙
选择标注对象:
指定尺寸线位置或[多行文字(M)/文字(T)/角度(A)]:
```

参数：

（1）指定第一条尺寸界线原点：定义第一条尺寸界线的起点。如果直接回车，则出现“选择标注对象”的提示，不出现“指定第二条尺寸界线原点”的提示。

（2）指定第一条尺寸界线原点：如果定义了第一条尺寸界线的起点，则要求定义第二条尺寸界线的起点。

（3）选择标注对象：如果不定义第一条尺寸界线原点，则选择标注的对象来确定两条尺寸界线。

（4）指定尺寸线位置：定义尺寸线的位置。

（5）多行文字(M)：通过多行文字编辑器输入文字。

（6）文字(T)：输入单行文字。

（7）角度(A)：定义文字的旋转角度。

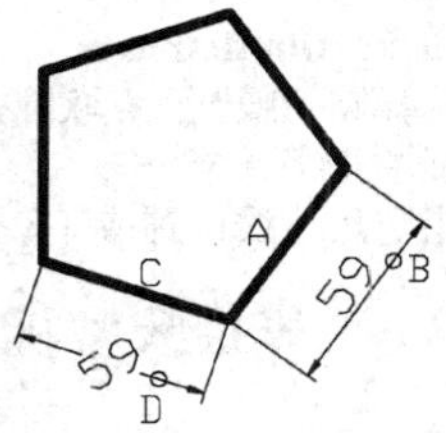

图 8-29　对齐尺寸标注示例

【例 8.4】 采用对齐尺寸标注方式标注如图 8-29 所示的边长。

命令: **_dimaligned**
指定第一条尺寸界线原点或 <选择对象>: ↙
选择标注对象: **点取直线 A**
指定尺寸线位置或[多行文字(M)/文字(T)/角度(A)]: **点取 B 点**
标注文字 =59
指定第一条尺寸界线原点或 <选择对象>: ↙
选择标注对象: **点取直线 C**
指定尺寸线位置或[多行文字(M)/文字(T)/角度(A)]: **a↙**
指定标注文字的角度: **30↙**
指定尺寸线位置或[多行文字(M)/文字(T)/角度(A)]: **点取 D 点**
标注文字 =59

8.3.5　直径尺寸标注 DIMDIAMETER

对于直径尺寸，可以通过直径尺寸标注命令直接进行标注，AutoCAD 自动增加直径符号“ϕ”。

命令： DIMDIAMETER

功能区： 默认→注释→直径、注释→标注→直径

菜单： 标注→直径

工具栏：标注→直径

命令及提示：

命令: **_dimdiameter**
选择圆弧或圆:
标注文字=XX
指定尺寸线位置或 [多行文字(M)/文字(T)/角度(A)]:

参数：

（1）选择圆或圆弧：选择标注直径的对象。

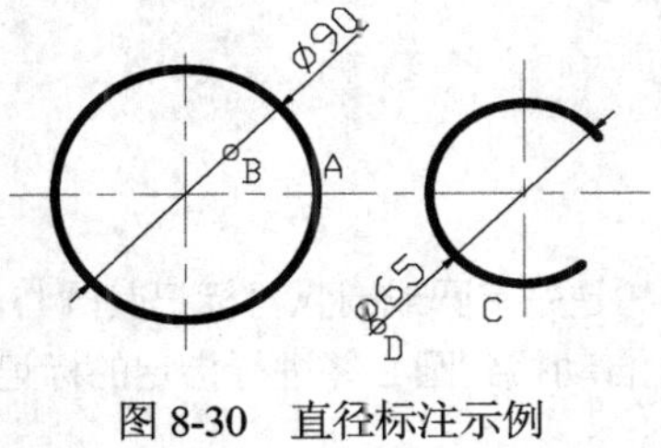

图 8-30　直径标注示例

（2）指定尺寸线位置：定义尺寸线的位置，尺寸线通过圆心。确定尺寸线的位置的拾取点对文字的位置有影响，和尺寸样式对话框中文字、直线、箭头的设置有关。

（3）多行文字(M)：通过多行文字编辑器输入标注文字。

（4）文字(T)：输入单行文字。

（5）角度(A)：定义文字旋转角度。

【例 8.5】 标注如图 8-30 所示的圆和圆弧的直径。

命令: **_dimdiameter**
选择圆弧或圆: **点取圆 A**
标注文字=90
指定尺寸线位置或 [多行文字(M)/文字(T)/角度(A)]: **点取 B 点**

命令: **_dimdiameter**
选择圆弧或圆: **点取圆弧 C**
标注文字 =65
指定尺寸线位置或 [多行文字(M)/文字(T)/角度(A)]: **点取 D 点**

8.3.6 半径尺寸标注 DIMRADIUS

对于半径尺寸，AutoCAD 可以自动获取其半径大小进行标注，并且自动增加半径符号“R”。

命令：DIMRADIUS

功能区：默认→注释→半径、注释→标注→半径

菜单：标注→半径

工具栏：标注→半径

命令及提示：

命令: **_dimradius**
选择圆弧或圆:
标注文字 =XX
指定尺寸线位置或 [多行文字(M)/文字(T)/角度(A)]:

参数：

（1）选择圆或圆弧：选择标注半径的对象。

（2）指定尺寸线位置：定义尺寸线的位置，尺寸线通过圆心。确定尺寸线的位置的拾取点对文字的位置有影响，和尺寸样式对话框中文字、直线、箭头的设置有关。

（3）多行文字(M)：通过多行文字编辑器输入标注文字。

（4）文字(T)：输入单行文字。

（5）角度(A)：定义文字旋转角度。

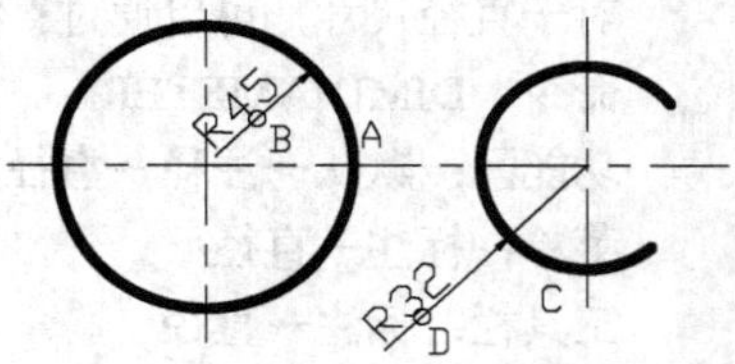

图 8-31 半径标注示例

【例 8.6】 标注如图 8-31 所示的圆及圆弧的半径。

命令: **_dimradius**
选择圆弧或圆: **点取圆 A**
标注文字 =45
指定尺寸线位置或 [多行文字(M)/文字(T)/角度(A)]: **点取 B 点**

命令: **_dimradius**
选择圆弧或圆: **点取圆弧 C**
标注文字 =32
指定尺寸线位置或 [多行文字(M)/文字(T)/角度(A)]: **点取 D 点**

8.3.7 圆心标记 DIMCENTER

一般情况下，先定圆和圆弧的圆心位置再绘制圆或圆弧，但有时却是先有圆或圆弧再标记其圆心，如用 TTR 或 TTT 方式绘制圆等。AutoCAD 可以在选择了圆或圆弧后，自动找到圆心并进行指定的标记。

命令：DIMCENTER

功能区：注释→标注→圆心标记

菜单：标注→圆心标记

工具栏：标注→圆心标记

命令及提示：

```
命令: _dimcenter
选择圆弧或圆:
```

参数：

选择圆弧或圆：选择欲加标记的圆或圆弧。

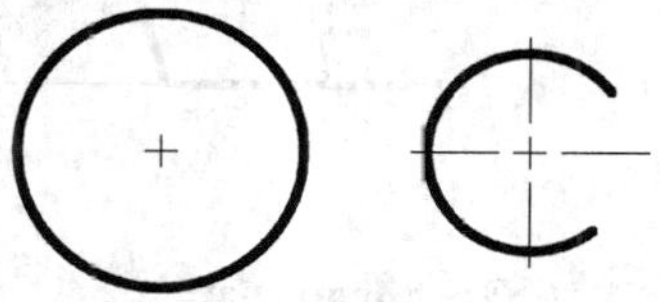

图 8-32　圆心标记示例

【例 8.7】 在如图 8-32 所示的圆及圆弧中间增加圆心标记，分别为“标记”和“直线”。

设定圆心标记为“标记”：

```
命令: _dimcenter
选择圆弧或圆: 点取圆
```

设定圆心标记为“直线”：

```
命令: _dimcenter
选择圆弧或圆: 点取圆弧
```

8.3.8　角度标注 DIMANGULAR

对于不平行的两条直线、圆弧或圆以及指定的三个点，AutoCAD 可以自动测量它们的角度并进行角度标注。

命令：DIMANGULAR

功能区：默认→注释→角度、注释→标注→角度

菜单：标注→角度

工具栏：标注→角度

命令及提示：

```
命令: _dimangular
选择圆弧、圆、直线或 <指定顶点>:
指定角的顶点:
指定角的第一个端点:
指定角的第二个端点:
选择第二条直线:
指定标注弧线位置或 [多行文字(M)/文字(T)/角度(A)]:
```

参数：

（1）选择圆弧、圆、直线：选择角度标注的对象。如果直接回车，则为指定顶点确定标注角度。

（2）指定顶点：指定角度的顶点和两个端点来确定角度。

（3）指定角的第二个端点：如果选择了圆，则出现该提示。角度以圆心为顶点，以选择圆弧时的拾取点为第一个端点，此时指定第二个端点即自动标注其大小。

（4）指定标注弧线位置：定义圆弧尺寸线摆放位置。

（5）多行文字(M)：打开多行文字编辑器，用户可以通过多行文字编辑器来编辑注写的文字。测量的数值用“<>”来表示，用户可以将其删除也可以在其前后增加其他文字。

（6）文字(T)：进行单行文字输入。测量值同样在“<>”中。

（7）角度(A)：设定文字的倾斜角度。

【例 8.8】 标注图 8-33 中图形的角度。

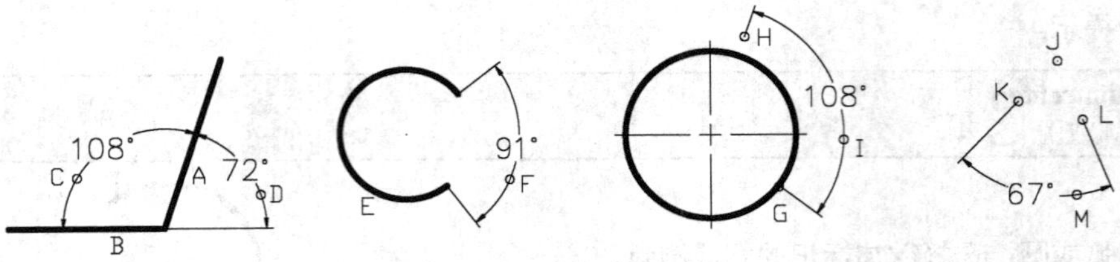

图 8-33 角度标注示例

命令: **_dimangular**
选择圆弧、圆、直线或 <指定顶点>: **拾取直线 A**
选择第二条直线: **拾取直线 B**
指定标注弧线位置或 [多行文字(M)/文字(T)/角度(A)]: **点取 C 点**
标注文字 =108

命令: **_dimangular**
选择圆弧、圆、直线或 <指定顶点>: **拾取直线 A**
选择第二条直线: **拾取直线 B**
指定标注弧线位置或 [多行文字(M)/文字(T)/角度(A)]: **点取 D 点**
标注文字 =72

命令: **_dimangular**
选择圆弧、圆、直线或 <指定顶点>: **拾取圆弧 E**
指定标注弧线位置或 [多行文字(M)/文字(T)/角度(A)]: **点取 F 点**
标注文字 =91

命令: **_dimangular**
选择圆弧、圆、直线或 <指定顶点>: **点取圆上 G 点**
指定角的第二个端点: **点取 H 点**
指定标注弧线位置或 [多行文字(M)/文字(T)/角度(A)]: **点取 I 点**
标注文字 =108
选择圆弧、圆、直线或 <指定顶点>: ↙
指定角的顶点: **点取 J 点**
指定角的第一个端点: **点取 K 点**
指定角的第二个端点: **点取 L 点**
指定标注弧线位置或 [多行文字(M)/文字(T)/角度(A)]: **点取 M 点**
标注文字 =67

8.3.9 坐标尺寸标注 DIMORDINATE

坐标标注是从一个公共基点出发，标注指定点相对于基点的偏移量的标注方法。坐标标注不带尺寸线，有一条尺寸界线和文字引线。

进行坐标标注时，其基点即当前 UCS 的坐标原点。所以在进行坐标标注之前，应该设定基点为坐标原点。

命令： DIMORDINATE

功能区： 默认→注释→坐标、注释→标注→坐标

菜单： 标注→坐标

工具栏：标注→坐标

命令及提示：

命令: **_dimordinate**
指定点坐标:
指定引线端点或 [X 基准(X)/Y 基准(Y)/多行文字(M)/文字(T)/角度(A)]:
标注文字=XX

参数：

（1）指定点坐标：指定需要标注坐标的点。

（2）指定引线端点：指定坐标标注中引线的端点。

（3）X 基准(X)：强制标注 X 坐标。

（4）Y 基准(Y)：强制标注 Y 坐标。

（5）多行文字(M)：通过多行文字编辑器输入文字。

（6）文字(T)：输入单行文字。

（7）角度(A)：指定文字旋转角度。

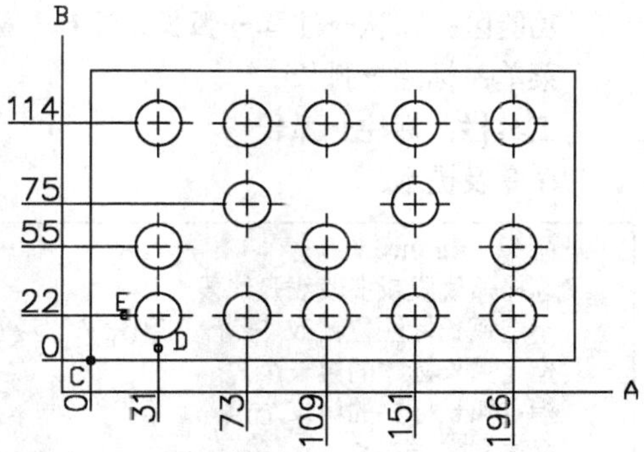

图 8-34 坐标标注示例

【例 8.9】 用坐标标注如图 8-34 所示的圆孔位置，左下角设定为坐标原点。

（1）为了使最终的坐标对齐在一条直线上，绘制对齐坐标用的辅助直线 A 和 B。

（2）坐标标注必须相对于本身的某点测量坐标大小，通过 UCS 命令将坐标原点设定在 C 点。

（3）标注坐标时为了快速捕捉到指定点和辅助线上的垂足，打开对象捕捉，设定端点、垂足捕捉方式。

（4）进行坐标标注。

命令: **_dimordinate**
指定点坐标: **点取 C 点**
指定引线端点或 [X 基准(X)/Y 基准(Y)/多行文字(M)/文字(T)/角度(A)]: **移动光标到 C 点下方直线 A 上，出现“垂足”提示时单击左键**
标注文字 =0

命令: **_dimordinate**
指定点坐标: **点取 D 点**

用同样的方法标注其他坐标 73、109、151、196。

……
命令: **_dimordinate**
指定点坐标: **点取 C 点**
指定引线端点或 [X 坐标(X)/Y 坐标(Y)/多行文字(M)/文字(T)/角度(A)]: **移动光标到 C 点左侧直线 B 上，出现“垂足”提示时单击左键**
标注文字 =0

命令: **_dimordinate**
指定点坐标: **点取 E 点**
指定引线端点或 [X 坐标(X)/Y 坐标(Y)/多行文字(M)/文字(T)/角度(A)]: **移动光标到 E 点左侧直线 B 上，出现“垂足”提示时单击左键**
标注文字 =22

用同样的方法标注其他坐标 55、75、114。结果如图 8-34 所示。

删除辅助线 A、B。

8.3.10 弧长标注 DIMARC

AutoCAD 2015 可以自动测量弧的长度并进行标注。

命令：DIMARC

功能区：默认→注释→弧长、注释→标注→弧长

菜单：标注→弧长

工具栏：标注→弧长

命令及提示：

```
命令: _dimarc
选择弧线段或多段线弧线段:
指定弧长标注位置或 [多行文字(M)/文字(T)/角度(A)/部分(P)/引线(L)]: p↙
指定弧长标注的第一个点:
指定弧长标注的第二个点:
标注文字 =XX
指定弧长标注位置或 [多行文字(M)/文字(T)/角度(A)/部分(P)/引线(L)]: l↙
指定弧长标注位置或 [多行文字(M)/文字(T)/角度(A)/部分(P)/无引线(N)]:
```

参数：

（1）选择弧线段或多段线弧线段：选择要标注的弧线段。

（2）指定弧长标注位置：拾取标注的弧长数字位置。

（3）多行文字(M)：打开在位文字编辑器，输入多行文本。

（4）文字(T)：在命令行输入标注的单行文本。

（5）角度(A)：设置标注文字的角度。

（6）部分(P)：缩短弧长标注的长度，即只标注圆弧中的部分弧线的长度。

（7）指定弧长标注的第一个点—设定标注圆弧的起点。

（8）指定弧长标注的第二个点—设定标注圆弧的端点。

（9）引线(L)：添加引线对象。仅当圆弧（或圆弧段）大于 90° 时才会显示此选项。引线是按径向绘制的，指向所标注圆弧的圆心。

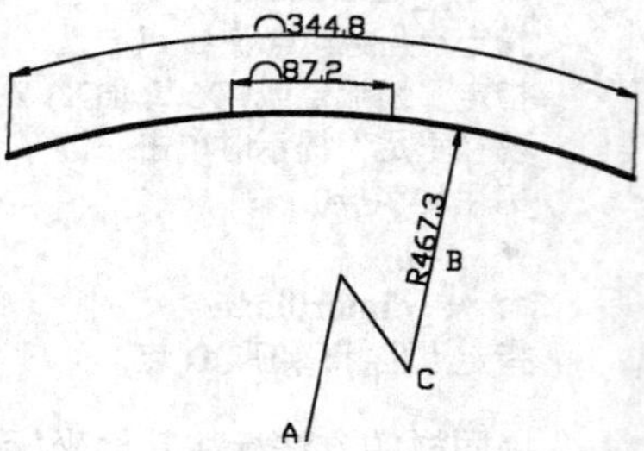

图 8-35 弧长标注示例

【例 8.10】 对图 8-35 中的弧进行标注，其中对部分弧长需要单独进行标注。

```
命令: _dimarc
选择弧线段或多段线弧线段: 拾取圆弧
指定弧长标注位置或 [多行文字(M)/文字(T)/角度(A)/部分(P)/引线(L)]: 单击文本摆放位置
标注文字 =344.8
命令: ↙

命令: _dimarc
指定弧长标注位置或 [多行文字(M)/文字(T)/角度(A)/部分(P)/引线(L)]: p↙          进行部分标注
指定圆弧长度标注的第一个点: 拾取弧上的一个点
指定圆弧长度标注的第二个点: 拾取弧上的另一个点
指定弧长标注位置或 [多行文字(M)/文字(T)/角度(A)/部分(P)/引线(L)]: 单击文本摆放位置
标注文字 =87.2
```

结果如图 8-35 中的弧长标注。

8.3.11 折弯标注 DIMJOGGED

在图形中经常碰到有些弧或圆半径很大，圆心超出了图纸范围。此时进行半径标注时，往往要采用折弯标注的方法。AutoCAD 2015 提供了折弯标注的简便方法。

命令：DIMJOGGED

功能区：默认→注释→折弯、注释→标注→折弯

菜单：标注→折弯

工具栏：标注→折弯

命令及提示：

```
命令: _dimjogged
选择圆弧或圆:
指定中心位置替代:
标注文字 =xx
指定尺寸线位置或 [多行文字(M)/文字(T)/角度(A)]:
指定折弯位置
```

参数：

（1）选择圆弧或圆：选择需要标注的圆或圆弧。

（2）指定中心位置替代：指定一个点以便取代正常半径标注的圆心。

（3）指定尺寸线位置：指定尺寸线摆放的位置。

（4）多行文字(M)：打开在位文字编辑器，输入多行文本。

（5）文字(T)：在命令行输入标注的单行文本。

（6）角度(A)：设置标注文字的角度。

（7）指定折弯位置：指定折弯的中点。

【例 8.11】 采用折弯方式标注如图 8-35 所示的圆弧的半径。

```
命令: _dimjogged
选择圆弧或圆: 拾取圆弧
指定中心位置替代: 单击图 8-35 中的 A 点
标注文字 =467.3
指定尺寸线位置或 [多行文字(M)/文字(T)/角度(A)]: 单击 B 点
指定折弯位置: 单击 C 点
```

结果如图 8-35 中的折弯半径标注。

8.3.12 快速尺寸标注 QDIM

快速尺寸标注可以在一个命令下对多个同样的尺寸（如直径、半径、基线、连续、坐标等）进行标注。对坐标标注，能自动对齐坐标位置。

命令：QDIM

功能区：注释→标注→快速标注

菜单：标注→快速标注

工具栏：标注→快速标注

命令及提示：

```
命令: _qdim
选择要标注的几何图形:
```

指定尺寸线位置或 [连续(C)/并列(S)/基线(B)/坐标(O)/半径(R)/直径(D)/基准点(P)/编辑(E)/设置(T)] <半径>: **t**↙
关联标注优先级 [端点(E)/交点(I)] <端点>:
指定尺寸线位置或 [连续(C)/并列(S)/基线(B)/坐标(O)/半径(R)/直径(D)/基准点(P)/编辑(E)/设置(T)] <半径>: **e**↙
指定要删除的标注点或 [添加(A)/退出(X)] <退出>:

参数：

（1）选择要标注的几何图形：选择对象用于快速标注尺寸。如果选择的对象不单一，在标注某种尺寸时，将忽略不可标注的对象。例如同时选择了直线和圆，标注直径时，将忽略直线对象。

（2）指定尺寸线位置：定义尺寸线的位置。

（3）连续(C)：采用连续方式标注所选图形。

（4）并列(S)：采用并列方式标注所选图形。

（5）基线(B)：采用基线方式标注所选图形。

（6）坐标(O)：采用坐标方式标注所选图形。

（7）半径(R)：对所选圆或圆弧标注半径。

（8）直径(D)：对所选圆或圆弧标注直径。

（9）基准点(P)：设定坐标标注或基线标注的基准点。

（10）编辑(E)：对标注点进行编辑。

（11）指定要删除的标注点：删除标注点，否则由 AutoCAD 自动设定标注点。

（12）添加(A)：添加标注点，否则由 AutoCAD 自动设定标注点。

（13）退出(X)：退出编辑提示，返回上一级提示。

（14）设置(T)：为指定延伸线原点设置默认对象捕捉。

（15）端点(E)：将关联标注优先级设置为端点。

（16）交点(I)：将关联标注优先级设置为交点。

【例 8.12】 快速尺寸标注练习。

（1）采用快速标注方式标注如图 8-36 所示的尺寸。

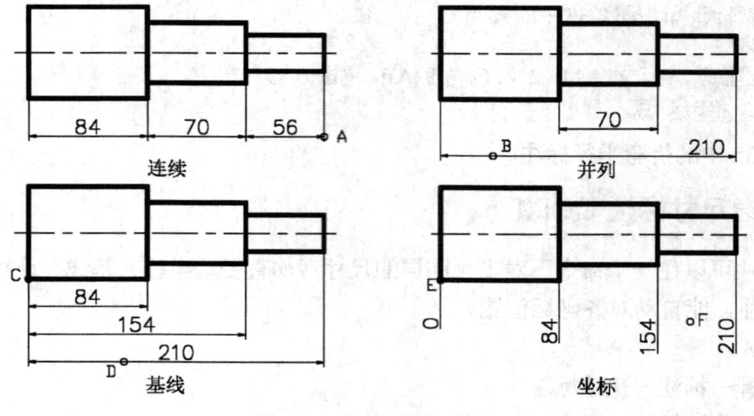

图 8-36 快速标注示例一

命令: **_qdim**
选择要标注的几何图形: **窗口方式选择 3 条水平线**
定义对角点: 找到 3 个
选择要标注的几何图形: ↙

指定尺寸线位置或[连续(C)/并列(S)/基线(B)/坐标(O)/半径(R)/直径(D)/基准点(P)/编辑(E)] <坐标>: **c↙** 结束图形对象选择
指定尺寸线位置或[连续(C)/并列(S)/基线(B)/坐标(O)/半径(R)/直径(D)/基准点(P)/编辑(E)] <连续>: **点取 A 点**

命令: **_qdim**
选择要标注的几何图形: **窗口方式选择三条水平线**
定义对角点: 找到 3 个 进行连续标注
选择要标注的几何图形: **↙**
指定尺寸线位置或[连续(C)/并列(S)/基线(B)/坐标(O)/半径(R)/直径(D)/基准点(P)/编辑(E)] <并列>: **点取 B 点** 结束图形对象选择

命令: **_qdim**
选择要标注的几何图形: **窗口方式选择三条水平线**
定义对角点: 找到 3 个 进行并列标注
选择要标注的几何图形: **↙**
指定尺寸线位置或[连续(C)/并列(S)/基线(B)/坐标(O)/半径(R)/直径(D)/基准点(P)/编辑(E)] <并列>: **b↙** 结束图形对象选择
指定尺寸线位置或[连续(C)/并列(S)/基线(B)/坐标(O)/半径(R)/直径(D)/基准点(P)/编辑(E)] <基线>: **p↙** 进行基线标注
选择新的基准点: **点取 C 点**
指定尺寸线位置或[连续(C)/并列(S)/基线(B)/坐标(O)/半径(R)/直径(D)/基准点(P)/编辑(E)] <基线>: **点取 D 点**

命令: **_qdim**
选择要标注的几何图形: **窗口方式选择 3 条水平线**
定义对角点: 找到 3 个 设定基准点
选择要标注的几何图形: **↙**
指定尺寸线位置或[连续(C)/并列(S)/基线(B)/坐标(O)/半径(R)/直径(D)/基准点(P)/编辑(E)] <基线>: **o↙** 结束图形对象选择
指定尺寸线位置或[连续(C)/并列(S)/基线(B)/坐标(O)/半径(R)/直径(D)/基准点(P)/编辑(E)] <坐标>: **p↙** 进行坐标标注
选择新的基准点: **点取 E 点** 设定新的基准点
指定尺寸线位置或[连续(C)/并列(S)/基线(B)/坐标(O)/半径(R)/直径(D)/基准点(P)/编辑(E)] <坐标>: **点取 F 点**

结果如图 8-36 所示。

（2）采用快速尺寸标注如图 8-37 所示的半径和直径尺寸。

命令: **_qdim**
选择要标注的几何图形: **点取圆** 找到 1 个
选择要标注的几何图形: **点取圆** 找到 1 个，总共 2 个
选择要标注的几何图形: **点取圆** 找到 1 个，总共 3 个
选择要标注的几何图形: **↙**
指定尺寸线位置或[连续(C)/并列(S)/基线(B)/坐标(O)/半径(R)/直径(D)/基准点(P)/编辑(E)] <连续>: **r↙**
指定尺寸线位置或[连续(C)/并列(S)/基线(B)/坐标(O)/半径(R)/直径(D)/基准点(P)/编辑(E)] <半径>: **点取 A 点**

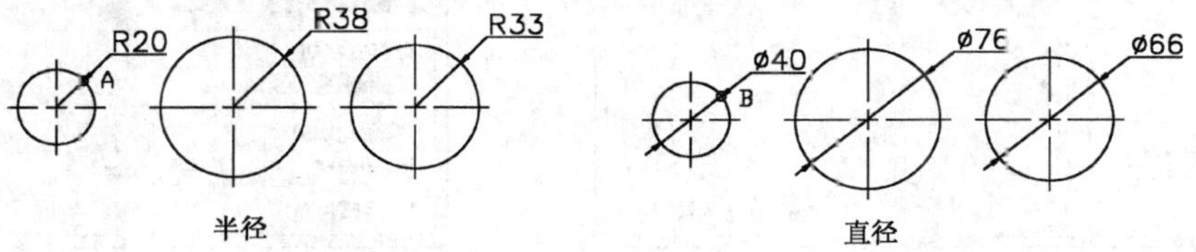

图 8-37 快速标注示例二

命令: **_qdim**
选择要标注的几何图形: **点取圆**　找到 1 个
选择要标注的几何图形: **点取圆**　找到 1 个，总共 2 个
选择要标注的几何图形: **点取圆**　找到 1 个，总共 3 个
选择要标注的几何图形: ↙
指定尺寸线位置或[连续(C)/并列(S)/基线(B)/坐标(O)/半径(R)/直径(D)/基准点(P)/编辑(E)] <连续>: **d↙**
指定尺寸线位置或[连续(C)/并列(S)/基线(B)/坐标(O)/半径(R)/直径(D)/基准点(P)/编辑(E)] <直径>: **点取 B 点**

结果如图 8-37 所示。

8.4　多重引线标注

引线在图样中使用比较频繁，如注释、零件序号等均需要绘制引线。AutoCAD 2015 中增加了新的功能强大的多重引线（MLEADER）命令，旧版本的引线（LEADER）命令不推荐使用。

8.4.1　多重引线样式 MLEADERSTYLE

使用多重引线标注，首先应该设置多重引线样式。

命令：MLEADERSTYLE

功能区：注释→引线→多重引线样式

菜单：格式→多重引线样式

工具栏：多重引线→多重引线样式、样式→多重引线样式

执行该命令后，弹出如图 8-38 所示的“多重引线样式管理器”对话框。

该对话框中包括样式、预览、置为当前、新建、修改、删除等内容。

（1）当前多重引线样式：显示应用于所创建的多重引线的多重引线样式的名称。

（2）样式：显示多重引线样式列表。高亮显示当前样式。

（3）列出：过滤“样式”列表的内容。如选择“所有样式”，则显示图形中可用的所有多重引线样式。如选择“正在使用的样式”，仅显示当前图形中正使用的多重引线样式。

（4）预览：显示“样式”列表中选定样式的预览图像。

（5）置为当前按钮：将“样式”列表中选定的多重引线样式设置为当前样式。随后的新的多重引线都将使用此多重引线样式进行创建。

（6）新建按钮：单击该按钮，则弹出如图 8-39 所示的“创建新多重引线样式”对话框，可以定义新多重引线样式。单击继续按钮，则弹出“修改多重引线样式”对话框，如图 8-40 所示。该对话框包括“引线格式”、“引线结构”、“内容”三个选项卡。

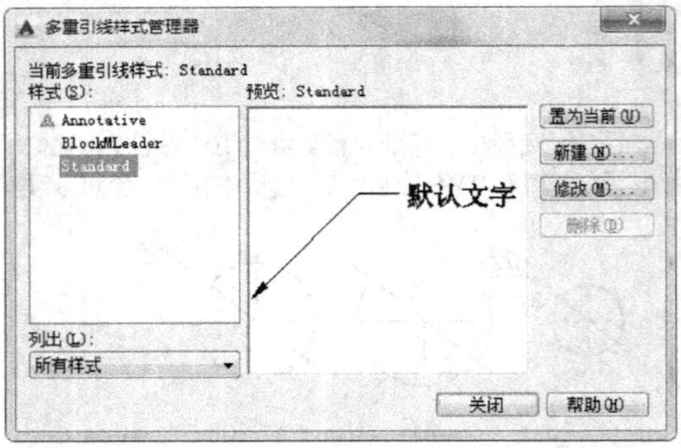

图 8-38　“多重引线样式管理器”对话框

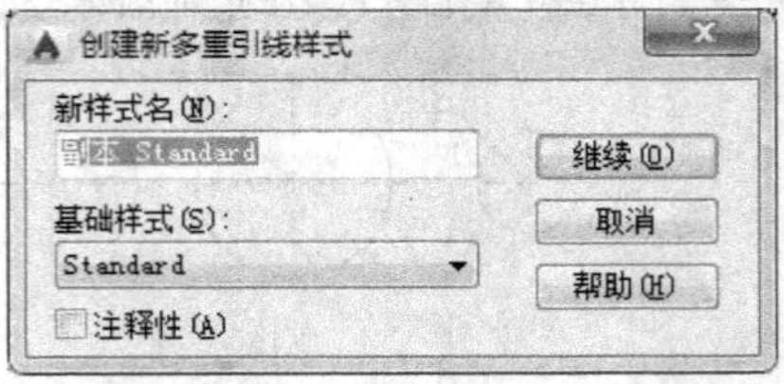

图 8-39　“创建新多重引线样式”对话框

① 引线格式：在引线格式中，可设置引线的类型（直线、样条曲线、无）、引线的颜色、引线的线型、线的宽度等属性。还可以设置箭头的形式、大小，以及控制将折断标注添加到多重引线时使用的大小设置。

② 引线结构：控制多重引线的约束，包括引线中最大点数、两点的角度，自动包含基线、基线间距，并通过比例控制多重引线的缩放，如图 8-41 所示。

③ 内容：如图 8-42 所示设置多重引线的内容。多重引线的类型包括：多行文字、块、无。

如果选择了“多行文字”，如图 8-42 所示，则在下方可以设置文字的各种属性，如默认文字的内容、文字样式、文字角度、文字颜色、文字高度、文字对正方式，文字是否加框；以及设置引线连接的特性，包括水平连接或垂直连接、连接位置、基线间隙等。如选择了“块”，如图 8-43 所示，提示设置块源，可选择提供的 5 种，也可以选择用户定义的块。同时设置附着的位置、颜色、比例等特性。

（7）修改按钮：弹出如图 8-40 所示的“修改多重引线样式”对话框，供修改多重引线样式。同上。

（8）删除按钮：删除“样式”列表中选定的多重引线样式。不能删除图形中正在使用的样式。

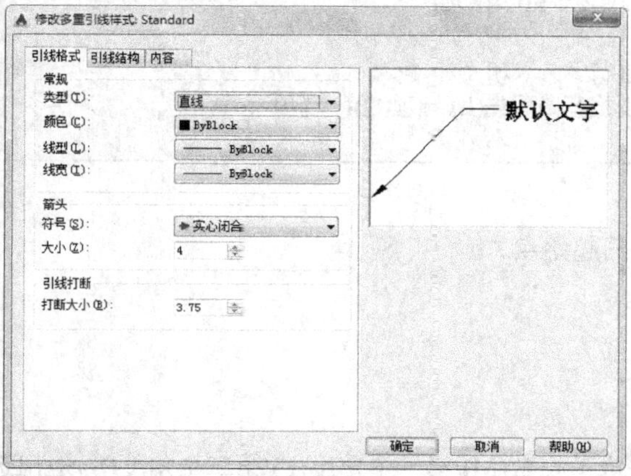

图 8-40　“修改多重引线样式”对话框的“引线格式”选项卡

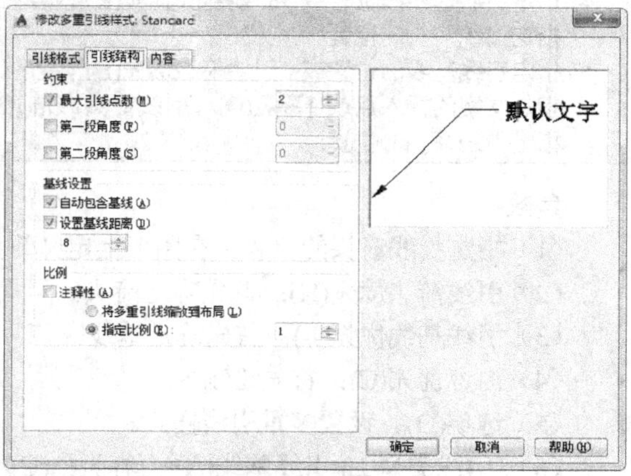

图 8-41　“引线结构”选项卡

8.4.2　多重引线 MLEADER

有了多重引线的式样后，便可以进行多重引线的标注了。

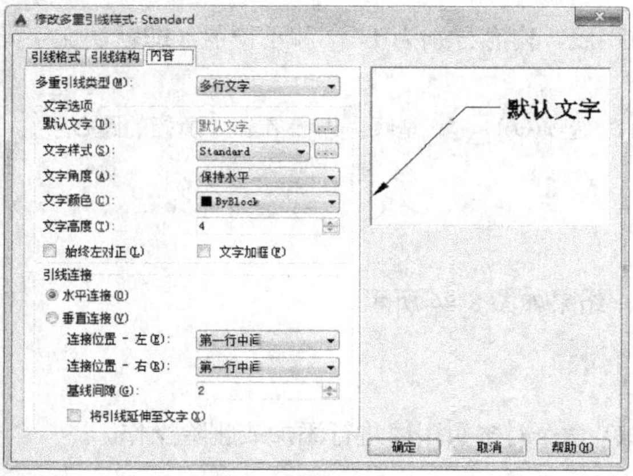

图 8-42　“内容”选项卡

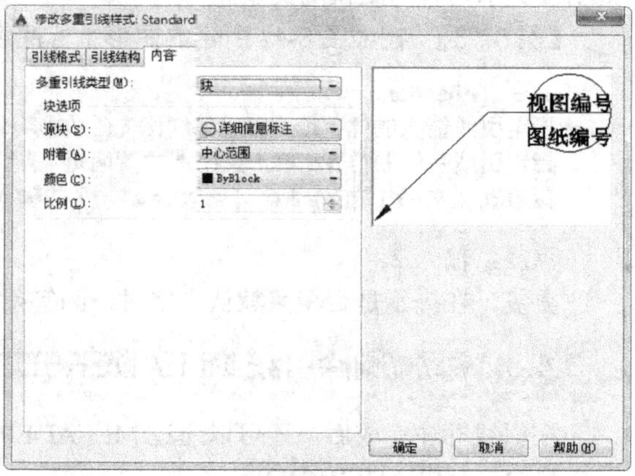

图 8-43　选择“块”

命令：MLEADER

功能区：注释→引线→多重引线

菜单：格式→多重引线

工具栏：多重引线→多重引线

命令及提示：

```
命令：_mleader
指定引线箭头的位置或 [引线基线优先(L)/内容优先(C)/选项(O)] <选项>:
输入选项 [引线类型(L)/引线基线(A)/内容类型(C)/最大节点数(M)/第一个角度(F)/第二个角度(S)/退出
选项(X)] <退出选项>:
指定引线箭头的位置或 [引线基线优先(L)/内容优先(C)/选项(O)] <选项>:
指定引线基线的位置: <正交 关>
覆盖默认文字 [是(Y)/否(N)] <否>: y
定引线箭头的位置或 [引线基线优先(L)/内容优先(C)/选项(O)] <选项>: l
指定引线基线的位置或 [引线箭头优先(H)/内容优先(C)/选项(O)] <选项>:
指定引线箭头的位置:
指定引线基线的位置或 [引线箭头优先(H)/内容优先(C)/选项(O)] <选项>: c
指定文字的插入点或 [覆盖(OV)/引线箭头优先(H)/引线基线优先(L)/选项(O)] <选项>:
指定引线箭头的位置:
```

参数：

（1）指定引线箭头的位置：在图形上定义箭头的起始点。

（2）引线箭头优先(H)：首先确定箭头。

（3）引线基线优先(L)：首先确定基线。

（4）内容优先(C)：首先绘制内容

（5）选项(O)：设置多重引线格式。

（6）[引线类型(L)/引线基线(A)/内容类型(C)/最大节点数(M)/第一个角度(F)/第二个角度(S)/退出选项(X)]：同上小节对话框解释。

（7）指定引线基线的位置：确定引线基线的位置。

（8）指定引线箭头的位置：确定箭头的位置。

（9）指定文字的插入点：确定文字的插入点。

（10）是否覆盖默认文字：如选择“是”，则用新的输入的文字作为引线内容。如选择了“否”，则引线提示内容为默认的文字。

【例 8.13】 在如图 8-44 所示的图形上标注多重引线，内容分别为 1、2 和不覆盖（即默认文字）。

```
命令: _mleader
指定引线箭头的位置或 [引线基线优先(L)/内容优先(C)/选项(O)] <引线基线优先>: 单击 1 所指的圆心
指定引线基线的位置: 单击文字 1 位置附近
覆盖默认文字 [是(Y)/否(N)] <否>: y↙    并输入 1
```

重复，输入 2。

重复，在提示是否覆盖默认文字时，回答<否>。结果如图 8-44 所示。

8.4.3 添加/删除引线 MLEADEREDIT

在引线标注完成后，还可以通过 MLEADEREDIT 命令对多重引线进行添加或删除操作。

命令：MLEADEREDIT

功能区： 默认→注释→添加引线/删除引线、注释→引线→添加引线/删除引线

菜单： 修改→对象→多重引线→添加引线/删除引线

工具栏： 多重引线→添加引线/删除引线

命令及提示：

```
命令: _mleaderedit
选择多重引线:
指定引线箭头位置或 [删除引线(R)]: R↙
指定要删除的引线或 [添加引线(A)]:
```

参数：

- 选择多重引线：选择要编辑修改的多重引线。
- 指定引线箭头位置：指定箭头指向位置。
- 删除引线(R)：选择 R 选项后，指定删除的引线则将该引线删除。
- 添加引线(A)：添加引线到多重引线中，随后要指定箭头位置。

【例 8.14】 在如图 8-44 所示的图形上将多重引线中的 1 删除，再添加一引线到默认文字标注上。

```
命令: 单击“注释”选项卡→引线→删除引线按钮
选择多重引线  单击多重引线 1   找到 1 个
指定要删除的引线或 [添加引线(A)]: 单击多重引线中引线部分
指定要删除的引线或 [添加引线(A)]: ↙
不存在要删除的引线。

命令: 单击“注释”选项卡→引线→添加引线按钮
选择多重引线: 单击多重引线“默认文字”  找到 1 个
指定引线箭头位置或 [删除引线(R)]: 单击最下方的圆的圆心
指定引线箭头位置或 [删除引线(R)]: ↙
```

结果如图 8-45 所示。

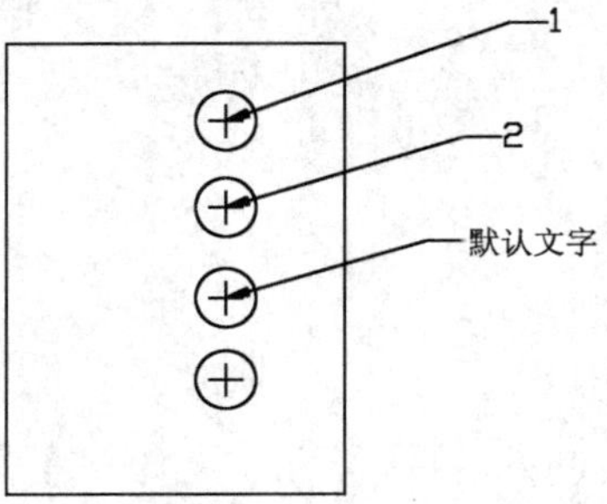

图 8-44　多重引线标注

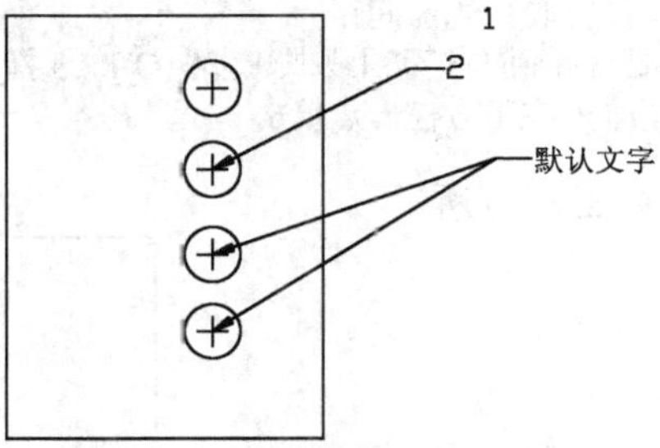

图 8-45　添加/删除多重引线

8.4.4　对齐引线 MLEADERALIGN

在多个引线存在时，应该将它们排列整齐，此时可以通过对齐引线命令使它们排列整齐，符合图样标准。

命令： MLEADERALIGN

功能区： 默认→注释→对齐引线、注释→引线→对齐引线

菜单： 修改→对象→多重引线→对齐引线

工具栏： 多重引线→多重引线对齐

命令及提示：

```
命令: _mleaderalign
选择多重引线: 指定对角点: 找到 X 个，总计 X 个
选择多重引线:
当前模式: 使用当前间距
选择要对齐到的多重引线或 [选项(O)]: o↙
输入选项 [分布(D)/使引线线段平行(P)/指定间距(S)/使用当前间距(U)] <使用当前间距>: s↙
指定间距 <0.000000>:
输入选项 [分布(D)/使引线线段平行(P)/指定间距(S)/使用当前间距(U)] <指定间距>: d↙
指定第一点或 [选项(O)]:
指定第二点:
输入选项 [分布(D)/使引线线段平行(P)/指定间距(S)/使用当前间距(U)] <使段平行>: p↙
选择要对齐到的多重引线或 [选项(O)]: o↙
```

参数：

（1）选择多重引线：选择要编辑修改的多重引线。

（2）选择要对齐到的多重引线：选择对齐到的目标多重引线。

（3）选项(O)：指定用于对齐并分隔选定的多重引线的选项。

（4）分布(D)：等距离隔开两个选定点之间的内容。

（5）使引线线段平行(P)：调整内容位置，从而使选定多重引线中的每条最后的引线线段均平行。

（6）指定间距(S)：指定选定的多重引线内容范围之间的间距。

（7）使用当前间距(U)：使用多重引线内容之间的当前间距。

【例 8.15】 在如图 8-45 所示的图形上将多重引线“默认文字”对齐到文字“2”所示的引线上。

```
命令: 单击“注释”选项卡→引线→对齐按钮
命令: _mleaderalign
选择多重引线: 选择“默认文字”的多重引线 找到 1 个
选择多重引线: ↙
当前模式: 使用当前间距
选择要对齐到的多重引线或 [选项(O)]: 选择“2”的多重引线
指定方向: 在下方任一点单击
```

结果如图 8-46 所示。

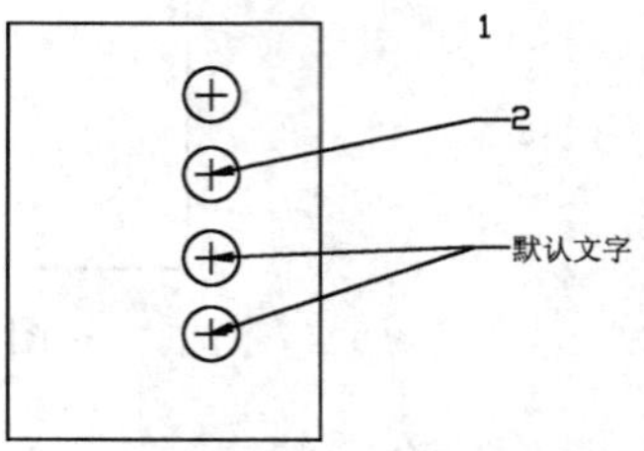

图 8-46 对齐多重引线

8.4.5 合并引线 MLEADERCOLLECT

在图样中经常有同一规格尺寸的图形或零部件存在，标注时需要统一指向一个标注，此时可以采用合并引线功能，将它们统一进行标注。

命令：MLEADERCOLLECT

功能区：默认→注释→合并引线、注释→引线→合并引线

菜单：修改→对象→多重引线→合并

工具栏：多重引线→多重引线合并

命令及提示：

```
命令: _mleadercollect
选择多重引线: 指定对角点: 找到 X 个
选择多重引线:
指定收集的多重引线位置或 [垂直(V)/水平(H)/缠绕(W)] <水平>:
```

参数：

（1）选择多重引线：选择要合并的多重引线。

（2）指定收集的多重引线位置：指定收集后多重引线摆放的位置。

（3）垂直(V)：按垂直方向摆放。

（4）水平(H)：按水平方向摆放。

（5）缠绕(W)：指定缠绕的多重引线集合的宽度，随即的数量则指定每行的最大宽度。

【例 8.16】 如图 8-47 所示，在图中首先分别标注 4 个以块为多重引线类型的标注，然后将它们合并到一列上。

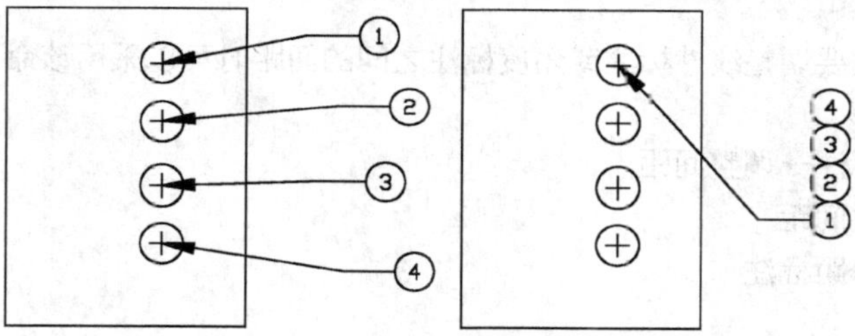

图 8-47　多重引线合并

（1）单击“注释→引线→多重引线样式”按钮，弹出“多重引线样式管理器”对话框；再单击修改按钮，弹出如图 8-48 所示的“修改多重引线样式”对话框。

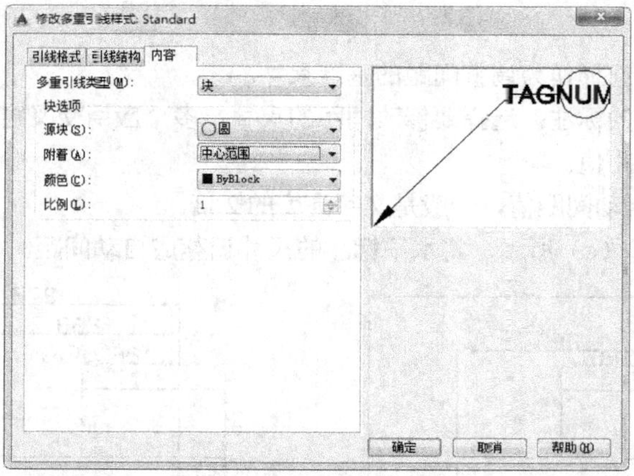

图 8-48　“修改多重引线样式”对话框

（2）在“内容”选项卡中，将多重引线类型改为“块”，源块改为“圆”，并适当调整比例大小到合适。单击确定按钮退出；再单击关闭按钮退出“多重引线样式管理器”对话框。

（3）采用“多重引线”命令标注 4 个引线，分别填入 1、2、3、4，如图 8-47（a）所示。

（4）单击“注释→引线→合并引线”。

```
命令: _mleadercollect
选择多重引线: 采用窗交方式选择 4 个引线 指定对角点: 找到 4 个
选择多重引线: ↙
指定收集的多重引线位置或 [垂直(V)/水平(H)/缠绕(W)] <水平>: v↙
指定收集的多重引线位置或 [垂直(V)/水平(H)/缠绕(W)] <垂直>: 在合适的位置单击
```

结果如图 8-47（b）所示。

8.5 尺寸编辑

对已经标注的尺寸有时需要进行编辑修改，如调整格式、折断尺寸、设置等距等。尺寸编辑命令主要有 DIMOVERRIDE、DIMTEDIT、DIMEDIT、DIMSTYLE、DDIM、DDEDIT 等，同时还可以通过 EXPLODE 命令将尺寸分解成文本、箭头、直线等单一的对象。

8.5.1 调整间距 DIMSPACE

标注好的尺寸，需要调整线性标注或角度标注之间的间距时可以采用该命令实现。

命令：DIMSPACE

功能区：注释→标注→调整间距

菜单：标注→标注间距

工具栏：标注→等距标注

命令及提示：

```
命令: _dimspace
选择基准标注:
选择要产生间距的标注: 找到 X 个
选择要产生间距的标注: ↙
输入值或 [自动(A)] <自动>:
```

参数：

（1）选择基准标注：选择作为调整间距的基准尺寸。

（2）选择要产生间距的标注：选择要修改间距的尺寸，多个应用交叉窗口同时选择。

（3）输入值：输入间距值。

（4）自动(A)：使用自动间距值，一般是文字高度的 2 倍。

【例 8.17】 如图 8-49（a）所示，将水平标注的尺寸调整成自动间距，垂直标注的尺寸对齐。

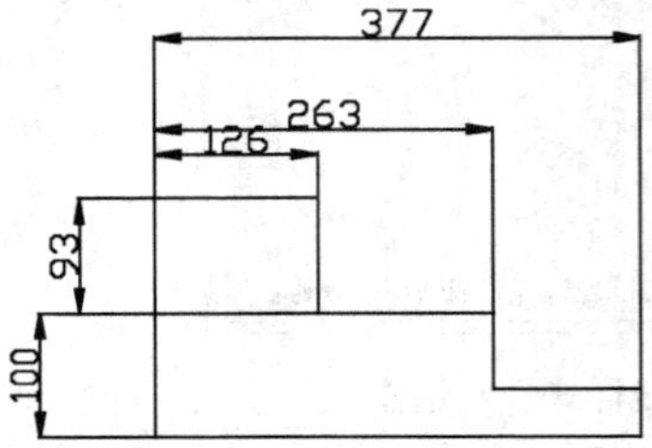

（a）

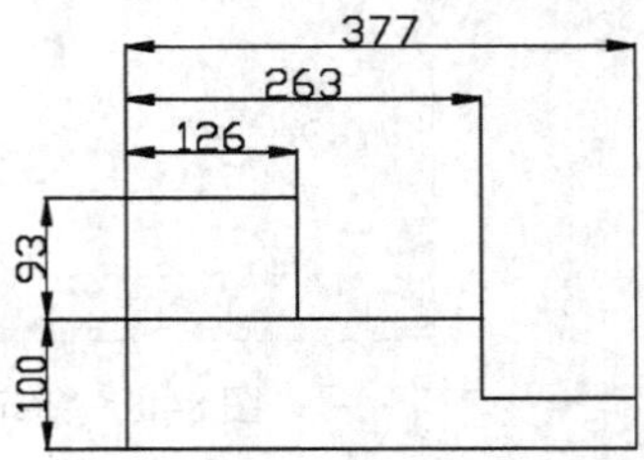

（b）

图 8-49 调整尺寸间距

```
命令: _dimspace
选择基准标注: 选择尺寸 126
选择要产生间距的标注: 采用窗交方式同时选中 263 和 377 的尺寸　指定对角点: 找到 2 个
选择要产生间距的标注: ↙
输入值或 [自动(A)] <自动>: ↙

命令: _dimspace
选择基准标注: 选择尺寸 93
选择要产生间距的标注: 选择尺寸 100　找到 1 个
选择要产生间距的标注: ↙
输入值或 [自动(A)] <自动>: 0↙
```

结果如图 8-48（b）所示。

8.5.2　折断标注 DIMBREAK

标注好的尺寸，如果和图形中的其他对象重叠，需要打断时可以采用该命令实现。

命令： DIMBREAK

功能区： 注释→标注→打断

菜单： 标注→标注打断

工具栏： 标注→折断标注

命令及提示：

```
命令：_dimbreak
选择要添加/删除折断的标注或 [多个(M)]: m↙
选择标注: 找到 X 个
选择标注: ↙
选择要折断标注的对象或 [自动(A)/手动(M)/删除(R)] <自动>:
```

参数：

（1）选择要添加/删除折断的标注：选择需要修改的标注。

（2）多个(M)：如果同时更改多个，则输入 M。随后的提示中没有手动选项。

（3）选择要折断标注的对象：选择和尺寸相交的并且需要断开的对象。

（4）自动(A)：自动放置折断标注。

（5）删除(R)：删除选中的折断标注。

（6）手动(M)：手工设置折断位置。

【例 8.18】 如图 8-50（a）所示，将将两尺寸在和图形相交处断开。

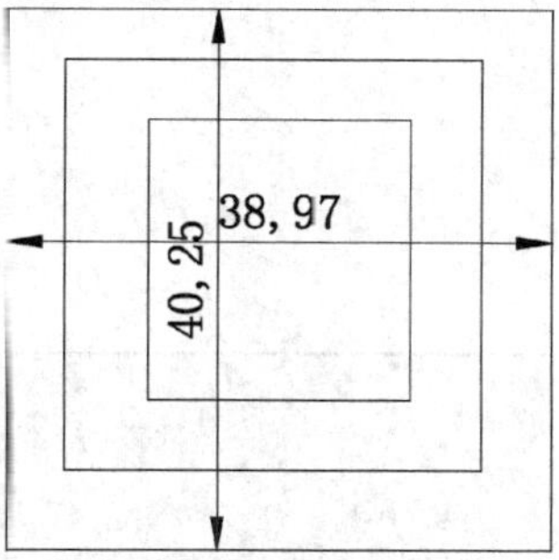

（a）

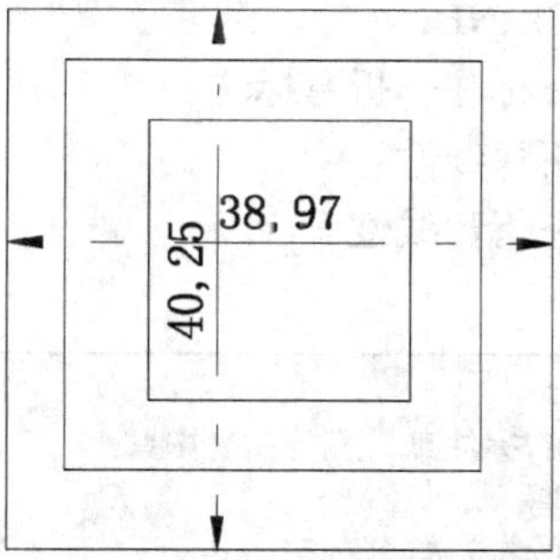

（b）

图 8-50　调整尺寸间距

命令: **_dimbreak**
选择要添加/删除折断的标注或 [多个(M)]: **m↙**
选择标注: **采用窗交方式选择两个尺寸标注** 指定对角点: 找到 2 个
选择标注: ↙
选择要折断标注的对象或 [自动(A)/删除(R)] <自动>: ↙
2 个对象已修改

结果如图 8-50（b）所示。

8.5.3 检验 DIMINSPECT

为选定的标注添加或删除检验信息。

命令：DIMINSPECT

功能区：注释→标注→检验

菜单：标注→检验

工具栏：标注→检验

执行该命令后弹出“检验标注”对话框，如图 8-51 所示。在其中设置好形状、标签、检验率等。单击选择标注按钮，在图形中选择需要添加检验标签的标注即可。如图 8-52 所示为添加了检验标签的效果。

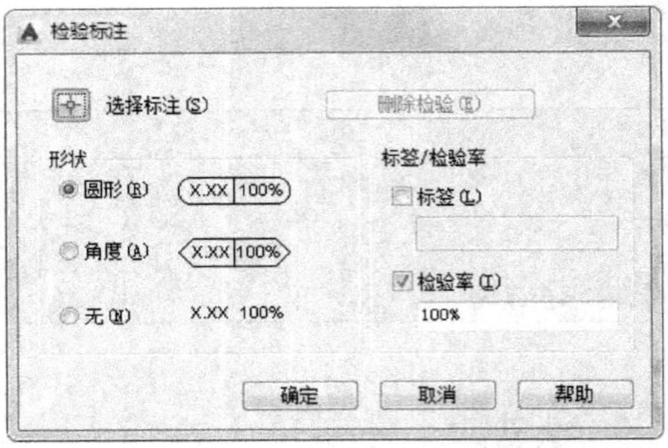

图 8-51 “检验标注”对话框

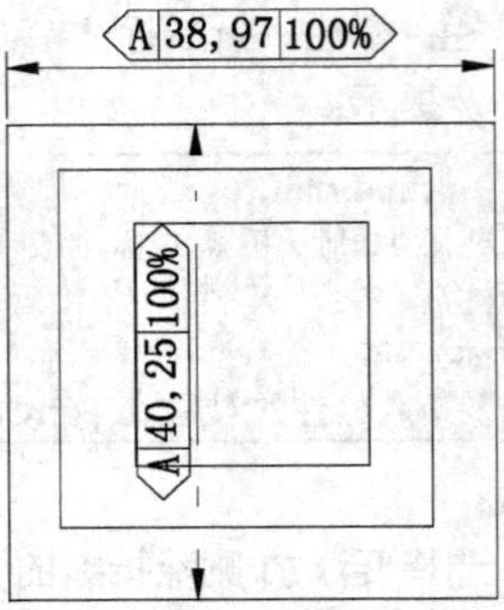

图 8-52 添加了检验标签的效果

8.5.4 折弯线性 DIMJOGLINE

在绘制的图形中存在某个方向很长且结果相同，此时一般要断开绘制，标注尺寸时也一般要求折弯尺寸线，标注的数值为真实大小，如图 8-53 所示。

命令：DIMJOGLINE

功能区：注释→标注→折弯标注

菜单：标注→折弯线性

工具栏：标注→折弯线性

命令及提示：

命令: **_dimjogline**
选择要添加折弯的标注或 [删除(R)]: **R↙**
选择要删除的折弯:
选择要添加折弯的标注或 [删除(R)]:
指定折弯位置 (或按【Enter】键):
标注已解除关联。

参数：

（1）选择要添加折弯的标注：选择需要添加折弯的线性或对齐标注。

（2）删除(R)：删除折弯标注。

（3）选择要删除的折弯：选择需要取掉折弯的标注。

（4）指定折弯位置（或按【Enter】键）：定义折弯位置，回车则使用默认位置。

（a）　　　　（b）

图 8-53　折弯线性

8.5.5 尺寸替换 DIMOVERRIDE

该命令可以在不影响当前尺寸类型的前提下，覆盖某一尺寸变量。要正确使用该命令，应知道欲修改的尺寸变量名。

命令：DIMOVERRIDE

功能区：注释→标注→替代

菜单：标注→替代

命令及提示：

```
命令: _dimoverride
输入要替代的标注变量名或 [清除替代(C)]:
输入标注变量的新值 <XX1>: XX2
输入要替代的标注变量名或 [清除替代(C)]: c
选择对象:
```

参数：

（1）输入要替代的标注变量名：输入欲替代的尺寸变量名。

（2）清除替代(C)：清除替代，恢复原来的变量值。

（3）选择对象：选择修改的尺寸对象。

【例 8.19】 采用尺寸变量覆盖的方式将图 8-54（a）中的尺寸 84 字高由 10 改为 15。

```
命令: _dimoverride
输入要替代的标注变量名或 [清除替代(C)]: dimtxt↙          覆盖变量 DIMTXT
输入标注变量的新值 <10.0000>: 15↙                        输入 15 替代 10
输入要替代的标注变量名: ↙                                 结束，不修改其他变量
选择对象: 点取尺寸 84
```

结果如图 8-54（b）所示。

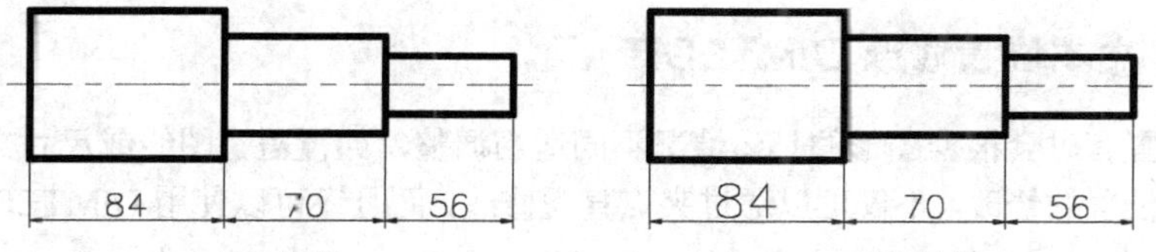

（a）原图　　　　（b）结果

图 8-54　尺寸变量覆盖示例

8.5.6 尺寸倾斜 DIMEDIT

尺寸编辑命令可以指定新文本、调整文本到默认位置、旋转文本和倾斜尺寸界线。

命令：DIMEDIT

功能区：注释→标注→倾斜

菜单：标注→倾斜。

命令及提示：

```
命令: _dimedit
输入标注编辑类型 [默认(H)/新建(N)/旋转(R)/倾斜(O)] <默认>:
```

参数：

（1）默认(H)：修改指定的尺寸文字到默认位置，即回到原始点。

（2）新建(N)：通过在位文字编辑器输入新的文本。

（3）旋转(R)：按指定的角度旋转文字。

（4）倾斜(O)：将尺寸界线倾斜指定的角度。

（5）选择对象：选择欲修改的尺寸对象。

【例 8.20】 将图 8-55（a）中的尺寸标注修改成图 8-55（b）中的尺寸标注形式。

```
命令: _dimedit
输入标注编辑类型 [默认(H)/新建(N)/旋转(R)/倾斜(O)] <默认>: r↙          旋转尺寸
指定标注文字的角度: 30↙
选择对象: 点取尺寸 84
找到 1 个
选择对象: ↙                                                          结束对象选择

命令: _dimedit
输入标注编辑类型 [默认(H)/新建(N)/旋转(R)/倾斜(O)] <默认>: o↙          倾斜尺寸
选择对象: 点取尺寸 56
找到 1 个
输入倾斜角度 (按 ENTER 表示无): -60↙
```

结果如图 8-55（b）所示。

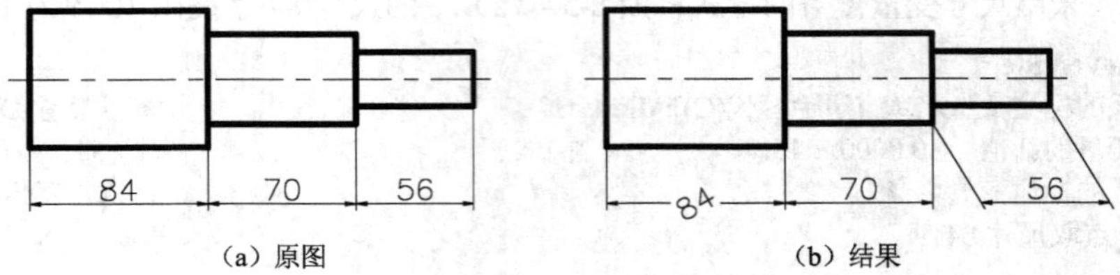

（a）原图　　（b）结果

图 8-55 尺寸编辑示例

8.5.7 尺寸文本位置修改 DIMTEDIT

尺寸文本位置有时会根据图形的具体情况不同适当调整，如覆盖了图线或尺寸文本相互重叠等。

对尺寸文本位置的修改，不仅可以通过夹点直观修改，而且还可以使用 DIMTEDIT 命令进行精确修改。

命令：DIMTEDIT

功能区：注释→标注→文字角度、左对正、居中对正、右对正

菜单：标注→对齐文字→默认、标注→对齐文字→角度、标注→对齐文字→左、标注→对齐文字→居中、标注→对齐文字→右

命令及提示：

```
命令: _dimtedit
选择标注:
为标注文字指定新位置或 [左对齐(L)/右对齐(R)/居中(C)/默认(H)/角度(A)]:
```

参数：

（1）选择标注：选择标注的尺寸进行修改。

（2）指定标注文字的新位置：在屏幕上指定文字的新位置。

（3）左对齐(L)：沿尺寸线左对齐文本（对线性尺寸、半径、直径尺寸适用）。

（4）右对齐(R)：沿尺寸线右对齐文本（对线性尺寸、半径、直径尺寸适用）。

（5）居中(C)：将尺寸文本放置在尺寸线的中间。

（6）默认(H)：放置尺寸文本在默认位置。

（7）角度(A)：将尺寸文本旋转指定的角度。该选项和 dimtedit 中的旋转效果相同。

【例 8.21】 按如图 8-56（a）所示调整尺寸位置。首先在图样上进行尺寸标注，提示文字摆放位置时参照图 8-56（b）放置，然后进行下面的练习。

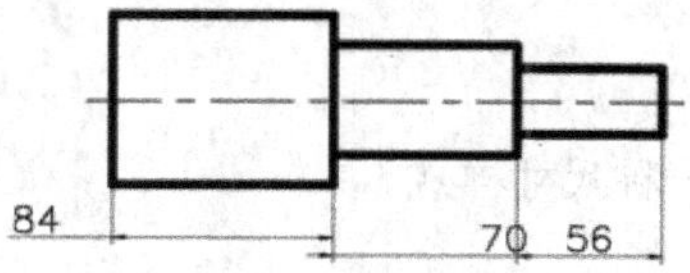

（a）原图

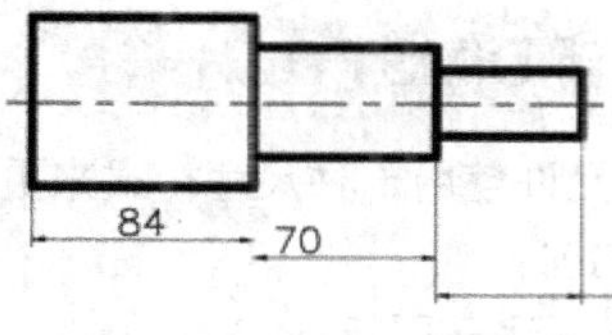

（b）结果

图 8-56 尺寸文本位置修改

```
命令: _dimtedit
选择标注: 选择尺寸 56
为标注文字指定新位置或 [左对齐(L)/右对齐(R)/居中(C)/默认(H)/角度(A)]: 点取 A 点        移到新的位置

命令: _dimtedit
选择标注: 选择尺寸 84
为标注文字指定新位置或 [左对齐(L)/右对齐(R)/居中(C)/默认(H)/角度(A)]: h↙        放置到默认位置

命令: _dimtedit
选择标注: 选择尺寸 70
指定标注文字的新位置或 [左(L)/右(R)/中心(C)/默认(H)/角度(A)]: l↙        沿尺寸线左对齐
```

结果如图 8-56（b）所示。

8.5.8 重新关联标注 DIMREASSOCIATE

标注的尺寸应该是和几何图形对象相关联的，否则在图形改变时尺寸却没有得到更新。AutoCAD 2015 允许在标注的尺寸和图形对象之间补充关联关系或修改关联关系。

命令：DIMREASSOCIATE

功能区：注释→标注→重新关联

菜单：标注→重新关联标注

命令及提示：

```
命令: _dimreassociate
选择要重新关联的标注...
选择对象:
…… （以下提示和具体的标注类型相关，限于篇幅，不一一列举。）
依次亮显每个选定的标注，并显示适于选定标注的关联点的提示。每个关联点提示都显示一个标记。如果当前标注的定义点与几何对象没有关联，标记将显示为 X，但是如果定义点与其相关联，标记将显示为包含在框内的 X。
```

注意：

如果使用鼠标进行平移或缩放，标记将消失。

参数：

（1）选择对象：选择标注的尺寸进行关联操作，可以连续选择多个，在随后的关联中将依次进行。回车结束尺寸标注对象的选择。

（2）其他参数和具体的标注类型相关：线性尺寸需要指定图形对象两个点分别和尺寸的两个端点对应；角度尺寸需要指定 2 条直线或 3 个点；直径需要指定圆或弧……和在图线上进行尺寸标注类似，在此不一一描述。

8.5.9 标注更新 DIMSTYLE

AutoCAD 2015 允许使用一种尺寸样式来更新另一种尺寸样式。

命令：DIMSTYLE

功能区：注释→标注→更新

菜单：标注→更新

工具栏：标注→更新

命令及提示：

```
命令: _dimstyle
当前标注样式: XXXXXX
输入标注样式选项
 [注释性(AN)/保存(S)/恢复(R)/状态(ST)/变量(V)/应用(A)/?] <恢复>: s↙
输入新标注样式名或 [?]:
[注释性(AN)/保存(S)/恢复(R)/状态(ST)/变量(V)/应用(A)/?] <恢复>: r↙
输入标注样式名，[?] 或 <选择标注>:
[注释性(AN)/保存(S)/恢复(R)/状态(ST)/变量(V)/应用(A)/?] <恢复>: v↙
输入标注样式名，[?] 或 <选择标注>:
[注释性(AN)/保存(S)/恢复(R)/状态(ST)/变量(V)/应用(A)/?] <恢复>: _apply
选择对象: 找到 1 个
选择对象:
[注释性(AN)/保存(S)/恢复(R)/状态(ST)/变量(V)/应用(A)/?] <恢复>: st
```

参数：

（1）当前标注样式：提示当前的标注样式，该样式将可取代随后选择的标注尺寸样式。

（2）注释性(AN)：设置注释性特性。

（3）保存(S)：将标注系统变量的当前设置保存到标注样式。

（4）恢复(R)：将标注系统变量设置恢复为选定标注样式的设置。

（5）状态(ST)：显示所有标注系统变量的当前值。

（6）变量(V)：列出某个标注样式或选定标注的标注系统变量设置，但不改变当前设置。

（7）应用(A)：是该命令的选项，自动使用当前的样式取代随后选择的尺寸样式。

【例 8.22】 设置两个不同的标注样式，并用其中一个样式更新另一个样式。如图 8-57 所示的尺寸标注，分别设置两个样式（ISO-25 和 newISO-25）。ISO-25 采用默认的设置，newISO-25 中将字高改为 5。采用 newISO-25 更新 ISO-25 标注的尺寸。

（1）输入 dimstyle 命令，弹出“标注样式管理器”对话框，新建样式“newISO-25”。

（2）单击继续按钮，在随后的“文字”选项卡中，将字体高度改为 5。

（3）退出“新建标注样式”对话框。

（4）如图 8-57（a）所示，标注一尺寸。

（5）如图 8-58 所示，选择标注样式“newISO-25”。

（6）单击标注更新按钮，选择标注的尺寸，结果如图 8-57（b）所示。

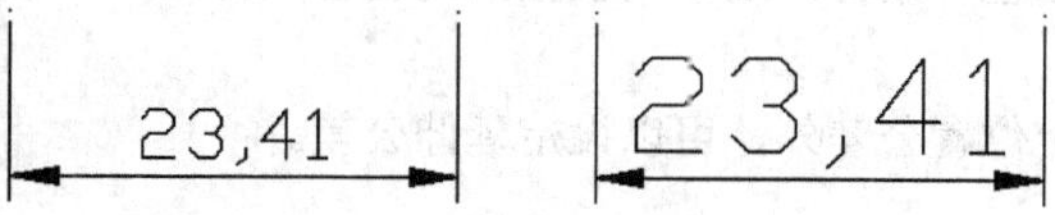

（a）　（b）

图 8-57　标注样式更新

图 8-58　选择更新样式

注意：

① 尺寸文本内容可以通过 DDEDIT 命令修改，和修改其他多行文本的方式一样。

② 用分解命令分解尺寸，尺寸将不再是一个整体块。

8.6　形位公差标注

形位公差在机械图中是必不可少的。标注形位公差必须在“形位公差”对话框中设定后，才可以标注。

8.6.1　形位公差标注 TORLERANCE

标注形位公差，可以通过引线标注中的公差参数进行，也可以通过公差命令进行。

命令：TORLERANCE

功能区：注释→标注→公差

菜单：标注→公差

工具栏：标注→公差

执行 TORLERANCE 命令后，弹出如图 8-59 所示的“形位公差”对话框。该对话框的各项含义如下。

（1）符号：单击“符号”下的小黑框，弹出“特征符号”对话框，如图 8-60 所示。

（2）公差：公差区左侧的小黑框为直径符号“ϕ”是否打开的开关。单击右侧的小黑框，弹出“附加符号”对话框，用于设置被测要素的包容条件，如图 8-61 所示。

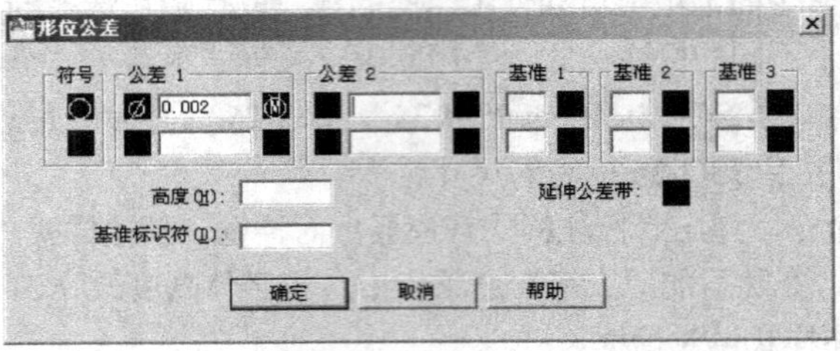

图 8-59 “形位公差”对话框

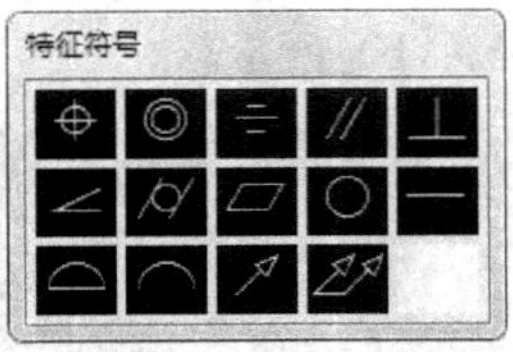

图 8-60 “特征符号”对话框

图 8-61 “附加符号”对话框

（3）基准：单击“基准”区下的小黑框，弹出包容条件，用于设置基准的包容条件。

（4）高度：用于设置最小的投影公差带。

（5）延伸公差带：单击其后的小黑框，除指定位置公差外，可以设定延伸公差。

（6）基准标识号：设置该公差的基准符号。

【例 8.23】 标注如图 8-62 所示的轴的直线度公差。

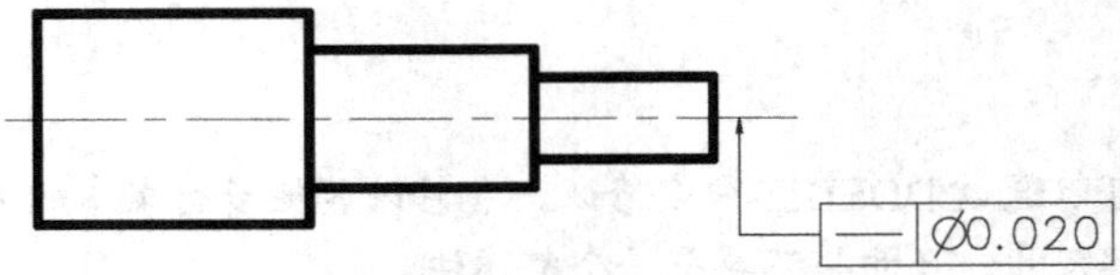

图 8-62 形位公差标注示例

（1）执行 TORLERANCE 命令，弹出如图 8-63 所示的“形位公差”对话框。

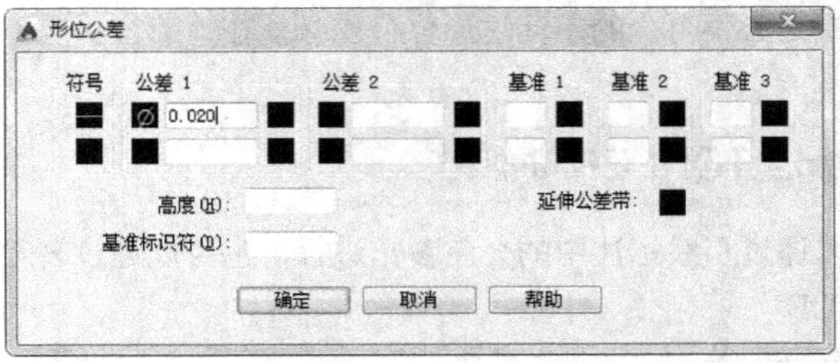

图 8-63 “形位公差”对话框

（2）在该对话框中进行图 8-59 所要求的设定。

（3）在图样中标注该直线度公差，并绘制指引线。

注意：

由于直接使用公差命令标注形位公差只有方框没有指引线，所以应该补绘指引线。最好使用引线命令来标注形位公差。同时可以绘制引线，并可以在“形位公差”对话框中进行设置。

命令: **_leader**
指定引线起点:
指定下一点:
指定下一点或 [注释(A)/格式(F)/放弃(U)] <注释>: **a↙**
输入注释文字的第一行或 <选项>: **↙**
输入注释选项 [公差(T)/副本(C)/块(B)/无(N)/多行文字(M)] <多行文字>: **t↙**

8.6.2 形位公差编辑 DDEDIT

对形位公差的编辑修改，可以通过 DDEDIT 命令来执行。执行 DDEDIT 命令并选择了形位公差后，弹出“形位公差”对话框，用户可以进行相应的编辑修改。同样也可以通过“特性”对话框来修改，在“特性”对话框中，单击“文字替代”后的小按钮...，同样可以打开“形位公差”对话框。

习 题 8

1．标注尺寸时采用的字体和文字样式是否有关？

2．关联尺寸和非关联尺寸有无区别？如果改变了关联线性尺寸的一个端点，其自动测量的尺寸数值是否相应发生变化？

3．尺寸公差的上下偏差的符号是如何控制的？如何避免标注出上负下正的公差格式？

4．尺寸样式替代和尺寸样式修改有什么区别？

5．如何设置一种尺寸标注样式：使角度数值始终水平，其他尺寸数值和尺寸线方向相同？

6．标注形位公差的方法有哪些？

7．线性标注和对齐标注有什么区别？

8．尺寸线、尺寸界线倾斜的标注方式和尺寸数字的倾斜方式应如何操作？

9．在线性标注中如何标注直径？

10．指引线标注中的文本和尺寸线能否分别调整位置？

11．如何使调整后的尺寸变量只影响随后标注的尺寸，而不影响已经采用该类型的尺寸样式标注的尺寸？反之又该如何操作？

12．在标注装配图的零件序号时，采用什么命令最合适？

第9章 显示控制

在使用 AutoCAD 绘图时，显示控制命令使用十分频繁。通过显示控制命令，可以观察绘制图形的任何细小的结构和任意复杂的整体图形。如观察大到整栋楼房建筑的全貌或整个飞机的外形，小到观察楼房中的每扇窗户或飞机中的一枚螺钉上的倒角。同时通过显示控制命令，可以保存和恢复命名视图，设置多个视口，观察整体效果和细节。本章介绍显示控制命令的使用方法。

9.1 重画 REDRAW 或 REDRAWALL

在绘图过程中，有时会在屏幕上留下一些“痕迹”。为了消除这些“痕迹”，不影响图形的正常观察，可以执行重画。

命令：REDRAW、REDRAWALL

菜单：视图→重画

重画一般情况下是自动执行的。重画是 AutoCAD 利用最后一次重生成或最后一次计算的图形数据重新绘制图形，所以速度较快。

REDRAW 命令只刷新当前视口，REDRAWALL 命令刷新所有视口。

9.2 重生成 REGEN 和 REGENALL

重生成同样可以刷新视口，但和重画的区别在于刷新的速度不同。重生成是 AutoCAD 重新计算图形数据后在屏幕上显示结果，所以速度较慢。

命令：REGEN、REGENALL

菜单：视图→重生成、视图→全部重生成

AutoCAD 在可能的情况下会执行重画而不执行重生成来刷新视口。有些命令执行时会引起重生成，如果执行重画无法清除屏幕上的“痕迹”，也只能重生成。

REGEN 命令重新生成当前视口。REGENALL 命令对所有的视口都执行重生成。

9.3 显示缩放 ZOOM

AutoCAD 提供了 ZOOM 命令来完成显示缩放和移动观察功能。

命令：ZOOM

功能区：视图→导航栏→缩放，绘图区的右上角（默认）显示如图 9-1 所示的“缩放”按钮

菜单：视图→缩放，“缩放”菜单如图 9-2 所示。

工具栏：在“标准”工具栏中有实时平移、实时缩放、缩放上一个以及“缩放”随位工具栏；在“缩放”工具栏中，包含 9 种缩放工具按钮，如图 9-3 所示。

应用程序状态栏：缩放

图 9-1　“缩放”按钮

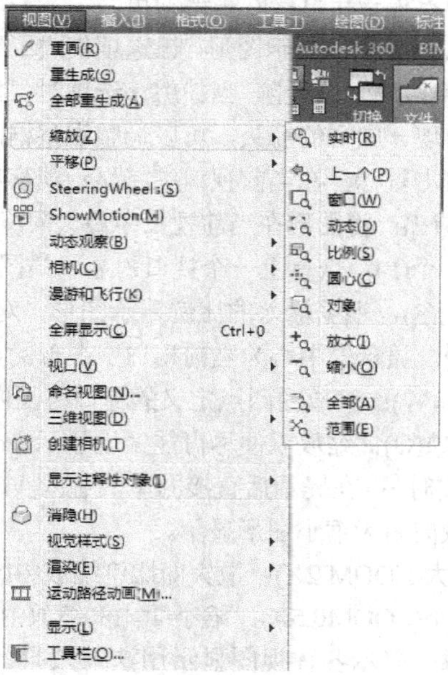

图 9-2　“缩放”菜单

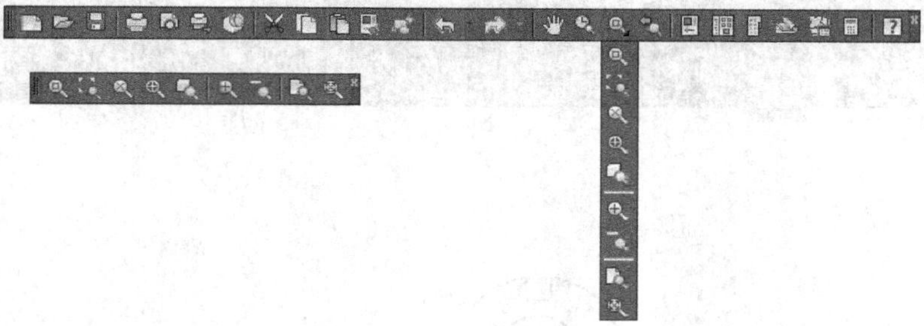

图 9-3　标准工具栏缩放按钮和缩放工具栏

命令及提示：

> 命令: **'_zoom**
> 指定窗口角点，输入比例因子 (nX 或 nXP)，或
> [全部(A)/中心(C)/动态(D)/范围(E)/上一个(P)/比例(S)/窗口(W) /对象(O)] <实时>:
> 按【Esc】或【Enter】键退出，或单击右键显示快捷菜单。

参数：

（1）指定窗口角点：通过定义一窗口来确定放大范围，在视口中点取一点即确定该窗口的一个角点，随即提示输入另一个角点。执行结果同窗口参数。

（2）输入比例因子 (nX 或 nXP)：按照一定的比例来进行缩放。大于 1 为放大，小于 1 为缩小。X 指相对于模型空间缩放，XP 指相对于图纸空间缩放。

（3）全部(A)：在当前视口中显示整个图形。其范围取决于图形所占范围和绘图界限中较大的一个。

（4）中心 (C)：指定一中心点，将该点作为视口中图形显示的中心。在随后的提示中，要求指定缩放系数或高度，AutoCAD 根据给定的缩放系数（nX）或欲显示的高度进行缩放。如果不想改变中心点，在中心点提示后直接回车键即可。

（5）动态(D)：动态显示图形。该选项集成了平移（PAN）命令和显示缩放（ZOOM）命令中的“全部(A)”和“窗口(W)”功能。当使用该选项时，系统显示一平移观察框，可以拖动它到适当的位置并单击，此时出现一向右的箭头，可以调整观察框的大小。如果再单击鼠标左键，还可以移动观察框。如果回车或右击鼠标，在当前视口中将显示观察框中的部分内容。

（6）范围(E)：将图形在当前视口中最大限度地显示。

（7）上一个(P)：恢复上一个视口内显示的图形，最多可以恢复 10 个图形显示。

（8）比例(S)：根据输入的比例显示图形，对模型空间，比例系数后加一(X)，对于图纸空间，比例后加上(XP)。显示的中心为当前视口中图形的显示中心。

（9）窗口(W)：缩放由两点定义的窗口范围内的图形到整个视口范围。

（10）对象(O)：缩放以便尽可能大地显示一个或多个选定的对象并使其位于绘图区域的中心。

（11）<实时>：在提示后直接回车，进入实时缩放状态。按住鼠标向上或向左放大图形显示，按住鼠标向下或向右为缩小图形显示。

（12）放大(ZOOM 2X)：放大即比例缩放中的比例为 2X。

（13）缩小(ZOOM0.5X)：缩小即比例缩放中的比例为 0.5X。

【例 9.1】 演示各种视图显示用法及效果。请打开图形“练习 2-卡圈.dwg”，设初始显示图形如图 9-4 所示。

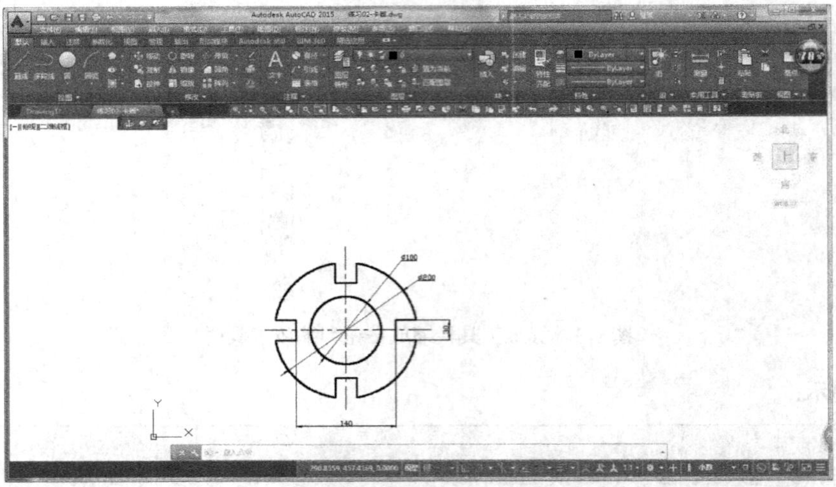

图 9-4　初始显示图形

（1）显示窗口（ZOOM W）。采用缩放窗口放大显示如图 9-4 所示的垫圈下方的缺口。

命令: **'_zoom**
指定窗口角点，输入比例因子 (nX 或 nXP)，或
[全部(A)/中心点(C)/动态(D)/范围(E)/上一个(P)/比例(S)/窗口(W) /对象(O)] <实时>: **_w**
指定第一个角点: **点取图 9-4 中缺口左上角点**
指定对角点: **点取图 9-4 中缺口右下角点**

结果如图 9-5 所示。

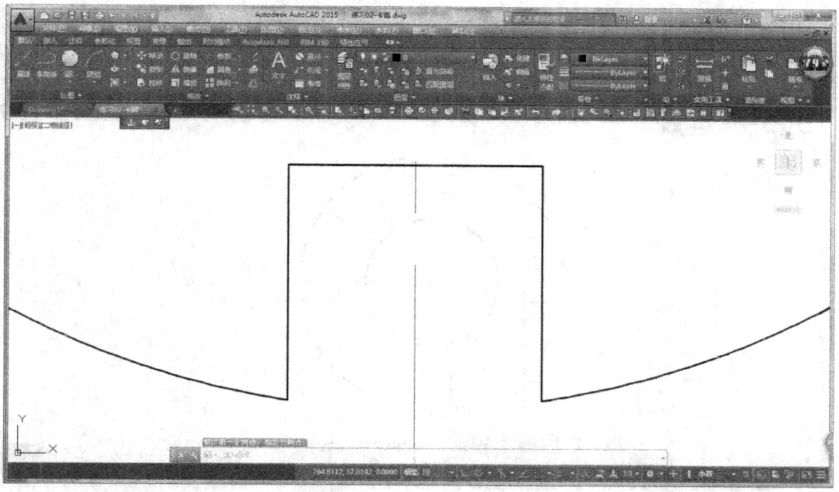

图 9-5　放大显示主视图

（2）显示全部（ZOOM A），如图 9-6 所示。

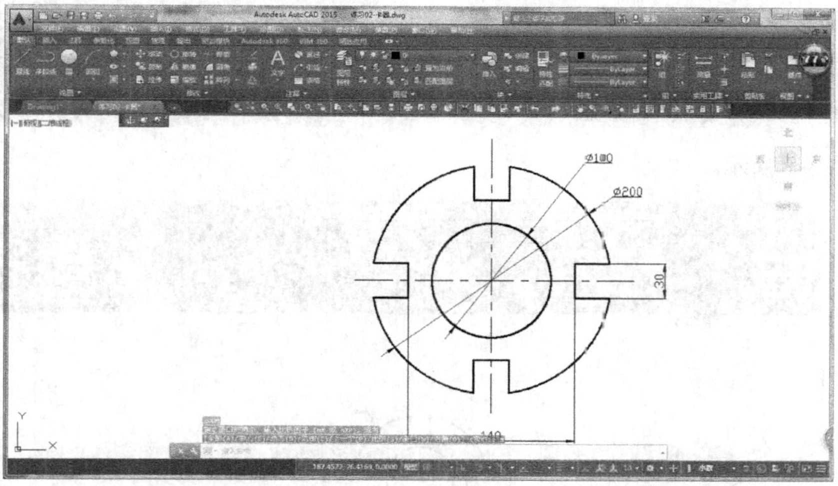

图 9-6　显示全部

命令: **'_zoom**
指定窗口角点，输入比例因子 (nX 或 nXP)，或
[全部(A)/中心点(C)/动态(D)/范围(E)/上一个(P)/比例(S)/窗口(W) /对象(O)] <实时>: **_all**

结果如图 9-6 所示（此时图纸界限设定成 4200×2970，图形绘制的尺寸为 1∶1）。如果图纸界限较大而图形较小，则执行该命令会显示图纸界限范围。相对而言，图形未必能看清楚，极端情况是图形可能全部看不到。要不论什么样的图纸界限均能最大限度地显示图形，应使用下面的操作方式。

（3）显示范围（ZOOM E），如图 9-7 所示，将图形部分充满整个视口。

命令: **'_zoom**
指定窗口角点，输入比例因子 (nX 或 nXP)，或
[全部(A)/中心点(C)/动态(D)/范围(E)/上一个(P)/比例(S)/窗口(W) /对象(O)] <实时>: **_e**

结果如图 9-7 所示。

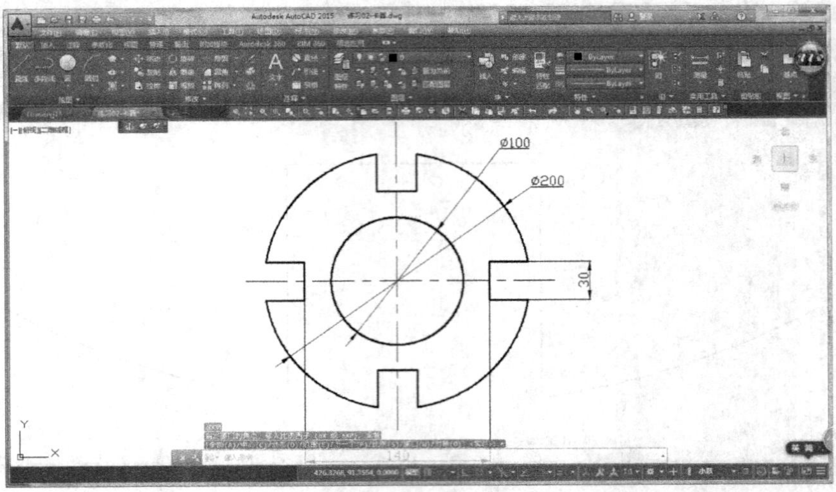

图 9-7 显示范围

（4）比例缩放（ZOOM S）。将如图 9-4 所示的显示图形按照 0.5X 倍的比例显示。

命令: **'_zoom**
指定窗口角点，输入比例因子 (nX 或 nXP)，或
[全部(A)/中心点(C)/动态(D)/范围(E)/上一个(P)/比例(S)/窗口(W) /对象(O)] <实时>: **_s**
输入比例因子 (nX 或 nXP): **0.5x↙**

结果如图 9-8 所示。

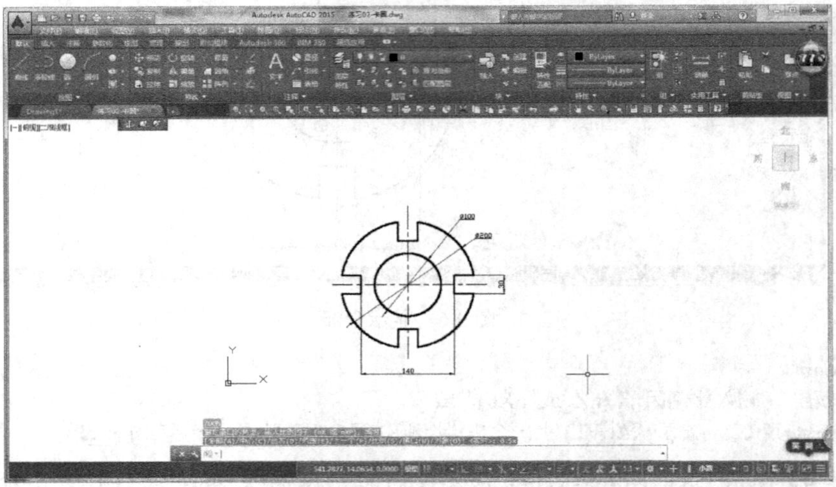

图 9-8 比例缩放示例一

（5）显示上一个图形（ZOOM P）。恢复显示上一个图形。

命令: **'_zoom**
指定窗口角点，输入比例因子 (nX 或 nXP)，或
[全部(A)/中心点(C)/动态(D)/范围(E)/上一个(P)/比例(S)/窗口(W) /对象(O)] <实时>: **_p**

结果显示上一个图形（如图 9-7 所示），连续执行可以依次显示前面的图形。

（6）将如图 9-7 所示的图形按照 0.5 倍的比例显示。

命令: **'_zoom**
指定窗口角点，输入比例因子 (nX 或 nXP)，或
[全部(A)/中心点(C)/动态(D)/范围(E)/上一个(P)/比例(S)/窗口(W) /对象(O)] <实时>: **_s**
输入比例因子 (nX 或 nXP): **0.5↙**

结果如图 9-9 所示。

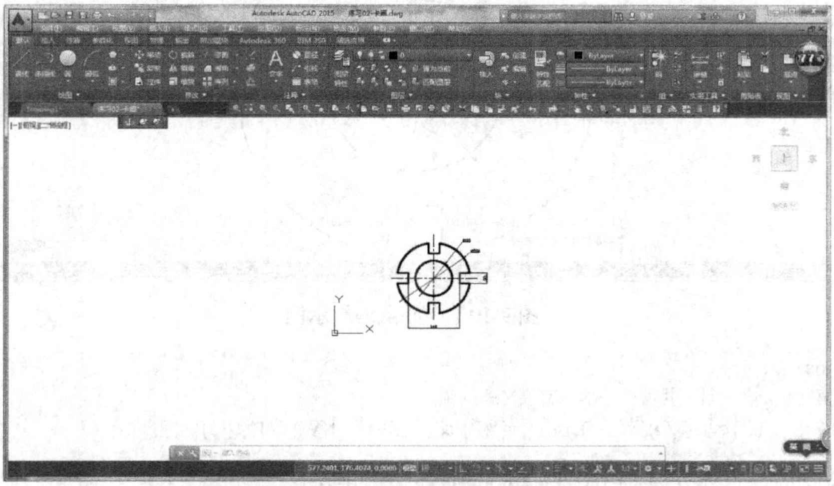

图 9-9　比例缩放示例二

注意：

从该示例中可以发现，将如图 9-4 所示的图形按照 0.5 倍的比例缩放时，并未变成如图 9-7 所示的一半大小，如果读者使用的比例系数是 0.5X，结果会变成如图 9-7 所示的一半大小显示出来（如图 9-8 所示）。其间的区别在于 nX、nXP 指相对于当前显示在视口中的图形屏幕大小缩放 n 倍，而 n（不带 X、XP）指相对于图形数据的 n 倍显示图形。也就是说，不论当前该图形显示在屏幕上的大小如何，执行 n 倍后显示的结果是一样的。

（7）中心点缩放（ZOOM C）。将如图 9-9 所示的图形在不改变显示中心的情况下，按高度为 200 显示。

命令: **'_zoom**
指定窗口角点，输入比例因子 (nX 或 nXP)，或
[全部(A)/中心点(C)/动态(D)/范围(E)/上一个(P)/比例(S)/窗口(W) /对象(O)] <实时>: **_c**
指定中心点: **↙**
输入比例或高度 <601.9175>: **200↙**

结果如图 9-10 所示。

（8）实时显示图形（ZOOM R）。实时显示图形，可以放大或缩小。

命令: **'_zoom**
指定窗口角点，输入比例因子 (nX 或 nXP)，或
[全部(A)/中心点(C)/动态(D)/范围(E)/上一个(P)/比例(S)/窗口(W) /对象(O)] <实时>: **在出现光标 时，按住鼠标左键向上移动，图形渐渐放大，向下移动，图形渐渐缩小。**
按【Esc】或【Enter】键退出，或单击右键显示快捷菜单。**↙**　　　　退出实时缩放

（9）动态显示图形（ZOOM D）。动态显示图形中指定的范围及其缩放的大小。将示例图形的上半部分放大显示。

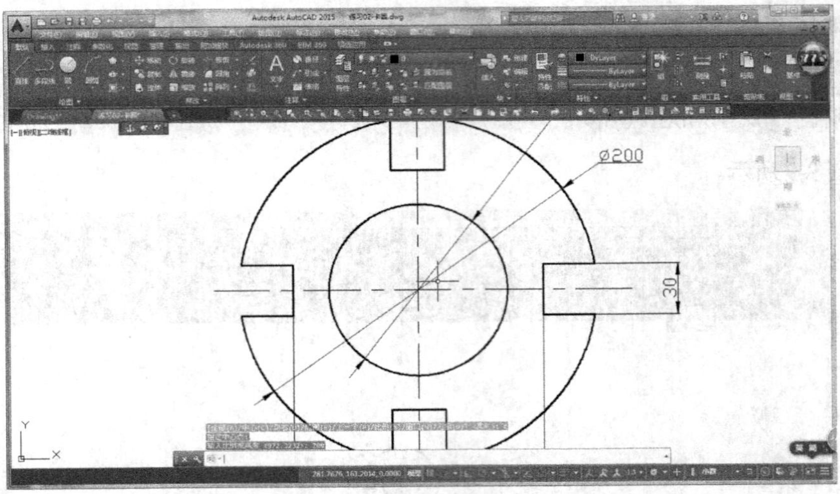

图 9-10　中心点缩放示例

命令: **'_zoom**
指定窗口角点，输入比例因子 (nX 或 nXP)，或
[全部(A)/中心点(C)/动态(D)/范围(E)/上一个(P)/比例(S)/窗口(W) /对象(O)] <实时>: **_d**

下达该命令后，首先在屏幕上出现如图 9-11 所示的画面。

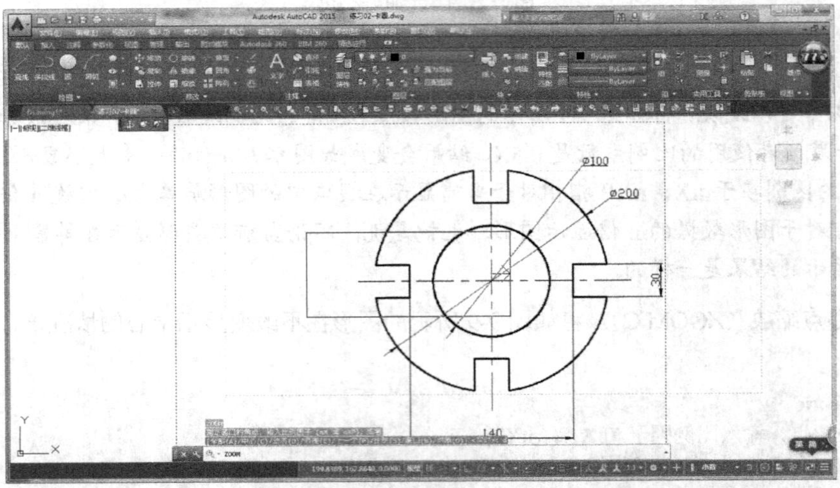

图 9-11　动态缩放初始画面

在该画面中，绿色虚线框中是当前显示的图形，蓝色虚线框中是图形界限范围，中间带 X 的黑色线框是即将显示的范围，其初始大小和绿色线框相同。

移动鼠标，中间带一 X 的矩形随之移动，在如图 9-12 所示的位置按下鼠标左键，此时中间的 X 消失，在右侧出现一箭头，左右移动鼠标会改变矩形的大小，上下移动会改变矩形的位置。如图 9-12 所示，将方框控制在图示位置和大小。

按回车或按空格键或右击鼠标单击“确定”按钮，结果如图 9-13 所示。在方框中的图形被放大充满当前视口。

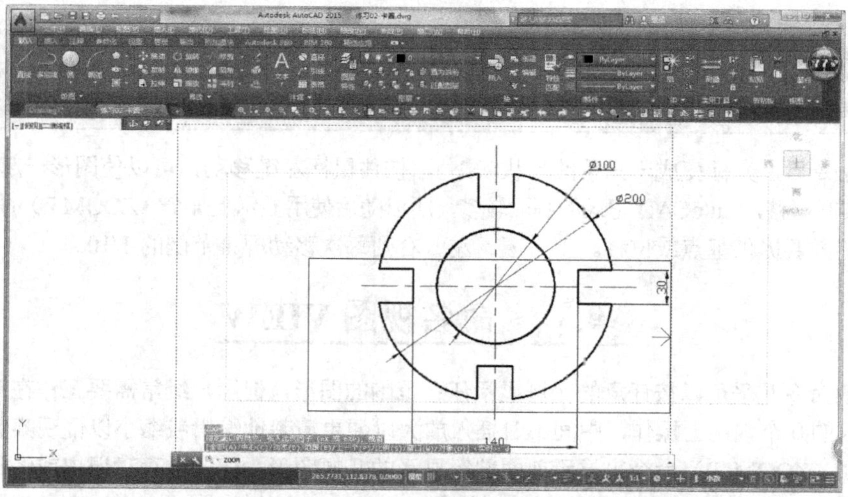

图 9-12　动态缩放控制画面

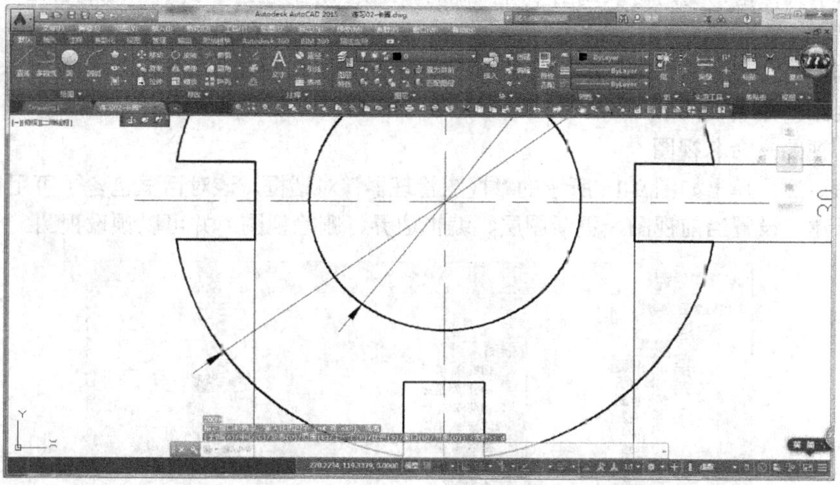

图 9-13　放大显示轴测图

9.4　实时平移 PAN

实时平移可以在不改变显示比例的情况下，观察图形的不同部分，相当于移动图纸。

命令：PAN

功能区：视图→导航栏→平移

工具栏：标准→实时平移

菜单：视图→平移→实时、定点、左、右、上、下

应用程序状态栏：平移

命令及提示：

命令: **'_pan**
按住鼠标左键移动
按【Esc】或【Enter】键退出，或单击右键显示快捷菜单。

命令：**'_pan**
指定基点或位移:
指定第二点:

执行该命令后，光标变成一只手的形状（☜），按住鼠标左键移动，可以使图形一起移动。

由于是实时平移，AutoCAD 记录的画面较多，所以随后使用显示上一个（ZOOM P）命令意义不大。

定点平移需要提供基点或位移。上、下、左、右则每次移动屏幕范围的 1/10。

9.5　命名视图 VIEW

使用缩放命令几乎可以按任意的比例显示任意范围的图形，但用户经常需要工作在有限的几个视图上。在有限的几个视图上操作，中间不时插入放大以便更清楚地编辑或缩小以便观察整体效果等，可以使用诸如（ZOOM P）命令来显示前面曾经显示的几幅图形，但一旦存盘退出或经过多次缩放之后，往往希望显示的原始图形无法恢复或难以恢复。AutoCAD 可以在图形中通过命名视图的方式将任意的图形显示永久保留，随时可以调出重现。同时，通过命名视图，可以让 AutoCAD 进行基于视图的局部打开等。

命令：VIEW

菜单：视图→命名视图

工具栏：视图→命名视图

执行该命令后，弹出如图 9-14 所示的“视图管理器”对话框。该对话框包含了可用视图列表及其特性。可以新建、设置当前视图、更新图层、编辑边界、删除视图，并可以预设视图。

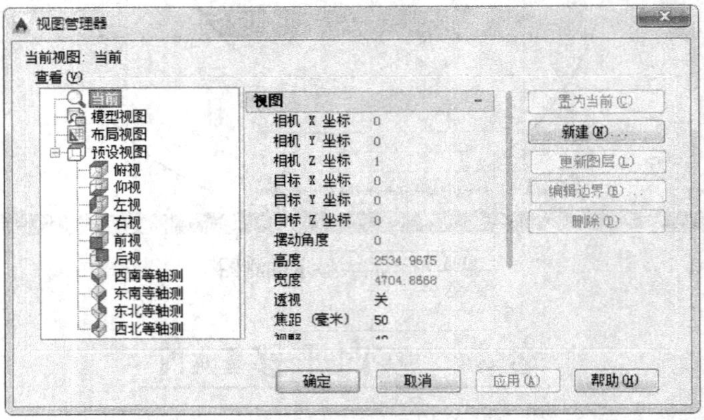

图 9-14 “视图管理器”对话框

单击查看其中的视图名称，在右侧显示其各种设置值或相关说明。

（1）当前：在右侧显示当前视图及其“视图”和“剪裁”特性。

（2）模型视图：显示命名视图和相机视图列表，并列出选定视图的“基本”、“视图”和“剪裁”特性。

（3）布局视图：在定义视图的布局上显示视口列表，并列出选定视图的“基本”和“视图”特性。

（4）预设视图。显示正交视图和等轴测视图列表，并列出选定视图的“基本”特性。

（5）置为当前 按钮：恢复选定的视图。

（6）新建 按钮：以当前屏幕视口中的显示状态或重新定义一矩形范围保存为新的视图。单击该按钮后，弹出如图 9-15 所示的“新建视图/快照特性”对话框。该对话框各项含义如下。

① 视图名称——输入新建视图的名称，可以和已有的视图名称重复，即覆盖原有视图。

② 视图类别——指定命名视图的类别。可从下拉列表中选择一个类别，也输入新的类别或空缺。

③ 视图类型——在电影式、静止、录制的漫游中选择其类型。

（1）边界。

① 当前显示——以当前显示的状态保存为新的视图。

② 定义窗口——重新定义一窗口，将该窗口中的图形显示保存为新的视图。选择了该项后，可以单击其右侧的按钮，此时该对话框消失，回到绘图界面，用户可以定义一个窗口。

③ 定义视图 1 按钮——暂时关闭“新建视图”和“视图管理器”对话框，回到绘图界面，可以使用定点设备来定义一个矩形范围作为视图边界。

（2）设置。

① 将图层快照与视图一起保存——在新建的命名视图中保存当前图层可见性设置。

② UCS——在模型视图或布局视图中，指定要与新视图一起保存的 UCS。点取下拉列表框可以选择不同的 UCS 坐标系统。

③ 活动截面——在模型视图中，指定恢复视图时应用的活动截面。

④ 视觉样式——在模型视图中，指定要与视图一起保存的视觉样式。在 AutoCAD 2015 中，提供了“无”以及“二维线框”、“概念”、“隐藏”、“真实”、“着色”、“带边缘着色”、“灰度”、“勾画”、“线框”、“X 射线”10 种样式，提示为“当前”则表示使用当前样式。

（3）背景。

将指定特性与视图一起保存——指定应用于选定视图的背景替代。勾选后弹出如图 9-16 所示的“背景”对话框。单击右侧的“背景”按钮，也弹出该对话框。然后在该对话框中进行相应的设置。如设置纯色的颜色，渐变色的几种颜色，图像文件等。中间部分显示设置结果。

【例 9.2】 将如图 9-4 所示的垫圈下方的缺口放大显示，保存为“下方缺口”并利用保存的视图来恢复显示。

（1）首先定义一窗口范围新建一视图“下方缺口”。

单击“命名视图”，弹出“视图管理器”对话框。再单击新建按钮，弹出“新建视图/快照特性”对话框，如图 9-15 所示，在“视图名称”后输入“下方缺口”。

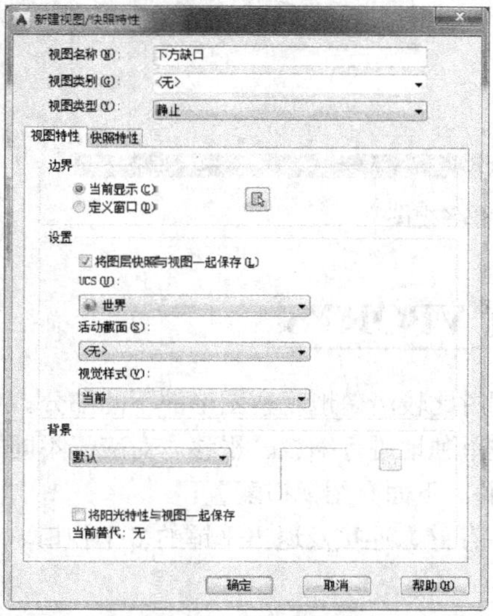

图 9-15 “新建视图/快照特性”对话框

图 9-16 “背景”对话框

在“边界”区，选择“定义窗口”项，并单击其后的按钮，在图形屏幕上拾取缺口附近的对角点。单击确定按钮完成视图新建和设置过程，如图 9-17 所示。

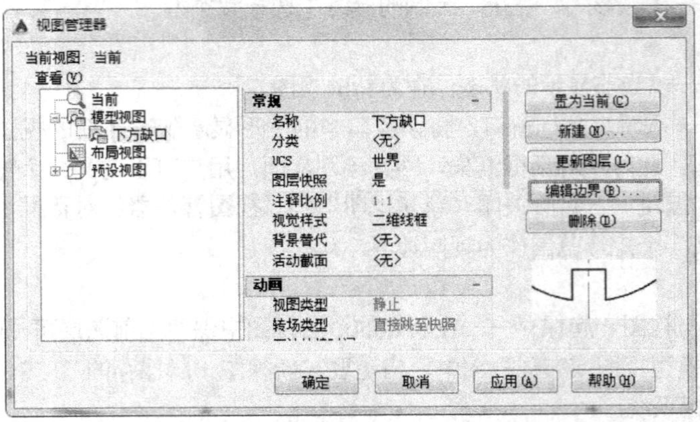

图 9-17 新建“下方缺口”视图

（2）恢复显示命名视图“下方缺口”（可以在任何时候执行）。

在“视图管理器”对话框中，将“下方缺口”置为当前。单击确定按钮退出。结果如图 9-18 所示，前面定义的视图被恢复显示。

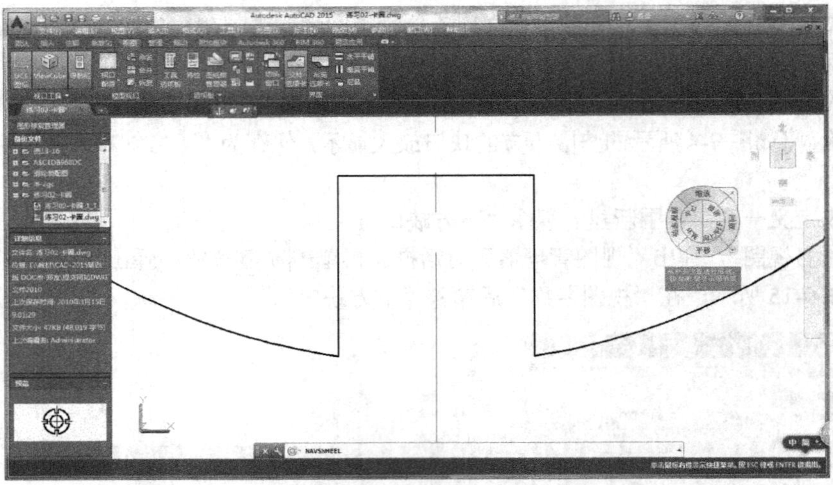

图 9-18 恢复显示命名视图

9.6 视口配置 VPORTS

对于一个复杂的图形，用户往往希望能在屏幕上同时比较清楚地观察图形的不同部分。AutoCAD 可以在屏幕上同时建立多个窗口，即视口。视口可以被单独地进行缩放、平移。对应于不同的空间，视口分成平铺视口（模型空间）和浮动视口（图纸空间）。下面介绍视口配置。

视口配置操作命令为 VPORTS，可以建立、重建、存储、连接及退出平铺的多个视口。

命令：VPORTS

功能区：视图→模型视口→命名

菜单：视图→视口→命名视口、新建视口、一个视口、两个视口、三个视口、四个视口、多边形视口、对象、合并

工具栏：视口→显示视口对话框

执行该命令后，弹出“视口”对话框，如图 9-19 所示。该“视图”对话框包含“新建视口”和“命名视口”两个选项卡。在“新建视口”选项卡中，可以在“预览”区直接单击选取欲修改的视口。在“命名视口”选项卡中可以单击视口名称，右击弹出快捷菜单对视口进行重命名或删除，其他内容在此不再赘述。

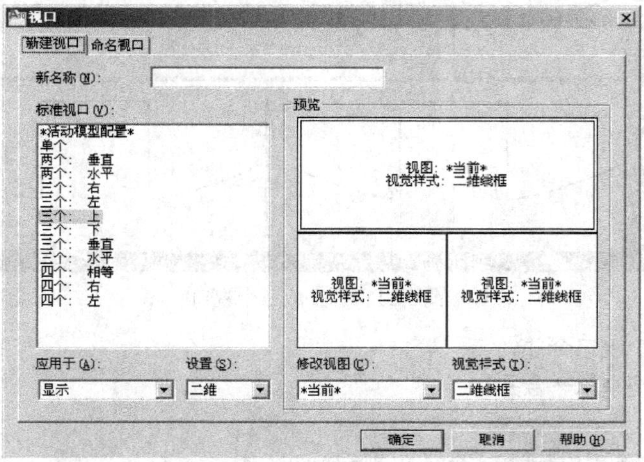

图 9-19 “视口”对话框

【例 9.3】 视口综合练习。

(1) 将前面保存的“下方缺口”视图调出，然后分成 4 个视口。

单击“视图→命名视图”按钮，在“视图管理器”对话框中选择“下方缺口”视图，并置为当前。单击确定按钮退出。

单击“视口→模型视口”，在“视口配置”下拉列表中选择“四个：相等”，结果如图 9-20 所示。

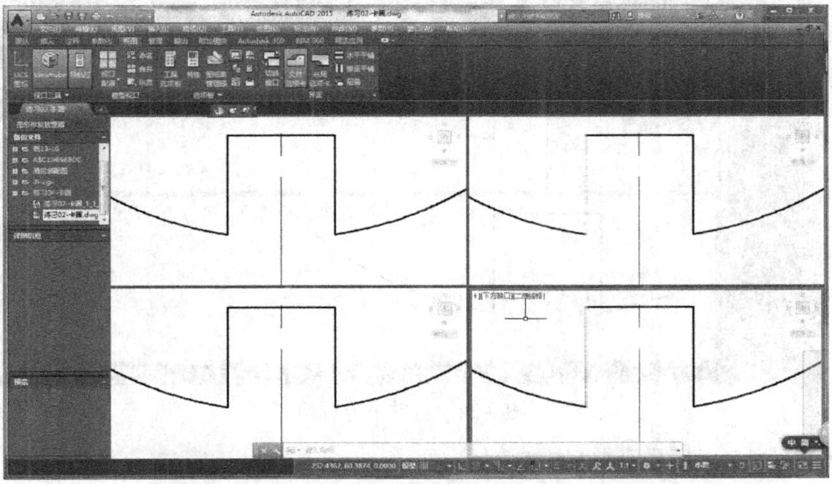

图 9-20 分割四个视口

（2）再调整为三个视口（上）。

再次单击“视图→模型视口→视口配置”，选择“三个：上”，结果如图 9-21 所示。

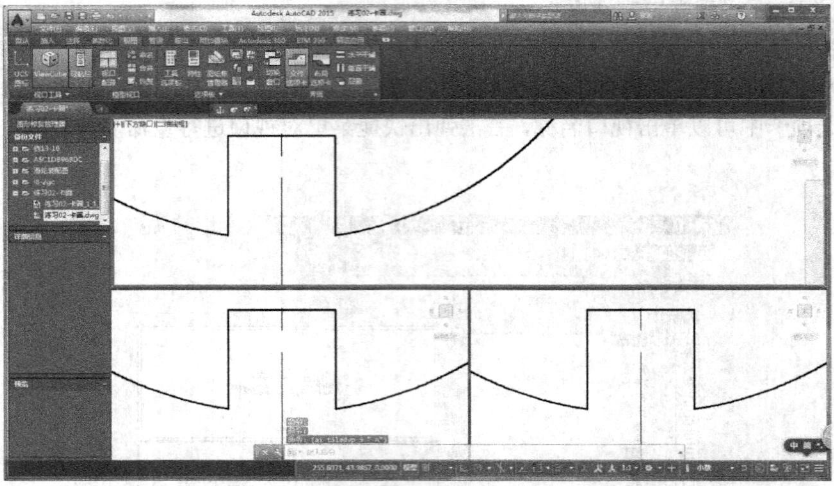

图 9-21　调整成三个视口

（3）再将下方两个视口合并。

单击“视图→模型视口→合并”。

命令: **_vports**
输入选项 [保存(S)/恢复(R)/删除(D)/合并(J)/单一(SI)/?/2/3/4] <3>: **_j**
选择主视口 <当前视口>: **点取下方左侧视口**
选择要合并的视口: **点取下方右侧视口**
正在重生成模型。

结果如图 9-22 所示。

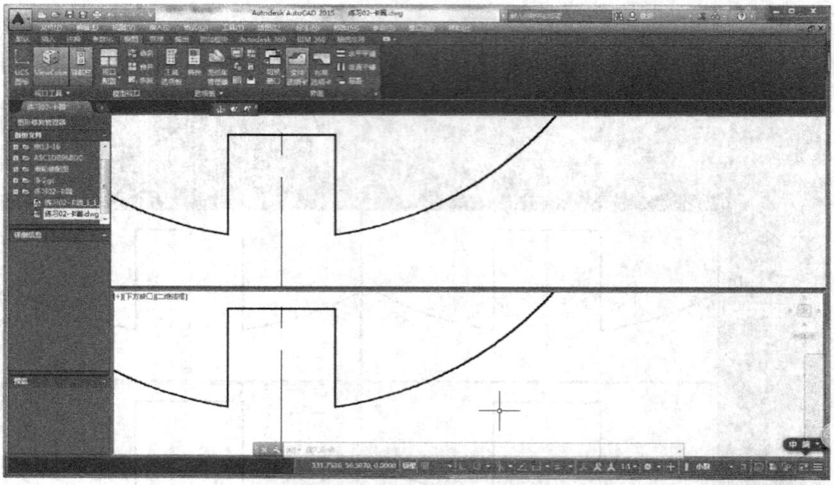

图 9-22　合并下方视口

（4）平移下方视口以便显示右侧缺口。

命令: **'_pan**

按【Esc】或【Enter】键退出，或单击右键显示快捷菜单。
按住鼠标左键向下方移动，到如图 9-23 所示的位置。

可以发现，其他视口不受影响。

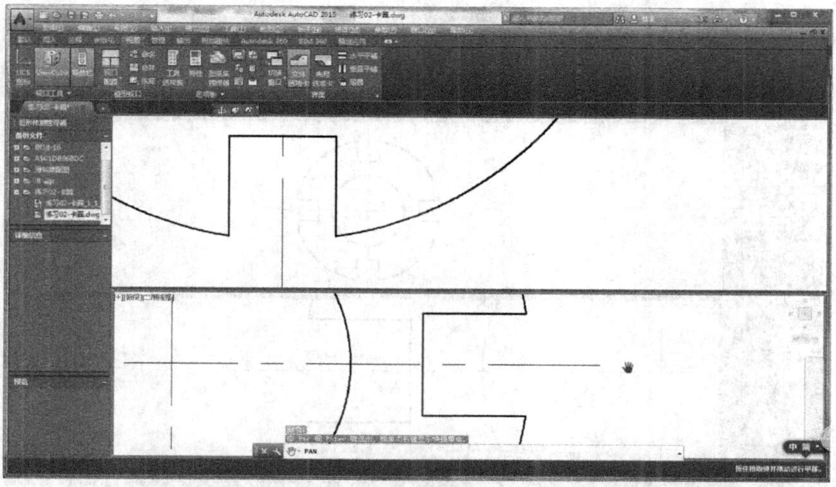

图 9-23 在视口中平移、放大显示图形

（5）在上方视口中显示最大图形范围（Zoom E）。

首先在上方视口中单击，使之变成当前视口。

命令: **'_zoom**
指定窗口角点，输入比例因子 (nX 或 nXP)，或
[全部(A)/中心点(C)/动态(D)/范围(E)/上一个(P)/比例(S)/窗口(W)] <实时>: **_e**

结果如图 9-24 所示。

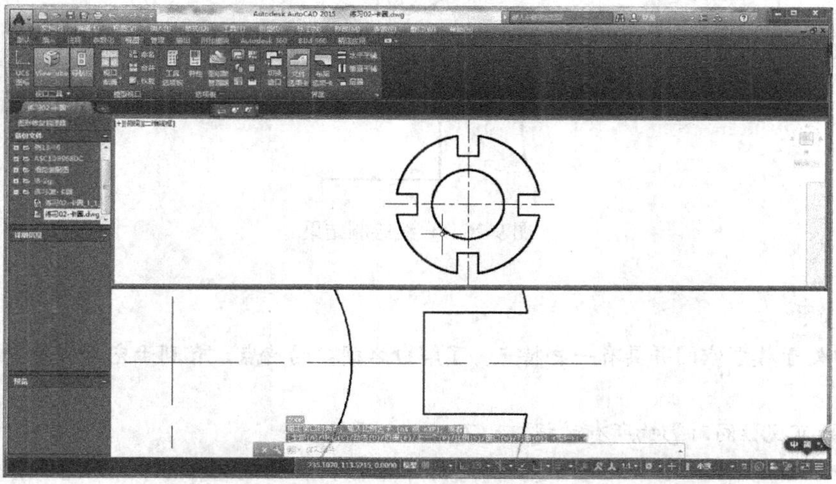

图 9-24 在视口中放大显示图形

（6）不同视口协同操作。在上方缺口和中心线的交点到右侧缺口和中心线的交点之间绘制一条直线。

命令: **_line**

指定第一点：点取上方的视口，激活后，点取垫圈上方缺口和中心线的交点。
指定下一点或 [放弃(U)]：点取最下方的视口，激活后点取垫圈右侧缺口和中心线的交点。

过程如图 9-25 所示。

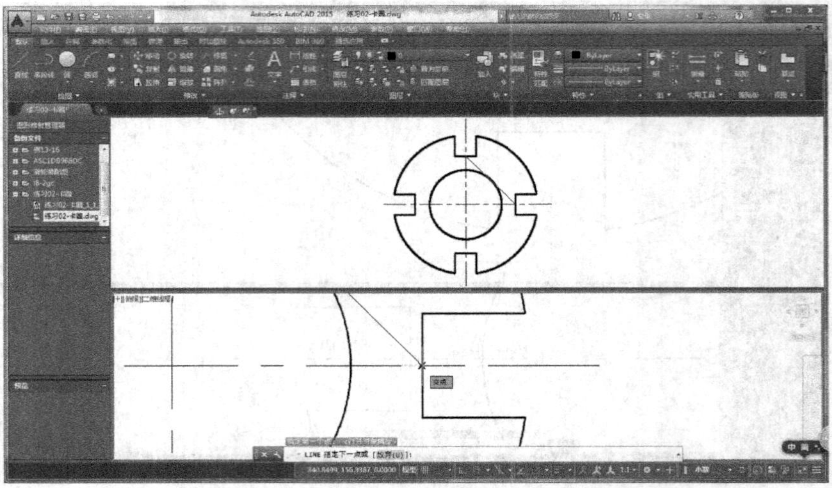

图 9-25　定义直线终点

指定下一点或 [放弃(U)]：↙

结果如图 9-26 所示。

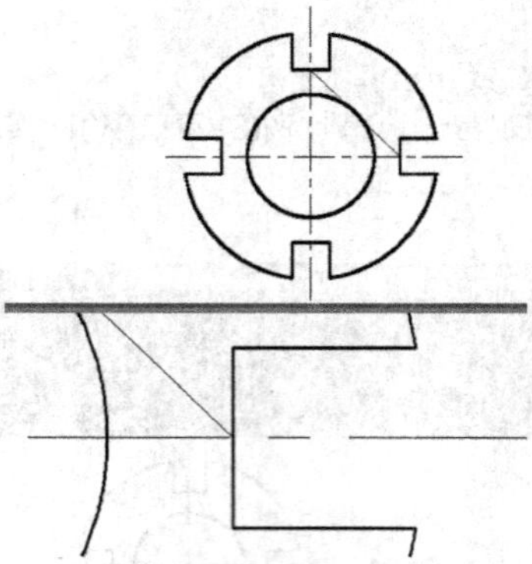

图 9-26　直线绘制结果

注意：

命名视口处于模型空间并具有一些特点。了解命名视口的特点，有利于充分利用命名视口来完成图形的绘制。

① 图层的可视性同时影响所有的视口，不可以分开控制。

② 对每个视口而言，可以采用缩放、平移等命令控制该视口中的图形显示范围和大小，而不影响其他视口。

③ 对任何一个视口中的图形编辑，在其他视口中有相应的变化。

④ 可以在不同的视口中进行一个命令的操作。如分别在两个视口中各点取一个点绘制一条直线等，而该直线的一个端点有可能在其中一个视口之外。

9.7　显示图标、属性、文本窗口

如果想知道目前工作的坐标系统或不希望 UCS 图标影响图形观察，或者需要放大文本窗口观察历史命令及其提示或查询命令的结果，或者希望不显示属性等，均可以通过显示控制命令来实现。

9.7.1　UCS 图标显示 UCSICON

显示命令可以控制 UCS 图标是否显示以及是显示在原点还是始终显示在绘图区的左下角。

命令： UCSICON

功能区： 视图→视口工具→UCS 图标

菜单： 视图→显示→UCS 图标

命令及提示：

```
命令: _ucsicon
输入选项 [开(ON)/关(OFF)/全部(A)/非原点(N)/原点(OR)/特性(P)] <开>:
```

参数：

（1）开(ON)：打开 UCS 图标的显示。

（2）关(OFF)：不显示 UCS 图标。

（3）全部(A)：显示所有视口的 UCS 图标。

（4）非原点(N)：UCS 可以不在原点显示，显示在绘图区的左下角。

（5）原点(OR)：UCS 始终在原点显示。

（6）特性(P)：显示"UCS 图标"对话框，可用设置 UCS 图标的样式、可见性和位置，如图 9-27 所示。

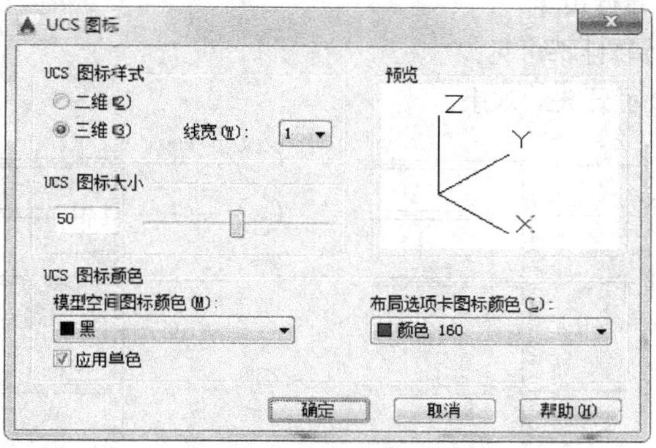

图 9-27　"UCS 图标"对话框

【例 9.4】 开关 UCS 图标。

```
命令: _ucsicon
输入选项 [开(ON)/关(OFF)/全部(A)/非原点(N)/原点(OR)] <关>: _on
```

结果如图 9-28（a）所示。

```
命令: _ucsicon
输入选项 [开(ON)/关(OFF)/全部(A)/非原点(N)/原点(OR)] <开>: _off
```

结果如图 9-28（b）所示。

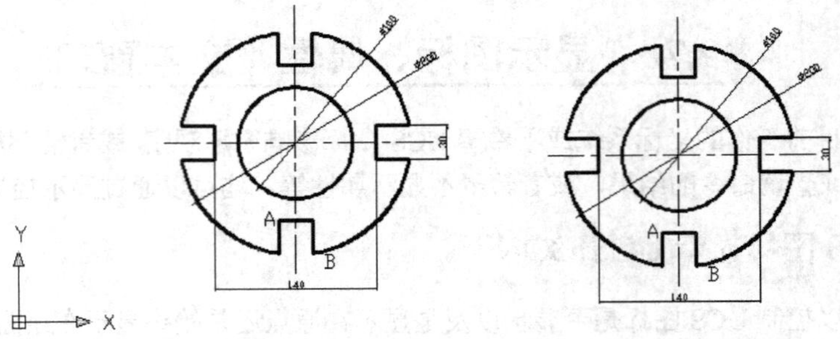

（a）UCS 图标打开　　（b）UCS 图标关闭

图 9-28　UCS 图标开/关

9.7.2　属性显示全局控制 ATTDISP

命令 ATTDISP 可以控制全局属性是否可见。

命令： ATTDISP

菜单： 视图→显示→属性显示

命令及提示：

命令: **'_attdisp**
输入属性的可见性设置 [普通(N)/开(ON)/关(OFF)] <ON>:
正在重生成模型。

参数：

（1）普通(N)：保持每个属性的当前可见性，只显示可见属性。

（2）开(ON)：使所有属性可见。

（3）关(OFF)：使所有属性不可见。

图 9-29 表示了属性显示开关的效果。

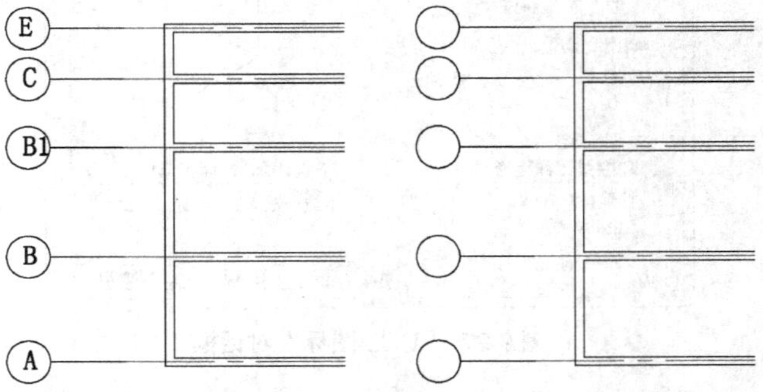

图 9-29　属性显示打开/关闭示例

9.7.3　文本窗口控制 TEXTSCR

通过显示命令可以控制文本窗口打开的方式为带标题和菜单的放大文本窗口或缩小为命令行窗口。

命令： TEXTSCR

功能区： 视图→选项板→文字窗口

菜单： 视图→显示→文本窗口

【F2】键用于在图形界面和文本窗口之间切换，执行查询、列表等命令，也会自动弹出如图 9-30（a）所示的文本窗口。

虽然命令行窗口同样可以通过鼠标拖动移到屏幕中间，并且可以改变其大小甚至超过默认的文本窗口大小，但文本窗口带有“编辑”菜单，而命令行窗口不带该菜单，如图 9-30（b）所示。

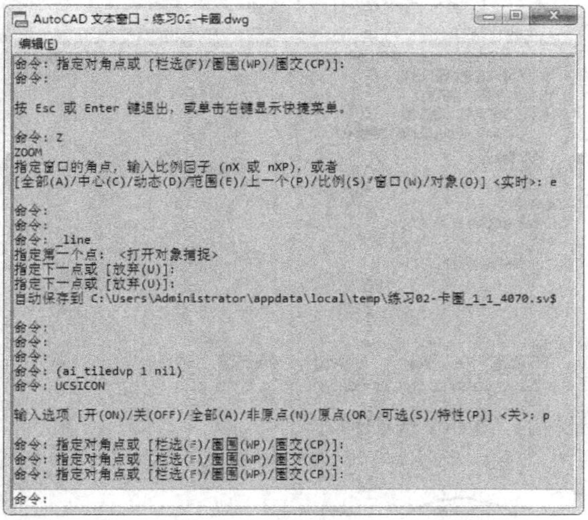

（a）文本窗口

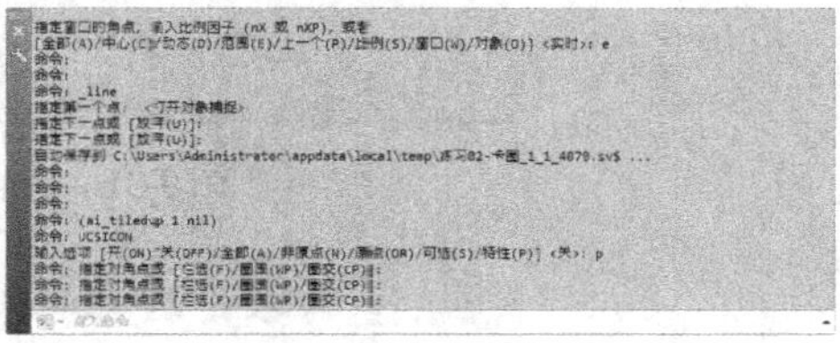

（b）命令行窗口

图 9-30　文本窗口和命令行窗口

9.8　显示精度 VIEWRES

在显示高精度图形和显示速度两方面，如果图形比较复杂或计算机速度较慢，其矛盾就显露出来了。一般情况下，无须提高显示精度而牺牲速度。但有时需要捕捉屏幕图片，或需要在屏幕上看到逼真的效果，此时强调显示精度。通过 VIEWRES 命令可以设定不同的显示精度。

命令： VIEWRES

命令及提示：

命令: **_viewres**
是否需要快速缩放？[是(Y)/否(N)] <Y>:
输入圆的缩放百分比 (1-20000) <100>:
正在重生成模型。

参数：

（1）是否需要快速缩放？[是(Y)/否(N)] <Y>: 是否需要快速缩放。（“快速缩放”不再是此命令的功能选项，只是为了保持脚本的兼容性才保留了此选项。）

（2）输入圆的缩放百分比 (1-20000)：定义圆的缩放百分比，数值范围为 1~20000。AutoCAD 显示图形的精度通过圆的缩放百分比来提供参考的。数值越小，显示精度越低；数值越大，显示越精确。

在“选项”对话框的“显示”选项卡中同样可用设置默认的显示精度，如图 9-31 所示。

图 9-32 显示了两种不同的缩放百分比之间的区别。

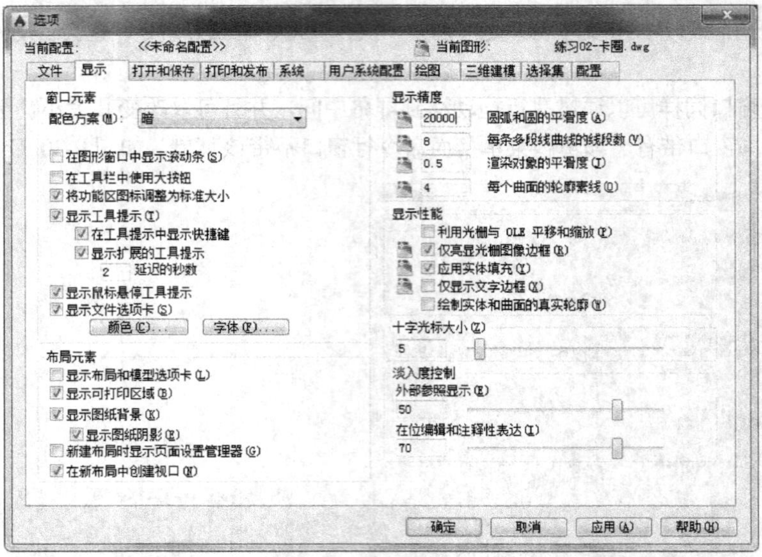

图 9-31 “选项”对话框的“显示”选项卡

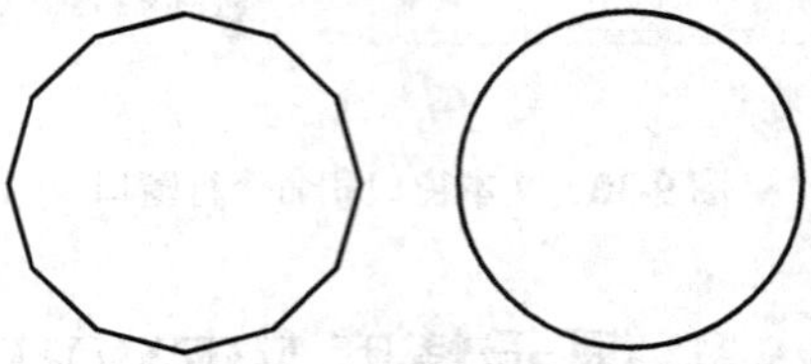

圆缩放百分比 8　　　圆缩放百分比 200

图 9-32 不同显示精度示意图

注意：

① 不论 AutoCAD 采用圆的缩放百分比如何，在最终输出时，由于 AutoCAD 的精度远远高于输出硬件的精度，所以，输出精度只会受到输出硬件的影响，与屏幕上显示的精度无关。

② 该 VIEWRES 设置保存在图形中。要改变新图形的默认值，请设定新图形所基于的样板文件中的 VIEWRES 设置值。

9.9 填充模式 FILL

很多填充图形，如带宽度的多段线（PLOYLINE）、轨迹（TRACE）、二维填充（SOLID）、矩形（RECTANG）、多线（MLINE）、圆环（DONUT）、尺寸中的箭头等，其显示出来是填充的还是空心的，不仅和它们本身的设置有关（有些本身不可控制），同样受到 FILL 命令的影响。

命令：FILL

菜单：工具→选项

在“选项”对话框的“显示”选项卡中选中“应用实体填充”，即打开填充模式，如图 9-31 所示。

命令及提示：

```
命令: _fill
输入模式 [开(ON)/关(OFF)] <CN>:
```

参数：

（1）开(ON)：打开实体填充模式。

（2）关(OFF)：关闭实体填充模式。

【例 9.5】 将图 9-33 中的实体填充关闭。

```
命令: _fill
输入模式 [开(ON)/关(OFF)] <ON>: off↙

命令: regen
正在重生成模型
```

结果如图 9-34 所示。

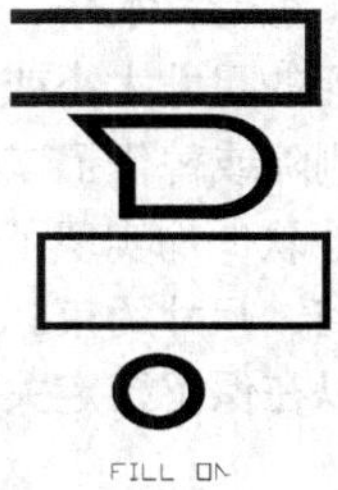

图 9-33 填充打开

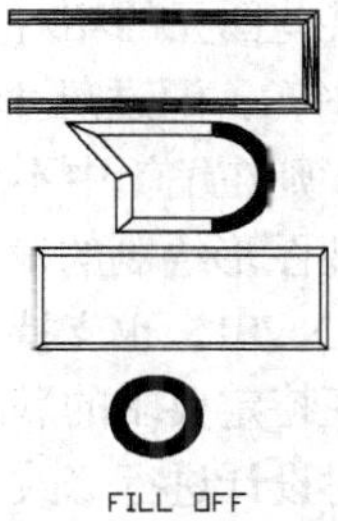

图 9-34 填充关闭

习 题 9

1. 重生成和重画有什么区别？
2. 视图缩放中通过缩放系数来改变屏幕显示结果，n 和 nX 以及 nXP 之间有什么区别？
3. FILL 处于 OFF 状态能否显示填充的箭头？
4. 在平铺视口中能否只在其中一个视口中关闭某层而在其他视口中显示该层？
5. ZOOM ALL 命令 和 ZOOM E 命令有什么区别？
6. 要显示前面显示过的画面有哪些方法？
7. 如何配合多个视口进行图形的绘制？一般用在什么场合下？
8. UCS 图标如何关闭显示？文本窗口打开的方式有哪几种？

第 10 章 参数化设计及实用工具

本章介绍有关参数化设计的基础知识，设计中心简介，以及 AutoCAD 提供的一些使用工具，如查询测量、计算器、核查、清理、CAD 标准、动作录制等。

10.1 参数化设计

对于参数化图形，可以为几何图形添加约束，以确保设计符合特定要求。如利用几何约束，可以在绘制的图形中保证某些图元的相对关系（平行、垂直、相切、重合、水平、竖直、共线、同心、锁定、相等、平滑、对称等），通过尺寸约束，则可以保证某些图元的尺寸大小或者和其他图元的尺寸对应关系。设置了约束，则在编辑中不会轻易被修改，除非用户删除或替代了该约束。

参数化绘图是目前图形绘制的发展方向。大部分的三维设计软件均实现了在二维草图的绘制中的参数化工作。AutoCAD 2015 也支持参数化绘图，并提供了几何、尺寸约束。通过约束可以保证在进行设计、修改时能保证特定要求的满足。此类功能使得用户可以在保留指定关系和距离的情况下尝试各种创意，高效率地对设计进行修改。

10.1.1 几何约束 GEOMCONSTRAINT

用户可指定二维对象或对象上的点之间的几何约束，之后编辑受约束的几何图形时，将保留约束，几何约束的主要类型如图 10-1 所示。

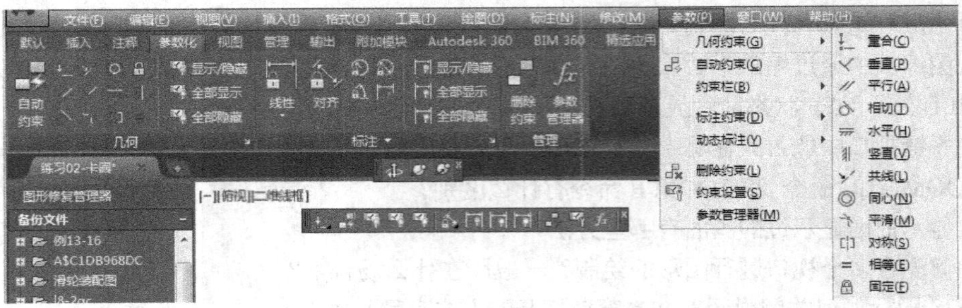

图 10-1 几何约束的主要类型

（1）重合：约束两个点重合，或者约束某个点使其位于某对象或其延长线上。

（2）共线：约束两条或多条直线在同一个方向上。

（3）同心：约束选定的圆、圆弧或椭圆，使其具有同一个圆心。

（4）固定：约束某点或曲线在世界坐标系统特定的方向和位置上。

（5）平行：约束两条直线平行。

（6）垂直：约束两条直线或多段线相互垂直。

（7）水平：约束某直线或两点，与当前的 UCS 的 X 轴平行。

（8）竖直：约束某直线或两点，与当前的 UCS 的 Y 轴平行。

（9）相切：约束两曲线或曲线与直线，使其相切或延长线相切。

（10）平滑：约束一条样条曲线，使其与其他的样条曲线、直线、圆弧、多段线彼此相连并保持 G2 连续性。

（11）对称：约束对象上两点或两曲线，使其相对于选定的直线对称。

（12）相等：约束两对象具有相同的大小，如直线的长度，圆弧的半径等。

（13）自动约束（AUTOCONSTRAINT）：将多个几何约束应用于选定的对象。

（14）显示（CONSTRAINTBAR）：显示选定对象相关的几何约束。

（15）全部显示：显示所有对象的几何约束。

（16）全部隐藏：隐藏所有对象的几何约束。

10.1.2　标注约束 DIMCONSTRAINT

标注约束控制设计的大小和比例，如图 10-2 所示为标注约束的集中类型，包括线性（水平、竖直）、角度、半径、直径等。

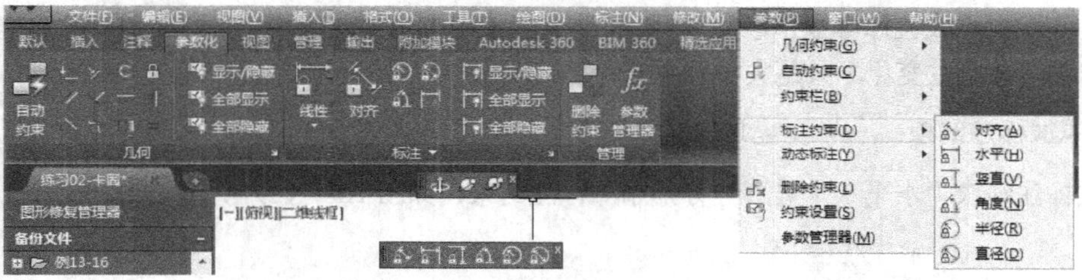

图 10-2　标注约束的集中类型

（1）线性：控制两点之间的水平或竖直距离，包括水平和竖直两个方向。

（2）水平：控制两点之间的 X 方向的距离，可以是同一个对象上的两点，也可以是不同对象上的两点。

（3）竖直：控制两点之间的 Y 方向的距离，可以是同一个对象上的两点，也可以是不同对象上的两点。

（4）角度：控制两条直线段之间、两条多段线线段之间或圆弧的角度。

（5）半径：控制圆、圆弧或多段线圆弧段的半径。

（6）直径：控制圆、圆弧或多段线圆弧段的直径。

（7）转换：将标注转换为标注约束。

（8）显示动态约束（DYNCONSTRAINTDISPLAY）：显示或隐藏动态约束。

10.1.3　约束设计示例

1．添加约束设计图形

如图 10-3（a）所示，任意绘制四条边，通过几何约束使之成为矩形。

（1）通过 line 命令，绘制如图 10-3（a）所示的图形。

（2）通过“参数化→几何”面板中的几何约束功能，如图 10-3（b）所示，添加 8 个端点的“重合”约束。

（3）添加“垂直”约束。

（4）添加“平行”约束。

（5）添加“水平”约束。

结果如图 10-3（b）所示。

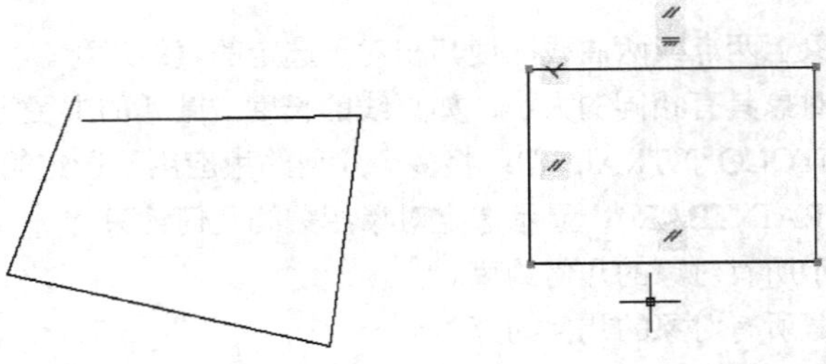

（a）（b）

图 10-3　几何约束绘制矩形

2．夹点编辑观察图形变化

通过拖动夹点或拉伸等操作，观察图形的变化，该图形中的约束不会变化。如拖动一个角点移动，矩形的结构不会发生变化，只是大小发生改变。

3．添加标注约束

通过标注约束“水平”、“竖直”分别添加标注约束，如图 10-4（a）所示。

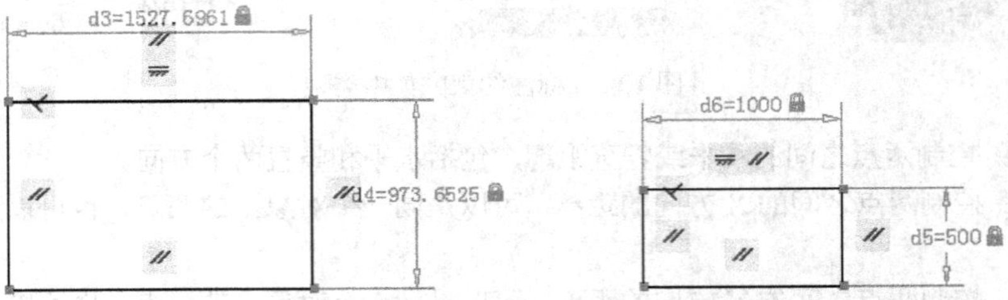

（a）（b）

图 10-4　标注约束示例

4．修改标注约束

双击标注的约束，修改大小为 1000 和 500，结果如图 10-4（b）所示。图形结构不变，大小变更。

5．尺寸驱动设计

在矩形的右侧绘制一圆，并标注半径尺寸，如图 10-5 所示。

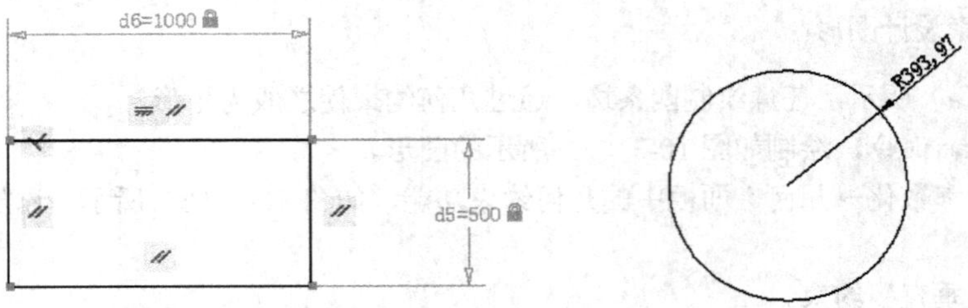

图 10-5　绘制圆示例

单击“参数化标注转换”，选择标注的半径尺寸，将标注的尺寸转换为标注约束，如图 10-6 所示。注意：标注必须和图形关联才可以（DIMREASSOCIATE）。

修改半径，使圆的面积和前面绘制的矩形的面积相等。R2=sqrt(D5*D6/Pi)，结果如图 10-7 所示。

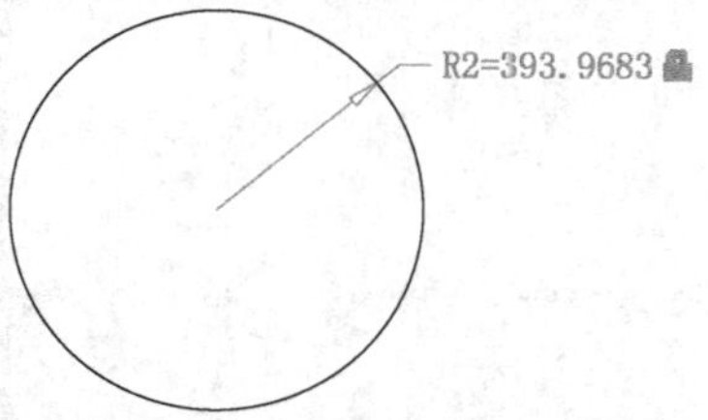

图 10-6　转换成约束示例

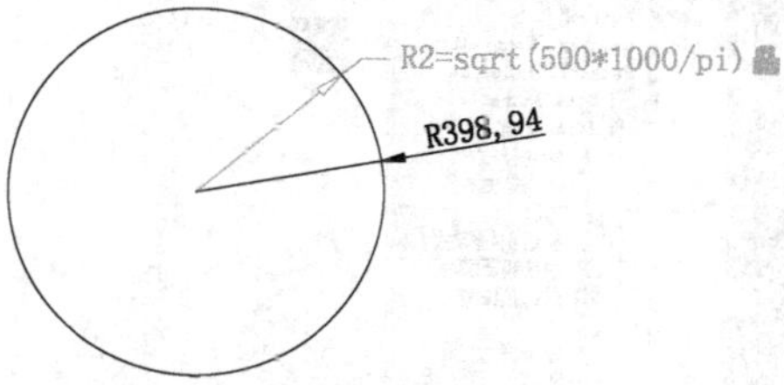

图 10-7　面积相等约束示例

注意：

① 约束可以通过删除约束命令（DELCONSTRAINT）删除。

② 参数管理器，如图 10-8 所示，可以显示标注约束（动态约束和注释性约束）、参照约束和用户变量。可以利用参数管理器轻松创建、修改和删除参数。

③ 参数管理器支持 8 种常规运算符和 29 种函数。

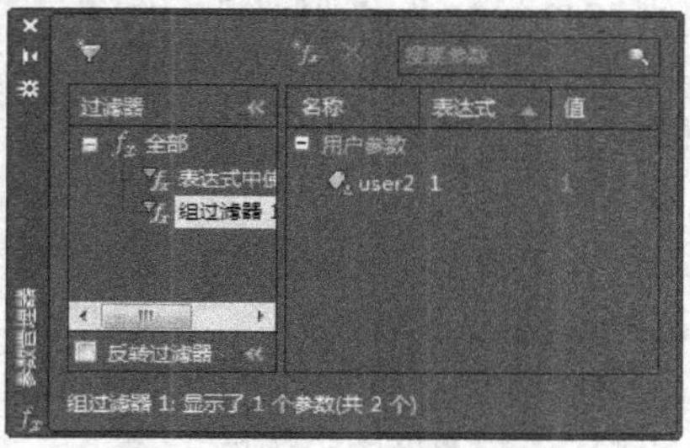

图 10-8　参数管理器

10.2　设计中心 ADCENTER

通过设计中心，可以方便地重复利用和共享图形。如浏览不同的源图形，查看图形文件中对象的定义并将定义插入、附着或粘贴到当前图形中，将图形文件或光栅文件拖到绘图区域中打开图形或查看、附着图像等。

查询包括对象的大小、位置、特性的查询，时间、状态查询，等分线段或定距分线段等。通过适当的查询命令，可以了解两点之间的距离、某直线的长度、某区域的面积、识别点的坐标、图形编辑的时间等。

命令：ADCENTER（打开设计中心）、ADCCLOSE（关闭设计中心）

功能区：视图→选项板→设计中心

快捷键：【Ctrl+2】

工具栏：标准→设计中心

执行该命令后，弹出如图 10-9 所示的“设计中心”选项板。

利用设计中心，可以直接打开图形、浏览图形、将图形作为块插入当前图形文件中、将图形附着为外部参照或直接复制等。完成以上的功能，一般通过快捷菜单完成，但插入成块或附着为外部参照等也可以拖放来完成。

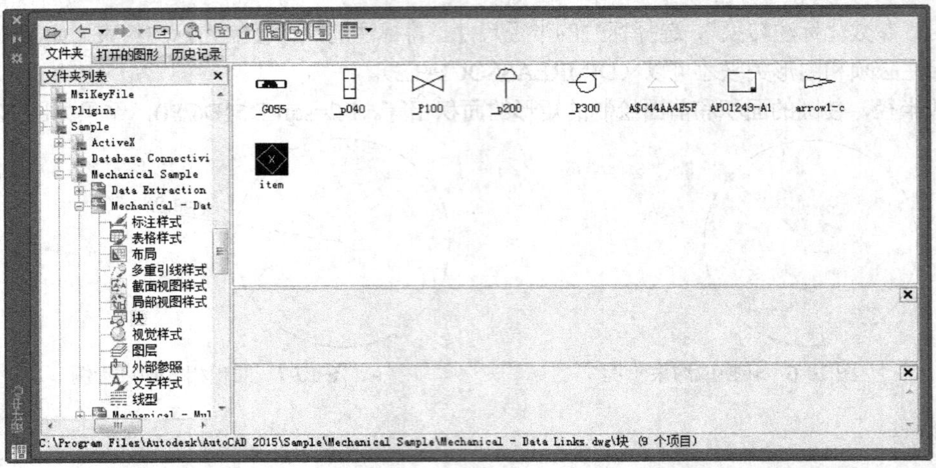

图 10-9 “设计中心”选项板

【例 10.1】 新建一图形，然后通过设计中心，将 SAMPLE\Database connectivity 子目录下 Floor plan sample. DWG 文件中的标注样式（名称为“RGA1-8”）复制到新建的文件中。

（1）单击“标准”工具栏中的设计中心按钮，打开设计中心，弹出“设计中心”选项板。

（2）在选项板中搜索到 AutoCAD 2015 目录下的 Sample\Database Connectivity\Floor Plan Sample.dwg 文件，如图 10-10 所示。

（3）选择“标注样式”，在右侧显示该图形中设定的标注样式名。

（4）用鼠标将“RGA1-8”标注样式拖到新建的图形绘图区并松开。

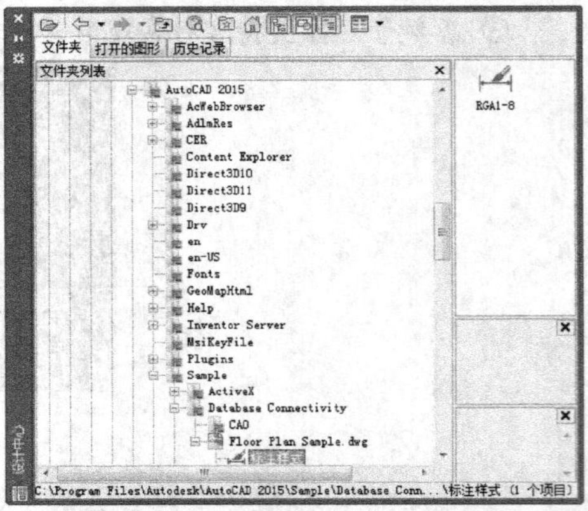

图 10-10 “设计中心”选项板设置

（5）单击设计中心左上角的按钮，关闭“设计中心”选项板。

10.3 实 用 工 具

查询命令提供了绘图或编辑过程中的下列功能：了解对象的数据信息，计算某表达式的值，计算距离、面积、质量特性，识别点的坐标等。

10.3.1 列表显示 LIST

命令：LIST

功能区：默认→特性→列表

菜单：工具→查询→列表

工具栏：查询→列表

如图 10-11 所示，执行 list 命令后选择列表显示对象，将在文本窗口中显示查询结果。

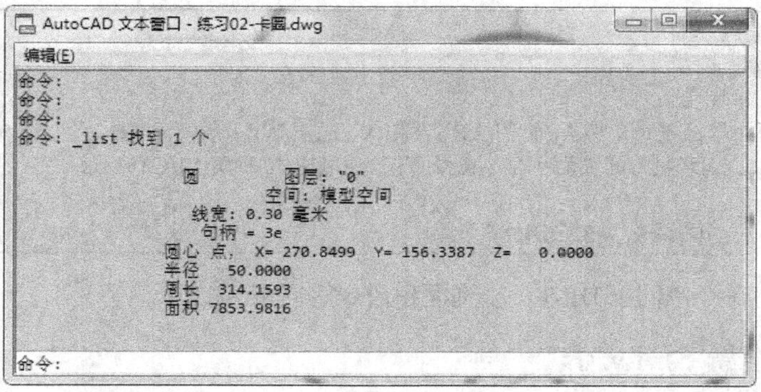

图 10-11　列表显示查询结果

10.3.2　点坐标 ID

命令： ID

功能区： 默认→实用工具→点坐标

菜单： 工具→查询→点坐标

工具栏： 查询→点坐标

命令及提示：

命令: **'_id**
指定点:
X =　　　　　Y =　　　　　Z =

执行该命令并指定点后，将在命令窗口中显示点的坐标。

10.3.3　测量 MEASUREGEOM

可以通过测量命令查询图形中的距离、半径、直径、角度、面积等。

命令： MEASUREGEOM

功能区： 默认→实用工具→测量（距离、半径、角度、面积）

菜单： 工具→查询→距离、半径、角度、面积

工具栏： 查询→距离、半径、角度、面积

命令及提示：

命令: **_measuregeom**
输入选项 [距离(D)/半径(R)/角度(A)/面积(AR)/体积(V)] <距离>:
指定第一点:
指定第二个点或 [多个点(M)]:
距离 = 370.4017，XY 平面中的倾角 = 0，　与 XY 平面的夹角 = 0
X 增量 = 370.4017，　Y 增量 = 0.0000，　Z 增量 = 0.0000
输入选项 [距离(D)/半径(R)/角度(A)/面积(AR)/体积(V)/退出(X)] <距离>: **R**
选择圆弧或圆:
半径 = 511.9121
直径 = 1023.8242
输入选项 [距离(D)/半径(R)/角度(A)/面积(AR)/体积(V)/退出(X)] <半径>: **a**
选择圆弧、圆、直线或 <指定顶点>:
指定角的顶点:

```
指定角的第一个端点:
指定角的第二个端点:
角度 =50°
输入选项 [距离(D)/半径(R)/角度(A)/面积(AR)/体积(V)/退出(X)] <角度>: AR
指定第一个角点或 [对象(O)/增加面积(A)/减少面积(S)/退出(X)] <对象(O)>:
选择对象:
面积 =823266.9483，圆周长 =3216.4386
```

其中，查询距离命令等同于 DIST，查询面积命令等同于 AREA。

10.3.4 参数设置 SETVAR

变量在 AutoCAD 中扮演着十分重要的角色。变量值的不同直接影响着系统的运行方式和结果。熟悉系统变量是精通用 AutoCAD 的前提。显示或修改系统变量可以通过 SETVAR 命令进行，也可以直接在命令提示后输入变量名称。在命令的执行过程中输入的参数或在对话框中设定的结果，都直接修改了相应的系统变量。

命令：SETVAR

菜单：工具→查询→设置变量

命令及提示：

```
命令: '_setvar
输入变量名或 [?]:?
输入要列出的变量 <*>:
```

参数：

（1）变量名：输入变量名即可以查询该变量的设定值。

（2）？：输入问号“？”，则出现“输入要列出的变量 <*>”的提示。直接回车后，将分页列表显示所有变量及其设定值。

10.3.5 重命名 RENAME

图形中的很多对象可以重新命名，如尺寸标注样式、文字样式、线型、UCS、视口等。

命令：RENAME

菜单：格式→重命名

执行该命令后，弹出如图 10-12 所示的对话框。

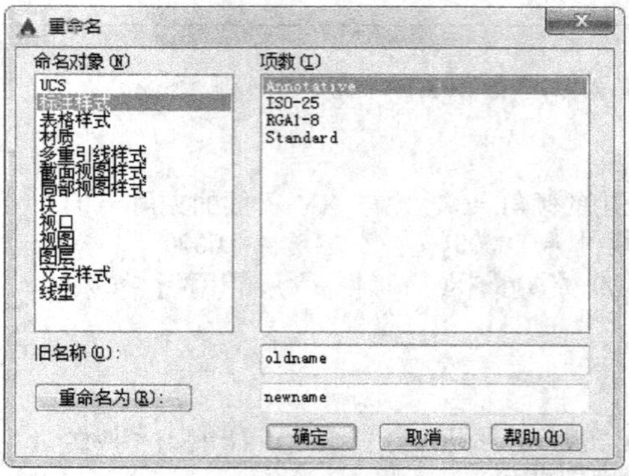

图 10-12 “重命名”对话框

在该对话框中可以选择命名对象，选择原有名称并输入新的名称，单击确定即可完成重命名操作。

10.3.6 核查 AUDIT

如果出现了停电等意外事故，可能会在绘制的图形中存在一些错误。AutoCAD 可以更正检测到的一些错误。

命令：AUDIT

应用程序工具栏：A→图形实用工具→核查

菜单：文件→图形实用工具→核查

命令及提示：

```
命令: _audit
是否更正检测到的任何错误？[是(Y)/否(N)] <N>: y↙
已核查 X 个块
阶段 1 已核查 X 个对象
阶段 2 已核查 X 个对象
共发现 N 个错误，已修复 N 个
```

10.3.7 修复 RECOVER

修复命令可以更正图形中的部分错误数据。一般修复是在打开该文件时自动进行的。

命令：RECOVER

应用程序工具栏：A→图形实用工具→修复

菜单：文件→图形实用工具→修复

命令及提示：

```
命令: _recover
选择图形文件供修复操作
图形修复。
图形修复日志。
扫描完毕。
验证句柄表内的对象。
有效对象 XX 个，无效对象 YY 个
对象验证完毕。
使用过的意外数据。
从图形挽回的数据库。
正在打开 AutoCAD 200X 格式的文件。
已核查 NN 个块
阶段 1 已核查 MM 个对象
阶段 2 已核查 KK 个对象
共发现 I 个错误，已修复 J 个
正在重生成模型。
```

10.3.8 绘图次序 DRAWORDER

在 AutoCAD 2015 中可用控制绘制图形和其他对象的上下位置。

命令：DRAWORDER

功能区：默认→修改→前置、后置、置于对象之上、置于对象之下

菜单：工具→绘图顺序

工具栏：绘图次序

命令及提示：

```
命令: _draworder
选择对象: 找到 1 个
选择对象:
输入对象排序选项 [对象上(A)/ 对象下(U)/最前(F)/最后(B)] <最后>: U
选择参照对象: 找到 1 个
选择参照对象:
```

参数：

（1）选择对象：选择欲修改位置的对象。

（2）对象上(A)：将前面选择的对象置于即将选择的对象之上。

（3）对象下(U)：将前面选择的对象置于即将选择的对象之下。

（4）最前(F)：将前面选择的对象置于最前面，即前置。

（5）最后(B)：将前面选择的对象置于最后面，即后置。

（6）选择参照对象：选择参照的对象即前面欲修改的对象是相对于现在选择的参照对象进行调整。

【例 10.2】 调整图 10-13 中 4 个矩形的前后次序。

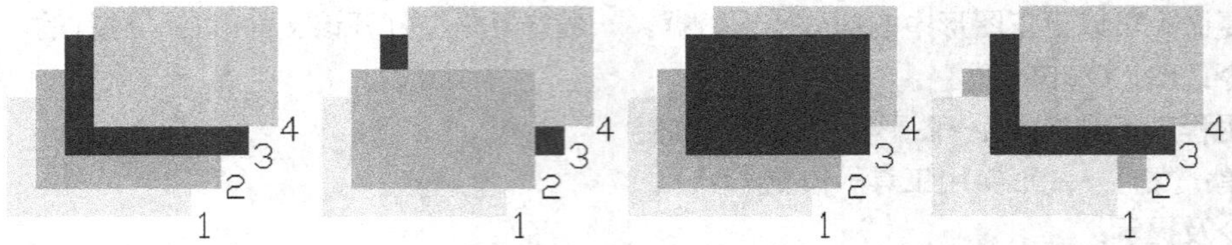

（a）（b）（c）（d）

图 10-13　绘图次序调整示例

（1）绘制 4 个矩形填充图案，复制 4 份以便对照，如图 10-13（a）所示。

（2）执行 draworder 命令，选择“最前”参数，然后选择标记为 2 的矩形，结果如图 10-13（b）所示。

（3）执行 draworder 命令，选择“最后”参数，然后选择标记为 1 的矩形，结果如图 10-13（c）所示。

（4）执行 draworder 命令，选择“对象下”参数，然后在“选择对象”的提示下选择标记为 2 的矩形，在“选择参照对象”的提示下，选择标记为 1 的矩形，结果如图 10-13（d）所示。

10.3.9 文字和标注前置 TEXTTOFRONT

在图形中，文字、标注一般是不能被图线遮挡的。而绘制图形时也不能将所有的文字和标注留到最后绘制，此时就需要将这些元素调整到最前后，或将某些图元移到后面等。

命令： TEXTTOFRONT

功能区： 默认→修改→将文字前置/将标注前置/引线前置/所有注释前置

菜单： 工具→绘图顺序→注释前置→仅文字对象/仅标注对象/仅引线/所有注释对象

命令及提示：

```
命令:_texttofront
```

前置 [文字(T)/标注(D)/引线(L)/全部(A)] <全部>:

参数：

（1）文字(T)：仅仅将图形中的文字前置。

（2）标注(D)：仅仅将图形中的标注前置。

（3）引线(L)：将引线前置。

（4）全部(A)：将以上几种对象全部前置。

10.3.10 快速计算器 QUICKCALC

AutoCAD 2015 提供了快速计算器，供用户计算用。

命令： QUICKCALC

功能区： 默认→实用工具→快速计算器、视图→选项板→快速计算器

执行该命令后，弹出"快速计算器"选项板，如图 10-14 所示。其中，包括数字键、科学、单位转换、变量等功能。另外，还可以在图形中直接获取点的坐标、两点距离、角度、交点坐标等。

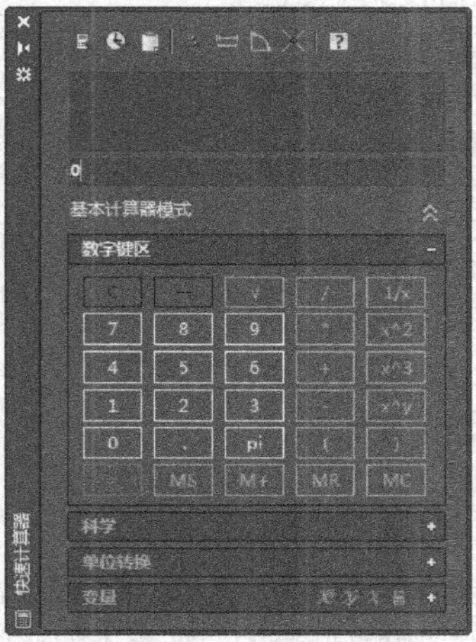

图 10-14 "快速计算器"选项板

10.3.11 清除图形中的不用对象 PURGE

可以通过 PURGE 命令，对图形中不用的块、层、线型、文字样式、标注样式、形、多线样式等对象进行清理。另外，也可以删除零长度几何图形和空文字对象，以便减少图形占用空间。

命令： PURGE

功能区： A→图形实用工具→清理

菜单： 文件→图形实用工具→清理

命令及提示：

命令: **_purge**
输入要清理的未使用对象的类型
[块(B)/局部视图样式(DE)/标注样式(D)/组(G)/图层(LA)/线型(LT)/材质(MA)/多重引线样式(MU)/打印样式(P)/形(SH)/文字样式(ST)/多线样式(M)/截面视图样式(SE)/表格样式(T)/视觉样式(V)/注册应用程序(R)/零长度几何图形(Z)/空文字对象(E)/孤立的数据(O)/全部(A)]: **a**↙
输入要清理的名称 <*>: ↙

是否确认每个要清理的名称？[是(Y)/否(N)] <Y>: ↙
清理 XXX“XXX”? <N>:

随即依次显示可以清除的对象。

参数：

（1）块(B)：清除未使用的块。

（2）标注样式(D)：清除未使用的标注样式。

（3）图层(LA)：清除未使用的图层。

（4）线型(LT)：清除未使用的线型。

（5）材质(MA)：清除未使用的材质类型。

（6）打印样式(P)：清除未使用的打印样式。

（7）形(SH)：清除未使用的形。

（8）文字样式(ST)：清除未使用的文字样式。

（9）多线样式(M)：清除未使用的多线样式。

（10）表格样式(T)：清除未使用的表格样式。

（11）视觉样式(V)：清除未使用的视觉样式。

（12）注册应用程序(R)：清除注册的应用程序。

（13）全部(A)：将以上未使用的对象全部清除。

（14）输入要清理的名称 <*>:输入要清理的对象名称，如果不输入名称，直接回车后将依次提示可以清理的对象。

（15）是否确认每个要清理的名称？[是(Y)/否(N)] <Y>: 是否在清理该对象前提示以便确认。如果回答“Y”，将要求确认；若回答“N”，则不要求确认而直接清理。

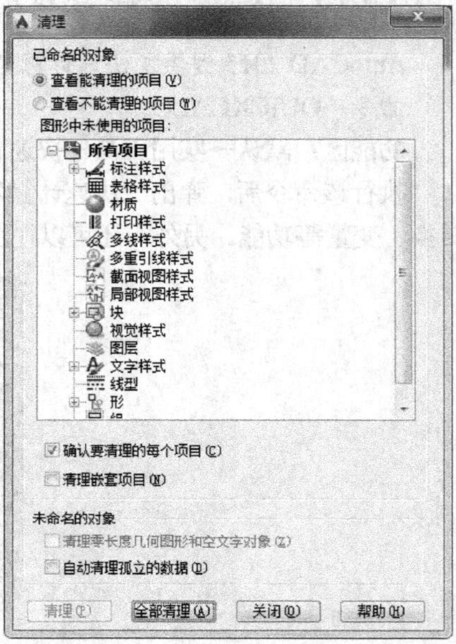

图 10-15 “清理”对话框

“清理”对话框如图 10-15 所示，含义同上面的说明。

（1）查看不能清理的项目：显示不能清理的项目。

（2）清理嵌套项目：勾选则清理嵌套的项目。嵌套一般指包含了两层以上的项目，如将一个块包含进来建立了一个新块，则该新建的块就是嵌套的。如果不勾选此项，则嵌套的项目不能被清理。

10.4 CAD 标准

对于一个企业或公司而言，制图标准应该统一，否则就谈不上图纸的管理，对于图纸的审核也会存在很大的障碍。如果设置标准来增强一致性，则可以较容易地理解图形。可以为图层名、标注样式和其他元素设置标准，检查不符合指定标准的图形，然后修改不一致的特性。

10.4.1 标准配置 STANDARDS

将当前图形与标准文件关联并列出用于检查标准的插入模块。

命令：STANDARDS

功能区：管理→CAD 标准→配置

菜单：工具→CAD 标准→配置

工具栏：CAD 标准→配置

执行该命令将弹出如图 10-16 所示的“配置标准”对话框。该对话框显示与当前图形相关联的标准文件的相关信息，该对话框包含两个选项卡：“标准”和“插件”选项卡。

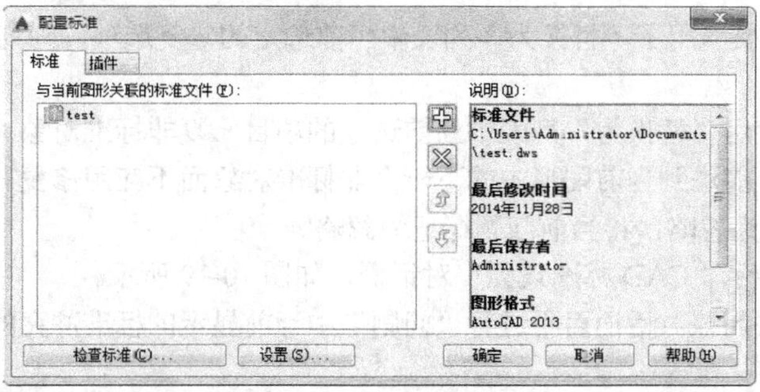

图 10-16 “配置标准”对话框的“标准”选项卡

1. “标准”选项卡

“与当前图形相关联的标准文件”栏列出与当前图形相关联的所有标准（DWS）文件。在其中可以添加标准文件、从列表中删除某个标准文件与当前图形的关联性、将列表中的选定的标准文件上移或下移一个位置。如果此列表中的多个标准之间发生冲突（例如，如果两个标准指定了名称相同但特性不同的图层），该列表中首先显示的标准文件优先。要在列表中改变某标准文件的位置，则应该使用上移或下移功能。

2. “插件”选项卡

“插件”选项卡如图 10-17 所示。该页面列出并描述当前系统上安装的标准插入模块。安装的标准插入模块将用于每一个命名对象，利用它即可定义标准（图层、标注样式、线型和文字样式）。

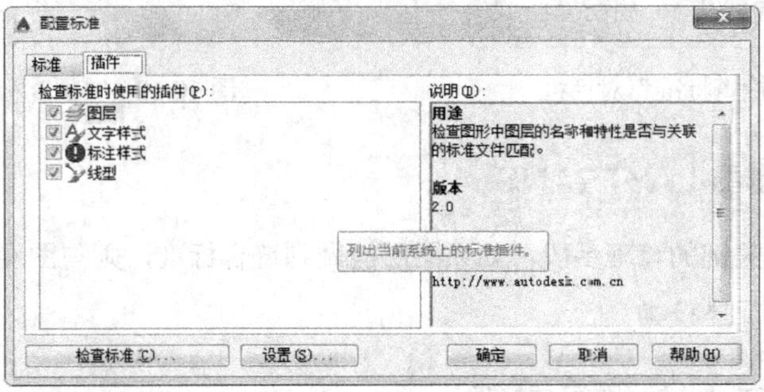

图 10-17 “配置标准”对话框的“插件”选项卡

10.4.2 标准检查 CHECKSTANDARDS

将当前图形与标准文件关联并列出用于检查标准的插入模块。

命令： CHECKSTANDARDS

功能区： 管理→CAD 标准→检查

菜单： 工具→CAD 标准→检查

工具栏： CAD 标准→检查

如图 10-18 所示，该对话框中提供了分析图形的标准冲突的功能。

（1）问题：显示当前图形中非标准对象的说明。如果要修复问题，需要从“替换为”列表中选择一个替换项目选项，再单击修复按钮。

（2）替换为：列出当前标准冲突的可能替换选项。如果有推荐的修复方案，其前面则带有一个复选标记。

（3）预览修改：如果应用了“替换为”列表中当前选定的修复选项，则列出将被修改的非标准对象的结果特性。

（4）修复按钮：使用“替换为”列表中当前选定的项目修复非标准对象。自动进入下一个。

（5）下一个按钮：前进到当前图形中的下一个非标准对象而不应用修复。

（6）将此问题标记为忽略：将当前问题标记为忽略。

（7）设置按钮：显示“CAD 标准设置”对话框，如图 10-19 所示。

（8）关闭按钮：关闭该对话框而不进行“问题”中当前显示的标准冲突的修复。

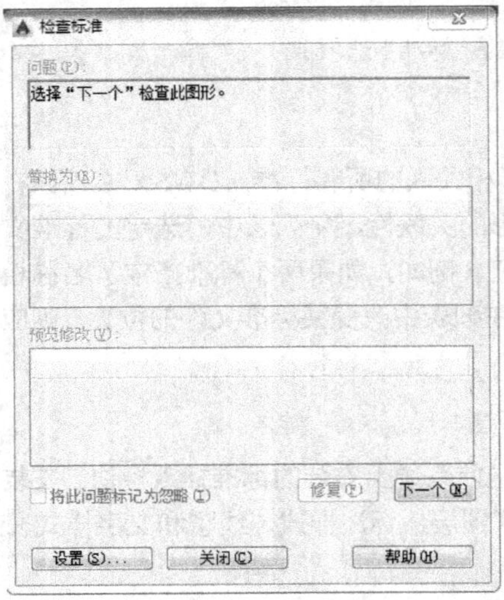

图 10-18 “检查标准”对话框

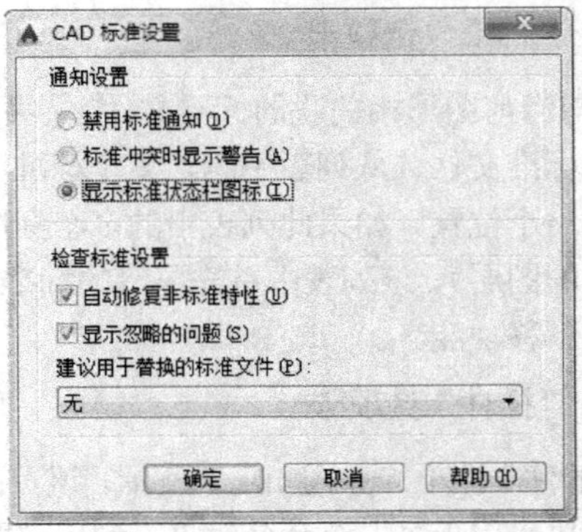

图 10-19 “CAD 标准设置”对话框

10.4.3 图层转换器 LAYTRANS

图层是图形标准中关键的管理手段，如果图层能做到符合标准，则与图层相关的属性，如颜色、线型、线宽等均可达到一致。

命令：LAYTRANS

功能区：管理→CAD 标准→图层转换器

菜单：工具→CAD 标准→图层转换器

工具栏：CAD 标准→图层转换器

执行该命令将弹出如图 10-20 所示的“图层转换器”对话框。

该对话框中包含“转换自”、“转换为”、“图层转换映射”三个区和映射、映射相同、设置、转换等按钮。

1．转换自

（1）在“转换自”列表中选择当前图形中要转换的图层，也可通过提供的“选择过滤器”指定图层。

（2）选择按钮：通过选择过滤器来选择图层。

图层名之前的图标的颜色表示此图层在图形中是否被参照，黑色图标表示图层被参照；白色图标表示图层没有被参照。没有被参照的图层可通过“清理图层”删除，方法是在“转换自”列表中右击鼠标选择“清理图层”。

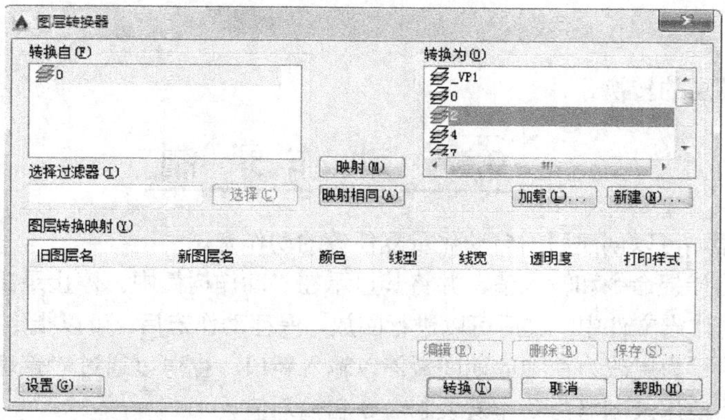

图 10-20 “图层转换器”对话框

2. 转换为

当前图形的图层可用转换为哪些图层在这里列出。

（1）加载按钮：弹出“选择图形文件”对话框，从中选择加载的图形、标准或样板文件，并将选择的文件中的图层列出。

（2）新建按钮：新建转换为图层，弹出如图 10-21 所示的“新图层”对话框。不能使用与现有图层相同的名称创建新图层。

3. 图层转换映射

列出要转换的所有图层以及图层转换后所具有的特性。

（1）编辑按钮：可以在其中选择图层，单击该按钮弹出“编辑图层”对话框以修改图层特性，如图 10-22 所示。可以修改图层的线型、颜色和线宽。

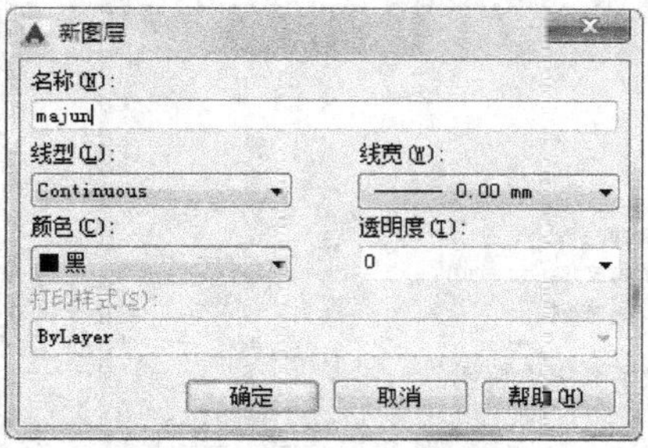

图 10-21 “新图层”对话框

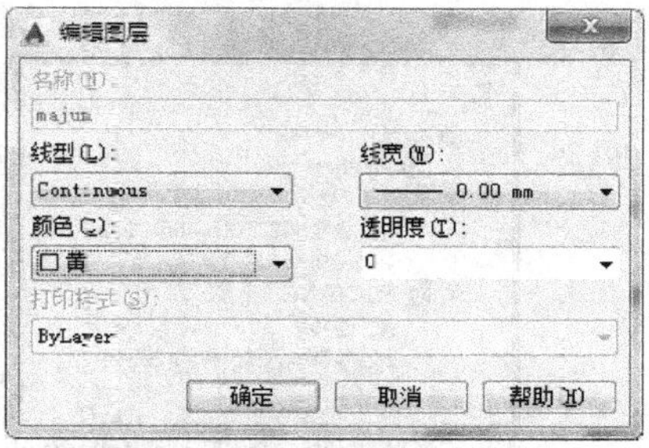

图 10-22 “编辑图层”对话框

（2）删除按钮：从“图层转换映射”列表中删除选定的转换映射。

（3）保存按钮：将当前图层转换映射保存为一个文件以便日后使用。

4. 设置

自定义转换过程，单击设置按钮后弹出“设置”对话框，如图 10-23 所示。

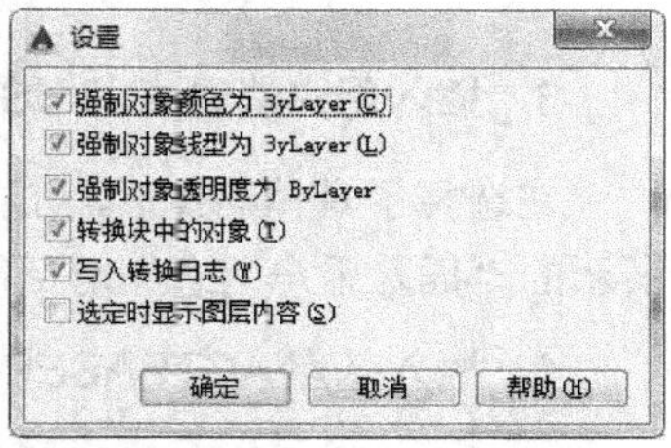

图 10-23 “设置”对话框

5. 转换

执行对已映射图层的转换。

10.5 动作录制

通过动作录制器，可以创建用于自动化重复任务的动作宏。

录制动作时，将捕捉命令和输入值，并将其显示在“动作树”中。停止录制后，可以将捕捉的命令和输入值保存到动作宏文件中，过后可以进行回放。保存动作宏后，可以指定基点、插入用户消息，或将录制的输入值的行为更改为在回放期间暂停以输入新值。也可以通过“管理动作宏”管理录制的动作文件。可以使用动作录制器为动作宏录制命令和输入值。

1. 启动动作录制 ACTRECORD

单击功能区“管理→动作录制器→录制”按钮，开始动作录制。录制动作宏时，红色的圆形录制图标会显示在十字光标附近，表示动作录制器处于活动状态以及指示正在录制命令和输入。录制的动作树如图 10-24 所示，按顺序记录了录制的动作。

2. 停止动作录制 ACTSTOP

单击面板上的停止按钮，则弹出如图 10-25 所示的“动作宏”对话框，用于保存录制的动作宏。

图 10-24 启动动作录制

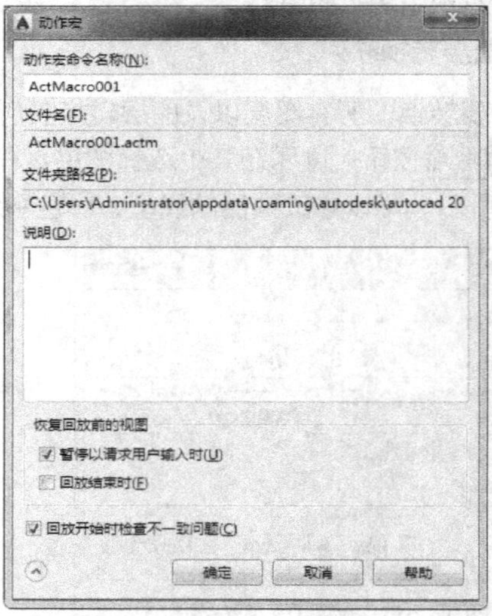

图 10-25 “动作宏”对话框

3. 插入用户消息 ACTUSERMESSAGE

在选择了具体动作后，可以在其前面插入用户提示消息。单击插入用户消息按钮，弹出如图 10-26 所示的“插入用户消息”对话框，输入提示内容即可。

4. 插入基点 ACTBASEPOINT

在每个图元上，均可以确定一个绝对坐标的基点，供后续提示用。单击插入基点按钮后，在提示下定义插入基点即可。

5．暂停以请求用户输入 ACTUSERINPUT

插入一个暂停点供用户输入。选择一个值结点后，单击暂停以请求用户输入按钮。

6．管理动作宏

可以通过动作宏管理器对宏进行复制、重命名、修改、删除等操作，如图 10-27 所示。

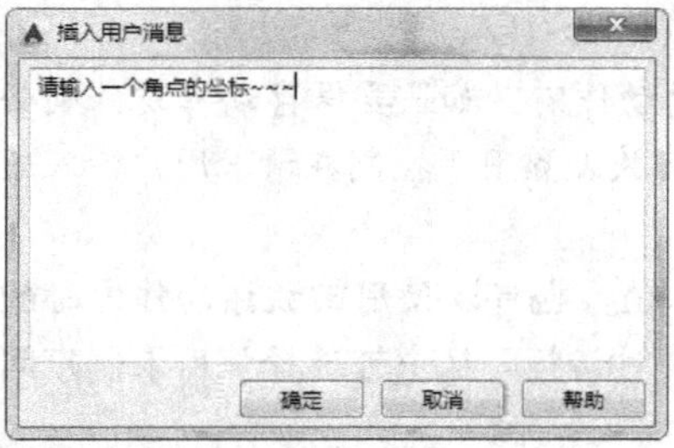

图 10-26　“插入用户消息”对话框

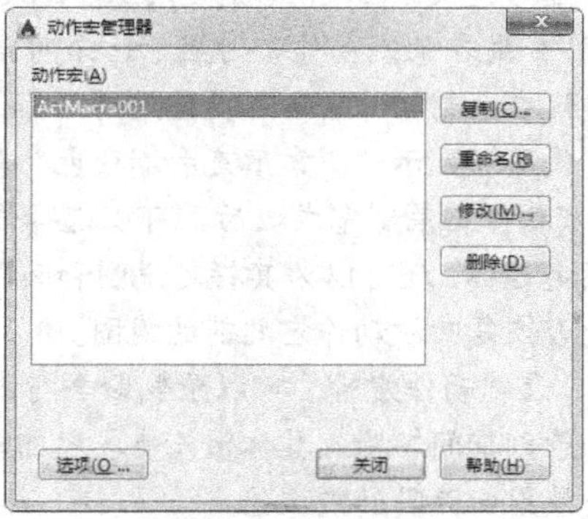

图 10-27　“动作宏管理器”对话框

【例 10.3】 绘制一矩形和圆弧，并进行录制，修改后插入提示信息、基点等并进行回放。

（1）单击“管理”选项卡中的“动作录制器”面板上的录制按钮。

（2）单击“默认→绘图→矩形”按钮，在绘图区绘制一矩形。

（3）单击“默认→绘图→圆（2P）”，在矩形的右侧绘制一圆。

（4）单击“默认→修改→修剪”，将矩形和圆中间重叠部分剪掉，结果如图 10-28 所示。

（5）单击停止按钮，弹出如图 10-25 所示的“动作宏”对话框，输入名称“xws”并保存。

（6）单击“动作录制器”下拉按钮，弹出如图 10-29 所示的“动作树”。

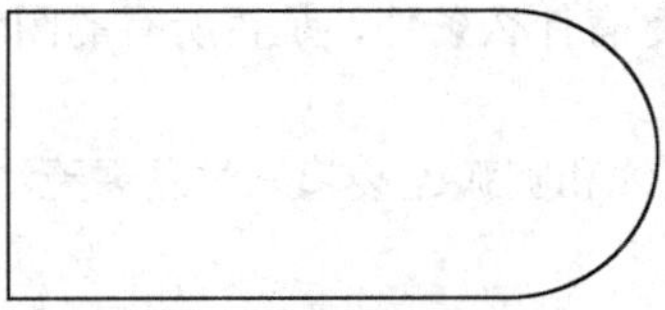

图 10-28　录制图形

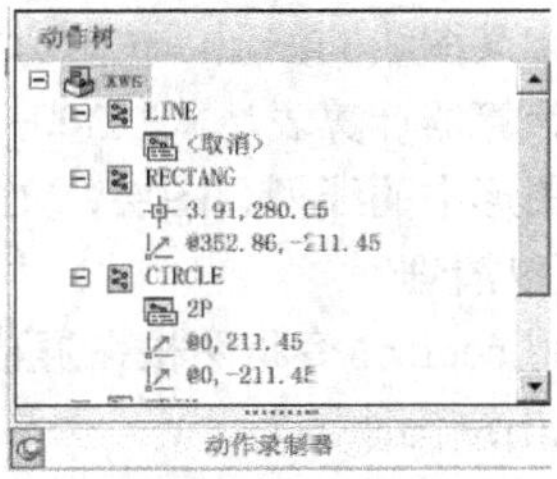

图 10-29　动作树

（7）单击“动作树”中的“CIRCLE”，然后单击插入基点按钮，拾取图形中的圆心。

（8）单击“动作树”中“RECTANG”下第一个点坐标，右击鼠标，选择“插入用户消息”，弹出如图 10-26 所示的对话框，输入“请输入矩形的一个角点”等提示信息。

（9）单击“CIRCLE”下的两行坐标，右击鼠标，选择“暂停以请求用户输入”，原先黑色文字变成了灰色。

（10）单击“动作树”中的第一行“LINE”，并右击选择删除按钮，并确认删除。

（11）单击播放按钮按钮，执行到“动作树”中“用户消息”处，弹出如图 10-30 所示的提示信息。响应后继续，自动绘制一矩形，并出现绘制圆的提示。

图 10-30　提示信息

（12）分别单击矩形的两个角点。

（13）自动完成图形的绘制。如中间出现其他提示，响应继续即可。

注意：

① 录制时，将录制在命令行中输入的命令和输入，但用于打开或关闭图形文件的命令除外。除非使用“方向”选项定义圆弧段，否则无法正确回放使用 PLINE 命令的“圆弧”选项创建的圆弧段的方向。

② 如果在录制动作宏时显示一个对话框，则仅录制显示的对话框而不录制对该对话框所做的更改。建议在录制动作宏时不要使用对话框。而是使用命令的命令行版本。例如，使用_HATCH 命令，而不是使用可显示“图案填充和渐变色”对话框的 HATCH 命令。

③ 动作宏录制完成之后，可以选择保存或放弃录制的动作宏。如果要保存动作宏，则必须为动作宏指定名称，还可以为其指定说明和回放设置（可选）。回放设置用于控制在请求用户输入或回放完成时是否恢复回放动作宏之前的视图。

④ 录制动作宏时，可以录制命令行中显示的当前默认值，也可以使用回放该动作宏时的当前默认值。录制期间不输入具体值而直接按回车键，将显示一个对话框，从中可选择使用录制期间的当前值还是使用回放时的默认值。

习 题 10

1．参数化绘图和普通的绘图有什么本质的区别？其优点何在？

2．几何约束是否可以部分约束而不需要完全约束？完全约束的图形是否可以直接编辑修改？

3．标注约束和尺寸标注有什么区别？是否可以相互转换？

4．注释性约束、动态约束分别是什么含义？

5．通过设计中心可以实现哪些功能？在设计中心中通过拖动的方式打开和插入文件操作要领是什么？

6．要查询某图线的图层、位置、大小，应该采用什么命令？

7．通过计算器计算表达式（300+20）/（20.5–30）×199 应如何操作？

8．清理图形中的线型、图层、文字样式、标注样式等有什么条件？是否所有的图层、文字样式、标注样式都可以清理？

9．在使用 pedit 命令将两根在屏幕上看上去相连的直线和圆弧连接起来时发现无法完成，原因有哪些？如何找出准确原因？

10．如何将两个图形文件的标准统一？

11．保证图形标准统一的方法有哪些？

12．参数在绘图中起到什么作用？如何设置？

13．如何录制动作并回放？如何在其中加入消息提示？

第 11 章　打印和输出

在 AutoCAD 中绘制的图形，可以通过 ePlot 输出成 DWF 格式文件，如图 11-1 和图 11-2 所示，在 Web 页上发布或输送到其他站点。对绝大多数用户而言，一般要形成硬拷贝，即通过打印机或绘图机输出。在 AutoCAD 2015 中，输出功能得到较大的增强，可以直接输出 PDF 格式的文件，而且输出变得更加直观简洁。本章介绍打印和输出图形的基本知识。

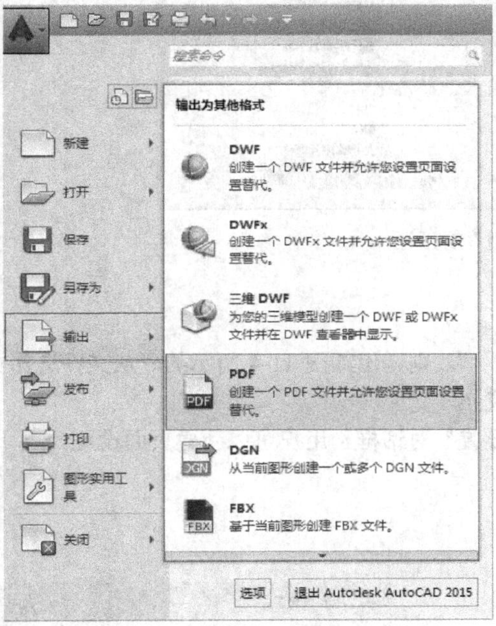

图 11-1　输出功能

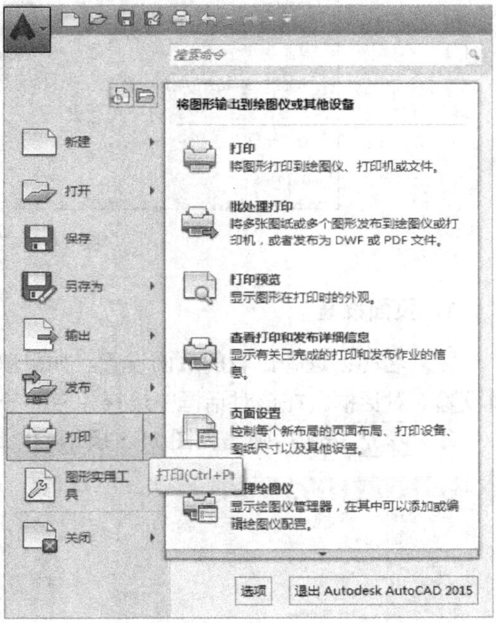

图 11-2　打印功能

11.1　输出图形 PLOT

在模型空间中，不仅可以完成图形的绘制、编辑，同样可以直接输出图形。通过“打印”对话框可以设置打印设备、设置页面、设置输出范围等。

命令：PLOT

功能区：A→打印→打印，输出→打印→打印

菜单：文件→打印

工具栏：标准→打印

快捷键：【Ctrl+P】

在模型空间中执行该命令后，弹出如图 11-3 所示的“打印－模型”对话框。

在该对话框中，包含“页面设置”、“打印机/绘图仪”、“图纸尺寸”、“打印区域”、“打印偏移（原

点设置在可打印区域）”、“打印比例”、“打印份数”、“打印样式表（画笔指定）”、“着色视口选项”、“打印选项”、“图形方向”区以及预览、应用到布局等按钮。

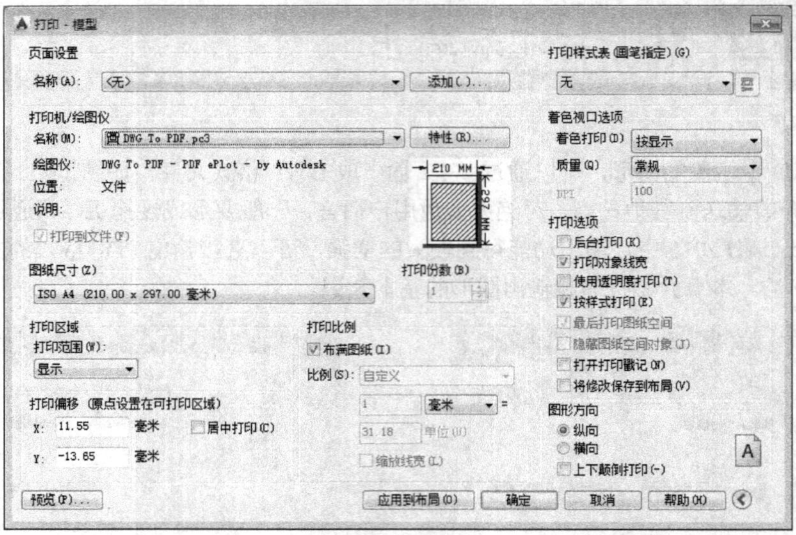

图 11-3 “打印—模型”对话框

1. 页面设置

（1）名称：选择已有的页面设置。如果单击“添加...”，则弹出如图 11-4 所示的“从文件选择页面设置”对话框。在该对话框中选择相应的 dwg、dxf 或 dwt 文件。

（2）添加按钮：弹出如图 11-5 所示的“添加页面设置”对话框，用户可以新建页面设置。

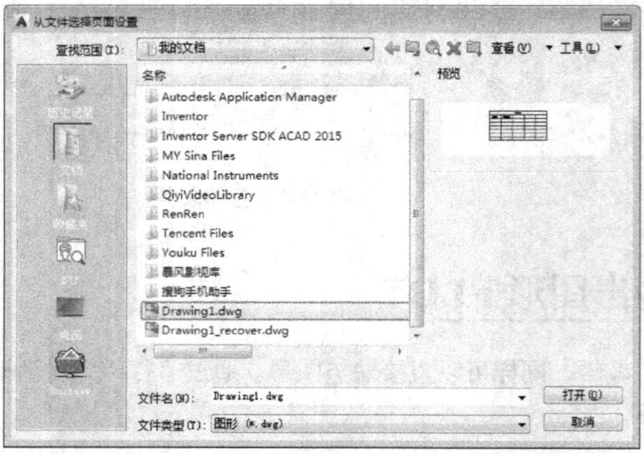

图 11-4 “从文件选择页面设置”对话框

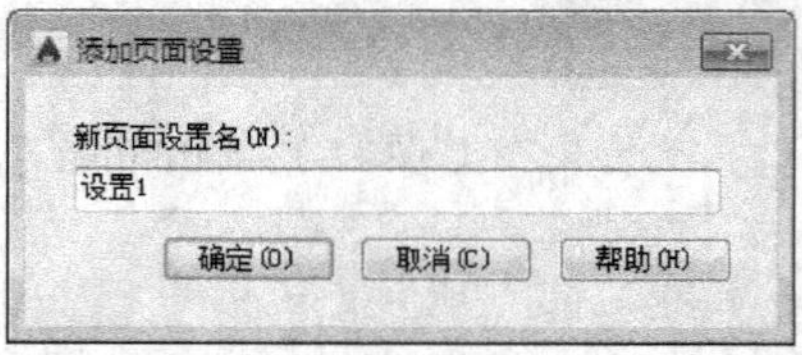

图 11-5 “添加页面设置”对话框

2. 打印机/绘图仪

（1）名称：可以通过下拉列表框选择已经安装的打印设备。

（2）特性按钮：设置该打印机/绘图仪的特性，单击该按钮后弹出如图 11-6 所示的“绘图仪配置编辑器”的对话框。

（3）绘图仪：显示当前打印机/绘图仪驱动信息。

（4）位置：显示当前打印机/绘图仪的位置。

（5）说明：有关该设备的说明。

其中的按钮，可以设置“纸张、图形、设备选项”。包括图纸的大小、方向，打印图形的精度、分辨率、速度等内容。

（6）打印到文件：输出数据存储在文件中。该数据格式即打印机可以直接接受的格式。

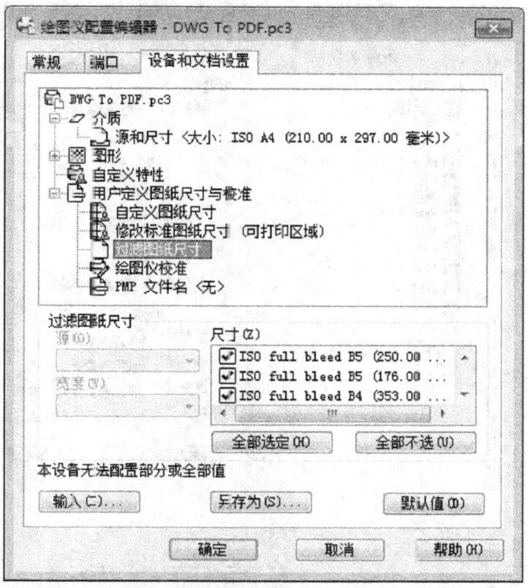

图 11-6 “绘图仪配置编辑器”对话框

3. 图纸尺寸

通过下拉列表选择图纸的尺寸。

4. 打印份数

输入需要同时打印的份数。

5. 打印区域

设置打印范围，包括以下几种。

（1）窗口：重新定义一窗口来确定输出范围。此时暂时关闭“打印”对话框，回到绘图界面。定义好矩形窗口后再返回“打印”对话框。

（2）范围：设置打印区域为图形最大范围。

（3）图形界限：以图形界线作为打印范围打印图形。

（4）显示：打印目前屏幕上显示的图形。

6. 打印偏移

（1）X、Y：设定在 X 和 Y 方向上的打印偏移量打印偏移。

（2）居中打印：居中打印图形。

7. 打印比例

（1）比例：设置打印的比例。可以在下拉列表框中选择一固定比例。

（2）布满图纸：让 AutoCAD 自动计算一个最合适的，适应图纸大小的比例输出。

（3）自定义：自定义输出比例，将图纸上输出的尺寸和图形单位对应起来。

（4）缩放线宽：控制线宽输出形式是否受到比例的影响。

8. 预览按钮

预览以上设置的图形的输出结果。

9. 打印样式表（画笔指定）

（1）通过下拉列表选择现有的打印样式表，也可新建打印样式。

（2）编辑按钮：弹出“打印样式表编辑器”对话框，如图 11-7 所示。

该对话框虽然包含三个选项卡，但本质的内容是设定打印样式的特性，包括颜色、抖动、灰度、笔号、虚拟笔号、淡显、线型、线宽、填充、端点、连续等。同时可以编辑线宽，也可以将设置保存起来。

10. 着色视口选项

该区设定着色视口的参数。

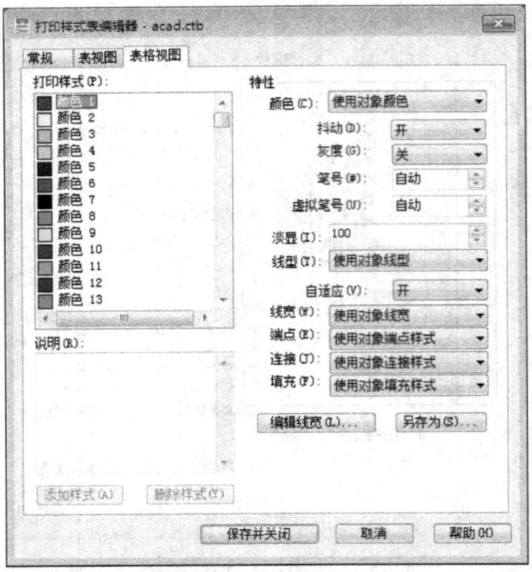

图 11-7 “打印样式表编辑器”对话框

（1）着色打印：设置视图打印的方式。

① 按显示：按对象在屏幕上的显示方式打印。

② 线框：按线框模式打印对象，不考虑其在屏幕上的显示方式。

③ 消隐：打印对象时消除隐藏线，不考虑其在屏幕上的显示方式。

④ 三维隐藏：打印“三维隐藏”视觉样式，不考虑其在屏幕上的显示方式。

⑤ 三维线框：打印“三维线框”视觉样式，不考虑其在屏幕上的显示方式。

⑥ 概念：打印“概念”视觉样式，不考虑其在屏幕上的显示方式。

⑦ 真实：打印“真实”视觉样式，不考虑其在屏幕上的显示方式。

⑧ 渲染：按渲染的方式打印对象，不考虑其在屏幕上的显示方式。

（2）质量：指定着色和渲染视口的打印分辨率。

（3）DPI：指定渲染和着色视口的每英寸点数，最大可为当前打印设备的最大分辨率。

11. 打印选项

（1）后台打印：指定在后台处理打印。

（2）打印对象线宽：指定是否打印指定给对象和图层的线宽。

（3）按样式打印：按应用于对象和图层的打印样式打印。

（4）最后打印图纸空间：首先打印模型空间几何图形。通常先打印图纸空间几何图形，然后再打印模型空间几何图形。

（5）隐藏图纸空间对象：指定隐藏操作是否应用于图纸空间视口中的对象，仅在“布局”选项卡中有效。此设置的效果在打印预览中反映，而不反映在布局中。

（6）打开打印戳记：打开打印戳记。在每个图形的指定角点处放置打印戳记并将戳记记录到文件中。勾选该项，其后的按钮将显示出来。

（7）按钮：弹出“打印戳记”对话框，如图 11-8 所示。

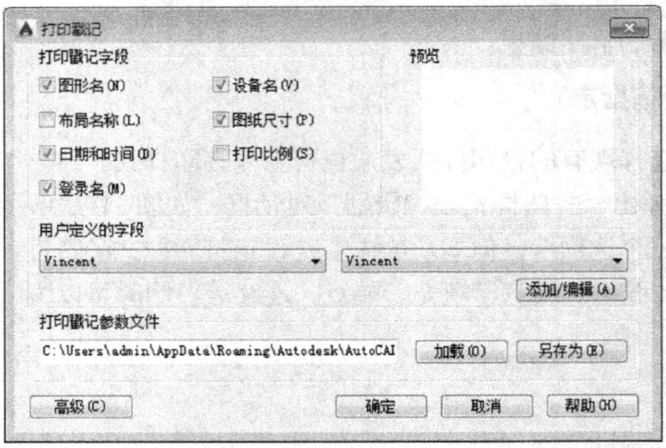

图 11-8 “打印戳记”对话框

可以从该对话框中指定要应用于打印戳记的信息，例如图形名称、日期和时间、打印比例等。

（8）将修改保存到布局：将“打印”对话框中所做的修改保存到布局。

12. 图形方向

（1）纵向：设置图形为纵向打印。

（2）横向：设置图形为横向打印。

（3）上下颠倒打印：设置图形反向打印。

13. 应用到布局按钮

将当前设置保存到当前布局。

11.2 打印管理

AutoCAD 2015 提供了图形输出的打印管理，包括打印选项设置、打印机管理和打印样式管理。

11.2.1 打印选项

如果要修改默认的打印环境设置，可通过“打印”选项卡进行。“打印”选项卡包括默认打印设置、默认打印样式、基本打印选项等必要设定，用于控制在不进行任何设定的情况下默认的打印输出环境。

命令：OPTIONS

菜单：工具→选项

执行该命令后，选择“打印和发布”选项卡，如图 11-9 所示。

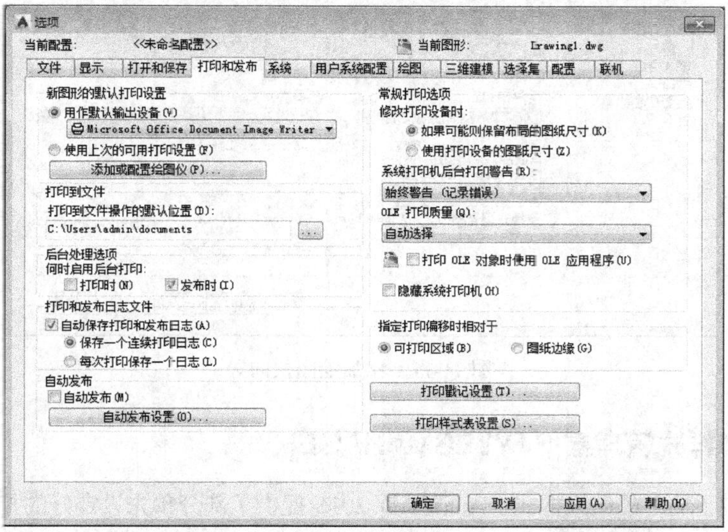

图 11-9 “选项”对话框的“打印和发布”选项卡

11.2.2 绘图仪管理器 PLOTTERMANAGER

对打印机的管理可以在 AutoCAD 内部进行，也可以在控制面板中进行。采用 Windows 系统默认的打印机，其提示图标为一打印机形状。另外，也可以在 AutoCAD 中直接指定输出设备。

命令： PLOTTERMANAGER

功能区： A→管理绘图仪，输出打印→绘图仪器管理

菜单： 文件→绘图仪管理器

执行该命令后弹出如图 11-10 所示的“打印机管理器”窗口。在该窗口中，用户可以通过“添加绘图仪向导”来轻松添加打印机，如图 11-11 所示。

图 11-10 “打印机管理器”窗口

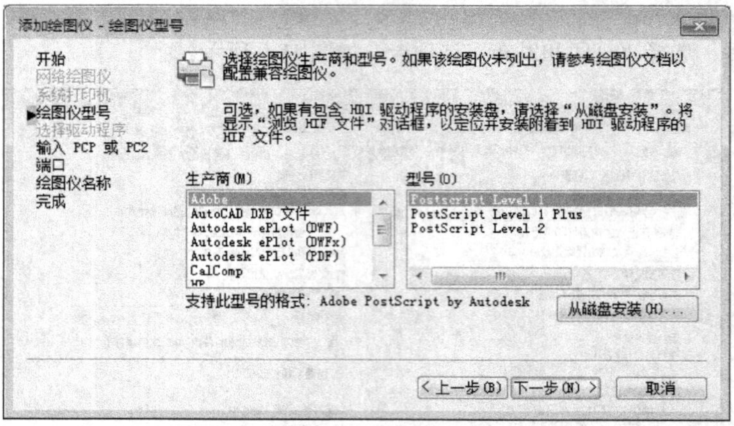

图 11-11 添加绘图仪向导

11.2.3 打印样式管理器 STYLESMANAGER

打印样式控制了输出的结果样式。AutoCAD 2015 提供了部分预先设定好的打印样式，可以直接在输出时选用，用户也可以设定自己的打印样式。

命令： STYLESMANAGER

功能区： A→打印→管理打印样式

菜单： 文件→打印样式管理器

执行该命令后弹出如图 11-12 所示的“资源管理器”窗口。

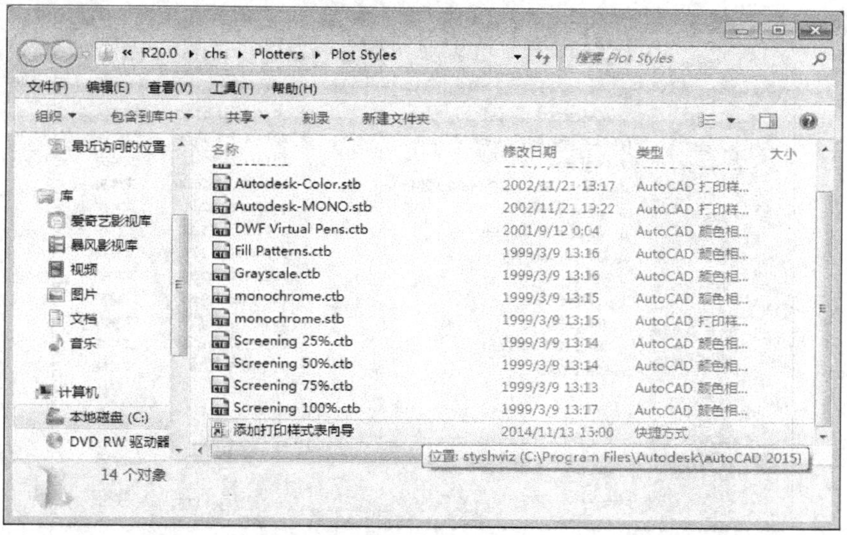

图 11-12 “资源管理器”窗口

在该窗口中，显示了 AutoCAD 2015 提供的输出样式，用户可以通过“添加打印样式表向导”来轻松添加打印样式。

注意：

① 输出线宽控制方式和硬件有关。一般情况下，AutoCAD 设置了线宽后，可以不再进行硬件设置。尤其对于 R14 以前的版本，没有线宽特性，此时要输出带有宽度的线，一般通过输出时调整颜色对应的笔宽来满足。结果是通过打印机输出的图形有线宽，在屏幕上显示的线条没有宽度。

② 页面设置可以通过“文件→页面设置管理器”菜单项进行，也可以在“打印”对话框中进行设置。它们的区别是在“页面设置”中进行的设置保存并反映在布局中，而在“打印”中进行的设置仅对该次打印有效，除非选择了“将修改保存到布局”。

③ 在“工具→向导”菜单中包含了针对布局的向导，可以按照向导的提示完成添加打印机、添加打印样式表、添加颜色相关打印样式表、创建布局、输入 R14 打印设置等工作。

11.3 输出格式文件

AutoCAD 2015 可以输出 DWF、DWFx、PDF、DGN、FBX、WMF、IGS、IGES、STL、EPS 等诸多格式的文件，可用于数据交换。

11.3.1 输出 DWF/PDF/DWFx/DGN/FBX/WMF/IGES/STL 等格式文件

命令：EXPORTDWF、EXPORTPDF

功能区：A→输出→DWF/PDF/DWFx/DGN/FBX/其他格式，输出→输出为 DWF/PDF→DWF/PDF

菜单：文件→输出

执行“输出其他格式”命令，将弹出“输出数据”对话框，如图 11-13 所示。选择好格式，输入文件名后，在设置好的位置直接产生相应的文件。

图 11-13 “输出数据”对话框

执行输出 DWF/PDF/DWFx/DGN/FBX 时，则直接弹出“另存为××”对话框，如图 11-14 所示。

图 11-14 “另存为××”对话框

11.3.2 输出选项 EXPORTEPLOTFORMAT

输出 DWF/PDF 等格式的文件，可以预先设置其选项，包括文件位置、密码保护，以及是否要包括图层信息等。

命令： EXPORTEPLOTFORMAT

功能区： 输出→输出为 DWF/PDF→输出为 DWF/PDF 选项

或者在如图 11-14 所示的对话框中，单击选项按钮。弹出如图 11-15 所示的“输出为 DWF/PDF 选项”对话框。用户可在对应的栏目中进行设置。如果设置了密码保护，则会要求确认密码，如图 11-16 所示。

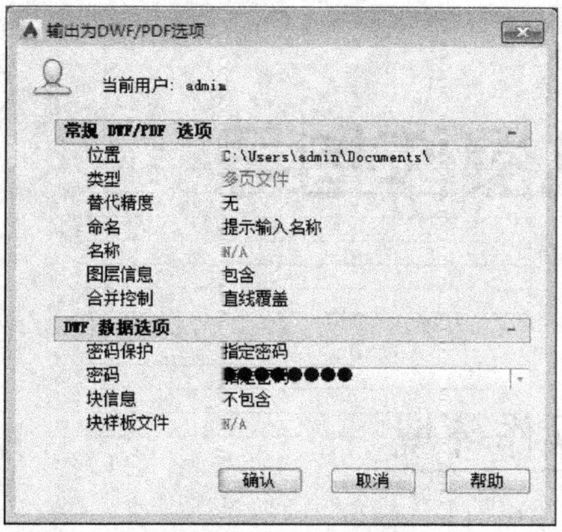

图 11-15 “输出为 DWF/PDF 选项”对话框

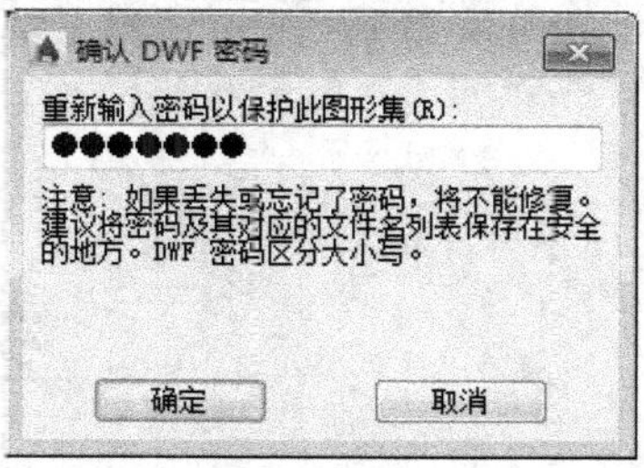

图 11-16 确认 DWF 密码

习 题 11

1．图纸空间和模型空间有哪些主要区别？
2．在图纸空间能否直接标注所有的尺寸？
3．如何通过设置“打印”对话框使输出的轮廓线宽度为 0.7mm？
4．在 AutoCAD 2015 中设置输出线宽为 0.7mm 的方法有几种？
5．图纸的大小、边框、可绘图区域、打印区域有什么区别？
6．输出界限（LIMITS）和范围（EXTENTS）有什么区别？哪一种方式输出的图形最大？
7．输出比例的作用是什么？
8．不论图形多大均输出在 A4 纸上的打印设置如何操作？
9．如何设置 DWF 文件的密码？
10．如何输出 PDF 格式的文件？
11．可以输出矢量图片格式的扩展名是什么？

第二部分　上机操作指导

实验 1　熟悉操作环境

目的和要求

（1）熟悉 AutoCAD 2015 中文版绘图界面。
（2）掌握利用鼠标、键盘操作菜单、按钮以及输入命令、选项、参数的方法。
（3）掌握功能区显示菜单的方法，菜单和子菜单的显示形式及其含义。
（4）掌握工具栏打开/关闭的方法。
（5）掌握部分功能键的用法。
（6）掌握文件操作、使用向导的方法，掌握撤销、重做、恢复、透明命令的用法。
（7）掌握相对坐标和绝对坐标的不同输入方法。
（8）掌握应用程序状态栏各项按钮的含义及设置方法。
（9）了解利用中介文件和其他应用程序交换数据的格式和方法。

上机准备

（1）阅读教材第 1 章。
（2）熟悉 Windows 的基本操作。
（3）进入 AutoCAD 2015 中文版并练习使用键盘、鼠标、功能区、菜单、工具栏操作。

上机操作

1. 启动 AutoCAD 2015 中文版

双击桌面上的“AutoCAD 2015 简体中文”图标，系统进入 AutoCAD 2015 中文版，选择“开始绘制”，进入绘图界面。单击快速访问工具栏向下的箭头，选择“显示菜单栏”，屏幕界面如图 T1-1 所示。

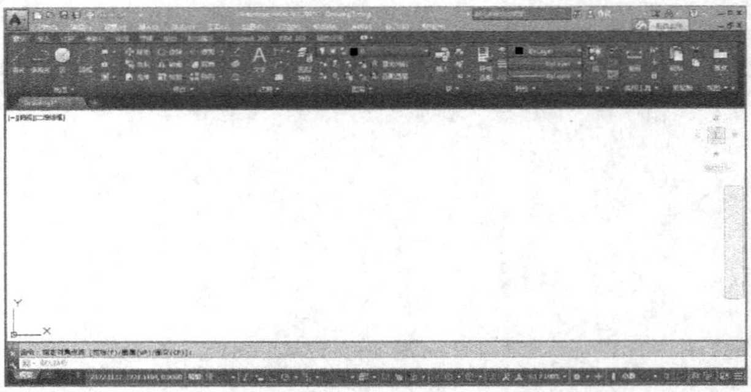

图 T1-1　AutoCAD 2015 界面

2. 设置图形界限和单位

单击“格式→图形界限”菜单
命令: '_limits
重新设置模型空间界限:
指定左下角点或 [开(ON)/关(OFF)] <0.0000,0.0000>: ↙
指定右上角点 <420.0000,297.0000>: **297,210↙**

单击左上角的应用程序菜单“A” 右侧下拉箭头，选择“图形实用工具→单位”菜单，弹出图 T1-2 所示的“图形单位”对话框。参照图 T1-2 设置长度单位类型和精度，设置角度类型和单位。单击方向按钮，弹出如图 T1-3 所示的“方向控制”对话框。

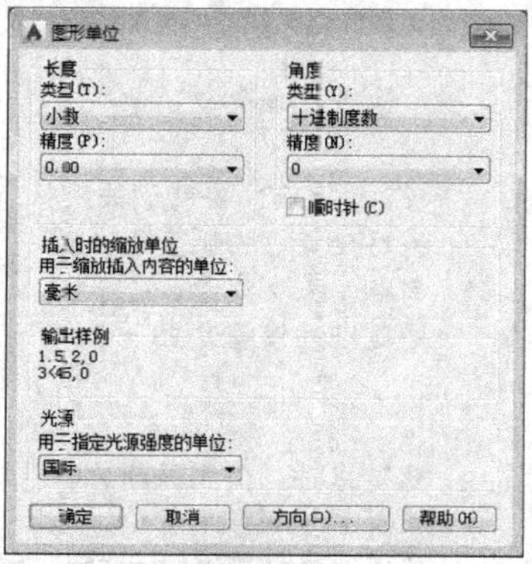

图 T1-2 “图形单位”对话框

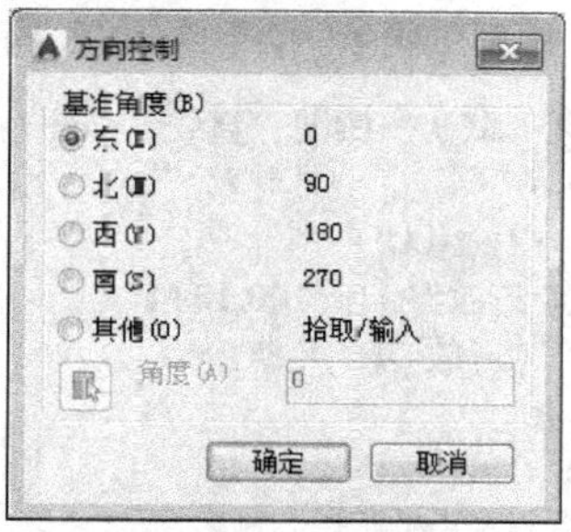

图 T1-3 “方向控制”对话框

3. 显示工具栏

AutoCAD 2015 默认的界面并没有显示工具栏。可以通过“工具→工具栏→AutoCAD”菜单打开“工具栏”菜单，如图 T1-4 所示。通常在有工具栏打开后，在其上任一按钮上右击鼠标，然后选择打开或关闭指定工具栏。

将光标移动到打开的工具栏的黑色边框上，拖动工具栏到不同的位置，可以靠边停靠。

4. 设置辅助功能

移动鼠标到应用程序状态栏“对象捕捉” 上右击，弹出快捷菜单后选择“设置”，弹出如图 T1-5 所示的“草图设置”对话框，在该对话框中设置成“端点”模式并选中“启用对象捕捉”。

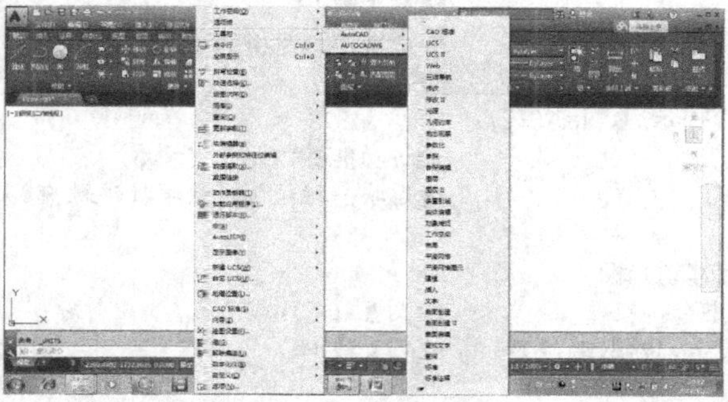

图 T1-4 “工具栏”菜单

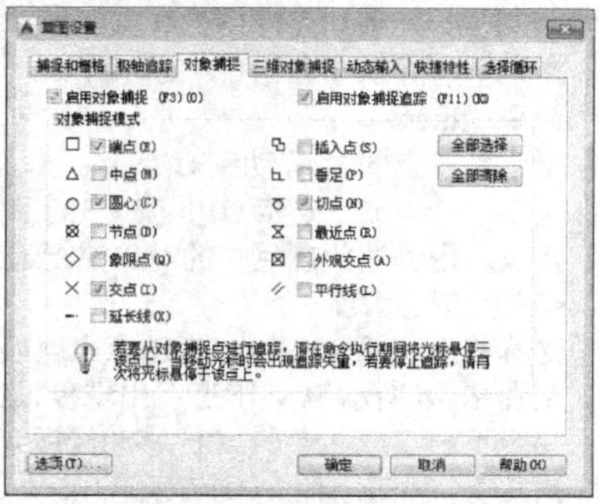

图 T1-5 “草图设置”对话框

5. 操作练习

通过绘制如图 T1-6 所示的图形来熟悉功能区按钮、菜单、功能键、鼠标的用法以及绝对坐标、相对坐标、极坐标输入方式。

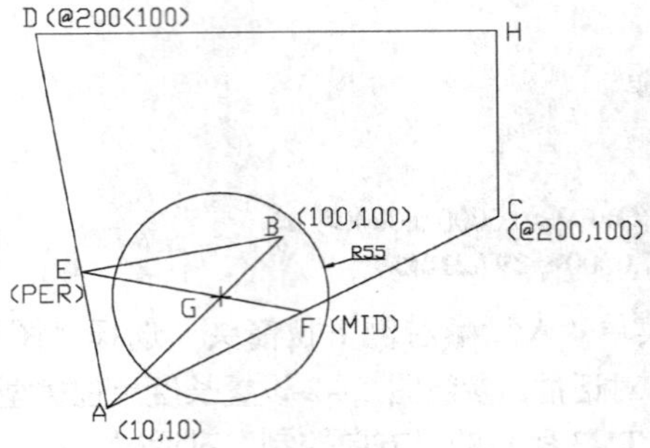

图 T1-6　练习图例

点取功能区“默认→绘图→直线”按钮	下达直线命令
命令: _line	
指定第一点: **10,10↙**	（注意 DYN 要处于关闭状态）
指定下一点或[放弃(U)]: **100,100↙**	绝对坐标，绘制直线 AB
指定下一点或 [放弃(U)]: **↙**	回车结束直线命令
按空格键	通过空格键重复上一个命令
命令: _line	
指定第一点: **10,10↙**	
指定下一点或 [放弃(U)]: **@200,100↙**	相对坐标，绘制直线 AC
指定下一点或 [放弃(U)]: **按空格键**	通过空格键结束命令
↙	通过回车键重复上一个命令
命令: _line	
指定第一点:**10,10↙**	绝对坐标输入起点
指定下一点或 [放弃(U)]: **@200<100↙**	相对极坐标，绘制直线 AD
指定下一点或 [放弃(U)]: **右击，选择“确认”菜单**	通过快捷菜单结束命令
点取“绘图”工具栏中的直线按钮	通过按钮下达命令
命令: _line	
指定第一点: **移动光标到直线 AB 上靠近端点 B 的一侧点取**	采用设置的端点对象捕捉方式获取输入点坐标，即 B 点
指定下一点或 [放弃(U)]: **按住【Shift】键，右击鼠标，弹出的快捷菜单中选择“垂足”**	采用鼠标右键弹出的快捷菜单设置临时的对象捕捉覆盖方式。
_per 到　**移动鼠标到直线 AD 上点取**	
指定下一点或 [放弃(U)]: **输入 MID 并回车**	命令行输入关键字的临时对象捕捉方式
_mid 于　**移动光标到直线 AC 上，点取**	绘制直线 EF
指定下一点或 [闭合(C)/放弃(U)]: **↙**	回车结束直线绘制
命令:**_line↙**	输入命令
指定第一点:光标移动到 C 点上，出现“端点”提示后，拾取 C 点	
指定下一点或 [放弃(U)]: **按【F8】键** <正交 开>	通过功能键打开正交模式
点取应用程序状态栏中的对象捕捉追踪按钮	通过状态栏控制对象捕捉追踪模式
<对象捕捉追踪 开>	
光标移到直线 AD 上，在 D 点出现端点提示后移动光标到图 T1-6 所示 H 点附近，出现极轴提示后点取	绘制直线 CH
指定下一点或 [放弃(U)]: **移动光标到直线 AD 上，拾取端点 D**	绘制直线 HD
指定下一点或 [闭合(C)/放弃(U)]: **↙**	
命令: **c↙**	结束直线绘制
键盘输入命令缩写	
CIRCLE 指定圆的圆心或[三点(3P)/两点(2P)/ 切点、切点、半径(T)]: **int↙**	
移动光标到 G 点并点取	采用键盘输入关键字的方式设置临时的对象捕捉模式。指定圆心
指定圆的半径或[直径(D)]: **50↙**	输入半径，绘制出圆

6．保存文件

将光标移动到“文件”菜单上单击，弹出“文件”菜单项。单击“另存为…”项，弹出如图 T1-7 所示的对话框。

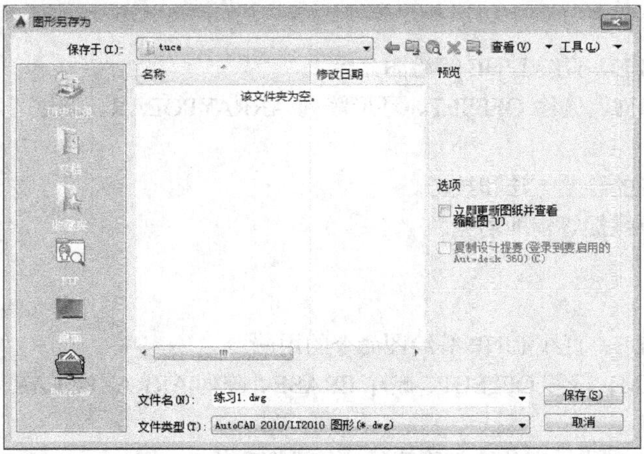

图 T1-7　赋名存盘

在“文件名”文本框中输入“练习 1”，单击保存按钮存盘。

7．移动观察图形

（1）单击菜单“视图→平移→左”，图形在屏幕上的位置向左移动。

（2）单击“标准”工具栏中的“缩放上一个”按钮，恢复原先图形位置。

（3）单击导航栏中的“移动”按钮，光标变成手形，按住鼠标左键向右上移动，使图形显示在屏幕的中间。

8．快速保存文件

按【Ctrl+S】键，采用热键快速保存文件。

9．将该图形输出成 DXF 格式文件

单击“文件→另存为…”，弹出如图 T1-7 所示的对话框，单击“文件类型”下拉列表，选择“AutoCAD 2010/LT2010 DXF”格式，单击保存按钮存盘。

思考及练习

1．操作菜单的方式除了使用指点设备（鼠标）外，如果使用键盘，该如何操作?

2．可以对菜单进行操作的键有：________________。

（1）光标移动键　（2）数字键　（3）【Alt】键

（4）空格键　（5）菜单中带下划线的字母　（6）【Tab】键

（7）回车键　（8）菜单中的大写字母

3．对工具栏进行打开、关闭、移动、停靠等操作。

4．列举能打开“图形另存为”对话框的方式。

5．列举下达命令 LINE 的几种方式。

6．列举执行对象捕捉命令的方式。

实验2　绘制平面图形——卡圈

目的和要求

（1）熟悉圆 CIRCLE、直线 LINE 等绘图命令。

（2）熟悉修剪 TRIM、偏移 OFFSET、环形阵列 ARRAYPOLAR、通过“特性”选项板修改图形属性等编辑命令。

（3）掌握平面图形的绘制方法和技巧。

（4）综合应用对象捕捉等辅助功能。

上机准备

（1）复习圆 CIRCLE、直线 LINE 等绘图命令的用法。

（2）复习修剪 TRIM、偏移 OFFSET、删除 ERASE、阵列 ARRAYPOLAR 和修改特性等编辑命令的用法。

（3）复习线型 LINETYPE 和线宽等图形特性的设置和修改方法。

上机操作

绘制如图 T2-1 所示的图形。

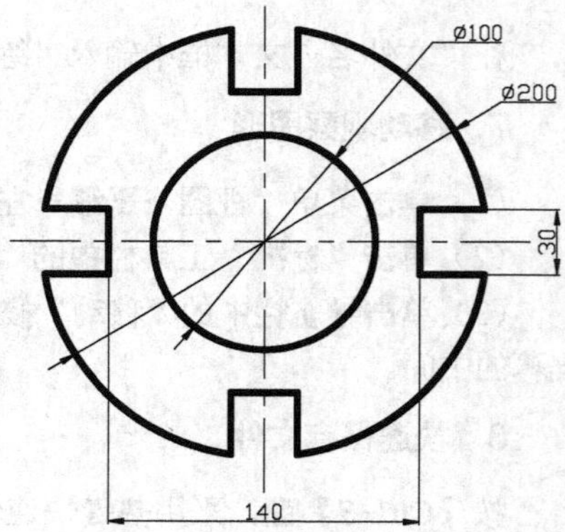

图 T2-1　卡圈

分析

（1）绘制一张新图时，应该首先设置好环境。本例的环境设置应该包括：图纸界限、线型的设置。按照如图 T2-1 所示的图形大小，图纸界限设置成 A3 比较合适，即 420×297。线型应该包括中心线层、粗实线层和尺寸标注层（本例不标注尺寸，可以先不设），也可以通过层来管理图线和线型等。

（2）绘制图形时首先应该确定基准，本例应以两条中心线为水平和垂直方向的基准，应该先将中心线绘制出来。

（3）圆弧的绘制不应该直接使用圆弧命令，应该先绘制成圆，再将圆修剪成弧。

（4）图形中的 4 个缺口，其尺寸应该利用中心线偏移得到正确的位置并修剪而成，必要时可以调整修剪后图形的线型。可以用同样的方法绘制 4 个缺口，也可以绘制好一个再阵列成 4 个，修剪圆（弧）后得到最终的图形。

1．开始一幅新图

单击“开始→程序→AutoDesk→AutoCAD 2015 简体中文（Simplified Chinese）”进入 AutoCAD 2015 中文版。在“文件”菜单中选择“新建”项，在如图 T2-2 所示的“选择样板”对话框中单击确定按钮进入绘图界面，并显示菜单。

2．设置图形界限

首先应该根据图形的大小设置合适的图形界限。有时执行图形界限命令并非一定要进行不同的设置，而在于查看当前的设置值是否满足图形绘制要求。

点取“格式→图形界限”菜单	下达图形界限设置命令
命令: '_limits	
重新设置模型空间界限:	
指定左下角点或 [开(ON)/关(OFF)] <0.0000，0.0000>: ↙	接受默认值
指定右上角点 <420.0000，297.0000>: ↙	接受默认值
命令: z↙	下达显示图形界限命令
ZOOM	
指定窗口的角点，输入比例因子 (nX 或 nXP)，或者	
[全部(A)/中心(C)/动态(D)/范围(E)/上一个(P)/比例(S)	
/窗口(W)/对象(O)] <实时>: a↙	显示图形界限

图 T2-2 “选择样板”对话框

3. 加载线型

绘制图 T2-1 需要使用两种线型：实线和点划线，默认的初始图形环境中仅有实线一种线型，所以应该加载点划线线型，即 CENTER 线型。

（1）单击“特性”面板中“线型”列表框，如图 T2-3 所示，选择“其他”，弹出如图 T2-4 所示的“线型管理器”对话框。同样，可以单击“格式→线型”菜单进入“线型管理器”对话框。

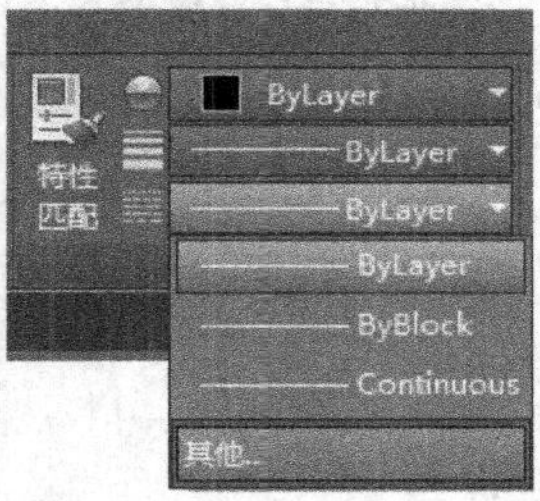

图 T2-3 特性面板和线型列表

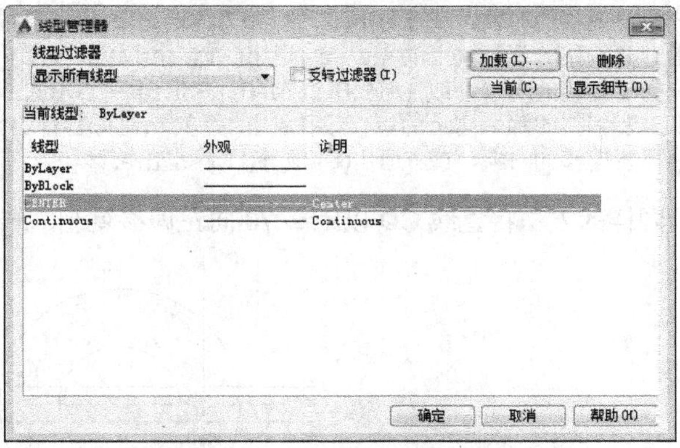

图 T2-4 “线型管理器”对话框

（2）单击加载按钮，弹出如图 T2-5 所示的“加载或重载线型”对话框。

（3）利用滑块向下搜索，双击“CENTER”线型，退回“线型管理器”对话框，此时CENTER线型将出现在列表中。

（4）单击确定按钮，退回绘图界面。

至此，线型装载完毕，随后可随时使用点划线（CENTER）线型。

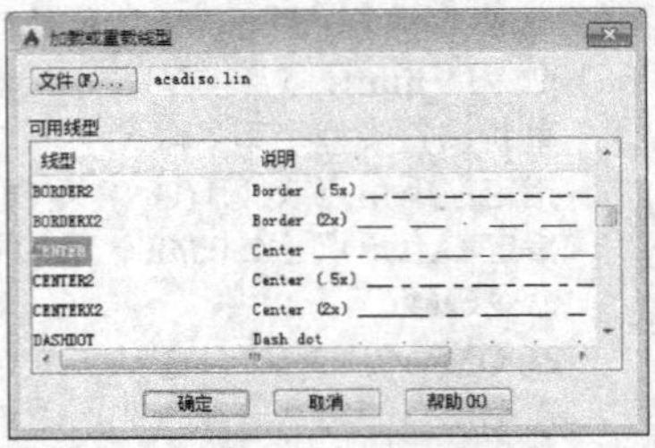

图 T2-5 “加载或重载线型”对话框

4. 绘制中心线

在屏幕中间绘制一条水平线和一条垂直线作为中心线。

点取“默认→绘图→直线”按钮
命令: _line
指定第一点: **在屏幕左侧中部点取**
指定下一点或 [放弃(U)]: 按【**F8**】键<正交 开>　　打开正交模式
在屏幕右侧中部点取　　绘制水平线 AB
指定下一点或 [放弃(U)]: ↙　　结束水平线绘制
↙
命令: _line
指定第一点: **在屏幕上方中部点取**　　重复直线命令
指定下一点或 [放弃(U)]: **在屏幕下方中部点取**　　绘制垂直线 CD
指定下一点或 [放弃(U)]: ↙　　结束直线命令

5. 绘制圆

点取“默认→绘图→圆”按钮
命令: _circle 指定圆的圆心或 [三点(3P)/两点(2P)/切点、切点、半径(T)]:
按住【Shift】键并右击，选择“交点”　　设置成“交点”捕捉模式
_int 于　**点取直线 AB 和 CD 的交点**　　捕捉 AB 和 CD 的交点作为圆心
指定圆的半径或 [直径(D)]: **100↙**

用同样的方法绘制半径为 50 的圆。

6. 偏移绘制直线

点取“默认→修改→偏移”按钮
命令: _offset
当前设置: 删除源=否　图层=源　OFFSETGAPTYPE=0
指定偏移距离或 [通过(T)/删除(E)/图层(L)] <1.0000>: **15↙**
选择要偏移的对象，或 [退出(E)/放弃(U)] <退出>: **点取直线 AB**
指定要偏移的那一侧上的点，或 [退出(E)/多个(M)/放弃(U)] <退出>: **在直线 AB 上方任意点点取**
选择要偏移的对象，或 [退出(E)/放弃(U)] <退出>: **点取直线 AB**
指定要偏移的那一侧上的点，或 [退出(E)/多个(M)/放弃(U)] <退出>: **在直线 AB 下方任意点点取**
选择要偏移的对象，或 [退出(E)/放弃(U)] <退出>: ↙　　回车退出偏移命令

用同样的方法将直线 CD 以距离 70 向左偏移复制，结果如图 T2-6 所示。

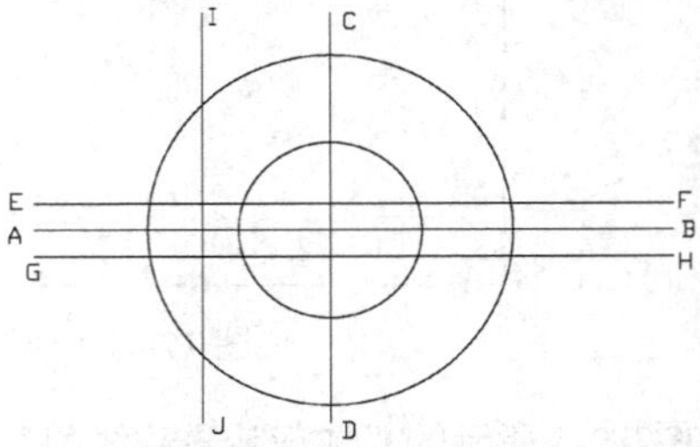

图 T2-6 绘制中心线及圆并偏移复制直线

7. 修剪图形

按照图 T2-1，将左侧缺口处多余的线条剪掉。

点取"修改→修剪"菜单　　　　下达修剪命令
命令: _trim
当前设置:投影=UCS，边=无
选择剪切边...
选择对象或 <全部选择>: 指定对角点: 找到 9 个
选择对象: ↙　　　　结束剪切边选择
选择要修剪的对象，或按住【Shift】键选择要延伸的对象，或[栏选(F)/窗交(C)/投影(P)/边(E)/删除(R)/放弃(U)]: **点取直线 EF 上需要剪去的部分**
选择要修剪的对象，或按住【Shift】键选择要延伸的对象，或[栏选(F)/窗交(C)/投影(P)/边(E)/删除(R)/放弃(U)]: **点取直线 GH 上需要剪去的部分**
选择要修剪的对象，或按住【Shift】键选择要延伸的对象，或[栏选(F)/窗交(C)/投影(P)/边(E)/删除(R)/放弃(U)]: **点取直线 IJ 上需要剪去的部分**
选择要修剪的对象，或按住【Shift】键选择要延伸的对象，或[栏选(F)/窗交(C)/投影(P)/边(E)/删除(R)/放弃(U)]: **点取圆上需要剪去的部分**
选择要修剪的对象，或按住【Shift】键选择要延伸的对象，或[栏选(F)/窗交(C)/投影(P)/边(E)/删除(R)/放弃(U)]: ↙
选择要修剪的对象，或按住【Shift】键选择要延伸的对象，或[栏选(F)/窗交(C)/投影(P)/边(E)/删除(R)/放弃(U)]: **点取多余的线条**

重复同样的操作剪去多余的线条，直到类似如图 T2-7 所示的结果。

在以前的版本中，修剪时最后一段是无法剪去的，应采用删除命令将最后剩下的不需保留的部分删除。在 AutoCAD 2010 以后的版本的修剪命令中出现了"删除"参数，可以删除图线。还有一种办法，在修剪时由最远的地方向要保留的部分依次修剪，此时无须执行删除命令。

选择要修剪的对象，或按住【Shift】键选择要延伸的对象，或[栏选(F)/窗交(C)/投影(P)/边(E)/删除(R)/放弃(U)]: **R**↙　　　　删除对象
选择要删除的对象或 <退出>: **点取多余的线段**　找到 1 个
选择要删除的对象:
重复同样的操作将其他不需要的线条删除。
选择对象: ↙　　　　结束删除对象选择
选择要修剪的对象，或按住【Shift】键选择要延伸的对象，或[栏选(F)/窗交(C)/投影(P)/边(E)/删除(R)/放弃(U)]:　　　　退回到修剪命令

结果如图 T2-8 所示。

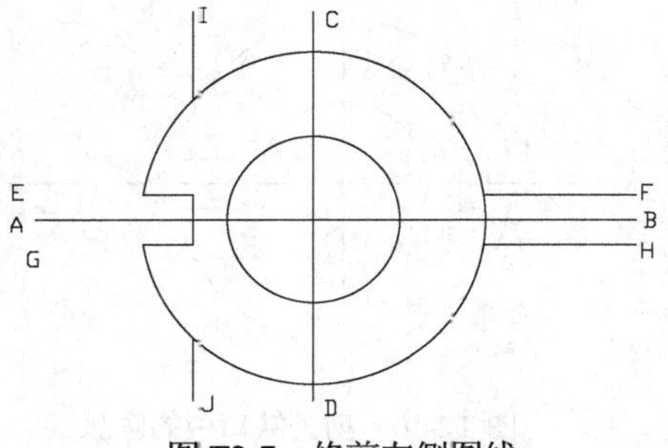

图 T2-7　修剪左侧图线

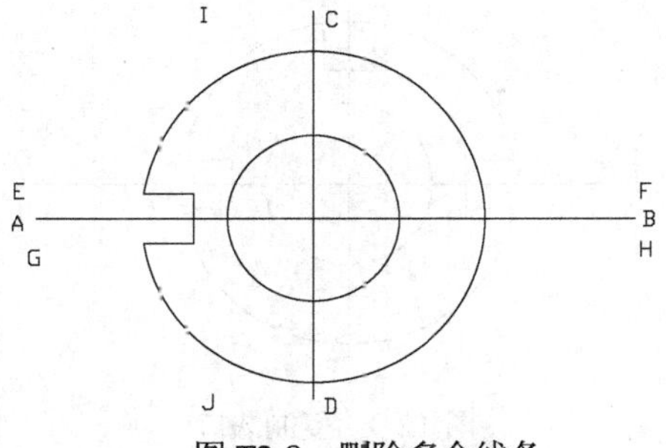

图 T2-8　删除多余线条

8. 阵列复制其他缺口

卡圈上共有 4 个同样的缺口，可以采用阵列复制的方法得到其他 3 个。

单击“默认→修改→环形阵列”按钮 环形阵列

命令: _arraypolar　　环行阵列

选择对象: **采用窗口选择方式选择表示缺口的三条直线**

指定对角点: 找到 3 个

选择对象: ↙

类型 = 极轴　关联 = 是

指定阵列的中心点或 [基点(B)/旋转轴(A)]: **点取“对象捕捉”随位工具条，选择交点模式**

利用“随位”工具条设置捕捉模式

INT 于 **点取直线 AB 和 CD 的交点**

选择夹点以编辑阵列或 [关联(AS)/基点(B)/项目(I)/项目间角度(A)/填充角度(F)/行(ROW)/层(L)/旋转项目(ROT)/退出(X)] <退出>: **在“阵列”选项卡的“项目”面板中设置“项目数”为 4，“特性”面板中的“旋转项目”为按下状态**

选择夹点以编辑阵列或 [关联(AS)/基点(B)/项目(I)/项目间角度(A)/填充角度(F)/行(ROW)/层(L)/旋转项目(ROT)/退出(X)] <退出>: ↙

结果如图 T2-9 所示。

9. 修剪图形

需要将缺口处多余的圆弧剪去。

点取“修改→修剪”菜单　　下达修剪命令

命令: _trim

当前设置:投影=UCS，边=无

选择剪切边...

选择对象或 <全部选择>: **选择缺口处的直线**

选择对象: 找到 6 个，总计 6 个

选择对象: ↙　　结束剪切边对象选择

选择要修剪的对象，或按住【Shift】键选择要延伸的对象，或

[栏选(F)/窗交(C)/投影(P)/边(E)/删除(R)/放弃(U)]: **点取需要剪去的圆弧**

选择要修剪的对象，或按住【Shift】键选择要延伸的对象，或[栏选(F)/窗交(C)/投影(P)/边(E)/删除(R)/放弃(U)]: ↙　　结束修剪操作

结果如图 T2-10 所示。

10. 修改线型

由于中心线应该是点划线，应将中心线的线型改成 CENTER。

（1）分别点取两条中心线，在中心线上出现夹点。

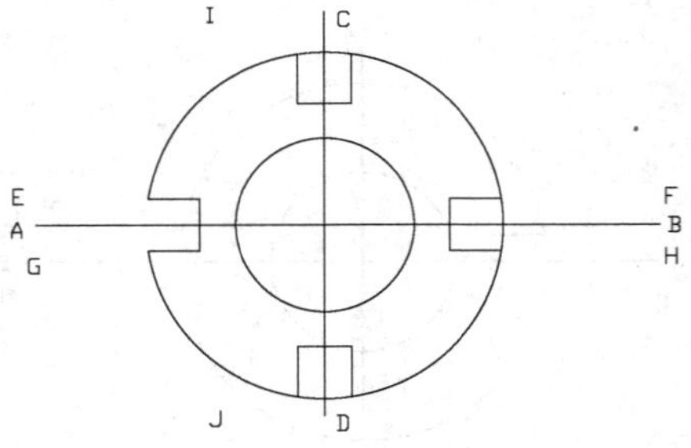

图 T2-9　复制缺口

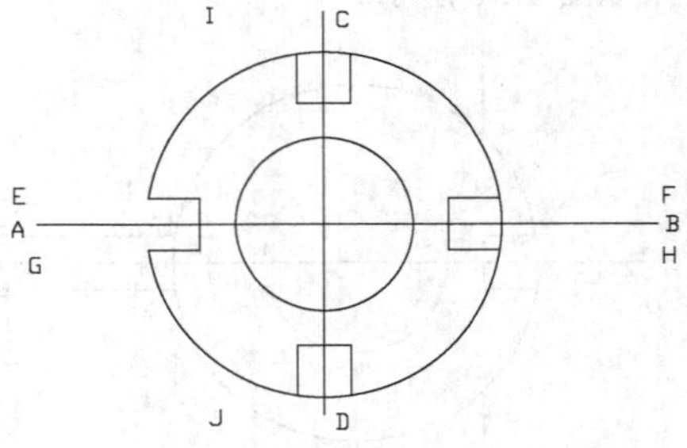

图 T2-10　剪去缺口中的圆弧

（2）单击“特性”面板中的“线型”列表框，在弹出的线型中选择“CENTER”。

（3）按两次【Esc】键，取消夹点。

11. 修改中心线长度

中心线的长度可能较长（也可能较短），可以通过夹点编辑修改成合适的长度。

（1）点取其中一条中心线，在中心线上出现三个夹点。

（2）点取需要修改的夹点，此时夹点由蓝色空心的方框变成红色填充的矩形。

（3）移动夹点到合适的位置点取。

（4）同样操作其他夹点。

12. 修改轮廓线宽度

轮廓线是粗实线，应具有线宽特性。

（1）单击所有的轮廓线，在轮廓线上出现夹点。

（2）单击“特性”面板中的“线宽”列表框，利用滑块在弹出的线宽中选择“0.3 毫米”。

（3）单击状态栏中的“线宽”按钮，使之处于打开。

结果如图 T2-1 所示。

13. 保存文件

单击快速工具栏中的保存按钮，弹出图 T2-11 所示的“图形另存为”对话框。

在“文件名”文本框中输入“练习 2–卡圈”，单击保存按钮保存。

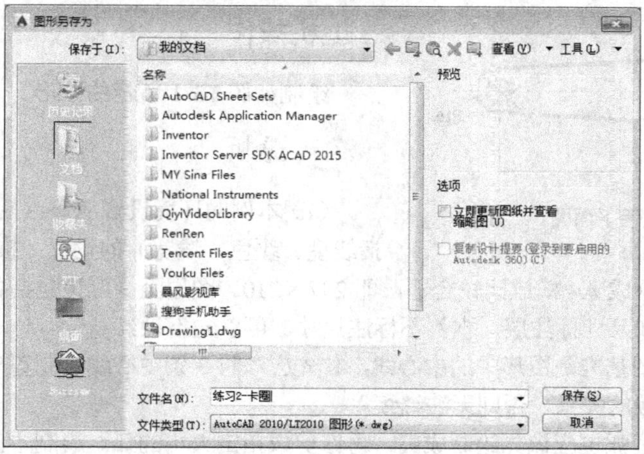

图 T2-11 “图形另存为”对话框

思考及练习

1．绘制图 T2-1 中图形的四分之一，然后采用镜像命令复制成完整的图形。

2．采用图层管理该实验中的线型，并将点划线设置成红色。

3．采用对象捕捉设置并启用对象捕捉模式，重复实验中的操作，比较与临时设置之间哪种较适用于该实验。

4．完成如图 T2-12 所示的图形。

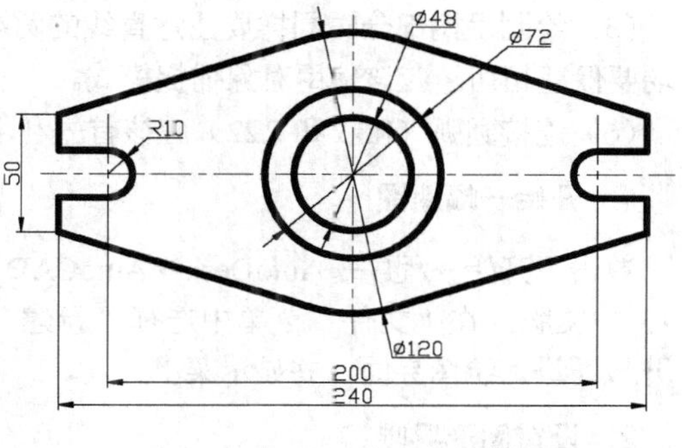

图 T2-12 平面图形练习图例

实验 3　绘制平面图形——扳手

目的和要求

（1）熟悉圆 CIRCLE、直线 LINE、正多边形 POLYGON 等绘图命令。

（2）熟悉修剪 TRIM、偏移 OFFSET 和圆角 FILLET 等编辑命令。

（3）掌握平面图形中常见的辅助线的使用方法和技巧。

（4）掌握对象捕捉的设置和使用方法。

（5）掌握图层的设置和使用方法。

上机准备

（1）复习圆 CIRCLE、直线 LINE、正多边形 POLYGON 等绘图命令的用法。

（2）复习修剪 TRIM、延伸 EXTEND、偏移 OFFSET、删除 ERASE、圆角 FILLET 和修改特性等编辑命令的用法。

（3）复习图层管理线型、颜色、线宽等特性的方法。

（4）复习对象捕捉使用方法。

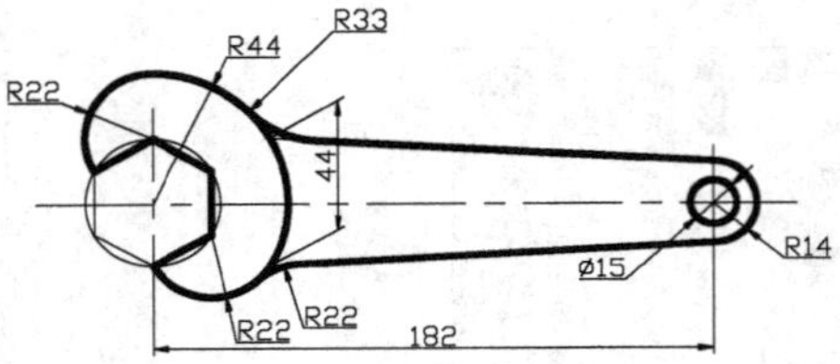

图 T3-1　扳手平面图

上机操作

绘制如图 T3-1 所示的图形。

分析

（1）本例的环境设置应该包括：图纸界限、图层（包括线型、颜色、线宽）的设置。按照如图 T3-1 所示的图形大小，图纸界限设置成 A4 横放比较合适，即 297×210。图层至少应该包括各种线型（点划线层、粗实线层、细实线层和尺寸标注层，本例不标注尺寸，可以先不设）。

（2）本例中的绘图基准是图形中的中心线，首先应该将 3 条中心线绘制正确。其他图线要分析清楚先后顺序和相互依赖的关系，否则无法继续。

（3）绘制头部的圆弧也应该先绘制成圆，再修剪成指定大小的弧。绘制本例时要注意圆弧圆心的正确位置，圆弧和圆弧的相切的关系。

（4）正六边形可以使用正多边形命令 POLYGON 直接绘制。

（5）绘制手柄部分时同样要注意直线的两端的定位。尺寸 44 可以采用偏移命令来确定位置，另一端要保证相切。应该使用对象捕捉模式。

（6）连接圆弧（R33 和 R22）应该首先利用 TTR 方式绘制成圆，再修剪成圆弧。

1．开始一幅新图

单击“开始→程序→AutoDesk→AutoCAD 2015 简体中文（Simplified Chinese）”进入 AutoCAD 2015 中文版。在“文件”菜单中选择“新建”项，在如图 T3-2 所示的“选择样板”对话框中单击打开按钮进入绘图界面，并显示菜单。

2．设置图形界限

按照该图形的大小和 1∶1 作图的原则，设置图形界限为 A4 横放比较合适。

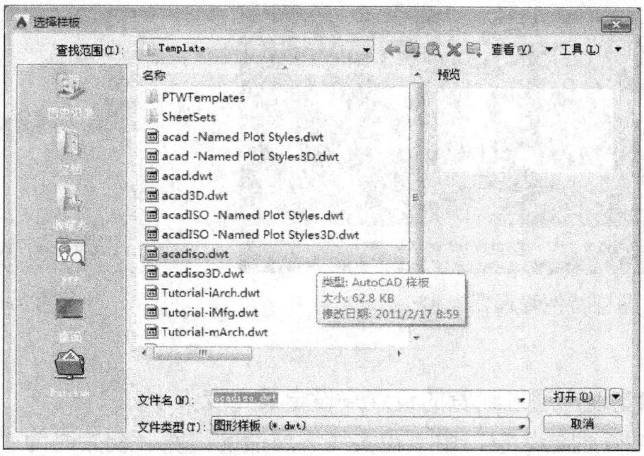

图 T3-2 “选择样板”对话框

（1）设置图形界限。

命令: **LIMITS**↙	输入图形界限命令
重新设置模型空间界限:	
指定左下角点或 [开(ON)/关(OFF)] <0.0000,0.0000>: ↙	接受默认值
指定右上角点 <420.0000,297.0000>: **297,210**↙	设置成 A4 大小

（2）显示图形界限。

设置了图形界限后，一般需要通过显示缩放命令将整个图形范围显示成当前的屏幕大小。

命令: **Z**↙	输入显示缩放命令缩写
ZOOM	显示全名
指定窗口的角点，输入比例因子 (nX 或 nXP)，或者[全部(A)/中心(C)/动态(D)/范围(E)/上一个(P)/比例(S)/窗口(W)/对象(O)] <实时>: **a**↙	显示图形界限
正在重生成模型。	

3. 设置图层

绘制该图形要使用粗实线、细实线和点划线，根据线型设置相应的图层。

（1）单击“格式→图层”菜单，弹出如图 T3-3 所示的“图层特性管理器”窗口。开始时只有“0”层（尺寸线层和定义点层不必考虑）。如果下方没有“详细信息”，则单击显示细节按钮即可。

（2）新建图层。

① 单击新建按钮，在图层列表中将增加新的图层。连续单击 3 次，增加 3 个图层。默认的名称分别为“图层 1”、“图层 2”和“图层 3”。

② 分别选择新建的 3 个图层，在详细信息区的图层名文本框中将名称修改成“粗实线”、“细实线”和“点划线”。

（3）加载线型。

① 单击“点划线”图层后线型下方的名称，弹出“选择线型”对话框，如图 T3-4 所示。初始时只有 Continous 一种线型，需要加载 CENTER 线型。

② 单击加载按钮，弹出如图 T3-5 所示的“加载或重载线型”对话框。选择 CENTER 线型并单击确定按钮加载，返回“选择线型”对话框，结果如图 T3-4 所示。

③ 在“选择线型”对话框中单击 CENTER 线型，并单击确定按钮，退回“图层特性管理器”窗口。此时 CENTER 线型被赋予“点划线”层。

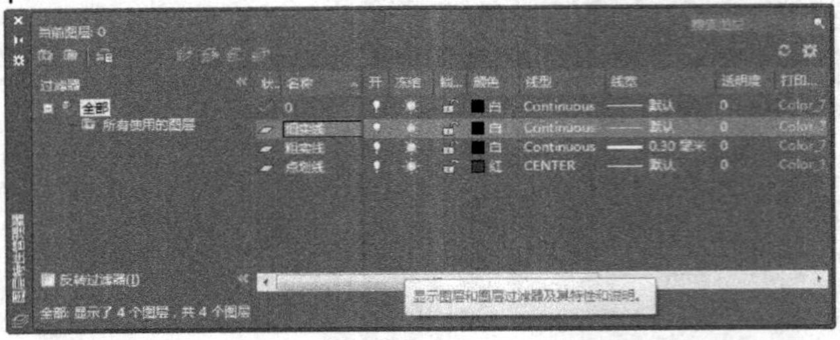

图 T3-3 “图层特性管理器”窗口

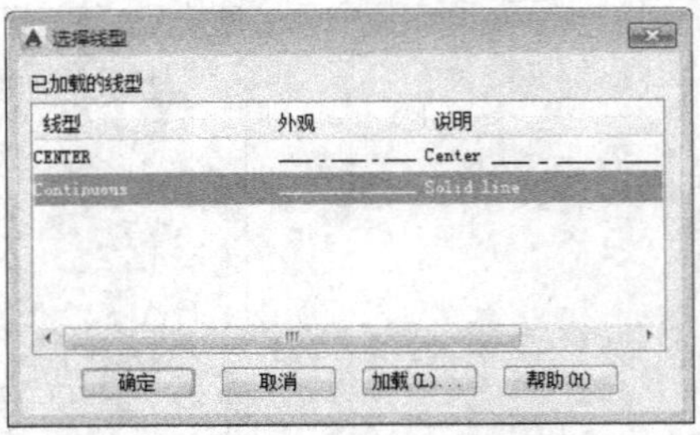

图 T3-4 “选择线型”对话框

（4）设置线宽。

粗实线具有一定的宽度，通过线宽的设置来设定其宽度大小。

① 单击“图层特性管理器”窗口中“粗实线”层后的线宽（初始时为“默认”），弹出如图 T3-6 所示的“线宽”对话框。

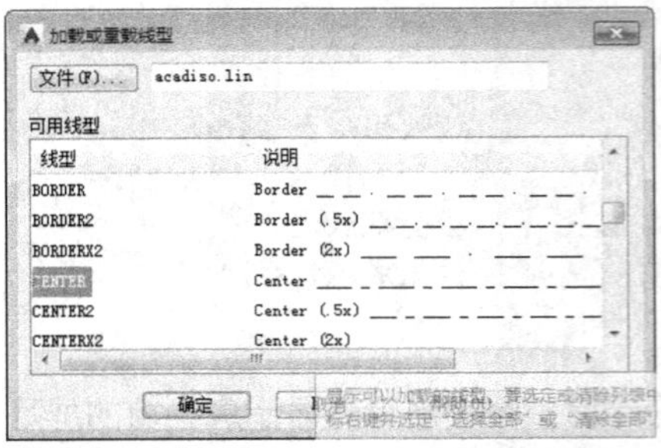

图 T3-5 “加载或重载线型”对话框

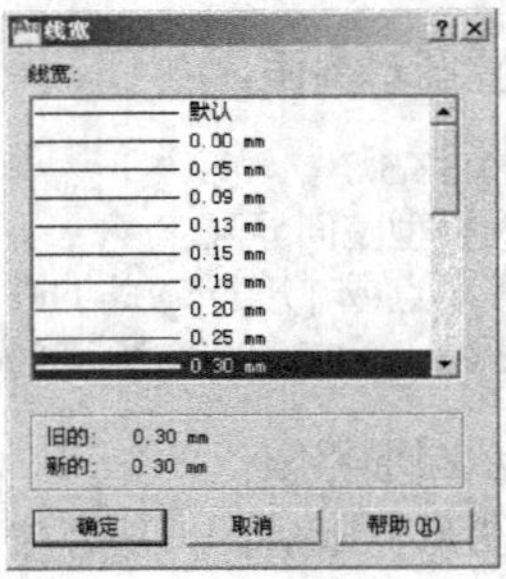

图 T3-6 设置线宽

② 单击“0.3mm”线宽值，并单击确定按钮，退回“图层特性管理器”窗口。此时，“粗实线”层后的线宽变成“0.3mm”。

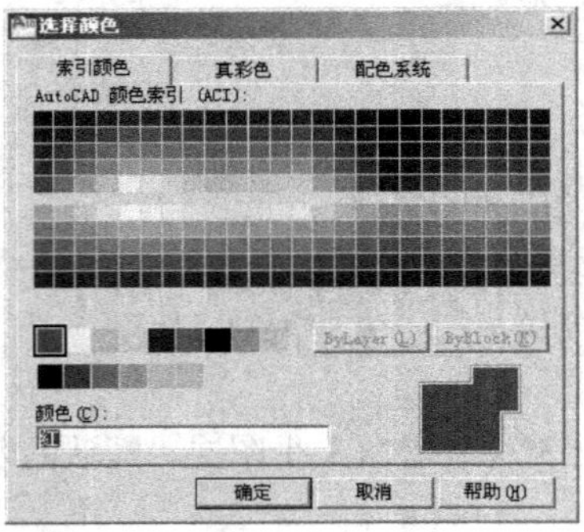

图 T3-7 “选择颜色”对话框

（5）设置颜色。

为了在屏幕上清楚显示不同的图线，除了设置合适的线型外，还应该充分利用色彩来醒目地区分不同的图线。

① 在“图层特性管理器”窗口中的“点划线”层后的颜色小方框上单击，弹出如图 T3-7 所示的“选择颜色”对话框。

② 在对话框的标准颜色区，单击红色颜色方块，相应在下方提示选择的颜色名称和示意颜色块。

③ 单击确定按钮退回“图层特性管理器”窗口。

④ 在“图层特性管理器”窗口中单击确定按钮结束图层设置。

4．设置对象捕捉方式

精确绘制该图时，必须捕捉对象的交点和切点。对象捕捉的方式既可临时设置，也可预先设置。如果是偶尔需要，则采用临时设置比较合适；如果是绘图过程中在大多数情况下都需要使用的捕捉方式，则应该预先设置并启用。因为启用了对象捕捉方式，在一些场合设置好的捕捉方式会影响目标点的捕捉，此时可以暂时禁用对象捕捉。

单击“工具→绘图设置”菜单，弹出如图 T3-8 所示的“草图设置”对话框，其中第三个选项卡为“对象捕捉”选项卡。按照图 T3-8 选中“交点”、“切点”、“启用对象捕捉”，单击确定按钮退出。

5. 绘制中心线

一般首先绘制基准线。该图中的主要基准线为中间的水平中心线和左侧的垂直中心线。右侧的垂直中心线为辅助（间接）基准线。

（1）设置当前图层。

中心线为点划线，应该绘制在点划线层上。有两种处理办法：一是直接在点划线层上绘制；二是绘制在其他层上，再通过特性修改到点划线层上。下面采用第一种方式。

单击“格式→图层”，打开“图层特性管理器”窗口，选择“中心线”层并单击置为当前按钮，然后单击关闭按钮退出。也可以通过”特性”选项板直接设置当前图层。

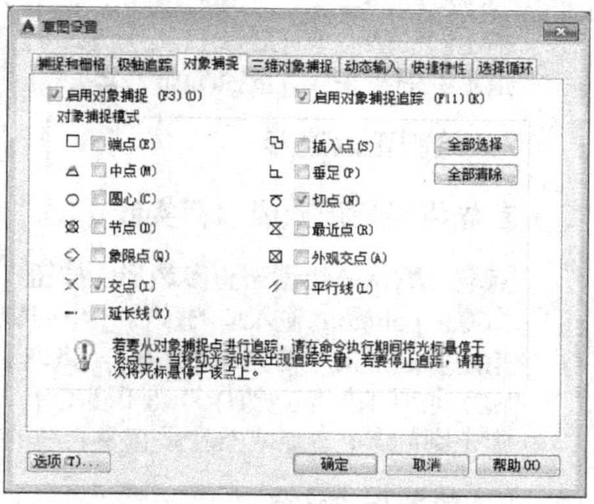

图 T3-8　“草图设置”对话框

（2）绘制左侧中心线。

点取“默认→绘图→直线”按钮	
命令: _line	
按【F8】键 <正交 开>	打开正交模式绘制水平和垂直线
指定第一点: **在屏幕左侧中部点取**	确定 A 点
指定下一点或 [放弃(U)]: **在屏幕右侧中部点取**	确定 B 点
指定下一点或 [放弃(U)]: ↙	结束水平线绘制

同样绘制左侧垂直线 CD。

（3）偏移复制右侧中心线。

右侧垂直中心线和左侧的垂直中心线相距 182，采用偏移命令复制该垂直线。

点取“默认→修改→偏移”按钮	下达偏移命令
命令: _offset	
当前设置: 删除源=否　图层=源　OFFSETGAPTYPE=0	
指定偏移距离或 [通过(T)/删除(E)/图层(L)] <通过>: **182↙**	
选择要偏移的对象，或 [退出(E)/放弃(U)] <退出>: **点取直线 CD**	
指定要偏移的那一侧上的点，或 [退出(E)/多个(M)/放弃(U)] <退出>: **在 CD 的右侧任意点点取**	
选择要偏移的对象，或 [退出(E)/放弃(U)] <退出>: **按【Esc】键** *取消*	退出偏移命令

结果如图 T3-9 所示。

6. 绘制辅助圆

半径 22 的圆为细实线，是辅助线，表示正六边形的大小及方向，如图 T3-10 所示。

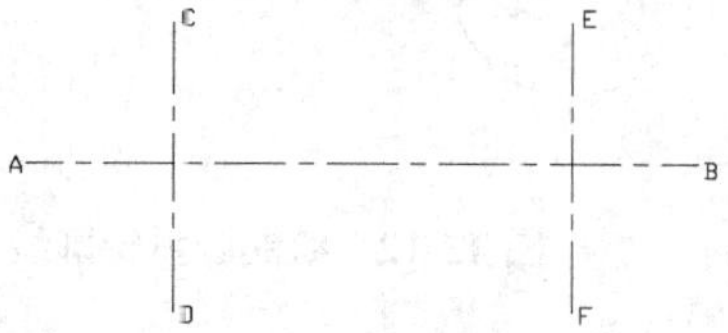

图 T3-9　绘制中心线

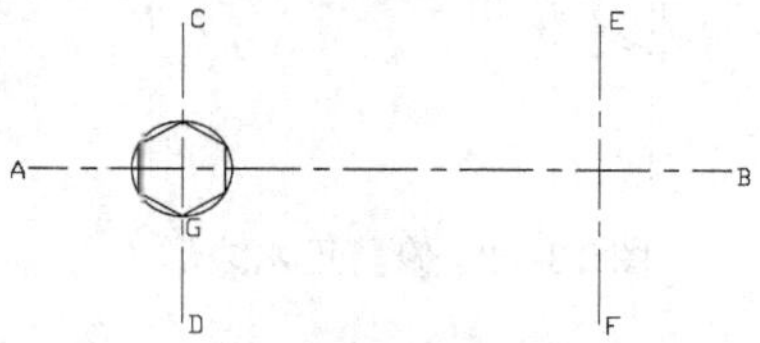

图 T3-10　绘制辅助圆和正六边形

（1）设置当前图层。

单击“特性”面板中的图层列表，选择“细实线”层，并在绘图区空白位置单击，当前层变成“细实线”层。

（2）绘制圆。

点取“默认→绘图→圆”按钮

命令: _circle
指定圆的圆心或 [三点(3P)/两点(2P)/切点、切点、半径(T)]: **点取 AB 和 CD 的交点**
指定圆的半径或 [直径(D)]: **22↙**

7. 绘制正六边形

首先将当前层改成“粗实线”层。

点取“默认→绘图→正多边形”按钮
命令: _polygon 输入边的数目 <4>: **6↙**
指定多边形的中心点或 [边(E)]: **点取 AB 和 CD 的交点**
输入选项 [内接于圆(I)/外切于圆(C)] <I>: **↙**
指定圆的半径: **点取圆和垂直中心线的交点**

8. 修剪正六边形

将正六边形左下侧的两条边剪去，形成扳手的缺口。

点取“默认→修改→修剪”按钮
命令:_trim
当前设置: 投影= UCS 边=延伸
选择剪切边...
选择对象:**点取正六边形** 找到 1 个　　　　以正六边形为界剪切自己
选择对象: **↙**　　　　结束对象选择
选择要修剪的对象，或按住【Shift】键选择要延伸的对象，或[栏选(F)/窗交(C)/投影(P)/边(E)/删除(R)/放弃(U)]: **点取需要剪掉的部分**
选择要修剪的对象，或按住【Shift】键选择要延伸的对象，或[栏选(F)/窗交(C)/投影(P)/边(E)/删除(R)/放弃(U)]: **点取需要剪掉的部分**
选择要修剪的对象，或按住【Shift】键选择要延伸的对象，或[栏选(F)/窗交(C)/投影(P)/边(E)/删除(R)/放弃(U)]: **↙**　　　　结束修剪命令

结果如图 T3-11 所示。

9. 绘制左侧圆弧轮廓线（圆）

以图 T3-11 中 I 点为圆心，半径 44 绘制一圆。分别以 H、K 点为圆心，半径 22 绘制两个圆。结果如图 T3-12 所示。

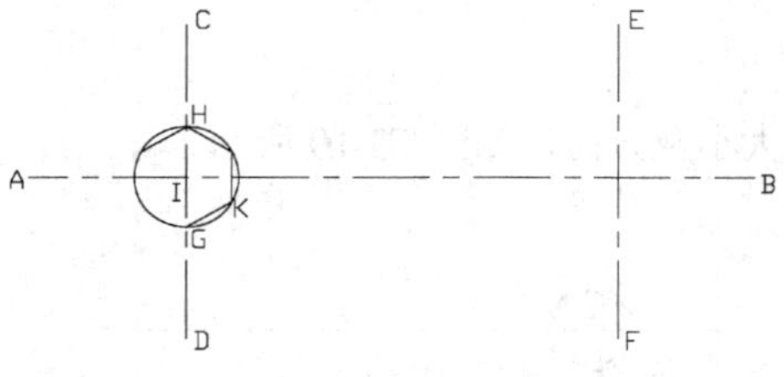

图 T3-11　修剪正六边形

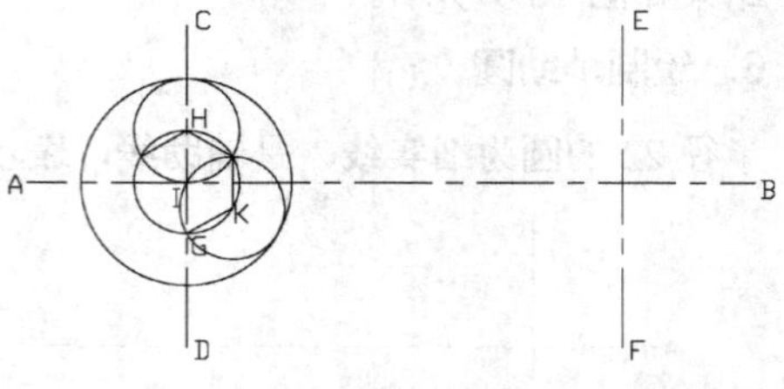

图 T3-12　绘制圆弧轮廓线

10. 修剪成圆弧

将绘制的圆修剪成圆弧，生成扳手的弧形轮廓线。
单击“修改”工具栏中的修剪按钮。
（1）以正六边形为边界，剪去两个半径 22 圆在六边形内部的部分。
（2）以半径 44 的圆为边界，剪去两个半径 22 的圆弧的右上侧部分。
（3）以半径 22 的两个圆弧为界，剪去半径 44 的圆左下部分。

结果如图 T3-13 所示。

11. 绘制右侧圆

以 EF 和 AB 的交点为圆心，半径为 7.5 和 14 绘制两个圆，如图 T3-13 所示。

12. 偏移复制辅助线

要绘制和右侧半径 14 的圆相切的两条直线，首先应该找到垂直距离为 44 的两个点，可以通过偏移复制获取。

点取“默认→修改→偏移”按钮　　　　下达偏移命令
命令: _offset
指定偏移距离或 [通过(T)/删除(E)/图层(L)] <通过>: **22↙**
选择要偏移的对象，或 [退出(E)/放弃(U)] <退出>: **点取直线 AB**
指定要偏移的那一侧上的点，或 [退出(E)/多个(M)/放弃(U)] <退出>: 在 AB 的上方任意点点取
选择要偏移的对象，或 [退出(E)/放弃(U)] <退出>: **点取直线 AB**
指定要偏移的那一侧上的点，或 [退出(E)/多个(M)/放弃(U)] <退出>: 在 AB 的下方任意点点取
选择要偏移的对象，或 [退出(E)/放弃(U)] <退出>: 按【**Esc**】键 *取消*　　　　退出偏移命令

结果如图 T3-14 所示。

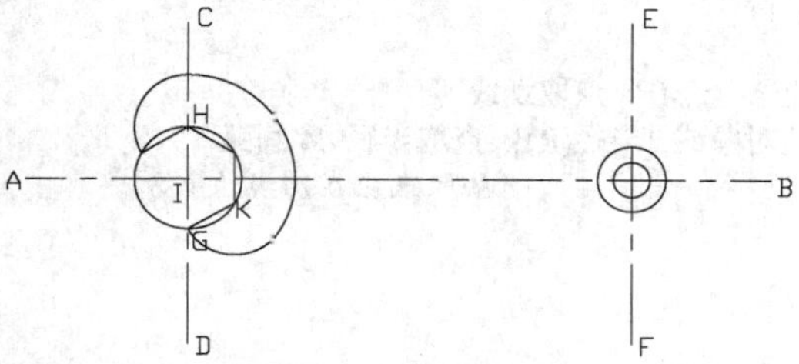

图 T3-13　修剪圆成圆弧

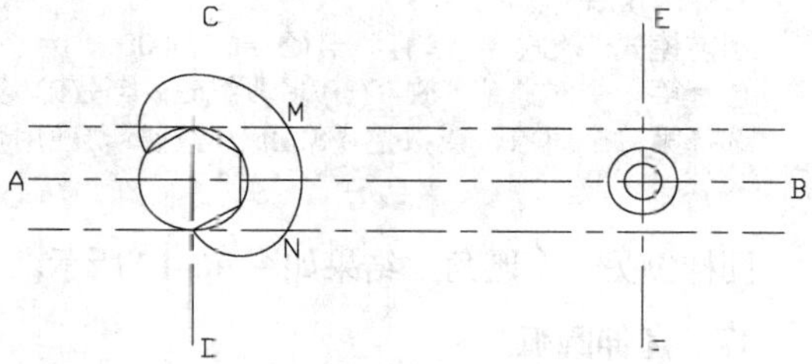

图 T3-14　偏移复制辅助线

13. 绘制两条切线

点取“默认→绘图→直线”按钮
命令: _line
指定第一点: **点取 M 点**
指定下一点或 [放弃(U)]: **移动光标到半径 14 的圆周上目标点附近，出现“切点”提示后点取**
　　　　应故意偏移圆弧和 EF 的交点
指定下一点或 [放弃(U)]: ↙

用同样的方法绘制另一条切线。结果如图 T3-15 所示。

14. 修剪右侧半径 14 的圆

以两条切线为边界，将半径 14 的圆的左侧部分剪去，如图 T3-16 所示。

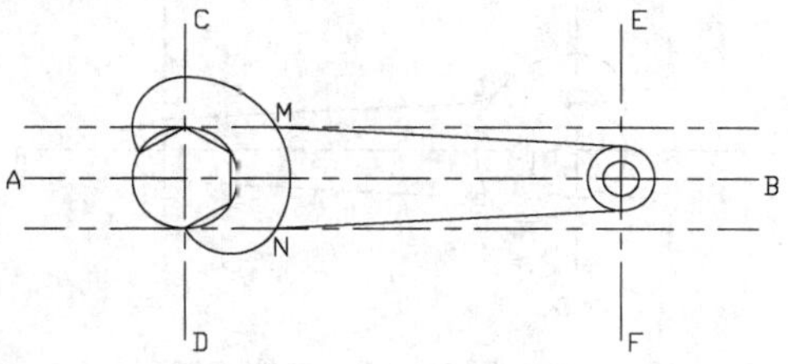

图 T3-15　绘制切线

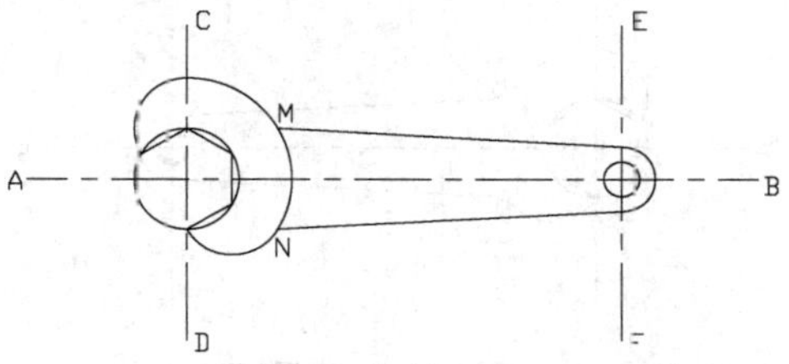

图 T3-16　修剪圆并删除辅助线

15. 删除辅助线

将两条辅助线删除。

```
点取“默认→修改→删除”按钮                                    下达删除命令
命令: _erase
选择对象: 点取偏移 22 复制的一条直线   找到 1 个
选择对象: 点取偏移 22 复制的另一条直线   找到 1 个，总计 2 个
选择对象: ↙                                                  回车结束删除操作
```

16. 倒圆

切线和半径 44 的圆弧之间有圆弧连接，直接采用圆角命令产生该圆弧。

```
点取“默认→修改→圆角”按钮                                          下达圆角命令
命令: _fillet
当前设置: 模式 = 修剪，半径 = 0.0000                                提示当前圆角模式

选择第一个对象或 [放弃(U)/多段线(P)/半径(R)/修剪(T)/多个(M)]: r↙    修改圆角半径
指定圆角半径 <0.0000>: 22↙
按空格键
命令: _fillet
当前模式: 模式 = 修剪，半径 = 22.0000
选择第一个对象或 [放弃(U)/多段线(P)/半径(R)/修剪(T)/多个(M)]: 点取切线
选择第二个对象，或按住【Shift】键选择要应用角点的对象或 [半径(R)]: 点取半径 44 圆弧
                                                                    拾取点应在切线的上方
```

同样倒另一个圆角，结果如图 T3-17 所示。

17. 延伸圆弧

倒圆角后半径 44 的圆弧被剪去一部分，需要延伸到与圆角相交。

```
点取“默认→修改→延伸”按钮                                    下达延伸命令
命令: _extend
当前设置:投影=UCS，边=延伸                                    提示当前模式
选择边界的边...
选择对象或 <全部选择>: 如图 T3-18 所示，点取 T 点处的圆弧   找到 1 个
选择对象: ↙
选择要延伸的对象，或按住【Shift】键选择要修剪的对象，或
[栏选(F)/窗交(C)/投影(P)/边(E)/放弃(U)]: 点取 Q 点处的圆弧
选择要延伸的对象，或按住【Shift】键选择要修剪的对象，或
[栏选(F)/窗交(C)/投影(P)/边(E)/放弃(U)]: ↙                   结束延伸操作
```

结果如图 T3-18 所示。

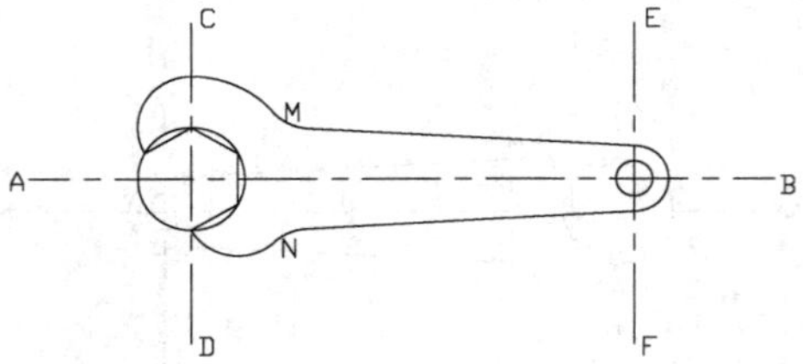

图 T3-17　倒圆角

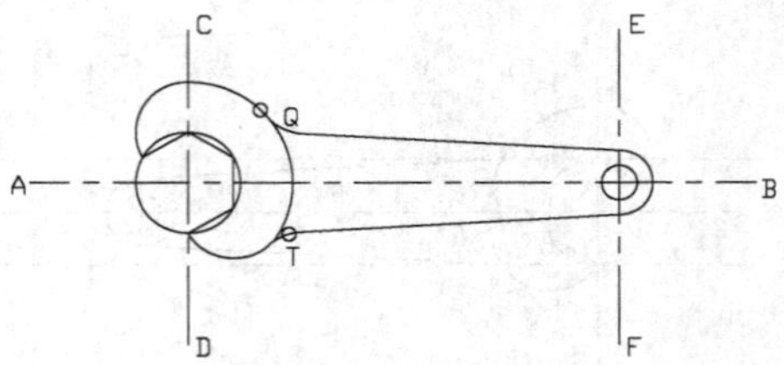

图 T3-18　延伸圆弧

18．修改中心线长度

中心线长度应超出轮廓线 2mm 左右，所以要将中心线修改到合适的长度。

在“命令:”提示下点取水平中心线，出现夹点，点取左侧夹点，移到合适的位置，同样处理右侧的夹点。用同样的方法处理垂直中心线。如果在移动的目标点上出现对象捕捉的“交点”或“切点”，在状态栏单击对象捕捉按钮，禁用对象捕捉功能。

19．打开线宽显示

单击状态栏中的线宽按钮，打开线宽显示，结果如图 T3-1 所示。

20．保存文件

单击“文件→另存为”菜单，弹出“图形另存为”对话框，在文件名文本框中输入“练习 3-扳手”并单击保存按钮存盘。

思考及练习

1．如果不通过图层管理线型、颜色、线宽等，如何设置图形的特性？

2．如果在倒圆角时设置成不修剪模式，则倒圆角后该如何操作？

3．如果不采用线宽特性，要绘制成 0.7mm 宽的轮廓线，应如何绘制？

4．绘制如图 T3-19 所示的图形。

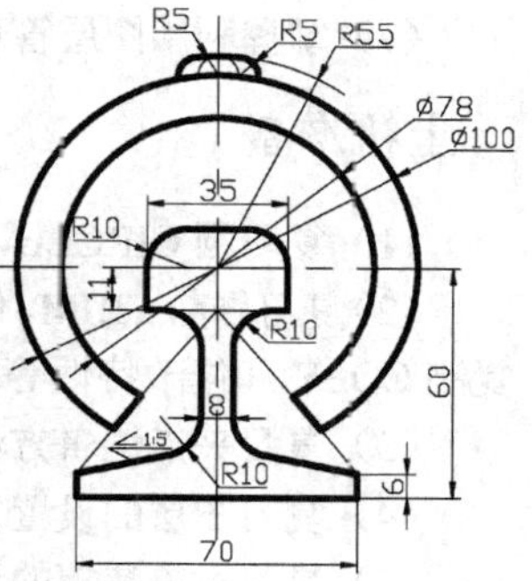

图 T3-19　平面图形练习图例

提示

（1）设置图形界限。

（2）设置图层。

（3）设置对象捕捉方式为交点。

（4）打开正交模式。

（5）使用点划线绘制中心线。

（6）采用偏移命令复制 60、70、6、8、11、35 等尺寸表达的直线。

（7）斜度的绘制方法：绘制一水平线，长度为 50，接着垂直绘制一直线，长度为 10，连接两个端点，该直线斜度为 1∶5，通过复制或绘制平行线的方式绘制制定位置的斜度直线，需要延伸或修剪到指定长度。

（8）修改偏移复制的直线为粗实线。

（9）在粗实线层绘制半径 55、直径 78 和 100 的圆。

（10）绘制三个半径为 5 的圆。

（11）倒圆角，半径为 10。

（12）在细实线层连接中心和底板角点的直线。

（13）修剪圆弧、直线到正确的大小。

（14）修改图线到正确的图层。

（15）打开线宽。

（16）保存。

实验 4　绘制平面图形——垫片

目的和要求

（1）熟悉圆 CIRCLE、直线 LINE 等绘图命令。

（2）熟悉修剪 TRIM、偏移 OFFSET、旋转 ROTATE、倒角 CHAMFER、打断 BREAK、复制 COPY 以及通过“特性”工具栏修改图形特性等编辑命令。

（3）掌握夹点编辑方法。

（4）掌握平面图形中辅助线的画法。

（5）掌握平面图形的绘制方法和技巧。

（6）综合应用对象捕捉等辅助功能。

（7）掌握利用图层管理图形的方法。

上机准备

（1）复习圆 CIRCLE、直线 LINE 等绘图命令的用法。

（2）复习修剪 TRIM、偏移 OFFSET、删除 ERASE、旋转 ROTATE、倒角 CHAMFER、打断 BREAK、复制 COPY 和修改特性等编辑命令的用法。

（3）复习夹点编辑方法。

（4）复习图层的设置以及线型 LINETYPE 和线宽等图形特性的设置和管理方法。

（5）复习对象捕捉的设置和使用方法。

上机操作

绘制如图 T4-1 所示的垫片图形。

分析

（1）本例的环境设置应该包括：图纸界限、图层（包括线型、颜色、线宽）的设置。按照如图 T4-1 所示的图形大小，图纸界限设置成 A4 横放比较合适，即 297×210。图层至少应该包括各种线型（点划线层、粗实线层和尺寸标注层，本例不标注尺寸，可以先不设）。

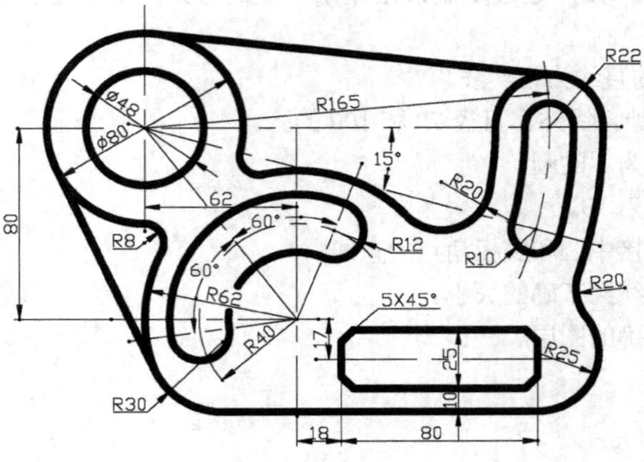

图 T4-1　垫片

（2）本例所示图形尺寸比较复杂，顺利绘制的前提是对图形的正确分析，尤其是注意绘制图形的前后顺序。一般的原则是先绘制已知线段，再绘制中间线段，最后是连接线段。

（3）绘制该图形应该充分利用编辑命令，尤其应使用 OFFSET 偏移、ROTATE 旋转来分别确定线性尺寸和角度尺寸相对位置，也可以使用圆作为辅助线来确定位置。

（4）本例绘制时应该首先绘制基准线，得到主要基准和辅助基准。绘制系列圆，通过 TRIM 修剪命令和 FILLET 倒圆命令进行必要的编辑。圆弧连接也可以通过 TTR 方式绘制圆再剪成相切的圆弧。

1. 开始一幅新图

进入 AutoCAD 2015 简体中文版并开始一幅新图。

2. 设置图形界限

首先根据图形的大小设置合适的图形界限，按照如图 T4-1 所示的图形尺寸大小，图形界限应设置成 A4（297×210）大小。

点取“格式→图形界限”菜单	下达图形界限设置命令
命令: '_limits	
重新设置模型空间界限:	
指定左下角点或 [开(ON)/关(OFF)] <0.0000，0.0000>: ↙	接受默认值
指定右上角点 <420.0000，297.0000>: **297,210↙**	设置成 A4 大小
点取功能区“导航栏→全部缩放”按钮	显示图形界限
命令: '_zoom	
指定窗口的角点，输入比例因子 (nX 或 nXP)，或者[全部(A)/中心(C)/动态(D)/范围(E)/上一个(P)/比例(S)/窗口(W)/对象(O)] <实时>: **_all**	
正在重生成模型。	

3. 对象捕捉设置

绘制该图形，应该使用到“交点”和“切点”对象捕捉模式。如果要标注尺寸，还应该设置“端点”捕捉模式（尺寸暂不标注）。

在状态栏的[对象捕捉]按钮上右击，选择快捷菜单中的“设置”，弹出“草图设置”对话框，在“对象捕捉”选项卡中选择“交点”和“切点”，并启用对象捕捉模式。单击[确定]按钮退出“草图设置”对话框。

4. 图层设置

根据如图 T4-1 所示的图形，按照图 T4-2 设置图层，其中尺寸线层在目前不是必需的，在标注尺寸时应该设置（无须设置定义点层，该层是标注尺寸或插入块时自动产生的）。

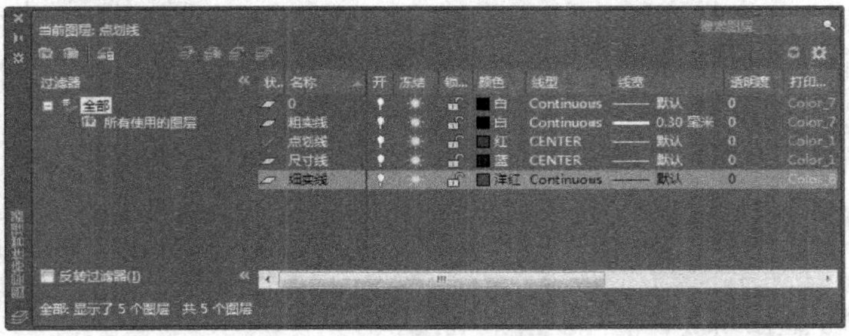

图 T4-2 图层设置

5. 绘制中心线

绘制中心线作为基准线。

（1）设置当前层为中心线层。

命令: **_layer↙** 通过命令行设置当前层
当前图层: 粗实线
输入选项
输入选项 [?/生成(M)/设置(S)/新建(N)/重命名(R)/开(ON)/关(OFF)/颜色(C)/线型(L)/线宽(LW)/透明度(TR)/材质(MAT)/打印(P)/冻结(F)/解冻(T)/锁定(LO)/解锁(U)/状态(A)/说明(D)/协调(E)]: **s↙**
输入要置为当前的图层名或 <选择对象>: **中心线 ↙**
输入选项
输入选项 [?/生成(M)/设置(S)/新建(N)/重命名(R)/开(ON)/关(OFF)/颜色(C)/线型(L)/线宽(LW)/透明度(TR)/材质(MAT)/打印(P)/冻结(F)/解冻(T)/锁定(LO)/解锁(U)/状态(A)/说明(D)/协调(E)]: **↙**
回车退出图层设置

（2）绘制中心线。

点取“默认→绘图→直线”按钮 下达直线命令
命令: _line
指定第一点: **点取 A 点** 在屏幕偏左偏上的位置点取
指定下一点或 [放弃(U)]: **点取 B 点**
指定下一点或 [放弃(U)]: **↙** 结束直线命令

同样绘制直线 CD。

6．偏移复制中心线

右侧垂直中心线和下方水平中心线距离左侧和上方的中心线距离分别为 62 和 80，采用偏移命令进行复制。

点取“默认→修改→偏移”按钮 下达偏移命令
命令: _offset
当前设置: 删除源=否 图层=源 OFFSETGAPTYPE=0
指定偏移距离或 [通过(T)/删除(E)/图层(L)] <15.0000>: **62↙**
选择要偏移的对象，或 [退出(E)/放弃(U)] <退出>:点取中心线 CD
指定要偏移的那一侧上的点，或 [退出(E)/多个(M)/放弃(U)] <退出>: **在 CD 的右侧任意点点取**
选择要偏移的对象，或 [退出(E)/放弃(U)] <退出>: **↙** 结束偏移命令

以距离 80 向下偏移复制 AB 成另一条中心线 EF，结果如图 T4-3 所示。

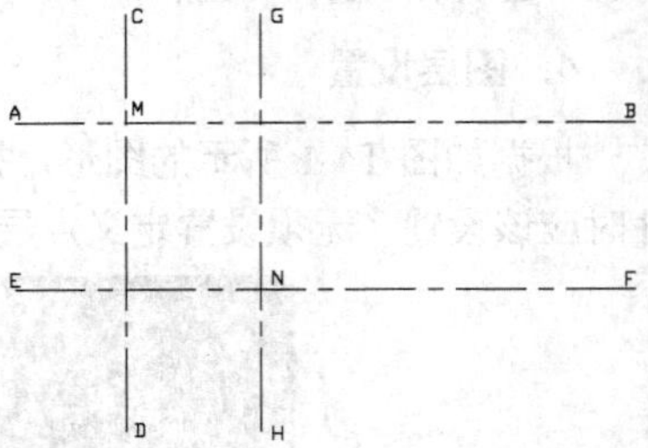

图 T4-3 绘制、偏移复制中心线

7．绘制直径 48、80 和半径 62 的圆

（1）将当前层改到粗实线层。

在“图层”面板的图层列表中，选择“粗实线”层为当前层。

（2）绘制直径 48、80 和半径 62 的圆。

点取“默认→绘图→圆”按钮 下达画圆命令
命令: _circle
指定圆的圆心或 [三点(3P)/两点(2P)/切点、切点、半径(T)]: **点取 M 点**
指定圆的半径或 [直径(D)]: **24↙**

同样以 M 点为圆心，半径 40 绘制一圆，以 N 点为圆心，半径 62 绘制一圆。结果如图 T4-4 所示。

8．倒半径为 8 的圆角

点取“默认→修改→圆角”按钮 下达圆角命令

命令: _fillet
当前模式: 模式 = 修剪，半径 = 30.0000 提示当前模式及半径
选择第一个对象或 [放弃(U)/多段线(P)/半径(R)/修剪(T)/多个(M)]: **r↙** 修改半径大小
指定圆角半径 <30.0000>: **8↙**
选择第一个对象或 [放弃(U)/多段线(P)/半径(R)/修剪(T)/多个(M)]: **点取直径 80 的圆**
选择第二个对象，或按住【Shift】键选择要应用角点的对象或 [半径(R)]: **点取半径 62 的圆**

同样对另一侧倒圆角，结果如图 T4-5 所示。

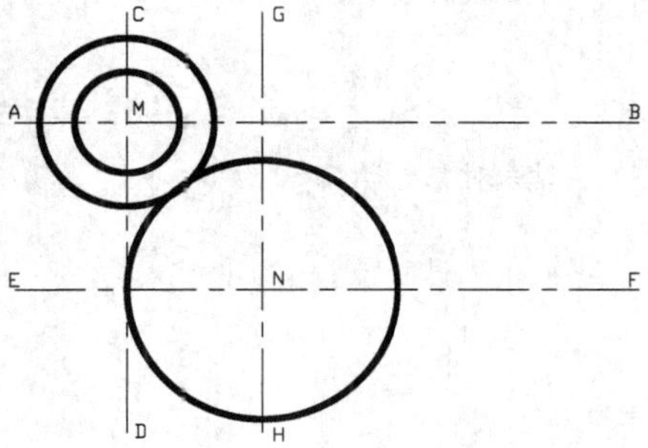

图 T4-4 绘制圆

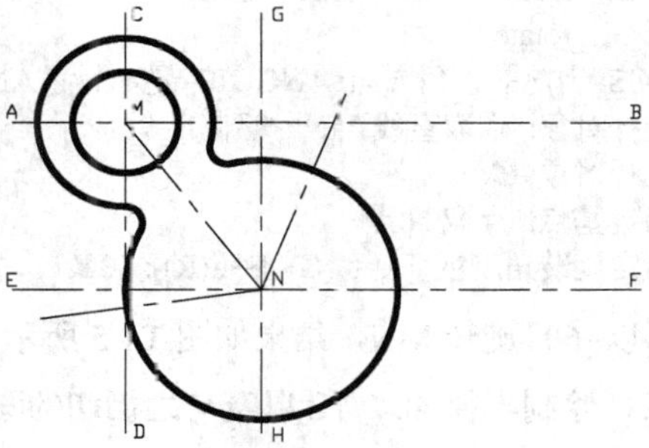

图 T4-5 倒圆角并复制 60° 中心线

9. 修剪圆

点取“默认→修改→修剪”按钮 下达修剪命令
命令: _trim
当前设置:投影=UCS，边=无 提示当前设置
选择剪切边...
选择对象或 <全部选择>: **点取半径为 8 的圆角** 找到 1 个
选择对象: **点取半径为 8 的另一个圆角** 找到 1 个，总计 2 个
选择对象: ↙ 结束剪切边选择
选择要修剪的对象，或按住 Shift 键选择要延伸的对象，或[栏选(F)/窗交(C)/投影(P)/边(E)/删除(R)/放弃(U)]: **点取两圆角中间半径 62 的圆弧段**
选择要修剪的对象，或按住【Shift】键选择要延伸的对象，或[栏选(F)/窗交(C)/投影(P)/边(E)/删除(R)/放弃(U)]: **点取两圆角中间直径 80 的圆弧段**
选择要修剪的对象，或按住【Shift】键选择要延伸的对象，或[栏选(F)/窗交(C)/投影(P)/边(E)/删除(R)/放弃(U)]: ↙ 结束修剪操作

结果如图 T4-5 所示。

10. 绘制两圆弧中心线连线

采用直线命令以及交点捕捉模式，绘制直线 MN。并点取直线 MN，此时在 MN 上出现夹点。点取“图层”面板上图层列表框，选择“中心线”层，并在绘图区任意位置点取。连续按两次【Esc】键，退出夹点模式。

11. 复制并旋转中心线连线到 60° 位置

图 T4-1 上标注了 60° 的两条斜线，采用复制中心线 MN 然后旋转的方式可以获得。

（1）复制 MN。

点取“默认→修改→复制”按钮 下达复制命令
命令: _copy
选择对象: **点取直线 MN** 找到 1 个
选择对象: ↙

指定基点或 [位移(D)] <位移>: **点取 M 点**　　应采用对象捕捉方式点取M点
指定第二个点或 <使用第一个点作为位移>: **点取 M 点**　　应采用对象捕捉方式点取M点
指定第二个点或 [阵列(A)/退出(E)/放弃(U)] <退出>: ↙

同样再在原位置复制一条中心线，即在 MN 上重复有三条同样的直线。随后操作中会将其中的两条分别旋转 60°和–60°，原位置保留一条。

（2）旋转中心线。

点取“默认→修改→旋转”按钮　　下达旋转命令
命令: _rotate
UCS 当前的正角方向: ANGDIR=逆时针　ANGBASE=0
选择对象: **点取直线 MN** 找到 1 个
选择对象: ↙　　结束对象选择
指定基点: **点取 N 点**
指定旋转角度或 [复制(C)/参照(R)]: **60**↙

再以–60°旋转 MN，结果如图 T4-5 所示。

12. 绘制半径 40、12 以及与之相切的圆

（1）采用画圆命令，以 N 点为圆心，绘制半径为 40 的圆，并将该圆改到中心线层上，如图 T4-6 所示。

（2）以 S 点和 T 点为圆心，以 12 为半径，绘制两个圆。

（3）以 N 点为圆心，以半径 12 的圆和直线 NS 的交点到 N 点的距离为半径，绘制两个圆。结果如图 T4-6 所示。

13. 修剪圆到正确的大小

以 NT 和 NS 为剪切边，修剪圆成如图 T4-7 所示的结果。

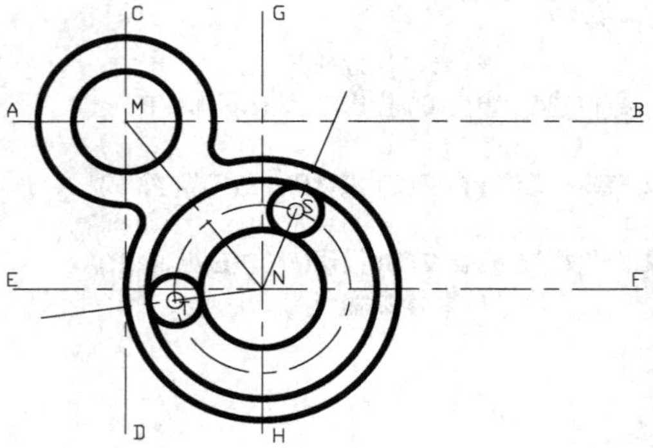

图 T4-6　绘制圆

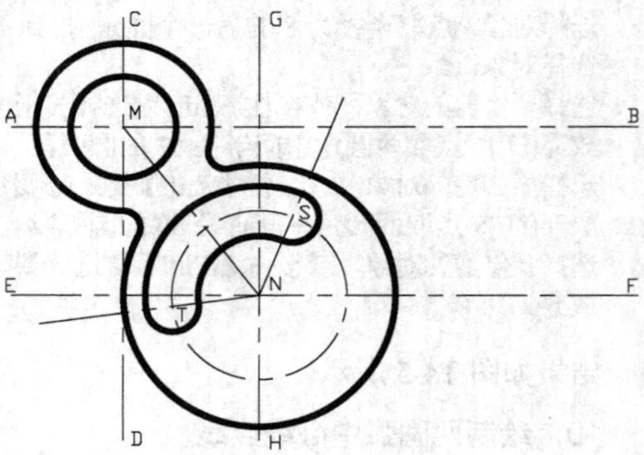

图 T4-7　修剪圆

14. 偏移复制下方水平线以及尺寸 17、25、18、80、10 确定的直线

采用偏移命令，偏移距离分别为 17、12.5、10、18、80，复制水平中心线 EF 或复制 EF 得到的直线，确定图 T4-1 中的相关直线。

15. 修改偏移复制的直线到正确的图层

通过“特性”面板，将部分偏移复制的直线改到“粗实线”层，如图 T4-8 所示。

16. 倒角 5X45°

点取“默认→修改→倒角”按钮　　下达倒角命令
命令: _chamfer

(“修剪”模式) 当前倒角距离 1 = 10.0000，距离 2 = 10.0000　　提示倒角模式
选择第一条直线或 [放弃(U)/多段线(P)/距离(D)/角度(A)/修剪(T)/方式(E)/多个(M)]: **d↙**
指定第一个倒角距离 <10.0000>: **5↙**
指定第二个倒角距离 <5.0000>: ↙　　回车设定成 45°
↙　　重新下达倒角命令
命令: _chamfer
(“修剪”模式) 当前倒角距离 1 = 5.0000，距离 2 = 5.0000
选择第一条直线或 [放弃(U)/多段线(P)/距离(D)/角度(A)/修剪(T)/方式(E)/多个(M)]: **点取需要倒角的直线之一**
选择第二条直线，或按住【Shift】键选择直线以应用角点或 [距离(D)/角度(A)/方法(M)]: **点取相临的另一条直线**

重复倒角命令，倒出 4 个角，结果如图 T4-9 中矩形部分所示。

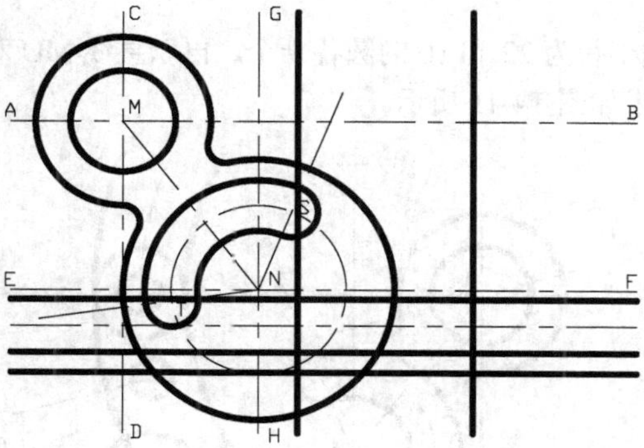

图 T4-8　偏移复制直线

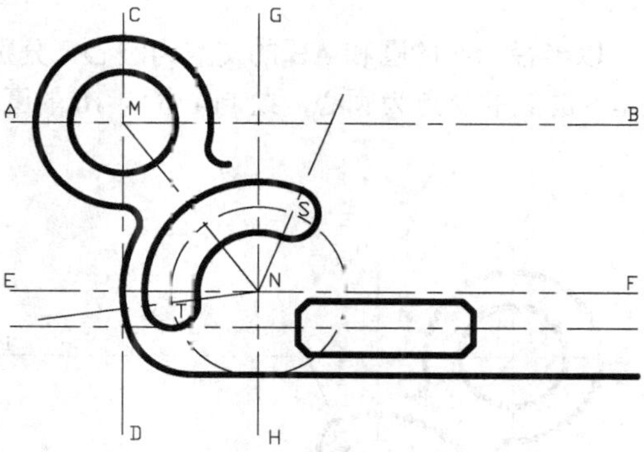

图 T4-9　倒角

17. 倒半径 30 的圆角

点取“默认→修改→圆角”按钮　　下达圆角命令
命令: _fillet
前设置: 模式 = 修剪，半径 = 32.0000　　提示当前模式及半径
选择第一个对象或 [放弃(U)/多段线(P)/半径(R)/修剪(T)/多个(M)]: **r↙**　　修改半径大小
指定圆角半径 <30.0000>: **30↙**
选择第一个对象或 [放弃(U)/多段线(P)/半径(R)/修剪(T)/多个(M)]: **点取半径 62 的圆**
　　应该点取水平线上方的位置
选择第二个对象，或按住【Shift】键选择要应用角点的对象或 [半径(R)]: **点取最下方的水平线**

结果如图 T4-9 所示。

18. 绘制半径 25 的圆

半径 25 的圆偏移最下方的水平线 25，而且位于偏移 80 复制的一条垂直线上。可以采用偏移命令，距离设定为 25 绘制一条辅助线，通过交点捕捉获得圆心绘制该圆。还可以通过“捕捉自”的捕捉方式直接获得圆心。过程如下。

点取“默认→绘图→圆”按钮　　下达画圆命令
命令: _circle
指定圆的圆心或 [三点(3P)/两点(2P)/切点、切点、半径(T)]: **按住【Shift】键右击鼠标，在弹出的按钮中选择“自”**　　采用“捕捉自”模式直接获取圆心位置
_from　**点取图 T4-10 中的 P 点，随即将光标上移到 Q 点，出现“交点”提示**　　控制偏移方向
基点: <偏移>: **2.5↙**
指定圆的半径或 [直径(D)] <25.0000>: **25↙**

结果如图 T4-10 所示。

19．复制并旋转上方水平中心线−15°

（1）采用复制命令，将直线 AB 在原位置复制一份。

（2）采用旋转命令，将直线 AB（只能采用点取直线 AB 的选择方法）绕 M 点旋转−15°，产生直线 MU。

20．绘制半径 165 的圆

（1）以 M 点为圆心，半径 165 绘制圆。

（2）将该圆改到中心线层上。

21．绘制半径 22、10 的圆

以半径 165 的圆和 AB 的交点为圆心，分别绘制半径为 22 和 10 的圆各一个。再以直线 MU 和半径 165 的圆的交点为圆心，绘制半径为 10 的圆，结果如图 T4-11 所示。

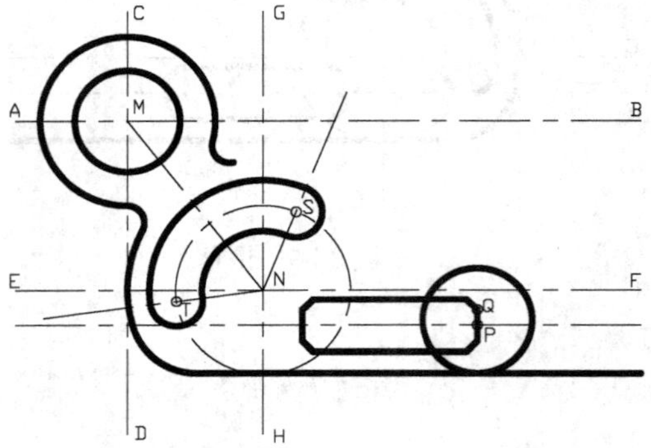

图 T4-10　绘制半径 25 的圆

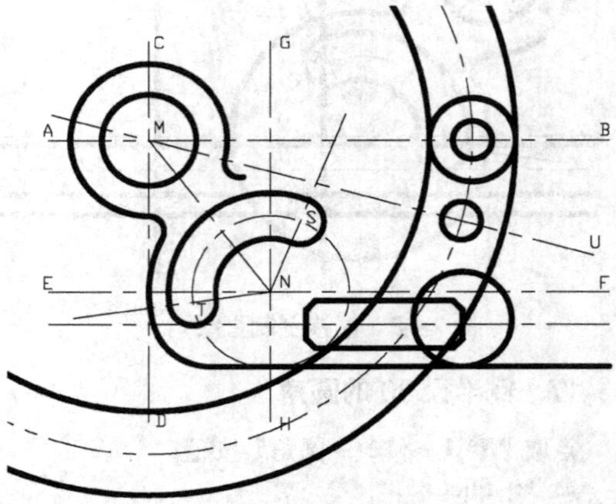

图 T4-11　绘制其他圆及−15°中心线

22．倒半径 20 的圆角

点取“默认→修改→圆角”按钮	下达圆角命令
命令: _fillet	
当前模式: 模式 = 修剪，半径 = 30.0000	提示当前模式及半径
选择第一个对象或 [放弃(U)/多段线(P)/半径(R)/修剪(T)/多个(M)]: **r↙**	修改半径大小
指定圆角半径 <30.0000>: **20↙**	
选择第一个对象或 [放弃(U)/多段线(P)/半径(R)/修剪(T)/多个(M)]: **点取 W 点**	
选择第二个对象，或按住【Shift】键选择要应用角点的对象或 [半径(R)]: **点取 X 点**	
选择第一个对象或 [放弃(U)/多段线(P)/半径(R)/修剪(T)/多个(M)]: **点取 Y 点**	
选择第二个对象，或按住【Shift】键选择要应用角点的对象或 [半径(R)]: **点取 Z 点**	

结果如图 T4-12 所示。

23．修剪圆成正确大小的圆弧

（1）以左侧半径 20 的圆角和半径 22 的圆为边界，剪去半径 143（165−22）的圆的外侧部分。

（2）以右侧半径 20 的圆角和半径 22 的圆为边界，剪去半径 187（165+22）的圆的外侧部分。

（3）以右侧半径 20 的圆角和下方水平线为边界，剪去半径 25 的圆的左侧部分。

（4）以半径 25 的圆弧为边界，剪去下方水平线右侧超出部分。

（5）采用打断命令，打断半径 165 的圆，保留需要的部分。

点取“默认→修改→打断”按钮	下达打断命令
命令: _break	
选择对象: 点取 **I** 点	点取 I、J 点的顺序不可颠倒
指定第二个打断点 或 [第一点(F)]: 点取 **J** 点	

结果如图 T4-13 所示。

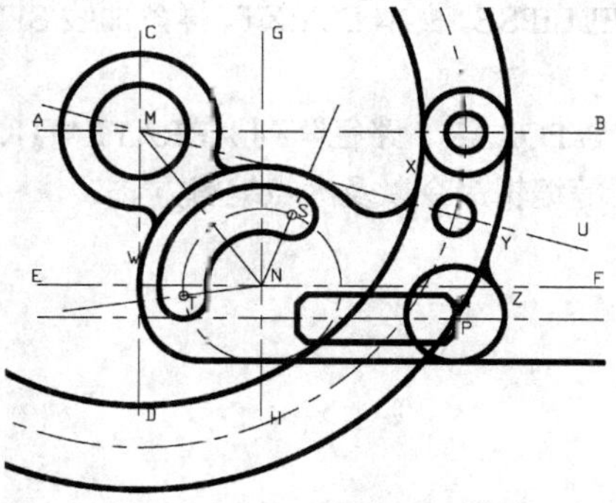

图 T4-12　倒半径 20 的圆角

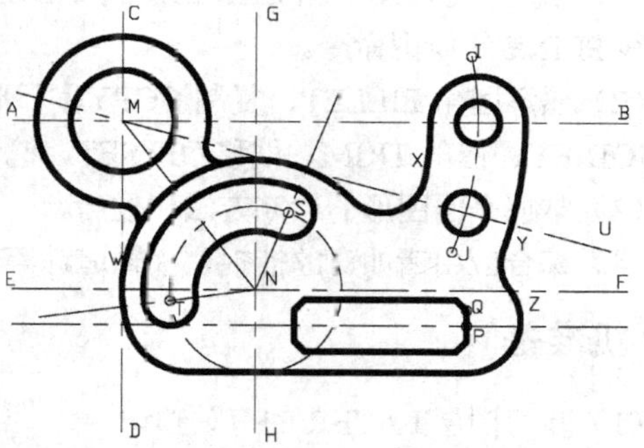

图 T4-13　修改圆成合适大小的圆弧

24. 绘制切线

采用直线命令通过递延切点的对象捕捉模式绘制两条切线。

25. 修改中心线到合适的长度

采用夹点编辑方式，将中心线修改到合适的大小。如果不希望对象捕捉方式影响夹点编辑，在状态栏中单击对象捕捉按钮，关闭对象捕捉。如果要保持直线的水平或垂直，打开正交模式，并注意光标移动位置。

26. 保存文件

单击“文件→保存”菜单保存文件，在弹出的“图形另存为”对话框中的“文件名”文本框中输入“练习 4−垫片”，并单击保存按钮保存。

思考及练习

1. 思考绘制 60° 和 15° 的斜线的其他方法。
2. 如果将倒角 5×45° 的矩形改成圆角，半径为 6，并将图 T4-1 左右颠倒，重新绘制该图。
3. 绘制如图 T4-14、图 T4-15 所示的平面图形。

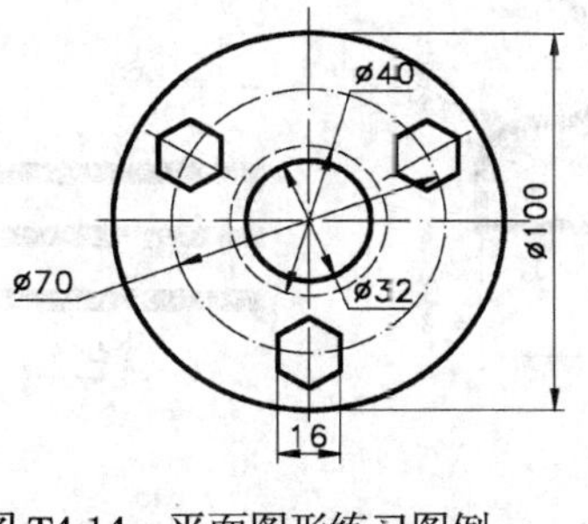

图 T4-14　平面图形练习图例一

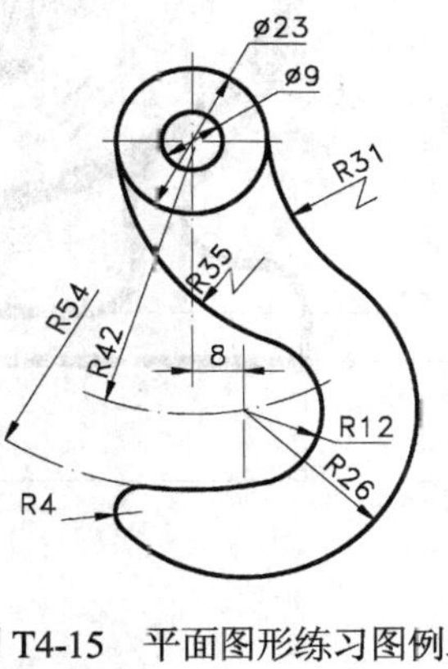

图 T4-15　平面图形练习图例二

实验 5　绘制平面图形——太极

目的和要求

（1）熟悉直线 LINE、圆 CIRCLE、圆环 DONUT、椭圆 ELLIPSE、文本 DTEXT、样条曲线 SPLINE、多段线 PLINE 等绘图命令。

（2）熟悉圆角 FILLET、复制 COPY、环形阵列 ARRAYPOLAR、路径阵列 ARRAYPATH、修改 DDMODIFY、修剪 TRIM、偏移 OFFSET、镜像 MIRROR 等编辑命令以及夹点编辑方法。

（3）掌握平面图形的绘制方法和技巧。

（4）综合应用诸如对象捕捉、极轴追踪等辅助功能。

上机准备

（1）复习图层 LAYER 的有关知识。

（2）复习对象捕捉 OSNAP 的设置和使用方法。

（3）复习圆 CIRCLE、直线 LINE、文本 DTEXT、圆环 DONUT、样条曲线 SPLINE 和椭圆 ELLIPSE 等绘图命令的使用方法。

（4）复习圆角 FILLET、复制 COPY、环形阵列 ARRAYPOLAR、路径阵列 ARRAYPATH、修改 DDMODIFY、修剪 TRIM、偏移 OFFSET、镜像 MIRROR 等编辑命令以及夹点编辑方法。

上机操作

绘制如图 T5-1 所示的太极图。

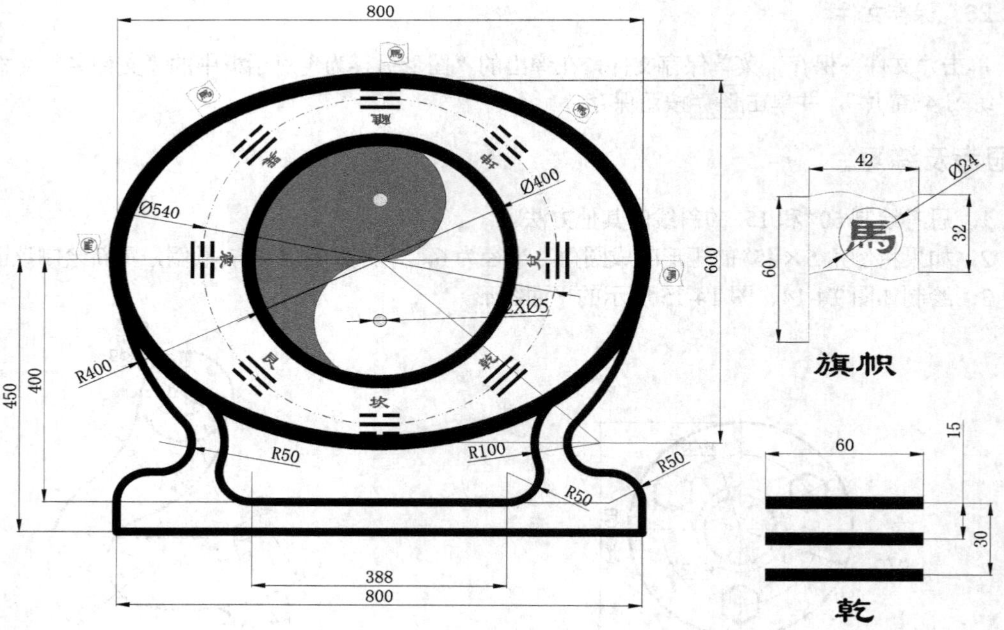

图 T5-1　太极图

分析

（1）环境设置主要包括图层（含线型、颜色、线宽等）的设置。按照如图 T5-1 所示的图形，图层至少应该分别用于各种线型（点划线层、粗实线层和尺寸标注层，本例不标注尺寸，可以先不设）和几种特殊的图形（底座、太极、八卦、旗帜等）。文字部分只用一种一种字体-隶书，只需要设置一种文字样式即可。

（2）本例所示图形比较规范。按照区域来划分分别进行绘制。首先在确定椭圆的长短轴及其中心后绘制好椭圆，再绘制中间的圆。然后通过水平中心线的偏移，找到太极图的两个中心，绘制两个圆，其中心分别用 DONUT 命令绘制两个直径 5 的填充的实心圆。

（3）外侧的八卦符号和汉字，首先在坎的位置绘制一个乾的图案，注写一个汉字（如坎），通过环形阵列的方式，阵列出其他 7 个符号和汉字。将中心线偏移，镜像，得到两个相距 10 的平行线，将这两条平行线环形阵列，作为剪切边，修剪符号成需要的符号。同时将阵列的文字修改为正确的八卦文字。

（4）采用样条曲线 Spline 命令绘制一个旗帜的图案，中间绘制一个圆，并写上汉字馬，将该图案制作成一个块，保存在图形中。

（5）在椭圆的右侧插入该块，并沿路径阵列出 5 个。注意，阵列前需要将椭圆修剪成上面一半，镜像得到下面一半。阵列路径选择上面的半个椭圆。

（6）绘制椭圆下方的底座。按照尺寸，利用偏移、直线、圆、修剪、圆角、镜像等命令绘制。

1. 图层设置

设置图层便于图形管理。一般可以根据图形中存在的图线种类和准备放置的对象来设置图层。该图形包含了尺寸、太极图案、八卦符、八卦文字、旗帜、底座图形以及阵列八卦符号和文字需要参考的双点画线圆，按照这样的分类，为它们分别设置一个图层。

执行图层命令，弹出“图层特性管理器”选项板，设置成如图 T5-2 所示的结果。

无须自己设置 0 层，其中设定座层宽度为 0.3mm。Defpoints 层是定义点层，标注尺寸时自动产生的，无须设置。

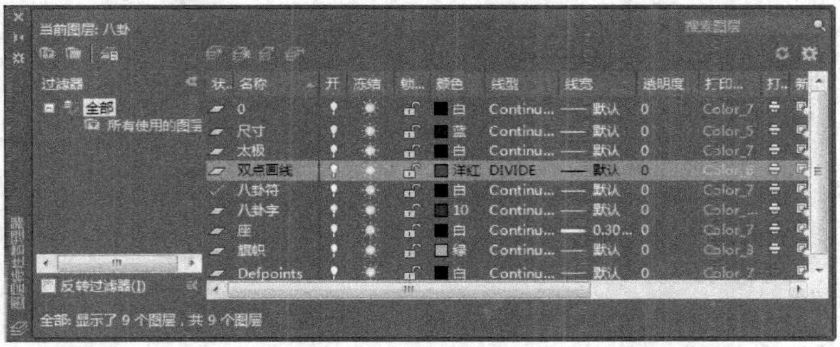

图 T5-2 图层设置

2. 辅助功能设置

辅助功能设置中主要设置和绘制本例图形密切相关的对象捕捉模式。根据绘制的图形中线条、图案的相关性，预设置“端点”、“中点”、“象限点”和“圆心”的对象捕捉模式，并启用对象捕捉，绘图时便可以随时捕捉大部分符合要求的点。

在状态栏的对象捕捉按钮上右击并选择“设置”，弹出“草图设置”对话框，设定成如图 T5-3 所示的结果。

3．绘制椭圆

按照图 T5-1 中标注的尺寸，绘制椭圆。

（1）绘制长轴和短轴。

设定当前层为“0”，打开正交模式。

点取“默认→绘图→直线”按钮　　下达直线绘制命令
命令: _line
指定第一点: **在屏幕中间偏左的位置单击**
指定下一点或 [放弃(U)]: **将光标向右移动，保证图线水平 800↙**　　绘制长度 800 的水平线，长轴
指定下一点或 [放弃(U)]: **↙**　　结束水平线的绘制
↙
命令: _line
指定第一点:**在刚绘制的水平线中间出现“中点”提示时单击**
指定下一点或 [放弃(U)]: **将光标向上移动，保证图线垂直 300↙**　　绘制 300 的垂直线，短轴一半
指定下一点或 [放弃(U)]: **↙**
↙
命令: _line
指定第一点: **在刚绘制的水平线中间出现“中点”或“交点”或“端点”提示时单击**
指定下一点或 [放弃(U)]: **将光标向下移动，保证图线垂直 300↙**　　绘制 300 的垂直线，短轴另一半
指定下一点或 [放弃(U)]: **↙**

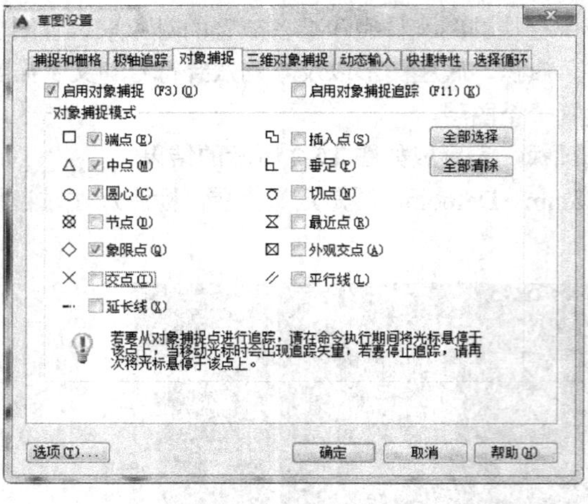

图 T5-3　对象捕捉设置

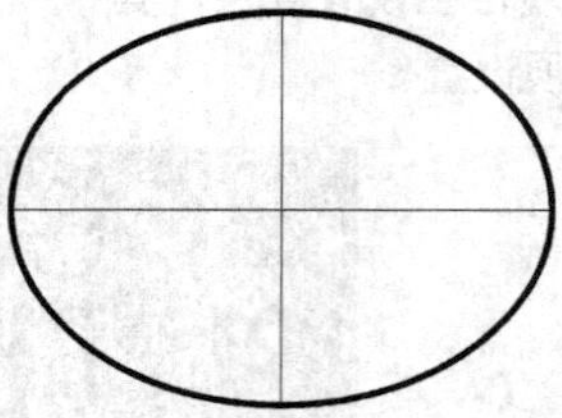

图 T5-4　绘制椭圆

（2）绘制椭圆。

切换到底座层。

点取“默认→绘图→椭圆（圆心）”按钮
命令: _ellipse
指定椭圆的轴端点或 [圆弧(A)/中心点(C)]: _c
指定椭圆的中心点: **拾取刚绘制的长短轴的交点**
指定轴的端点: **拾取长轴的一个端点**
指定另一条半轴长度或 [旋转(R)]: **拾取短轴的最外侧的一个端点**

4．绘制太极图

（1）绘制圆。

点取“默认→绘图→圆（圆心、半径）”按钮
命令: _circle
指定圆的圆心或 [三点(3P)/两点(2P)/切点、切点、半径(T)]: **拾取长短轴的交点**
指定圆的半径或 [直径(D)] <400.0000>: **200↙**

（2）偏移复制鱼眼所在位置水平直线。

点取“默认→修改→偏移”按钮
命令: _offset
当前设置: 删除源=否　图层=源　OFFSETGAPTYPE=0
指定偏移距离或 [通过(T)/删除(E)/图层(L)] <通过>: **100↙**
选择要偏移的对象，或 [退出(E)/放弃(U)] <退出>: **拾取水平中心线**
指定要偏移的那一侧上的点，或 [退出(E)/多个(M)/放弃(U)] <退出>: **在水平线上方单击**
选择要偏移的对象，或 [退出(E)/放弃(U)] <退出>: **拾取水平中心线**
指定要偏移的那一侧上的点，或 [退出(E)/多个(M)/放弃(U)] <退出>: **在水平线下方单击**
选择要偏移的对象，或 [退出(E)/放弃(U)] <退出>: **↙**

结果如图 T5-5 所示。

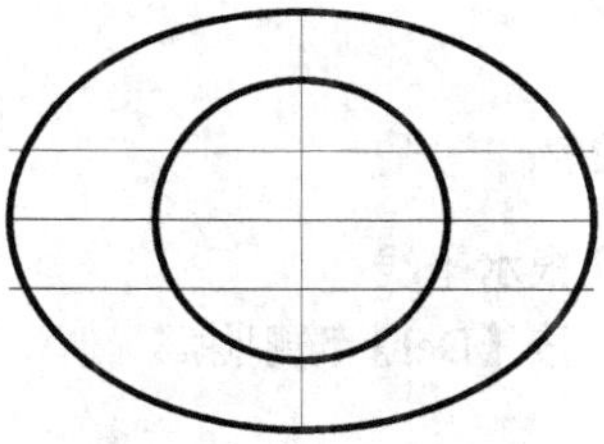

图 T5-5　绘制圆及偏移复制水平线

（3）绘制两相切的圆。

点取“默认→绘图→圆（圆心、半径）”按钮
命令: _circle
指定圆的圆心或 [三点(3P)/两点(2P)/切点、切点、半径(T)]: **拾取短轴和偏移复制的水平线的交点**
指定圆的半径或 [直径(D)] <400.0000>: **100↙**
重复，在另一侧的交点处绘制一个同样大的圆。

（4）修剪出太极阴阳鱼轮廓。

点取“默认→修改→修剪”按钮
命令: _trim
当前设置:投影=UCS，边=无
选择剪切边...
选择对象或 <全部选择>: **拾取短轴一条线** 找到 1 个
选择对象: **拾取另一个短轴直线**　找到 1 个，总计 2 个
选择对象: **↙**
选择要修剪的对象，或按住【Shift】键选择要延伸的对象，或
[栏选(F)/窗交(C)/投影(P)/边(E)/删除(R)/放弃(U)]: **拾取上面的小圆的左侧部分**
选择要修剪的对象，或按住【Shift】键选择要延伸的对象，或
[栏选(F)/窗交(C)/投影(P)/边(E)/删除(R)/放弃(U)]: **拾取下面的小圆的右侧部分**

选择要修剪的对象，或按住【Shift】键选择要延伸的对象，或
[栏选(F)/窗交(C)/投影(P)/边(E)/删除(R)/放弃(U)]: ↙

结果如图 T5-6 所示。

（5）绘制阴阳鱼眼睛。

采用 Donut 命令绘制阴阳鱼眼睛。直径为 15。

命令: DONUT↙
指定圆环的内径 <0.0000>: ↙　　内径为 0，实心圆
指定圆环的外径 <5.0000>: **15**↙　　外径 15，确定大小
指定圆环的中心点或 <退出>: **单击上面半圆的圆心**
指定圆环的中心点或 <退出>: **单击下面半圆的圆心**
指定圆环的中心点或 <退出>: *取消* **按【Esc】键取消 donut 命令**

将下面一个实心圆改为蓝色。结果如图 T5-7 所示。

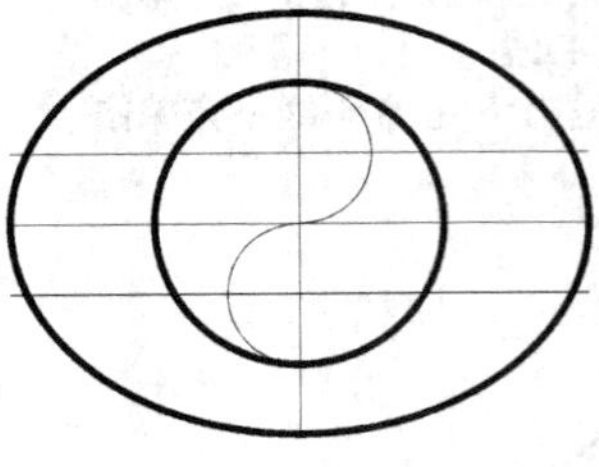

图 T5-6　绘制阴阳鱼轮廓

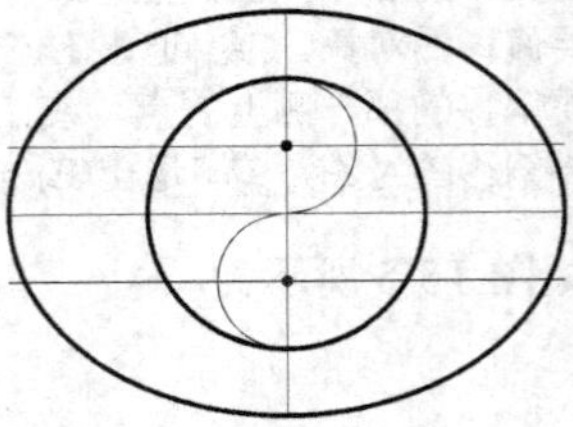

图 T5-7　绘制阴阳鱼眼睛

（6）删除长短轴和偏移复制的两根水平线。

选中长短轴和上下两条水平线，按【Del】键删除。

（7）填充阴阳鱼颜色。

采用剖面线命令填充实体颜色。上半个填蓝色，下半个填黑色。单击剖面线绘制命令 BHATCH 后，弹出如图 T5-8 所示的“图案填充创建”对话框。

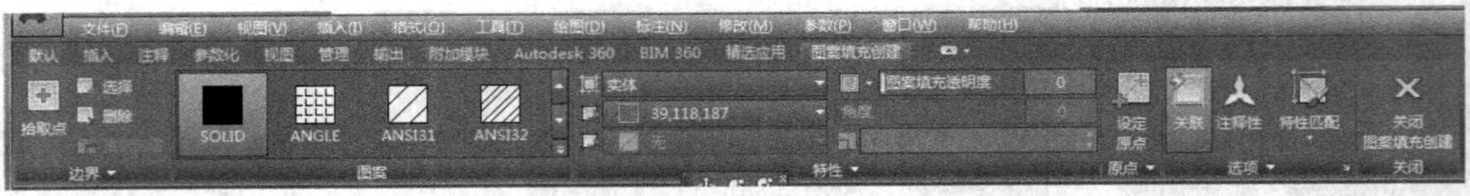

图 T5-8　“图案填充创建”对话框

在该对话框中，选择图案类型为“SOLID”；在“特性”中，颜色选择蓝色。单击最左方“边界”面板的“拾取点”按钮，在图形中需要填充的上半个鱼形中间单击。按空格键结束。再按一次空格键，重复填充命令，颜色选黑色，在下面的鱼形图中间单击。按空格键结束。结果如图 T5-9 所示。

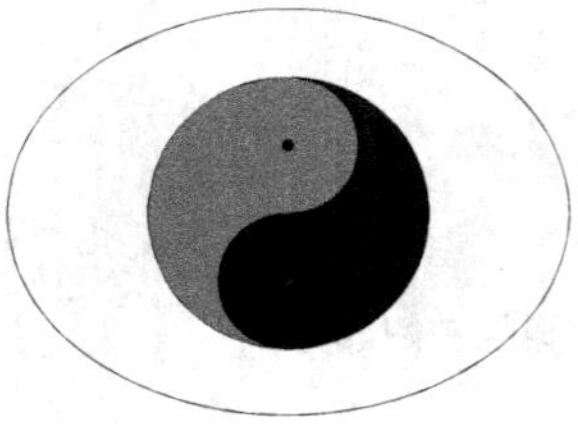

图 T5-9　填充颜色

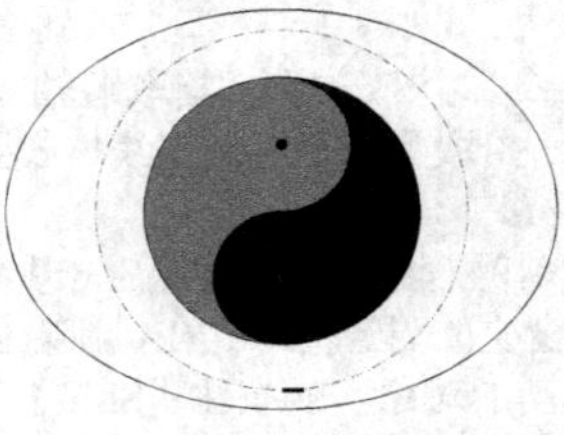

图 T5-10　绘制多段线

5. 绘制乾形图案和文字

（1）绘制辅助圆。

在双点画线层，采用圆命令，以太极图中心为圆心，直径 540 绘制一个圆。

（2）绘制乾形图案。

采用直线命令，以辅助圆的最下方的象限点为中心，参照图 T5-1 中的尺寸，在八卦符层采用多段线命令绘制一条水平线，线宽为 5，长度为 30，如图 T5-10 所示。

点取“默认→绘图→多段线”按钮
命令: _pline
指定起点: **按住【Shift】键右击鼠标，选择象限点** _qua 于 **拾取辅助圆的最下方的象限点**
当前线宽为 5.0000
指定下一个点或 [圆弧(A)/半宽(H)/长度(L)/放弃(U)/宽度(W)]: **w↙** 设置线宽
指定起点宽度 <5.0000>: **5↙**
指定端点宽度 <5.0000>: **5↙**
指定下一个点或 [圆弧(A)/半宽(H)/长度(L)/放弃(U)/宽度(W)]: **向右移动鼠标 30↙** 绘制长度 30
指定下一点或 [圆弧(A)/闭合(C)/半宽(H)/长度(L)/放弃(U)/宽度(W)]: **↙**

选中刚绘制的多段线，拖动最左侧夹点，向左移动，输入 30，回车。结果将多段线长度改为 60。

偏移复制该多段线，得到乾形符号。

点取“默认→修改→偏移”按钮
命令: _offset
当前设置: 删除源=否 图层=源 OFFSETGAPTYPE=0
指定偏移距离或 [通过(T)/删除(E)/图层(L)] <100.0000>: **15↙**
选择要偏移的对象，或 [退出(E)/放弃(U)] <退出>: **选择刚绘制的多段线**
指定要偏移的那一侧上的点，或 [退出(E)/多个(M)/放弃(U)] <退出>: **在多段线上方单击**
选择要偏移的对象，或 [退出(E)/放弃(U)] <退出>: **选择刚绘制的多段线**
指定要偏移的那一侧上的点，或 [退出(E)/多个(M)/放弃(U)] <退出>: **在多段线下方单击**
选择要偏移的对象，或 [退出(E)/放弃(U)] <退出>: **按【Esc】键** *取消*

结果如图 T5-11。

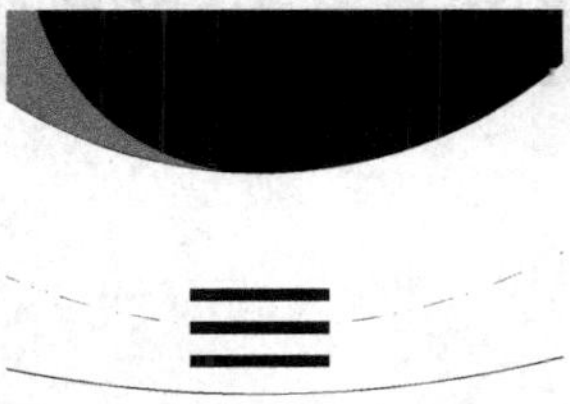

图 T5-11 复制三条多段线

图 T5-12 绘制文字

（3）绘制文字。

在太极圆最下方的象限点和刚偏移复制的最上方的水平线间绘制一条垂直的辅助线。

点取“默认→注释→单行文字”按钮
命令: _text
当前文字样式: “Standard” 文字高度: 44.8766 注释性: 否 对正: 正中
指定文字的中间点 或 [对正(J)/样式(S)]: **j↙**
输入选项 [左(L)/居中(C)/右(R)/对齐(A)/中间(M)/布满(F)/左上(TL)/中上(TC)/右上(TR)/左中(ML)/正中(MC)/右中(MR)/左下(BL)/中下(BC)/右下(BR)]: **mc↙** 采用正中的对正方式
指定文字的中间点: **采用中点捕捉模式** _mid 于 **拾取刚绘制的垂直线的中点**

指定高度 <44.8766>: **25↙**
指定文字的旋转角度 <0>: ↙
输入文字乾 ↙
↙

结果如图 T5-12 所示。

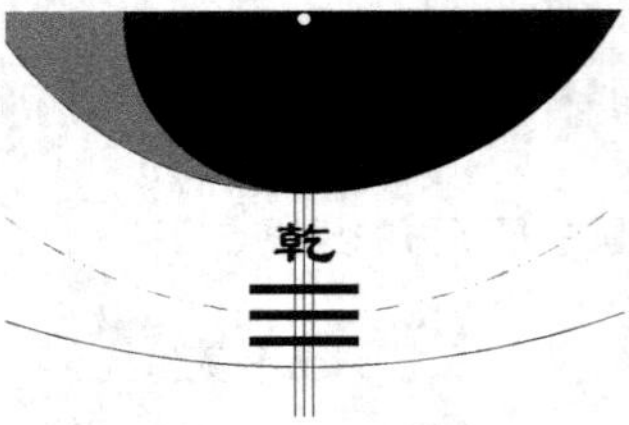

图 T5-13　偏移辅助垂直辅助线

6．阵列编辑八卦符及文字

（1）拉伸垂直的辅助直线。

选择刚绘制的垂直辅助线，使其长度覆盖其下方的三条多段线。

（2）偏移复制该辅助线。

采用偏移命令，将该辅助线分别向左、右相距为 5，复制两根。结果如图 T5-13 所示。

（3）阵列八卦符、文字以及辅助线。

以太极图中心为旋转中心，采用环形阵列，将乾形符号、文字和辅助线复制 8 个。

单击“默认→修改→环形阵列”按钮
命令: _arraypolar
选择对象: **采用窗口方式，选择需要阵列的三条多段线，三条垂直辅助线和乾字**
指定对角点: 找到 7 个
选择对象: ↙
类型 = 极轴　关联 = 是
指定阵列的中心点或 [基点(B)/旋转轴(A)]: **拾取太极图的中心点**
在如图 T5-14 所示的选项卡中，设置项目数为 8，取消关联
选择夹点以编辑阵列或 [关联(AS)/基点(B)/项目(I)/项目间角度(A)/填充角度(F)/行(ROW)/层(L)/旋转项目(ROT)/退出(X)] <退出>: ↙

图 T5-14　设置环形阵列参数

结果如图 T5-15 所示。

（4）修剪编辑八卦符和文字。

采用修剪命令，按照图 T5-16，修剪编辑八卦符和文字。

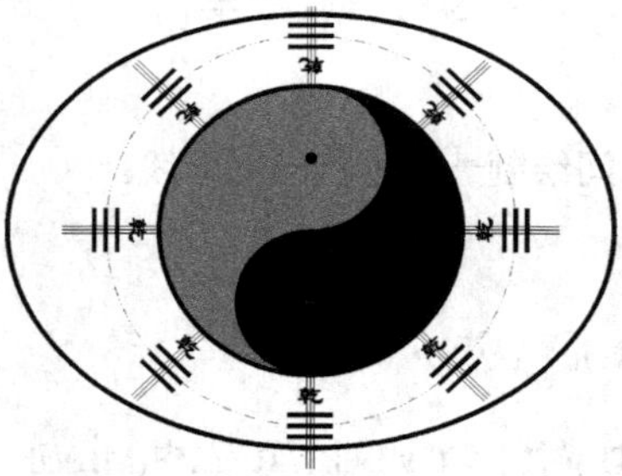

图 T5-15　阵列八卦符、文字和辅助线

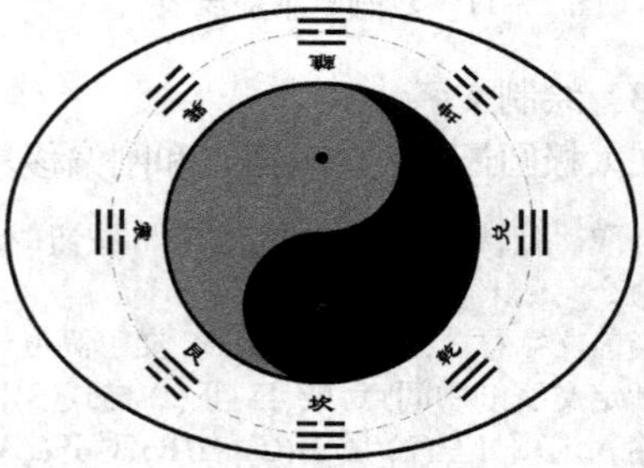

图 T5-16　修剪编辑修改八卦符和文字

（5）修改八卦文字。

双击八卦文字，按照图 T5-16，将文字修改正确。分别是乾（qian）、坎（kan）、艮（gen）、震（zhen）、巽（xun）、離（li）、坤（kun）、兌（dui）。

（6）删除辅助线。

拾取阵列的三条辅助线，按【Del】键删除。

结果如图 T5-16 所示。

7．绘制并阵列旗帜

（1）按照如图 T5-1 所示旗帜大小和形状，绘制一个旗帜图形。

在旗帜层，首先绘制一条垂直的长度 60 的线，将该线偏移 42，并将偏移后的直线用夹点拖动的方法改长度到 32。

采用拟合样条曲线命令，绘制一条曲线，并将该线复制到另一端，如图 T5-17 所示。

再在旗帜图中间绘制一个直径 24 的圆，采用单行文字命令，在中间写一个“馬”字，字高 16。如图 T5-18 所示。

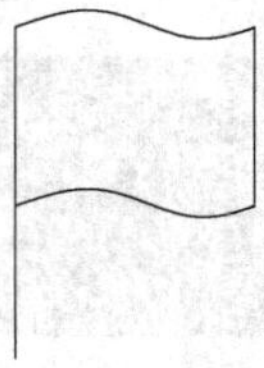

图 T5-17　绘制旗帜图形

图 T5-18　画圆及写字

（2）将该图形制作成块。

单击“默认→块→创建”按钮，弹出如图 T5-19 所示的“块定义”对话框，输入名称“马”，设置旗杆最下端为基点，选择旗帜为对象。完成块定义。

（3）插入块。

单击“默认→块→插入”按钮的下拉箭头，弹出可用块名称及示意图，选择刚创建的块（“马”）。

命令: _-INSERT 输入块名或 [?]: 马
单位: 毫米　转换: 1.0000
指定插入点或 [基点(B)/比例(S)/X/Y/Z/旋转(R)]: _Scale 指定 XYZ 轴的比例因子 <1>: **1↙**
指定插入点或 [基点(B)/比例(S)/X/Y/Z/旋转(R)]: **r↙**
指定旋转角度 <0>: **−90↙**　　顺时针旋转 90°
指定插入点或 [基点(B)/比例(S)/X/Y/Z/旋转(R)]: **选择象限点的捕捉方式**　_qua 于 **拾取八卦图椭圆的最右侧象限点**

结果如图 T5-20 所示。

（4）路径阵列。

首先通过修剪命令，将椭圆的下半部分剪掉，然后，

单击“默认→修改→路径阵列”按钮
命令: _arraypath
选择对象: **选择插入的块**　找到 1 个
选择对象: **↙**
类型 = 路径　关联 = 否
选择路径曲线: **拾取半个椭圆**
选择夹点以编辑阵列或 [关联(AS)/方法(M)/基点(B)/切向(T)/项目(I)/行(R)/层(L)/对齐项目(A)/z 方向(Z)/退出(X)] <退出>:

在如图 T5-21 所示的选项卡中设置为定数等分，并将数量改为 5，设置对齐项目。回车完成阵列。结果如图 T5-22 所示。

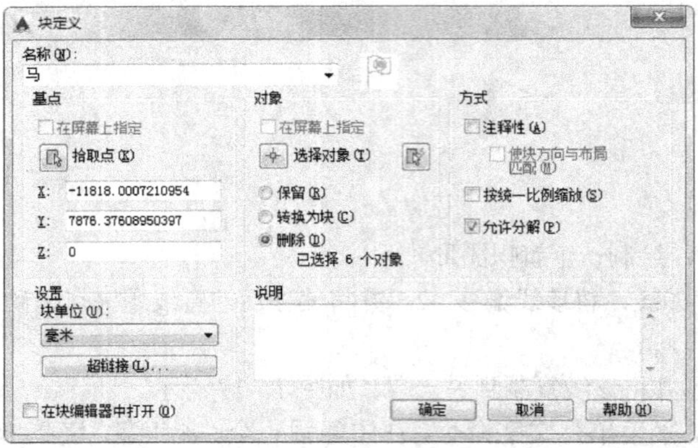

图 T5-19　定义块

图 T5-20　插入块

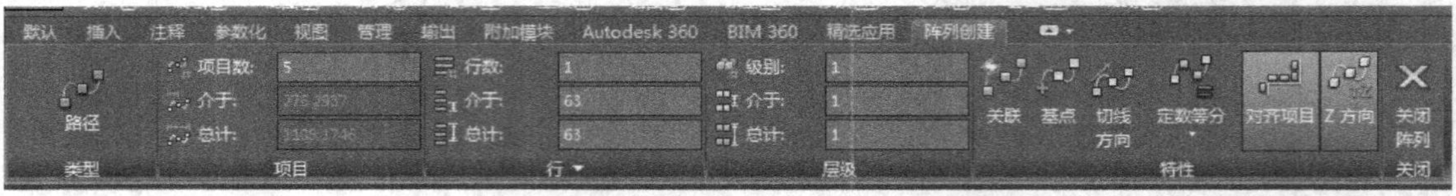

图 T5-21　路径阵列设置

镜像椭圆弧，得到下半个椭圆弧，如图 T5-23 所示。

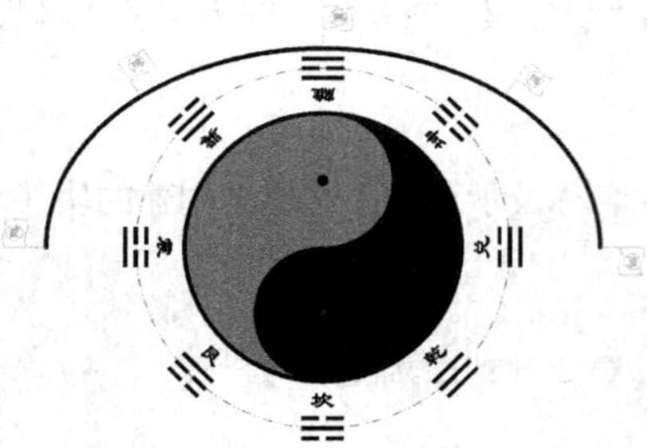

图 T5-22　阵列结果

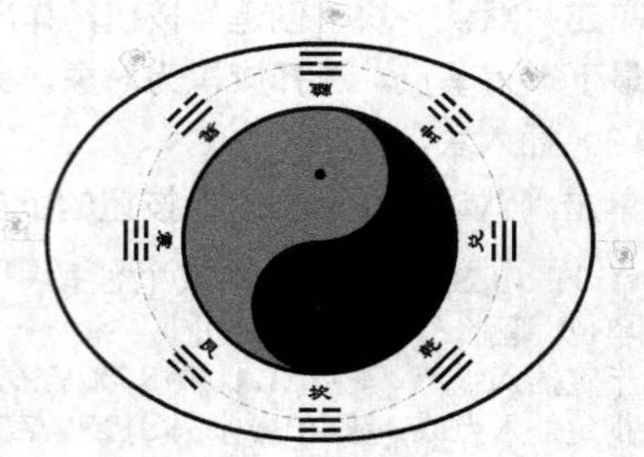

图 T5-23　镜像椭圆弧

8. 绘制底座

在座层完成以下任务。

（1）绘制辅助线。

采用直线命令，参照图 T5-24，绘制两条直线。一条是椭圆的长轴，另一条是椭圆的短轴，向下延伸较长即可。

（2）偏移复制直线。参照图 T5-25，分别以 450、400、400、50 偏移复制直线。

（3）绘制半径 400 的圆。

采用圆命令，以太极中心为圆心，绘制一半径 400 的圆，如图 T5-26 所示。

（4）倒圆角。

参照图 T5-27，以半径 50 的大小，在图示位置倒圆角。

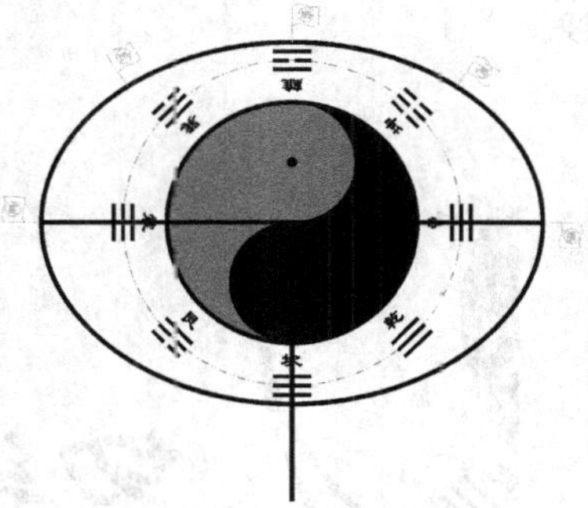

图 T5-24　绘制两条辅助线

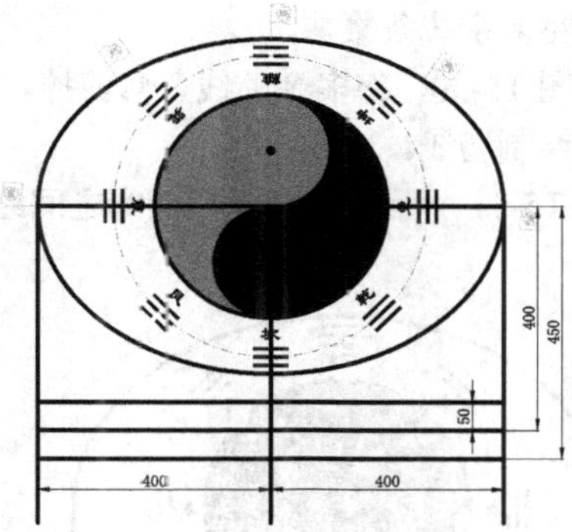

图 T5-25　偏移复制直线

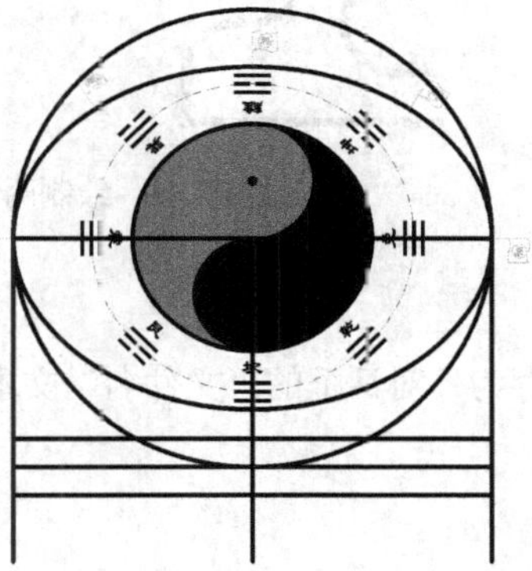

图 T5-26　绘制圆

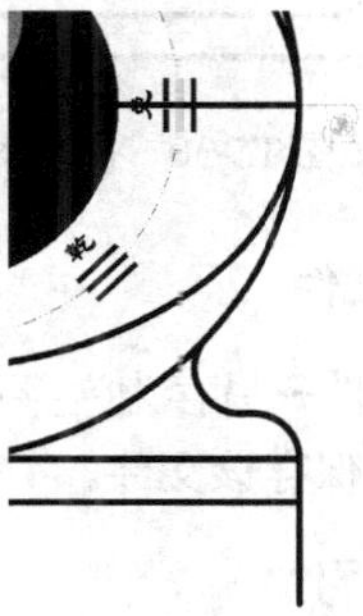

图 T5-27　倒圆角

（5）镜像右侧倒圆角图线。

采用镜像命令，将刚倒的圆角和中间相切的线镜像到左侧。

（6）偏移圆弧。

以距离 50 将上侧倒的圆角往外侧偏移，如图 T5-28 所示。

（7）倒圆角。

在偏移辅助的圆弧和水平线间倒半径 50 的圆角，如图 T5-29 所示。

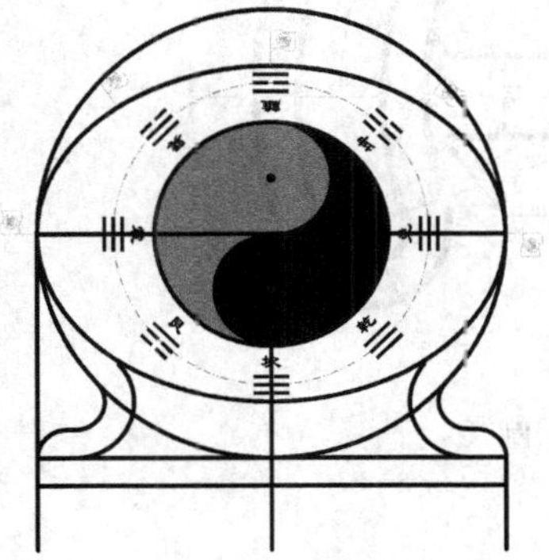

图 T5-28　镜像及偏移圆角

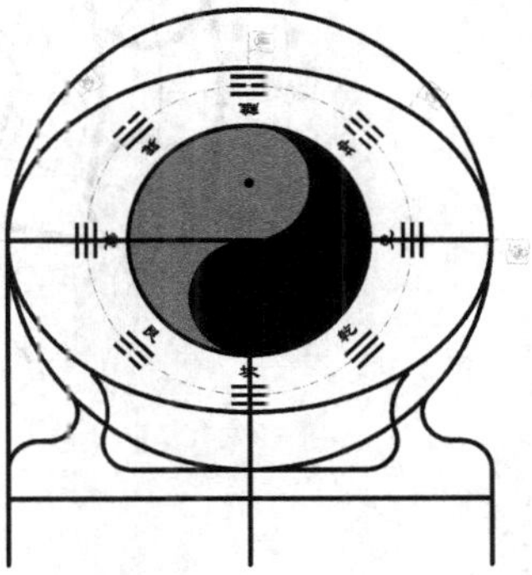

图 T5-29　倒圆角

（8）将多余线条修剪。

参照图 T5-30，将多余的线条修剪掉。并删除两辅助线。

（9）绘制切线。

如图 T5-31 所示，在圆弧和椭圆之间绘制切线。

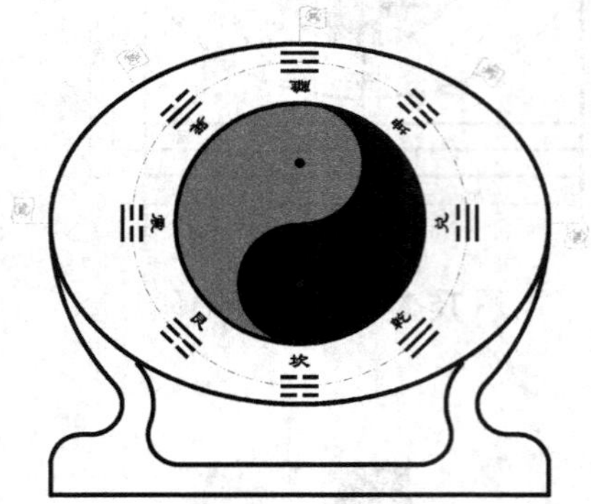

图 T5-30　修剪图形

图 T5-31　绘制两切线

9．保存文件

单击“文件→另存为”菜单项，在弹出的“图形另存为”对话框的“文件名”文本框中输入“练习 5-太极图”保存该文件。

思考及练习

1．采用倒圆或倒角命令，如何实现修剪的功能？

2．是否可以采用“捕捉自”的对象捕捉方式，来替代绘图过程中的一些辅助线？

3．试采用徒手线的方式绘制旗帜上的样条曲线，要求连成一条多段线并样条化。

4．绘制如图 T5-32 所示的平面图形。

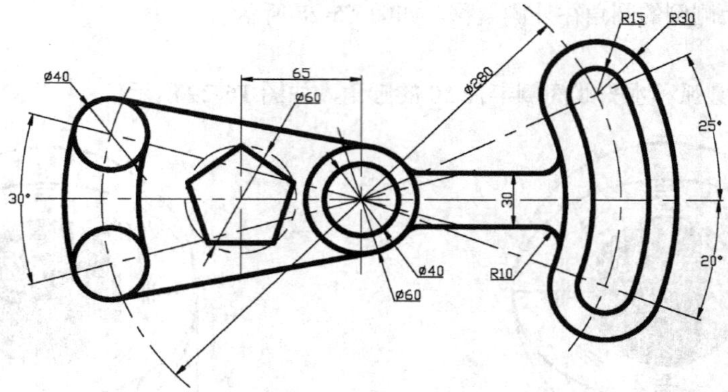

图 T5-32　平面图形练习图例

实验 6　绘制组合体三视图

目的和要求

（1）熟悉三视图的绘制方法和技巧。

（2）熟悉相关图形的位置布置以及辅助线的使用技术。

（3）进一步练习部分绘图、编辑命令以及对象捕捉等绘图辅助功能。

（4）绘制三视图必须保证“三等”关系，即主、俯视图长对正，主、左视图高平齐，左、俯视图宽相等。在长度和高度上比较容易保证，在宽度方向上，通过作辅助线或画辅助圆的方式来保证。

上机准备

（1）预习图 T6-1，思考绘制方法。

（2）复习构造线 XLINE、圆 CIRCLE、圆弧 ARC、直线 LINE 等绘图命令的使用方法。

（3）复习修剪 TRIM、删除 ERASE、复制 COPY、打断 BREAK 和偏移 OFFSET 等编辑命令的使用方法。

（4）复习图层 LAYER、图形极限 LIMITS 等命令的功能及操作方法。

（5）复习对象捕捉方式设定和使用方法。

上机操作

绘制如图 T6-1 所示的组合体三视图。

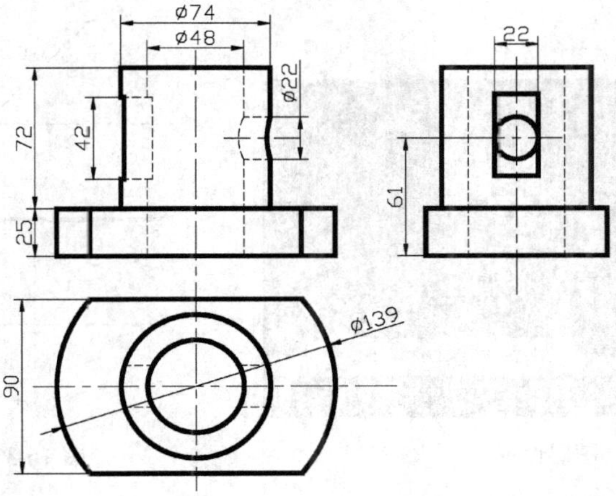

图 T6-1　三视图示例

分析

（1）环境设置应该包括：图纸界限、图层（包括线型、颜色、线宽）的设置。按照如图 T6-1 所示的图形大小，图纸界限设置成 A4 横放比较合适，即 297×210。图层至少应该包括用到的线型（点划线层、粗实线层、虚线层和尺寸标注层，本例不标注尺寸，可以先不设）。

（2）正确绘制本例所示图形关键在于充分利用辅助线或辅助圆保证三视图的对应关系。其中，俯视图和左视图都可以根据尺寸直接绘制，主视图中的图线的形状和位置必须根据俯视图和左视图来确定。在正交模式下，从俯视图和左视图分别引垂直向上和水平向左的直线作为定位的辅助线，利用辅助线可以确定图形中的结构尺寸，圆柱部分中间方孔和圆孔产生的截交线必须通过辅助线进行绘制。一般绘制时分块进行，如先绘制好底板的三个视图，再绘制上方圆柱三视图，而不是完全绘制好俯视图再绘制左视图或主视图。

1. 环境设置

（1）设置图形界限。

按照该图所标注的尺寸，设置成 A4（297×210）大小的界限即可。

（2）设置对象捕捉模式。

该图使用最多的捕捉模式应该是交点，通过“草图设置”对话框设置默认的捕捉模式为“交点”。

2. 图层设置

因为该图形包含了粗实线、虚线、点划线以及尺寸，所以可按照图 T6-2 设置图层。

3. 绘制中心线等基准线和辅助线

首先绘制作图基准线，一般情况下，图形的基准指对称线、某端面的投影线、轴线等。

（1）绘制作图基准线。

该图的基准线主要有俯视图的中心线 AF、AH，主视图的轴线 AH 和下端面投影线 BC，左视图的轴线 IF 和下端面的投影线 DE，同时将圆孔的中心线 KL、MN 通过偏移命令以偏移距离 61 复制出来。如图 T6-3 所示，在中心线层上绘制各条直线，并将下端面的投影线 BC、DE 改到粗实线层上。绘制时注意将各条直线之间的位置设置合适并保证三视图的对应关系。

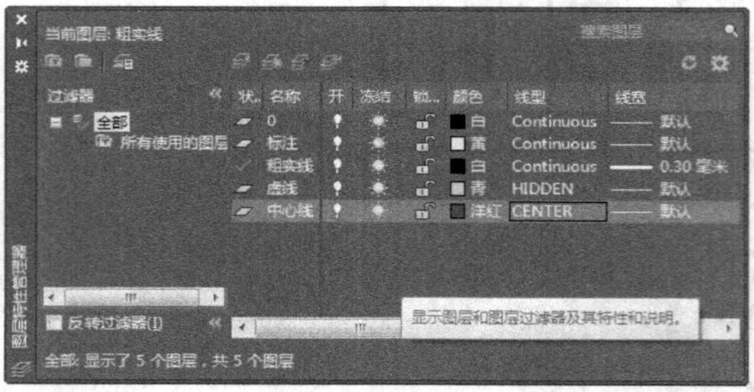

图 T6-2 图层设置

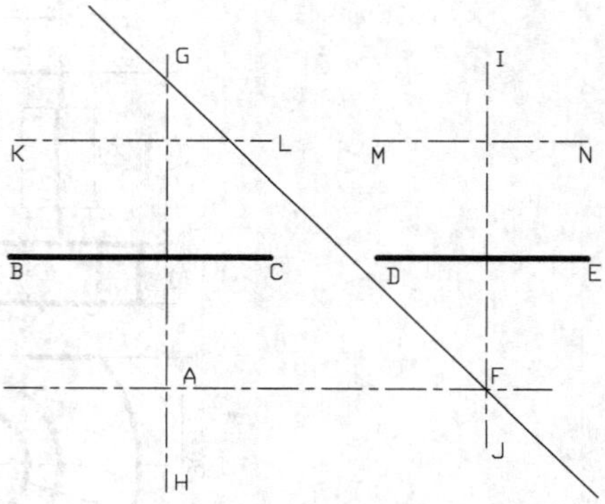

图 T6-3 作图基准线及辅助线

（2）绘制作图辅助线。

为保证“三等”关系，如图 T6-3 所示在 0 层上作一条–45°方向的构造线作为保证宽相等的辅助线。

点取“**绘图→构造线**”
命令: _xline
指定点或 [水平(H)/垂直(V)/角度(A)/二等分(B)/偏移(O)]: **a**↙
输入构造线角度 (0) 或 [参照(R)]: **-45**↙
指定通过点: **点取 F 点**
指定通过点: **按【Esc】键** *取消*

4. 绘制底板

绘制三视图应该遵循三个视图同时绘制的原则。在绘制其中的组成部分时，应同时绘制该部分的三个视图，然后再绘制其他结构。

底板可以看成一圆柱被两个正平面切去前后两块形成。所以先绘制圆柱的三面投影，再修剪成最后的结果。将当前层改到粗实线层上，然后进行下面的操作。

（1）绘制俯视图上投影圆。

点取"绘图→圆"按钮
命令: _circle
指定圆的圆心或 [三点(3P)/两点(2P)/切点、切点、半径(T)]: **点取 A 点**
指定圆的半径或 [直径(D)]: **d↙**
指定圆的直径: **139↙**

（2）偏移复制距离 45 的直线和表示底板厚度的直线。

① 偏移复制直线。

点取"修改"工具栏中的"偏移"按钮
命令: _offset
当前设置: 删除源=否　图层=源　OFFSETGAPTYPE=0
指定偏移距离或 [通过(T)/删除(E)/图层(L)] <通过>: **45↙**
选择要偏移的对象，或 [退出(E)/放弃(U)] <退出>: **点取 AF**
指定要偏移的那一侧上的点，或 [退出(E)/多个(M)/放弃(U)] <退出>　**向上点取**
选择要偏移的对象，或 [退出(E)/放弃(U)] <退出>: **↙**

用同样的方法向下偏移复制另一条直线。

② 将偏移复制的直线改到"粗实线"层上。

在"命令:"提示下，选择偏移复制的直线，出现夹点后，单击"图层"面板中图层下拉列表框，单击"粗实线"层，在绘图区单击，按两次【Esc】键取消夹点编辑。

③ 修剪俯视图中圆成圆弧。

参照图 T6-1，修剪俯视图中的圆和偏移复制的直线。

④ 偏移复制主视图和左视图底板上表面投影线。

采用偏移距离 25 复制主视图和左视图上底板的上表面的投影线，即向上偏移复制 BC 和 DE。

（3）绘制主视图上底板圆柱的转向素线投影和左视图上的投影。

① 绘制主视图上转向素线投影。

点取"绘图"工具栏中的"直线"按钮
命令: _line
指定第一点: **点取 P 点**
指定下一点或 [放弃(U)]: **向上绘制一垂直线**
指定下一点或 [放弃(U)]: **↙**

用同样的方法绘制其他三条垂直线。

② 绘制左视图上转向素线投影。

按空格键
命令: _line
指定第一点: **点取 Q 点**
指定下一点或 [放弃(U)]: **向右绘制一水平线，交 45°辅助线于 S 点**
指定下一点或 [放弃(U)]: **↙**

按空格键
命令: _line
指定第一点: **点取 S 点**
指定下一点或 [放弃(U)]: **向上绘制一垂直线**
指定下一点或 [放弃(U)]: ↙

用同样的方法绘制左视图中右侧垂直线，结果如图 T6-4 所示。

（4）剪去超出部分。

绘制的转向素线均非最终大小，需要调整。一般采用修剪或延长命令，此处采用倒圆角命令来调整。

点取“修改→圆角”菜单 下达圆角命令
命令: _fillet
当前设置: 模式 = 修剪，半径 = 10.0000 提示圆角模式
选择第一个对象或 [放弃(U)/多段线(P)/半径(R)/修剪(T)/多个(M)]: **r**↙
指定圆角半径 <10.0000>: **0**↙ 设定成 0，即将两直线准确相交
选择第一个对象或 [放弃(U)/多段线(P)/半径(R)/修剪(T)/多个(M)]: **点取 U 点**
选择第二个对象，或按住【Shift】键选择要应用角点的对象或 [半径(R)]: **点取 V 点**

重复同样的过程，并删除两条水平辅助线，结果如图 T6-5 所示。

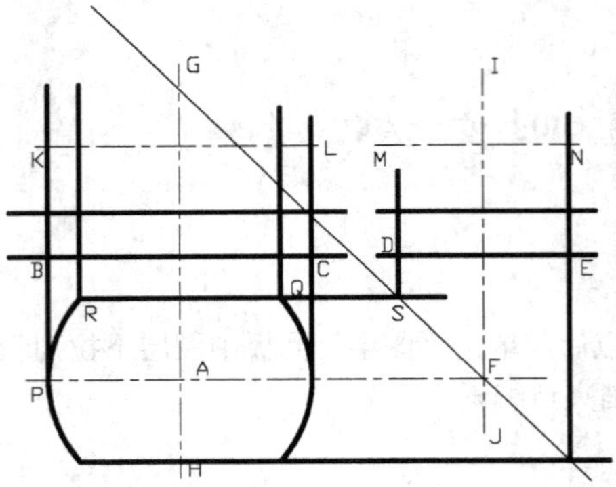

图 T6-4 转向素线

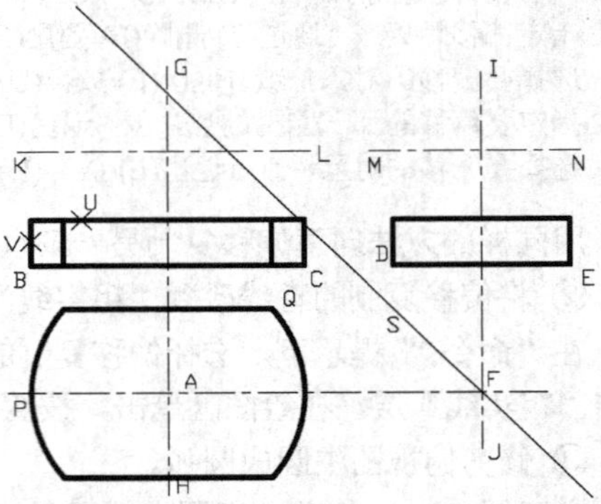

图 T6-5 调整转向素线尺寸

5. 绘制圆柱及其内部垂直圆孔

圆柱及其内部圆孔的投影应该首先绘制俯视图的投影——圆，再捕捉圆的象限点绘制主视图和左视图上的投影。

（1）偏移复制圆柱上表面投影线。

点取“修改→偏移”按钮
命令: _offset
当前设置: 删除源=否 图层=源 OFFSETGAPTYPE=0
指定偏移距离或 [通过(T)/删除(E)/图层(L)] <通过>: **97**↙
选择要偏移的对象，或 [退出(E)/放弃(U)] <退出>: **点取直线 BC**
指定要偏移的那一侧上的点，或 [退出(E)/多个(M)/放弃(U)] <退出>: **在 BC 上方任意位置点取**
选择要偏移的对象，或 [退出(E)/放弃(U)] <退出>: ↙

（2）绘制俯视图投影。

点取“绘图→圆→圆心、半径”菜单
命令: _circle
指定圆的圆心或 [三点(3P)/两点(2P)/切点、切点、半径(T)]: **点取 A 点**

```
指定圆的半径或 [直径(D)]: 24↙
```

再以 A 点为圆心绘制一半径为 37 的圆，如图 T6-6（a）中的俯视图。

（3）绘制主视图投影。

```
点取“绘图→直线”按钮
命令: _line
指定第一点: 点取俯视图中水平中心线和圆的交点
指定下一点或 [放弃(U)]: 向上绘制一垂直线                绘制的直线应超出圆柱上端水平投影
指定下一点或 [放弃(U)]: ↙
```

同样绘制其他 3 条转向素线的投影如图 T6-6（a）所示。然后按照图 T6-6（b）将超出部分修剪掉。

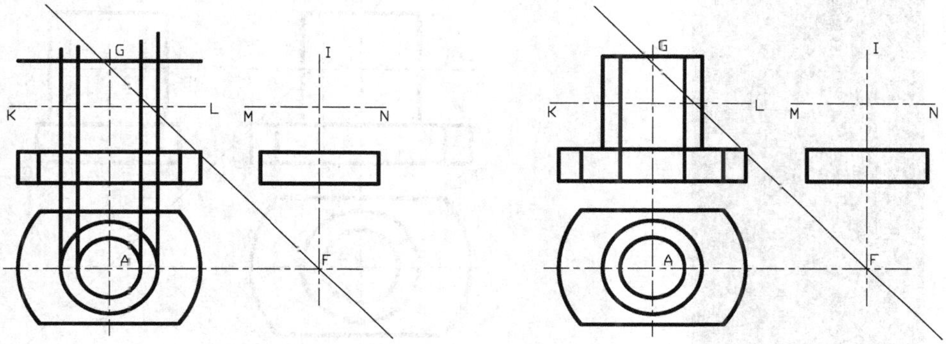

（a）　　（b）

图 T6-6　带孔圆柱投影

（4）将中间圆孔主视图上的投影改到虚线层上。

单击“特性”面板中的右下角按钮，弹出如图 T6-7 所示的“特性”选项板。单击主视图中间圆孔的投影线，出现夹点后，在“特性”选项板中同时显示其相关特性。单击“特性”选项板的“常规”信息中的“图层”，单击列表框向下的小箭头，弹出图层列表，选择“虚线”即可，按两次【Esc】键取消夹点。

（5）复制左视图投影。

由于带孔圆柱在左视图上和主视图上的投影相同，直接复制即可。

```
点取“修改→复制”菜单
命令: _copy
选择对象: 选择表示带孔圆柱投影的 5 条线
指定对角点: 找到 5 个
选择对象: ↙
指定基点或 [位移(D)] <位移>: 点取 A 点
指定第二个点或 <使用第一个点作为位移>: 点取 F 点
指定第二个点或 [阵列(A)/退出(E)/放弃(U)] <退出>:
```

结果如图 T6-8 所示。

6．绘制左侧方孔

左侧方孔在俯视图和左视图上的投影可以根据尺寸通过偏移轴线和基准线得到，再将偏移的线条改到正确的图层上，并修剪成正确的大小。主视图上的投影应该根据左视图和俯视图的对应关系绘制。

（1）主视图中偏移复制方孔上下边界线。

```
点取“修改→偏移”按钮
```

命令: _offset
当前设置: 删除源=否　图层=源　OFFSETGAPTYPE=0
指定偏移距离或 [通过(T)/删除(E)/图层(L)] <通过>: **21↙**
选择要偏移的对象，或 [退出(E)/放弃(U)] <退出>: **点取 KL**
指定要偏移的那一侧上的点，或 [退出(E)/多个(M)/放弃(U)] <退出>: **点取 KL 上方任意一点**
选择要偏移的对象，或 [退出(E)/放弃(U)] <退出>: **点取 KL**
指定要偏移的那一侧上的点，或 [退出(E)/多个(M)/放弃(U)] <退出>: **点取 KL 下方任意一点**
选择要偏移的对象，或 [退出(E)/放弃(U)] <退出>: **↙**

以距离 21，偏移复制直线 MN 得到左视图上方孔的上下表面投影线。

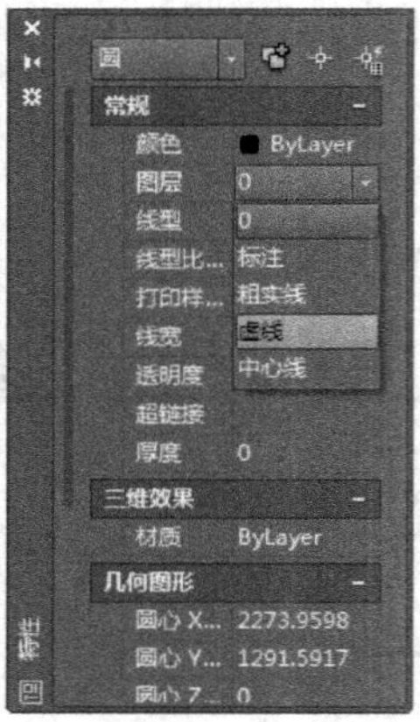

图 T6-7 “特性”选项板

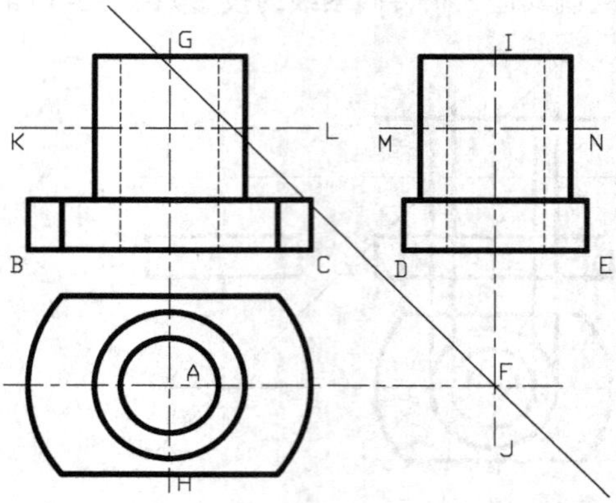

图 T6-8 绘制左视图中圆柱投影

（2）俯视图中偏移复制方孔前后边界线。

点取“修改→偏移”按钮
命令: _offset
当前设置: 删除源=否　图层=源　OFFSETGAPTYPE=0
指定偏移距离或 [通过(T)/删除(E)/图层(L)] <通过>: **11↙**
选择要偏移的对象，或 [退出(E)/放弃(U)] <退出>: 点取 AF
指定要偏移的那一侧上的点，或 [退出(E)/多个(M)/放弃(U)] <退出>: **点取 AF 上方任意一点**
选择要偏移的对象，或 [退出(E)/放弃(U)] <退出>: **点取 AF**
指定要偏移的那一侧上的点，或 [退出(E)/多个(M)/放弃(U)] <退出>: **点取 AF 下方任意一点**
选择要偏移的对象，或 [退出(E)/放弃(U)] <退出>: **↙**

同样在左视图中将 IF 偏移 11 复制两根，结果如图 T6-9 所示。

（3）绘制主视图中方孔和圆柱相交后的截交线。

截交线的位置在俯视图上可以得到，所以必须从俯视图开始绘制。

点取“绘图→直线”按钮
命令: _line
指定第一点: **点取 W 点**　　保证长对正
指定下一点或 [放弃(U)]: **向上超过最上方水平线点取**　　向上绘制一垂直线
指定下一点或 [放弃(U)]: **↙**

同样从 X 点向上绘制一垂直线，如图 T6-9 所示。

（4）将超出部分修剪掉。

按照图 T6-10，将超出部分通过修剪命令剪去。由于圆孔在俯视图上产生的投影和方孔产生的投影对称，所以同时绘制了圆孔在俯视图上的投影。

（5）打断主视图中偏移 21 复制的水平线。

为了能将主视图中方孔的上下水平界线改成正确的线型，必须将该水平线在 Y 点打断分成两根不同的直线，如图 T6-11 所示。

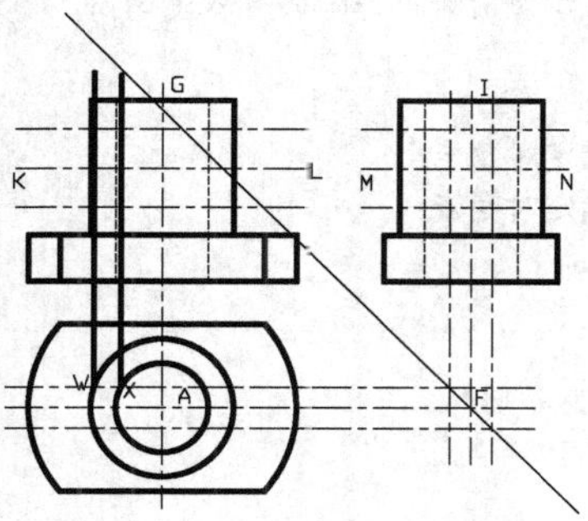

图 T6-9　绘制方孔投影线

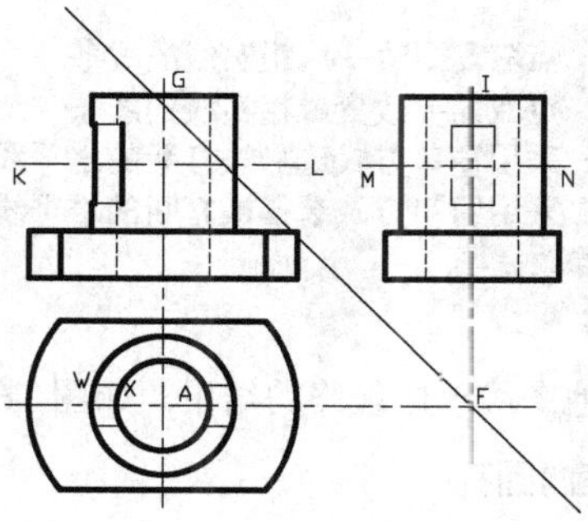

图 T6-10　修剪图线到正确大小

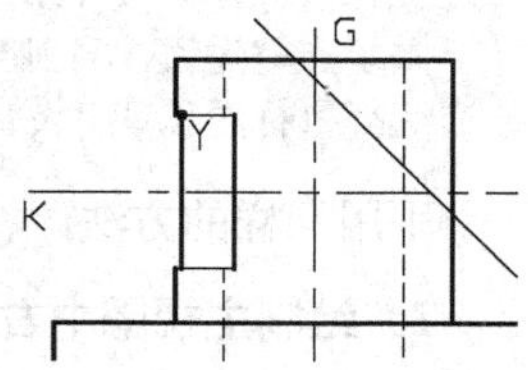

图 T6-11　打断水平直线 Y

① 放大局部显示如图 T6-11 所示的范围。

点取“导航栏”中的“窗口缩放”按钮　　　　下达显示窗口范围命令
命令: '_zoom
指定窗口角点，输入比例因子 (nX 或 nXP)，或[全部(A)/中心点(C)/动态(D)/范围(E)/上一个(P)/比例(S)/窗口(W) /对象(O)] <实时>: _w
指定第一个角点: **点取主视图左上角一点**　　　　具体位置可以参照图 T6-11
指定对角点: **点取主视图中部一点，使窗口包含方孔的投影**

② 打断方孔主视图中的水平投影线。

点取“修改”面板中的“打断”按钮　　　　下达打断命令
命令: _break
选择对象: **点取方孔主视图中的上方水平投影线**
指定第二个打断点 或 [第一点(F)]: **f↙**
指定第一个打断点: **点取 Y 点**
指定第二个打断点: **点取 Y 点**
按空格键　　　　重复打断命令
命令: _break
选择对象: **点取方孔主视图中的下方水平投影线**
指定第二个打断点 或 [第一点(F)]: **f↙**
指定第一个打断点: **点取 Y 点的对应点**
指定第二个打断点: **@↙**　　　　第二点等同第一点

③ 显示上一个画面。

点取“导航栏”中的“缩放上一个”按钮
命令: '_zoom
指定窗口角点，输入比例因子 (nX 或 nXP)，或
[全部(A)/中心点(C)/动态(D)/范围(E)/上一个(P)/比例(S)/窗口(W) /对象(O)] <实时>: _p

（6）修改图线到正确的层。

偏移复制的图线仍在原来的层上，现在按照如图 T6-1 所示的最终结果将图线分别改到正确的图层上。可以采用 MATCHPROP 命令修改，或先选择图线，再通过“特性”工具栏中的图层列表选择到正确的层上，也可以通过 CHANGE 或 DDMODIFY 命令甚至“特性”伴随窗口来修改。下面示范采用 MATCHPROP 命令修改的过程。

点取“特性→特性匹配”按钮 下达特性匹配命令
命令: '_matchprop
选择源对象: **点取任意一条粗实线**
当前活动设置: 颜色 图层 线型 线型比例 线宽 厚度 打印样式 标注 文字 填充图案 多段线 视口 表格 材质 阴影显示 提示当前特性匹配的有效范围
选择目标对象或 [设置(S)]: **点取需要改变成粗实线的线条**
选择目标对象或 [设置(S)]: **点取需要改变成粗实线的线条**
选择目标对象或 [设置(S)]: **采用窗口方式选择被打断的水平线** 指定对角点:
选择目标对象或 [设置(S)]: **采用窗口方式选择被打断的水平线** 指定对角点:
重复点取过程，直到全部修改完毕
选择目标对象或 [设置(S)]: ↙

采用同样的方法，将其他图线改成最终的结果，如图 T6-12 所示。

7．绘制主视图中右侧横向圆孔

要绘制右侧横向圆孔应首先绘制左视图上的投影——圆，再捕捉该圆的象限点绘制俯视图上的投影，根据俯视图和左视图的投影绘制主视图的投影，主视图上产生的相贯线通过圆弧来绘制，如图 T6-13 所示。

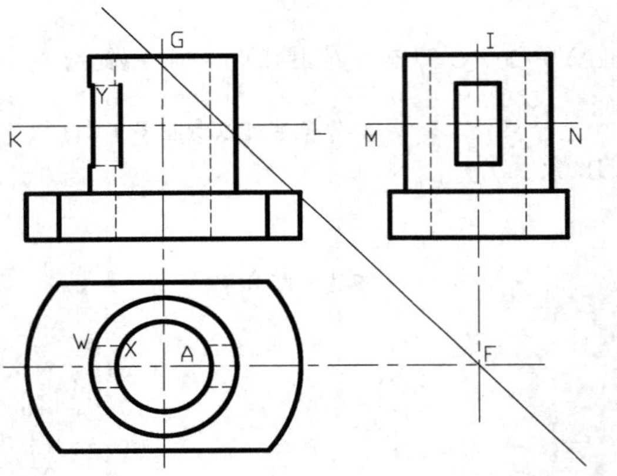

图 T6-12 修改图线特性

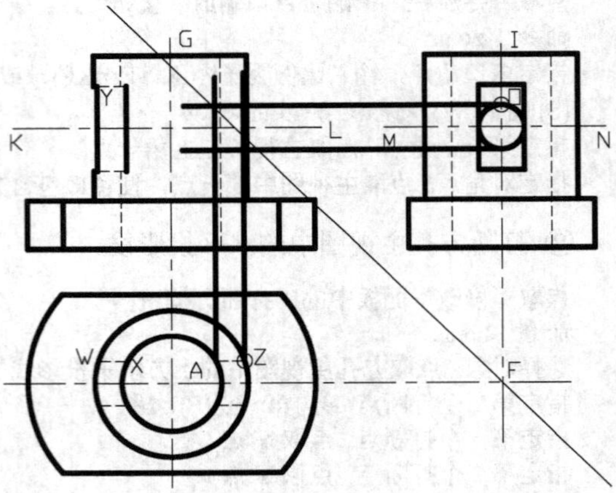

图 T6-13 根据俯视图和左视图绘制主视图上圆孔的投影

（1）绘制左视图上圆孔的投影——圆。

点取“绘图→圆→圆心、半径”菜单
命令: _circle
指定圆的圆心或 [三点(3P)/两点(2P)/切点、切点、半径(T)]: **点取 MN 和 IF 的交点**
指定圆的半径或 [直径(D)]: **11**↙

（2）根据俯视图和左视图绘制主视图。

圆孔在主视图上的投影必须和俯视图和左视图相对应，应该通过捕捉俯视图和左视图上的关键点来保证长对正和高平齐。

点取“绘图”工具栏上的“直线“按钮
命令: _line
指定第一点: **如图 T6-12 所示　点取左视图中的 O 点**
指定下一点或 [放弃(U)]: **向左绘制一水平线**
指定下一点或 [放弃(U)]: ↙

同样在下方绘制一条向左的水平线。

点取“绘图”工具栏上的“直线“按钮
命令: _line
指定第一点: **如图 T6-13 所示点取 Z 点**
指定下一点或 [放弃(U)]: **向上绘制一条垂直线**
指定下一点或 [放弃(U)]: ↙

同样，在内侧向上绘制一条垂直线。

如果在屏幕上看不清楚主视图上截交线部分的交点情况，可以采用显示缩放命令将该部分放大显示，如图 T6-14 所示。

点取“视图→缩放→窗口”菜单
命令: '_zoom
指定窗口角点，输入比例因子 (nX 或 nXP)，或
[全部(A)/中心点(C)/动态(D)/范围(E)/上一个(P)/比例(S)/窗口(W) /对象(O)] <实时>: _w
指定第一个角点: **点取欲显示范围的一个角点**
指定对角点: **点取欲显示范围的一个角点**

结果如图 T6-14 所示。

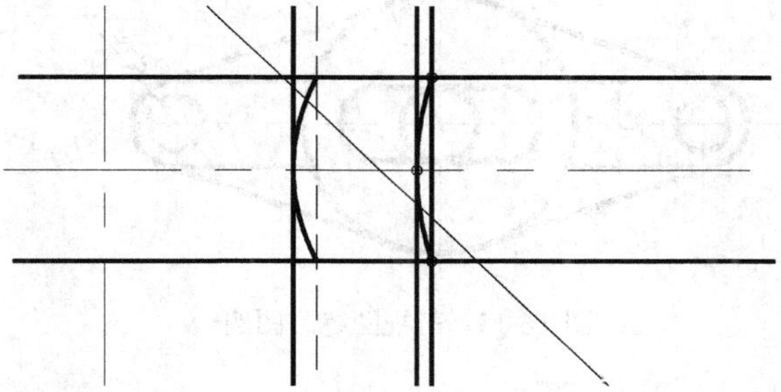

图 T6-14　放大显示要编辑的部分

接着，通过圆弧来绘制截交线。

点取“绘图→圆弧→三点”菜单
命令: _arc
指定圆弧的起点或 [圆心(C)]: **参照图 T6-14，从上而下地点取第一个点**
指定圆弧的第二点或 [圆心(C)/端点(E)]: **点取第二个点**
指定圆弧的端点: **点取第三个点**

以同样的方式绘制另一个圆弧。并采用“ZOOM　P”命令显示成原来大小。

（3）修剪各条直线的长度到正确的大小。

按照图 T6-1 修剪各条直线到正确的长度。

（4）删除辅助线。

点取经过 Z 点和其外侧的两条垂直线和 45° 的构造线，按【Del】键，删除这几条辅助线。

（5）修改各条线段到正确的图层。

按照图 T6-1，将每条线段修改到正确的图层上，完成图形的绘制过程。

8．保存文件

整个图形绘制完后，单击保存按钮并输入名称“练习 6-组合体三视图”存盘。

思考及练习

1. 绘制三视图等相互有关联的图形时要注意些什么？如何保证它们之间的相对位置关系？
2. 确定相距一定距离的两个对象一般通过什么命令来保证该距离？
3. 如何采用射线命令（RAY）绘制一条射线作为–45°方向的辅助线？
4. 按照尺寸绘制如图 T6-15、图 T6-16 所示的组合体三视图。

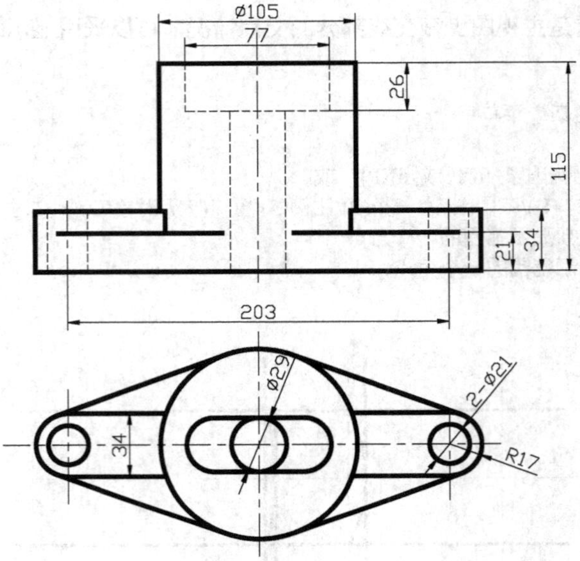

图 T6-15　三视图练习图例一

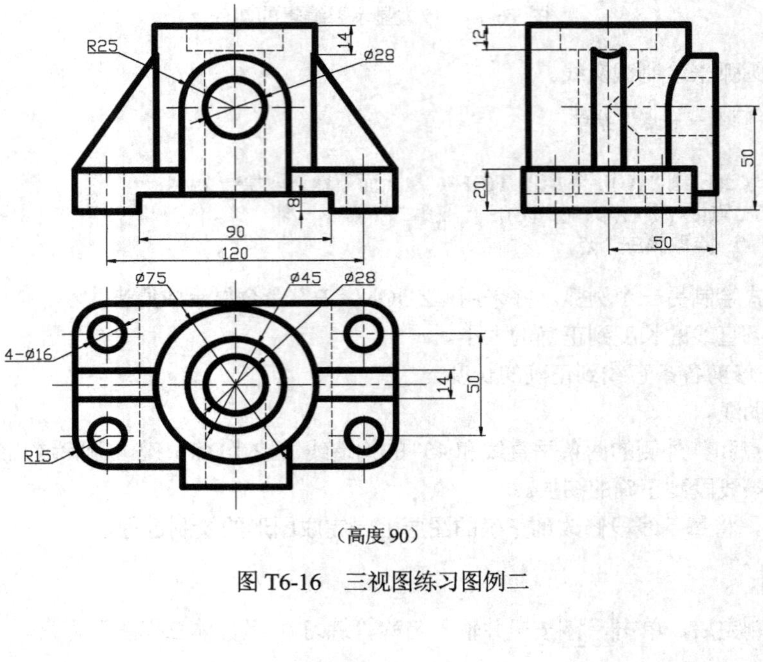

（高度 90）

图 T6-16　三视图练习图例二

实验 7　绘制零件图——齿轮

目的和要求

（1）掌握绘制零件图的绘图方法和技巧。

（2）掌握图案填充的应用。

（3）掌握文字样式的设置和注写。

（4）熟悉标题栏的绘制、应用。

（5）掌握块的定义和插入。

（6）掌握计算表达式的方法。

上机准备

（1）复习直线 LINE、圆 CIRCLE、图案填充 BHATCH 等绘图命令的用法。

（2）复习镜像 MIRROR、偏移 OFFSET、修改 CHANGE、倒角 CHAMFER、打断 BREAK、修剪 TRIM、拉伸 STRETCH 和延伸 EXTEND 等编辑命令的用法。

（3）复习文字样式 STYLE 设定和文字 DTEXT 注写命令的用法。

（4）复习块 BLOCK、插入 INSERT 和属性 ATTRIB 等命令的用法。

（5）复习图层 LAYER、图形极限 LIMITS、显示缩放 ZOOM 和计算器 CAL 等辅助绘图命令的用法。

上机操作

绘制如图 T7-1 所示的齿轮零件图，不标尺寸。

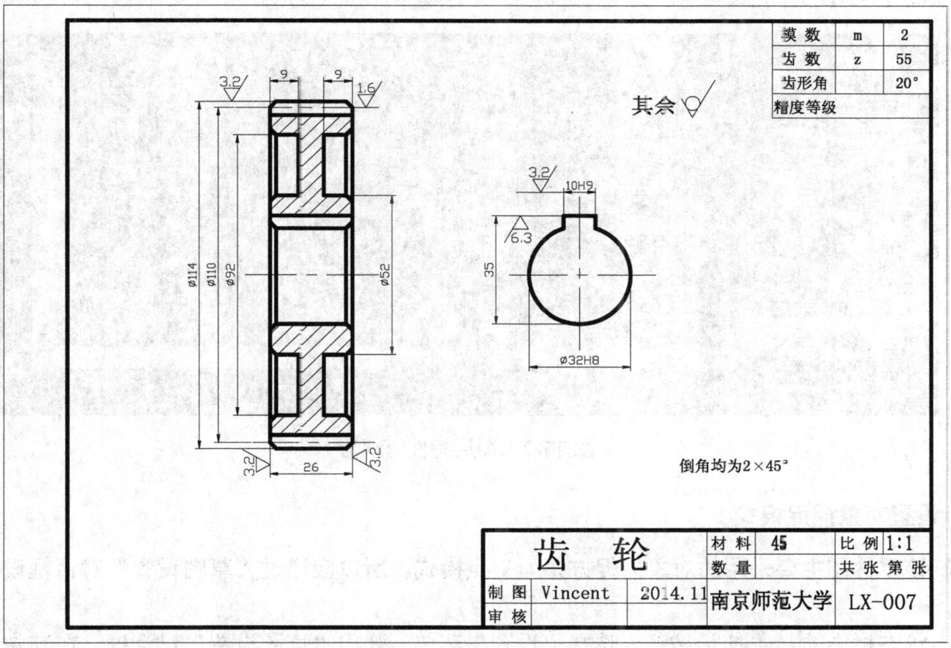

图 T7-1　齿轮零件图

分析

（1）环境设置应该包括：图纸界限、文本字型设置、尺寸样式设置、图层的设置。按照如图 T7-1 所示的图形大小，图纸界限设置成 A4 横放比较合适，即 297×210。图层至少应该包括用到的不同线型，为了管理好图形，除图线相关的层外，还应该设置独立的图层管理标题栏、文本、尺寸、图框等。如果要绘制较多的同类零件图，通常比较合理的做法是设置零件图的模板，以后绘制零件图时可以无须再进行环境、字型、尺寸样式的设置以及标题栏的绘制。本例将标题栏和图框等制作成块，可以供其他图线参照。

（2）正确快捷绘制该零件图的关键在于主视图和右侧局部视图相互配合进行绘制，绘制主视图键槽部分必须参考局部视图的键槽投影，从而保证对应关系。对应表面粗糙度符号，可以制作成块配合属性编辑快速实现。绘制剖面线时为了减少尺寸的影响可以先绘制剖面线再标注尺寸，也可以在绘制剖面线时将尺寸层关闭。

1. 设置绘图界限

按照该图所标注的尺寸大小和图形布置情况，绘图界限应该设置成 A4 大小，横放。

命令: **LIMITS↙**
重新设置模型空间界限:
指定左下角点或 [开(ON)/关(OFF)] <0.0000,0.0000>: ↙
指定右上角点 <420.0000,297.0000>: **297,210↙**

然后，执行 ZOOM　ALL 命令显示整幅图形。

2. 设置图层

参照图 T7-2 设置图层。

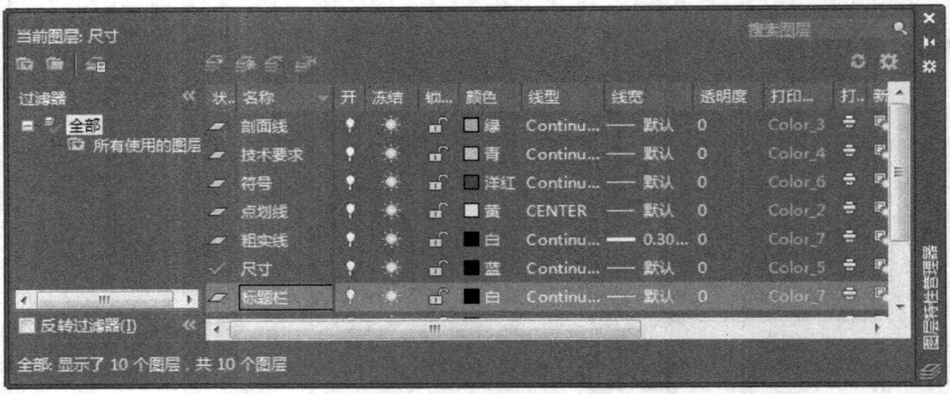

图 T7-2　图层特性管理器

3. 设置对象捕捉模式

绘制该零件图主要采用的对象捕捉方式为交点模式。所以应通过“草图设置”对话框设置交点捕捉模式。

右击状态栏中的对象捕捉按钮，选择“设置”菜单，弹出“草图设置”对话框，在其中的“对象捕捉”选项卡中选中“交点”模式。

4. 绘制标题栏

标题栏是几乎所有的图纸都应该有的重要内容之一。本例采用 A4 大小绘制一标题栏，并输出成“块”。不仅本例可以使用，也可供其他需要绘制在 A4（横放）图纸上的图形调用。

（1）绘制标题栏。

按照如图 T7-3 所示的尺寸和图线，采用直线和偏移、修剪等命令绘制该标题栏。其中的文字部分在后面填写标题栏时再补充。

① 采用绝对坐标方式，绘制与 A4 图纸大小相等的矩形。

② 采用偏移命令，将最左侧的垂直线向右偏移 20 复制一条。将其他三条直线，向内偏移 5 复制。

③ 采用修剪命令，去除偏移复制后超出标题栏图框的部分。

④ 将下方的图框直线连续向上以距离 8 偏移复制 4 次。将右侧的图框线，按照图示尺寸向左偏移复制。

⑤ 采用修剪命令将标题栏中的直线编辑成如图 T7-3 所示的大小。

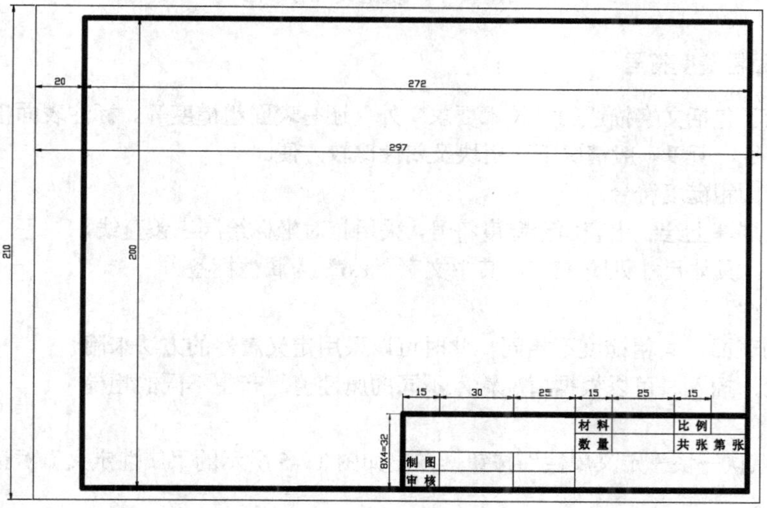

图 T7-3 标题栏

⑥ 将图框和标题栏外框修改成粗实线。

（2）输出成块。

如果需要绘制成套的图甚至多套大量的图形，不必为每幅图形绘制一个标题栏。可以对不同大小的图纸各绘制一个标题栏，然后在需要的地方直接调用即可。这样不仅减轻了绘制工作量，而且可以保证标题栏的统一。

① 单击“默认→块→创建”按钮，弹出“块定义”对话框，如图 T7-4 所示。

② 在“块定义”对话框的“名称”栏中填入“标题栏-A4H”。

③ 单击选择对象按钮，退回绘图屏幕。

④ 选择所有图线。

⑤ 回车结束对象选择，退回“块定义”对话框。

⑥ 在“块定义”对话框中单击拾取点按钮，退回绘图屏幕。

⑦ 单击标题栏左下角顶点，退回“块定义”对话框。

⑧ 在“对象”区中选择“删除”单选框。

⑨ 单击“块定义”对话框中的确定按钮，结束定义。

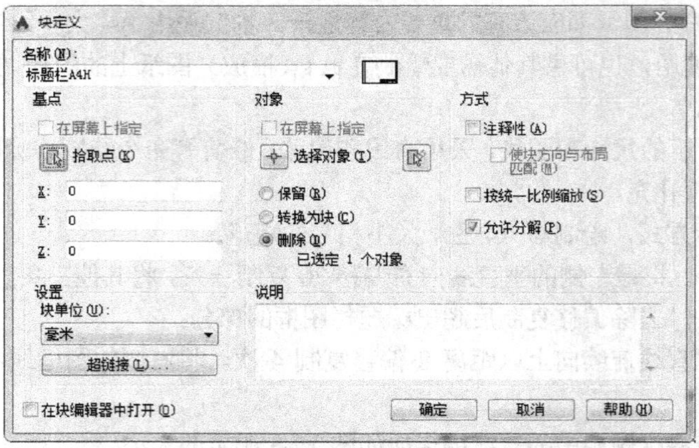

图 T7-4 “块定义”对话框

5. 绘制表面粗糙度符号

技术要求除了包括文字描述的“技术要求”外，还有表面粗糙度等。标注表面粗糙度，由于要使用表面粗糙度符号，所以一般情况下采用块及属性比较方便。

（1）绘制表面粗糙度符号。

首先需要在屏幕上绘制出表面粗糙度符号，采用相对坐标绘制三条直线，组成粗糙度符号。具体尺寸见图 T7-5，其中文字“1.6”为属性标签。

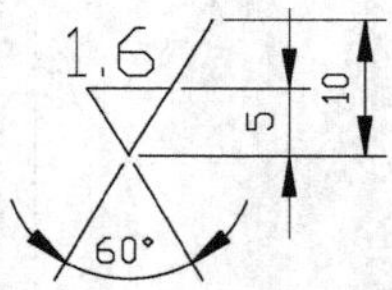

图 T7-5 粗糙度符号

（2）定义属性。

对于不同的表面，其粗糙度不相同，此时可以采用定义属性的方法来附加一标签在块上，插入时可以根据情况输入不同的属性值，产生不同的粗糙度数值。

① 单击“默认→块→定义属性”按钮，弹出如图 T7-6 所示的“属性定义”对话框。在对话框中进行图示的设定。

② 单击“属性定义”对话框中的拾取点按钮，回到绘图屏幕，单击粗糙度符号左上角顶点偏上一点的位置（文本 1.6 的左下角），退回“属性定义”对话框。

③ 单击确定按钮，退出“属性定义”对话框，在屏幕上自动出现“1.6”的字样。

（3）定义块。

① 输入 BLOCK 命令，弹出如图 T7-7 所示的对话框，在“名称”栏中输入“ccd”。

② 单击选择对象按钮，选择粗糙度符号和其上的属性作为块内容。

③ 单击拾取点按钮，单击粗糙度符号的最下方顶点作为插入基点。

6. 绘制局部视图

由于绘制主视图时，其键槽尺寸要和局部视图相一致，所以应先绘制局部视图。

（1）绘制基准线。

局部视图的基准线为点划线表示的中心线。

① 将当前层设定为点划线层。

② 打开正交模式。

③ 通过直线命令绘制两条相交的点划线 A 和 B，如图 T7-8 所示。

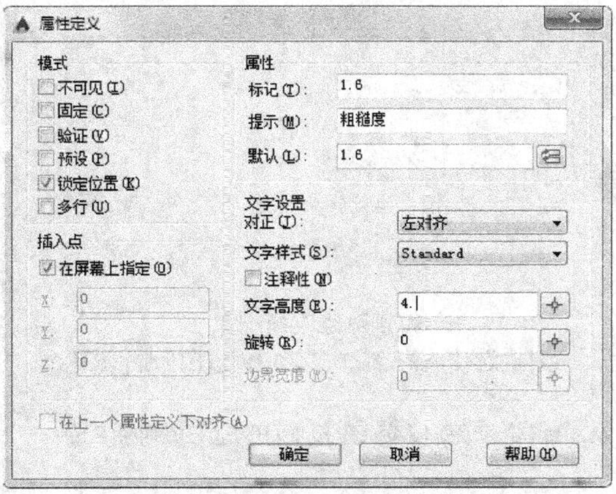

图 T7-6 “属性定义”对话框

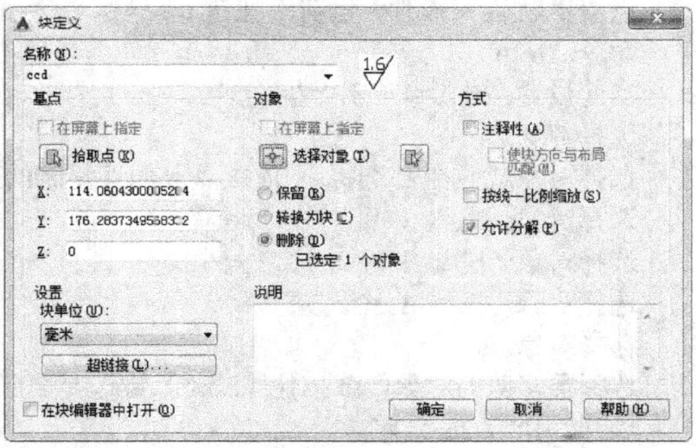

图 T7-7 “块定义”对话框

（2）绘制圆。

点取“默认→绘图→圆“按钮
命令: _circle
指定圆的圆心或 [三点(3P)/两点(2P)/切点、切点、半径(T)]: **点取直线 A 和 B 的交点**
指定圆的半径或 [直径(D)]: **16↙**

（3）偏移复制轮廓线。

① 计算键槽上部直线偏移距离。

命令: **CAL↙**
正在初始化...>> 表达式: **35.5−16↙**
19.5

② 偏移复制轮廓线。

点取“默认→修改→偏移”按钮　　下达偏移命令
命令: _offset
当前设置: 删除源=否　图层=源　OFFSETGAPTYPE=0
指定偏移距离或 [通过(T)/删除(E)/图层(L)] <通过>: **5↙**
选择要偏移的对象，或 [退出(E)/放弃(U)] <退出>: **点取直线 A**
指定要偏移的那一侧上的点，或 [退出(E)/多个(M)/放弃(U)] <退出> **点取直线 A 左侧任意一点**　　绘制直线 C
选择要偏移的对象，或 [退出(E)/放弃(U)] <退出>: **点取直线 A**
指定要偏移的那一侧上的点，或 [退出(E)/多个(M)/放弃(U)] <退出>: **点取直线 A 右侧任意一点**　　绘制直线 D
选择要偏移的对象，或 [退出(E)/放弃(U)] <退出>: **↙**
按空格键　　重复偏移命令
命令: _offset
当前设置: 删除源=否　图层=源　OFFSETGAPTYPE=0
指定偏移距离或 [通过(T)/删除(E)/图层(L)] <通过>: **19.5↙**
选择要偏移的对象，或 [退出(E)/放弃(U)] <退出>: **点取直线 B**
指定要偏移的那一侧上的点，或 [退出(E)/多个(M)/放弃(U)] <退出>: **点取直线 B 上方任意一点**　　绘制直线 EF
选择要偏移的对象，或 [退出(E)/放弃(U)] <退出>: **按【Esc】键** *取消*　　结束偏移命令

（4）修剪轮廓线。

偏移复制的线条较长，需要修剪成正确的大小。

点取“默认→修改→修剪”按钮
命令: _trim
当前设置: 投影=UCS，边=延伸
选择剪切边...
选择对象或 <全部选择>: **依次点取偏移复制的三条直线**
选择对象: 找到 1 个，共 1 个
选择对象: 找到 1 个，共 2 个
选择对象: 找到 1 个，共 3 个
选择对象: ↙ 结束剪切边选择
选择要修剪的对象，或按住【Shift】键选择要延伸的对象，或[栏选(F)/窗交(C)/投影(P)/边(E)/删除(R)/放弃(U)]: **点取 C 端**
选择要修剪的对象，或按住【Shift】键选择要延伸的对象，或[栏选(F)/窗交(C)/投影(P)/边(E)/删除(R)/放弃(U)]: **点取 D 端**
选择要修剪的对象，或按住【Shift】键选择要延伸的对象，或[栏选(F)/窗交(C)/投影(P)/边(E)/删除(R)/放弃(U)]: **点取 E 端**
选择要修剪的对象，或按住【Shift】键选择要延伸的对象，或[栏选(F)/窗交(C)/投影(P)/边(E)/删除(R)/放弃(U)]: **点取 F 端**
选择要修剪的对象，或按住【Shift】键选择要延伸的对象，或[栏选(F)/窗交(C)/投影(P)/边(E)/删除(R)/放弃(U)]: ↙

重复修剪命令，以圆和直线 C、D 为界，修剪成如图 T7-9 所示的结果。

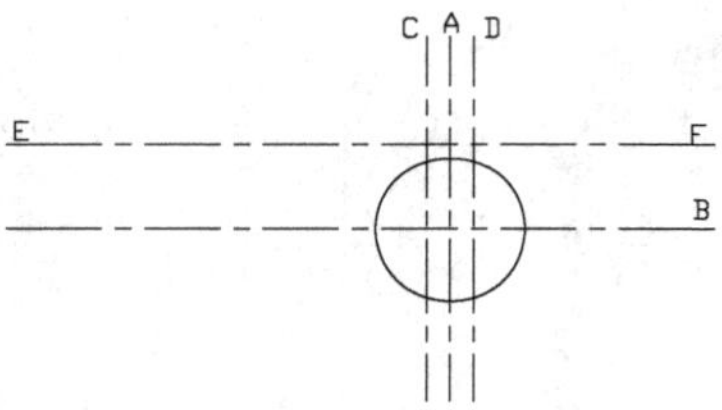

图 T7-8 绘制圆并偏移复制键槽轮廓线

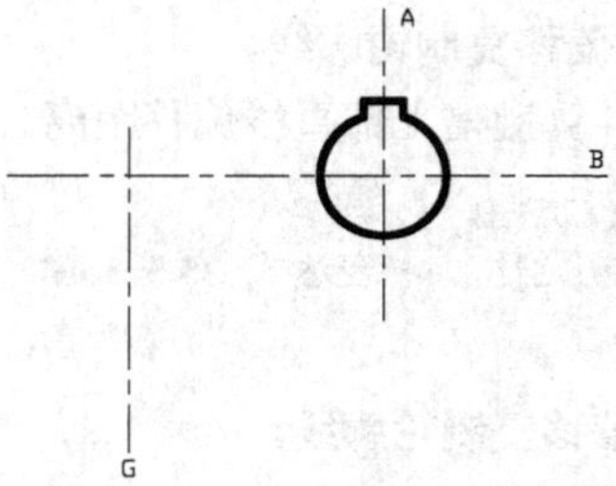

图 T7-9 修剪键槽投影并修改图层

（5）修改线条特性。

偏移复制的三条直线为点划线，需要改到粗实线层上。

命令: **CHANGE**↙ 输入修改命令
选择对象: **采用窗口方式选择偏移复制的三条直线**
指定对角点: 找到 3 个
选择对象: ↙ 结束对象选择
指定修改点或 [特性(P)]: **p**↙
输入要更改的特性
[颜色(C)/标高(E)/图层(LA)/线型(LT)/线型比例(S)/线宽(LW)/厚度(T)/透明度(TR)/材质(M)/注释性(A)]: **la**↙
输入新图层名 <点划线>: **粗实线** ↙ 改成粗实线层
输入要更改的特性
[颜色(C)/标高(E)/图层(LA)/线型(LT)/线型比例(S)/线宽(LW)/厚度(T)/透明度(TR)/材质(M)/注释性(A)]: ↙
结束特性修改

结果如图 T7-9 所示。

7．绘制主视图轮廓线

（1）绘制基准线。

主视图的基准线包括水平中心线和一条垂直线。水平中心线在绘制局部视图时已经绘制，所以只要绘制一条垂直线即可。该垂直线在手工绘图时可以选择成某端面的投影线，在这里，因为该齿轮的主视图投影在左右方向上对称，在上下方向上基本对称，所以可以绘制一条垂直线作为左右方向上的对称线（辅助线）。

采用直线命令在点划线层绘制一条垂直线，如图 T7-9 中的直线 G。

（2）偏移复制 1/4 轮廓线。

由于该齿轮在主视图上投影的对称性，所以先绘制 1/4，然后再镜像复制其他部分即可。采用偏移命令，垂直方向偏移距离为 16、26、46、55、57，水平方向偏移距离为 4、13，偏移复制基准线，结果如图 T7-10 所示。

（3）修剪图线。

采用修剪命令，将偏移复制的图线修剪成如图 T7-11 所示的结果。

（4）计算齿根线位置。

由于齿轮零件图中无齿根线尺寸，需要计算才能绘制。计算公式如下：

齿根线距分度线的距离=齿顶线距分度线的距离×1.25

```
命令: CAL↙
正在初始化...>> 表达式: (114-110)/2*1.25↙
2.5
```

（5）偏移复制齿根线。

采用偏移命令，选择最下方水平线，以距离 4.5 向上偏移复制，得到齿根线。

（6）修改图线特性。

按照如图 T7-11 所示的结果，将除中心线和对称线以及分度线之外的图线改到粗实线层。

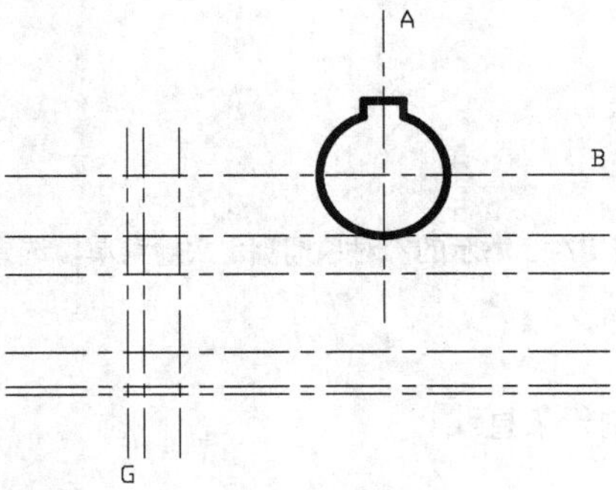

图 T7-10　偏移复制 1/4 轮廓线

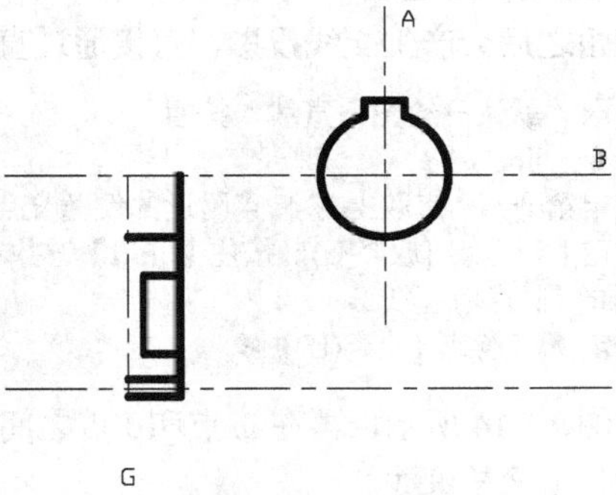

图 T7-11　修剪图线并修改特性结果

（7）倒角。

主视图中在 1/4 的范围内存在 4 处倒角，可以采用倒角命令直接绘制。但在倒角时不论设置成剪切模式或不剪切模式，都会存在线段需要延长或修剪的情况。此处采用剪切模式进行倒角，同时采用延伸命令配合倒角。读者可以设置成不剪切模式进行倒角，然后采用修剪命令去除超出线条，甚至可以用打断命令配合倒角。

① 放大显示主视图 1/4 部分。

采用显示缩放命令将主视图右下角放大显示，如图 T7-12 所示。

② 倒角。

```
点取“默认→修改→倒角”按钮                    下达倒角命令
命令: _chamfer
```

```
("修剪"模式) 当前倒角距离 1＝0.0000，距离 2＝0.0000          提示当前修剪模式
选择第一条直线或 [放弃(U)/多段线(P)/距离(D)/角度(A)/修剪(T)/方式(E)/多个(M)]: d↙
                                                              修改倒角距离
指定第一个倒角距离 <10.0000>: 2↙
指定第二个倒角距离 <2.0000>: ↙
选择第一条直线或 [放弃(U)/多段线(P)/距离(D)/角度(A)/修剪(T)/方式(E)/多个(M)]: 点取 N 点
选择第二条直线，或按住【Shift】键选择直线以应用角点或 [距离(D)/角度(A)/方法(M)]: 点取 M 点
```

用同样的方法依次点取 M 点和 L 点、I 点和 J 点、H 点和 I 点对其他三处倒角。其结果是垂直线 IM 只剩下最下面一段。

③ 延伸。

需要将 IM 线段延伸到上方水平线上。

```
点取"默认→修改→延伸"按钮
命令: _extend
当前设置:投影=UCS，边=延伸
选择边界的边...
选择对象或 <全部选择>: 点取中心线 B  找到 1 个
选择对象: ↙
选择要延伸的对象，或按住【Shift】键选择要修剪的对象，或
[栏选(F)/窗交(C)/投影(P)/边(E)/放弃(U)]: 偏上方一侧点取线段 I
选择要延伸的对象，或按住【Shift】键选择要修剪的对象，或
[栏选(F)/窗交(C)/投影(P)/边(E)/放弃(U)]: ↙
```

结果如图 T7-12 所示。

④ 绘制倒角连线。

倒角之后会产生交线投影，直接通过直线命令完成。

```
点取"默认→绘图→直线"按钮
命令: _line
指定第一点: 点取上方 N 点附近的倒角交点
指定下一点或 [放弃(U)]: 按住【Shift】键并右击，弹出如图 T7-13 所示的"对象捕捉"快捷菜单，选择"垂足"
_per 到 点取直线 B
指定下一点或 [放弃(U)]: ↙
```

如图 T7-14 所示，再在 L 点和 J 点之间的倒角上绘制一条直线。

（8）镜像轮廓线。

绘制完 1/4 轮廓线后，进行镜像复制可以得到其他部分的投影。

① 左右镜像。

```
点取"默认→修改→镜像"按钮
命令: _mirror
选择对象: 采用窗口方式选择欲复制的轮廓线  指定对角点: 找到 13 个，总计 13 个
选择对象: ↙
指定镜像线的第一点: 点取 O 点
指定镜像线的第二点: 点取 P 点
要删除源对象吗? [是(Y)/否(N)] <N>: ↙
```

结果如图 T7-15 所示。

② 上下镜像。

首先将图形缩小显示以便观察到整个图形。

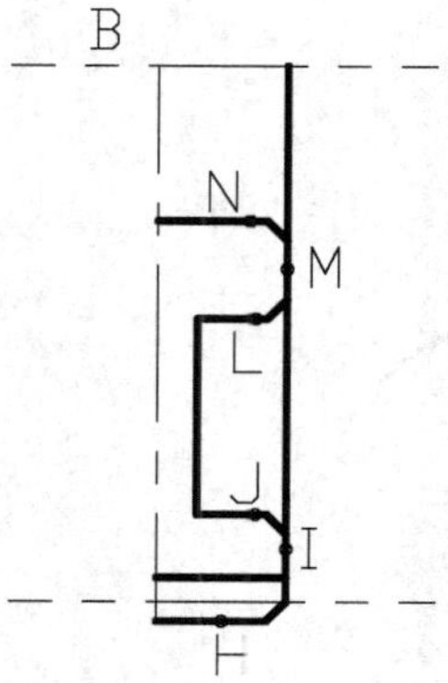

图 T7-12　倒角

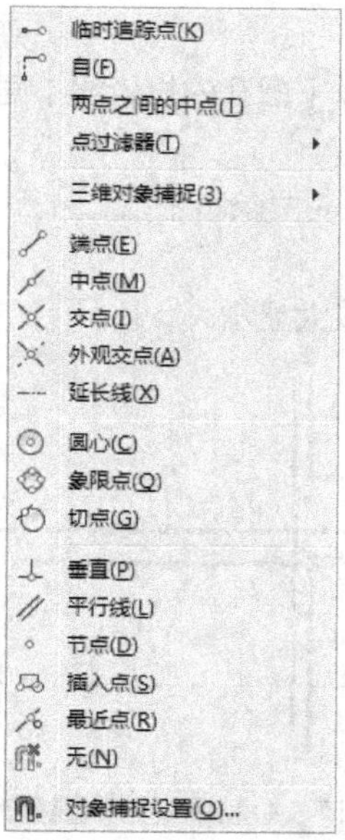

图 T7-13　采用对象捕捉快捷菜单

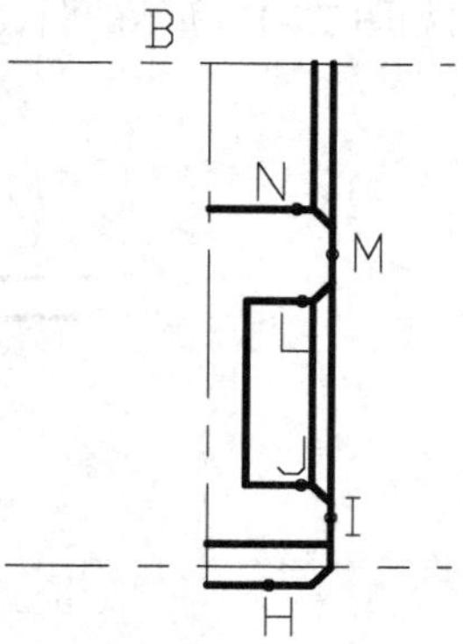

图 T7-14　绘制倒角连线

点取“导航栏”中的“实时缩放”按钮
命令: '_zoom
指定窗口角点，输入比例因子 (nX 或 nXP)，或
[全部(A)/中心点(C)/动态(D)/范围(E)/上一个(P)/比例(S)/窗口(W) /对象(O)] <实时>: 在屏幕上按住左键向下移动到观察到整个图形范围
按【Esc】或【Enter】键退出，或单击右键显示快捷菜单。按【Esc】键点取“标准”工具栏中的“平移”按钮
命令: '_pan 将视图平移到屏幕中间位置
按【Esc】或【Enter】键退出，或单击右键显示快捷菜单。按【Esc】键点取“修改”工具栏中的“镜像”按钮
命令: _mirror
选择对象: 采用窗口方式选择欲镜像的所有图线
指定对角点: 找到 27 个，总计 27 个
选择对象: ↙
指定镜像线的第一点: 点取 O 点
指定镜像线的第二点: 点取 S 点
要删除源对象? [是(Y)/否(N)] <N>: ↙

结果如图 T7-16 所示。

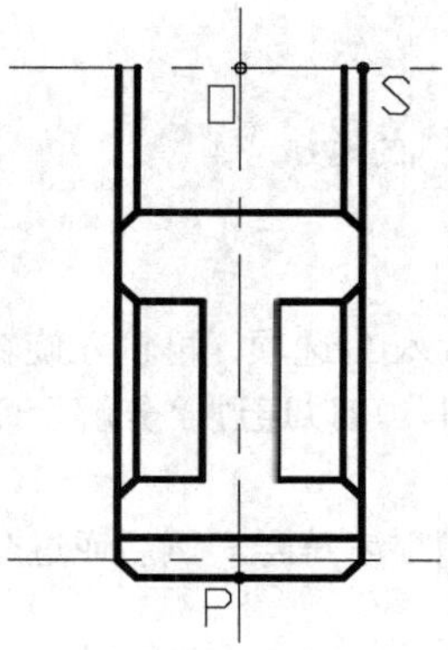

图 T7-15　左右镜像

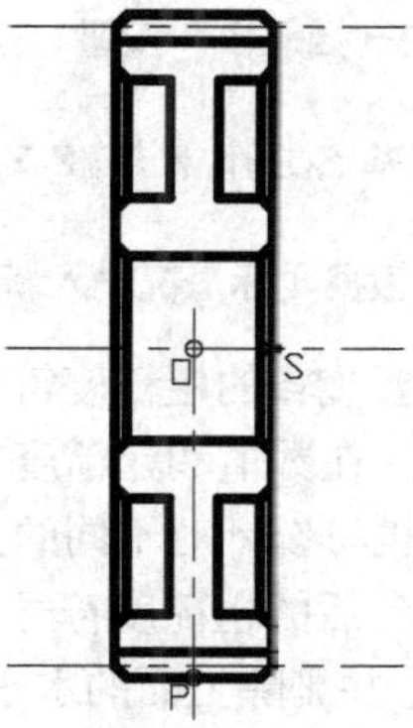

图 T7-16　上下镜像

（9）绘制键槽轮廓线。

在主视图中键槽的轮廓线和中心线以下圆孔的投影线不同，需要根据局部视图进行绘制。

① 绘制高平齐线条。

参照图 T7-17，从局部视图上向左绘制两条水平线。

② 放大显示局部视图。

将如图 T7-17 所示的图线密集部分放大显示。

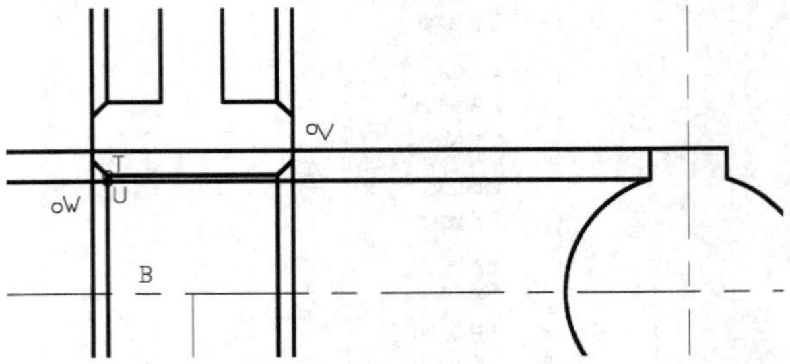

图 T7-17　绘制主视图中键槽的投影

③ 拉伸和圆孔的交线。

将主视图中水平中心线以下的圆孔投影线在上方的镜像部分拉伸成键槽的投影。

点取“默认→修改→拉伸”按钮
命令: _stretch
以交叉窗口或交叉多边形选择要拉伸的对象...
选择对象: **点取 V 点**　　　　顺序不可颠倒
指定对角点: **点取 W 点** 找到 11 个
选择对象: ↙
指定基点或 [位移(D)] <位移>: **点取 T 点**
指定第二个点或 <使用第一个点作为位移>: **点取 U 点**

④ 修剪图线到正确大小。

采用修剪命令，将主视图键槽投影超出轮廓线的部分剪掉。同时采用删除命令将一条水平辅助线删除，并调整中心线的大小到合适的尺寸。

8．插入表面粗糙度符号

现在插入表面粗糙度符号。

点取“插入→块→插入块”按钮
命令: _insert
指定插入点或 [基点(B)/比例(S)/X/Y/Z/旋转(R)]: **点取需要插入的地方**
输入属性值
粗糙度 <1.6>: **根据实际情况输入新值或直接采用默认值**

（1）对部分需要旋转的粗糙度符号，在提示插入点时输入 R 选项，再输入旋转角度，然后指定插入点进行插入操作。在数值和粗糙度符号之间不符合要求时，可以通过“分解”命令将块和属性分解后单独进行旋转。也可以针对不同的方向建立不同的块。

（2）对“其余”后的粗糙度符号，可以插入一个表面粗糙度符号，然后通过分解命令分解，绘制一圆（TTT 模式），并删除上面的水平线。

（3）采用比例缩放命令将“其余”后的符号放大 1.4 倍。

9．绘制剖面线

绘制剖面线之前，应该首先标注尺寸，由于本例目前不要求标注尺寸，所以直接绘制剖面符号。

（1）设置当前层为“剖面线”层。

（2）单击“绘图”工具栏中的图案填充按钮，弹出“图案填充创建”对话框，如图 T7-18 所示。

图 T7-18 “图案填充创建”对话框

（3）点取“图案”文本后的向下小箭头，在弹出的列表中选择“ANSI31”。

（4）在“比例”文本框中输入 3。

（5）单击拾取点按钮，在需要绘制剖面线的范围中点取。

（6）退回“图案填充”对话框，单击确定按钮即可。

10．插入标题栏

通过插入命令将前面绘制的“标题栏”插入进来，插入比例和旋转角度均采用默认值。并通过移动命令调整图形之间以及图形和标题栏之间的位置。

11．绘制齿轮参数表

在图 T7-1 的右上角有齿轮参数表，通过直线和文字命令即可完成尺寸参考标题栏的尺寸间隔和文本样式。

12．注写技术要求和标题栏

文字注写的技术要求：首先要求设定好文字样式，然后采用文本注写命令进行注写。

（1）文字样式设定。

由于技术要求中主要包含的文本为汉字，首先设定汉字字型。

① 单击取“格式→文字样式”菜单，弹出如图 T7-19 所示的“文字样式”对话框。

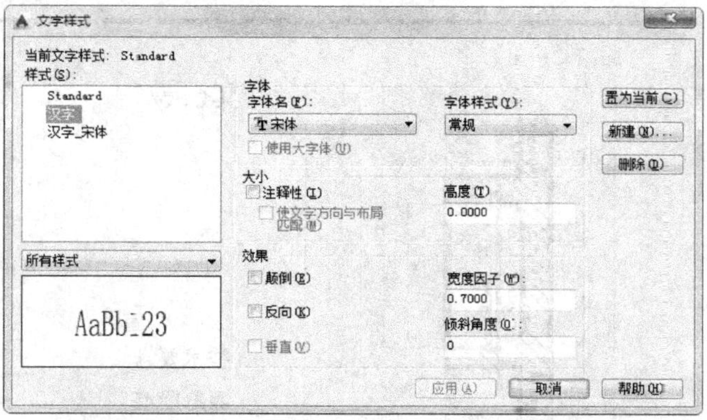

图 T7-19 “文字样式”对话框

② 单击新建按钮，弹出“新建文字样式”对话框，输入“汉字”，并单击确定按钮退出。

③ 在“文字样式”对话框中的“字体”区，单击向下小箭头，选择“宋体”。

④ 其他全部采用默认值。单击应用按钮，单击关闭按钮，完成“汉字”样式的设定。同时“汉字”成为当前文字样式。

（2）文本注写。

采用单行文本或多行文本命令，按照如图 T7-1 所示的位置书写技术要求，并填写标题栏、齿轮参数表以及“其余”字样等。

命令:**DTEXT↙**
当前文字样式: 汉字 1　当前文字高度: 5.000　注释性: 否
指定文字的起点或 [对正(J)/样式(S)]: **点取注写技术要求的左下角**
指定高度 <0.0000>: **7↙**
指定文字的旋转角度 <0>: ↙
输入文字: 技术要求 ↙
输入文字: **倒角为 2X45%%d↙**
输入文字: ↙

（3）将文字移动到合适的位置。

适当调整文字位置。

点取“默认→修改→移动”菜单
命令: _move
选择对象: **点取“倒角为 2×45°”文本**　找到 1 个
选择对象: ↙
指定基点或 [位移(D)] <位移>: **点取任意点**
指定位移的第二点或 <用第一点作位移>: **适当向左移动点取一点**

用同样的方法，注写其他文本。

13. 保存文件

应注意保存绘制完毕的图形，单击存盘按钮，输入“练习 7-齿轮”并单击保存按钮保存。

思考及练习

1. 绘制主视图 1/4 轮廓线上的倒角方法有哪些？试比较在绘制该轮廓线时哪种方便？
2. 绘制如图 T7-20 所示的零件图。

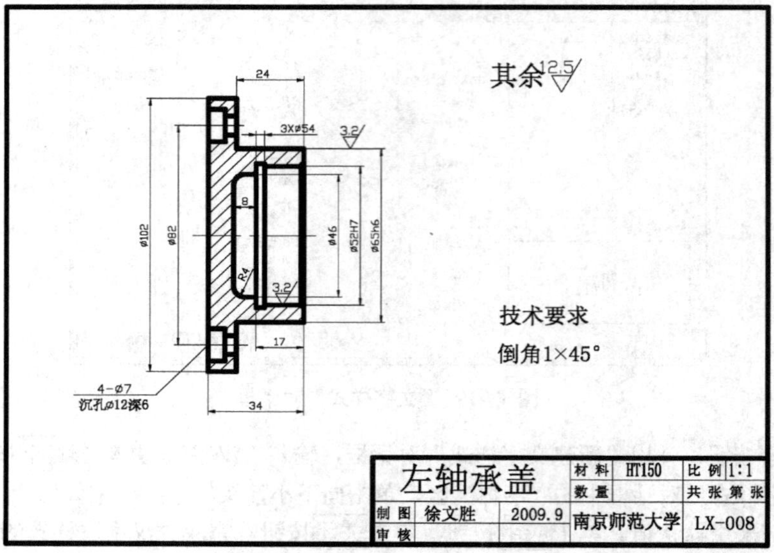

图 T7-20　左轴承盖

实验 8　绘制建筑图

目的和要求

练习绘制建筑图中常用的命令以及建筑图的绘制技巧和常见处理方法。

上机准备

（1）复习多线 MLINE 和多线编辑 MLINEDIT 命令的用法。

（2）复习矩形阵列 ARRAYRECT、复制 COPY、镜像 MIRROR、打断 BREAK、删除 ERASE 和修剪 TRIM 等编辑命令的用法。

（3）复习文字 DTEXT、文字样式 STYLE 等命令的用法。

（4）复习圆弧 ARC、直线 LINE、块 BLOCK 和圆 CIRCLE 等绘图命令的用法。

（5）复习插入 INSERT、指引线 LEADER、图层 LAYER 和对象捕捉等命令和功能的设置和使用方法。

上机操作

绘制如图 T8-1 所示的建筑图。

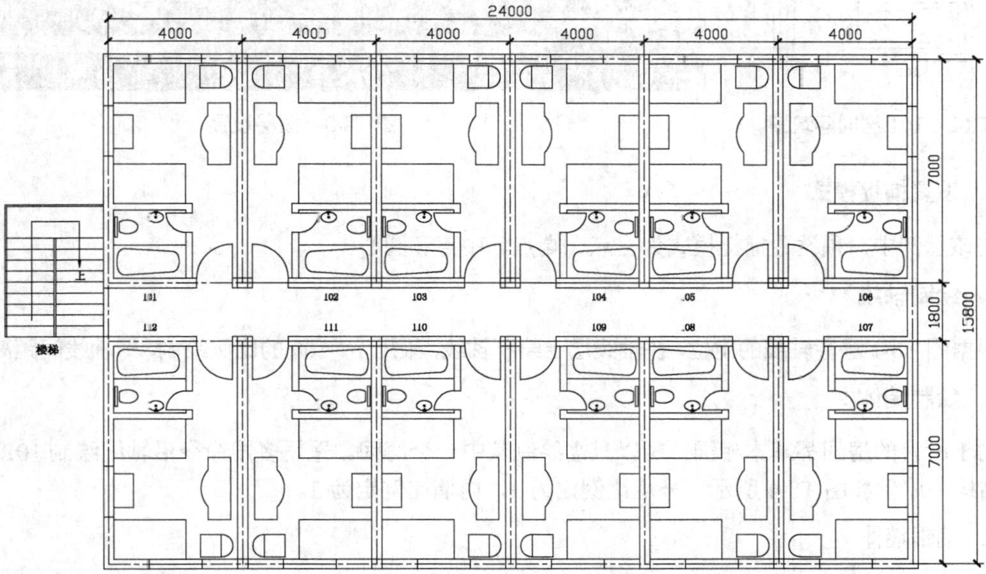

图 T8-1　建筑图

分析

（1）建筑图和机械零件图有较大的区别。其一体现在尺寸比一般机械零件图大，所以手工绘图时一般采用缩小的比例绘制平面图和立面图以及剖面图。对于详图，可以采用稍大的比例绘制。而采用 AutoCAD 2015 进行绘图时，完全可以按照 1∶1 的比例进行绘制，甚至放大图也可以先绘制成 1∶1 的，再利用 SCALE 比例命令放大成最后的硬拷贝图形。

（2）建筑图中主要包含墙体、门、窗、楼梯以及橱卫设备等，通常采用块的方式来处理这些附件。而对于相似的结构，则可以采用阵列或镜像复制的方式来绘制。

（3）由于其他房间和 101 房间结构一致，所以只需绘制 101 房间的具体结构，其他房间通过镜像或复制 101 房间图样来快速绘制。

（4）楼梯宜采用矩形阵列的方法绘制。

101 房间的结构如图 T8-2 所示。

1．图层设置

建筑图一般按照底层平面图、二层平面图、三层平面图以及尺寸、设备、门窗等附件来设置图层。本示例只绘制底层平面图，可以参照图 T8-3 设置图层。

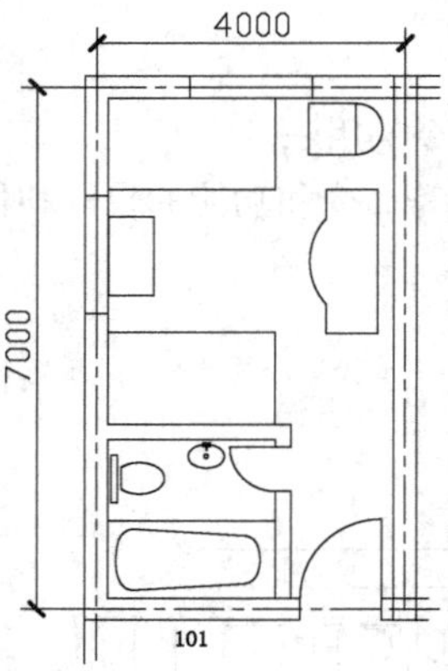

图 T8-2　101 房间建筑图

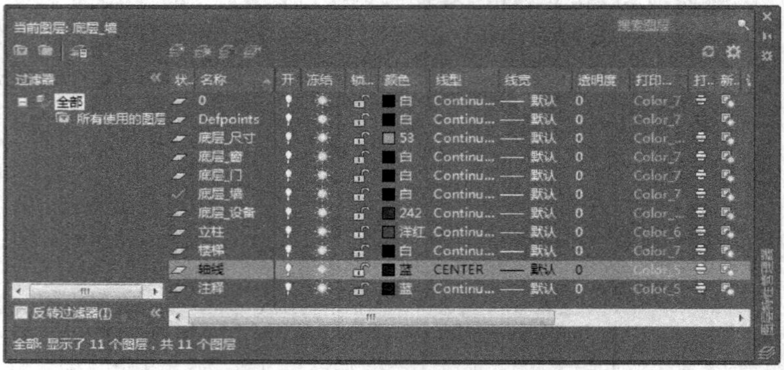

图 T8-3　图层设置

2．设置捕捉模式

在该示例中，预设置捕捉模式为交点、端点、中点和圆心。

3．绘制轴线

根据图 T8-1 进行轴线的定位，在轴线层上绘制轴线，采用 1∶100 的比例绘制，即轴线间距离为 40。

4．绘制墙体

由于所有的房间都基本相同，所以只需绘制其中一个房间。采用多线命令沿轴线绘制 101 房间的墙体结构，墙体如图 T8-4 所示。外墙比例定为 3，内墙比例定为 2。

5．编辑墙体

在任一工具栏的任意按钮上右击鼠标，弹出快捷菜单，从中选择“修改 II”，弹出“修改 II”工具栏，移动该工具栏到合适的位置。单击“修改 II”工具栏中的“多线编辑”按钮，在弹出的“多线编辑”对话框中，采用“T 形打开”和“全部剪切”工具，编辑修改如图 T8-4 所示的墙体，结果如图 T8-5 所示。

6．绘制门

如图 T8-6 所示，采用绘圆、直线命令和修剪命令绘制门，并以右下角顶点为插入点，转换成块。绘制时注意其大小比例，插入时通过比例来确定门的大小。

7. 绘制窗

如图 T8-6 所示，采用直线命令绘制窗，并以中间直线的中点为插入点转换成块。绘制时同样注意其大小比例。

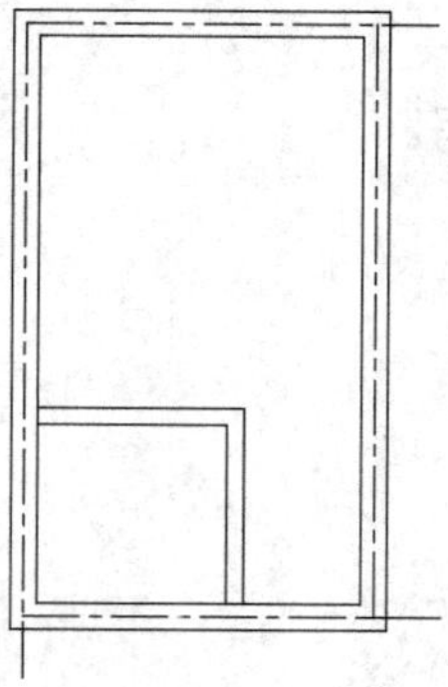

图 T8-4　绘制的墙体

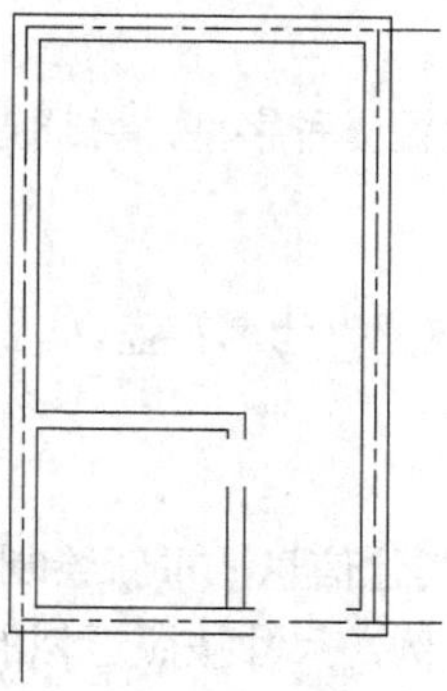

图 T8-5　编辑修改后的墙体

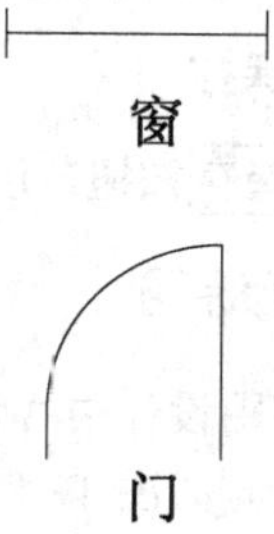

图 T8-6　门窗

8. 绘制其他设备

在房间中还包含其他一些设备，如浴缸、洗脸池、马桶、沙发等。对于浴缸、马桶、洗脸池等定型设备，同样应该转换成块。

（1）浴缸。

浴缸可以按照如图 T8-7 所示的格式绘制其示意图。

首先偏移复制矩形的 4 个边到合适的位置，如图 T8-7（a）所示，再利用圆弧命令绘制两段圆弧，然后将圆弧的端点用直线连起来，最后删除辅助直线并倒圆角，结果应该如图 T8-7（b）所示。再转换成块。

（2）洗脸池。

参照图 T8-7（c），洗脸池为椭圆形结构。绘制一椭圆，然后在中间上方绘制两个矩形表示水阀，在椭圆的中心绘制一小圆表示下水口。再转换成块。

（3）马桶。

参照图 T8-7（d），绘制一矩形和一椭圆，然后将椭圆左侧剪去一部分，转换成块。

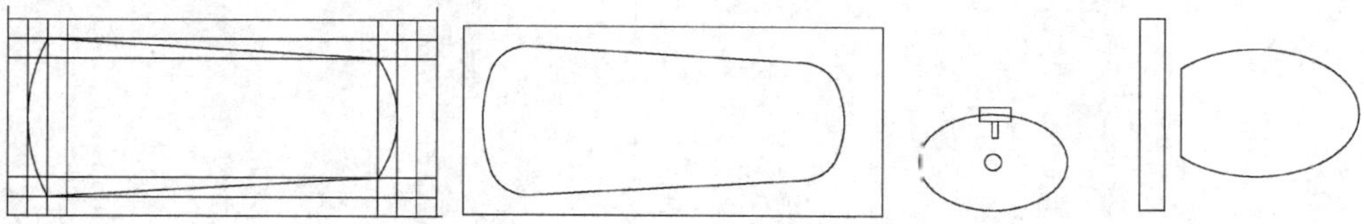

(a)　(b)　(c)　(d)

图 T8-7　浴缸、洗脸池、马桶设备示意图

（4）插入设备示意图块。

创建好设备图块后，按照如图 T8-1 所示，在对应位置插入浴缸、门、窗、洗脸池、马桶。插入时，注意插入比例和旋转方向。

9. 编辑复制其他房间

按照如图 T8-1 所示，在房间中绘制好其他一些附件，完成 101 房间的绘制。对于其他房间，可以通过镜像命令来快速产生。镜像复制后，补画部分立柱投影线，并注意中间房间无侧面窗子。

10. 绘制楼梯

在左侧墙外绘制楼梯，扶手采用多线绘制，台阶采用矩形阵列复制的方式来绘制，然后通过指引线绘制一箭头指明上楼方向。尺寸按照近似比例确定，如图 T8-1 所示。

11. 注释

最后，在图形上注写房间号，设置一种字型，并通过单行文字注写。

12. 保存

单击保存按钮，以“练习 8-建筑图”为名存盘。

思考及练习

1. 使用设计中心管理块、层及其他信息，重新绘制图 T8-1。
2. 绘制如图 T8-8 所示的建筑图例，尺寸按照近似的比例自定。

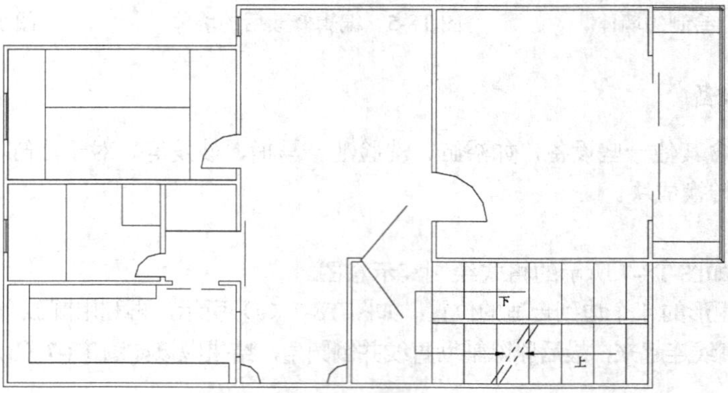

图 T8-8　建筑练习图例

实验 9　尺寸样式设定及标注

目的和要求

（1）掌握尺寸样式设定方法。

（2）掌握各种尺寸标注方法。

（3）掌握尺寸编辑修改方法。

上机准备

（1）复习尺寸标注有关章节内容。

（2）预先绘制好图 T6-1、图 T4-1。

上机操作

将鼠标移到任意一按钮上右击，单击“标注”项，弹出“标注”工具栏。

分析

（1）尺寸标注的关键是调整设置好尺寸标注样式。对于机械图和建筑图，在数字形式和尺寸终端上不一样，其他基本一致。

（2）建筑图的标高单位为米（m），和其他方向的单位（mm）可能不一致，需要注意。

（3）AutoCAD 2015 在尺寸样式设置中的大部分选项可以使用其默认值。需要调整的是文本大小、箭头大小、间距等，由于和我国标准采用的单位不同，所以数值也不同。

（4）具体标注时一般根据标准值进行样式的设置，随后进行标注，不合适时可以随时进行修改调整。

（5）用户可以设置好常用的标注样式保存在样板文件中供以后调用，也可以通过设计中心引用某图形文件中的尺寸样式。

（6）标注时注意标注的规范，如大尺寸在外，小尺寸在内，同一结构尺寸尽可能集中，虚线上尽可能不标注尺寸，不得标注截交线或相贯线的大小，在 90°～120° 的 30° 范围内避免直接标注尺寸等。同类尺寸最好连续标注完，以提高标注的速度。

1．标注图 T9-1 组合体三视图的尺寸

（1）打开文件、设置图层、设置对象捕捉模式。

打开“练习 6−组合体三视图”，设置对象捕捉模式为端点模式，建立尺寸标注专用图层并将当前层设置为尺寸标注层。

（2）尺寸样式设定。

单击菜单“标注→样式”，弹出“尺寸样式管理器”对话框，单击修改按钮，按照如图 T9-2、图 T9-3、图 T9-4、图 T9-5 和图 T9-6 所示分别设置好“线”、“符号和箭头”、“文字”、“调整”、“主单位”5 个选项卡中的相关内容。

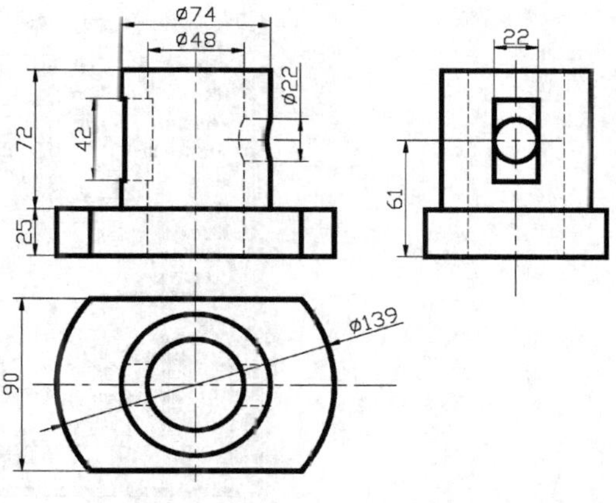

图 T9-1　组合体三视图的尺寸

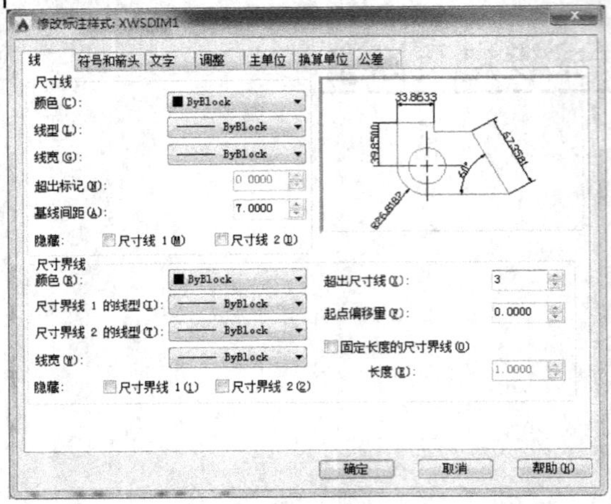

图 T9-2 “线”选项卡

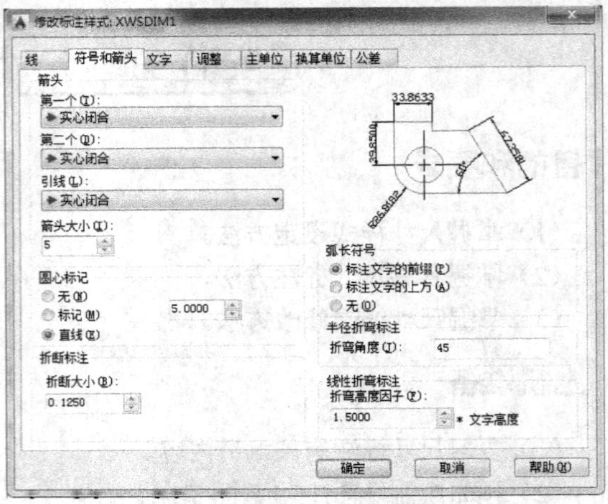

图 T9-3 “符号和箭头”选项卡

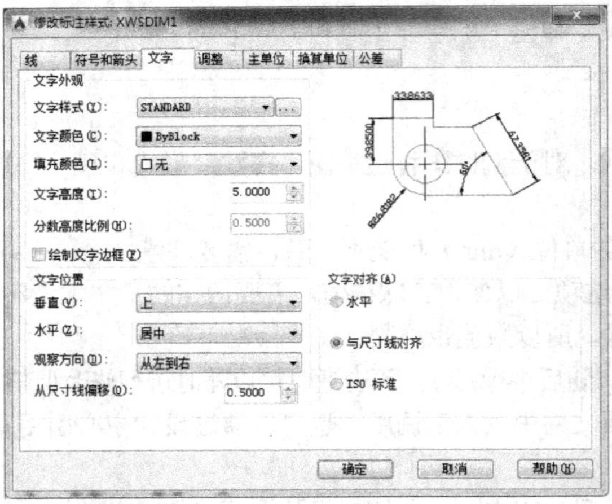

图 T9-4 “文字”选项卡

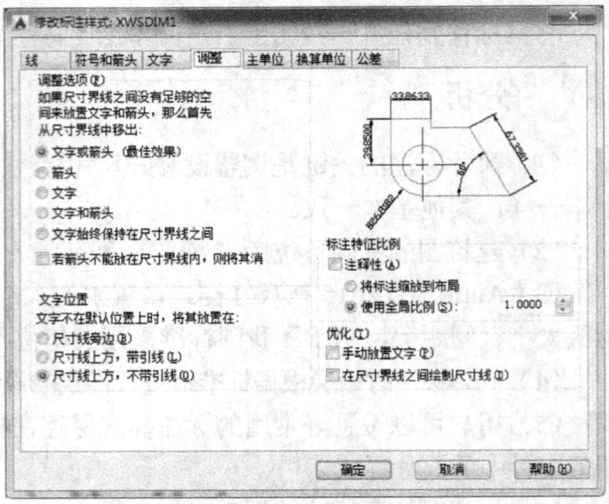

图 T9-5 “调整”选项卡

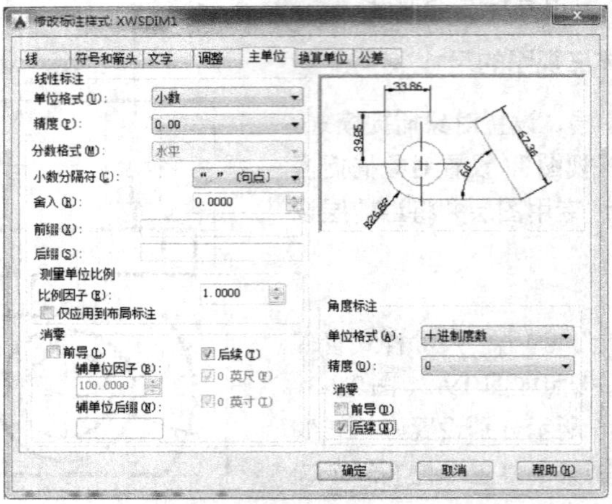

图 T9-6 “主单位”选项卡

（3）尺寸标注。

① 标注线性尺寸。

点取“默认→标注→线性”标注按钮
命令: _dimlinear
指定第一条尺寸界线起点或 <选择对象>: **点取尺寸 25 的直线的一个端点**
指定第二条尺寸界线起点: **点取尺寸 25 的直线的另一个端点**
指定尺寸线位置或[多行文字(M)/文字(T)/角度(A)/水平(H)/垂直(V)/旋转(R)]: **点取尺寸摆放位置**
标注文字 =25

用同样的方法标注其他尺寸 72、42、61、90。

② 标注直径尺寸。

直径尺寸有两种：一种是俯视图中标注在圆弧上的直径尺寸ϕ139，另一种是标注在主视图上的直径尺寸ϕ74、ϕ48、ϕ22。

主视图上的直径尺寸采用线性尺寸进行标注。

点取“默认→标注→线性”标注按钮
命令: _dimlinear
指定第一条尺寸界线起点或 <选择对象>: **↙**
选择标注对象: **点取尺寸 74 的直线**
指定尺寸线位置或[多行文字(M)/文字(T)/角度(A)/水平(H)/垂直(V)/旋转(R)]: **t↙**　　修改文字
输入标注文字 <74>: **%%c<>↙**　　增加直径符号
指定尺寸线位置或[多行文字(M)/文字(T)/角度(A)/水平(H)/垂直(V)/旋转(R)]: **点取尺寸摆放位置**
标注文字 =74

俯视图中的直径尺寸直接采用直径标注方式进行。

点取“默认→标注→直径”标注按钮
命令: _dimdiameter
选择圆弧或圆: **点取直径 139 的圆**
标注文字 =139
指定尺寸线位置或 [多行文字(M)/文字(T)/角度(A)]: **点取尺寸摆放位置**

由于是采用 1∶1 的比例绘制图形，所以标注的大小无须手工输入，直接采用测量值。

2. 标注零件图尺寸

标注如图 T9-7 所示的齿轮零件图尺寸。

打开“练习 7-齿轮”。

（1）尺寸样式设定。

设定基线间距为 10，尺寸界线超出尺寸线 2，尺寸界线起点偏移量为 0。箭头大小为 5，圆心标记大小为 5。文字高度设定为 5，文字垂直方向位置在上方，水平方向位置置中，从尺寸线偏移 0.5，文字对齐方式为与尺寸线对齐。文字位置不在默认位置时将其置于尺寸线旁边。始终在尺寸界线之间绘制尺寸线。线性标注的单位格式为小数，舍入 0，角度标注的单位格式为十进制度数，精度为零，其余采用默认值。

（2）尺寸标注。

该零件图上尺寸包括线性尺寸和直径尺寸。

① 标注线性尺寸。

线性尺寸包括 9、10、26、35.3。

点取“默认→标注→线性”按钮

命令: _dimlinear
指定第一条尺寸界线起点或 <选择对象>: **点取尺寸 10 的一个端点**
指定第二条尺寸界线起点: **点取尺寸 10 的另一个端点**
指定尺寸线位置或[多行文字(M)/文字(T)/角度(A)/水平(H)/垂直(V)/旋转(R)]: **t↙**
输入标注文字 <10>: **<>H9 ↙**
指定尺寸线位置或[多行文字(M)/文字(T)/角度(A)/水平(H)/垂直(V)/旋转(R)]: **点取尺寸摆放位置**
标注文字 =10

用同样的方法标注其他线性尺寸。

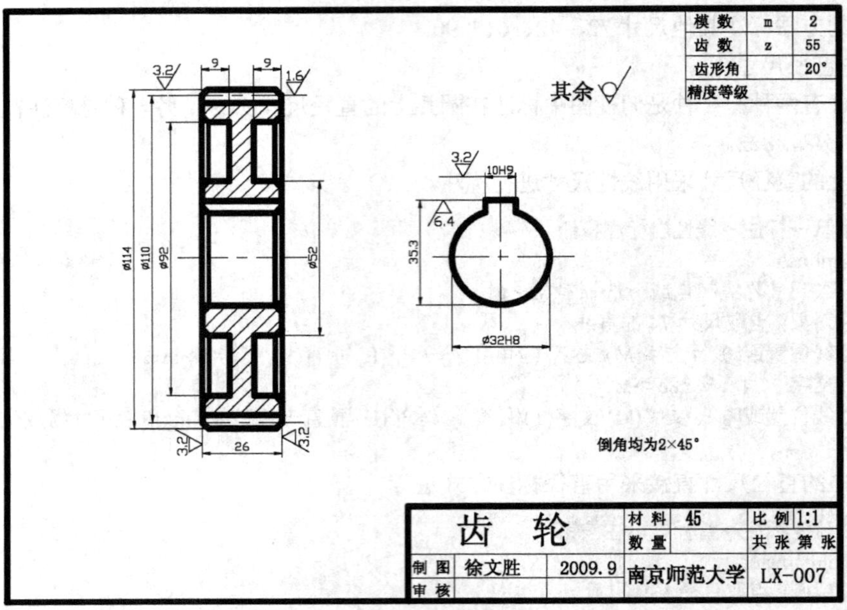

图 T9-7　齿轮零件图

② 标注直径尺寸。

直径尺寸包括前面带有直径符号的尺寸。由于不是标注在圆或圆弧上，所以采用的标注命令为“线性”，然后修改其文字，增加直径符号。

点取“默认→标注→线性”按钮
命令: _dimlinear
指定第一条尺寸界线起点或 <选择对象>: **点取尺寸 52 的一个端点**
指定第二条尺寸界线起点: **点取尺寸 52 的另一个端点**
指定尺寸线位置或[多行文字(M)/文字(T)/角度(A)/水平(H)/垂直(V)/旋转(R)]: **t↙**
输入标注文字 <52>: **%%c<>↙**
指定尺寸线位置或[多行文字(M)/文字(T)/角度(A)/水平(H)/垂直(V)/旋转(R)]: **点取尺寸摆放位置**
标注文字 =52

用同样的方法标注其他尺寸。

3. 标注图 T9-8 垫片的尺寸

打开文件“练习 4-垫片”。

（1）尺寸样式设定。

按照图 T9-9、图 T9-10 和图 T9-11 设置尺寸样式。

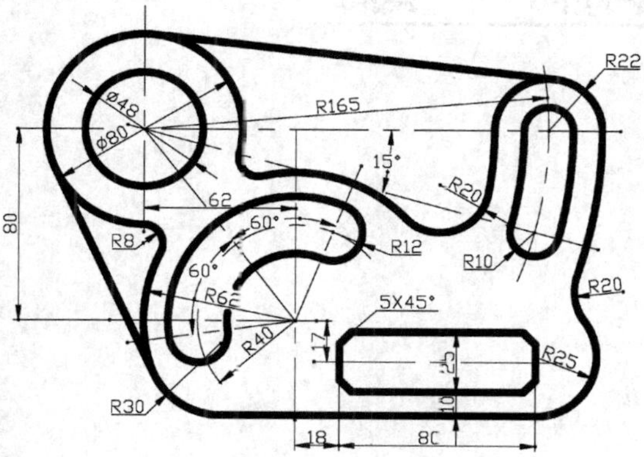

图 T9-8　垫片尺寸标注

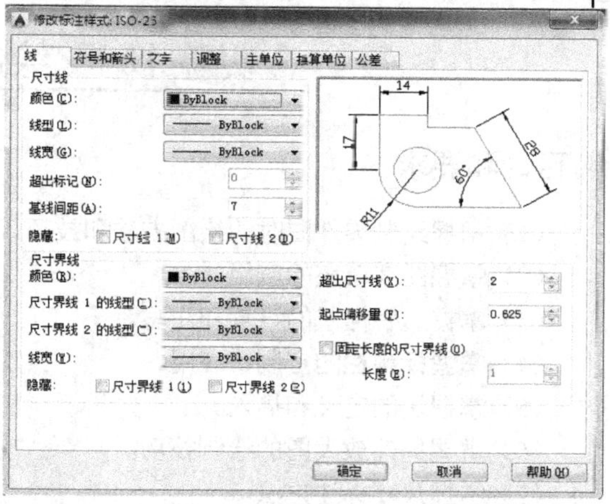

图 T9-9 “线”设置

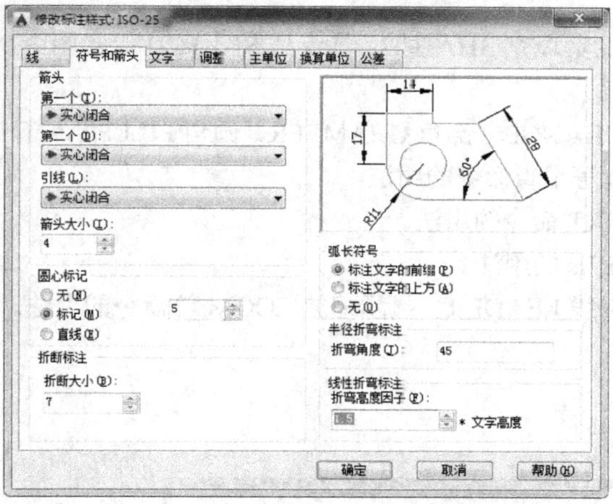

图 T9-10 “符号和箭头”设置

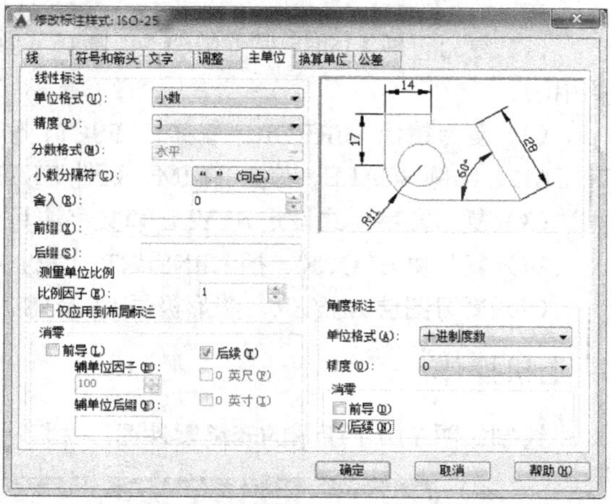

图 T9-11 “主单位”设置

（2）尺寸标注。

① 采用线性尺寸标注图中的线性尺寸，注意使用对象捕捉方式捕捉标注起点。尺寸文本定位时，注意不要和图线重合。

② 采用半径标注方式标注所有半径尺寸，注意尺寸数值摆放位置清晰。

③ 采用直径标注方式标注所有直径尺寸，注意摆放好尺寸文本位置。

④ 采用角度标注方式标注所有角度，角度数值摆放位置同样要避免和图线相交。

思考及练习

1．如果采用了 10∶1 的比例绘制了图形，如何保证标注时的自动测量的尺寸为正确的大小？

2．在标注了尺寸之后，将尺寸连同图形一起进行缩放，发现尺寸并未随之改变，可能的原因有哪些？如何才能使尺寸自动适应图形的大小变化？

3．如果设定了尺寸线层，并且使该层上的所有元素的特性全部随层，结果却发现标注的尺寸线为红色、文字为蓝色、终端为青色，原因在哪里？如何使标注的尺寸特性真正随层？

4．标注时不论采用多大的文字高度，结果发现写出的尺寸数值始终是一定值，原因何在？如何修改成正确的结果？

实验 10　绘制零件图——套筒

目的和要求

（1）掌握绘制零件图时的绘图方法和技巧。

（2）掌握图案填充的应用。

（3）掌握文字样式的设置和注写。

（4）掌握标题栏的定制、应用。

（5）掌握块的定义和插入。

（6）掌握局部放大图的绘制技巧。

（7）掌握尺寸标注方法。

上机准备

（1）复习直线 LINE、圆 CIRCLE、圆弧 ARC、图案填充 BHATCH、徒手线 SKETCH 等绘图命令的用法。

（2）复习镜像 MIRROR、偏移 OFFSET、修改 CHANGE、倒角 CHAMFER、圆角 FILLET、打断 BREAK、比例 SCALE、修剪 TRIM、延伸 EXTEND 等编辑命令的用法。

（3）复习文字样式设定 STYLE 和文字注写 DTEXT 命令的用法。

（4）复习块 BLOCK、插入 INSERT、属性 ATTRIB 的用法。

（5）复习图层 LAYER、图形极限 LIMITS、指引线 LEADER、显示缩放 ZOOM 等命令的用法。

上机操作

绘制如图 T10-1 所示的套筒零件图，并标注尺寸。

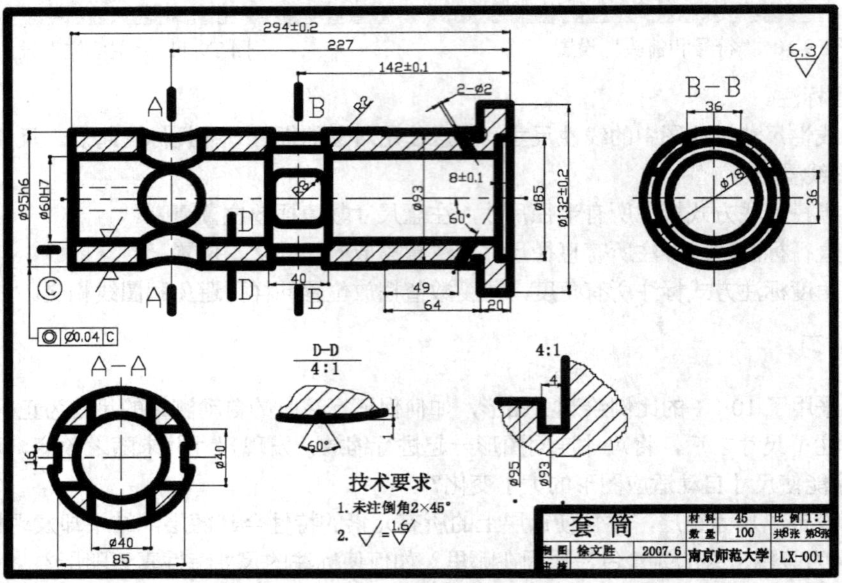

图 T10-1　套筒零件图

分析

（1）绘制零件图同样应在设置好图幅、图层、对象捕捉方式后开始绘图。标注尺寸时需要设置尺寸样式，注写标题栏和技术要求时需要设置文本字型样式。为了管理方便，最好将使用到的图线线型、颜色、线宽等由图层进行统一的管理。

（2）绘制零件图中的图形和绘制组合体基本一致。首先要进行布局设计，保证图形在图纸上的布局合理匀称，将基准线绘制好。在最后输出之前也可以移动使布局合理，具体方法和技巧以及采用的绘图和编辑命令应根据图形的特点和用户的习惯来决定。

（3）要保证图形间的对应关系，将被其他图形依赖的部分先绘制出来，采用辅助线绘制其余线条。本例 B-B 剖视图必须首先绘制好，而主视图中图线的径向位置和尺寸主要从该视图通过水平辅助线来得到。要充分利用编辑命令减轻绘图的强度和工作量。如主视图中的轴向图线定位，可以通过偏移 OFFSET 命令直接得到准确的位置。

（4）局部放大图可以直接将需要放大的部分复制过去，并用比例 SCALE 命令放大即可。

（5）绘制剖面线和尺寸时，往往都是在图形快完成时进行的，为了避免相互干扰影响端点的捕捉或区域的选择，应该将另一个图层关闭。

1．设置绘图界限

按照该图所标注的尺寸大小和图形布置情况，绘图界限应该设置成 A2 大小，横放。

命令: **LIMITS**↙
重新设置模型空间界限:
指定左下角点或 [开(ON)/关(OFF)] <0.0000,0.0000>: ↙
指定右上角点 <420.0000,297.0000>: **594,297**↙

然后执行 ZOOM　ALL 命令显示整幅图形。

2．设置图层

按照图 T10-2 设置图层。

3．设置对象捕捉模式

在预先绘制好中心线和基准线后，绘图中采用到的对象捕捉方式主要为交点模式。所以应通过“草图设置”对话框设置成交点捕捉模式。

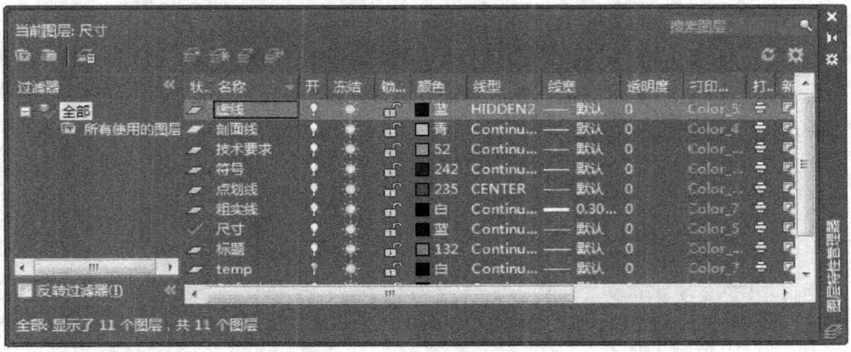

图 T10-2　图层设置

4．绘制标题栏

本例采用 A2 大小绘制一标题栏，并输出成“块”，可供其他需要绘制在 A2 图纸（横放）的图形调用。

（1）绘制标题栏。

按照如图 T10-3 所示的尺寸和图线，采用直线和偏移、修剪命令绘制该标题栏。

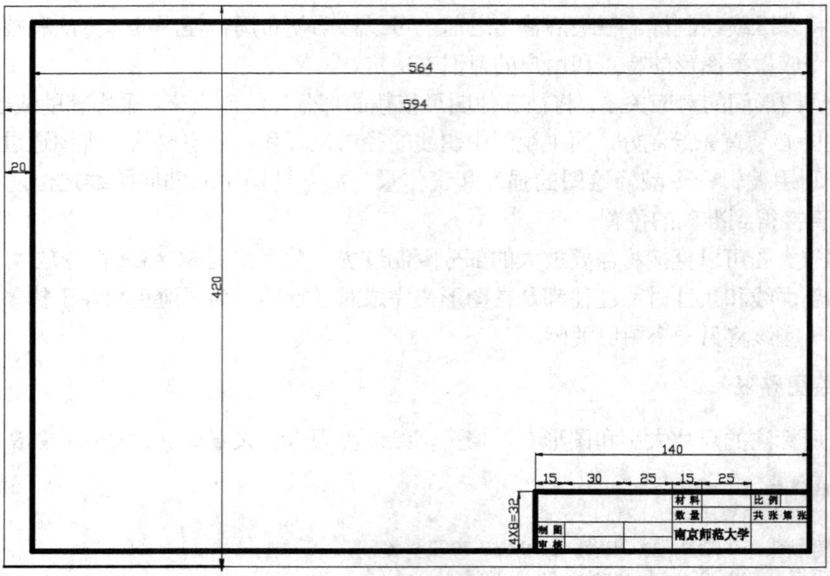

图 T10-3　绘制标题栏

（2）输出成块。

没有必要为每幅图形绘制一个标题栏，可以对不同大小的图纸各绘制一个标题栏，然后在需要的地方直接调用即可。这样不仅减轻了绘制工作量，而且可以保证标题栏的统一。

5．绘制中心线等基准线

该图例中的基准线主要有轴线、套筒右侧端面的投影线，以及各剖面图的中心线。由于在绘图时需要保证剖面图和主视图的对应关系，所以将图 T10-1 中的 A-A 剖面先绘制在主视图的左侧，最后再移到主视图的下方即可。

如图 T10-4 所示，首先在适当的位置绘制一条主视图的水平轴线 EF，再在右侧和左侧各绘制一条垂直线 EG、FH，分别作为 A-A 和 B-B 剖面的轴线，然后再将直线 FH 向左偏移 90 复制一条垂直线 IJ，并将该复制的直线改到粗实线层上。

图 T10-4　基准线

6. 绘制剖面图

由于主视图中有很多的投影线必须和剖面图相对应才能正确绘制，所以应该先将剖面图绘制出来，再根据剖面图来确定主视图中的截交线的位置。

剖面图中主要有圆和圆孔以及方孔产生的投影线。通过绘圆命令和偏移、修剪编辑命令可以快速将剖面图绘制出来。

（1）绘制圆。

> **点取功能区“默认→绘图→圆→圆心、半径”按钮**
> 命令: _circle
> 指定圆的圆心或 [三点(3P)/两点(2P)/切点、切点、半径(T)]: **点取 F**
> 指定圆的半径或 [直径(D)]: **47.5↙**

以 F 点为圆心，以 30 和 39 为半径绘制两个圆。以 E 点为圆心，以 30 和 47.5 为半径绘制两个圆。

（2）偏移复制圆孔和方孔的投影线。

如图 T10-1 所示，分别以距离 18、42、5、20、8 偏移复制两剖面图的中心线。

（3）修剪到合适的大小。

参照图 T10-5，采用 TRIM 命令将偏移复制的投影线超出部分剪去。

（4）修改到正确的图层。

将偏移复制的直线全部修改到粗实线层上，结果如图 T10-5 所示。

图 T10-5 剖面图绘制

7. 绘制主视图右侧部分轮廓线

主视图中包括套筒的内外转向素线以及和圆孔产生的相贯线，和方孔产生的截交线，另外还有 −120° 和 120° 方向的两个斜孔，最左侧有一键槽的投影线。

在轴向位置上，可以通过偏移复制右端面的投影线即轴向基准线来产生垂直线；在径向上，各条水平线的位置应该从剖面图引出，保证和剖面图对应。

为防止图线过于密集，产生误操作，可以一部分一部分地完成。本例从右侧开始向左侧绘制。

（1）偏移复制垂直线。

参照图 T10-6，采用偏离距离为 8、20、4、64、49 偏移复制右侧各条垂直线。

（2）绘水平线。

从剖面图上各交点处引出直线，绘制水平线。对于右侧直径 93 的孔和直径 132、85 的圆柱面，可以偏移复制中心轴线获得其水平投影。采用显示缩放命令（ZOOM W）将该部分放大显示，如图 T10-6 所示。

（3）修剪成正确的大小。

在偏移复制了垂直线并绘制了水平线后，采用修剪命令即可编辑成如图 T10-7 所示的结果。

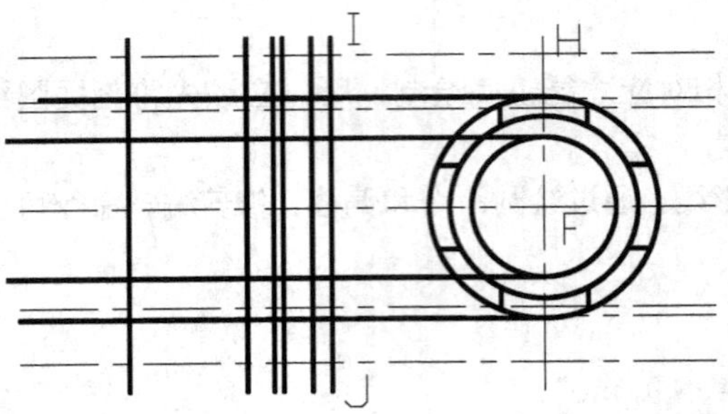

图 T10-6 绘制套筒右侧结构

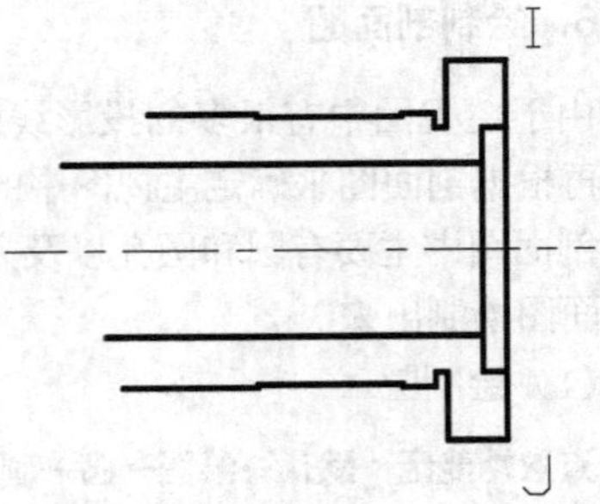

图 T10-7 修剪并修改图层后的右侧结构

8. 绘制主视图中间部分方孔投影结构

中间方孔的结构指 36×36 的方孔贯穿直径 95 和直径 78 的两个圆柱面。

（1）偏移复制垂直线。

首先以距离 142 偏移复制方孔中心线，再向左、向右偏移 18 和 20 产生 4 条垂直线，并将孔的中心线改到点划线层上，结果如图 T10-8 所示。

（2）绘制水平线。

方孔产生的投影中的水平线，都应该从 B-B 剖面图上引出来，所以直接从右向左再绘制 6 条水平线，结果如图 T10-8 所示。

（3）修剪成正确的大小。

按照图 T10-1 的要求，将图 T10-8 中的图线修剪成如图 T10-9 所示的结果。

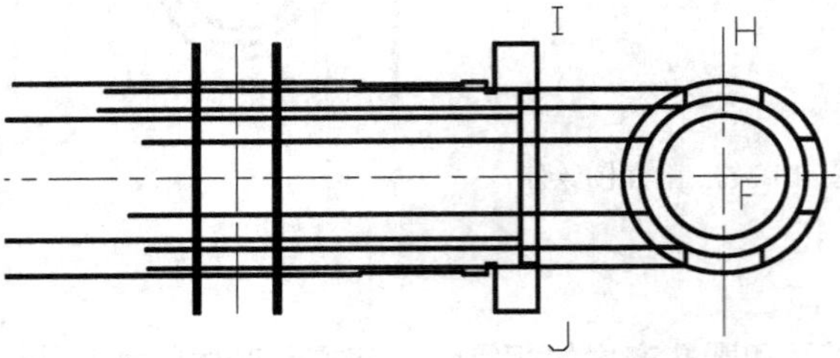

图 T10-8 绘制中间方孔投影线

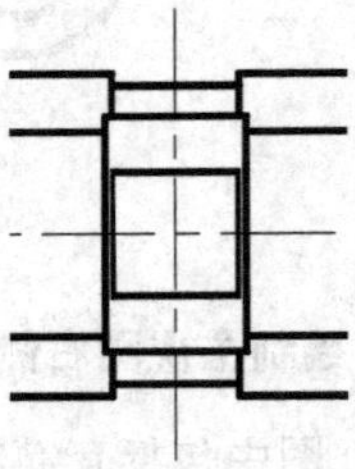

图 T10-9 修剪后的结果

9. 绘制左侧圆孔投影以及左侧投影

左侧圆孔投影包括直径 40 的圆柱面和套筒产生的相贯线。可以通过偏移复制圆孔的中心线，通过画圆命令绘制圆，根据左侧 A-A 剖面绘制相贯线的投影。左端面投影包含两条垂直线。

（1）偏移复制中心线和垂直线。

以距离 227 偏移复制圆孔中心线，再以距离 20 向左、向右偏移复制两条垂直线。以 294 和 2 为距离偏移复制左端面的两条垂直线。将圆孔中心线修改到点划线层上，如图 T10-10 所示。

（2）绘制圆。

参照图 T10-10 绘制一半径为 20 的圆。

（3）绘制相贯线。

圆孔和套筒内外柱面产生的相贯线用圆弧来绘制。参照图 T10-11，绘制 4 段圆弧表示圆孔产生的相贯线。

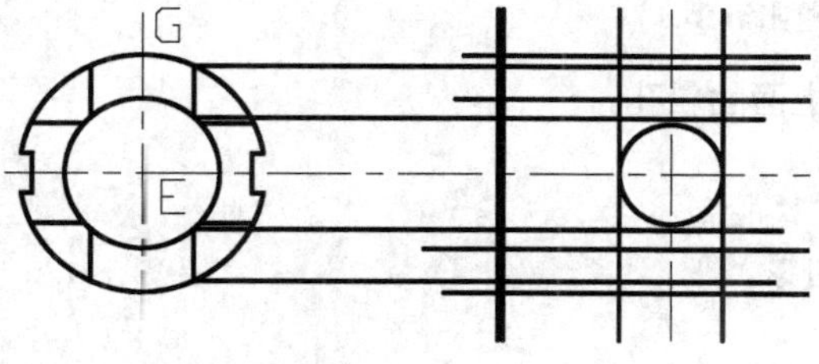

图 T10-10　绘制圆孔的相贯线和左端面投影

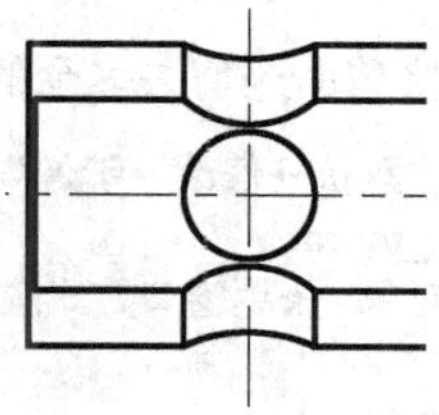

图 T10-11　修剪后的结果

（4）修剪成正确大小。

按照如图 T10-1 所示的最终结果，采用修剪命令将图形修剪成如图 T10-11 所示的结果，并将绘制相贯线所用的辅助线删除。

10．主视图上其他结构

（1）绘制键槽投影。

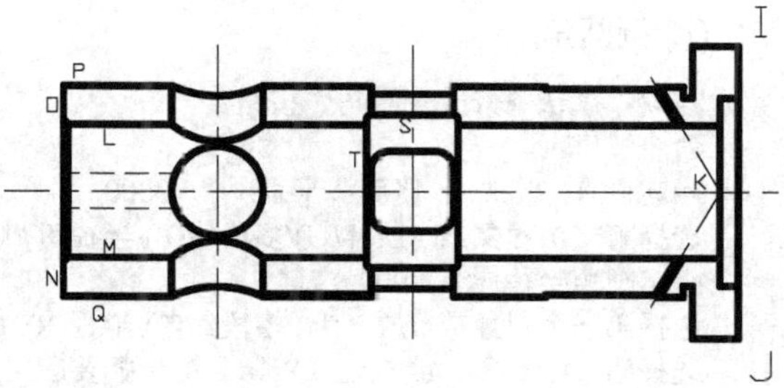

图 T10-12　零件上其他结构

在主视图的左侧有用虚线表示的键槽投影。首先偏移复制套筒中心轴线，距离为 8，产生上下两条水平线，再通过修剪命令剪切成如图 T10-12 所示的大小，然后修改到虚线层上。此时在屏幕上显示的键槽投影，虽然处于虚线层上并且具有虚线的属性，但显示的结果却不像是虚线，其原因是线型比例设置不合适。修改其线型比例即可正确显示虚线的性质。

命令: **CHANGE↙**
选择对象: **点取虚线之一**　找到 1 个
选择对象: **点取另一根虚线**　找到 1 个，总计 2 个
选择对象: **↙**
指定修改点或 [特性(P)]: **p↙**
输入要更改的特性　[颜色(C)/标高(E)/图层(LA)/线型(LT)/线型比例(S)/线宽(LW)/厚度(T)/透明度(TR)/材质(M)/注释性(A)]: **s↙**
指定新线型比例 <1.0000>: **40↙**
输入要更改的特性[颜色(C)/标高(E)/图层(LA)/线型(LT)/线型比例(S)/线宽(LW)/厚度(T)/透明度(TR)/材质(M)/注释性(A)]: **↙**

（2）绘制斜孔。

点取功能区“默认→绘图→直线”按钮
命令: _line
指定第一点: **点取 K 点**
指定下一点或 [放弃(U)]: **@60<-120↙**
指定下一点或 [放弃(U)]: **↙**
点取“默认→修改→偏移”按钮
命令: _offset
当前设置: 删除源=否　图层=源　OFFSETGAPTYPE=0
指定偏移距离或 [通过(T)/删除(E)/图层(L)] <通过>: **1.0↙**
选择要偏移的对象，或 [退出(E)/放弃(U)] <退出>: **点取刚绘制的-120°斜线**
指定要偏移的那一侧上的点，或 [退出(E)/多个(M)/放弃(U)] <退出>: **向上点取一点**
选择要偏移的对象，或 [退出(E)/放弃(U)] <退出>: **重复点取-120°斜线**
指定要偏移的那一侧上的点，或 [退出(E)/多个(M)/放弃(U)] <退出>: **向下点取一点**

选择要偏移的对象，或 [退出(E)/放弃(U)] <退出>: ↙

采用修剪命令剪去多余的部分镜像产生上面的斜孔。

点取“默认→修改→镜像”按钮
命令: _mirror
选择对象: **采用窗口方式选择 60°斜线部分投影**
指定对角点: 找到 7 个
选择对象: ↙
指定镜像线的第一点: **点取 K 点**
指定镜像线的第二点: **水平移动光标在空白位置点取一点**
要删除源对象吗？[是(Y)/否(N)] <N>: ↙

（3）倒角及倒圆角。

① 倒圆角。

点取“默认→修改→圆角”按钮
命令: _fillet
当前设置: 模式 = 修剪，半径 = 10.0000
选择第一个对象或 [放弃(U)/多段线(P)/半径(R)/修剪(T)/多个(M)]: **r**↙
指定圆角半径 <10.0000>: **2**↙
选择第一个对象或 [放弃(U)/多段线(P)/半径(R)/修剪(T)/多个(M)]: **点取 S 点**
选择第二个对象，或按住【Shift】键选择要应用角点的对象或 [半径(R)]: **点取 T 点**

重复上面的过程，对其他三个角倒圆角。采用圆角半径为 8，对 36×36 的方孔倒圆角。

② 倒角。

点取“默认→修改→倒角”按钮
命令: _chamfer
(“修剪”模式) 当前倒角距离 1 = 5.0000，距离 2 = 5.0000
选择第一条直线或 [放弃(U)/多段线(P)/距离(D)/角度(A)/修剪(T)/方式(E)/多个(M)]: **d**↙
指定第一个倒角距离 <5.0000>: **2**↙
指定第二个倒角距离 <2.0000>: ↙
选择第一条直线或 [放弃(U)/多段线(P)/距离(D)/角度(A)/修剪(T)/方式(E)/多个(M)]: **点取 L 点**
选择第二条直线，或按住【Shift】键选择直线以应用角点或 [距离(D)/角度(A)/方法(M)]: **点取 O 点**

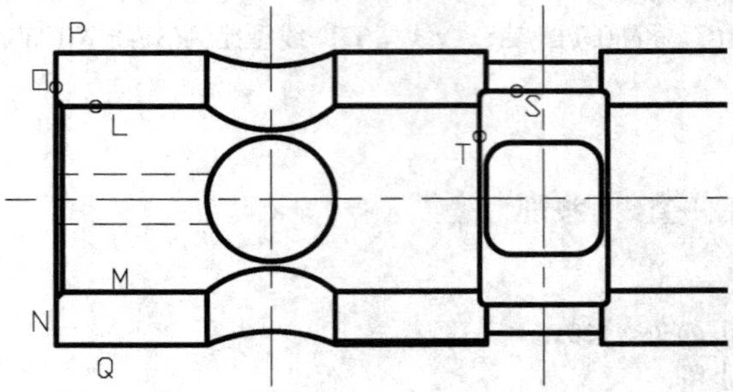

图 T10-13 倒角及圆角

（4）延伸倒角后剪切掉的直线。

点取“默认→修改→延伸”按钮
命令: _extend
当前设置:投影=UCS，边=延伸
选择边界的边...

选择要延伸的对象，或按住【Shift】键选择要修剪的对象，或[栏选(F)/窗交(C)/投影(P)/边(E)/放弃(U)]: 点取 Q 点 找到 1 个
选择对象: ↙
选择要延伸的对象，或按住【Shift】键选择要修剪的对象，或[栏选(F)/窗交(C)/投影(P)/边(E)/放弃(U)]: 点取 O 点
选择要延伸的对象，或按住【Shift】键选择要修剪的对象，或[栏选(F)/窗交(C)/投影(P)/边(E)/放弃(U)]: ↙

重复同样的操作，绘制另一个 2×45° 倒角，绘制结果如图 T10-12 所示。

（5）绘制 60° 槽。

60° 槽产生的投影从主视图上看，可以直接偏移复制轮廓线得到，偏移距离为 1。

11. 绘制局部放大图

局部放大图是放大绘制图形中的某一局部结构，所以绘制局部放大图的方法应该采用复制需要放大的部分到一空闲位置，剪去、删去不需表达的图线，采用比例缩放命令直接将剩下的部分放大到需要的比例。如果原图中不包含该局部放大图，则采用 1∶1 的比例绘制（一般需要显示缩放命令配合），再缩放到需要的大小。

所以绘制图 T10-1 中的 4∶1 的右侧局部放大图的方法如下。

（1）在主视图相应部位用细实线绘制一圆，表示局部放大的部分。

（2）将该圆中包含的图线连同圆一起复制到主视图的下方。

（3）以圆为界，删去或剪去圆以外的图线。

（4）删去圆（在某些局部放大图中保留圆，同时不需绘制徒手线）。

采用 SKETCH 命令绘制徒手线，注意一定要使徒手线的端点和原有图线的端点准确相交。

绘制图 T10-1 左侧的局部放大图的过程如下。

（1）绘制一直径为 95 的圆，通过捕捉象限点的方式在下方绘制一条通过象限点的水平线。

（2）向上 1 个单位偏移复制该水平线。

（3）通过相对坐标的方式绘制两条 60° 的斜线。

（4）最后编辑修改到合适的大小和正确的图层。

（5）采用徒手线绘制波浪线，结果如图 T10-14 所示。

图 T10-14　局部放大图

12. 注写技术要求

文字注写的技术要求，首先要求设定好文字样式，然后采用文字注写命令进行注写。

（1）文字样式设定。

由于技术要求中主要包含的文本为汉字，所以通过菜单“格式→文字样式”设定字型“汉字”，采用的字体为“宋体”，其他全部采用默认值。

（2）文本注写。

采用单行文本或多行文本命令，按照如图 T10-1 所示的位置书写技术要求。其中第三行的粗糙度符号处，需要预先留出空间，随后插入粗糙度符号即可。

13. 标注表面粗糙度和形位公差

表面粗糙度符号可以直接通过设计中心插入实验 7 中绘制的“ccd”块即可。

（1）共享其他图形中的块。

可以通过设计中心来利用其他图形中已经设计好的块、文字样式、尺寸样式等。

① 单击“视口→选项板→设计中心”按钮。

② 查找实验 7 保存的文件“练习 7-齿轮”，单击“块”。

③ 拖动块“ccd”到当前图形中，如图 T10-15 所示。

（2）插入表面粗糙度符号。

将块拖到该图形中后，相当于在当前图形中插入了该块。

单击“插入→块→插入→更多选项”按钮，弹出如图 T10-16 所示的“插入”对话框。在“名称”栏中选择“ccd”。单击确定按钮，然后响应命令提示行的交互。

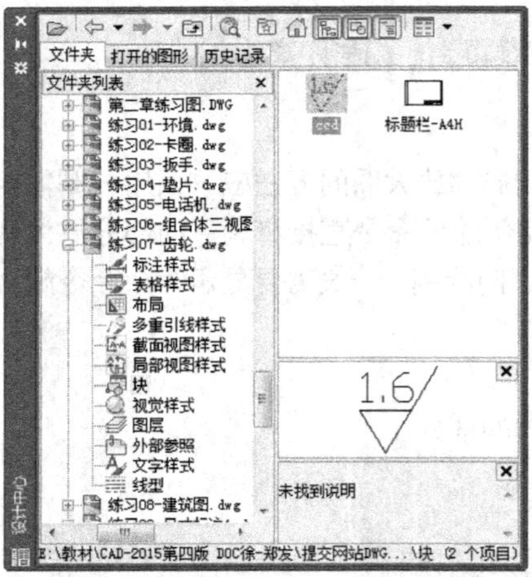

图 T10-15 用“设计中心”选项板共享块

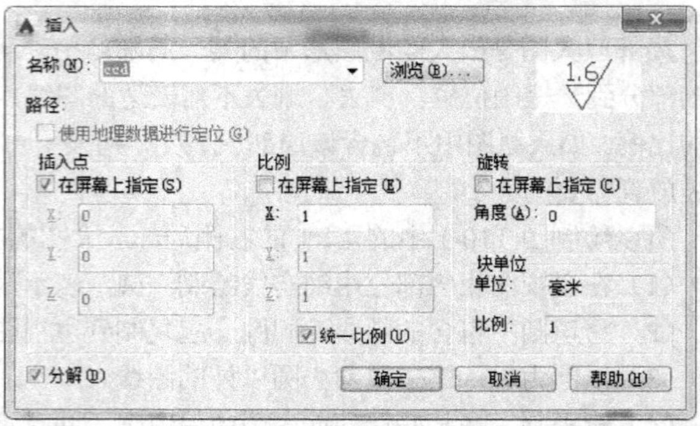

图 T10-16 “插入”对话框

命令: _insert
指定插入点或 [基点(B)/比例(S)/X/Y/Z/旋转(R)]: **点取需要插入的位置** 应该使用最近点捕捉方式
输入属性值
粗糙度 <1.6>: ↙ **或输入粗糙度数值**

对部分需要旋转的粗糙度符号，在提示插入点时输入 R 选项，再输入旋转角度，然后指定插入点进行插入操作。

对图样中不需注写粗糙度数值的粗糙度符号，可以通过分解命令将该块分解，然后删除属性值。

（3）标注形位公差。

标注形位公差可以采用快速引线中的公差选项进行标注。

参照图 T10-17 设置成公差再进行标注。

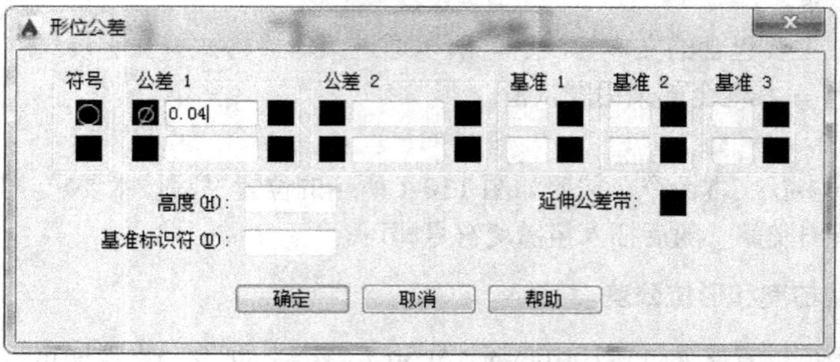

图 T10-17 “形位公差”对话框

14．绘制剖面线

单击“绘图”工具栏中的图案填充按钮，弹出“图案填充创建”对话框，如图 T10-18 所示。

图 T10-18　“图案填充创建”对话框

命令: **_bhatch**
点取“拾取点”按钮
选择内部点: **在需要绘制剖面线的地方点取**
正在选择所有对象...
正在选择所有可见对象...
正在分析所选数据...
正在分析内部孤岛...
选择内部点: ↙
<按【Enter】键或单击鼠标右键返回对话框>

在对话框中设定图案为“ANSI31”，比例为 2，角度为 0。点取“关闭”按钮执行图案填充。

15．标注尺寸

设置对象捕捉方式为端点模式，建立尺寸层并使之为当前层。

（1）尺寸样式设定。

按照图 T10-19 至图 T10-23 设定尺寸样式。

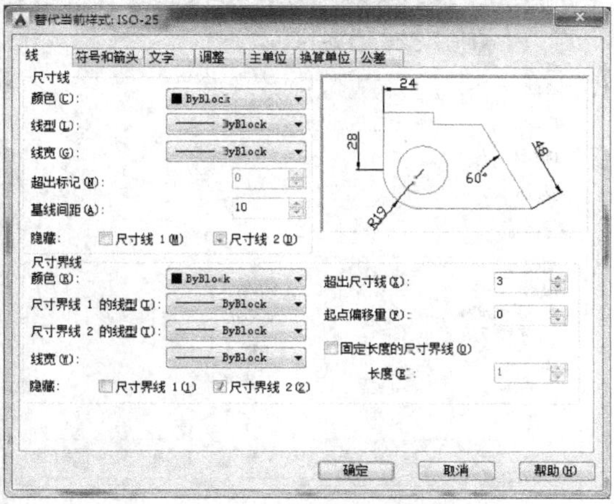

图 T10-19　“线”选项卡

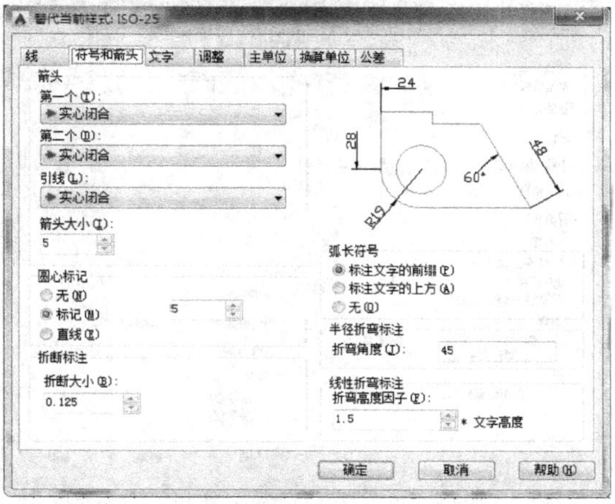

图 T10-20　“符号和箭头”选项卡

（2）尺寸标注。

① 采用线性尺寸标注除带有公差的尺寸之外的线性尺寸，包括用线性尺寸标注的直径尺寸（局部放大图中的ϕ93、ϕ95 除外）。

点取“注释→标注→线性”按钮
命令: _dimlinear
指定第一条尺寸界线原点或 <选择对象>: **点取尺寸 95 的一个端点**
指定第二条尺寸界线原点: **点取尺寸 95 的另一个端点**

指定尺寸线位置或[多行文字(M)/文字(T)/角度(A)/水平(H)/垂直(V)/旋转(R)]: **t↙**
输入标注文字 <95>:%%c<> **h6↙**
指定尺寸线位置或[多行文字(M)/文字(T)/角度(A)/水平(H)/垂直(V)/旋转(R)]: **点取尺寸摆放位置**
标注文字 =95

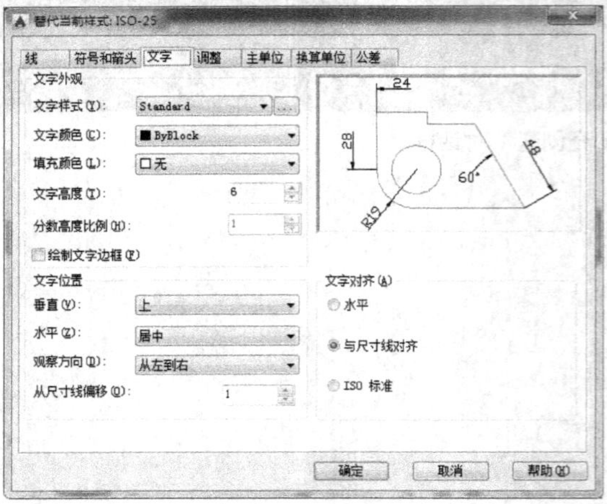

图 T10-21 “文字”选项卡

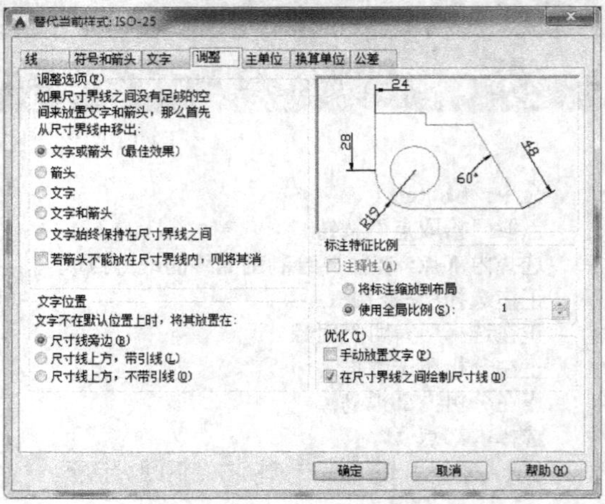

图 T10-22 “调整”选项卡

② 采用半径尺寸标注 R8 圆角半径尺寸。

③ 采用直径尺寸标注ϕ78 尺寸。

④ 设定一替代尺寸样式，按照图 T10-24 设置公差值，标注尺寸ϕ294、ϕ132。使用替代功能，将公差值改成 0.1，标注尺寸 8、142。

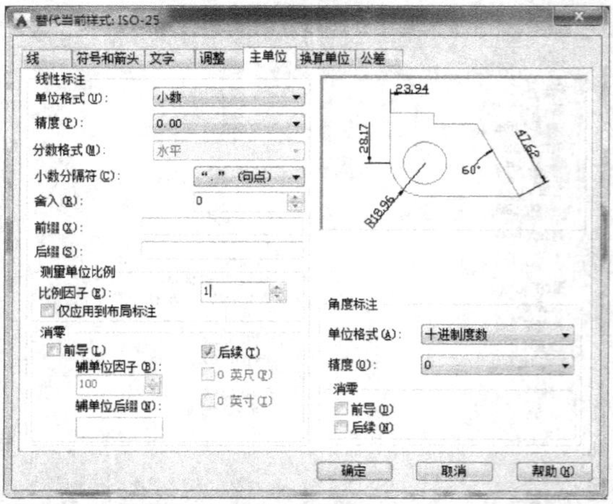

图 T10-23 “主单位”选项卡

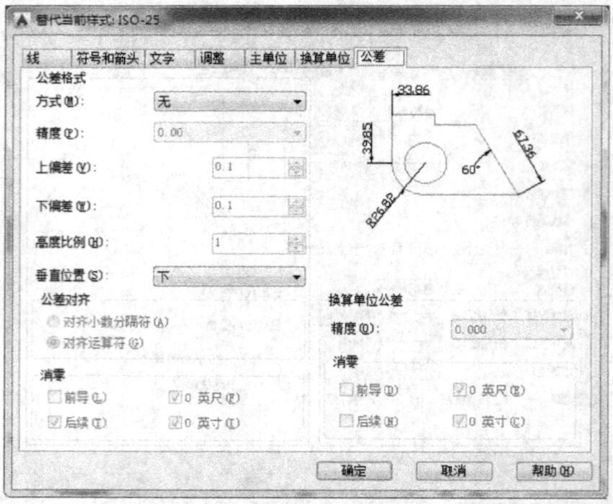

图 T10-24 “公差”选项卡

⑤ 在“标注样式管理器”对话框中单击新建按钮来新建一尺寸样式。如图 T10-25 所示，在弹出的“创建新标注样式”对话框的“用于”下拉列表框中选择“角度标注”，单击继续按钮。

如图 T10-26 所示，设置“文字对齐”方式为“水平”，采用该样式标注角度尺寸 60°。

⑥ 标注局部放大图中的尺寸ϕ95 和ϕ93。

这两个尺寸都各自只有一条尺寸线和一条尺寸界线，首先应该进行样式设定。

参考图 T10-19，在“线”选项卡中的“尺寸线”区，通过复选框隐藏尺寸线 2，在“尺寸界线”区，通过复选框隐藏尺寸界线 2。

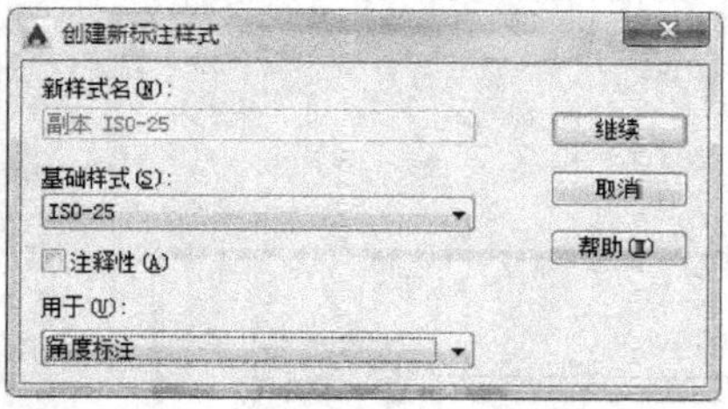

图 T10-25 新建一用于角度的尺寸样式

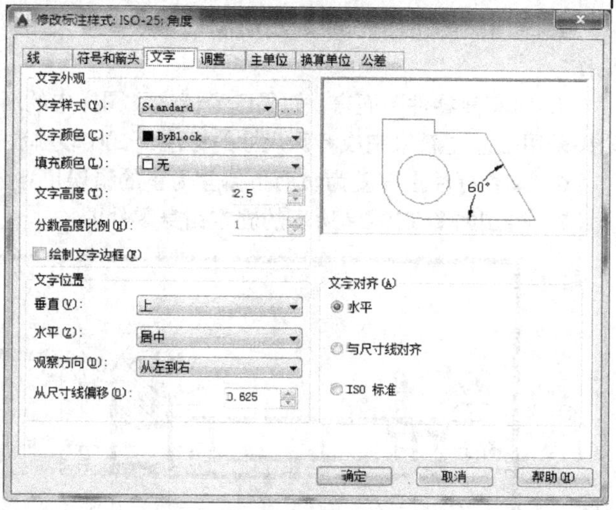

图 T10-26 设定文字方向

进行线性尺寸标注，其中第二个点可以向下随意点取，通过文字选项将尺寸数值改成ϕ95 和ϕ93。

16．绘制其他符号

图形中还包含了一些其他符号，如剖切符号，基准代号等。采用直线命令绘制表示剖切位置的剖切面的投影线，改变其宽度为 0.35。采用引线绘制表示投影方向的箭头。采用直线、圆、文字注写等命令绘制基准 C 的符号。采用单行文本书写 A-A、B-B、D-D 以及其他表示比例大小的符号。

17．插入标题栏

图形绘制完毕，插入标题栏，并进行布局，设置好各图形的空间位置。虽然在图纸空间可以直接进行布局操作，但由于 AutoCAD 内置的标题栏不一定能适合我国的要求，所以通常情况下，标题栏是自己绘制并添加上去的。在模型空间插入标题栏，并填写标题栏中的内容。

打断左侧 A-A 剖面图和主视图之间的中心线，使之变成两条，将 A-A 剖面图移到主视图的下方，使布局合理。

```
命令: _break
选择对象: 点取中心线上欲打断的一点
指定第二个打断点 或 [第一点(F)]: 点取欲打断的另一点
```

18．保存文件

将绘制好的图形赋名“练习 10-套筒.DWG”保存起来。在下面的练习中直接利用已经设定的文字、尺寸样式以及块、图层等。

思考及练习

1．如果在绘图中要书写和其他已有文字属性相同的文字，如高度、字型等，又不知道或不想去查询某文字的字型和高度等，应该如何操作？

2．如果本例设定绘图界限为 A3 横放，应如何规划图纸布局？

3．本例中绘制倒角时采取了倒角命令，同时采用了延伸命令来完成倒角的绘制，能否通过其他方法比较简单地完成倒角的绘制？

4. 如果不采用指引线标注形位公差，直接采用“绘图→公差”标注图中的形位公差，应如何操作？

5. 对套筒零件图而言，如果已经标注了图样中的所有尺寸，如何再增加公差以及公差代号标注？如果采用公差更新来完成特殊尺寸的标注，试比较哪种更方便。

6. 能否标注上偏差为负而下偏差为正的错误尺寸公差？

7. 绘制如图 T10-27 所示的固定钳身零件图。

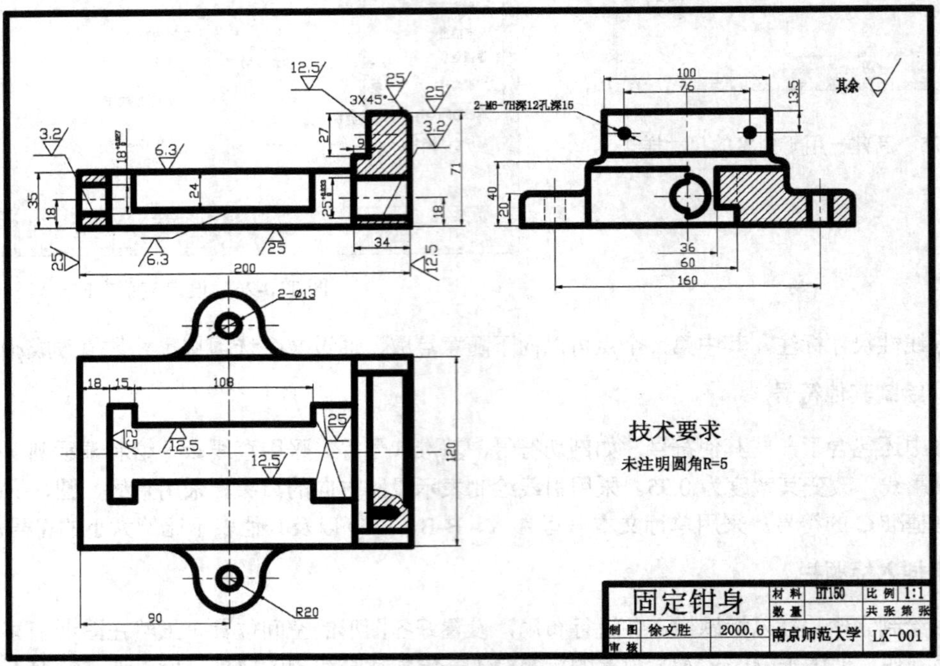

图 T10-27　固定钳身零件图

提示

（1）直接利用“设计中心”插入“练习 10–套筒.DWG”文件的标题、块，并引用该文件的图层、文字样式、尺寸样式等。

（2）在点划线层上绘制中心线作为绘图基准线。

（3）在辅助线层绘制 45°斜线。

（4）采用偏移复制的方式定位其他间接基准。

（5）编辑修改成粗实线并在粗实线层绘制其他轮廓线。

（6）采用相应的编辑命令完成轮廓线、虚线、细实线的绘制，注意放置在对应的图层。

（7）标注尺寸。必要时要求修改样式，采用样式替代来标注单尺寸边界、单尺寸线以及公差等。

（8）插入粗糙度符号，修改相应的属性使之数值正确，必要时将该块分解编辑其文字的方向。

（9）插入标题块。

（10）调整图形的位置，使之适应 A2 图框，并保持合理的布局。

（11）绘制剖面线。

（12）填写标题栏。

（13）存盘。

附录A 模拟测试试卷一

一、选择题

1．等轴模式（ISOPLANE）转换的功能键是__________。

A．F2　　B．F3　　C．F5　　D．F9

2．在 AutoCAD 中，命令别名的设置文件是___________。

A．ACAD.pat　　B．ACAD.dcl　　C．ACAD.pgp　　D．ACAD.lin

3．删除一条直线后，又画了一个圆。现在要在不取消圆的情况下，恢复直线，可用___________命令。

A．UNDO　　B．REDO　　C．RESTORE　　D．OOPS

4．绘制一个圆后再绘制了一条直线，使用___________命令可以一次取消绘制的圆和直线。

A．REDO　　B．RESTORE　　C．U　　D．UNDO

5．Align 命令相当于是 ROTATE（旋转）、SCALE（比例）和__________命令的组合。

A．MOVE（移动）　　B．COPY（复制）

C．MIRROR（镜像）　　D．ARRAY（阵列）

6．取世界坐标系中的点（10，20，30）作为用户坐标系的原点，则世界坐标系的点（–10，20，20）的用户坐标应该是__________。

A．（20，0，–10）　　B．（0，40，50）

C．（–20，0，–10）　　D．（–20，0，30）

7．多段线编辑的命令是__________。

A．PEDIT　　B．MEDIT　　C．DDEDIT　　D．BEDIT

8．要使当前视图放大 4 倍显示，可以使用 Zoom 命令的_________选项。

A．0.25　　B．4　　C．0.25x　　D．4x

9．在打印出图时，当“Plotted MM = Drawing Units”栏下的内容分别是_________时，则打印出来的图形放大了 100 倍。

A．1 和 100　　B．10 和 10　　C．1 和 0.01　　D．1000 和 1

9．在 TEXT 命令中，在提示符下输入 90%%D 之后，屏幕显示为_________。

A．90 %%D　　B．90%D　　C．90°　　D．90D

10．可以将 AutoCAD 的图形输出成块，其格式是_________。

A．dwg　　B．blk　　C．dwt　　D．pdf

11．在执行拉伸 STRETCH 命令时，应该使用的选择对象的方式是_________。

A．窗交 CROSSING　　B．窗口 WINDOW

C．全部 ALL　　D．圈围 WPOLYGON

12．当图形中存在标注的尺寸时，定义点层不可以被_________。

A．删除　　B．冻结　　C．改名　　D．锁定

13．图形中有一些块，它们不可能是用命令_________引入的。

A．定距等分 MEASURE　　B．定数等分 DIVIDE
C．分解 EXPLODE　　D．插入 INSERT

14．在用 TEXT 命令书写文本时，要________才能结束文本输入操作。
A．双击右键　　B．双击
C．按两次空格键　　D．按两次回车键

15．在 AutoCAD 中绘制正方形，应该使用________命令。
A．PLINE　　B．POLYGON　　C．LINE　　D．RECTANGE

16．在 AutoCAD 中一次绘制三条平行的直线，应该使用________命令。
A．PLINE　　B．RAY　　C．XLINE　　D．MLINE

17．不能处理点的编辑命令是________。
A．OFFSET　　B．COPY　　C．MOVE　　D．ROTATE

18．通过夹点编辑，其方式有移动、镜像和________。
A．复制、比例缩放、拉伸　　B．阵列、复制、旋转
C．旋转、比例缩放、拉伸　　D．偏离、拉伸、复制

19．下面的________选项不可以绘制圆弧。
A．起点、圆心、终点　　B．起点、方向、圆心
C．圆心、起点、长度　　D．起点、终点、半径

20．新建图层时，新图层的线宽默认为________。
A．0 层的线宽　　B．当前层的线宽
C．0　　D．对话框中选定层的线宽

21．在 AutoCAD 的捕捉方式中，以下______方式可以捕捉端点。
A．END　　B．NOD　　C．NON　　D．MID

22．在引线标注时，可以标注________。
A．上下偏差　　B．形位公差　　C．对称公差　　D．极限偏差

23．用 DDEDIT 命令不能修改_______对象。
A．多行文本　　B．单行文本　　C．形位公差　　D．块引用中的属性值

24．命令行方式插入块时，在默认情况下，Y 方向的比例为________。
A．1　　B．X 方向的比例　　C．2　　D．0.5

25．使用剪切命令，在提示选择剪切边对象时直接按下空格键，则表示________。
A．没有剪切边　　B．所有图形对象作为剪切边
C．最后绘制的对象作为剪切边　　D．剪切对象本身作为剪切边

26．在使用 Zoom 命令时，以下_______选项能将图形在绘图区最大显示出来。
A．ALL　　B．MAX　　C．EXTENTS　　D．PREVIOUS

27．在图层特性管理器中，不可以设置________。
A．线型　　B．线宽　　C．线型比例　　D．颜色

28．设 A 点的坐标为（34，12），B 点的坐标为（54，32），则 A 点相对于 B 点的坐标为________。
A．@20，–20　　B．@–20，20　　C．@20，20　　D．@–20，–20

29．在 AutoCAD 约束绘图功能是自________版本开始提供的？
A．2004　　B．2008
C．2009　　D．2010

30．阵列命令的别名是________。

A. AR　　B. AA　　C. A　　D. AY

二、操作题

按尺寸绘制如图 A-1 所示的图形并标注尺寸，保存名为“测试 1.DWG”。

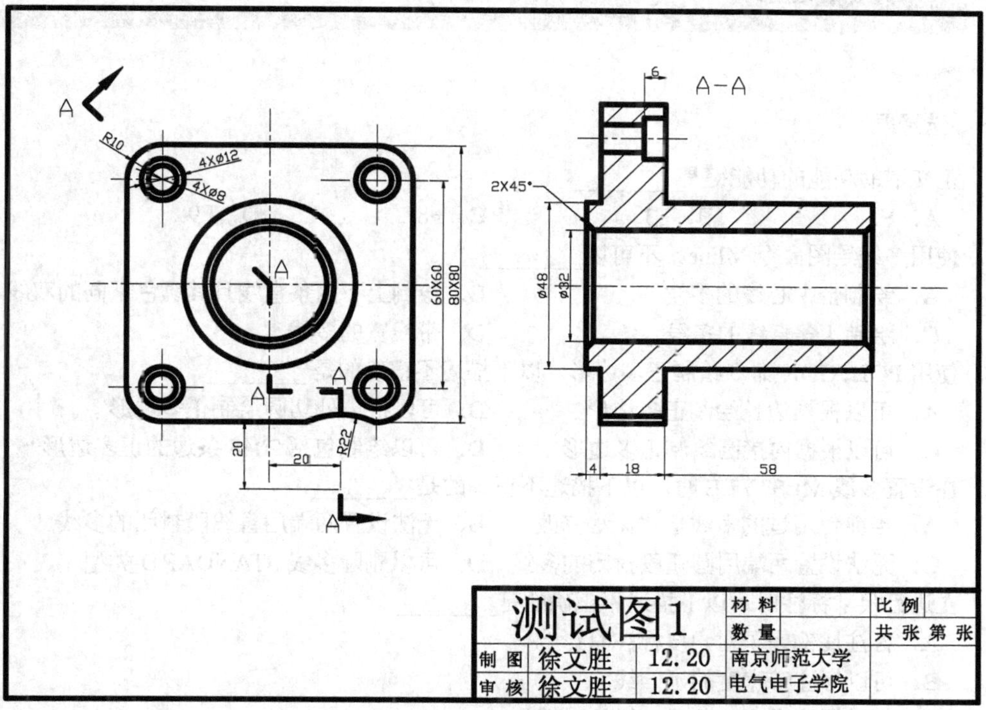

图 A-1　测试图例 1

附录B 模拟测试试卷二

一、选择题

1. 正交辅助功能的功能键是________。

A. F2　　B. F3　　C. F8　　D. F9

2. 使用多线绘图命令 Mline，不可以________。

A. 绘制带中心线的多线　　B. 绘制上下两条直线且其颜色不同的双线

C. 绘制 4 条直线的多线　　D. 带线宽的多线

3. 使用 POLYGON 命令绘制正多边形，以下描述不正确的是________。

A. 可以根据边长绘制正多边形　　B. 可以根据外切圆绘制正多边形

C. 可以根据内接圆绘制正多边形　　D. 可以绘制包括 2048 条边的正多边形

4. 在设置多线 MLSTYLE 时，以下描述不正确的是________。

A. 当前使用过的多线形式无法修改　　B. 无法设置两端用直线段封闭的多线

C. 无法设置两端用圆弧段封闭的多线　　D. 可以删除多线 STANDARD 类型

5. 在进行尺寸标注时，以下描述不正确的是________。

A. 标注比例因子对角度标注有影响

B. 可以标注带宽度的延伸线

C. 可以标注只有一条尺寸线的线性尺寸

D. 可以标注上偏差为负而上偏差为正的尺寸

6. 假设坐标点的当前位置是（300，200），现在从键盘上输入了新的坐标值（@–200，200），则新的坐标位置是________。

A.（100，400）　　B.（–100，200）　　C.（500，0）　　D.（100，200）

7. 在使用 Zoom 命令时，以下_______选项可以动态显示图形中的对象。

A. ALL　　B. DYNAMIC　　C. EXTENTS　　D. SCALE

8. 当看到却无法删除某层上的图线时，该层是被_______。

A. 关闭　　B. 删除　　C. 锁定　　D. 冻结

9. 以下描述不正确的是_______。

A. 使用 OFFSET 命令偏移对象时，偏移后的对象和原先的对象包含同样多的组成元素

B. 使用 STRETCH 命令拉伸对象时，包含在选择区域中的端点会被移动

C. 使用 STRETCH 命令拉伸对象时，应该使用 CROSSING 窗交方式选择对象

D. 使用 BREAK 命令时，提示输入第二点时，输入@，等同于输入的第一点

10. 矩形阵列时无须提供的参数是_______。

A. 阵列对象名　　B. 行的个数　　C. 列的个数　　D. 行列间距

11. 使用椭圆 ELLIPSE 命令绘制椭圆时，以下描述不正确的是_______。

A. 可以根据圆心和长轴绘制出椭圆

B. 可以绘制椭圆弧

C. 可以根据长轴和短轴绘制出椭圆

D. 可以根据长轴以及倾斜角度绘制出椭圆

12. 以下描述不正确的是______。

A. 延伸 EXTEND 命令可以将圆弧延伸成圆

B. 延伸 EXTEND 命令应该先选择延伸边界再选择延伸对象

C. 延伸 EXTEND 命令无法延伸块中的直线

D. 延伸 EXTEND 命令延伸的边界和延伸的对象可以是同一个对象

13. 使用 OFFSET 命令不能“偏移”______图形对象。

A. 剖面线　　B. 圆弧　　C. 多义线　　D. 圆

14. 要在一行文本中采用不同的高度，应该使用的文本命令是______。

A. MTEXT　　B. TEXT　　C. DTEXT　　D. QTEXT

15. 不能使用 TRIM 命令“修剪”对象是______。

A. 直线 LINE　　B. 多线 MLINE

C. 多段线 PLINE　　D. 参照线 XLINE

16. 若“当前对象缩放比例”为 5，“全局比例因子”是 2，则线型的实际比例为______。

A. 10　　B. 5　　C. 2　　D. 2.5

17. 在使用 ARRAY 命令时，如需使阵列后的图形向右上角排列，则______。

A. 行间距为正，列间距为正　　B. 行间距为负，列间距为负

C. 行间距为负，列间距为正　　D. 行间距为正，列间距为负

18. 绘制多段线的命令是______。

A. MLINE　　B. PLINE　　C. XLINE　　D. SLINE

19. 要使当前视图缩小到 50%显示，可以使用 ZOOM 命令的______选项。

A. 2　　B. 2x　　C. 0.5x　　D. 0.5

20. 以下______命令不能用于改变图形对象的大小。

A. SCALE　　B. DDMODIFY　　C. COPY　　D. STRETCH

21. 取世界坐标系中的点（12，10，–10）作为用户坐标系的原点，则用户坐标系的点（–10，20，30）的世界坐标应该是______。

A.（2，30，20）　　B.（22，–10，–40）

C.（–22，10，40）　　D.（–10，20，30）

22. 在 DTEXT 命令中，在提示符下输入%%C 之后，屏幕显示为______。

A. %%C　　B. ϕ　　C. °　　D. C

23. 定义块属性时，属性可设置多种模式，但不具有______模式。

A. 不可见　　B. 验证　　C. 预置　　D. 颜色

24. 用夹点方式编辑图形时，不能直接完成______操作。

A. 镜像　　B. 复制　　C. 比例缩放　　D. 阵列

25. 在定义块时，______项一般不是必须操作的。

A. 块的名称　　B. 描述　　C. 基点　　D. 对象

26. 使用格式刷功能不能改变图形对象的______。

A. 位置　　B. 图层　　C. 颜色　　D. 线型

27. 用矩形命令不能绘制______图形。

A. 直角矩形　　B. 圆角矩形

C. 带线宽矩形　　　　D. 一侧圆角另一侧直角矩形

28. 下面的_____定义圆的方法不能绘制一个圆。

A. 圆心、半径　　　　B. 圆心、直径

C. 一条直径上的两个端点　　　　D. 任意两点

29. 下面的____________是镜像命令的缩写方式。

A. MO　　B. M　　C. MR　　D. MI

30. 属性是一种文本，它应该用________命令定义。

A. MTEXT　　B. DTEXT　　C. TEXT　　D. ATTDEF

二、操作题

按照如图 B-1 所示的尺寸绘制该图，其中的部件（沙发、椅子、电话、办公桌、计算机直接从文件中引用，或通过工具选项板插入，绘制后以名称“测试 2.dwg”保存。

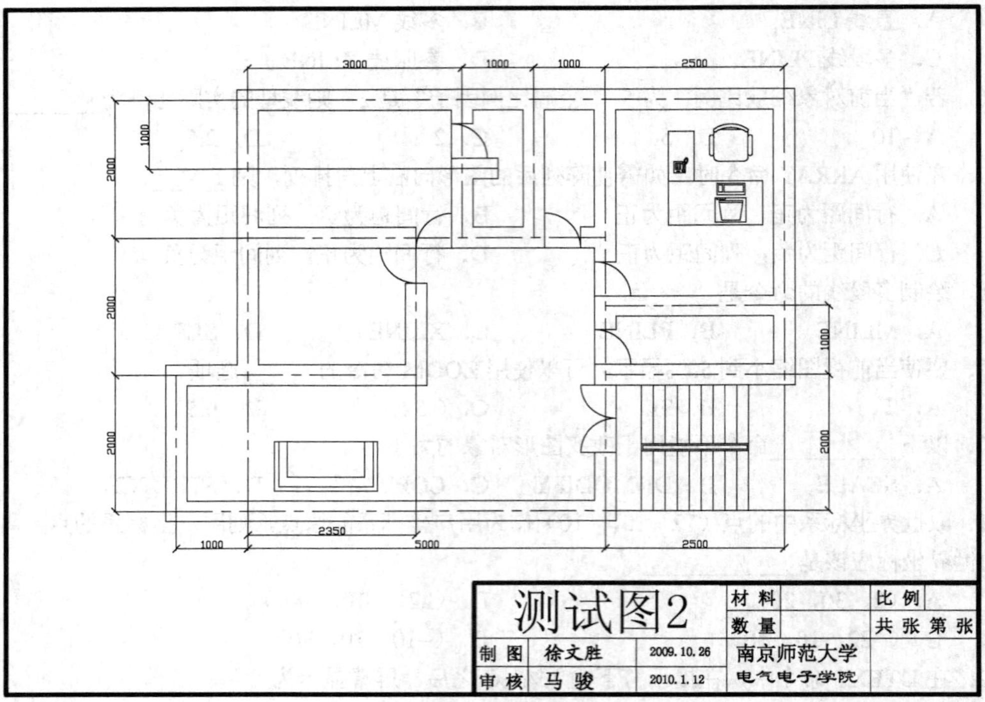

图 B-1　测试图例 2